半導体物理学

中山正敏・塚田 捷・名取研二・
名取晃子・齋藤理一郎・福山秀敏 著

裳華房

Semiconductor Physics

by

Masatoshi NAKAYAMA
Masaru TSUKADA
Kenji NATORI
Akiko NATORI
Riichiro SAITO
Hidetoshi FUKUYAMA

SHOKABO
TOKYO

〈出版者著作権管理機構 委託出版物〉

刊行にあたって

　本書を手に取った皆さん，あなたの「半導体の物理」への関心はどこからでしょうか？　これから大学院へ進み勉強しようという方，もう研究をしているがここらで自分の仕事の土台を点検しようという方，工学で応用を学んできたがその奥を知りたい方，化学畑で材料開発をしてきたがその方向性を探りたい方，ほかにもいろいろな動機があることでしょう．共通していることは，半導体という物質群は物理学のかたまりらしいから，少し深く考えるためには，その「物理」を知らなくては，という思いでしょう．

　半導体についての本は，書店にたくさん並んでいます．しかし，その物理を正面から丁寧に扱おうとする本はあまりありません．

　私たちは，1960年代から故植村泰忠先生（以下敬称略）の教えを受けた者ですが，そのころには植村泰忠「不完全結晶の電子現象」（岩波講座「現代物理学」，後に「固体物理学」に増補収録），植村泰忠，菊池誠「半導体の理論と応用（上）」（裳華房）がありました．植村はその後も半導体研究のレビューを書いていますが，前著の下巻は書く暇がないまま他界されました．

　研究者としての還暦を迎えたころ中山正敏は，植村の遺志を受け継ぐことを考えて何人かの方がたに話をし，裳華房と相談しました．その結果，共同執筆で決定版といえる本を書こう，500ページぐらいの本を出そう，ということになりました．ただし，読者には冒頭に書いたように様々な動機の方がたがおられることを想定して，半導体の物理を本格的に勉強することを助けるような本にしようと考えました．

　こうして，塚田捷，名取研二・晃子，福山秀敏の皆さんとともに，共同執筆に入りました．当初は何回か集まって，構想についての意見交換や内容の点検をおこないました．執筆が軌道に乗ってしばらくして，中山が交通事故で数か月入院しました．その間，塚田を中心に意見交換が続けられ，また齋藤理一郎

が加わりました．2021年秋には，名取研二が他界しました．幸い，原稿はあらかた出来ており第7章となっています．その後中山も復帰し，原稿の交換とZoom会議も活用して完成にこぎつけました．

　内幕を長々と書きましたが，私たちは同じ研究室（福山は隣の久保亮五研究室）で，昔から忌憚のない討論を重ねてきた仲です．皆いい歳になりながらも，昔と変わらぬ雰囲気で仕事を進めてきました．その間に，年来の基本的疑問のいくつかに納得のいく解答が得られ本書に盛り込めたことは，嬉しい限りです．「半導体とは何か，その物理として伝えるべきことは何か」については，意見が分かれ何度も議論しました．その答えは各人の研究の経歴と深くかかわっており，結局各人の執筆担当分でそれぞれが書くこととなりました．したがって，本書全体が1つの見方で書かれているとはいえません．これは，半導体の物理のもつ豊かさと受け止めていただきたく思います．もちろん，「物理をわかりやすく伝えること」には，各人最善を尽くしました．皆様の忌憚のないご批判を仰ぎたいと思います．

　半導体は，「産業のコメ」といわれてきました．しかし，より正確には「現代文明の神経系」といえると思います．情報の獲得，伝達，処理，システムの制御などに深くかかわっています．植村先生は"私は半分しか導きません"などと駄洒落がお得意でしたが，不肖の弟子には気の利いたネーミングはできません．

　本書の共同執筆作業のお膳立てをしてくださったのは塚田さんです．また，(株)裳華房の小野達也さん，亀井祐樹さんには，本の制作について社の伝統である辛抱強さでご助言いただきました．完成をともに喜びたいと思います．

2024年8月

執筆者を代表して　　中山正敏

まえがき

　日常的に使われる「半導体」という言葉は，シリコンを代表とする物質群とそれらから作られる電気的素子を意味する．今日，半導体はスマホや LED 照明，家電製品など身のまわりの道具や，コンピュータ・AI 技術・自動運転・生産運輸技術・環境技術など，社会インフラや経済活動のあらゆる分野で必須なものである．半導体は，「経済安全保障」という言葉が生まれるぐらい，政策の重要な対象になっている．ここで，忘れてはならないことは，このように現代社会に広く深く普及した半導体の目覚ましい応用展開は，前世紀から着実に進歩してきた半導体物理学，半導体工学という基礎研究の土壌の上に開花したものであり，今後も半導体技術の飛躍的進歩は基礎研究の成果の上にもたらされるに違いないことである．

　科学の観点からも半導体という物質群は実に興味深い研究対象であり，今日でも半導体の新物質や新しい学理の発見が相ついでいる．新学理に基づいて新しいデバイス技術の提案がなされ，逆に，微細加工法の進歩や新物質開発が半導体の新奇な物理現象の発見につながり，学理の新展開を導くという歴史をつくりだしてきた．著者達は，このような半導体の加速度的な進歩を，半導体で起こる物質現象の基本原理から説き起こす基礎的な本が必要になってきたと感じてきた．そこで，このたび刊行する運びとなった本書では，半導体の基礎，特に半導体の物理学の学習を目指す人々に役立つことを目指して，そもそも「半導体とは何か？」という問いから始めて，その多彩な物性や様々な現象を，物理の基礎から丁寧に解説することを目的としたのである．

　本書の構成と各章のねらいをまとめておこう．本書の第 1 章は半導体物理学の導入部であり，「そもそも半導体とは」どのような物質であるのかについて，19 世紀以降の半導体研究の助走期の歴史をひも解きながら解説する．また，

古典電子ガスモデルの有効性と限界とを議論する．第2章から第6章までは半導体物理の基本枠組みを初歩から解き明かすことを目指し，半導体の重要な性質や現象を教科書的に丁寧に解説する．まず第2章では半導体の電子論を展開するうえで必要となる，量子力学の基礎を概説する．微細デバイスにおいても利用されるトンネル現象が，量子力学の本質の発現であることにも注意を向け，さらに調和振動や原子・分子・結晶の電子状態が量子力学によってどのように記述されるかを述べる．第3章では格子の振動や結晶の凝縮力，弾性，圧電性などを論じる．第4章では，代表的な半導体のバンド構造を俯瞰的に展望し，酸化物やモット絶縁体の電子状態にも言及し，表面構造やトポロジカル絶縁体の表面状態について述べる．第5章では有効質量やホールの概念を導入し，不純物によるキャリヤの発生，電気伝導・ホール効果・熱電効果など基本的な輸送現象を解説する．第6章では半導体の誘電関数の基礎を丁寧に解説し，光と半導体の相互作用，各種分光スペクトルなどについて紹介する．これらによって，量子力学などの物理学の予備知識なしでも読み進めることができるようにした．

　本書の後半部，第7章から第9章までは，半導体物理の発展的話題の中からいくつかのトピックスを選び，各章を担当する著者が特色のある語り口で，詳しく綴っている．第7章では，半導体デバイスの基本であるpn接合とMOS接合について述べ，各種デバイスの作動メカニズムを半導体の物性に基づいて丁寧に説明する．また第8章では「2次元電子」を実現するMOS反転層や，そこを舞台とする整数および分数量子ホール効果という興味深い量子現象をわかりやすく説明する．第9章は半導体の起源である絶縁体についてバンド絶縁体，モット絶縁体，電荷秩序，乱れによる局在（アンダーソン局在）についてその特徴を包括的に述べ，特にアンダーソン局在スケーリング則によって明らかになった移動度端での臨界性と弱局在領域の存在を紹介する．その後，ディラック電子・ワイル電子で代表される半金属・ナローギャップ半導体における特異な物性に注目し，さらに分子性半導体の話題についても簡単に紹介する．この章は，将来の半導体の科学と技術がどのような方向に向かうのかを探るためにも有益であろう．

まえがき

　現在出版されている半導体の教科書の多くは工学系で，そこでは十分に扱われていない半導体「物理」の基礎を本書では丁寧に記述し，その面白さと重要さを知っていただくこと，一方，現存する固体物理の標準的教科書では，最近の半導体の発展が十分には解説されていない状況を補い，「半導体」物理研究の最前線を世に紹介することが本書の目的である．読者が「半導体とは何か？」について学習する中で，現代物理学の基本とその基礎の上に成立する半導体デバイスの本質に触れ，半導体の科学と技術のさらなる飛躍への意欲を抱いていただけるとしたら，著者一同のこの上ない幸せである．

2024 年 8 月

著者一同

執 筆 者

中 山 正 敏	九州大学名誉教授	（第1, 3, 6章, エピローグ）
塚 田 　 捷	東京大学名誉教授	（第2, 4, 5章, エピローグ）
名 取 研 二	筑波大学名誉教授	（第7章, エピローグ）
名 取 晃 子	電気通信大学名誉教授	（第7章, エピローグ）
齋 藤 理一郎	国立台湾師範大学教授, 東北大学名誉教授	（第8章, エピローグ）
福 山 秀 敏	東京理科大学総合研究院客員教授, 東京大学名誉教授	（第9章, エピローグ）

目　次

第1章　序論 —— 半導体とは　　　　　　　　　　　　　　中山正敏

1.1 電子の発見 …………………… 2
　1.1.1 放電現象 ………………… 2
　1.1.2 ドルーデの金属電子論 …… 3
　1.1.3 金属のホール効果 ………… 5
1.2 半導体物性1 …………………… 6
　1.2.1 金属と絶縁体の中間 ……… 6
　1.2.2 構造に敏感な半導体 ……… 8
　1.2.3 環境に敏感な半導体 …… 10
1.3 原子と結晶構造 …………… 12
　1.3.1 光電効果 ………………… 12
　1.3.2 光吸収スペクトル ……… 13
　1.3.3 α線と原子核 …………… 15
　1.3.4 ボーアの量子論 ………… 15
　1.3.5 原子の殻構造，価電子 … 17
　1.3.6 X線回折 ………………… 18
　1.3.7 原子間力と結晶構造 …… 19
1.4 半導体物性2 — n型とp型 —
　　　……………………………… 22
1.4.1 熱起電力の符号 ………… 22
1.4.2 半導体のホール効果 …… 23
1.4.3 価電子の量子状態と
　　　半導体 ………………… 23
1.4.4 ドナーとアクセプター … 24
1.4.5 半導体の整流作用 ……… 25
1.4.6 トンネルダイオード …… 30
1.4.7 MOS反転層 …………… 31
1.5 キャリヤガスモデルと
　　輸送現象 ……………………… 31
　1.5.1 キャリヤガスモデル …… 31
　1.5.2 電気伝導度 ……………… 33
　1.5.3 ホール効果，個数密度と
　　　　移動度の分離 …………… 35
　1.5.4 キャリヤの移動度 ……… 37
　1.5.5 磁気抵抗効果 …………… 39
　1.5.6 サイクロトロン共鳴 …… 42
参考文献 …………………………… 47

第2章　電子状態と量子力学　　　　　　　　　　　　　　　塚田　捷

2.1 量子力学の基礎 …………… 49
　2.1.1 量子力学とは …………… 49
　2.1.2 波動関数 ………………… 50
2.1.3 固有状態と時間発展
　　　— シュレディンガー
　　　方程式 — ……………… 52

2.1.4　粒子と波動 …………… 53
　　2.1.5　井戸型ポテンシャル
　　　　　による粒子の束縛 …… 56
　　2.1.6　障壁のトンネル効果 …… 58
　　2.1.7　二重障壁の共鳴
　　　　　トンネル現象 ………… 59
　　2.1.8　散乱問題 ………………… 60
　　2.1.9　量子遷移の黄金則 …… 62
　2.2　調和振動子の量子力学 ……… 64
　　2.2.1　微小振動とその量子化
　　　　　 ……………………………… 64
　　2.2.2　調和振動の固有関数と

　　　　　量子準位 ……………… 64
　　2.2.3　振動量子 — 生成と消滅 —
　　　　　 ……………………………… 67
　2.3　原子と分子から結晶へ ……… 68
　　2.3.1　原子と周期律 …………… 68
　　2.3.2　分子と化学結合 ………… 73
　　2.3.3　結晶中の電子状態 ……… 76
　参考文献 …………………………………… 81
　補遺1　水素原子の固有値問題 …… 82
　補遺2　変分法による永年方程式
　　　　　 ……………………………… 83

第3章　結晶格子と格子力学　　　　　　　　　　中山正敏

　3.1　1次元格子と格子振動 ……… 85
　　3.1.1　1次元格子の振動 ……… 85
　　3.1.2　横波振動 ………………… 88
　3.2　1次元2原子格子の振動 …… 89
　　3.2.1　2原子格子 ……………… 89
　　3.2.2　音響モードと光学モード
　　　　　 ……………………………… 91
　3.3　典型的半導体の結晶格子と
　　　逆格子 ………………………… 93
　　3.3.1　ダイヤモンド型格子と
　　　　　閃亜鉛鉱型格子 ………… 93
　　3.3.2　X線回折の原理 ………… 94
　　3.3.3　ウルツ鉱型格子 ………… 96
　3.4　3次元格子振動1
　　　— 面心立方格子 — ………… 99
　　3.4.1　基礎運動方程式 ………… 99
　　3.4.2　基準モード ……………… 100
　3.5　3次元格子振動2 — 半導体の
　　　断熱結合電荷モデル — …… 103

　　3.5.1　ダイヤモンド型格子の
　　　　　振動 …………………… 103
　　3.5.2　断熱結合電荷モデル
　　　　　 …………………………… 104
　　3.5.3　ABCMの基礎方程式 … 106
　　3.5.4　ダイヤモンド型格子 … 107
　　3.5.5　閃亜鉛鉱型格子 ……… 108
　　3.5.6　ウルツ鉱型格子 ……… 111
　　3.5.7　グラファイト ………… 112
　　3.5.8　Si原子系 ……………… 113
　3.6　結晶の凝集エネルギー，
　　　弾性，圧電性 ………………… 114
　　3.6.1　結晶の凝集エネルギー
　　　　　 …………………………… 114
　　3.6.2　電子状態と
　　　　　凝集エネルギー ……… 117
　　3.6.3　弾性率 ………………… 119
　　3.6.4　圧電効果 ……………… 122
　3.7　格子欠陥と塑性 ……………… 123

3.7.1 格子欠陥 …………………… *123*
3.7.2 点状欠陥 …………………… *124*
3.7.3 転　位 ………………………… *124*
3.7.4 積層欠陥 …………………… *125*
3.7.5 多結晶など ………………… *126*
参考文献 …………………………………… *128*

第4章　金属・半導体・絶縁体の電子論　　　塚田　捷

4.1 エネルギーバンドの特徴と
　　その起源 ………………… *129*
　4.1.1 ほとんど自由な電子と
　　　　強く束縛された電子
　　　　………………………… *129*
　4.1.2 金属のエネルギー
　　　　バンドと物性 ………… *135*
　4.1.3 IV族，III-V族半導体の
　　　　電子構造 ……………… *138*
　4.1.4 金属酸化物の構造と物性
　　　　………………………… *150*
4.2 第一原理密度汎関数計算法
　　による電子状態の計算 …… *158*
4.3 表面構造と表面電子状態 … *161*
　4.3.1 表面とは …………………… *161*
　4.3.2 半導体の表面構造 ……… *161*
　4.3.3 走査トンネル顕微鏡
　　　　による表面観察 ……… *166*
　4.3.4 表面状態 ………………… *167*
　4.3.5 トポロジカル表面状態
　　　　………………………… *169*
参考文献 …………………………………… *174*
補遺1　多谷構造によるピエゾ抵抗
　　　　効果とホットエレクトロ
　　　　ン効果 ………………… *175*
補遺2　フェルミ分布とボース分布
　　　　………………………… *177*

第5章　電子の輸送現象　　　塚田　捷

5.1 電子の有効質量 …………… *179*
　5.1.1 有効質量とは …………… *179*
　5.1.2 静電磁場中の波束の運動
　　　　………………………… *180*
5.2 有効質量方程式 …………… *181*
5.3 *k・p*摂動理論 ……………… *184*
　5.3.1 *k・p*摂動理論とは …… *184*
　5.3.2 *g*因子 ………………… *188*
　5.3.3 GaAsの価電子帯―頂上
　　　　付近の電子状態― …… *189*
5.4 正孔というコンセプト …… *189*
5.5 不純物と欠陥 ……………… *191*
　5.5.1 浅い不純物準位 ………… *191*
　5.5.2 キャリヤの発生 ………… *193*
5.6 電気伝導度とホール効果 … *197*
　5.6.1 輸送方程式と
　　　　伝導度テンソル ……… *197*
　5.6.2 金属と半導体の伝導度
　　　　………………………… *200*
　5.6.3 運動方程式との関係 …… *201*
　5.6.4 ホール効果 ……………… *202*
5.7 格子振動と光の量子 ……… *203*

5.7.1 波の量子化 …………… 203
5.7.2 格子振動の力学
    ─ダイナミカル行列─
    …………………… 203
5.7.3 フォノン
    ─格子波の量子─ …… 205
5.7.4 音響モードと光学モード
    …………………… 207
5.7.5 フォトン ─光の量子─
    …………………… 208
5.7.6 電子遷移とフォトン …… 210
5.8 キャリヤの散乱時間 ……… 211
5.8.1 不純物による散乱 …… 211
5.8.2 フォノンによる散乱 …… 214
5.9 熱電効果 ………………… 219
5.9.1 温度勾配のある系
    の輸送方程式 …… 219
5.9.2 種々の熱電効果 ……… 222
参考文献 ……………………… 226
補遺1 GaAs の価電子帯頂上近傍の
    $k \cdot p$ ハミルトニアン
    …………………… 226
補遺2 リュービルの定理と
    ボルツマン方程式 …… 228

第6章 半導体の分光物性　　　　　　中山正敏

6.1 光, 電磁波と半導体 ……… 232
6.1.1 分光物性の現象論 …… 232
6.1.2 電気分極 …………… 232
6.1.3 調和振動子モデル …… 236
6.1.4 分光物性のニューモード
    …………………… 240
6.2 分光物性の量子力学的理論
    …………………… 241
6.2.1 誘電関数の計算法 …… 241
6.2.2 誘電関数の諸性質 …… 243
6.2.3 分光物性の概観 ……… 246
6.3 内殻電子励起 …………… 248
6.3.1 内殻電子 …………… 248
6.3.2 半導体の XPS ……… 251
6.4 価電子励起分光 …………… 253
6.4.1 直接遷移と間接遷移 …… 254
6.4.2 バンド間磁気光吸収 …… 258
6.4.3 励起子 ……………… 260
6.4.4 光起電力 …………… 266
6.4.5 キャリヤプラズマ振動
    …………………… 269
6.4.6 プラズモンと表面電荷
    …………………… 272
6.5 不純物励起分光 …………… 276
6.5.1 不純物中心 ………… 276
6.5.2 Si の浅いドナー
    …………………… 277
6.5.3 Ge の浅いアクセプター
    …………………… 279
6.5.4 深い準位の中心1
    ─空格子点─ …… 282
6.5.5 深い準位の中心2
    ─不純物─ ……… 286
6.6 フォノン励起分光 ………… 288
6.6.1 赤外分光と半導体 …… 288
6.6.2 赤外吸収 …………… 289
6.6.3 光子散乱 …………… 291
6.7 磁気共鳴分光 …………… 295

6.7.1 磁気双極子と磁場 ……… 295
6.7.2 核磁気共鳴 ……… 297
6.7.3 電子スピン共鳴
  ……… 299
6.7.4 核電子二重共鳴
  ……… 302
6.8 半導体発光（ルミネッセンス）
  ……… 304

6.8.1 光吸収と発光 ……… 304
6.8.2 バンド間励起発光 ……… 305
6.8.3 様々な励起子発光 ……… 307
6.8.4 局在中心による発光 …… 308
6.8.5 LEDと半導体レーザー
  ……… 310
参考文献 ……… 311

第7章 半導体デバイスの物理　　名取研二・名取晃子

7.1 デバイス（素子）とは ……… 313
7.2 半導体デバイスの構成要素
  ……… 316
7.3 電流制御素子 ……… 320
  7.3.1 少数キャリヤの寿命と拡散距離 ……… 320
  7.3.2 pn接合 ……… 326
  7.3.3 バイポーラ・トランジスタ ……… 336
  7.3.4 MOS接合 ……… 342
  7.3.5 MOS電界効果トランジスタ（MOSFET）……… 348
7.4 メモリー素子 ……… 352
  7.4.1 揮発性メモリー ……… 353
  7.4.2 不揮発性メモリー ……… 355
7.5 マイクロ波素子 ……… 359

7.5.1 ガンダイオード ……… 359
7.5.2 高電子移動度トランジスタ（HEMT）……… 363
7.6 光素子 ……… 366
  7.6.1 発光ダイオード ……… 366
  7.6.2 太陽電池 ……… 372
7.7 熱電変換素子 ……… 380
  7.7.1 熱発電と電子冷凍 ……… 380
  7.7.2 熱発電の変換効率 ……… 382
7.8 集積回路 ……… 384
  7.8.1 情報革命と集積回路 …… 384
  7.8.2 集積回路の構造と作製
    ……… 387
  7.8.3 今後の展望 ……… 390
参考文献 ……… 392

第8章 2次元電子と2次元物質　　齋藤理一郎

8.1 反転層における2次元電子
  ……… 393
8.2 MOSFETの動作原理 ……… 396
  8.2.1 MOSFETの構造 ……… 396

8.2.2 オン状態とオフ状態，遮断領域と線形領域
  ……… 397
8.2.3 ドレイン電圧特性，

ピンチオフ, 飽和領域 ……………………… 398
8.2.4 ゲート電圧特性, サブスレッショルド領域 …………………… 401
8.3 入力インピーダンス, CMOS 構造 …………… 403
8.4 Si MOS 反転層におけるホール効果 ………… 405
　8.4.1 MOS 反転層内の 2 次元電子の量子状態 …… 405
　8.4.2 ホール効果の実験 …… 408
　8.4.3 2 次元電子の電気伝導度とホール伝導度の次元 …………………… 410
8.5 Si MOSFET における整数量子ホール効果 …… 412
　8.5.1 整数量子ホール効果の実験 ………………… 412
　8.5.2 2 次元電子の状態密度とランダウ量子化 …… 414
　8.5.3 整数量子ホール効果が観測される状況 …… 418
　8.5.4 量子力学で散乱を考えた整数量子ホール効果 …………………… 422
8.6 半導体ヘテロ構造とデルタドーピング …… 424
　8.6.1 シングルヘテロ構造と変調ドープ ………… 424
　8.6.2 ダブルヘテロ構造とデルタドーピング …………………… 426
8.7 分数量子ホール効果 …… 428
　8.7.1 複合粒子描像 ……… 430
　8.7.2 ウイグナー結晶, 量子液体 ……………… 435
　8.7.3 分数量子ホール状態の多電子状態 ………… 438
8.8 短チャネル効果, FinFET …………………………… 441
　8.8.1 短チャネル効果 …… 442
　8.8.2 短チャネル効果の抑制, FinFET, SOI …… 443
8.9 2 次元物質とヘテロ積層半導体デバイス …… 445
　8.9.1 なぜ 2 次元物質が必要なのか？ ………… 445
　8.9.2 グラフェンの電子状態 …………………… 448
　8.9.3 遷移金属ダイカルコゲナイド, その他の 2 次元半導体 ………… 451
　8.9.4 2 次元トランジスタの構造 …………………… 453
　8.9.5 0 次元, 1 次元への展開 …………………… 454
参考文献 ……………………… 460

第 9 章　半導体研究の新展開「広がる半導体の世界」　福山秀敏

9.1 半導体とは ………… 461
9.2 絶縁体の種類 ……… 466
　9.2.1 バンド絶縁体：様々なバンドギャップ ……… 466

- 9.2.2 電子間強相関効果に起因する絶縁体 …… 472
- 9.2.3 乱れに起因する絶縁体：アンダーソン局在 …… 476
- 9.2.4 導電性を備えたエネルギーギャップ …… 484
- 9.3 微量キャリヤの電子状態の微視的理解 …… 484
  - 9.3.1 ラッティンジャー-コーン表示と $k \cdot p$ 摂動理論 …… 484
  - 9.3.2 スピン軌道相互作用 …… 486
- 9.4 ナローギャップ半導体・半金属 …… 488
  - 9.4.1 バンド間結合効果 …… 488
  - 9.4.2 半金属 …… 490
- 9.5 固体中のディラック電子の物性 …… 497
  - 9.5.1 磁場下のブロッホ電子：磁場のバンド間効果 …… 497
  - 9.5.2 ローレンツ不変性と量子電磁力学 …… 506
  - 9.5.3 ゼーベック効果 …… 506
  - 9.5.4 量子トポロジカル効果，チャーン絶縁体 …… 509
- 9.6 分子性半導体 …… 515
  - 9.6.1 分子系での導電性の発見からポリアセチレン $-(CH)_x$ まで …… 516
  - 9.6.2 多彩な分子性半導体 …… 522
  - 9.6.3 モット絶縁体：Mott FET …… 523
- 9.7 まとめと展望 …… 523
- 参考文献 …… 524

エピローグ

中山正敏・塚田捷・名取研二・名取晃子・齋藤理一郎・福山秀敏

あとがき …… 537
索引 …… 539

第1章

序論 ── 半導体とは

中山正敏

　物質は電気的性質により導体（conductor）と不導体（nonconductor）に大別される．半導体（semiconductor）は，その中間の物質群である[*1]．これらの電気物性の多くは19世紀に発見され，応用も始まった．

　J. J. トムソンが電子を発見して，これらの区別は素粒子としての電子によるものと考えられた．しかし，その本質的な理解には，いまから100年前に作られた量子力学が必要であった．

　本書では，半導体の物理学について本格的な解説をおこなう．すなわち，量子力学と統計力学に基づいて，物理学の基本から出発して半導体という物質群の構造と特性を理解することを目指す．それは第2章以下でじっくりとおこなうことにして，この章ではより広く浅く半導体物理とは何かを述べる．「量子力学と統計力学とをまず修得し，これを半導体という物質群に応用する」というのが王道である．

　しかし，電気工学の大部分は，量子力学をよく知らなくても，電流を運ぶ電子や正孔のキャリヤの存在を仮定することにより，理解できる．本章では，このような段階を経て，第2章以下の量子力学的理解へと予備知識なしで進む橋渡しをする．

[*1] semi の直訳は「準」である．「半」はドイツ語の Halb Leiter の直訳である．

1.1 電子の発見

1.1.1 放電現象

　雷や，鉱石を打ち合わせたときに出る火花は昔から知られていた．陽極と陰極を近づけて高電圧をかけると両極の間に火花が飛ぶ．これを**放電**という．ガラス管の中に気体と陽極，陰極を入れると，気体が光る（図 1.1）．電解質溶液ではイオンによる電流が流れる．気体の場合も，電気の流れがエネルギーを運ぶのだろう．ファラデー（Faraday）は注意深い観察から，陰極の近くに光らない部分（暗黒部）があることを発見した．陽極の近くで正イオンが作られて，陰極へ流れるらしい．気体を抜いていくと，暗黒部は広がり，ついには発光しなくなる．ところが，陽極の後ろのガラス管に ZnS を塗っておくと，りん光が観測される．陽極の形の影がある．つまり，陰極から陽極へ向かうビームがある．これを**陰極線**という．これは何の流れだろうか？

　1883 年に電磁波の発生に成功したヘルツ（Hertz）は，ビームを挟むように別の電極を置いて電圧をかけてみたが変化は起こらない．彼の弟子になったレナルト（Lenard）は，金属薄膜の窓を通して陰極線を外へ取り出して調べた．陰極線は金属膜を通過するが，空気中ではすぐに止められる．軽い粒子なのか，電磁波の一種あるいはそれを運ぶエーテルなのか？　英国は粒子派，大陸はエーテル派が多くて論争が続いた．

　1897 年に，英国の J. J. トムソン（J. J. Thomson）は，注意深い実験により，これが負の電荷の粒子の流れであることを突き止めた．図 1.2 の左側から出た陰極線を右側の真空度の高い管へ導き，右端の管壁の蛍光で観測する．途中に挿入した線を挟む方向の電極による電場で，線の方向を変える．その様子から，

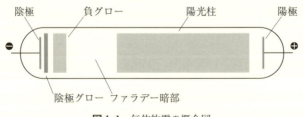

図 1.1　気体放電の概念図

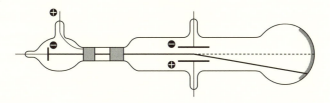

図 1.2 トムソンの電子線実験概念図．ビームの曲がりから電荷の符号，および e/m がわかる

質量 m / 電荷 e を求めた．最初は，単に粒子と呼んでいたが，1875 年にアイルランドのストーニー（Stoney）が，ファラデーの電気化学当量の担い手を仮想して，エレクトロン（電子）と呼んだ．その値は，ファラデー（Faraday）定数 96500 C（クーロン．電荷の単位）をアボガドロ（Avogadro）数 N_A で割った値で，これを電気素量 e という．現在の概算値は 1.6×10^{-19} C である．実験で求めた比電荷（彼は m/e を求めた）の値から質量 m を推定すると，水素原子の 1/1000 以下である．

　真空度の高い陰極線管は，やがて真空管としてラジオなどの無線通信における送信，受信の担い手となる．また大型にしたものは，ブラウン（Braun）管として計測機器やテレビ受像機として活躍する．さらに，レントゲン（Röntgen）は 1897 年に陰極線を当てた金属からの X 線の発生を観測した．レナルトは，光を当てた金属からの電子流の発生（**光電効果**）を系統的に研究した（1902 年）．これらは，20 世紀の原子物理学の発展に大きな役割を演じる．こうして，金属における電流の担い手は電子であることがわかってきた．

1.1.2　ドルーデの金属電子論

　ドルーデ（Drude）はさっそく，J. J. トムソンが発見した電子を使って，金属が電気や熱の良導体であることを説明した．19 世紀後半には，熱伝導度 κ と電気伝導度 σ の比が，多くの金属で同じ値になることがわかった．これを，ウィーデマン（Wiedemann）-フランツ（Franz）の法則という．ドルーデは，金属の電子を理想気体のように考えた．電子はほとんど自由に運動しているが，距離 l 程度進むと衝突によってエネルギーを失うとした．

　まず熱伝導を考える．金属の中に温度勾配があるとする．ある面から右と左

に長さ l の領域を考え、温度差 ΔT だけ右側が高いとする。理想気体分子の平均速度 v_t は、$mv_t^2 = k_B T$ だから、右のほうが大きい。したがって面に流れ込むエネルギーには $\Delta(mv_t^2 \cdot v_t)$ の違いがあり、これが熱伝導である。熱伝導度 κ は、熱流を温度勾配 ($\Delta T/l$) で割ったものだから、$\kappa = (9/2)nk_B l v_t$ となる。n は電子の個数密度である。

次に電気伝導度 σ は、電場による加速が $\tau = l/v_t$ で打ち切られるとして求められる。

$$\sigma = \frac{ne^2 l}{mv_0} = \frac{ne^2 v_t l}{3k_B T}$$

となる。

こうして

$$\frac{\kappa}{\sigma} = \frac{3}{2}\left(\frac{k_B}{e}\right)^2 T$$

表 1.1 熱伝導度／電気伝導度の例（ドルーデ：「金属電子論」（東海大学出版会））

金属	$(k/\sigma)_{18°} \times 10^{10}$
アルミニウム	0.706
銅 II	0.738
銅 III	0.745
銀	0.760
金	0.807
ニッケル	0.776
亜鉛	0.745
カドミウム	0.784
鉛	0.794
スズ	0.816
白金	0.836
パラジウム	0.837
鉄 I	0.890
鉄 II	0.930
鋼	1.015
ビスマス	1.068
黄銅(真鍮)	0.840
コンスタンタン	1.228

という関係が得られた．金属が異なると n, l の値は異なるが，κ/σ の値はそれらによらず，絶対温度が一定ならば同じ値となるのだ．これは物性の物理の最初の美しい関係である．ドルーデの論文にある 18°C での値を表 1.1 に示す．Al～Pb の値は，おおざっぱには等しく，この法則がほぼ成り立つといえる．一方，Pt, Fe, Bi の値は少し大きい．また，真鍮やコンスタンタンなど合金の値は，ずれている．

κ/σ の値の説明は，ほぼ成功した．しかし κ, σ それぞれの値は，実験値から大きく外れている．また，多くの問題点がある．それをはっきりさせるには，n の値を知らなければならない．

1.1.3　金属のホール効果

電流が磁場を作ること，平行電流の間には電流の向きと垂直な方向に力が働くことが，アンペール（Ampère）の研究によって明らかになっていた．一方の電流が作る磁場の中で，もう1つの電流に力が働く．新興国アメリカのホール（Hall）は，1879 年に博士論文の研究の1つとして，ガラス板に金箔を貼り，面に沿って電流を流した状態で，各点の電位を測定した．面に垂直に磁場をかけると，新たな電位差が生じることを観測した（図 1.3）．その方向は，電流（x 方向）と磁場（z 方向）の両方に垂直（y 方向）で，大きさは電流と磁場とに比例する．

$$V_y = R_\mathrm{H} B I$$

この現象を**ホール（Hall）効果**と呼び，比例係数 R_H を**ホール係数**という．その向きは，粒子の電荷の符号が負であることを示した．ホールの最初の考えで

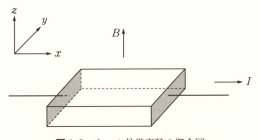

図 1.3　ホール効果実験の概念図

は，電流の粒子は横向きに力を受けるので，xy 面内の分布が偏るのを調べようとした．しかし金箔の端に粒子がたまると，それによる電場が生じて新たな力が生じる．この電場の電位差を観測したのである．アンペールの実験により，電流に働く磁気力は aBI である（a は x 方向の長さ）．たまった電荷による y 方向の電気力は，$q(V_y/b)N$ である（b は y 方向の幅，N は電荷の総個数）．2つの力のつり合いから

$$R_\mathrm{H} = \frac{1}{qnc} \quad (c \text{ は } z \text{ 方向の厚さ})$$

となる．このように，ホール効果の実験は，電流を担う粒子の電荷個数密度の情報を与える．ドルーデの掲げた n の値を見てみると，アルカリ金属，銅，銀などでは，n の値は原子個数密度に近い．すなわち，1 個の価電子が自由電子となっている．これに対して多価金属の Ca, Zn などでは値がまちまちで，Be, Al, In など符号が正のものもある．また Sb, Bi の値は 1 原子当りきわめて小さく，Bi では 4/1000 である．最近の研究によれば，Al の n の値は磁場の強さによって符号も値も変わる．これは，金属の電子の状態が単純な自由粒子ではないことを示している．

さらに銅などの場合に，σ と n の値から l を見積ると数 nm（ナノメートル．10^{-9} m）にもなる[*2]．これは原子間隔の数十倍以上にもなる．金属内の電子は，原子の間をすり抜けるのである．また金属の電気抵抗は絶対温度にほぼ比例するが，そのこともまったく説明できない．

金属が熱も電気も良く伝えるのは，確かに自由電子が多数あるからだ．しかし，その理解には第 2 章以降の量子力学的な理論が不可欠なのである．

1.2 半導体物性 1

1.2.1 金属と絶縁体の中間

半導体とは何かを考えるときにまず思いつくのは，電気的な性質が導体と不導体との中間にある，ということだろう．金属などの導体（conductor）は電

[*2] 本書では主に国際単位系（MKSA）を用いるが，慣習と見やすさのために補助的な単位も使う．

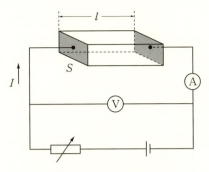

図 1.4 電気抵抗実験概念図

気を良く伝える．一方，セラミックやゴムなど電気を伝えない不導体（non-conductor）があって，両者を組み合わせて電気回路などが作られている．シリコンに代表される半導体は，集積回路（IC, Integrated Circuit）などの中核をなすものだが，電気の伝え方は導体と不導体との中間である．半導体，すなわちセミコンダクター（semiconductor）とは，半分程度電気を伝えるものという意味だ．

では，半導体はどの程度電気を伝えるのだろうか？ 電気の流れである電流はオーム（Ohm）の法則に従う．図 1.4 に示す実験で，電流 I は電池の起電力 V に比例する．すなわち $V = RI$ で，R を電気抵抗という．起電力の単位はボルト（V），電流の単位はアンペア（A），電気抵抗の単位はオーム（Ω）である．導体の電気抵抗は小さく，不導体では非常に大きい．電気抵抗は導線の長さ l に比例し，断面積 S に反比例する．すなわち $R = \rho l/S$ である．その比例係数である**抵抗率** ρ が，物質としての電気の伝えにくさを表す量である．その値はデータブック，例えば「理科年表」（国立天文台編．毎年刊行される）に載っている．見てみよう．

電気抵抗の小さい代表格の銀，銅，金などでは，室温で抵抗率の値は 10^{-8} Ω·m 程度である．ニクロムなどの合金も含めて大部分の金属の抵抗率は，その数倍～数十倍に収まる．一方，石英ガラスの抵抗率は 10^{16} Ω·m と，ものすごくけた違いに大きい．セラミックやプラスチックなどの値も 10^{12} Ω·m 以上である．

では，半導体の抵抗率はどのくらいだろうか．シリコンの抵抗率を「理科年

表」で調べても，はっきりとした値は載っていない．実は，シリコンの抵抗率の値は試料によって $10^1 \sim 10^{-5}$ Ω·m と大幅に異なるのである．その値は導体と不導体との中間にあるのだが，同じ元素なのに試料ごとに大きく異なる．このことが，半導体の第二の特徴である．

ところで，不導体の抵抗率も大きな値だが無限大ではない．ということは，不導体でも電流はわずかにせよ流れるのだろうか．不導体は絶縁体とも呼ばれているが，電流が漏れて大丈夫なのだろうか．その心配は無用である．オームの法則は，時間的に一定の定常電流について成り立つ．ところが，物体に電池をつないでスイッチを入れると，電流が流れ始めるのだが，抵抗があるためにそれには有限の時間がかかる．この時間を**マクスウェル（Maxwell）の緩和時間**といい，物質の抵抗率と誘電率との積で与えられる．導体では，この時間はきわめて短い．しかし不導体では非常に長く，1日の程度にもなる．だから実際には電流は流れない．半導体では導体よりも少し遅いが，時間は短い．だからオン，オフに従ってICやコンピューターは動くのだ．この点では，半導体は導体とあまり区別がない．

このように物質の電気的な性質は，物質に応じて様々である．その中でも半導体では，試料により，また次に述べるように環境に応じて複雑に変化する．それは物質の構造や，その中での電子の状態を反映している．

1.2.2　構造に敏感な半導体

半導体の電気的性質は，例えば同じシリコンであっても，用意された試料ごとに大きく異なる．同一人物の作った結晶を切って試料を作っても，切り出した位置によって抵抗率の値がけた違いに異なる．これが第二次大戦前の状況であった．これでは系統的な研究などできるわけがない．

試料によって抵抗率がけた違いに変わることから，同じシリコンの結晶から作っても，それぞれの試料は別々の物質だと考えざるを得ない．現実世界では，100％高純度のシリコンは存在しない．また，シリコン結晶の中の原子の配列は，だいたいは格子状に規則的であるにしても，ところどころに原子が欠けていたり（空格子点），また原子の間に割り込んでいたり（格子間原子）しているだろう（図3.25参照）．また2つの領域で結晶格子面が1つずれている転位

1.2 半導体物性1

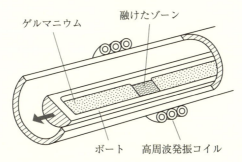

図1.5 帯域溶融法の概念図．不純物は融けたゾーンに入り，左端へと掃き寄せられる

もある（図3.25, 3.26参照）．さらに試料は小さな結晶の集まりだったりする．ヒ化ガリウム（GaAs）のような化合物では，GaとAsの比が厳密に1:1ではなく，ずれている（**化学量論的組成のずれ**）．20世紀前半までの半導体としては，酸化銅や酸化亜鉛のような酸化物が多く用いられていた．試料を作るときの酸素雰囲気の圧力や温度によって，酸素が過剰だったり，不足していたりする．このような試料の作製，またその特徴を調べる苦労が当時の教科書に反映されている．

今では，シリコンやゲルマニウムの結晶は非常に高純度のものが作られている．純度はテンナイン，すなわち99.99999999%にも達している．それを可能にしたのは，**帯域溶融法**である（図1.5）．結晶の棒を置いて，その一部を高周波コイルで加熱して融かす．この領域（メルトゾーン）を移動させると，融けていた部分の後方は再結晶し，前方の結晶が融ける．再結晶するときに，不純物原子は液相か固相のどちらかにより多く入る性質がある（偏析）．リンPなどの多くの不純物原子は，液相へより多く入る．するとP原子は液相に残って，再結晶部分では少なくなる．ゾーンが移動するにつれてP原子は液相へますます入り，ついには端の部分に掃き寄せられて集中する．この部分を切り落とせば，残りの結晶は高純度のものとなる．トランジスタの発明直後，この方法が開発されて高純度のゲルマニウムの結晶が容易に作られるようになった．また，ゾーンに不純物を意図的に注入すれば，望みの不純物濃度をもった結晶が作られる．注入する不純物のタイプを変えると，複合的な接合構造もできる．

帯域溶融法は，1950年代にゲルマニウム結晶の作製に用いられた．シリコンでは，るつぼから入り込む酸素の制御が問題になった．これは，結晶をるつぼに置かずに空中に吊るす**浮遊帯域法**によって克服された．こうして1960年代以降，シリコンが半導体の主役となった．

これらの結晶作製技術はその後，超伝導などの他の分野でも活用されている．半導体をはじめとして，物質の活用にはこのような試料作製技術の開発が不可欠である．それを基盤として，物理の研究もデバイスの開発もおこなわれている．金属の結晶でも純度の問題はある．しかし金属の電気的性質は，不純物の存在にあまり左右されない．半導体はこの点でも際立って構造に敏感な特徴をもった物質である．両者の違いは何によるのか，それは追って説明していこう．

1.2.3　環境に敏感な半導体

半導体のもう1つの特徴は，その電気的性質が物理的環境，すなわち温度，応力，磁場，光などによって敏感に変化することである．このことがセンサーとしての働き，また外部の状況に応じて制御する働きの基礎である．

導体，たとえば金属の抵抗率は，温度が高くなると増加する．大ざっぱにいって，抵抗率は絶対温度にほぼ比例する．普通の環境を27°C = 300 K とすると，100°C になっても約1.2倍にしかならない．

これに対して半導体の抵抗率は，温度が高くなると急速に減少する．この特性をはじめて発見したのは，電磁気学のすぐれた実験家であるファラデーである．彼は「電気実験学研究」において次のように述べている．"硫化銀（Ag_2S）の結晶に電池と検流計をつなぐと，最初は電流はほとんど流れない．結晶にランプの光を当てると電流が大きくなり，ついには針が振り切れる．抵抗率は金属と同じ程度になる．ランプをどけると，冷えるにつれて電流の値は小さくなる．冷却すると伝導力がなくなる物質ははじめてだが，他にもそのような物質はあるだろう．"　図1.6に示すように，シリコンなどについても同様であって，抵抗率の温度変化の様子はいわゆる**活性化型**，すなわち $\exp(A/k_BT)$ の式で与えられる．温度が100 K 上がると，抵抗率は数桁小さくなる．この現象は温度計に使われる．また外界の温度変動に応じて電流を制

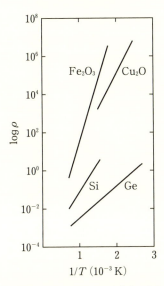

図 1.6 電気抵抗の温度変化の例

御して，温度を一定に保つ**サーミスター**などに利用される．

　外部から半導体に力を加えて変形させると，抵抗率は変化する．これを**ピエゾ抵抗効果**という．変形によって導線の長さや断面積が変化する幾何学的効果があるが，それとは別に抵抗率自体が変化する．ピエゾ抵抗効果は，1852年にケルビン（Kelvin）によって金属について発見された．シリコンやゲルマニウムの大きなピエゾ抵抗効果は，比較的遅く1955年に発見された．その機構については後で述べる．ピエゾ抵抗効果は，ひずみやそれをもたらす外部からの応力のセンサーとして利用されている．

　似た現象として，外部からの応力によって電気分極が発生する**ピエゾ電気効果**がある．これは石英などの不導体に例が多いが，半導体でもセレン（Se），硫化カドミウム（CdS）で起こる．ライターの着火や，自動ドアなどの応力センサーに利用されている．半導体では外部応力の影響として，導体と同じピエゾ抵抗効果，不導体と同じピエゾ電気効果の両方が起こることは，半導体の中間的な性格を示している．

　半導体に光を照射すると，抵抗率が減少して電流が流れやすくなる．これは**光伝導**といい，ファラデーの実験とは異なって弱い光でも起こり，加熱の効果

とは別のものである．1873年にスミス（Smith）によってセレンではじめて観測された．光伝導は硫化カドミウムなどの半導体やイオン結晶の不導体で広く観測されている．その大きさは照射する光の波長によって異なる．その機構については第6章で述べる．結晶の内部で電流が流れるので**内部光電効果**とも呼ばれており，カメラの露出計はもちろん，今では光学関連技術の原理として広く応用されている．

　電気的性質の変動が何によるかは重要な課題である．また，半導体にはn型とp型とがあることは19世紀からわかっていた．半導体のホール効果は，19世紀ではほとんど研究されていない．これらについては1.5節で述べる．

1.3　原子と結晶構造

1.3.1　光電効果

　J. J. トムソンが電子を発見してすぐに，ヘルツの弟子のレナルトは紫外光やX線を金属に照射して電子が外へ出てくる**外部光電効果**（あるいは単に光電効果）の系統的な実験をおこなった（1902年）．彼は放出電子（光電子ともいう）の運動エネルギーを図1.7のコレクターの電位を変えて調べた．そして，この効果は光の波長がある値よりも短い場合にのみ起こること，また起こる場合はきわめて弱い光で起こることを発見した．測定の例を図1.8に示す．図の縦軸は光電子の運動エネルギー K である．この図からわかることは，金属の

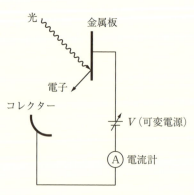

図 1.7　光電効果実験概念図

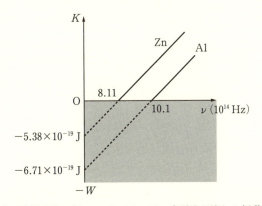

図 1.8 光電効果実験の例. Zn と Al では, 光電流が流れる振動数は異なるが, エネルギー (単位はジュール) と振動数 (単位はヘルツ) の変化の勾配は等しい

中の電子は真空中よりも低いエネルギーをもつことである. これを $-W$ と書き, W を**仕事関数**という. その値は金属によって異なる. レナルトは実は電子の存在を信じずに, 陰極線はエーテルが誘導すると考えていた. アインシュタイン (Einstein) は 1905 年に光のエネルギーが**光量子** (光子, フォトン) と呼ばれる一定の塊を単位として物質とやりとりされるという理論を作った. それによれば, 図 1.8 の直線は

$$h\nu = W + K$$

というエネルギー保存則である. 直線の勾配は h である. 彼は後に, この研究によってノーベル物理学賞を受けた.

光電効果は電子放出の機構として, 後にテレビのブラウン管などのエレクトロニクスの基礎となった.

1.3.2 光吸収スペクトル

気体では, 光の吸収はいくつかの特定の波長で起こる. これを線スペクトルという. 図 1.9 は, 広い波長域にわたる水素の吸収スペクトルである. 1885 年にバルマー (Balmer) は, 水素の可視光域の線スペクトルの波長が

$$\lambda_n = \frac{An^2}{n^2 - 4} \qquad (n > 3)$$

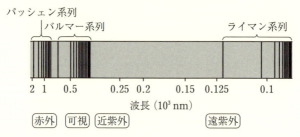

図 1.9 水素原子の光吸収スペクトル．いくつかの系列に分かれる

という一連の整数 n の組で指定されるシリーズ（系列）であると整理した（バルマー (Balmer) 系列）．光の振動数 $\nu = c/\lambda$（c は光速度）であるから，フォトンのエネルギーは

$$h\nu_n = R\left(\frac{1}{4} - \frac{1}{n^2}\right)$$

である．後にこの規則性は，紫外光や赤外光まで拡張して成り立つことがわかった．さらにリッツ (Ritz) は，多数の気体の線スペクトルを整理して，次のような結合則にまとめた．

$$h\nu_{m,n} = S\left\{\frac{1}{(m+a)^2} - \frac{1}{(n+b)^2}\right\}$$

電子とほぼ同時期に発見された **X 線** の吸収は，各元素に特有の波長で起こる（**特性 X 線**）．その最も短い波長は**原子番号 Z の 2 乗にほぼ逆比例する**．それまで化学の周期表を作るための単なる番号に過ぎなかった Z に，物理的な意味が生じた．すなわち Z は原子の中の電子の個数を表し，その最も低いエネルギーは Z の 2 乗に比例して深くなる，と考えられる．一方，エネルギーの高い状態は，波長の比較的長い軟 X 線や紫外光を吸収する．それらの状態は，化学結合に関連した価電子と関係している．

電子の発見の後に，電子の運動によって線スペクトルを説明する試みがなされた．また，外からの磁場の作用によってスペクトルが複数の線に分裂する**ゼーマン (Zeeman) 効果**が観測された．すなわち，電子の微小磁気双極子モーメントを m とすると，磁場 H 中のエネルギーは

$$H_Z = -m \cdot H = -m_z H$$

となる．$m_z = gl_z$ である．g については6.7節で述べる．l_z は角運動量の z 成分である．

1.3.3 α線と原子核

物質の中に，負の電荷の電子のあることが光電効果でわかった．多くの物質は電気的に中性だから，正の電荷もあるはずだ．それを確認したのは，これも19世紀末におこなわれた放射能の発見だった．ニュージーランドの農場にいたラザフォード（Rutherford）は，カナダのマッギル大学へ行き，放射線の中で透過力の強い α 線は，透過力の弱い β 線よりも磁場の影響を受けにくいことを示した．β 線は負電荷の電子，γ 線は振動数の高い電磁波である．α 線も，より強い磁場の中での運動から，正の電荷 $+2e$ をもつ重い粒子であることがわかった．これはヘリウム原子と関係しているらしい．

その頃の英国物理学会の大御所だったJ. J. トムソンは，重い正電荷は電子よりもずっと大きい球になっていると考えた．この中の電子は，数個は安定な状態にあり，その振動が線スペクトルの担い手であるとした．β 線の電子は，正電荷球と衝突してエネルギーを失い，透過力は弱い．原子の大きさは正電荷球の半径程度である．長岡半太郎は，電子は土星の衛星のように正電荷球の外を回っているという模型を提案した．しかし，正電荷球は土星のように大きいと思っていた．

英本土のマンチェスター大学へ移ったラザフォードは，α 線を薄い金箔に照射すると，その方向が 90° を超えて大きく曲げられることを示した．物質の中の正の電荷のサイズは非常に小さく，そのごく近くを通るときに方向が大きく変化することは，クーロン（Coulomb）力による計算で良く説明できる．正の電荷は非常に小さい粒子である**原子核**によって担われている．α 粒子も，ヘリウムの原子核である．先ほどの特性X線の法則は，原子核の電荷は Ze で，電子との間の引力は Ze^2 に比例しているとして理解できる．

1.3.4 ボーアの量子論

デンマークのボーア（Bohr）は，1911年に英国へ留学した．最初，J. J. トムソンのもとへ行ったが話を聞いてもらえず，マンチェスターへ移り，ラザフ

ォードと意気投合した．原子核が小さいなら，原子の大きさはどうやって決まるのか？　古典物理では，円運動する電子は光を出してエネルギーを失い，原子核へ吸い込まれてしまう．古典物理にはないもの，フォトンが必要である．そうしてわずか4か月で革新的な原子構造論を作った．その内容は今日，高校の物理教科書にもある．以下にその要点を述べよう．

① まず，電子の**定常状態**の存在である．古典電磁気学によれば，原子核の周りを回っている電子は光を放射してエネルギーを失っていき，最終的には原子核に吸い込まれる．現実には原子が有限の大きさで存在するのだから，ボーアは電子のエネルギーが一定の定常状態の存在を仮定する．これは"仮定"であって，その正しさは量子力学によってはじめて示される．

② 電子は異なる定常状態の間を，光を吸収して瞬間的に遷移する．定常状態は複数あって，量子数 n によって区別され，一定のエネルギー E_n をもつ．状態 $m \to n$ の間を，電子は光のエネルギー $h\nu$ を吸収して遷移する．この途中は古典力学的に追跡不可能である．このとき，エネルギー保存則 $h\nu = E_n - E_m$ が成り立つ．すでにアインシュタインは1905年の論文で，この吸収と，逆向きの光の放出過程とが，光と物質とが熱平衡にあれば同じ確率で起こることを論じていた．

③ 定常状態を選ぶ量子化条件は，水素原子の例では，半径 r の円軌道に沿った運動量の大きさを p として，$rp = nh/2\pi$ で与えられる．すなわち，角運動量の値が量子化される．後に電子波を考えたド・ブロイ（de Broglie）はこれが，波長 $\lambda = h/p$ が円周の $1/n$ となる条件であることを示した．

ボーアの理論は，いくつもの仮定の上に展開され，水素原子の軌道の半径 a_n が

$$a_n = n a_B, \quad a_B = \frac{e^2}{m\varepsilon_0} = 5.2 \times 10^{-11}\,\text{m}$$

エネルギー E_n が

$$E_n = -\frac{B}{n^2}, \quad B = \frac{me^4}{8\varepsilon_0^2 h^2} = 13.6\,\text{eV}$$

と量子化されることを示した．$a_B = 0.052$ nm を**ボーア**（Bohr）**半径**という．これによってスペクトル系列の説明に成功した．ボーアはまず可視光のバルマ

一系列を取り上げ，これが $n=2$ の定常状態から，$n>3$ の状態への遷移であることを示し，定数を決めた．そしてほかの系列も，n の異なる状態からの遷移であることを示した．$n=1$ が最もエネルギーの低い状態で，これを**基底状態**という．

ボーアの理論は，いくつもの仮定の上に展開されたが，水素原子のスペクトルの説明に成功した．その後のゾンマーフェルト（**Sommerfeld**）や石原純の量子化条件の拡張により楕円軌道の存在，いわゆる p 軌道の扱い，磁場や電場によるスペクトルの変化などが説明された．また，変位に比例した復元力が働く調和振動子のエネルギーは $E_n = nh\nu$ と量子化されることがわかった．しかし，He をはじめとする多電子原子の説明はまだできなかった．特にボーアの理論でも，エネルギーが高い軌道の電子がいずれは最低の定常状態に落ち込んでいくという不安定性が残り，それでは周期律の説明はできない．

1.3.5 原子の殻構造，価電子

実際には原子のイオン化エネルギー，すなわち最も高い準位の束縛エネルギーは，図 1.10 のように周期表に対応して変動する．まず不活性元素に着目する．周期表を下へたどるにつれて，ボーアの理論によれば電子が占めている最

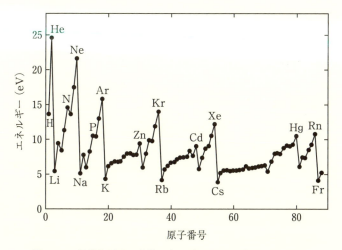

図 1.10 最外殻電子の束縛エネルギーの原子番号による変化

も高いエネルギー状態が高くなり，その軌道半径は増加することになる．次の段のアルカリ元素へいくと，Z が増えているのに，イオン化エネルギーは大きく低下する．これは，例えば Na の原子核による電場は，Ne に対応する電子群によってほとんど遮蔽されていることを示す．つまり Ne **閉殻** があり，その外側を 1 個の電子が運動する．この電子を **価電子** という．Na の価電子はゆるく結合しているので，金属結晶では原子を離れ，正イオンを残して自由に動きまわる．周期表を横へたどると価電子は増え，閉殻との結合は強まり，Cl ではもう 1 つ電子を受け入れて負イオンになりやすい．

　この描像は，量子力学の成立と並行してパウリ（Pauli）がおこなったスピン自由度の導入と禁制律によって基礎づけられた．すなわち，電子は自転に相当する内部運動の自由度（**スピン**）をもち，スピンが 2 つの向きをもつ．電子は，スピンの向きを含めた定常状態には 1 個しか存在できない（禁制律．パウリ（Pauli）の原理という）．Z 番目の原子では，スピンの向きを含めて Z 個の定常状態が下から電子によって占められる．定常状態の角運動量が小さい順に s, p, d, f という記号で表すのが慣例である．それに低い順に主量子数 n を付ける．H の最低軌道は 1s である．He では 1s に上向きと下向きのスピンの電子が入る．Li では 1s は満員で，次の電子は 2s に入る．Be は 2s に 2 個入る．B 以降では 2p にも電子が入る．p は楕円軌道で，角運動量ベクトルの x, y, z 方向に対応して 3 種類がある．Ne に至ると，すべての 2s, 2p 軌道が満員となる．いくつか強引なところがあるが，こうして曲りなりにも元素の周期律が理解可能となった．

1.3.6　X 線回折

　X 線の波長は結晶内の原子間隔と同程度である．波の位相は $\exp(i\boldsymbol{k}\cdot\boldsymbol{r})$ で表され，$\boldsymbol{k}=(k_x,k_y,k_z)$ を波数ベクトルという．位置 $\boldsymbol{R}_1=(X_1,Y_1,Z_1)$ にある原子によって散乱された X 線の波数ベクトルを $\boldsymbol{k}'$ とすると，格子点 $\boldsymbol{R}_1$ における波の位相差は指数因子 $\exp\{i(\boldsymbol{k}'-\boldsymbol{k})\cdot\boldsymbol{R}_1\}$ で表される．さらに $\boldsymbol{R}_2$ にある原子での散乱波との位相差は $\exp\{i(\boldsymbol{k}'-\boldsymbol{k})\cdot(\boldsymbol{R}_1-\boldsymbol{R}_2)\}$ となる．指数関数の肩が 2π の整数倍であれば，2 つの散乱波は強めあう．$\boldsymbol{R}_n$ が周期的に配列している結晶では，すべての格子点による散乱波が強めあう $\boldsymbol{k}'-\boldsymbol{k}=\boldsymbol{K}$

がある．その散乱波は写真乾板上に格子状の斑点として観測される．これが X 線回折の原理である．この手法によって 1911 ～ 1912 年に，ラウエ（Laue），ブラッグ（W. Bragg），寺田寅彦らによって結晶の構造が決定された．寺田の弟子である西川正治は，磁石に用いられるフェライトの複雑な結晶構造を 1915 年に確定した．

1.3.7 原子間力と結晶構造

　原子間力の様子は，量子力学的な理論によって導かれる．本格的な理論は第 2 章と第 3 章で述べる．ここでは，量子力学からわかっている電子の分布の様子についての定性的な様子を先取りして，大まかに原子間力と固体の結晶構造を説明しよう．

　ヘリウム，ネオンなどの希ガス原子では，電子は球対称に分布して他の原子と結合しない．これを閉殻という．原子間には弱い引力（ファン・デル・ワールス（van der Waals）力）が働く．また，閉殻が同じ位置に重ならないように，強い斥力が働く．図 1.11 は，これをモデル化したレナード（Lennard）-ジョーンズ（Jones）ポテンシャルである．このために，例えばネオンは低温では原子をぎっしりと詰めた面心立方格子（図 1.12）を作る．

　ハロゲン原子は余分に電子を受け入れて，負イオンとなりやすい．電子が余分に入るので，負イオンは原子よりも大きくなる．Cl^- イオンの半径は 1.4 Å

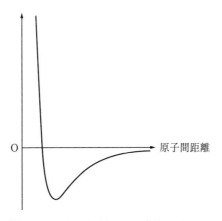

図 1.11　レナード-ジョーンズポテンシャル

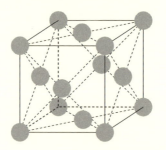

図 1.12 面心立方格子

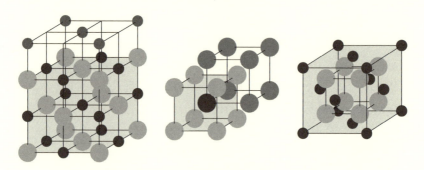

(a) NaCl 型構造　　(b) CsCl 型構造　　(c) CaF₂ 型構造

図 1.13 イオン結晶の格子の例．薄いグレーの丸は陰イオン，濃いグレーの丸は陽イオン，中くらいの濃さのグレーの丸は隣の格子の陽イオンを表す．また薄いグレーで示した範囲が単位胞である

（オングストローム，0.1 nm）である．一方，ナトリウムなどは電子が 1 個取れて正イオンとなる．正イオンは原子よりも小さい．Na^+ のイオン半径は約 1.0 Å である．そこで，負イオンが作る面心立方格子の間に正イオンが作る面心立方格子が入り込んだ食塩型の格子が作られる．正負のイオン間のクーロン力で結晶が安定化される．これが**イオン結晶**である．結晶格子を図 1.13 に示す．

ところが O^{2-} のイオン半径は 1.4 Å なのに，Mg^{2+} のイオン半径は 0.72 Å とかなり小さい．すると負イオンどうしが接触して，イオン結晶は不安定となる．電子は負イオンから正イオンへと戻り，原子間で共有されるようになる．これを**共有結合**という．その代表は C 原子で，4 つの価電子が 4 つの隣接原子と電子を共有しあって結晶格子を作る．

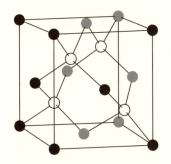

図 1.14 ダイヤモンド型格子．互いにずれて配列した 2 つの面心立方格子からなる．それぞれをグレーと白の丸印で表す．閃亜鉛鉱型では，グレーと白の丸印に異なる原子が入る

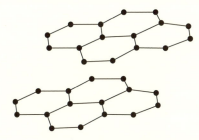

図 1.15 グラファイト格子

共有結合による結晶の典型例がダイヤモンド型格子である．代表的な半導体である IV 族元素，すなわち C, Si, Ge, Sn はダイヤモンド型格子である（図 1.14）．ダイヤモンド型格子は，2 つの面心立方格子がずれて配列した構造である．化合物でグレーと白の丸印に異なる原子が入ったものを閃亜鉛鉱 (ZnS) 型格子という．GaAs などの III-V 族，CdSe などの II-VI 族がその例である．化合物では，結合にイオン性も混在している．それについては第 3 章で述べる．

C 原子はまた，グラファイト（黒鉛）という層状結晶にもなる（図 1.15）．そのほかにも，様々なネットワークが作られている（第 8 章参照）．

III-V 族，II-VI 族のような化合物半導体の中には，**閃亜鉛鉱型**（ZnS 型）のほかに，六方格子よりなる**ウルツ鉱型を**とるものがある（図 1.16）．これら化合物では，電子は価数の小さい原子から大きい原子へと少し移動し，部分的にイオン化している．結合は，共有結合的な性格とイオン結合的な結合との中

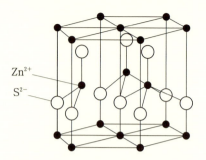

図 1.16 ウルツ鉱型格子．ZnS の場合

間にある．共有結合や金属結合では，電子は原子の間を行き来し，結晶全体に広がっている．一方，イオン結合では，電子はそれぞれのイオンの中に閉じ込められている．この違いはパウリの原理と，同じ向きのスピンの電子の間のクーロン力とによっているが，固体の性質を左右する．この点でも，半導体は中間的な性格をもつ．

1.4 半導体物性2 ― n型とp型 ―

1.4.1 熱起電力の符号

　半導体には，n型とp型の2種類があることは，今日ではよく知られている．それはどのような現象からわかってきたのだろうか．

　半導体の結晶の両端に金属をつなぎ，2つの接点に温度差を与えると電流が流れる（第5章および第7章を参照）．リングに間隙を入れると，その間に電圧が現れる．すなわち起電力が生じる．これを**熱起電力**といい，1822年にゼーベック（Seebeck）が発見した．異種の金属を2つつないでも熱起電力が生じるが，硫化鉛（PbS）などの半導体では，その値がけた違いに大きい．さらに，起電力の向きが金属とは逆の場合もあることがわかった．熱と電気とが関係しあう現象を**熱電気現象**という．もう1つの熱電気現象として，電流を流すと熱流も生じることが1834年に発見された．これを**ペルティエ**（Peltier）**効果**という．熱流の値は電流に比例し，電流の2乗に比例するジュール（Joule）熱とは異なる現象である．2つの導体や半導体を直列につないで電流を流すと，

接点で電流は連続だが熱流は不連続なので，発熱や吸熱が起こる．電流の向きを逆にすると，加熱から冷却へ切り替えることができる．

　電子の存在がまだわかっていなかった19世紀でも，電流は電気をもった小さな粒子の流れだろうという考えはあった．熱とは何かという研究も発展途上であったが，この粒子の運動エネルギーの移動が熱の伝達の1つの機構だろうと思われた．熱起電力やペルティエ効果に2つの向きがあることは，電荷の符号が異なる2種類の粒子があることを示唆する．1つは金属と同じ向きになる場合で，歴史的ないきさつから，この場合の粒子の電荷の符号が負と定義された．それとは逆向きの場合の粒子の電荷の符号は正となる．これがn（negative，負）型とp（positive，正）型との区別の始まりである．

1.4.2　半導体のホール効果

　半導体のホール効果は，20世紀の中頃に調べられた．半導体のホール効果の符号は物質により，また試料によって，負の場合も正の場合もある．ホール効果は，電流を運ぶ粒子の電荷の符号を決定する重要な現象である．熱電気現象でも，磁場をかけると温度勾配と磁場とに垂直な方向の起電力が生じることも観測された．

　半導体や金属の電気伝導を担っているのは，単純な素粒子としての電子ではない．電子が物質の影響を受けて運動する様子を単純化して電荷を運ぶ粒子として表したものである．そのような粒子を**キャリヤ**という．キャリヤには，負の電荷をもつ伝導電子と，正の電荷をもつ正孔との2種類がある．その点の理解に必要な量子力学の結果を以下に紹介する．

1.4.3　価電子の量子状態と半導体

　量子力学が成立すると，すぐにブロッホ（Bloch）によって結晶内の電子の量子状態が調べられた．価電子はたくさんの原子間を動きまわるので，そのエネルギー準位は原子のように離散的でなく，幅をもった帯（バンド）状となる．これを**価電子帯**という．

　導体，半導体，不導体の区別は，この価電子帯構造と，パウリの原理によって説明される．金属元素では，価電子が原子を離れて結晶の中を動きまわり，

価電子帯の途中までの準位を電子が埋めている（図4.4参照）．この最高の準位を**フェルミ（Fermi）準位**という．電場によって加速されると，電子はフェルミ準位よりも高い準位を占める．これが導体で，その場合のキャリヤは価電子である．一方，不導体，半導体では，価電子帯のすべての準位を電子が埋めつくしているので，電場によって加速しようとしても価電子帯の中では行きどころがない（図4.4(a)）．すなわち，価電子帯を埋めつくした電子は電流を運べない．電流を運べるのは，価電子帯から離れて高いところにあるエネルギー帯（エネルギーバンド）で，これを**伝導帯**という．そこでのキャリヤを**伝導電子**という．もう1つの可能性は，価電子帯の1つの準位から電子が取り去られて孔が生じた状態である．この場合のキャリヤを**正孔**という．このように，n型半導体のキャリヤは素粒子としての電子ではない．このことを意識するために，省略せずに**伝導電子**と呼ぼう．

　食塩の結晶では，ナトリウムから価電子が塩素へ移り，価電子帯を埋めつくす．バンドを埋めつくした価電子はキャリヤとはならず，不導体である．食塩を水に溶かすと，正と負のイオンに分かれ，電流を通す導体となる．このときのキャリヤはイオンである．完全結晶ではイオンが格子を組んでいるので動けない．図3.25のように，イオンが抜けている空格子点があれば，そこへ隣のイオンが移ることによって電流が流れる．しかし電子に比べればはるかに動きにくいので，抵抗率は非常に高い．Caなどの多価金属のホール係数が正となるのは，p軌道のエネルギーバンドがs軌道の価電子帯の頂上よりも低くなり，p帯に伝導電子，s帯に正孔があるからと考えればよい．

1.4.4　ドナーとアクセプター

　シリコン結晶にV族の不純物原子，例えばリンPが入ると，価電子の中の1個は共有結合に参加できずにあまる．その電子は，絶対零度ではP原子にゆるく束縛されているが，温度が上がると束縛を離れて結晶の中を動きまわる（図5.3などを参照）．バンドギャップの上の伝導帯に入り，キャリヤとなる．その電荷の符号はもちろん負である．これが**n型半導体**である．キャリヤを与える不純物を**ドナー**という．キャリヤの個数は不純物原子の個数であるから，純度に依存する．すなわち試料ごとに大きく変わる．

一方，III 族の不純物，例えばアルミニウム Al を入れると，共有結合に参加する価電子が 1 個不足する．すなわち，Al と隣接するシリコン原子との共有結合に孔が生じる．やや離れたシリコンの結合から価電子がやって来てこの孔を埋めると，離れた位置の結合に孔が移る．こうして孔は結晶の中を動きまわれるようになる．

　高校の教科書にあるこの説明では，孔は共有結合の腕に局在していると考えている．しかし，それは正しくない．孔は価電子帯の 1 つの準位にあると考えるのが正しい．絶対零度では，孔は Al の近くに束縛されているが，温度が上がると束縛を離れて結晶の中を動きまわる．もともと負の電荷の電子の孔だから，見かけ上の孔の電荷は正となる．これが **p 型半導体**のキャリヤである．近くの結合の電子を受け入れる不純物を**アクセプター**という．

　上で述べた導体，半導体，不導体の区別を説明するモデルは，1931 年にウィルソン（Wilson）の理論によって作られた．それによっていろいろな半導体の電気的性質の構造敏感性の研究が進んだ．金属酸化物についての結果は，次のようにまとめられる．

- n 型半導体：金属元素が過剰，還元的，ホール効果の符号は正常（金属と同じ）
- p 型半導体：金属元素が不足，酸化的，ホール効果の符号は異常（金属と逆）

　正の電荷をもつキャリヤは，当初は単に"孔"と呼ばれていた．今日のように"正孔"というのは，第二次大戦後のことである．上記の結合の孔という描像はわかりやすいが，磁場の中での孔の運動が正の電荷をもった粒子のようになることは理解しにくい．正しい理解は，第 5 章以下の量子力学に立脚した理論によって与えられる．

1.4.5 半導体の整流作用

　これまでは 1 つの半導体試料の性質について述べてきた．半導体のもう 1 つの大事な性質は，金属と接触したときの電流の流れ方である．半導体に金属の針を立てて接触させ，これを一方の電極として電流と電圧の関係を調べる（図 1.17）．電圧が小さい間は，電流は電圧に比例するオームの法則が成り立つ．

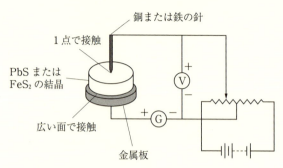

図1.17 整流作用実験の概念図．電圧の向きによって，電流の大きさが異なる

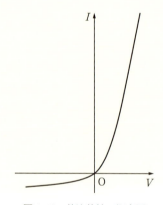

図1.18 整流特性の概念図

ところが電圧を大きくすると，電流の向きによって流れ方が違う．これを**整流作用**という．

1874年にシュスター（Schuster）は，さびていない銅（金属）とさびている銅（半導体である亜酸化銅）とを接触させて整流作用を観測した．電圧を上げていくと銅から亜酸化銅へはオームの法則よりも大きな電流が流れるが，亜酸化銅から銅へはわずかしか電流が流れない（図1.18）．ここでもn型の半導体 PbS や FeS$_2$ と，p型の半導体 Cu$_2$O や SnS では，大きな電流が流れる向きが逆になる．n型とp型の半導体どうしを接触させても，整流作用がある．

整流作用のメカニズムは，金属と半導体のエネルギーバンド構造から理解できる．図1.19のように金属とn型半導体とを接触させると，n型半導体から

1.4 半導体物性 2 ― n 型と p 型 ―

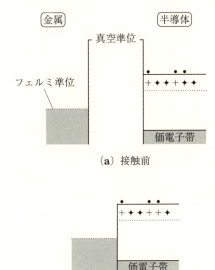

(a) 接触前

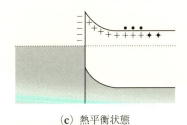

(b) 接触直後

(c) 熱平衡状態

図 1.19 金属・半導体接合の整流作用の概念図

金属へと電子が移動して，両者のフェルミ準位がそろう．このとき，界面に電荷二重層が作られる．その電場は金属側ではすぐに遮蔽されるが，半導体側では内部へ入り込む．このために界面には非対称の障壁が生じる（**ショットキー**（Schottky）**障壁**）．金属と半導体の間に電圧をかけると，障壁の高さは金属側からは変わらない．半導体側からは大きく変わるので，障壁を乗り越えて流れる電流の値は非対称となる．

整流作用がある接触部を通して交流を流すと，電流が流れにくい時間帯では電流が小さくなるから，交流の曲線はマイナス部分が抑えられるように変形さ

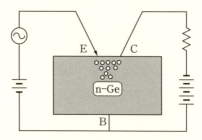

図1.20 最初のトランジスタの概念図. ○は電極Eから注入された少数キャリヤ. この場合は正孔の拡散を示す

れる. これを時間平均すれば, 交流を直流へ変換できる. このように整流作用はまず, 交流の直流への変換に用いられる. 代表的な例はセレンの整流器である. またラジオなどでは, 電波の強度を時間的に変調して情報を送る. このときに整流作用を使えば, 電波の細かい振動部分を捨てて, 強度変調部分だけを取り出すことができる. これを**検波**という. 初期の無線通信では, 半導体の検波受信機が用いられた. その後, 真空管が発達して, 普通の電波の受信や処理は, 真空管が主流となった. 日本では東芝のマツダ真空管が有名である. しかし半導体（シリコン）を用いた「鉱石ラジオ」も, 携帯用に愛用されていた.

　第二次大戦中に, 電波よりも波長が短い（10 cm 以下）**マイクロ波**を使ったレーダーが開発された. その検知には再び半導体が使われた. 初めはデュポン社が開発した純度 99.9% のシリコンが使われたが, 後に, より高純度の結晶が作られたゲルマニウムに切り替えられた. その頃の半導体検波器では, 同じ試料でも"猫のひげ"と呼ばれる細い金属の針を接触させる場所によって感度が異なった. 良い場所を探し当てて, その接触を保持する技が必要であった. それは半導体の表面が酸化していて, 不導体となっているからであると考えられていた. さらに2つのゲルマニウム結晶を接触させると, どちら向きにも電流が流れにくいこともわかった. これらは, 表面に電荷をため込む状態があるからだと推測された.

　そこで表面の状態を調べるために, 接触部（図1.20のC）の近くにもう1本の金属の針（E）を立てて実験がおこなわれた. その中で, 2本の針の電流の間には関係があり, 2番目の針の電流を変えると最初の針の整流特性を変えられることがベル電話会社の研究所で発見された. これが接触型**トランジスタ**

作用である．1949年のことである．これはEから注入された正孔がn型Geの中を拡散していき，全体の抵抗率を変えることにより，B→Cの電流値を変えるのである．このように最初の目的とはまったく違ったのだが，重要な発見がなされた．トランジスタ作用について一連の研究をおこなったバーディーン（Bardeen），ブラタン（Brattain），ショックレー（Shockley）の3人は，後にノーベル物理学賞を受けた．

このニュースを聞いて，日本ではシリコンの結晶を使った実験がさっそく試みられたそうである．しかし，当時のシリコン結晶はゲルマニウムほど良くなかったので失敗に終わった．日本では，ゲルマニウムの良い結晶を作る技術がなく，第二次大戦中に撃墜した米軍のB29爆撃機に搭載されていたレーダー用のゲルマニウムを使って追実験をするのがやっとだったそうだ．植村泰忠[*3]は戦後中央大学に勤めていたが，半導体の結晶すら見ることがない大学にいては研究ができないとして，東芝の研究所へ移った．東芝ではやがて自前のゲルマニウム結晶が作られるようになり，それを用いた実験とその結果を解析した論文が，1956年の第3回半導体国際会議で発表された．

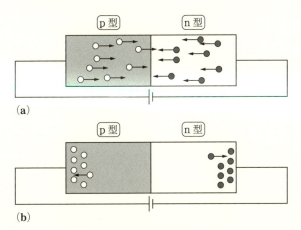

図1.21 PNダイオードの概念図．白い丸が正孔，グレーの丸が電子を表す．(a) 順方向．電子と正孔が接近して再結合する．(b) 逆方向．電子と正孔が遠ざけられて再結合しにくい

[*3] 本章執筆者中山の恩師である．

半導体どうしでも n 型と p 型とを接合すると，n 型から p 型へと伝導電子が，また p 型から n 型へと正孔が移動して接合領域に電場が作られ，整流作用が現れる（図 1.21）．電流は p 型から n 型へと大きく流れる．これを **PN ダイオード**という．その後，各種の半導体を組み合わせ，金属配線を組み込んだ IC が作られて，多彩なエレクトロニクスが開発されてきた．第 7 章で詳しく述べる．

1.4.6　トンネルダイオード

表面の障壁や接合を通しての電子の移動は，半導体からの電子放出，光電効果などの現象とも関係している．1957 年に東京通信工業（当時）の江崎玲於奈は，不純物を大量にドープしたゲルマニウムの PN 接合の逆方向電流が，ある電圧範囲では電圧とともに減少して谷間的な特性を示すことを発見した（図 1.22）．これは大量の不純物原子間を電子波が移動する "伝導帯" への量子力学的トンネル効果によるものである．電圧がさらに上がるとこの状態から外れるので，電流は減少する．後に実験物理として日本最初のノーベル賞を受けたこの研究は戦後，欧米を追いかけていた日本の半導体物理学の 1 つの到達

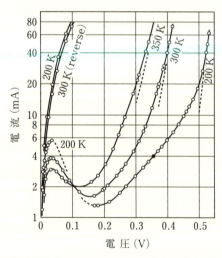

図 1.22　エサキダイオードの特性．温度が下がると低電圧域にトンネル効果による電流が流れる（Phys. Rev. 109 (1958) 603 による）

点である．

1.4.7 MOS 反転層

　トランジスタの発明に参加したショックレーは，もともと次のようなアイデアをもっていた．シリコンなどの半導体を外部電極の間に入れて，表面に電場をかけると表面に電荷がたまる．この電荷が面に平行に移動して生じる電流は外部電場によって変調される．こうして電界効果トランジスタ（FET，Field Effect Transistor）が可能になる．このアイデアを実現したのが MOS（Metal Oxide Semiconductor）接合である（図 7.17 参照）．図では p 型 Si の表面を酸化し，それに金属膜を付ける．金属と p 型 Si の間のゲート電圧を大きくすると，その電場によって Si のバンドは曲がり，酸化物との界面近くでは伝導帯にキャリヤがある n 型にタイプが反転する．これを MOS 反転層という．この伝導電子は酸化物内には入れないので，界面に垂直な z 方向の運動は量子化された束縛準位 E_i となる．一方，x, y 方向には自由に動けるから，準2次元的なキャリヤガスとなる．束縛準位の計算と光吸収については 6.4 節で述べる．2次元電子系については第8章で詳しく述べる．

1.5　キャリヤガスモデルと輸送現象

1.5.1　キャリヤガスモデル

　半導体の電気的性質は，電荷をもった微粒子，すなわちキャリヤの流れであるとして説明できる．n 型では伝導帯の伝導電子，p 型では価電子帯の正孔がキャリヤである．この節では電子工学の教科書にあるようにキャリヤを古典論的な粒子として扱い，その集団の運動によって輸送現象を説明しよう．キャリヤの体積密度は小さいので，キャリヤ間の電気力は無視できて，理想気体のように扱うことができる．これを**キャリヤガスモデル**という．

　まず，キャリヤの個数の温度変化を考えよう．絶対零度では，キャリヤは不純物原子に束縛されている．例えばシリコン中の P 原子は 5 価であるから，隣接する 4 個のシリコン原子との間に共有結合を作ったとして，$+e$ の電荷をもつ．5 番目の価電子は $-e$ の電荷をもっているから，電気力によって束縛

され，伝導帯よりも低いエネルギー準位を作る（図5.3参照）．その様子は水素原子に似ているが，電気力はシリコンの中では誘電率によって遮蔽される．シリコンの誘電率は真空の誘電率の 11.5 倍である．これにより，ドナーの束縛エネルギー E_d は水素の 13.5 eV の 1/130 で，約 0.1 eV の程度となる．実際は後で述べる有効質量の効果で，さらにその半分の程度になる．

このように束縛エネルギーがきわめて小さい**浅い不純物準位**のあることが，実際の半導体キャリヤの形成と制御のカギである．しかし第二次大戦前に書かれた教科書には，そのことはほとんど触れられていない．高純度の結晶がないので実験ができなかったし，誘電率の効果で束縛エネルギーが下がるという理論的検討もあまりない．思い込みのせいだろう．

有限温度では，一般にエネルギー E の状態に電子がいる確率は $\exp(-E/k_B T)$ に比例する．k_B はボルツマン（Boltzmann）定数で，その値は 1.38×10^{-23} J/K $= 8.63 \times 10^{-5}$ eV/K である．$k_B T$ が熱運動のエネルギーの目安を与える．室温 300 K での値は 0.026 eV である．不純物 P の体積密度を N_d とすると，有限の温度では，キャリヤである伝導電子の体積密度 n は

$$n = N_d \exp\left(-\frac{E_d}{k_B T}\right) \qquad (1.1)$$

となる．

正孔の場合，III 族の不純物は $-e$ の電荷をもつので，アクセプター準位が価電子帯の上に作られる（図5.3下図）．正孔のキャリヤ密度 p も，N_d の代わりにアクセプターの体積密度 N_a を用いて

$$p = N_a \exp\left(-\frac{E_a}{k_B T}\right) \qquad (1.2)$$

となる．E_a はアクセプターの束縛エネルギーである．$E_d/k_B, E_a/k_B$ の値は 10^1 K の程度であるから，室温以下ではキャリヤ密度は温度とともに急速に増加して，$n \cong N_d, p \cong N_a$ に落ち着く．後でシリコンの場合に示すように，これが半導体の電気的性質が温度，不純物密度に敏感な主な理由である．これに対して金属では，価電子は絶対零度でも原子を離れて動きまわるので，キャリヤの密度は金属原子の密度にほぼ等しい．一方，絶縁体では E_d, E_a の値が大き

いので，キャリヤの密度はきわめて小さい．

1.5.2 電気伝導度

半導体の電気的性質は，抵抗率で表される．しかし電場や磁場によって電流が流れる様子を記述するには，電流密度 j と電場との関係を表す**電気伝導度** σ が便利である．電位差 V と電流 I との関係を表すオームの法則 $V = RI$ を，$R = \rho L/S$ を考慮して

$$j = \frac{I}{S} = \frac{V/L}{\rho} = \sigma E \tag{1.3}$$

と書き変える．$\sigma = 1/\rho$ を電気伝導度という．

電流密度 j はキャリヤについて，電荷 q × 個数密度 n × 平均速度 v である．平均速度 v は運動方程式から求められる．静電場 E によってキャリヤは加速されるが，キャリヤは真空中を運動しているのではなく結晶原子からの力を受けている．その効果として，運動量 p のキャリヤのエネルギーは $p^2/2m^*$ となる．つまりキャリヤの慣性質量の値は，真空中とは異なる．これを**有効質量**といい，記号 m^* で表す．また，キャリヤは様々なメカニズムで衝突を受ける．それによって加速は，平均的には τ 程度の時間で打ち切られる．τ を衝突時間という．衝突はランダムに起こるが，キャリヤが運動していると前方からの衝突が後方からの衝突よりも頻繁に起こるので，平均としては後ろ向きの抵抗力を受ける．これを $-(m^*/\tau)v$ とする．

以上のことを考慮すると，キャリヤの運動方程式は

$$m^* \frac{dv}{dt} = qE - \frac{m^*}{\tau} v \tag{1.4}$$

となる．時間によらない定常電流では $v = (q\tau/m^*)E = \mu E$ と電場に比例する．比例係数 μ を**移動度**という．$\sigma = qn\mu$ である．

1.2.2 項と 1.2.3 項で述べたように，半導体の電気的性質は試料により，また環境によって大幅に変化する．半導体の電気的性質の研究の手本としては，1954 年のゲルマニウムについての実験がある．これは多くの教科書に紹介されている．本書では現在に至るまで半導体の代表格であるシリコンについて同年，引き続いておこなわれた Morin-Maita の研究 [10] を紹介する．図 1.23

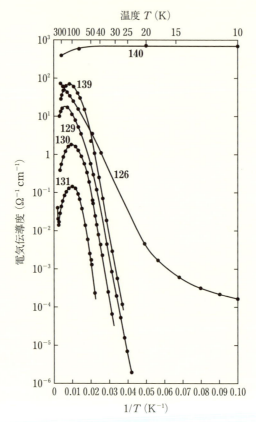

図1.23 シリコンの電気伝導度の温度変化．数字は，不純物濃度の異なる試料の番号（F. J. Morin and J. P. Maita : Phys. Rev. **96** (1954) 28による）

は，シリコンの伝導度の温度変化を不純物 As の濃度の異なるいくつかの試料について測定した結果である．30 K 前後から上の温度域で，伝導度は温度が上がると急激に増加する．伝導度の対数を温度の逆数に対して示したこの図では，勾配は試料によらずにほぼ一定である．150 K 付近で増加は弱まり，ピークを経て室温（300 K）では減少する．不純物濃度が最も低い試料（131）では，その後反転して急増の傾向を示す．一方，不純物濃度が非常に高い試料（140）では，温度変化の様子はまったく異なる．室温付近の抵抗率は，試料によってけた違いに異なる．温度を下げると，伝導度は急速に減少する．これら

の特徴が，個数密度 n の変動によるのか，移動度の違いによるのかについては次項で述べる．

1.5.3 ホール効果，個数密度と移動度の分離

ホール効果は，キャリヤの符号に2種類があることを示す重要な実験であった．電場とともに磁束密度 $\boldsymbol{B}$ がある場合のキャリヤの運動方程式は

$$m^* \frac{d\boldsymbol{v}}{dt} = q(\boldsymbol{E} + \boldsymbol{v} \times \boldsymbol{B}) - \frac{m^*}{\tau} \boldsymbol{v} \tag{1.5}$$

となる．磁場が z 方向にあり，xy 面内に電場がある場合を考えよう．z 方向への力は抵抗力だけであるから $v_z = 0$ となる．xy 面内の運動は

$$m^* \frac{dv_x}{dt} = q(E_x + Bv_y) - \frac{m^*}{\tau} v_x \tag{1.6}$$

$$m^* \frac{dv_y}{dt} = q(E_y + Bv_x) - \frac{m^*}{\tau} v_y \tag{1.7}$$

となる．定常電流の解は次のように書ける．

$$v_x = q\mu\{1 + (\omega_c\tau)^2\}^{-1}(E_x + \omega_c\tau E_y) = \mu_{xx}E_x + \mu_{xy}E_y \tag{1.8}$$

$$v_y = q\mu\{1 + (\omega_c\tau)^2\}^{-1}(-\omega_c\tau E_x + E_y) = \mu_{yx}E_x + \mu_{yy}E_y \tag{1.9}$$

また $\mu_{yx} = -\mu_{xy}$ が一般に成り立つ．

x 方向に電流を流し，y 方向には電極はあるが電流は流れないようにする．このとき y 方向の電極の間に電位差が観測される．これがホール効果である．$v_y = 0$ という条件から

$$\frac{E_y}{E_x} = -\frac{\mu_{yx}}{\mu_{yy}} = \omega_c\tau$$

である．これは試料の y 方向の端にたまったキャリヤが作る電場である．$v_y = 0$ なので $E_x = v_x/q\mu = j_x/qn\mu$ であるから

$$E_y = \frac{(qB/m^*)\tau j_x}{nq(q\tau/m^*)} = \frac{Bj_x}{qn}$$

となる．すなわちホール効果の大きさは，x 方向の電流と z 方向の磁束密度の積に比例し，比例係数であるホール係数 $R_\mathrm{H} = 1/qn$ は，キャリヤの個数密度 n に逆比例している．ホール効果は，キャリヤの符号とともに個数密度を教えてくれる！

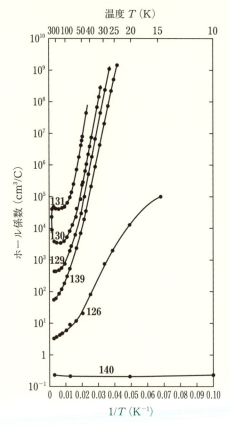

図1.24 シリコンのホール係数の温度変化.数字は図1.23と同じ試料番号
(F. J. Morin and J. P. Maita : Phys. Rev. 96 (1954) 28 による)

As を添加した n 型シリコンのいくつかの試料についてのホール係数 R_H の実験結果を図 1.24 に示す.伝導度が急増する 30 K 以上の温度領域では R_H は温度の上昇とともに急に減少する.その勾配は試料によらない.伝導度がピークになる温度から室温にかけては,R_H の値は温度にあまりよらない.その値は As の濃度が増えると小さくなる.すなわち,n はほぼ As の個数密度に比例する.これは,電子がほとんど As を離れてキャリヤとなっていることを示す.この領域を**出払い領域**という.低温で R_H が急速に上昇するのは,伝導電子が As 原子の周りに捕えられていくからである.その様子は式

(1.1) でよく表される．図は温度の逆数に対して対数プロットしてあるので，その勾配から束縛エネルギー E_d を求めると約 $0.049\,\mathrm{eV}$ となる．温度 $200\,\mathrm{K}$ において $E_d/k_B T = 0.28$ で $\exp(-0.28) = 0.72$ である．ホウ素を添加した p 型の場合も，アクセプターの束縛エネルギー $E_a = 0.046\,\mathrm{eV}$ である．束縛エネルギーがこんなに小さいことは，誘電率による遮蔽を考えれば当然なのであるが，理論家は長い間気づかなかった．戦後になって液体ヘリウム冷却機が普及し，液体窒素温度（$77\,\mathrm{K}$）よりもずっと低い温度（ヘリウムの沸点は $4.2\,\mathrm{K}$）での実験がおこなわれるようになったこと，ゲルマニウムやシリコンの高純度結晶が得られたことによって系統的な実験がなされて，やっと明らかになった．As 濃度がいちばん低い試料 (131) では，室温よりも高温で伝導度が急増するのに対応して，R_H の値が再び温度とともに急激に減少する傾向を示す．これは共有結合の電子が電離して，伝導電子と正孔との対ができるからである．この領域を**真性伝導領域**という．

1.5.4 キャリヤの移動度

ホール効果で n がわかったので，それと伝導度からキャリヤの移動度を求めることができる．その結果が図 1.25 に示してある．この図の横軸は温度 T そのものである．移動度は温度が低下すると増加する．これは格子の熱振動とキャリヤとの衝突が減少し，τ が長くなるからだと考えられる．この点は金属でも同様である．すなわち金属と半導体との伝導度の違いは，キャリヤの個数密度にあることが実証された．

室温付近での移動度の値は $\mu \cong 10^{-1}\,\mathrm{m^2/V\,s}$ の程度である．電場が $E \cong 10^1\,\mathrm{V/m}$ の程度のとき，電流のキャリヤ速度は $v \cong 10^0\,\mathrm{m/s}$ となり，これは熱運動の速度 v_0 に比べて非常に小さい．すなわち，個々のキャリヤは熱運動の速度の向きを絶えず変えており，電場の作用によってわずかにその方向へ移動するのである（図 1.26）．ちょうど，熱運動している空気分子の流れである風のように．衝突時間 τ は $\tau = \mu m/e \cong 10^{-11}\,\mathrm{s}$ ときわめて短い．この間に熱運動でキャリヤが進む距離（平均自由行程 L）は $L = v_T \tau \cong 10^{-8}\,\mathrm{m} = 10\,\mathrm{nm}$ である．これは原子の間隔の 10^2 倍である．すなわち，キャリヤは結晶格子とは衝突しないのである．この点でキャリヤは古典力学的な粒子とは異なる．

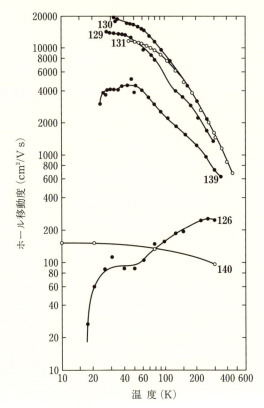

図 1.25　シリコンの移動度の温度変化．数字は図 1.23 と同じ試料番号（F. J. Morin and J. P. Maita : Phys. Rev. 96（1954）28 による）

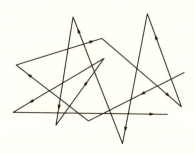

図 1.26　自由行程の概念図．キャリヤは自由運動して，時に衝突を受ける

量子力学によれば，キャリヤはもともと結晶格子中の電子波であるから，結晶格子との相互作用の効果は電子波を求めるときに折り込み済みである．キャリヤはそのような波の波束なのである．したがってキャリヤの衝突を与えるのは，完全な結晶格子からのずれ，すなわち格子振動や格子欠陥なのである．この点の詳しい説明は第5章で述べる．キャリヤは絶えず熱運動をしているので，その位置は時間が経つと遠くへずれていく．すなわち拡散が起こる．キャリヤは平均自由行程 L 程度進んでは向きを変える．その座標は $L+L-L+L=L\cdots$ というように変化するだろう．M 回変化したときの平均の座標は + と − とが等確率なので 0 である．しかし 2 乗平均は $\langle \Delta x^2 \rangle = ML^2$ となる．この間の時間を t とすると $M = t/\tau$ であるから，$\langle \Delta x^2 \rangle = (v_\mathrm{T}^2 \tau)t$ となる．拡散係数 D は，t の係数の程度であるから

$$D = v_\mathrm{T}^2 \tau = \frac{k_\mathrm{B}T}{m}\tau = \frac{k_\mathrm{B}T\mu}{q}$$

となる．すなわち移動度と拡散係数とは比例する．これを**アインシュタイン（Einstein）の関係式**という．アインシュタインの関係式は，拡散と抵抗のように**ゆらぎと散逸**とを結びつける普遍的なものである．例えば，導線の両端の電位差の熱ゆらぎ（雑音）は，導線の電気抵抗と温度との積に比例する．これらのことは，半導体デバイスの基本原理である．

1.5.5 磁気抵抗効果

いまの計算では $j_x = qn\mu E_x$ であるから，x 方向の電気抵抗率は磁場がないときと変わらない．それは，キャリヤの平均速度の運動のみを考えたからである．しかし実験では，ホール効果とともに電気抵抗が磁場の 2 乗に比例して変化することが知られている．これを**磁気抵抗効果**という．さらに，この現象は結晶軸に対する方向によって変化する．これらのことを説明するには，より立ち入った理論が必要である．

ここではキャリヤとして伝導電子 n と正孔 p とが併存する場合を考えよう．全電流は

$$j_\alpha = e \sum_\beta (p\mu^{(\mathrm{p})}{}_{\alpha\beta} - n\mu^{(\mathrm{n})}{}_{\alpha\beta})E_\beta \qquad (1.10)$$

である. y 方向の電流が 0 となる条件は

$$\frac{E_y}{E_x} = -\frac{p\mu^{(p)}{}_{yx} + n\mu^{(n)}{}_{yx}}{p\mu^{(p)}{}_{yy} - n\mu^{(n)}{}_{yy}} \tag{1.11}$$

である. $j_y = 0$ という条件では

$$E_x = \frac{j_x}{p\mu^{(p)}{}_{xx} - n\mu^{(n)}{}_{xx}}$$

である. 結局

$$E_y = -j_x \frac{p\mu^{(p)}{}_{yx} + n\mu^{(n)}{}_{yx}}{(p\mu^{(p)}{}_{yy} - n\mu^{(n)}{}_{yy})^2} \tag{1.12}$$

となる. $\mu^{(n)} < 0$ である. 磁場が弱く, また τ が電子と正孔とで同じだとすると, ホール係数は

$$R_H = \frac{p/m_p^{*2} - n/m_n^{*2}}{e(p/m_p^* + n/m_n^*)^2} \tag{1.13}$$

となる. 図 1.24 の室温よりも高温の真性伝導領域で, 電子と正孔の密度が等しい場合でも, 有効質量が異なるとホール係数は 0 ではない. それは y 方向の電流は全体として 0 なのであって, 伝導電子や正孔の部分的電流は 0 ではないからである. この部分的電流にローレンツ (Lorentz) 力が働くと, x 方向に磁場の 2 乗に比例した電流が生じる. その向きはもともとの j_x に対して逆向きである. こうして, この場合には磁気抵抗効果が生じる. その値を求めると

$$\frac{\Delta\sigma}{\sigma_0 B^2} = \frac{e^2\{p/m_p^{*2} + (n/m_n^{*2})^2 - p/m_p^{*3} + (n/m_n^{*3})(p/m_p^*) + n/m_n^*\}}{p/m_p^* + n/m_n^*} \tag{1.14}$$

となる.

伝導電子だけがある場合でも, 衝突時間 τ が粒子の速度によって異なることを考えると, ホール係数の値は $1/en$ とは多少異なっている. 例えば格子波の音響モードの熱振動による衝突の場合には計算すると, 比は $(3\pi/8)/en = 1.17/en$ となる. これらの効果を考慮して n をより精密に求め, 移動度を決めて衝突の機構を調べるところまで研究は進んだ. このように半導体の輸送現象の研究は精密科学の段階に達した. こうして実験的に求めた移動度の温度依存性は

1.5 キャリヤガスモデルと輸送現象

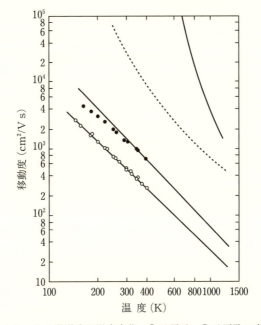

図 1.27 シリコンの移動度の温度変化. ● は電子, ○ は正孔の実測値. 曲線は, 下からキャリヤ-音響フォノン散乱, キャリヤ-光学フォノン散乱, 電子-正孔散乱の理論値 (N. B. Hannay : *Semiconductors, MARUZEN Asian ed.* (MARUZEN, 1959) による)

$$n\text{型シリコン} \quad \mu \cong T^{-2.6} \tag{1.15}$$

$$p\text{型シリコン} \quad \mu \cong T^{-3.3} \tag{1.16}$$

である (図 1.27). これらは格子振動の音響モードとの衝突の簡単な理論から導かれる $T^{-3/2}$ 則から外れている. その理由の 1 つは光学モードとの衝突であろうが, 未解決である. キャリヤをエネルギーの異なる集団に分けて考える理論は, 統計力学でボルツマン方程式を使って定式化されている. それについては第 5 章で述べる.

温度が数十 K になると移動度の増加は頭打ちになり, 不純物濃度が最も低い試料では, 低温では減少する. これは不純物イオンとの衝突の効果と考えられている. 一方, As の濃度が最も大きい試料では, 電気的な特性は以上述べてきた低濃度の試料の場合とはかなり異なる. これは, 不純物原子をわたり歩く伝導機構 (**不純物伝導**) によると考えられている.

1.5.6 サイクロトロン共鳴

半導体の1個のキャリヤの運動を直接観測する方法が，サイクロトロン共鳴である．**サイクロトロン**の原理は，磁場に垂直な面内では，荷電粒子は等速円運動をすることである（図 1.28）．1931 年，ローレンス（Lawrence）はこれを用いて粒子加速器サイクロトロンを開発した．円運動の角振動数は粒子の電荷/質量に比例する．これを用いて，素粒子や原子核の研究が盛んにおこなわれた．固体内の電子にこの方法を用いることは，1950 年代になって試みられた．1955 年に Dresselhaus-Kip-Kittel（DKK）により，古典となる論文 [11] が発表された．

ローレンツ力は，キャリヤの速度 v と磁束密度 B とに垂直で，大きさは qvB である．これによりキャリヤの運動方向は垂直方向に曲げられて，円運動となる．円運動の角速度 ω_c は，加速度の大きさが $\omega_c v = qvB$ であるから

$$\omega_c = \frac{qB}{m^*}$$

となる．これは速さ v によらないから，この一定の振動数の電場によってキャリヤを加速し続けることができる．円運動の向きは，負電荷 $q = -e$ のときには図 1.28 のように反時計回りとなる．電場ベクトルが同じ向きに回転する**円偏光**の電磁波の共鳴吸収を**サイクロトロン共鳴**という．

磁場と電磁波があるときの伝導電子の運動方程式は（1.6）と（1.7）式の電場を交流電場とすればよい．

$$m^* \frac{dv_x}{dt} = e(E_x + Bv_y) - \frac{m^*}{\tau} v_x \tag{1.17}$$

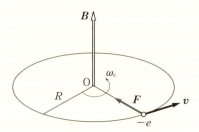

図 1.28　サイクロトロン共鳴の概念図

$$m^* \frac{dv_y}{dt} = e(E_y + Bv_x) - \frac{m^*}{\tau} v_y \tag{1.18}$$

反時計回りの円偏光では

$$E_x = E_0 \cos\omega t, \quad E_y = E_0 \sin\omega t$$

である．上の第1式と第2式 $\times i$ との和をとる．交流回路のときのように

$$v_x = v_0 \cos(\omega t - \phi), \quad v_y = v_0 \sin(\omega t - \phi)$$

とする．

$$E_x + iE_y = E_0 \exp(i\omega t), \quad v_x + iv_y = v_0 \exp\{i(\omega t - \phi)\}$$

である．これまでの記号を用いると次のようになる．

$$\{1 - i\tau(\omega_c - \omega)\}v_0 \exp\{i(\omega t - \phi)\} = \mu E_0 \exp(i\omega t) \tag{1.19}$$

これから

$$v_0 \exp(i\phi) = \frac{1 + i\tau(\omega_c - \omega)}{1 + \tau(\omega_c - \omega)^2} \mu E_0 \tag{1.20}$$

となる．$\tan\phi = \tau(\omega_c - \omega)$ である．これから電磁波の吸収率 $P = v_0 E_0 \cos\phi$ は

$$P = \frac{\mu E_0^2}{1 + \tau(\omega_c - \omega)^2} \tag{1.21}$$

となる．これは $\omega = \omega_c$ にピークをもつローレンツ型の共鳴曲線である．そのピークの幅は $1/\tau$ である．ピークが識別できるには $\omega_c \tau > 1$ でなければならない．

　正孔の場合は $q = e$ であるから，円運動の向きは時計回りとなる．ω_c の符号を反転させる．そちら回りの円偏光の電磁波は，ω の符号を反転したものであるから結局，吸収率は上と同じ式（ω_c は絶対値）となる．直線偏光の電磁波は時計回りと反時計回りの円偏光を合成したものであるから，上の式と ω_c の符号を変えたものの和となる．DKK による論文 [11] には，その式が示してある．

　有効質量を $m^* = 0.1m$，磁場を 0.1 T としたときに，$\omega_c = 1.8 \times 10^{11}$ /s，振動数は 2.8×10^{10} Hz となる．これに対応する電磁波の波長は約 1 cm で，マイクロ波である．試料の τ は 10^{-12} s 程度が要求される．これは高純度の結晶で，温度も液体ヘリウム温度 4.2 K でなければならない．この条件ではキ

ャリヤの個数密度が小さく，吸収を測定するのは難しい．ゲルマニウムでは測定に使うマイクロ波の加熱効果で，ドナーに捕えられていたキャリヤが解放される．束縛エネルギーが大きいシリコンでは，別に光を照射してキャリヤを作る．光の強度を変調して測定感度を上げる．キャリヤが多すぎると，それが作る反電場の効果が生じる．マイクロ波を試料によって反射させた強度を測定する．試料は大きくなければならないが，マイクロ波立体回路をあまり乱さないことも必要である．全体の装置は液体ヘリウムに漬けておく．DKK はこのようなことを点検して，シリコンとゲルマニウムの n 型，p 型の試料について測定に成功した．前後してマサチューセッツ工科大学のリンカーン研究所でも，強力な磁石を利用した実験がおこなわれた．

　実験では ω は一定で，B を変えて測定する．また直線偏光を用いて，伝導電子と正孔と両方の信号を1つのシリーズで測定する．その結果が図 1.29 である．伝導電子か正孔かは，もちろん円偏光を使って確める．図のように，伝導電子と正孔それぞれに複数の信号を観測した．有効質量の異なるキャリヤが多種あるのだ．

　一般に，キャリヤの運動は B に垂直な面内で起こる．p 空間での軌道は，B に垂直な等エネルギー面上の曲線となる（図 1.30）．時間 $\varDelta t$ の間の運動量変化は，$\varDelta p = q(v \times B) \varDelta t$ である．両辺について p とのベクトル積をとると

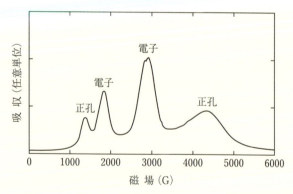

図 1.29 サイクロトロン共鳴の実験図．直線偏光を用いているので，電子，正孔の吸収が観測される（G. Dresselhaus, A. F. Kip, and C. Kittel : Phys. Rev. 98（1955）368 による）

1.5 キャリヤガスモデルと輸送現象

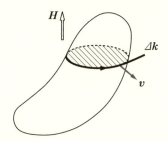

図1.30 一般の等エネルギー面とサイクロトロン軌道

$$p \times \Delta p = qp \times (v \times B)\Delta t = q(p \cdot v)B\Delta t$$

となる。$p \cdot v$ は運動エネルギーの2倍で，磁気力は仕事をしないから一定である。さらに B とのスカラー積をとると，$B \cdot (p \times \Delta p)$ は曲線が閉じていれば，1周積分すれば p 空間での B に垂直な断面積 $S \times 2B$ になる。Δt の積分は周期 T_c である。以上から

$$\omega_c = \frac{2\pi}{T_c} = \frac{\pi q B(p \cdot v)}{S} \quad (1.22)$$

となる。運動エネルギーが運動量の2次関数であれば，$(p/v)/S$ はエネルギーの値によらず一定である。

n 型では，等エネルギー面は回転楕円体である。軌道は一般には楕円であるから，両方の円偏光と結合する。詳細は省略するが，サイクロトロン運動での有効質量は，磁場と長軸との角度を θ として

$$\left(\frac{1}{m^*}\right)^2 = \frac{1}{m_l^{*2}}\cos^2\theta + \frac{1}{m_t^{*2}}\sin^2\theta \quad (1.23)$$

となる。磁場の方向を [001] 軸から [1$\bar{1}$1] 方向へ変えていったときの変化が，次のページの図 1.31 に示してある。この図から有効質量の値 m_l，m_t をそれぞれ求めた。

正孔でも2つのピークが観測された。すなわち，有効質量が**軽い正孔**と**重い正孔**とがある。価電子帯は複雑で，ω_c はエネルギーによって異なる。そのような場合には，キャリヤの分布に応じて平均しなければならない。正孔の共鳴線が広がりをもつのはそのためである。

しかもその値は，磁場の方向を変えると変わる。

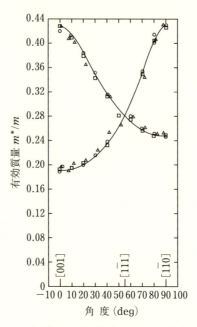

図1.31 シリコンの伝導電子有効質量の磁場方向の角度変化（G. Dresselhaus, A. F. Kip, and C. Kittel : Phys. Rev. 98 (1955) 368 による）

磁場に垂直な面内の運動は，座標 x,y と速度 v_x, v_y の4つの変数で表される．サイクロトロン運動では，半径 R と軌道上の初期位相 α が2つの変数である．残りの2つは円の中心の座標 X, Y である．

サイクロトロン運動は x,y 軸に投影すれば単振動である．したがって，そのエネルギーは

$$E_n = \left(n + \frac{1}{2}\right)\hbar\omega_c \tag{1.24}$$

と量子化される．これを**ランダウ**（Landau）**準位**という．この見方からはサイクロトロン共鳴は，電磁波のフォトンを吸収して n から $n+1$ へランダウ準位間を遷移する現象ということになる．円運動だけではなく，中心座標もまた量子論的に扱わなければならない．正孔のように等エネルギー面が複雑な場合には，ランダウ準位もまた等間隔ではなくなり，複雑な構造をとる．このため 1.2 K で測定した p 型ゲルマニウムのサイクロトロン共鳴では，21本の吸

収線が観測された！

　金属中の自由電子もサイクロトロン運動をする．しかしマイクロ波は導体の中には入れない．磁場を金属表面に平行にかけると，その周りにサイクロトロン運動をする．表面近くに来たときに，わずかに侵入したマイクロ波を共鳴吸収する．これを**アズベル**（Azbel）**-カーナー**（Kaner）**共鳴**という．この方法で，金属中の電子の有効質量を調べることができる．

参考文献

[1] 広重徹著：「物理学史 I/II」（培風館，1968/1968）．この本は原論文を踏まえて書かれ，原論文が明記されている．

[2] N. F. Mott and R. W. Gurney : *Electronic Processes in Ionic Crystals* (Clarendon Press, 1940). 日本語版としては，落合麒一郎，高橋秀俊，高木豊訳：「イオン結晶論」（丸善，1945）．

[3] 川村肇，小林秋男，久保亮五，納賀勤一著：「電子放射と半導體」（産業図書，1950）．

[4] 植村泰忠著：「不完全結晶の電子現象」（岩波書店，1955）．「岩波講座現代物理学」（全34冊）中の1冊として刊行．後に永宮健夫，久保亮五編：「固体物理学」（岩波書店，1961）に増補のうえ収録．

[5] 植村泰忠，菊池誠著：「半導体の理論と応用　上 ― その半世紀の歩み ―」（裳華房，1960）．この上巻に続いて，後に菊池誠による単著として中巻が刊行．

[6] 小林秋男著：「半導体」（岩波書店，1957）．

[7] 川村肇著：「半導体物理」（共立出版，1987）．

[8] P. Y. Yu and M. Cardna : *Fundamentals of Semiconductors ; Physics and Material Properties, 4th ed.* (Springer, 2010).

[9] N. B. Hannay : *Semiconductors, MARUZEN Asian ed.* (MARUZEN, 1959). 1950年代までのベル研究所などの研究総説．

[10] F. J. Morin and J. P. Maita : Phys. Rev. 96 (1954) 28.

[11] G. Dresselhaus, A. F. Kip, and C. Kittel : Phys. Rev. 98 (1955) 368.

第 2 章

電子状態と量子力学

塚田　捷

　半導体の性質や働きを決定づける電子の振舞いは，量子力学によって支配されている．量子力学は原子・分子を構成する電子はもちろんのこと，原子核や素粒子・クォークにいたるまで，極微粒子の生成・構造・反応などの挙動を支配する世界の根本法則であるが，マクロな半導体物質の様々な性質や現象，特に電気伝導や光学的・熱的・磁気的現象を理解するための基礎でもある．

　本章では半導体物理学を理解するための基本枠組みを提供することを目指して，量子力学を基礎から丁寧に説明しよう．際立って量子力学的な挙動であるトンネル効果，調和振動の量子化から，原子・分子に束縛された電子や結晶中のバンド状態の形成など，物質中の電子がどのように理解できるかを単純な系を中心に見ていくことにしよう．

2.1 量子力学の基礎

2.1.1 量子力学とは

　我々が日常扱う物質は，原子や分子から組み立てられている．原子や分子がどのような原理で結合し物質となるのか，構成された物質が金属，絶縁体，または半導体であったり，透明であったり，磁石になったり，熱を伝えたりするなど，物質の示す様々な性質は，どのようにして生じるのだろうか？　物質の構造や性質，あるいは生成反応過程にいたるまで，そのほとんどは物質中にお

ける電子の振舞いから理解し説明することができる．

しかし，電子の振舞いを記述する力学は古典的なニュートン（Newton）力学ではなく，量子力学と呼ばれるものである．マクロな物質に囲まれて日常生活を送っている我々にとって，古典力学の支配する世界は直感的に受け入れられるが，量子力学の法則はしばしば，日常的な感覚とはかけ離れている．しかし，黒体放射，光電効果，原子のスペクトルなど，その根底を突き詰めれば，古典力学の限界を超えてどうしても量子力学へと飛躍しなければならない幾多の現象が見出され，それらが20世紀の初頭に量子力学の発見へと導いたのである．本章では電子の振舞いを理解するのに必要な範囲で，量子力学のあらすじを説明しよう．

2.1.2 波動関数

量子力学を導入する糸口として，1個の電子の「状態」を記述する「波動関数 $\phi(x,t)$」というものを導入し，時刻 t において電子を空間の微小部分 $x \sim x+dx$ の中に見出す確率が

$$\rho(x,t)dx = |\phi(x,t)|^2 dx \tag{2.1}$$

によって与えられるとしよう．波動関数 ϕ は一般には複素数の値をとるが，振幅絶対値の2乗は電子の存在確率であり，位相因子は後にみるように電子の運動や状態の遷移と関係づけられる．全空間のどこかに必ずこの電子が存在するのだから，波動関数は規格化条件

$$\int |\phi(x,t)|^2 dx = 1 \tag{2.2}$$

を満たさなければならない．

次に，電子の運動量，位置，エネルギーなど色々な物理量は，観測するまではその値は決まっていない．観測される物理量（これを A としておく）の値は確率的に分布するが，その期待値は

$$\langle \phi | \hat{A} | \phi \rangle = \int \phi^*(x,t) \hat{A} \phi(x,t) dx \tag{2.3}$$

で与えられる．$\hat{A}$ は，物理量 A に対応するエルミート（Hermite）演算子である[*1]．例えば，電子の位置座標 x に対応する演算子は，x を掛けるという

演算子 $\hat{x}$ であり，運動量 p に対応する演算子は

$$\hat{p} = \frac{\hbar}{i}\frac{\partial}{\partial x} \tag{2.4}$$

である．ここで $\hbar$ はプランク（Planck）定数 h を 2π で除した $\hbar = 1.054 \times 10^{-34}$ J·s である．物理量 A を観測すると必ず α という値が得られる状態 ϕ_α は，A の固有状態と呼ばれ

$$\hat{A}\phi_\alpha = \alpha\phi_\alpha$$

という関係を満たす．α は $\hat{A}$ の固有値の 1 つであるが，A の観測値は必ず $\hat{A}$ の固有値のうちのどれかになる（脚注 *1 参照）．また異なる固有値 α, β（$\alpha \neq \beta$）に対応する状態 ϕ_α, ϕ_β は直交し

$$\langle \phi_\alpha | \phi_\beta \rangle = \int \phi_\alpha^*(x,t)\phi_\beta(x,t)dx = 0$$

を満たす．そして任意の状態 ψ は，1 つの演算子のあらゆる固有関数 $\{\phi_\alpha\}$ によって

$$\psi = \sum_\alpha C_\alpha \phi_\alpha$$

と展開することができる．

物理量の和や積には，それぞれの演算子の和や積が対応する．ただし，2 つの物理量（A, B とする）の積の場合は，その順序の違いで異なる結果が得られる場合がある．順序を変えた積の演算子の差

$$[\hat{A}, \hat{B}] = \hat{A}\hat{B} - \hat{B}\hat{A} \tag{2.5}$$

を交換子と呼ぶが，これがゼロでない場合には，A と B との観測値を同時に精密に得ることはできない．例えば，電子の位置と運動量の間には

$$[x, p] = i\hbar \tag{2.6}$$

の交換関係があり，これによって両者の観測値の不確定量の積 $\Delta x \Delta p$ を $\hbar/2$

---

*1 エルミート演算子（$\hat{A}$）とは

$$\langle \phi | \hat{A} | \psi \rangle = \int \phi^*(x,t)\hat{A}\psi(x,t)dx$$

として，次のような性質を満たす線形演算子である．

$$\langle \phi | \hat{A} | \psi \rangle = \langle \psi | \hat{A} | \phi \rangle^*$$

α を固有値とする $\hat{A}$ の固有関数 ϕ_α について

$$\langle \phi_\alpha | \hat{A} | \phi_\alpha \rangle = \alpha, \quad \langle \phi_\alpha | \hat{A} | \phi_\alpha \rangle = \langle \phi_\alpha | \hat{A} | \phi_\alpha \rangle^*$$

なので，エルミート演算子の固有値は必ず実数になる．

より小さくはできないことが示される[*2]．ただし (2.6) 式では演算子 $\hat{x},\hat{p}$ を対応する物理量 x,p で表した．以下でも同じように，物理量とそれに対応する演算子とを同じ記号で表す．

2.1.3　固有状態と時間発展 ― シュレディンガー方程式 ―

　量子力学による系の時間変化を表示する方式には，物理量の演算子を時間変化させるハイゼンベルク（Heisenberg）表示と波動関数のほうを時間変化させるシュレディンガー（Schrödinger）表示とがあるが，両者は同等である．ここでは一般的な導入になじみやすい後者によって議論を進めよう．シュレディンガー表示では，状態，すなわち波動関数の時間変化が，次の時間依存シュレディンガー方程式

$$H\phi(\boldsymbol{x},t) = i\hbar \frac{\partial}{\partial t}\phi(\boldsymbol{x},t) \tag{2.7}$$

で与えられる．ここで $\boldsymbol{x} = (x,y,z)$ は電子の位置であり，H はハミルトニアン（Hamiltonian）と呼ばれ，電子の全エネルギーに対応する演算子である．1 個の電子がポテンシャル場 $V(\boldsymbol{x})$ の中にあるとき，その全エネルギーは運動エネルギーとポテンシャルエネルギーの和であり，ハミルトニアン H は次のように与えられる．

$$H = \frac{\boldsymbol{p}^2}{2m} + V(\boldsymbol{x}) = -\frac{\hbar^2}{2m}\left(\frac{\partial^2}{\partial x^2} + \frac{\partial^2}{\partial y^2} + \frac{\partial^2}{\partial z^2}\right) + V(\boldsymbol{x}) \tag{2.8}$$

固有値を E とする全エネルギーの固有状態 ϕ_E は，次の（時間によらない）シュレディンガー方程式によって決定される．

[*2]　不確定性関係 $\Delta x \Delta p \geq \hbar/2$ が成立する理由は，下記のように説明できる．
　　交換関係 $[A,B] = i\hbar$ を満たすエルミート演算子 A,B と，任意の状態 ϕ について $\phi_A = (A - \langle\phi|A|\phi\rangle)\phi$, $\phi_B = (B - \langle\phi|B|\phi\rangle)\phi$, $\Phi = \phi_A - i\lambda\phi_B$ を定義する．ただし，λ は任意の実数である．波動関数のノルム $\|\phi\| \equiv \sqrt{\langle\phi|\phi\rangle}$ は非負値の実数であるので，Φ のノルムの 2 乗について次の関係が成立する．

$$\|\Phi\|^2 = \|\phi_A\|^2 + \lambda^2\|\phi_B\|^2 + i\lambda(\langle\phi_B|\phi_A\rangle - \langle\phi_A|\phi_B\rangle)$$
$$= \|\phi_A\|^2 + \lambda^2\|\phi_B\|^2 + \lambda\hbar \geq 0$$

上記の $\|\Phi\|^2$ はすべての実数 λ について負にならないから，$\|\phi_A\|\|\phi_B\| \geq \hbar/2$ でなければならない．ノルム $\|\phi_A\|,\|\phi_B\|$ はそれぞれ物理量 A と B の状態 ϕ における不確定さを表すから，この関係は物理量 A,B の不確定性関係に他ならない．

$$H\phi_E = E\phi_E \tag{2.9}$$

(2.9) 式の解が求められると (2.7) 式を満たす波動関数は

$$\phi(x,t) = \sum_E c_E \phi_E(x) \exp\left(-i\frac{E}{\hbar}t\right) \tag{2.10}$$

と表される．ここで c_E は，初期条件で決まる展開係数である．状態 ϕ が時刻 $t=0$ において，あるエネルギー固有状態 ϕ_E であったとすると，それ以降も状態はその固有状態に留まり，波動関数の位相は $\exp(-iEt/\hbar)$ のように時間変化するのみである．外界との相互作用によって，ハミルトニアンが $H \to H + H'$ のようにわずかに変化すると状態間の遷移が可能となるが，これについては 2.1.9 項に述べる．

2.1.4 粒子と波動

束縛ポテンシャル V の存在しない空間では，(2.9) 式を満たす 1 個の電子の固有状態として平面波 $\exp(i\bm{k}\cdot\bm{x})$ を選ぶことができる．その運動量とエネルギー固有値が，それぞれ

$$\bm{p} = \hbar\bm{k}, \quad E(k) = \frac{\hbar^2 k^2}{2m}$$

であることは，容易に確められる．この状態では運動量は確定値をとる一方，波動関数の振幅は全空間で一定であるから，電子は空間内のどこにあるか不定である．これは運動量と位置との不確定性関係から期待されることでもある．ところで電子の波としての位相速度はどのようになるだろうか．簡単のため波の進行方向の 1 次元系で議論する．時間因子まで含めた波動関数は

$$\phi_k(x,t) = e^{i\{kx - E(k)t/\hbar\}} = e^{ik\{x - E(k)t/\hbar k\}} \tag{2.11}$$

となり，進行方向に位相速度

$$v_{\text{phase}} = \frac{E(k)}{\hbar k} = \frac{\hbar k}{2m} \tag{2.12}$$

で伝搬する波であるが，電子は空間のどこにいるかわからないのだから，この波の位相速度は電子の速度とはいえない．実際の電子の速度を求めるために，(2.11) 式のような平面波で，波数のわずかに異なるものを重ね合わせた波束というものを作り，波束に粒子のような性質をもたせよう．すると，この波束

の動く速度は粒子の速度と対応することになる．

さて，3次元空間で平面波から波束を作るために，波数が k とわずかに異なる平面波を重ね合わせて

$$\phi(\boldsymbol{x},t) = \int f(\Delta \boldsymbol{k}) \exp\left[i\left\{(\boldsymbol{k}+\Delta \boldsymbol{k})\cdot\boldsymbol{x} - \frac{E(\boldsymbol{k}+\Delta \boldsymbol{k})}{\hbar}t\right\}\right] d\Delta \boldsymbol{k}$$
(2.13)

という波を作ろう．ここで $f(\Delta \boldsymbol{k})$ は図 2.1(c) に示すように，$|\Delta \boldsymbol{k}| \leq \Delta_k$ の範囲内でゼロと異なる値をとる波の重ね合わせの重率である．(2.13) 式の関数は，$|\boldsymbol{x}| \leq \Delta_x \cong 2/\Delta_k$ の領域では (2.11) 式で表されるような波動を示すが（図 2.1(a)），その外側では (2.13) 式中の位相因子が激しく振動するために値はほぼゼロになってしまう（図 2.1(b)）．すなわち，(2.13) 式の関数 ϕ は空間のある狭い領域のみでゼロと異なるので，粒子のような性質を示す．その空間領域の位置は，(2.13) 式の被積分関数の位相が $\Delta \boldsymbol{k}$ の変化に対して停留値をとる次の条件によって決まる．

$$\frac{\partial}{\partial \Delta \boldsymbol{k}}\left\{(\boldsymbol{k}+\Delta \boldsymbol{k})\cdot\boldsymbol{x} - \frac{E(\boldsymbol{k}+\Delta \boldsymbol{k})}{\hbar}t\right\} = \boldsymbol{x} - \frac{\partial E(\boldsymbol{k})}{\hbar \partial \boldsymbol{k}}t = 0$$
(2.14)

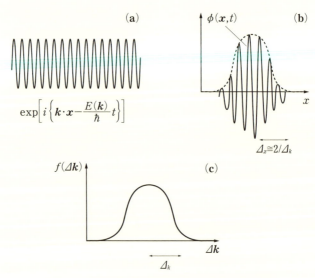

図 2.1 (a) 波と (b) 波束，(c) 波束を作る重率

これは波束の中心，すなわち，粒子の位置が

$$x = \frac{1}{\hbar}\frac{\partial E(\boldsymbol{k})}{\partial \boldsymbol{k}}t \qquad (2.15)$$

にあり，粒子の運動速度が

$$\boldsymbol{v} = \frac{1}{\hbar}\frac{\partial E(\boldsymbol{k})}{\partial \boldsymbol{k}} \qquad (2.16)$$

であることを示している．ポテンシャルのない真空中では $E(\boldsymbol{k}) = \hbar^2 \boldsymbol{k}^2/2m$ であるから粒子（波束）の速度は期待されるように

$$\boldsymbol{v} = \frac{\hbar \boldsymbol{k}}{m} = \frac{\boldsymbol{p}}{m} \qquad (2.17)$$

となっている．

ところで電子の位置は不確定のまま，その流れの速度（の期待値）だけを決めることはできないだろうか？　これには波動関数の基本的な性質 (2.1) 式に立ち戻る必要がある．空間における電子密度の時間変化を求めると (2.1) と (2.7) 式より

$$\begin{aligned}\frac{\partial \rho}{\partial t} &= \frac{\partial \phi^*}{\partial t}\phi + \phi^*\frac{\partial \phi}{\partial t} \\ &= \frac{i}{\hbar}(\phi H\phi^* - \phi^* H\phi) \\ &= \frac{i}{\hbar}\left[\phi\left(-\frac{\hbar^2}{2m}\nabla^2\right)\phi^* - \phi^*\left(-\frac{\hbar^2}{2m}\nabla^2\right)\phi\right] \\ &= -\nabla\left[\phi^*\left(\frac{\hbar\nabla}{2mi}\right)\phi + \phi\left(-\frac{\hbar\nabla}{2mi}\right)\phi^*\right] \qquad (2.18)\end{aligned}$$

が得られる．上記の関係は，この位置での電子の流れの密度（フラックス）$\boldsymbol{v}_{\text{flux}}$ が

$$\boldsymbol{v}_{\text{flux}} = \phi^*\left(\frac{\hbar\nabla}{2mi}\right)\phi + \phi\left(-\frac{\hbar\nabla}{2mi}\right)\phi^* \qquad (2.19)$$

によって導入できることを意味している．これは $\boldsymbol{v}_{\text{flux}}$ と電子密度との間に「連続の方程式」

$$\text{div}\,\boldsymbol{v}_{\text{flux}} = -\frac{\partial \rho}{\partial t} \qquad (2.20)$$

が成り立っているからである．例えば $\phi(\boldsymbol{x},t)$ を平面波 $\exp\{i\boldsymbol{k}\cdot\boldsymbol{x} -$

$iE(\mathbf{k})t/\hbar\}$ に選び，(2.19) 式に代入すると次式が得られる．

$$v_{\text{flux}} = \frac{\hbar k}{m} \tag{2.21}$$

この結果は，波束の速度から得られる結果と同じである．

2.1.5 井戸型ポテンシャルによる粒子の束縛

量子力学に従って運動する粒子の簡単なモデルとして，1 次元の井戸型ポテンシャルを考えよう．このモデルでは原点を中心として深さ $V\,(>0)$，幅 $2d$ のポテンシャル井戸があり，粒子を閉じ込めることができる（図 2.2）．井戸領域を I，外側右領域を II，外側左領域を III とし，井戸の底をエネルギーの原点にとる．領域 I でのシュレディンガー方程式

$$-\frac{\hbar^2}{2m}\frac{d^2\varphi_\text{I}}{dx^2} = E\varphi_\text{I} \tag{2.22}$$

の原点について対称的（$\varphi(x) = \varphi(-x)$）な解は $\varphi_\text{I} = a\cos kx$ となる．ただし，$E = \hbar^2 k^2/2m$ である．一方，外側右領域 II のシュレディンガー方程式は

$$-\frac{\hbar^2}{2m}\frac{d^2\varphi_\text{II}}{dx^2} + V\varphi_\text{II} = E\varphi_\text{II} \tag{2.23}$$

であり，その解は

$$E = -\frac{\hbar^2 \kappa^2}{2m} + V \tag{2.24}$$

から決まる κ を用いて $\varphi_\text{II} = b\exp(-\kappa x)$ で与えられる．φ_I と φ_II が領域 I と II の境界で，滑らかに接続されるには

$$\left.\frac{\varphi_\text{I}'}{\varphi_\text{I}}\right|_{x=d} = \left.\frac{\varphi_\text{II}'}{\varphi_\text{II}}\right|_{x=d} \tag{2.25}$$

図 2.2 井戸型ポテンシャル

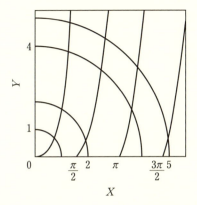

図 2.3 井戸型ポテンシャルの束縛状態の決定

であればよい．この条件を上述の具体的な関数形に用いると $X = kd$，$Y = \kappa d$ として

$$Y = X \tan X \tag{2.26}$$

となる．一方，(2.24) 式から

$$X^2 + Y^2 = \frac{2mVd^2}{\hbar^2} \tag{2.27}$$

の関係がある．(2.27) 式の右辺は閉じ込めによって安定化するエネルギー V と，そのため増加する運動エネルギー $\hbar^2/2md^2$ の比である．(2.26) と (2.27) 式の表す 2 つの曲線の $X \geq 0$，$Y \geq 0$ の範囲の交点から，解である $k (= X/d)$ と $\kappa (= Y/d)$ の値の組が得られる（図 2.3）．一方，原点について反対称的（$\varphi(x) = -\varphi(-x)$）な解は $\varphi_\mathrm{I} = a \sin kx$ となる．この場合には (2.25) 式を満たす条件は (2.26) 式の代わりに

$$Y = -X \cot X \tag{2.28}$$

となるのであるが，図 2.3 にはこの場合の解も含めている．図 2.3 からわかるように井戸のポテンシャルが深く幅が広くなるほど (2.27) 式の円が大きくなり，束縛準位の数が増える．また，最低準位の波動関数にゼロ点は存在しないが，準位が 1 つ上がるごとにゼロ点の数が 1 つずつ増加する．

井戸の壁が十分に高くなると，曲線群 (2.26) または (2.28) と (2.27) の交点はほぼ $X = n\pi/2$ ($n = 1, 2, 3, \cdots$) であり，井戸内の波動関数は

$$\cos\left(n+\frac{1}{2}\right)\frac{\pi}{d}x \quad \text{または} \quad \sin\frac{n\pi}{d}x$$

に近づく．これは2.1.7項で見るように，電子が左右の壁に一度ずつ反射して元に戻る経路に沿っての位相変化が 2π の整数倍となり，**ド・ブロイ**（de Broglie）**波**が干渉しあって定常状態が形成されることを意味している．ただしド・ブロイ波とは（2.1）式の波動関数が表現する波であり，運動量 p の粒子の自由運動の場合は波長 $\lambda = h/p$ の平面波である．

2.1.6 障壁のトンネル効果

　量子力学で記述される世界における（古典力学から見ると）きわめて特異な現象は，粒子のトンネル効果である．古典力学では硬い壁にぶつかった粒子は，当然ながら跳ね返されて戻ってくる．しかし，量子力学で記述される世界では，壁に到達した微細粒子はある確率で，壁を通りぬけて向こう側の空間へ入ってしまう．これがトンネル効果である．ポテンシャルの高さが V で厚さが d の壁の模型（図2.4(a)）で，この現象を説明しよう．

　エネルギー E の粒子が左側から入射してくるとすると，壁の左側 $x \leq 0$ での波動関数は $\varphi_\mathrm{I}(x) = ae^{ikx} + be^{-ikx}$，右側 $d \leq x$ では $\varphi_\mathrm{III}(x) = \gamma e^{ikx}$ と与えられる．ただし，波数 k は E と $E = \hbar^2 k^2/2m$ の関係がある．一方，壁の中では波動関数の解は $\varphi_\mathrm{II}(x) = \alpha e^{\kappa x} + \beta e^{-\kappa x}$ のように増大関数と減衰関数との線形結合で与えられる．ただし，κ は（2.24）式の $E = V - (\hbar^2 \kappa^2/2m)$ から求められる．壁の左端 $x = 0$ で φ_I と φ_II が，右端 $x = d$ で φ_II と φ_III が"滑らかに"つながる，すなわち関数値とその導関数値が一致する条件から，すべての係数 a, b, α, β は γ に比例する形で求めることができる．その結果から入射粒子の透過係数 T と反射係数 R が

$$\begin{aligned} T &= \frac{|\gamma|^2}{|a|^2} \cong \frac{16E(V-E)}{V^2}\exp(-2\kappa d) \\ R &= \frac{|b|^2}{|a|^2} = 1 - T \end{aligned} \quad (2.29)$$

であることを導くことができて，壁の中では粒子の存在確率は壁の厚さとともに，減衰定数

2.1 量子力学の基礎

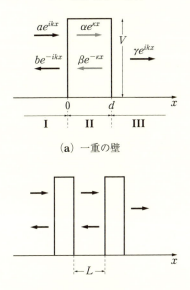

図 2.4 トンネル障壁モデル．(a) 一重の壁，(b) 二重の壁

$$2\kappa = 2\sqrt{\frac{2m(V-E)}{\hbar^2}} = \frac{4\pi\sqrt{(V-E)/E}}{\lambda}$$

で指数関数的に減少することがわかる．

　壁の厚さがド・ブロイ波長 $\lambda = h/\sqrt{2mE}$ を超えれば透過確率は著しく小さくなるが，しかし有限であり，ナノスケールで加工した試料を用いればトンネル現象を制御してデバイスに用いることが可能である．また 4.3.3 項で述べる走査トンネル顕微鏡は，トンネル効果によって探針と試料表面間に流れる微弱な電流を利用する表面計測法である．金属針に負の強電場を加えたときに生じる電場電子放射現象も，トンネル効果を利用するもので，電子顕微鏡における電子源に用いられる[*3]．

2.1.7　二重障壁の共鳴トンネル現象

　2.1.5 項で述べた井戸型ポテンシャルの束縛状態は，共鳴的なトンネル現象と関係している．これを調べるため図 2.4(b) のような二重障壁モデルを導入

[*3] 塚田捷著：「仕事関数」（共立出版，1983）．

し，障壁の左側から粒子が入射波 $\exp(ikx)$ で進んできたとしよう．粒子は (2.29) 式のトンネル確率 T で第一の障壁を通過し，第二の障壁に達する．その後，さらに確率 T で第二の障壁を透過するか，あるいは確率 $R = 1 - T$ で反射される．第二の壁で反射された粒子は逆進し右から第一の壁にぶつかり，同様に確率 T, R で透過あるいは反射をくり返す．このような多数回の反射をくり返しつつ，最終的に第二の壁から粒子が放出される確率は

$$T(E) = \frac{T^2}{T^2 + 2\{1 - \cos\theta(E)\}}$$

になる．ここで $\theta(E) = 2kL$ は粒子が壁間を1往復する間のド・ブロイ波の位相変化である．この二重壁全体のトンネル確率は，普通の状況では壁1個の透過確率 T の2乗 T^2 程度であり，きわめて小さい．しかし，粒子の壁間周回運動の周期当りの位相変化が 2π の整数倍に近づく場合には，共鳴的に増大する．すなわち，$\cos\theta(E_0) = 1$ を満たすエネルギー E_0 の近くで

$$T(E) = \frac{\Gamma^2}{(E - E_0)^2 + \Gamma^2} \qquad (\Gamma = E'(\theta_0)T)$$

のようなピーク構造をとって増加する．エネルギー E_0 は 2.1.5 項で述べた，(二重障壁に囲まれた) 井戸型ポテンシャルのエネルギー準位に対応する．最近，ナノ加工の進歩により半導体のナノギャップ電極に挟まれたナノ粒子や分子架橋系が注目されるが，二重障壁トンネル系はそのような系の電子輸送現象の基礎となる．

2.1.8 散乱問題

3次元の空間内に局在したポテンシャル $V(\boldsymbol{x})$ があるとき，粒子はこれに束縛されるか，あるいは自由に空間内を運動し続けるかのどちらかである．前者は束縛状態，後者は散乱状態と呼ばれる．束縛状態は有限な空間領域に捕捉された定常状態であり，そのエネルギーはハミルトニアンの固有値である離散的な値しかとることができない．一方，散乱状態では粒子は運動方向を乱されることはあっても自由に空間を運動し，そのエネルギーは任意の連続した値をとることができる．束縛状態については後の節に詳しく述べるが，本項では散乱状態を記述する方法について解説する．

まず，シュレディンガー方程式 (2.8), (2.9) を，次の形に表しておこう．
$$(\Delta + \lambda)\varphi(\boldsymbol{x}) = v(\boldsymbol{x})\varphi(\boldsymbol{x}) \tag{2.30}$$
ここで $v(\boldsymbol{x}) = 2mV(\boldsymbol{x})/\hbar^2$, $\lambda = 2mE/\hbar^2$, Δ はラプラシアンである．
(2.30) 式はエネルギー $E (\geq 0)$ の任意の入射波に対して解をもつのであるが，入射波を波数 $\boldsymbol{k}$ の平面波 $\exp(i\boldsymbol{k}\cdot\boldsymbol{x})$ に選べば，その解は次の積分方程式を満たすことが示される．
$$\varphi(\boldsymbol{x}) = \exp(i\boldsymbol{k}\cdot\boldsymbol{x}) - \iiint G(\boldsymbol{x},\boldsymbol{x}')v(\boldsymbol{x}')\varphi(\boldsymbol{x}')d\boldsymbol{x}' \tag{2.31}$$
ただし，$k^2 = \lambda$ であり，グリーン関数 $G(\boldsymbol{x},\boldsymbol{x}')$ は，非同次項 $v(\boldsymbol{x})\varphi(\boldsymbol{x})$ を負の δ 関数 $-\delta(\boldsymbol{x}-\boldsymbol{x}')$ に替えたときの (2.30) 式の解で，散乱体から放射される条件を満たすものである．フーリエ変換法によってこのグリーン関数を求めると，次のようになる[*4]．
$$G(\boldsymbol{x},\boldsymbol{x}') = \frac{\exp(ik|\boldsymbol{x}-\boldsymbol{x}'|)}{4\pi|\boldsymbol{x}-\boldsymbol{x}'|} \tag{2.32}$$
したがって，散乱状態の波動関数 $\varphi(\boldsymbol{x})$ は，(2.31) と (2.32) 式によって積分方程式
$$\varphi(\boldsymbol{x}) = \exp(i\boldsymbol{k}\cdot\boldsymbol{x}) - \frac{1}{4\pi}\frac{2m}{\hbar^2}\iiint \frac{e^{ik|\boldsymbol{x}-\boldsymbol{x}'|}}{|\boldsymbol{x}-\boldsymbol{x}'|}V(\boldsymbol{x}')\varphi(\boldsymbol{x}')d\boldsymbol{x}' \tag{2.33}$$
を解くことによって求めることができる．

ポテンシャルがさほど強くない場合には，(2.33) 式右辺の積分内の $\varphi(\boldsymbol{x}')$ を入射波である $\exp(i\boldsymbol{k}\cdot\boldsymbol{x}')$ で置き換える近似が有効で，これをボルン (Born) 第1近似法という．$|\boldsymbol{x}| \gg |\boldsymbol{x}'|$ の領域で
$$\frac{e^{ik|\boldsymbol{x}-\boldsymbol{x}'|}}{|\boldsymbol{x}-\boldsymbol{x}'|} \cong \frac{e^{ik|\boldsymbol{x}|}}{|\boldsymbol{x}|}\exp(-i\boldsymbol{k}\cdot\boldsymbol{x}')$$
と近似できることから，(2.33) 式をボルン第1近似した結果が次のように得られる．
$$\varphi(\boldsymbol{x}) \cong e^{i\boldsymbol{k}\cdot\boldsymbol{x}} + f_0(\theta)\frac{e^{ikr}}{r} \tag{2.34}$$

[*4] 塚田捷著：「物理数学 II ― 対称性と振動・波動・場の記述 ―」（朝倉書店, 2003）．

$$f_0(\theta) = -\frac{m}{2\pi\hbar^2}\int \exp\{i(\boldsymbol{k}-\boldsymbol{k}')\cdot\boldsymbol{x}'\}V(\boldsymbol{x}')d\boldsymbol{x}' \qquad (2.35)$$

ただし $r=|\boldsymbol{x}|$ である．また $\boldsymbol{k}'$ は $\boldsymbol{x}$ の方向に向かう散乱波の波数ベクトル ($|\boldsymbol{k}'|=|\boldsymbol{k}|$), θ は $\boldsymbol{k}$ と $\boldsymbol{k}'$ のなす角度である．$f_0(\theta)$ は散乱体から放射される散乱波の振幅を表している．

2.1.9 量子遷移の黄金則

2.1.3項で述べたようにハミルトニアン H の固有状態は時間的に不変な定常状態であるが，外部から何らかの摂動 H' が加わりハミルトニアンが $H \to H+H'$ に変わると，H の固有状態間の遷移が起こる．摂乱 H' の原因としては電磁場などの外場，光，格子振動，プローブ粒子との相互作用など様々なものがありうるが，ここでは H' の具体的な内容に立ち入らずに，状態間の遷移確率を摂動論の立場から一般的に考察してみよう．

始めに状態は1つの固有状態 φ_i にあったとして，これに摂動が加わると

$$\psi = \exp\left(-i\frac{\varepsilon_i}{\hbar}t\right)\varphi_i + \sum_{j\neq i}C_{ij}(t)\exp\left(-i\frac{\varepsilon_j}{\hbar}t\right)\varphi_j \qquad (2.36)$$

のように時間発展するとしよう．ただし，H 系での状態 φ_i のエネルギーを ε_i とする．時刻 $t=0$ での初期条件は，i と異なるすべての j について $C_{ij}(t=0)=0$ と設定したが，時間の経過とともに C_{ij} ($j\neq i$) が有限の値に変化する可能性が生じる．その変化を見るには (2.36) 式の ψ をシュレディンガー方程式

$$(H+H')\psi = i\hbar\frac{\partial \psi}{\partial t} \qquad (2.37)$$

に代入して C_{ij} の時間変化を追跡する．(2.37) 式から得られる次式

$$\exp\left(-i\frac{\varepsilon_i}{\hbar}t\right)H'\varphi_i + \sum_{j\neq i}C_{ij}\exp\left(-i\frac{\varepsilon_j}{\hbar}t\right)H'\varphi_j = i\hbar\sum_{j\neq i}\dot{C}_{ij}\exp\left(-i\frac{\varepsilon_j}{\hbar}t\right)\varphi_j$$

において $\varphi_j{}^*$ を左から乗じて積分し，2次以上の微小量を無視すれば，$H_{ji}' = \langle\varphi_j|H'|\varphi_i\rangle$ として

$$i\hbar\dot{C}_{ij} \cong H_{ji}'\exp(i\omega_{ji}t) \qquad (2.38)$$

ただし $\omega_{ji} = (\varepsilon_j - \varepsilon_i)/\hbar$ という関係が得られる．$C_{ji}(t)$ の具体的な形は，(2.38) 式の時間積分からわかる．

$$C_{ji}(t) = \int_0^t H_{ji}' \exp(i\omega_{ji}t) dt/i\hbar = H_{ji}'\{1-\exp(i\omega_{ji}t)\}/\hbar\omega_{ji}$$
(2.39)

時刻 t に系が φ_j ($j \neq i$) という状態にある確率 P_j は $|C_{ij}(t)|^2$ であるが，(2.39) 式から

$$P_j = |C_{ij}(t)|^2 = \frac{1}{\hbar^2}|H_{ji}'|^2 F(\omega_{ji},t), \quad F(\omega,t) = \frac{\sin^2 \omega t/2}{(\omega/2)^2}$$
(2.40)

となる．ここで関数 $F(\omega,t)$ は t が大きいとき，図 2.5 に示すように ω の原点付近で t^2 に比例する強く鋭いピークをもち，$|\omega| > 2\pi/t$ より大きい領域では振動しながら急速に減衰する．この関数を ω の全領域で積分すると $2\pi t$ となるので，ω の δ 関数を用いて $F(\omega,t) \cong 2\pi t \delta(\omega)$ と表すことができる．

$$\delta(\omega_{ji}) = \delta\left(\frac{\varepsilon_j - \varepsilon_i}{\hbar}\right) = \hbar\delta(\varepsilon_j - \varepsilon_i)$$

であることから，単位時間当りの遷移確率は次のように表すことができる．

$$T_{ji} = \frac{P_j}{t} = \frac{2\pi}{\hbar}|H_{ji}'|^2\delta(\varepsilon_j - \varepsilon_i)$$
(2.41)

この関係は量子遷移を摂動近似で議論できる場合には，H' の具体的内容にかかわらず広く一般に成立するので**黄金則（ゴールデンルール）**と呼ばれている．

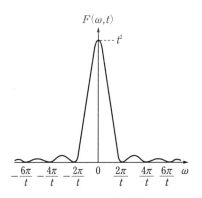

図 2.5　$F(\omega,t) = \dfrac{\sin^2 \omega t/2}{(\omega/2)^2}$ のグラフ

2.2 調和振動子の量子力学

2.2.1 微小振動とその量子化

ばねにつながれた 1 つの微小粒子の運動を量子力学で記述してみよう．この調和振動子の模型は，任意の力学系の平衡状態近くの微小運動を記述する基本である．また 5.7 節で述べるように，物質や真空を伝わる音や光の量子力学的振舞いを記述するモデルにも拡張できる．歴史的に見れば量子力学を発見する糸口は，光という電磁場の調和振動が量子化されているという事実の発見によって見出されたのである．

2.2.2 調和振動の固有関数と量子準位

粒子の質量を m，ばね定数を k とすると，調和振動子のエネルギーは変位 x と運動量 p により

$$E = \frac{p^2}{2m} + \frac{kx^2}{2}$$

と表されるので，シュレディンガー方程式は次のようになる．

$$H\psi(x) = \left\{-\frac{\hbar^2}{2m}\frac{d^2}{dx^2} + \frac{kx^2}{2}\right\}\psi(x) = E\psi(x) \quad (2.42)$$

この式を

$$\psi'' = -\frac{2m}{\hbar^2}\left(E - \frac{kx^2}{2}\right)\psi$$

と変形するとわかるように，古典力学で運動が許される領域 $E \geq kx^2/2$ では，ψ とその 2 階微分 ψ'' は符号が異なる．したがって，この領域では $\psi(x)$ は x 軸を中心に波のように変化する．一方，古典力学の運動が許されない外側の領域（$E < kx^2/2$）では，ψ と 2 階微分の符号が同じであり，x が原点から遠ざかるにつれ ψ の絶対値は無限に大きくなるか，ゼロに収束するかのいずれかである．エネルギー E が特別な値をとる場合にだけ，この 2 つの領域の境界 $x = \pm\sqrt{2E/k}$ で外側のゼロに収束する解を内側での解に滑らかにつなげることができる．この特別なエネルギー E が，2.1.3 項に述べたハミルトニアンの固有値であり，ψ は対応する固有状態になる．

2.2 調和振動子の量子力学

より厳密な方法で，この固有値問題を解くことにしよう．そのため便利なように変位とエネルギーを次のような無次元量に変換しておく．

$$\xi = \alpha x, \quad \alpha = \left(\frac{mk}{\hbar^2}\right)^{1/4}, \quad \lambda = \frac{2E}{\hbar\omega}, \quad \omega \equiv \sqrt{\frac{k}{m}} \quad (2.43)$$

すると (2.42) 式は

$$-\phi'' + (\xi^2 - \lambda)\phi = 0 \quad (2.44)$$

となるが，$\phi(\xi) = u(\xi)\exp(-\xi^2/2)$ とおくと

$$u''(\xi) - 2\xi u'(\xi) + (\lambda - 1)u(\xi) = 0 \quad (2.45)$$

が得られる．これを解くために

$$u(\xi) = \xi^s(a_0 + a_1\xi + a_2\xi^2 + \cdots)$$

と展開して，係数 $\{a_n\}$ を求めよう．展開式を (2.45) 式に代入し ξ のベキが等しい項ごとにゼロとすると，$s = 0$ または 1 でなければならないこと，また係数間には次の関係があることを示せる．

$$\frac{a_{n+2}}{a_n} = \frac{(2s + 2n + 1 - \lambda)}{(s + n + 1)(s + n + 2)} \quad (2.46)$$

ある $n\,(\geq 0)$ に対して分子がゼロ，つまり $\lambda = 2s + 2n + 1$ であれば，それより高次の係数はすべてゼロになるので $u(\xi)$ は多項式になる．そうでなければ級数は無限に高次まで続いて，n の大きいとき $a_{n+2}/a_n \sim 2/n$ であることから，$u \sim O(\exp(\xi^2))$，したがって波動関数は $\phi(\xi) \sim O(\exp(\xi^2/2))$ のように発散してしまう．こうして方程式 (2.44) は

$$\lambda = 2n + 1 \quad (n = 0, 1, 2, \cdots) \quad (2.47)$$

のときだけ，有界な連続関数 $\{u_n(\xi)\exp(-\xi^2/2)\}_{n=0,1,2,\cdots}$ を解にもつことが示された．元の変数に戻すと，シュレディンガー方程式の固有関数と固有値が次式で与えられる．

$$\psi_n(x) = N_n H_n\left(\sqrt{\frac{m\omega}{\hbar}}x\right)\exp\left(-\frac{m\omega}{2\hbar}x^2\right) \quad (2.48)$$

$$E_n = \hbar\omega\left(n + \frac{1}{2}\right) \quad (n = 0, 1, 2, \cdots) \quad (2.49)$$

ここで

$$N_n = \frac{(m\omega/\pi\hbar)^{1/4}}{\sqrt{2^n n!}}$$

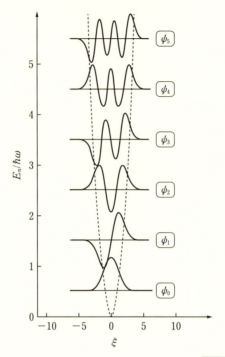

図 2.6 調和振動子の準位と波動関数. 横軸の値は $\xi = \sqrt{m\omega/\hbar}\, x = \alpha x$ を表す. 破線の放物線はポテンシャル $V(x) = kx^2/2 = (\hbar\omega/2)\xi^2$ を表す.

はノルムを 1 にするための規格化定数で, $H_n(\xi)$ は n 次のエルミート多項式

$$H_0(\xi) = 1, \quad H_1(\xi) = 2\xi, \quad H_2(\xi) = 4\xi^2 - 2, \quad \cdots$$

であり, 一般には

$$H_n(\xi) = (-1)^n \exp(\xi^2) \frac{d^n}{d\xi^n} \exp(-\xi^2) \tag{2.50}$$

で与えられる.

図 2.6 に, 波動関数 ψ_n とそのエネルギー E_n をポテンシャルとともに示す. E_n がポテンシャル $V(x) = kx^2/2$ より大きい領域では, ψ_n は波のように振舞うことがわかる. n は波動関数のゼロ点の数に等しく, n の増加とともに, 山や谷が 1 つずつ増える. ポテンシャル $V(x)$ が E_n より大きくなる領域では, 波動関数の絶対値は急激に小さくなる. 古典力学ではこの領域には粒子が存在

できないが，量子力学では粒子が壁の外にしみ出す確率はゼロではない．同じ振舞いは 2.1.5 項の井戸型ポテンシャルの場合にすでに見たが，これも 2.1.6 項に述べたトンネル効果の1つである．

2.2.3 振動量子 ─ 生成と消滅 ─

第5章で述べる格子振動や光の量子化に必要になるので，振動量子というものを導入しておこう．(2.49) 式でわかるように，量子力学では調和振動子のエネルギーは $\hbar\omega/2$ という共通の付加定数を除いて必ず $\hbar\omega$ の正整数倍になっている．このことはエネルギーが $\hbar\omega(n+1/2)$ である状態 E_n は，振動量子と呼ばれる粒子が n 個発生している状態であることを示唆している．エネルギーの最も低い状態 ψ_0 は振動量子が1つもない状態であるが，この状態でも質点は静止することなく，不確定性原理から要求される必要最小限の揺動をしている．これを零点振動，そのエネルギー $\hbar\omega/2$ を零点エネルギーと呼んでいる．零点振動の状態はエネルギーの最も低い基底状態 E_0 であるが，この状態に振動量子を1つずつ付け加えるごとに，エネルギーが $\hbar\omega$ ずつ増えた状態 E_n ($n=1,2,\cdots$) が実現する．

振動量子を生成させる演算子 $a^\dagger$，消滅させる演算子 a は，次のように表される．

$$\begin{pmatrix} a^\dagger \\ a \end{pmatrix} = \frac{1}{\sqrt{2\hbar m\omega}} \begin{pmatrix} p+im\omega x \\ p-im\omega x \end{pmatrix} = -i\sqrt{\frac{\hbar}{2m\omega}} \begin{pmatrix} \dfrac{d}{dx} - \dfrac{m\omega}{\hbar}x \\ \dfrac{d}{dx} + \dfrac{m\omega}{\hbar}x \end{pmatrix}$$

(2.51)

これらを調和振動の波動関数 (2.48) に作用させると，(2.50) 式から導かれるエルミート多項式の性質

$$\frac{dH_n(\xi)}{d\xi} = 2nH_{n-1}(\xi), \quad \xi H_n(\xi) = \frac{H_{n+1}(\xi)}{2} + nH_{n-1}(\xi)$$

によって

$$a^\dagger \psi_n = i\sqrt{n+1}\,\psi_{n+1}, \quad a\psi_n = -i\sqrt{n}\,\psi_{n-1} \quad (2.52)$$

となる．したがって $a^\dagger$ を作用するごとに系に振動量子が1つずつ増えること，逆に a を作用すると系の振動量子が1つずつ減ることがわかる．さらに

(2.52) 式から

$$a^\dagger a\psi_n = n\psi_n, \quad aa^\dagger \psi_n = (n+1)\psi_n \tag{2.53}$$

となり，a と $a^\dagger$ の間に交換関係

$$[a, a^\dagger] = 1$$

が成り立つ．$a^\dagger a$ は系の「振動量子数」に対応する演算子であり，(2.51) 式を用いてハミルトニアン (2.42) は次のように変形できる．

$$H = \hbar\omega\left(a^\dagger a + \frac{1}{2}\right) \tag{2.54}$$

一方，座標と運動量とは生成・消滅演算子によって

$$x = i\sqrt{\frac{\hbar}{2m\omega}}(a - a^\dagger), \quad p = \sqrt{\frac{\hbar m\omega}{2}}(a + a^\dagger) \tag{2.55}$$

のように表すことができるので，交換関係 $[a, a^\dagger] = 1$ は座標 x と運動量 p の間の交換関係 (2.6) からも導くことができる．

2.3 原子と分子から結晶へ

2.3.1 原子と周期律

　原子の中で電子の感じるポテンシャル場は球対称であり，中心（原子核）からの距離のみで決まる．そのため電子状態を求めるには，極座標と呼ばれる座標系（図 2.7）を選ぶのが便利である．簡単のために水素原子の場合を例にして説明しよう．電子の波動関数を決定するシュレディンガー方程式は，次のようになる．

$$\left\{-\frac{\hbar^2}{2m_e}\left(\frac{\partial^2}{\partial x^2} + \frac{\partial^2}{\partial y^2} + \frac{\partial^2}{\partial z^2}\right) + V(r)\right\}\phi(\boldsymbol{x}) = E\phi(\boldsymbol{x}) \tag{2.56}$$

ただし m_e は電子の質量である．デカルト（Descartes）座標 x, y, z は，極座標 r, θ, φ によって

$$\begin{cases} x = r\sin\theta\cos\varphi \\ y = r\sin\theta\sin\varphi \\ z = r\cos\theta \end{cases} \tag{2.57}$$

と与えられ，ラプラシアン Δ は極座標で表すと次のようになる．

2.3 原子と分子から結晶へ

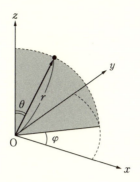

図 2.7 極座標とデカルト座標

$$\Delta = \frac{\partial^2}{\partial x^2} + \frac{\partial^2}{\partial y^2} + \frac{\partial^2}{\partial z^2} = \frac{1}{r^2}\frac{\partial}{\partial r}\left(r^2 \frac{\partial}{\partial r}\right) + \frac{1}{r^2}\Lambda(\theta,\varphi) \tag{2.58}$$

ただし,演算子 $\Lambda(\theta,\varphi)$ は

$$\Lambda(\theta,\varphi) \equiv \frac{1}{\sin\theta}\frac{\partial}{\partial\theta}\left(\sin\theta\frac{\partial}{\partial\theta}\right) + \frac{1}{\sin^2\theta}\frac{\partial^2}{\partial\varphi^2} \tag{2.59}$$

を表す.$\Lambda(\theta,\varphi)$ は全角運動量の演算子 $l^2 = l_x^2 + l_y^2 + l_z^2$ によって,$\Lambda = -l^2/\hbar^2$ と表すこともできるが,その固有関数は球面調和関数 $Y_{lm}(\theta,\varphi)$ であり

$$\Lambda(\theta,\varphi)Y_{lm}(\theta,\varphi) = -l(l+1)Y_{lm}(\theta,\varphi) \tag{2.60}$$

の関係を満たす[*5].固有値はゼロ以上の整数 $l = 0, 1, 2, \cdots$ によって $-l(l+1)$ と与えられ,$m = -l, -l+1, \cdots, l-1, l$ のいずれかの整数値をとる m には依存しない.l は全角運動量と,m はその z 成分と関係した量子数である.

球面調和関数は,ルジャンドル (Legendre) 陪関数 $P_l^m(z)$ [*6] によって次のように表される.

[*5] 塚田捷著:「物理数学 II ― 対称性と振動・波動・場の記述 ―」(朝倉書店,2003).
[*6] ルジャンドル陪関数は

$$P_l^m(z) = (1-z^2)^{|m|/2}\frac{d^{|m|}}{dz^{|m|}}P_l(z), \quad P_l(z) = \frac{1}{2^l l!}\frac{d^l}{dz^l}(z^2-1)^l$$

で与えられる.$P_l(z)$ は l 次のルジャンドル多項式である.

$$Y_{lm}(\theta,\phi) = (-1)^{(m+|m|)/2} \sqrt{\frac{(2l+1)(l-|m|)!}{4\pi(l+|m|)!}} P_l^{|m|}(\cos\theta) e^{im\phi}$$

l, m の小さい場合を書くと

$$Y_{00}(\theta,\varphi) = \sqrt{\frac{1}{4\pi}}, \quad Y_{1\pm 1}(\theta,\varphi) = \mp\sqrt{\frac{3}{8\pi}}\sin\theta\exp(\pm i\varphi),$$

$$Y_{10}(\theta,\varphi) = \sqrt{\frac{3}{4\pi}}\cos\theta, \quad \cdots$$

などとなる.

水素原子の固有状態の波動関数を,次の変数分離した形で求めよう.

$$\phi(\boldsymbol{x}) = \phi(r,\theta,\varphi) = R(r)Y_{lm}(\theta,\varphi) \tag{2.61}$$

これを極座標で表示したシュレディンガー方程式に代入すると,動径関数に対する方程式

$$-\frac{\hbar^2}{2m_e}\frac{1}{r^2}\frac{d}{dr}\left\{r^2\frac{dR(r)}{dr}\right\} + \left\{\frac{\hbar^2 l(l+1)}{2m_e r^2} + V(r)\right\}R(r) = ER(r) \tag{2.62}$$

が得られる.さらに $P(r) = rR(r)$ とおくと,上の式は次のように表すことができる.

$$-\frac{\hbar^2}{2m_e}\frac{d^2P(r)}{dr^2} + V_{\text{eff}}^l(r)P(r) = EP(r) \tag{2.63}$$

$$V_{\text{eff}}^l(r) \equiv \frac{\hbar^2 l(l+1)}{2m_e r^2} + V(r) \tag{2.64}$$

(2.63) 式は動径座標 r に関する1次元のシュレディンガー方程式であるが,その実効ポテンシャル V_{eff}^l は原子核による引力ポテンシャル $V(r)$ に,遠心力ポテンシャル $\hbar^2 l(l+1)/2m_e r^2$ が加わった形になっている(図2.8).角運動量がゼロ($l=0$)の状態以外では,実効ポテンシャル V_{eff}^l には原点付近に無限に高い遠心力ポテンシャルの壁がある.

この実効ポテンシャルに束縛された固有状態は,エネルギーが負の特別な値の場合にだけ存在することを示せる.詳細は本章の補遺1に述べるが,その方法は2.1節の井戸型ポテンシャルや,2.2節の調和振動子の場合とほぼ同じである.すなわち,$E > V_{\text{eff}}^l(r)$ となる内側領域では $P(r)$ は波のように振舞い,動径 r が大きく $E < V_{\text{eff}}^l(r)$ となる外側領域では,$P(r)$ の絶対値は無限に

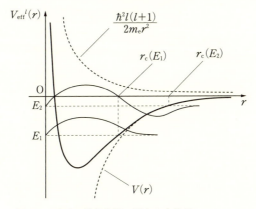

図 2.8 原子の動径変数に関する有効ポテンシャル

増大するか，ゼロに向かって減衰するかのどちらかである．特別のエネルギーに対しては，内部の波状の解と外側の減衰解とを，$E = V_{\text{eff}}^l(r)$ となる境界 $r_c(E)$ で滑らかにつないで，全体の波動関数を決めることができる．この特別なエネルギーがエネルギー固有値であり，原子のエネルギー準位を与える．

水素原子の場合は電子の電荷を $q = -e$（$e > 0$ は電気素量），真空の誘電率を ε_0 とすると

$$V(r) = -\frac{q^2}{4\pi\varepsilon_0 r} \tag{2.65}$$

であり本章の補遺 1 に述べるように，そのエネルギー準位は次のように決定される．

$$E_n = -\frac{m_e e^4}{2(4\pi\varepsilon_0)^2 \hbar^2 n^2} = -\frac{13.6\,\text{eV}}{n^2} \quad (n = 1, 2, 3, \cdots) \tag{2.66}$$

n は主量子数と呼ばれ，角運動量 l と $P(r)$ のゼロ点（原点以外）の数 ν を用いて，$n = 1 + l + \nu$ で与えられる．(2.66) 式は水素原子の分光スペクトルにおけるリュードベルク（**Rydberg**）則の基礎となるものであり，リュードベルク系列と呼ばれる．一般の原子の場合，角運動量の z 成分に対応する量子数 m を加えて，エネルギーの固有状態は 3 つの量子数のセット (n, l, m) で指定される．$n = 1, 2, 3, \cdots$ は主量子数，$l = 0, 1, 2, \cdots$ は方位量子数，$m =$

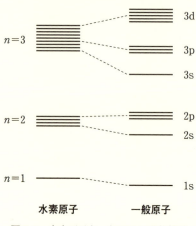

図 2.9 水素原子と一般原子の準位構造

$-l, -l+1, \cdots, l-1, l$ は磁気量子数と呼ばれる．図 2.9 に示すように，外部磁場のない系ではエネルギー準位は m の値によらず，方位量子数 l の準位は $2l+1$ 重に縮退している．$l = 0, 1, 2, 3, 4, \cdots$ の状態は，それぞれ s, p, d, f, g, … 状態（軌道）などと呼ばれる．

水素原子の場合には，エネルギー準位は主量子数のみで決まるので 2s 状態と 2p 状態は縮退するが，一般の原子の場合にはエネルギー準位は主量子数ばかりでなく方位量子数によっても多少異なり，同じ主量子数の準位群の中では方位量子数 l が大きいほどエネルギー準位が少しずつ高くなる（図 2.9 参照）．これは l が大きいほど遠心力ポテンシャルが大きく，電子が原子核に近づきにくくなるためである．しかし，主量子数が同じ準位群はエネルギーが近接しており，いわゆるエネルギー準位の「殻構造」を形成している．

原子番号 Z の原子は Z 個の電子を含んでいるが，原子の基底状態（エネルギーが最も低い状態を基底状態という）では，これらの電子はエネルギーの低い準位から順に 2 個ずつ（上向きスピンと下向きスピンの電子，それぞれ 1 個ずつ）収容される．フェルミ (Fermi) 統計によれば，スピンの向きまで指定された状態には，1 個しか電子を収容できないためである（第 4 章の補遺 2 参照）．原子の各準位を占有する電子数（電子配置）を，例えば

$$\text{Na}(Z = 11): (1s)^2(2s)^2(2p)^6(3s)^1$$

のように表すが，これは原子番号 $Z = 11$ の Na 原子では，1s 準位に 2 個，2s 準位に 2 個，2p 準位に 6 個，3s 準位に 1 個の電子が収容されていることを示す．

原子の様々な性質，例えば電気陰性度，イオン化エネルギー，電気的・化学的活性などは，束縛エネルギーが小さい最外殻の電子配置で決定される．これに対して原子の中心付近にある内殻状態は電子にすべて占有された「閉殻」を構成していて，原子どうしの相互作用には影響しない．これを芯電子と呼ぶことがある．最外殻の電子数は，原子番号を 1 ずつ増加させると周期的に変化し，したがって原子の性質も周期的に変化する．このことが周期律の起源になっている．例えば，希ガス原子では最外殻を構成する s, p 軌道は，それぞれ 2 個と 6 個の電子を収容して「閉殻」をなしている．閉殻の電子はきわめて安定していて，外界との相互作用をしにくい．そのため希ガス原子は化学的に不活性である．

一方，アルカリ原子では最外殻をなす s 軌道（それらの主量子数は Li，Na，K，Rb，Cs について，それぞれ $n = 2, 3, 4, 5, 6$ である）はただ 1 個の電子を収容しており，この電子は容易に外界に出ることができる．これはアルカリ原子のイオン化エネルギーが小さく，正にイオン化しやすいことを説明する．これと対照的に F，Cl，Br，I などのハロゲン原子の電子配置では，最外殻は閉殻になるためには 1 個だけ電子が足りない．また，最外殻のエネルギー準位は，相対的に深いエネルギーに位置している．このため，近接するハロゲン以外の原子から電子を奪って負イオンとなり，最外殻を閉殻にしてエネルギーを安定にする傾向がある．ハロゲン原子の電気陰性度が大きいのはこのためである．

2.3.2 分子と化学結合

原子は，他の原子との相互作用によって分子や固体を形成する．この原子間を結びつける相互作用には，共有結合，金属結合，イオン結合，水素結合，ファン・デル・ワールス（van der Waals）力など様々なものがあるが，この項では共有結合の起源と分子の形成機構を，量子力学によって考察しよう．最も簡単な共有結合は，水素分子に見られる．

接近した2つの水素原子 A, B からなる系の電子状態を記述するために，分子軌道

$$\psi = C_A \phi_A + C_B \phi_B \tag{2.67}$$

を導入する．ここで ϕ_A と ϕ_B は，それぞれ A 原子と B 原子の 1s 軌道（1s 状態の波動関数）である．この2原子系のハミルトニアンは，次のようになる．

$$H = -\frac{\hbar^2}{2m_e}\Delta + V_A + V_B \tag{2.68}$$

ここで V_A と V_B はそれぞれ，水素原子 A と B のポテンシャルエネルギー，すなわち水素原子核のクーロン（Coulomb）ポテンシャルである．本章の補遺2で述べる変分法により (2.67) 式右辺の係数を最適化することにより，シュレディンガー方程式

$$H\psi = E\psi \tag{2.69}$$

の固有関数を求める．係数 C_A, C_B を決める変分法の方程式は，本章の補遺2で見るように

$$\begin{pmatrix} \langle\phi_A|H|\phi_A\rangle & \langle\phi_A|H|\phi_B\rangle \\ \langle\phi_B|H|\phi_A\rangle & \langle\phi_B|H|\phi_B\rangle \end{pmatrix} \begin{pmatrix} C_A \\ C_B \end{pmatrix} = E \begin{pmatrix} C_A \\ C_B \end{pmatrix} \tag{2.70}$$

となる．ただし，$\langle\phi_A|\phi_B\rangle = 0$ と近似している．この式からエネルギー固有値 E は，次の永年方程式によって決定される．

$$\begin{vmatrix} \langle\phi_A|H|\phi_A\rangle - E & \langle\phi_A|H|\phi_B\rangle \\ \langle\phi_B|H|\phi_A\rangle & \langle\phi_B|H|\phi_B\rangle - E \end{vmatrix} = 0 \tag{2.71}$$

これを E について解けば，2つのエネルギー準位 $E^\pm$ が次のように求められる．

$$E^\pm = \langle\phi_A|H|\phi_A\rangle \pm |\langle\phi_A|H|\phi_B\rangle| = E_{1s} \pm |V| \tag{2.72}$$

ここで $E_{1s} = \langle\phi_A|H|\phi_A\rangle = \langle\phi_B|H|\phi_B\rangle$ は，水素原子の 1s 軌道のエネルギーであり，$V = \langle\phi_A|H|\phi_B\rangle$ は水素原子間のホッピング積分（トランスファー積分）と呼ばれる量である．

図2.10 に見るように，近接した2つの水素原子のエネルギー準位はもとの原子の基底準位 E_{1s} に比べて，エネルギーが $|V|$ だけ低い準位 E^- と高い準位 E^+ の2つに分裂する．系全体で2個存在する電子は，結合軌道と呼ばれる低いほうの準位 E^- だけに収容されるから，電子全体のエネルギーと

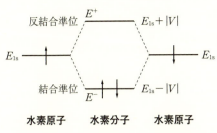

図 2.10 水素分子の結合準位と反結合準位

しては原子のままの状態よりは $2|V|$ だけ低下することになる．このエネルギーの低下は分子の結合エネルギーを生じる主な機構となるが，こうした原子間の結合を共有結合と呼ぶ．

共有結合のメカニズムを分子軌道の特徴から見てみよう．結合軌道の波動関数は（2.70）式と規格化条件より

$$\Phi_{\mathrm{BO}} = \frac{1}{\sqrt{2}}(\phi_{\mathrm{A}}{}^{1\mathrm{s}} + \phi_{\mathrm{B}}{}^{1\mathrm{s}}) \tag{2.73}$$

となるが，一方，エネルギーが $|V|$ だけ上昇する反結合軌道の波動関数は

$$\Phi_{\mathrm{AB}} = \frac{1}{\sqrt{2}}(\phi_{\mathrm{A}}{}^{1\mathrm{s}} - \phi_{\mathrm{B}}{}^{1\mathrm{s}}) \tag{2.74}$$

となる．これらの軌道は分子軸に沿って図 2.11(a) のようになるので，各軌道における電子の確率分布

$$\rho_{\mathrm{BO}} = |\phi_{\mathrm{BO}}|^2, \quad \rho_{\mathrm{AB}} = |\phi_{\mathrm{AB}}|^2$$

は，およそ図 2.11(b) のような振舞いをすることになる．

この水素分子の例では，結合軌道に 2 個の電子が収容されるため，原子の中間領域（ボンド領域という）での電子密度分布が際立って増大して，これが水素原子核を引きつける共有結合を生成するのである．さらに結合軌道にある 2 つの電子は，孤立原子の場合に比べて拡大された空間領域に広がるので平均的な運動エネルギーを低下させることもできる．この効果も原子間の結合力に寄与する．

水素分子の結合をより正確に記述するためには，電子間の反発エネルギーを考慮する必要がある．これについては様々な方法があるが，電子が 1 個の原子

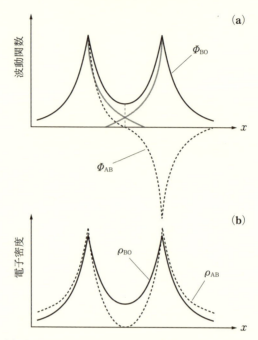

図 2.11 (a) 水素分子の結合軌道 Φ_{BO} と反結合軌道 Φ_{AB}、および (b) それぞれの電子密度分布 ρ_{BO}, ρ_{AB}. 結合軌道における電子の確率密度分布 ρ_{BO} は、2 つの原子の中間領域で原子の確率密度の単なる重なりよりもかなり増大していることがわかる。一方、反結合軌道の場合にはこの領域で確率密度 (ρ_{AB}) が著しく減少している。

軌道上に集中しないように変分関数を選ぶ方法も有効である[*7].

2.3.3 結晶中の電子状態

固体の結晶の中では原子は図 2.12 で見るように、周期構造をなして規則正しく配列している。そのような場の中での電子状態は、どのような性質をもつだろうか？ 原子配列の並進対称性は格子ベクトルの集合 $\{R\}$ で表現され、その任意の要素 R だけ結晶を平行移動させても、元の原子配列構造と重なり合う。

任意の格子ベクトルは、3 つの基本格子ベクトル a_1, a_2, a_3 の整数係数の線形結合として

$$R = n_1 a_1 + n_2 a_2 + n_3 a_3 \tag{2.75}$$

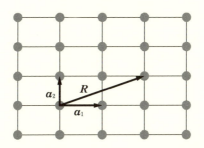

図 2.12 結晶構造と格子ベクトル（2次元の場合）

と書くことができる．ここで n_1, n_2, n_3 は任意の整数である．結晶の中で電子の感じるポテンシャルは，格子ベクトルの定義から次の関係を満たす．

$$V(\boldsymbol{r}+\boldsymbol{R}) = V(\boldsymbol{r}) \tag{2.76}$$

このポテンシャルの並進対称性によって，結晶中のシュレディンガー方程式の解である波動関数 $\phi(\boldsymbol{x})$ は，任意の格子ベクトル $\boldsymbol{R}$（(2.75)式）について以下の関係を満たす．

$$\phi(\boldsymbol{x}+\boldsymbol{R}) = [\exp\{i(n_1\omega_1 + n_2\omega_2 + n_3\omega_3)\}]\phi(\boldsymbol{x}) \tag{2.77}$$

ここで ω_i $(i=1,2,3)$ はある実数である．これを証明するために特別な場合として

$$\phi(\boldsymbol{x}+\boldsymbol{a}_i) = \exp(i\omega_i)\phi(\boldsymbol{x}) \quad (i=1,2,3) \tag{2.78}$$

を示せばよい．この操作を $i=1$ から 3 まで n_i 回ずつおこなって，(2.77)

---

*7 水素分子の基底状態における，クーロン斥力の効果について補足しておこう．
　結合軌道 (2.73) に 2 個の電子が収容される基底状態の波動関数は，スピン状態まで含めてスレーター (Slater) 行列式（154 ページの脚注＊3 参照）で表すと，次のようになる．

$$\Psi(\boldsymbol{r}_1, s_1, \boldsymbol{r}_2, s_2) = \Phi_{\text{BO}}(\boldsymbol{r}_1)\Phi_{\text{BO}}(\boldsymbol{r}_2)\frac{1}{\sqrt{2}}\{\alpha(s_1)\beta(s_2) - \alpha(s_2)\beta(s_1)\}$$

$$= \frac{1}{2}\{\phi_\text{A}(\boldsymbol{r}_1)\phi_\text{B}(\boldsymbol{r}_2) + \phi_\text{B}(\boldsymbol{r}_1)\phi_\text{A}(\boldsymbol{r}_2)\}\frac{1}{\sqrt{2}}\{\alpha(s_1)\beta(s_2) - \alpha(s_2)\beta(s_1)\}$$

$$+ \frac{1}{2}\{\phi_\text{A}(\boldsymbol{r}_1)\phi_\text{A}(\boldsymbol{r}_2) + \phi_\text{B}(\boldsymbol{r}_1)\phi_\text{B}(\boldsymbol{r}_2)\}\frac{1}{\sqrt{2}}\{\alpha(s_1)\beta(s_2) - \alpha(s_2)\beta(s_1)\}$$

ただし s_1, s_2 は電子 1, 2 のスピン変数，α, β は上向きスピン，下向きスピンの状態である．第 2 項は，2 個の電子が 1 つの水素原子に集中したイオン化状態に対応していて，エネルギーが電子間クーロン反発エネルギーによって上昇してしまう．そこでエネルギーのより低い状態を求めるためには，第 2 項をスケール λ $(\lambda < 1)$ で減少させた波動関数を試行関数に選び，エネルギー期待値が最小になるように λ の値を決める．重なり積分も含めた計算により，このように決定した λ は，およそ 0.18 である．

式が得られるからである.状態に縮退がない場合については,(2.78)式は $\phi(x+a_i)$ と $\phi(x)$ の満たすべきシュレディンガー方程式が完全に一致すること,したがって対応する固有関数は,絶対値1の位相因子だけが異なることから導かれる.縮退がある場合,すなわち同じエネルギー E をもつ状態が $\{\phi_1,\phi_2,\cdots,\phi_M\}$ のように複数ある場合は,ユニタリー変換 U を適当に選び $\{\psi_1,\psi_2,\cdots,\psi_M\} = U\{\phi_1,\phi_2,\cdots,\phi_M\}$ とすると,(2.77),(2.78)式の ϕ を ψ_i ($i=1,2,\cdots,M$) と置き換えて,同じ議論が成り立つ[*8].

任意の結晶系の格子ベクトル $\{a_1,a_2,a_3\}$ に対して,基本逆格子ベクトル b_1,b_2,b_3 を

$$a_i \cdot b_j = 2\pi\delta_{ij} \qquad (2.79)$$

によって導入するのが便利である.ただし,δ_{ij} は $i=j$ のときに1,$i \neq j$ ならば0の値をとる.すると $\{\omega_i\}_{i=1,2,3}$ によって定義される次の波数ベクトル

$$k = \frac{1}{2\pi}\sum_{i=1,2,3}\omega_i b_i \qquad (2.80)$$

を用いれば,(2.77)式は任意の格子ベクトル R に対して

$$\phi(x+R) = e^{ik\cdot R}\phi(x) \qquad (2.81)$$

と表すことができるが,これはブロッホ条件と呼ばれる.ブロッホ条件を満たす波動関数をブロッホ波と呼ぶが,これは次のように結晶と同じ並進対称性をもつ関数 $u(x)$ ($u(x) = u(x+R)$) によって

[*8] 任意の状態について,変換前後でノルムを不変にする線形変換 U をユニタリー変換という.すなわち,U をユニタリー変換とすると任意の状態ベクトル(波動関数) ϕ について,$\langle U\psi|U\psi\rangle = \langle \psi|\psi\rangle$ が成立する変換である.したがって,ユニタリー変換の固有値は,すべて絶対値が1となる.ϕ を規格化された基底関数 $\{\phi_i\}_{i=1,2,\cdots}$ で展開すれば対応する U の行列表示 $U_{ij} = \langle \phi_i|U|\phi_j\rangle$ はユニタリー行列であり $U^\dagger U = E$ を満たす.

縮退のある系のブロッホ(Bloch)定理は,ユニタリー変換によって証明できる.すなわち,同じエネルギー E をもつ結晶内の電子状態を $\{\phi_j(r)\}_{j=1,2,\cdots,M}$ として,ベクトル $\vec{\phi} = (\phi_1,\phi_2,\cdots,\phi_M)$ を導入する.各関数を a_i だけ移動させる効果は,このベクトルのユニタリー変換 T_i によって,$\vec{\phi}(r+a_i) = T_i\vec{\phi}(r)$ と表すことができる.$\{\phi_j(r+a_i)\}_{j=1,2,\cdots,M}$ のどの関数も,$\{\phi_j(r)\}_{j=1,2,\cdots,M}$ が満たすべき同じ方程式の解であるからである.このとき,$\vec{\phi}(r)$ を適当なユニタリー変換 U によって,$\vec{\phi}(r) = U\vec{\psi}(r)$ とおくと $U\vec{\psi}(r+a_i) = T_iU\vec{\psi}(r)$ となるので,$\vec{\psi}(r+a_i) = U^{-1}T_iU\vec{\psi}(r)$ が成立する.ユニタリー行列 U を適当に選べば $U^{-1}T_iU$ を対角化できるから,始めに関数を対角化された基底 $\{\psi_j(r)\}_{j=1,2,\cdots,M}$ に選んでおけば,縮退のない場合と同じ議論ができる.ユニタリー行列の固有値の絶対値は1でなければならないから,この関数についても(2.78)式が成立する.

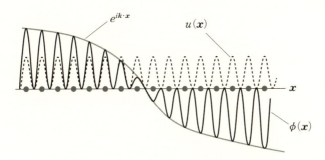

図 2.13 ブロッホ波 $\phi(\boldsymbol{x}) = e^{i\boldsymbol{k}\cdot\boldsymbol{x}}u(\boldsymbol{x})$ の概念図

$$\phi(\boldsymbol{x}) = e^{i\boldsymbol{k}\cdot\boldsymbol{x}}u(\boldsymbol{x}) \tag{2.82}$$

の形に表すことができる[*9]．波数 $\boldsymbol{k}$ の大きさがさほど大きくない場合には，ブロッホ波は原子スケールで細かく変化する周期関数因子 $u(\boldsymbol{x})$ と，その包絡線となってゆっくりと変化する平面波の因子 $\exp(i\boldsymbol{k}\cdot\boldsymbol{x})$ の積で形成されている（図 2.13）．後に述べるように，金属や半導体中の電子は，あたかも自由空間における電子のように見なされることが多いが，これは 5.2 節で詳しく見るようにゆるやかな外場の影響は，平面波の因子だけに注目して取り扱うことができるためである．

(2.82) 式のブロッホ波は，結晶ポテンシャル場における電子のエネルギー固有状態であるが，そのエネルギーは波数 $\boldsymbol{k}$ の関数として $E = E_n(\boldsymbol{k})$ と書かれる．ここで $n\,(=1,2,\cdots)$ は同じ波数の異なるブロッホ状態 $\phi_{n\boldsymbol{k}}(\boldsymbol{x}) = e^{i\boldsymbol{k}\cdot\boldsymbol{x}}u_{n\boldsymbol{k}}(\boldsymbol{x})$ を指定する．$E_n(\boldsymbol{k})$ はエネルギーバンド（の分散）と呼ばれ，結晶の電子状態やそれに基づく物性を理解するための手掛かりとなる．エネルギーバンドは波数空間において逆格子の単位胞を周期とする周期関数になっているが，これは次のように説明できる．ここで逆格子とは基本逆格子ベクトル $\boldsymbol{b}_1, \boldsymbol{b}_2, \boldsymbol{b}_3$ の整数係数の線形結合

[*9] ブロッホ波の平面波を除く因子が，格子の並進対称性をもつことは，次のように示すことができる．
　ブロッホ条件 (2.81) を満たす波動関数を $\phi(\boldsymbol{x})$ として，$u(\boldsymbol{x}) = \exp(-i\boldsymbol{k}\cdot\boldsymbol{x})\phi(\boldsymbol{x})$ とすると任意の格子ベクトル $\boldsymbol{R}$ について，次の関係が成立する．
$$u(\boldsymbol{x}+\boldsymbol{R}) = \exp\{-i\boldsymbol{k}\cdot(\boldsymbol{x}+\boldsymbol{R})\}\phi(\boldsymbol{x}+\boldsymbol{R}) = \exp\{-i\boldsymbol{k}\cdot(\boldsymbol{x}+\boldsymbol{R})\}\exp(i\boldsymbol{k}\cdot\boldsymbol{R})\phi(\boldsymbol{x})$$
$$= \exp(-i\boldsymbol{k}\cdot\boldsymbol{x})\phi(\boldsymbol{x}) = u(\boldsymbol{x})$$

80　　　　　　　　　　第2章　電子状態と量子力学

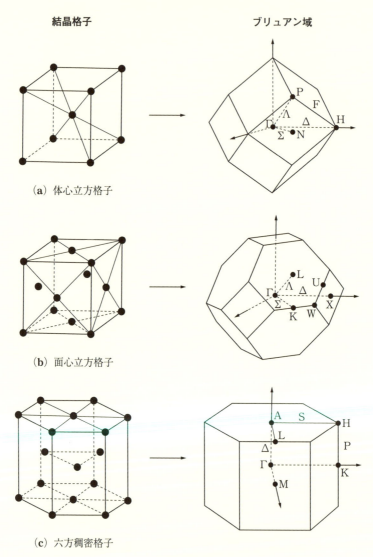

図 2.14　各種の結晶格子と対応するブリュアン域

$$K = m_1 b_1 + m_2 b_2 + m_3 b_3 \quad (m_1, m_2, m_3 = 整数) \quad (2.83)$$

が作る格子である．(2.81) 式のブロッホ条件は $\exp(i k \cdot R)$ という因子によって決定されるが，この因子は k に任意の逆格子ベクトル K を加えて

$\exp\{i(\boldsymbol{k}+\boldsymbol{K})\cdot\boldsymbol{R}\}$ としても変化しない．$\boldsymbol{K}\cdot\boldsymbol{R}$ が 2π の整数倍になるためである．したがって，$E_n(\boldsymbol{k}+\boldsymbol{K})=E_n(\boldsymbol{k})$ とならなければならない．逆格子の単位胞の中でもブリュアン（Brillouin）域と呼ばれる対称単位胞が特に重要である．ブリュアン域とは波数空間の中で，他の逆格子点より原点に近い $\boldsymbol{k}$ 点の存在領域であるが，任意の逆格子点と原点との垂直 2 等分面で囲まれる原点を含む最小の多面体領域ということもできる．いくつかの結晶格子に対するブリュアン域を図示すると図 2.14 のようになる．エネルギーバンドは，この領域内の波数について定義すれば十分であるが，解析する現象によってはブリュアン域を周期的につなげた拡張ゾーンが用いられることもある．

参考文献

[1] 上村洸，山本貴博著：「基礎からの量子力学」（裳華房，2013）．
[2] 小出昭一郎著：「量子力学 I/II（改訂版）」（裳華房，1990/1990）．
[3] 小出昭一郎，水野幸夫著：「量子力学演習」（裳華房，1978）．
[4] 須藤靖著：「解析力学・量子論（第 2 版）」（東京大学出版会，2019）．
[5] 原島鮮著：「初等量子力学（改訂版）」（裳華房，1986）．
[6] 朝永振一郎著：「量子力学 I（第 2 版）」（みすず書房，1969）．
[7] P. A. M. Dirac 著，朝永振一郎，玉木英彦，木庭二郎他訳：「ディラック 量子力学（原書第 4 版）（改訂版）」（岩波書店，2017）．
[8] L. D. Landau and E. M. Lifshitz : *Statistical Physics* (Pergamon Press, 1958).
[9] L. D. Landau and E. M. Lifshitz 著，佐々木健，好村滋洋訳：「量子力学 1（改訂新版）」（東京図書，1983）および L. D. Landau and E. M. Lifshitz 著，好村滋洋，井上健男訳：「量子力学 2（改訂新版）」（東京図書，1983）．
[10] L. I. Schiff : *Quantum Mechanics, 3rd ed.* (McGrow-Hill, 1968). 日本語版としては，井上健訳：「量子力学 上/下」（吉岡書店，1957/1958）．
[11] 江沢洋著：「現代物理学」（朝倉書店，1996）．
[12] J. C. Slater : *Quantum Theory of Molecules and Solids* (McGrow-Hill, 1963).
[13] E. H. Wichmann 著，宮澤弘成監訳：「バークレー物理学コース 量子物理（復刻版）」（丸善出版，2011）．
[14] 塚田捷著：「物理数学 II ―対称性と振動・波動・場の記述―」（朝倉書店，2003）．

[15]　塚田捷著：「仕事関数」(共立出版, 1983).

補遺1　水素原子の固有値問題

(2.62) 式で水素原子のポテンシャルを $V = -e^2/4\pi\varepsilon_0 r$ とし，さらに

$$\xi = \alpha r, \quad \alpha = \sqrt{\frac{8m_e|E|}{\hbar^2}}, \quad \lambda = \frac{e^2}{4\pi\varepsilon_0 \hbar}\sqrt{\frac{m_e}{2|E|}}$$

とすると，無次元量にスケールした動径 ξ についての方程式

$$\frac{1}{\xi^2}\frac{d}{d\xi}\left(\xi^2\frac{dR}{d\xi}\right) + \left\{\frac{\lambda}{\xi} - \frac{1}{4} - \frac{l(l+1)}{\xi^2}\right\}R = 0$$

を得る．そこで $R(\xi) = F(\xi)\exp(-\xi/2)$ とおき，上に代入すると

$$F'' + \left(\frac{2}{\xi} - 1\right)F' + \left(\frac{\lambda-1}{\xi} - \frac{l(l+1)}{\xi^2}\right)F = 0$$

が得られる．さらに

$$F(\xi) = \xi^s L(\xi), \quad L(\xi) = a_0 + a_1\xi + a_2\xi^2 + \cdots \quad (1.\text{A}.1)$$

とおくと，$L(\xi)$ を決める方程式が次のように得られる．

$$\xi^2 L''(\xi) + \xi\{2(s+1) - \xi\}L'(\xi)$$
$$+ \{\xi(\lambda - s - 1) + s(s+1) - l(l+1)\}L(\xi) = 0$$

この方程式を解くために，展開式 (1.A.1) を代入して，ξ の各ベキごとにゼロとするように展開係数 $\{a_n\}$ を決める．a_0 がゼロにならない条件から $s(s+1) - l(l+1) = 0$ すなわち

$$s = l \quad \text{または} \quad s = -l - 1$$

でなければならない．$s = -l - 1$ の場合は，原点で波動関数が発散するので，$s = l$ を選ぶ．となり合うベキの係数間には，次の関係があることを示せる．

$$a_{n+1} = \frac{n + l + 1 - \lambda}{(n+1)(n+2l+1)} a_n \quad (1.\text{A}.2)$$

したがって，この展開が無限に続くなら (1.A.1) の関数は

$$L(\xi) \cong \exp(\xi)$$

のような振舞いを示す．そうすると，関数 $R(\xi) = R(\alpha r)$ も動径の大きいところで

のように発散してしまい波動関数を記述できないことになる．

しかし，(1.A.2)式右辺の分子がある n についてゼロとなれば，展開は有限項で途切れて，$L(\xi)$ は多項式になり波動関数を求めることができる．そのとき

$$\lambda = n + l + 1$$

であり，対応するエネルギーは λ を E で表すことにより

$$E = -\frac{m_e e^4}{2(4\pi\varepsilon_0)^2 \hbar^2} \frac{1}{(n+l+1)^2}$$

であることがわかる．(2.66)式は $n+l+1$ をあらためて n とおいた式である．

上で n は多項式となった L の次数であり，原点以外のゼロ点の個数である．この多項式はラゲール（Laguerre）の陪多項式と呼ばれるものである[*10]．

補遺2　変分法による永年方程式

一般に，基底関数の線形結合近似によって，波動関数を決定するときには永年方程式の方法が用いられる．すなわち，波動関数を次の形

$$\psi = \sum_{i=1}^{N} C_i \varphi_i$$

に仮定して，ハミルトニアン H の期待値の極小値，または停留値とそのときの係数

$$\{C_i\}_{i=1,\cdots,N}$$

を決定するのである．すなわち

$$E = \frac{\langle\psi|H|\psi\rangle}{\langle\psi|\psi\rangle} \quad \text{において} \quad \delta E = 0$$

の条件を用いる．

$$\langle\psi|H|\psi\rangle = \sum_{i,j=1}^{N} C_i^* C_j \langle\varphi_i|H|\varphi_j\rangle, \quad \langle\psi|\psi\rangle = \sum_{i,j=1}^{N} C_i^* C_j \langle\varphi_i|\varphi_j\rangle$$

[*10] 塚田捷著：「物理数学 II ― 対称性と振動・波動・場の記述 ―」（朝倉書店，2003）．

であることを用い，$\delta E = 0$ であることから
$$\delta\{E\langle\psi|\psi\rangle\} = E\delta\{\langle\psi|\psi\rangle\} = \delta\langle\psi|H|\psi\rangle$$
が得られる．この式の δ を $\partial/\partial C_i^*|_{i=1,\cdots,N}$ として，それぞれ微分を実行すれば

$$H = \begin{pmatrix} \langle\varphi_1|H|\varphi_1\rangle & \cdots & \langle\varphi_1|H|\varphi_N\rangle \\ \vdots & \vdots & \vdots \\ \langle\varphi_N|H|\varphi_1\rangle & \cdots & \langle\varphi_N|H|\varphi_N\rangle \end{pmatrix}, \quad S = \begin{pmatrix} \langle\varphi_1|\varphi_1\rangle & \cdots & \langle\varphi_1|\varphi_N\rangle \\ \vdots & \vdots & \vdots \\ \langle\varphi_N|\varphi_1\rangle & \cdots & \langle\varphi_N|\varphi_N\rangle \end{pmatrix},$$

$$C = \begin{pmatrix} C_1 \\ \vdots \\ C_N \end{pmatrix}$$

として，永年方程式
$$HC = ESC$$
が得られる．その解として，H の固有値と固有関数，すなわち展開係数 $\{C_i\}_{i=1,2,\cdots}$ が決定される．場合によっては，重なり行列 S を単位行列として近似する．

第3章

結晶格子と格子力学

中 山 正 敏

　半導体の結晶格子は，原子が原子間力によって凝集して作られている．基底状態では原子間力のつり合いの位置である格子点に原子は静止している．原子が格子点からずれると，周りの原子からの力によって格子点へ戻る復元力が働く．こうして原子は振動を始める．この振動は別の原子の振動を引き起こして，結局は格子全体が振動する．このような結晶格子の力学を考えよう．原子間力は格子振動の様子から実験的にわかる．原子間力の特徴から，結晶の凝集について考えよう．金属とイオン結晶，半導体との違い，また電子状態と格子構造および格子振動の関係がわかってくる．また，格子の様々な欠陥を紹介する．

3.1　1次元格子と格子振動

3.1.1　1次元格子の振動

　簡単な例として，N 個の原子が x 軸方向に等間隔で並んでいる1次元格子を調べよう（図3.1）．原子間隔を a とする．a は結晶格子の周期で，**格子定**

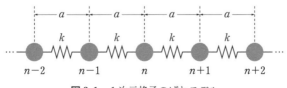

図3.1　1次元格子のばねモデル

数という．n 番目の格子点の座標は，$X_n = na$ である．原子は隣の原子と力の定数が k のばねで結ばれているとする．単独のばねの平衡の長さを l とする．原子が集まって結晶を作っているときは，ばね以外に原子間の引力（凝集力）があるので，$a < l$ である．すなわち，変位 0 でも個々のばねからの斥力が働く．

まず，原子が軸に沿って x 方向に変位する場合を考える．n 番目の原子の位置座標を x_n とし

$$u_n = x_n - X_n$$

を格子点からの変位という．n 番目と $n+1$ 番目の原子を結ぶばねの伸びは，$a + u_{n+1} - u_n - l$ であるから，n 番目の原子の古典力学の運動方程式は

$$m\ddot{u}_n = k(u_{n+1} - u_n) - k(u_n - u_{n-1}) \qquad (3.1)$$

となる．これは u_n についての線形連立微分方程式であるから，その解は

$$u_n = Q_q \exp\{i(qna - \omega t)\}$$

とおいて求めることができる[*1]．運動方程式は

$$-m\omega^2 Q = D(q)Q, \qquad D = 2k(1 - \cos qa) \qquad (3.2)$$

となる．D を**力関数**という．この後の格子振動方程式もこの形をしている．(3.2) 式から

$$\omega(q) = 2\left(\frac{k}{m}\right)^{1/2} \left|\sin \frac{qa}{2}\right| \qquad (3.3)$$

となる．

(3.3) 式のような角振動数 ω と波数 q との関係を，波の**分散関係**という．図 3.2 に示す．

実際の変位 u_n は，Q の実数部をとって

$$u_n = Q\cos(qna - \omega t) = Q\cos(qX_n - \omega t) \qquad (3.4)$$

となる．これは格子点上を伝わる進行波で，q はその波数である．

q の値が $K = 2\pi/a$ だけずれると qX_n の値は $2n\pi$ だけずれるが，それは三角関数の値を変えない．したがって q の値は，例えば $-\pi/a \leq q \leq \pi/a$ のように，幅 $2\pi/a$ の範囲を考えればよい．これは 2.3.3 項で述べたブリュアン (Brillouin) 域の最も簡単な例である．さらに q のとり得る値は境界条件で定

[*1] なお以下の式では，Q は q ごとに定義されるが，添字が煩雑になるので q は省略する．

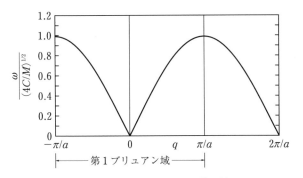

図3.2 1次元格子振動の分散関係

まる．簡単のために，N個の鎖はループとなって，N番目の原子は1番目の原子とつながっているとしよう．数学的には $u_{N+1} = u_1$ とする．これから $q = 2(M/N)\pi/a$ である．M は整数で，N が偶数とすると，$-N/2$ から $N/2$ の範囲の値をとる．すなわち，独立な波数の個数は N である．もともと N 個の原子の運動を対象としているのだから，それを表す波の独立なモードの個数が N なのは当然である．

q が小さい場合は

$$\omega_q = \sqrt{\frac{k}{m}}\, q = vq$$

となる．このとき波の位相は $qX_n - \omega t = q(X_n - vt)$ となるから，v は**位相速度**である．これは1次元格子の音波に当たる．

これまではわかりやすくするためにばねによる原子間力を考えてきた．一般的には $n+1$ と n の原子間の相互作用は，力のポテンシャル

$$\phi_{n+1,n} = \phi_{n+1,n}(x_{n+1} - x_n)$$

で表される．n 点の原子に働く力は $-\partial \phi_{n+1,n}/\partial x_n$ である．

$$\frac{\partial \phi_{n+1,n}}{\partial x_n} = -\phi'(x_{n+1} - x_n) = -\phi'(a) - \phi''(a)(u_{n+1} - u_n)\cdots$$

である．$n-1$ 点の原子からの力を合わせると

$$F_n = \phi''(a)(u_{n+1,n} + u_{n,n-1} - 2u_n)$$

となる．これがばねモデルの基礎で，ばね定数 $k = \phi''(a)$ である．このときポテンシャルエネルギーは

$$\phi_{n+1,n} = \frac{k}{2}(u_{n+1} - u_n)^2$$

の和となる．

1次元の格子に外力 G を作用させて一様に引き伸ばす．すなわち

$$u_{n+1} - u_n = \Delta a = \frac{G}{k}$$

とする．N 個の原子については，伸びは $\Delta L = N\Delta a$ となる．相対的な伸び率である伸びひずみは

$$e = \frac{\Delta L}{L} = \frac{\Delta a}{a} = \frac{G}{ak}$$

である．横方向へもこの鎖を間隔 a で並べた格子を考えると，単位面積当りの外力は

$$s = Ga^2$$

である．これを**伸び応力**という．伸びひずみと伸び応力の比例係数を**弾性定数** c という．

$$c = \frac{s}{e} = a^3 k$$

である．このとき1本の鎖当りのポテンシャルエネルギーの総和は

$$U = \frac{k}{2}(\Delta a)^2 \frac{L}{a} = \frac{ke^2}{2}aL$$

すなわち，単位長さ当りのエネルギー密度は $ake^2/2$ となる．

3.1.2 横波振動

これまでは原子の変位が波の進行方向と同じで，x 方向であるとした．これを**縦波** L という．これに対して，変位が進行方向に垂直な y,z 方向の波を**横波** T という．y,z 方向の変位を v_n, w_n と書く．v,w は小さいので，ばねの長さの変化への寄与は2次からである．しかし図3.1のように，n 点の原子につながれたばねの方向が $n+1$ と $n-1$ で同じでなければ，ばねからの力は y 方向の成分をもつ．ばねが自然長より少し縮んでいるから斥力が働く．その大きさを f とすると，x 軸上では $n+1$ からの斥力 f と，$n-1$ からの斥力 $-f$ がつり合っている．v があって，n 点で折れ曲がっていると，その角度を

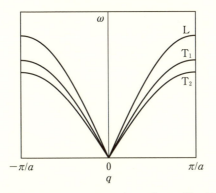

図 3.3 縦波 (L) と横波 (T_1, T_2) の分散関係

θ として, $-2f\sin\theta$ の力が復元力となる.

$$\tan\theta = \frac{1}{2a}\left(v_n - \frac{v_{n+1} + v_{n-1}}{2}\right)$$

であるから, v に対する運動方程式は

$$m\ddot{v}_n = \beta(v_{n+1} - v_n) - \beta(v_n - v_{n-1}) \tag{3.5}$$

となり, u に対する方程式とまったく同じ形となる. この式の解は横波

$$v_n = Q_T \cos(\omega t - qna)$$

で

$$\omega = 2\left(\frac{\beta}{m}\right)^{1/2}\left|\sin\frac{qa}{2}\right|$$

である. z 方向の変位も同様で, 横波となる. 縦波を含めた ω-q の関係は, 一般には図 3.3 のようになる. y, z 方向が等価であれば, 2 つの横波は同じ値になる. これを**縮退**という. このような分散は, 鎖状分子ではよく知られていて, 結合の角度の変動を表す変角振動と呼ばれている.

3.2　1次元2原子格子の振動

3.2.1　2原子格子

次に, 原子配列が等間隔でない場合を考えよう. ここでは縦波を調べる. 格子の周期は a であるが, くり返し構造の中の格子点に A, B の 2 種類があり

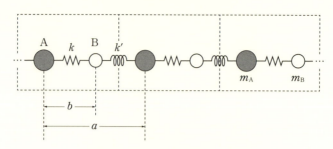

図 3.4 1次元2原子格子モデル

$$X_{An} = na, \quad X_{Bn} = na + b$$

とする（図 3.4）．このように周期構造の単位となるものを**単位胞**という．A格子の原子の質量を m_A，B格子の原子の質量を m_B とする．ばねの力の定数を，間隔 b の場合は k，$a - b$ の場合は k' とする．変位を u_{An}, u_{Bn} で表す．運動方程式は次のようになる．

$$\begin{aligned}
m_A \ddot{u}_{An} &= -k(u_{Bn} - u_{An}) + k'(u_{Bn-1} - u_{An}) \\
m_B \ddot{u}_{Bn} &= -k'(u_{An+1} - u_{Bn}) + k(u_{An} - u_{Bn})
\end{aligned} \quad (3.6)$$

ここで

$$u_{An} = Q_A \exp\{i(qna - \omega t)\}$$
$$u_{Bn} = Q_B \exp[i\{q(na + b) - \omega t\}]$$

とおくと，Q に対する方程式は次のようになる．

$$-m_A \omega^2 Q_A = k[\exp\{iq(b-a)\}Q_B - Q_A] + k'[\exp\{iq(a-b)\}Q_B - Q_A] \tag{3.7a}$$

$$-m_B \omega^2 Q_B = k'[\exp\{iq(a-b)\}Q_A - Q_B] + k[\exp\{iq(a-b)\}Q_A - Q_B] \tag{3.7b}$$

この式の右辺は

$$\boldsymbol{Q} = (Q_A, Q_B)$$

を2次元ベクトルとし，その係数を行列 $\boldsymbol{D} = (D_{ij})$ とすると

$$\boldsymbol{D} \cdot \boldsymbol{Q} = \sum_j D_{ij} Q_j$$

と表される．$\boldsymbol{D}$ の成分は

$$D_{AA} = -(k + k'), \quad D_{AB} = -(kf + k'f^*)$$

3.2 1次元2原子格子の振動

$$D_{BA} = -(kf^* + k'f), \quad D_{BB} = -(k + k')$$

である．また

$$f = \exp\{i(b-a)q\}$$

で，f^* はその複素共役である．$\boldsymbol{D}$ は力関数を拡張したもので**力行列**（またはダイナミカル行列）という．運動方程式は

$$(-m_A\omega^2 Q_A, -m_B\omega^2 Q_B) = (D_{AA}Q_A + D_{AB}Q_B, D_{BA}Q_A + D_{BB}Q_B)$$

の形に書ける．質量行列 $\boldsymbol{M}_{ij} = m_i \delta_{ij}$ を定義すれば

$$-\omega^2 \boldsymbol{M} \cdot \boldsymbol{Q} = \boldsymbol{D} \cdot \boldsymbol{Q} \tag{3.8}$$

である．この形式は今後，本書で何度も登場する．

Q_A, Q_B についての連立方程式が，ともに0ではない解をもつ条件式は代数学でよく知られていて

$$(m_A\omega^2 + D_{AA})(m_B\omega^2 + D_{BB}) - D_{AB}D_{BA} = 0$$

である．いまの問題では，少し計算すると

$$\{m_A\omega^2 - (k+k')\}\{m_B\omega^2 - (k+k')\} - (k^2 + k'^2)$$
$$- 2kk'\cos\{2(b-a)q\} = 0$$

となる．

3.2.2 音響モードと光学モード

上式は ω^2 についての2次方程式であるから，2つの解 $\omega_1{}^2$ と $\omega_2{}^2$ がある．この場合の分散関係を図3.5に示す．

$q \to 0$ では，$\cos\{2(b-a)q\} \to 1 - 2\{(b-a)q\}^2$ である．値が小さいほうの解は

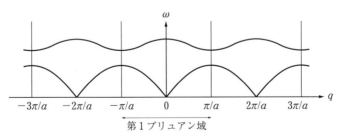

図3.5 音響モード（下）と光学モード（上）の分散関係

$$\omega_{ac}^2 \to 4\frac{kk'(b-a)^2}{(k+k')(m_A+m_B)}q^2$$

となる. これは A, B の区別などがない鎖の場合と同じで, q によらない速度 v で伝わる波を表す. この場合は式からわかるように, A と B とはほぼ同じ方向に変位して, それが波となって伝わる. 音波に相当するので, **音響モード** A (acoustic mode) という.

値が大きいほうの解は

$$\omega_{op}^2 \to \frac{(k+k')(m_A+m_B)}{m_A m_B}$$

となる. この場合は, A と B との変位は互いに逆向きである. すなわち A と B との相対運動を表し, 質量は換算質量で, 有効ばね定数は $k+k'$ である. A と B との電荷が異なれば, 振動によって電気双極子モーメントが生じて光と強く相互作用する. このモードを**光学モード** O (optical mode) という.

$\cos\{2(b-a)q\}$ が最小値 -1 になる場合, $(b-a)q = \pi/2$ では

$$\omega_{1,2}^2 = \frac{(m_A+m_B)(k+k') \pm \sqrt{(m_A+m_B)^2(k+k')^2 - 16m_A m_B kk'}}{2m_A m_B}$$

となる. 特に $k=k'$ の場合は

$$\omega_{1,2}^2 = \frac{2k}{m_A}, \frac{2k}{m_B}$$

となる. すなわち A または B の原子だけが独立に振動する.

A, B 2 種類の原子があるこのモデルでは, 外から外力 f を加えたときに, A → B の変位は f/k, B → A の変位は f/k' となり, 両者で異なる. また AB の間隔は b, BA の間隔は $a-b$ である. このために, ひずみも AB 間と BA 間とで一般には異なる. このひずみの差を**内部ひずみ**という.

特に $k=k'$, $b=a/2$ の場合は, 解は

$$\frac{1}{2}\left[(\omega_A^2+\omega_B^2) \pm \left\{(\omega_A^2-\omega_B^2)^2 + \omega_A^2\omega_B^2\cos^2\frac{qa}{2}\right\}^{1/2}\omega_B^2\right]^2$$

となる.

$$\omega_A^2 = \frac{2k}{m_A}, \qquad \omega_B^2 = \frac{2k}{m_B}$$

は, A, B 原子が単独に振動する場合の角振動数である. $q=2\pi/a$ では, まさ

にそのようになる．さらに $m_A = m_B$ であれば

$$\omega_{1,2}{}^2 = \omega_A{}^2\left(1 \pm \cos\frac{qa}{2}\right)$$

である．$q = \pi/a$ では，2つの解は同じ値で縮退する．それはこの場合は，実は格子定数が $a/2$ の単一原子格子となるからである．実際，ω_2 はその場合の解図3.2に等しい．π/a はブリュアン域の端である．全体の原子の個数は2倍になっているので，ω_1 の振動もある．それは ω_2 をブリュアン域の外へ延長したものを，端で折り返したものである．この場合は格子が $x \to -x$ の反転に関して対称であることが，縮退の原因である．AとBとが同じ原子でなければこの対称性はなく，縮退は解ける．このようなことは，格子中の波（格子振動，電子波など）について広く起こる．

3.3 典型的半導体の結晶格子と逆格子

3.3.1 ダイヤモンド型格子と閃亜鉛鉱型格子

半導体の結晶格子の典型的な例について述べよう．まず，ダイヤモンド型格子と閃亜鉛鉱型格子を図3.6に示す．

この2つの格子は，互いによく似た構造である．図の立方体のそれぞれの角と面の中心に原子がある．これを**面心立方**（fcc）**格子**という．1つの角Aから対角線に沿って進んだ点Bにも原子があり，そこを起点にしてもう1つのfcc格子がある．ダイヤモンド（炭素C），シリコン（Si），ゲルマニウム

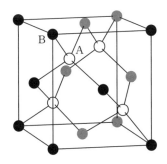

図3.6 ダイヤモンド型格子と閃亜鉛鉱型格子

(Ge) などの IV 族では，2 つの fcc 格子は同じ原子が占めている．III-V 族，II-VI 族の化合物半導体では，一方の fcc 格子を III 族（II 族）の Ga (Cd) 原子が，もう 1 つの fcc 格子には V 族（VI 族）の原子 As (S) が占めている．

結晶格子で，原子が同じ空間的周期でくり返して配列されている位置は，3 つの基本ベクトル a_1, a_2, a_3 によって次のように表される．

$$R(n) = R\{n_1, n_2, n_3\} = n_1 a_1 + n_2 a_2 + n_3 a_3$$

fcc 格子の基本ベクトルは，a を立方体の辺の長さとして，次のようである

$$a_1 = \left(0, \frac{a}{2}, \frac{a}{2}\right)$$
$$a_2 = \left(\frac{a}{2}, 0, \frac{a}{2}\right) \quad (3.9)$$
$$a_3 = \left(\frac{a}{2}, \frac{a}{2}, 0\right)$$

2 つの fcc 格子の関係は，それぞれの格子ベクトルを R_A, R_B として

$$R_B = R_A + d, \quad d = \left(\frac{a}{4}, \frac{a}{4}, \frac{a}{4}\right)$$

と表される．

3.3.2　X 線回折の原理

結晶格子を決めるには，X 線の回折が用いられる．結晶格子に X 線を照射すると，色々な方向に散乱される．その波を重ね合わせると，格子が周期的なために，いくつかの特定の方向にのみ強い回折波が現れる．その条件を調べよう．波数ベクトル k の平面波が，原点にある 1 つの原子によって波数ベクトル k' の方向に散乱される振幅を $f(k, k')$ としよう．格子点 $R(n)$ にある原子による散乱については，波の原点を $R(n)$ にずらして

$$\exp(ik \cdot r) = \exp(ik \cdot R(n))\exp\{ik \cdot (r - R(n))\}$$

と書く．右辺の第 1 因子は，入射波の位相を表す．回折波についても同様に考えて，散乱振幅は $\exp\{i(k' - k) \cdot R(n)\} f(k', k)$ となる．各 $R(n)$ からの散乱波を合成すると，散乱振幅は $S(k' - k) f(k', k)$ となる．**構造因子**

$$S(K) = \sum_n \exp(iK \cdot R(n))$$

は，$\boldsymbol{K}\cdot\boldsymbol{R}(n)$ がすべて 2π の整数倍のときに $S \cong N$ となり，この散乱波が強い．

2.3.3項で導入した**逆格子**を使うと，$\boldsymbol{K}$ が逆格子ベクトルであれば強めあう．fcc格子の逆格子基本ベクトルは，次のようになる．

$$\boldsymbol{b}_1 = \frac{2\pi}{a}(1, 1, -1)$$
$$\boldsymbol{b}_2 = \frac{2\pi}{a}(1, -1, 1) \quad (3.10)$$
$$\boldsymbol{b}_3 = \frac{2\pi}{a}(-1, 1, 1)$$

この基本ベクトルによる逆格子ベクトルを
$$\boldsymbol{K}(h) = h_1\boldsymbol{b}_1 + h_2\boldsymbol{b}_2 + h_3\boldsymbol{b}_3$$
とすると
$$\boldsymbol{K}\cdot\boldsymbol{R} = 2\pi(h_1n_1 + h_2n_2 + h_3n_3)$$
は 2π の整数倍となる．$\boldsymbol{k}' - \boldsymbol{k} = \boldsymbol{K}$ の散乱波は，例えば写真乾板上に格子状の斑点として観測される．

ダイヤモンド型格子や閃亜鉛鉱型格子では，構成する fcc 格子（副格子）からの散乱は，波数ベクトルの差が $\boldsymbol{k}' - \boldsymbol{k} = \boldsymbol{K}$ となるときに強めあう．A，B格子からの散乱の間には，位相差 $\exp(i\boldsymbol{K}\cdot\boldsymbol{d})$ があるので，全体の散乱振幅は fcc 格子の構造因子を $S(\boldsymbol{K})$ として

$$f(\boldsymbol{K}) = f_A(\boldsymbol{K}) + \exp(i\boldsymbol{K}\cdot\boldsymbol{d})f_B(\boldsymbol{K})$$
$$= S(\boldsymbol{K})(\langle f \rangle \cos \boldsymbol{K}\cdot\boldsymbol{d} + i\Delta f \sin \boldsymbol{K}\cdot\boldsymbol{d}) \quad (3.11)$$

となる．ここで
$$\langle f \rangle = \frac{f_A + f_B}{2}, \quad \Delta f = \frac{f_A - f_B}{2}$$

である．ダイヤモンド型格子では $f_A = f_B$ であるが，閃亜鉛鉱型格子では，$f_A \neq f_B$ である．ダイヤモンドの散乱強度は $\boldsymbol{K} = (2\pi/a)(200)$ では $\boldsymbol{K}\cdot\boldsymbol{d} = \pi/2$ なので0であることが大きな特徴である．fcc格子，閃亜鉛鉱型格子ではこの位置でも散乱がある．

3.3.3 ウルツ鉱型格子

もう1つの典型的構造として，ウルツ鉱型格子（図1.16）がある．この結晶は六角柱形であり，柱の軸（c軸）方向の周りに60°回転しても不変である．ウルツ鉱型格子は，2つの六方最密（hcp）格子を組み合わせた構造である．一方のhcp格子を例えばII族（Zn），もう一方をVI族（S）の原子が占めている．

hcp格子の基本ベクトルは，正三角形の辺の長さをaとして，次のようになる．

$$\boldsymbol{a}_1 = a(1,0,0)$$
$$\boldsymbol{a}_2 = a\left(\frac{1}{2}, \frac{\sqrt{3}}{2}, 0\right)$$
$$\boldsymbol{a}_3 = c(0,0,1)$$

厳密な最密格子では$c = (\sqrt{6}/3)a$であるが，多くの半導体ではcの値がこれからずれている（表3.1）．

2つのhcp格子のずれは

$$\boldsymbol{R}_\mathrm{B} = \boldsymbol{R}_\mathrm{A} + \boldsymbol{d}, \quad \boldsymbol{d} = \frac{3c}{8}(0,0,1)$$

と表される．

hcp格子の逆格子の基本ベクトルは，次のようになる．

表3.1 ウルツ鉱型格子のc/a比．正四面体配位では$c/a = 1.633$

化合物名	c/a	化合物名	c/a
AlN	1.600	CdS	1.623
GaN	1.625	CdSe	1.630
InN	1.611	MgS	1.62
BeO	1.623	MgSe	1.622
ZnO	1.602	AgI	1.635
ZnS	1.637	CuH	1.59
ZnSe	1.634	CdTe	1.637
CuBr	1.640	SiC	1.641
CuCl	1.642	BN	1.645
CuI	1.645	ZnTe	1.645
MgTe	1.622		

3.3 典型的半導体の結晶格子と逆格子

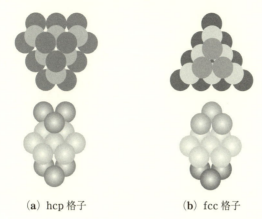

(a) hcp 格子　　　(b) fcc 格子

図 3.7 六方最密（hcp）格子と面心立方（fcc）格子の原子面積層の様子

$$\boldsymbol{b}_1 = \frac{2\pi}{a}\left(\frac{\sqrt{3}}{2}, \frac{1}{2}, 0\right)$$

$$\boldsymbol{b}_2 = \frac{2\pi}{a}(0, 1, 0)$$

$$\boldsymbol{b}_3 = \frac{2\pi}{c}\left(0, 0, \frac{\sqrt{3}}{2}\right)$$

これを用いて，以下はダイヤモンド型格子，閃亜鉛鉱型格子と同じように扱えばよい．

ダイヤモンド型格子と閃亜鉛鉱型格子，ウルツ鉱型格子は，ずいぶん違ったものに見える．前二者は立方対称だが，後者は六方対称である．しかし，実は両者には似たところがある．閃亜鉛鉱は亜鉛の硫化物（ZnS）である．ところが ZnS は高温ではウルツ鉱型に転移する．天然でもウルツ鉱型の鉱物が存在する．

これらの格子の元になる fcc 格子と hcp 格子は最密構造である．すなわち同じ大きさの球をできるだけ密に配列したときの構造である．hcp 格子の c 軸に垂直な面（c 面）内では三角格子である．すなわち正三角形を並べたように球がぎっしりと詰まっている（図 3.7）．この面を α 面としよう．次にこの面に密に球を乗せるには，正三角形の重心の上に球を置けばよい．すると新たな三角格子ができる．α 面との関係には，上向きの正三角形の重心に球を乗せ

るか，下向きの正三角形の重心に球を乗せるかの 2 つの選択がある．これを順に β 面，γ 面としよう．hcp 格子では，面の積みかたが $\alpha\beta\alpha\beta\cdots$ と二層周期となっている．fcc 格子では，対角線（ベクトルでは $(1,1,1)$）方向に垂直な面（(111) 面）が三角格子となっている．その面の積みかたが $\alpha\beta\gamma\alpha\beta\gamma\cdots$ と三層周期になっているところが hcp 格子とは異なる．いずれの格子でも，充填率（球の体積/空間の体積）は約 74% である．

fcc 格子でも hcp 格子でも，となり合った原子の個数（配位数）は 12 で最も大きい．銅，銀，アルミニウムなど多くの金属が fcc 格子である．一方，ベリリウム，マグネシウム，コバルトなど hcp 格子の金属も多い．金属では，自由に動きまわる電子の"海"の中に正イオンがあると，大まかには考えられる．イオン間には自由電子を媒介とする引力が働き，できるだけ密な構造をとろうとする．

半導体の閃亜鉛鉱型格子やウルツ鉱型格子では，2 つの fcc や hcp 副格子がずれて存在する．1 つの原子の周りには，最近接の原子が 4 個ある．配位数は 4 である．IV 族の原子は 4 個の価電子をもつので，隣の原子と作れる共有結合の最大の個数は 4 つである．すなわち共有結合によってエネルギーを最も低くできるように構造が決まっているといえよう．ここでは述べなかった 3 元以上の化合物半導体があるが，それらについても共有結合が最大限作られるということが経験則となっている．なお ZnS の例でもわかるように，結晶構造は温度や圧力によって変わる．高圧をかけると，シリコンも hcp 格子になるとか，水素も金属になるとかいった研究がある．

ダイヤモンド型格子，閃亜鉛鉱型格子やウルツ鉱型格子では，最近接の原子は正四面体の頂点に位置している．中心にある原子から最近接原子へのベクトルは，例えば次のように書ける．

$$\boldsymbol{d}_1 = \frac{a}{4}(1,1,1)$$

$$\boldsymbol{d}_2 = \frac{a}{4}(1,-1,1)$$

$$\boldsymbol{d}_3 = \frac{a}{4}(-1,1,1)$$

$$d_4 = \frac{a}{4}(-1,-1,1)$$

この方向は，逆格子ベクトルの基本ベクトルと同じである．ダイヤモンド型格子は空間反転に関して対称的であるが，1つの格子点の周りでは反転対称性はない．すなわち，不純物原子が格子点に入ると反転対称でなくなる．閃亜鉛鉱型格子とウルツ鉱型格子は，もともと反転対称ではない．反転対称性の有無が，半導体の物理的性質に影響を与えることは第4章以下で述べる．

3.4　3次元格子振動1 ― 面心立方格子 ―

3.4.1　基礎運動方程式

3次元結晶の格子振動を，まず面心立方格子を例として考えていこう．3次元格子は，格子点が3次元ベクトル R_i によって指定されている．格子点 R_i にある原子の変位のベクトルを u_i としよう．その運動方程式は

$$m_i \ddot{u}_i = F_i = \sum D(R_i - R_j)_{ij} u_j$$

と表される．m_i はその格子点 i の原子の質量，F_i は変位に働く復元力，D は R_j にある原子の変位が R_i にいる原子に及ぼす復元力への寄与を表す．ベクトル u_j の β 成分による復元力は，一般には α 成分をもつので，この関連を表す D_{ij} はテンソルとなる．

この式は線形同次方程式であるから，その解は

$$u_i = Q \exp\{i(q \cdot R_i) - \omega t\}$$

とおいて求めることができる．q は格子振動の波の波数ベクトルである．これを代入すれば

$$-m\omega^2 Q_\alpha = \sum_\beta D_{\alpha\beta}(q) Q_\beta \tag{3.12}$$

によって固有角振動数 ω_q が求められる．$D(q)$ は

$$D(q) = \sum_j [\exp\{iq \cdot (R_i - R_j)\} D(R_i - R_j)]$$

となる．

3.4.2 基準モード

$D(\boldsymbol{q})$ は 3 次元の行列で,拡張された力行列である.(3.12) 式は 3 つの固有値 ω_ν ($\nu = 1, 2, 3$) と $\boldsymbol{Q}$ の固有ベクトル $\boldsymbol{e}_\nu$ をもつ.これを**基準モード**という.ベクトル $\boldsymbol{Q}$ の ν 成分を $Q_\nu = \boldsymbol{Q} \cdot \boldsymbol{e}_\nu$ とすると,$D_{\nu\nu} = \kappa_\nu$ として

$$-m\omega_\nu^2 Q_\nu = -\kappa_\nu Q_\nu$$

であるから,角振動数は

$$\omega_\nu = \sqrt{\frac{\kappa_\nu}{m}}$$

となる.これが固有角振動数で,$\boldsymbol{Q}$ が基準座標である.

以下では隣接した原子 i, j 間の変位どうしの間に働く復元力のみを考える.原子間力のポテンシャルを ϕ_{ij} とする.さらに原子間力は中心力,すなわち原子間を結ぶ方向に働くとする.ポテンシャル $\phi_{ij} = \phi(r_{ij})$ は,原子間距離 r_{ij} のみの関数とする.変位があるときの原子間距離 r_{ij} は

$$r_{ij}^2 = R_{ij}^2 + 2 R_{ij} \cdot u_{ij} + u_{ij}^2$$

である.$R_{ij} = R_i - R_j$,$u_{ij} = u_i - u_j$ である.r_{ij} を u_{ij} について展開して 2 次までとると

$$r_{ij} = R_{ij} \left\{ 1 + \frac{R_{ij} \cdot u_{ij}}{R_{ij}^2} + \frac{u_{ij}^2}{2 R_{ij}^2} - \frac{(R_{ij} \cdot u_{ij})^2}{2 R_{ij}^4} \right\}$$

となる.j 原子から i 原子へ働く力 F_{ij} は,

$$F_{ij} = -\nabla_i r_{ij} \phi_{ij}'(r_{ij})$$

である.ϕ' は r に関する微分,∇_i は i 原子の座標についての偏微分ベクトルである.ベクトル R_{ij} 方向の単位ベクトルを ξ_{ij} と書く($R_{ij} = R_{ij} \xi_{ij}$).こうして

$$\begin{aligned}
F_{ij} &= -\phi_{ij}' \left\{ \frac{u_{ij}}{R_{ij}} - \frac{(\xi_{ij} \cdot u_{ij}) \xi_{ij}}{2 R_{ij}} \right\} \\
&= -\lambda u_{ij} - \mu (\xi_{ij} \cdot u_{ij}) \xi_{ij}
\end{aligned} \tag{3.13}$$

となる.このモデルでは

$$D(\boldsymbol{q}) = \lambda \left[\sum_j \{ \exp(i\boldsymbol{q} \cdot \boldsymbol{R}_{ij}) - 1 \} \right] Q(\boldsymbol{q})$$

$$+ \mu \left[\sum_j \{ (i\boldsymbol{q} \cdot \boldsymbol{R}_{ij}) - 1 \} \{ \xi_{ij} \cdot Q(\boldsymbol{q}) \} \right] \xi_{ij}$$

3.4 3次元格子振動1 — 面心立方格子 —

となる．後は具体的な R_{ij} のセットについて計算すればよい．少し手間はかかるが，やり方は簡単である．

ダイヤモンド型および閃亜鉛鉱型格子の副格子である fcc 格子について考える．最近接原子は 12 個ある．それら原子へのベクトルのセットは

$$R_{ij} : \frac{a}{2}(0, \pm 1, \pm 1),\ \frac{a}{2}(\pm 1, 0, \pm 1),\ \frac{a}{2}(\pm 1, \pm 1, 0)$$

である．± 符号については，すべての組合せをとる．計算のやり方を知るために以下，$q = (q, 0, 0)$ すなわち x 軸に沿って進む波の場合を考えよう．式に現れる指数因子の項が残るのは 2 番目と 3 番目のセットである．さらに $f = \exp(iqa/2)$ と書くと，f とその複素共役 f^* によってすべて表される．λ の項の和は

$$4(f + f^* - 2) = 8\left(\cos\frac{qa}{2} - 1\right) = 16\sin^2\frac{qa}{4}$$

となる．μ の項の計算は少し手間がかかる．例えば $d = (1/\sqrt{2})(1, 0, 1)$ からの寄与は $(1/2)(Q_x + Q_z)(1, 0, 1)$ となる．これらを足し合わせると，力への寄与は $\sin^2(qa/2)(2, 1, 1)$ というベクトルとなる．

以上をまとめると

$$-m\omega^2 Q = 16\sin^2\frac{qa}{4}\left((\lambda + \mu)Q_x, \left(\lambda + \frac{\mu}{2}\right)Q_y, \left(\lambda + \frac{\mu}{2}\right)Q_z\right)$$

となる．波数ベクトルのこの方向では，D 行列はすでに対角化されていて，その固有値は対角成分 xx, yy, zz である．固有ベクトルは x, y, z 軸方向である．

格子振動の大きな特徴は，振動の方向によって振動数が異なることである．いま x 方向へ伝播する波を考えているのだが，振動の方向が波数と同じ x 方向の波を**縦波** L（longitudinal）という．これに対して振動方向が伝播方向と垂直な y, z 方向の波を**横波** T（transeverse）という．いまの場合，2 つの波は明確に区別され，その角振動数と波数との関係は次のようになる．

$$\text{縦波} \qquad \omega_L = 4\sqrt{\frac{\lambda + \mu}{m}}\left|\sin\frac{qa}{4}\right|$$

$$\text{横波} \qquad \omega_T = 4\sqrt{\frac{\lambda + \mu/2}{m}}\left|\sin\frac{qa}{4}\right|$$

この関数は，数学的には3.1.1項で述べたものと同じである．$-\pi/a \sim \pi/a$ の q を考えればよい．

このような範囲に限られた部分，fcc格子の第1ブリュアン域は，図2.14(b)のようになる．いくつかの軸方向や終端点には名前が付けられている．x 方向の最も短い逆格子ベクトルは $\boldsymbol{b}_1 + \boldsymbol{b}_2 = (4\pi/a, 0, 0)$ であり，その半分の点をX点という．

波数 q が小さいところでは $\sin(qa/4) \cong (qa/4)$ と近似できるので，格子振動の角振動数は波数に比例する．すなわち

$$\text{縦波} \quad \omega_\mathrm{L} = \sqrt{\frac{\lambda + \mu}{m}}\, q$$

$$\text{横波} \quad \omega_\mathrm{T} = \sqrt{\frac{\lambda + \mu/2}{m}}\, q$$

となる．右辺の q の係数が波の速さを与える．縦波のほうが横波よりも速い．

q が小さいということは波長が原子間隔よりも大きいということで，この場合には格子構造を平均化して連続体と見ることができる．すなわち格子点 $\boldsymbol{R}_i$ が連続的なベクトルであるとして，u はその関数と考える．$\boldsymbol{d}_j$ は微小な位置の差と見なす．すると

$$u_i \exp(i\boldsymbol{q}\cdot\boldsymbol{R}_{ij}) - u_j \to (i\boldsymbol{q}\cdot\boldsymbol{R}_{ij})(\boldsymbol{R}_{ij}\cdot\nabla_R)u_i$$

と近似できる．∇_R は，格子点ベクトルについての偏微分である．

格子振動の ω と q との関係は，中性子線の非弾性散乱の実験によって観測することができる．量子力学によれば，中性子もまた波として結晶の中を伝わる．原子による散乱については，X線の場合と同じように扱うことができる．したがって中性子線の回折によっても，結晶格子の構造がわかる．中性子はスピンをもっているので，それを使って結晶の中のスピンの様子もまた知ることができる．

格子振動があると，原子の位置は格子点から変位している．時間変化も考慮して，入射中性子波を $\exp\{i(\boldsymbol{k}\cdot\boldsymbol{r} - \Omega t)\}$ とする．Ω は中性子波の角振動数である．散乱波は $\exp\{i\boldsymbol{k}\cdot(\boldsymbol{R}_i + \boldsymbol{u}_i) - \Omega t\}$ で表される．$\boldsymbol{u}_i$ について展開すると，1次の項は $i\boldsymbol{k}\cdot\boldsymbol{u}_i = i\boldsymbol{k}\cdot\boldsymbol{Q}\exp\{\pm i(\boldsymbol{q}\cdot\boldsymbol{R}_i - \omega t)\}$ となるから，散乱中性子波は $\exp\{i(\boldsymbol{k} \pm \boldsymbol{q})\cdot\boldsymbol{r} - (\Omega \pm \omega)t\}$ となる．

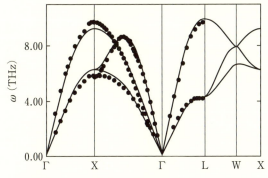

図 3.8 アルミニウムの格子振動による中性子散乱
（定性的に表現したもの）

$(\boldsymbol{k},\Omega)$ の中性子波が $(\boldsymbol{k}\pm\boldsymbol{q},\Omega\pm\omega)$ に散乱される．中性子波の角振動数はエネルギーに比例している．したがって ± の + 符号は中性子が格子振動からエネルギーを受け取る過程を，− 符号は格子振動にエネルギーを与える過程を表す．量子力学では，波のエネルギーは 角振動数 × プランク（Planck）定数/2π を単位として量子化される．+ 符号は格子振動波の量子（フォノン）が 1 個減る過程を，− 符号は量子が 1 個増える過程を表す．これらの詳細は次章以下で説明する．

fcc 格子の Al の格子振動の様子を，$\boldsymbol{q}$ ベクトルの方向がいくつかの場合について示し，実験結果と比較した（図 3.8）．Al では，閉殻イオンは価電子の"海"に浸っている．イオン間の相互作用は弱いが，遠距離に及んでいる．計算の結果を線で示した．中性子非弾性散乱の実験結果は点で示した．理論は実験の特徴的結果を再現している．なお純理論的には，変位した格子中の電子状態を第一原理計算することもなされている．

3.5　3 次元格子振動 2 ─ 半導体の断熱結合電荷モデル ─

3.5.1　ダイヤモンド型格子の振動

半導体の典型結晶であるダイヤモンド型格子では，2 つの fcc 副格子の間の相互作用が重要である．2 つの副格子を上付きの添字 A, B で区別しよう．

A, B 副格子については，それぞれこれまで考えてきた式が成り立つ．変位のフーリエ（Fourier）変換 Q は Q^A, Q^B によって区別する．2種類の原子がある1次元格子と同様に，振動は音響モード A と光学モード O に分かれる．さらに3次元性によって，縦波 L と横波 T に分かれる．すなわち LA，TA，LO，TO の4種類のモードがある．

ダイヤモンドと同じく，2つの fcc 副格子よりなるイオン結晶（例えば食塩型結晶）では，副格子間相互作用についても，最近接原子間の中心力として計算して，実験結果を良く説明できる．これは閉殻イオンが球対称の電荷分布をもち，クーロン（Coulomb）力と閉殻間の斥力も簡単な中心力で表されるからである．

半導体では，例えばゲルマニウムの場合，最近接原子間力では不十分である．実験を説明するには第5近接原子まで広げて15個のパラメータが必要になる．これでは原子間力の特徴はわかりにくい．一方，閉殻イオン間のクーロン力が自由電子で遮蔽されるという金属的モデルでは，そもそもダイヤモンド型格子自体が横方向のひずみについて不安定となる．実際，IV 族の元素 Pb は金属で，fcc 格子である．そこで，半導体では結合が共有結合であることを考慮して，原子間力を考えなければならない．

3.5.2 断熱結合電荷モデル

まず考えられたのは，共有結合を表す**結合電荷** Z_b 間の電気力である．IV 族半導体は4個の価電子が隣接原子間の中間に集まり，結合の腕は正四面体的に配置している．$Z_b = -2e/\varepsilon_r$ である．ε_r は比誘電率で $\varepsilon_r = \varepsilon/\varepsilon_0$ である．これらと閉殻イオンの電荷 $+4e$ とのクーロン力を考える．閉殻間には，斥力も中心力として働く．さらに共有結合は価電子の軌道によって構成され，正四面体の中心 0 から4つの頂点 i の方向へ向かっている（図3.9）．この結合の伸縮と，腕が横方向へずれて結合角が変わるような変位を復元する力が働く．結合 01 と 02 の間の角度の変化は，0, 1, 2 の3つの原子よりなる三角形の変化である．したがって原子間力には ϕ_{ij} のほかに，$\phi_{012} = \phi(r_{01}, r_{02}, r_{12})$ のような3原子間の項を考えなければならない．これを結合の曲げの項という（**キーティング（Keating）模型**）．

3.5 3次元格子振動2 — 半導体の断熱結合電荷モデル —

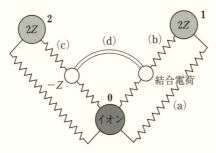

図3.9 キーティング模型における力．(a) イオン間電気力，(b) 結合電荷の電気力，(c) イオン-結合電荷間の短距離力，(d) 結合角の変化による力

結合伸縮の効果は fcc 格子の場合と同様に扱うことができ，パラメータ α で表される．曲げの項も同じようなやり方で調べられる．キーティング (Keating) [2] は，対称性の考察から次のような形を提案した．

$$\Phi_{123} = \frac{\beta}{4a^2} \sum_{ijk} \{(r_{ij}\cdot r_{ik})^2 + a^2\}^2$$

この和は i, j, k がすべて異なる組合せについてとる．これから i 原子へ働く力を

$$F_i = -\nabla_i \Phi_{123}$$

によって計算し，$r_i = R_i + u_i$ として計算を進めればよい．

さらに検討を進めて最終版となったウェーバー (Weber) [3] の**断熱結合電荷モデル** (ABCM, Adiabaic Bond Charge Model) では，次の4種類の力を考えた．①閉殻電荷間の中心力，②結合電荷と閉殻電荷間，結合電荷相互間のクーロン力，③結合電荷と閉殻電荷間の中心力，④結合電荷間の曲げの力．③の力は，結合電荷の質量を無視して，その位置が腕の中間に固定されずに振動に伴って断熱的に（結合電荷にエネルギーが散逸せずに）変位するという仮定から，位置を安定化させるために導入された．①〜④に各1つずつあるパラメータの値は，弾性定数やいくつかの波数での格子振動の振動数に合わせるように決めた（表3.2）．曲げの力は，このモデルでは結合電荷が腕の中央から外れて動くので，閉殻—結合電荷の方向間に働くとする．

表 3.2 IV 族半導体の原子間力モデルのパラメータ．C の値だけが，他の 3 つと異なる

	C	Si	Ge	α-Sn
$\frac{1}{3}\phi_{i\text{-}i}''$	-10.0	6.21	6.61	7.43
z^2/ε	0.885	0.180	0.162	0.163
$\frac{1}{3}\phi_{i\text{-}bc}''$	50.0	6.47	5.71	5.59
β	12.56	8.60	8.40	7.80
A_{eff}	20.91	0.56	0.40	0.21
B_{eff}	14.53	2.79	2.65	2.68

3.5.3 ABCM の基礎方程式

ABCM はもともと IV 族を対象に開発されたが，その後，化合物半導体などへ拡張され成功した．まず基礎方程式を整理して示そう．各原子の変位を u，結合電荷の変位を v とする．角振動数 ω の振動に対する方程式を示す．

$$M\omega^2 u = \left\{ R + \frac{4(Ze)^2 C_{\text{R}}}{\varepsilon_{\text{r}}} \right\} u + \left\{ T - \frac{2(Ze)^2 C_{\text{T}}}{\varepsilon_{\text{r}}} \right\} v$$

$$0 = \left\{ T^+ - \frac{2(Ze)^2 C_{\text{T}^+}}{\varepsilon_{\text{r}}} \right\} u + \left\{ S + \frac{(Ze)^2 C_{\text{S}}}{\varepsilon_{\text{r}}} \right\} v$$

M は原子の質量よりなる行列である．結合電荷の質量は無視したので，第 2 式は結合電荷の原子運動への追随を表す．このとき熱の出入りはないので，断熱という．R, T, S のついた項は，短距離力を表す行列である．C_{R} は閉殻イオン間，C_{S} は結合電荷間，C_{T} は閉殻イオンと結合電荷間のクーロン相互作用である．これは長距離力であり，符号がプラスマイナスの項の和だから，エバルト (Ewald) の方法で注意深く扱う．

化合物半導体では，結合電荷の位置は結合の腕の中央からずれている．その位置は化合物ごとに変わり得るが，結果としては III-V 族では 5 : 3，II-VI 族では 3 : 1 の比で腕を内分して，価数の大きい原子に近い位置となる．すなわち，供給される価電子の個数の比で内分される．短距離力の結合の伸縮，変角を表す項は，結合電荷と価数の小さい原子 ($i = 1$) と大きい原子 ($i = 2$) とで異なる．この点は個別の計算で述べよう．

3.5.4 ダイヤモンド型格子

IV 族の C（ダイヤモンド），Si，Ge，α-Sn についての ABCM による計算結果を図 3.10 に示す．角振動数は，イオンのプラズマ角振動数で割った値である．2 つの fcc 格子が組み合わさっているので，振動はまず音響モード A と光学モード O に分かれる．

半導体の代表といえる Si と Ge では，分散の様子はほとんど等しい．Si の分散は，わずかながら違いがある部分のみ示してある．このモデルで用いたパラメータの値は表 3.2 に示してある．

結合電荷は C が最も大きく，共有結合性が強い．Si 以下では誘電率が大きいので，結合電荷の効果は抑えられている．結合の伸縮，変角への硬さも C がとびぬけて強い．音響モードには縦波 L と横波 T とがある．Γ 点における振動の様子を図 3.11 に示す．q ベクトルが (100) 方向にある場合（ΓX）を見ると，fcc 格子の場合と同じく LA のほうが TA よりも振動数が高い．Γ 点 ($q = 0$) の近くでは，振動数は q に比例するが，その速度は LA のほうが TA よりも大きい．光学モードは，Γ 点では LO と TO が同じ値をとる．すなわち縮退している．

注目すべきは x 方向の端 X 点で，LA と LO の振動数が縮退していることである．横波 T では変位の方向が y, z と 2 つの波が縮退している．したがっ

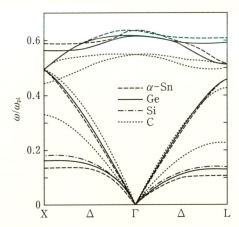

図 3.10 IV 族半導体のフォノン分散関係．ダイヤモンドだけがやや外れている（W. Weber : Phys. Rev. B 15 (1977) 4789 による）

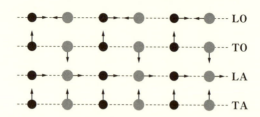

図3.11 Γ点における振動状態．フォノンモードごとの概念図

てX点では，すべてのモードが二重縮退している．この二重縮退はダイヤモンド型格子の空間反転対称性に基づいており，原子間力のモデルによらず成り立つ．この事情は3.2.2項の1次元格子で述べた．Γ—X方向の分散は，fcc格子の分散を折り返したものとなっている．実験結果ももちろんそうなっている．

q ベクトルが (111) 方向（ΓL）にある場合も，横波は縮退している．しかし (110) 方向（ΓΣ）では，この縮退はない．TA については，このことをfcc 格子についての式から具体的に示すことができる．この場合，変位が (001) 方向の場合には LA と TA とが混じり合った波となり，厳密には縦横方向の振動に分かれるわけではない．光学モードについても同様である．q が大きくなると分散はほとんど平らになる．これは共有結合の角度依存性が小さいことを示している．これに対して LA モードの分散は強く，結合の伸縮方向は硬い．これらにより比熱の計算では，アインシュタイン (Einstein) モデルが実用的である．

3.5.5 閃亜鉛鉱型格子

閃亜鉛鉱型格子では，2つの fcc 格子は等価でない．例えば GaAs, ZnSe では，Ga, Zn と As, Se とで質量が異なる．また原子間力も異なる．閉殻のイオンの電荷は $+Ze$ であり，Ga では $Z=3$，Zn では $Z=2$，As では $Z=5$，Se では $Z=6$ である．結合電荷の値は $-2e/\varepsilon_r$ だが，その位置は腕の中央ではなく Z の大きい閉殻へ近い．これらを考慮すれば，ABCM が有効であることがわかった．

閃亜鉛鉱型の GaAs について，ABCM モデルの計算をおこなった結果を

3.5 3次元格子振動2 ─ 半導体の断熱結合電荷モデル ─

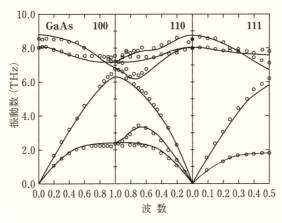

図 3.12 GaAs のフォノン分散関係 (B. D. Rajput and D. A. Browne : Phys. Rev. B 53 (1996) 9052 による)

図 3.12 に示す．この計算では，GaAs では結合電荷は結合の腕を 5:3 に内分して As に近い点にあるということになった．この内分比は III-V 族にほぼ共通である．また II-VI 族では内分比は 3:1 で，さらに負イオンに近い．GaAs のフォノン分散の大まかな様子は Ge に似ている．しかし X 点での LA と LO の縮退はない．これは 2 つの fcc 格子が等価でなく，空間反転対称ではないからである．

また Γ 点での LO と TO の縮退もない．光学モードでは III 族（II 族）イオンと V 族（VI 族）イオンとが逆向きに変位するので電気分極が起こり，光と強く相互作用する．これが光学モードという名前の由来である．光学モードに伴って生じる電気双極子の間には長距離的な力が働く．特に縦波の場合には，波数方向に垂直な正と負の電荷面が交互に並んでいる．光学モードでは正と負の面とが逆向きに変位するので，その間に電気双極子の面ができることになる．この電気双極子面が作る電場を平均すると，電気分極と逆向きになる．これを反電場という．反電場は電気分極を小さくする向きの復元力となる．このために縦波の角振動数は横波よりも大きくなる．これを**反電場シフト**といい，第 6 章でさらに詳しく述べる．III-V 族，II-VI 族についての LO, TO 振動数を表 3.3 に示す．

ZnSe のフォノンの分散の様子は，GaAs とほぼ同じである．しかし，

表3.3 Γ点のTOモードとLOモードの角振動数

結晶	ω_{LO} (10^{12} Hz)	ω_{TO}	結晶	ω_{LO} (10^{12} Hz)	ω_{TO}
C	39.96	39.96	GaN	24.	16.5
Si	15.69	15.69	AlN	27.5	20.0
Ge	9.02	9.02	InAs	7.30	6.57
Sn	6.0	6.0	InSb	6.00	5.37
SiC	29.15	23.90	BeO	32.7	21.1
BN	40.20	31.95	ZnO	17.4	11.8
BP	25.0	24.6	ZnS	10.47	8.22
AlP	15.03	13.20	ZnSe	7.53	6.12
AlSb	10.20	9.60	ZnTe	6.18	5.47
GaP	12.08	10.96	CdS	9.1	6.9
GaAs	8.76	8.06	CdSe	6.52	5.13
GaSb	7.30	6.90	CdTe	5.13	4.20
InP	10.35	9.10			

表3.4 ABCMパラメータの比較. α は近接力, β は結合角変動のパラメータ, Z は結合電荷

物質名	α_1	α_2	β_1	β_2	Z^2/ε_r
C	56.6	56.6	12.86	12.86	0.865
Si	6.47	6.47	8.60	8.60	0.180
Ge	5.71	5.71	8.40	8.40	0.162
GaAs	2.36	18.05	5.36	8.24	0.187
ZnSe	1.19	22.82	1.21	15.65	0.179
InSb	2.33	14.09	4.56	6.24	0.172
CdTe	0.77	23.34	0.39	15.44	0.184

ABCMのパラメータの値は大きく異なる. IV, III-V, II-VI族半導体のパラメータの値を表3.4に示す.

まず, C（ダイヤモンド）の値は際立って大きい. 結合電荷 Z^2/ε_r は大きく, また結合の腕の伸縮, 角度の変動について硬い. これはC—C結合が典型的共有結合であることを示す. 化合物では, 結合電荷は軽い元素より重い元素に接近しているが, 伸縮の硬さ α_i と変角の硬さ β_i にも大きな違いがある. II-VI族では違いは歴然としていて, VI族と結合電荷の腕はきわめて硬く, II族と結合電荷の腕はきわめてゆるい. 例えばSeからの6個の価電子はSe—Zn結合腕の1/4距離にあり, その部分の腕は硬い. Seイオンの電荷 $-2e$ は4本

の角で遮蔽されている．一方，Zn イオンの $+2e$ の電荷を遮蔽する角は伸縮変角が自由で，金属に近い．実際，HgTe は半金属であるが，金属性を担うのは Hg の 2 個の価電子と考えられる．

こうした結合の共有性からイオン性への変化は，分子ではよく知られていることである．C_2 は典型的共有結合だが，BN, BeO, LiF と進むにつれて，結合は価数の大きい原子へと進み，LiF はイオン結合である．Be, O は ±1.5 価といわれている．

3.5.6 ウルツ鉱型格子

ウルツ鉱型格子でもこれまでと同じ手法で考えればよい．ウルツ鉱型格子の第 1 ブリュアン域を図 3.13 に示す．ABCM のパラメータは，閃亜鉛鉱型格子の場合とほぼ同じである．しかし a/c 比が 3/8 から外れている結晶では，最近接原子配置は正四面体からずれている．したがって原子間の短距離力のパラメータには 2 種類がある．

GaN について，ウルツ鉱型格子の格子振動の ω-q の関係を図 3.14 に示す．ウルツ鉱型の分散は閃亜鉛鉱型の分散より複雑であるが，1 つには c 軸に沿っての周期が 2 倍になるので，ΓL 方向の分散が途中の A 点で折り返されたことによる．もう 1 つは，結合の長さが 2 種類あることの効果である．

Γ 点における振動の光学モードが多数あるが，その振動の様子を図 3.15 に示す．

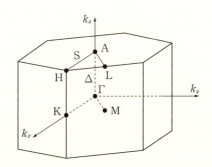

図 3.13 ウルツ鉱型格子の第 1 ブリュアン域

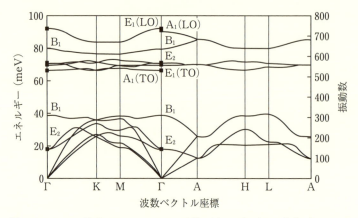

図 3.14 ウルツ鉱型 GaN のフォノン分散．黒い四角形は測定値（H. Siegle et al. : Phys. Rev. B 55 (1997) 7000 による）

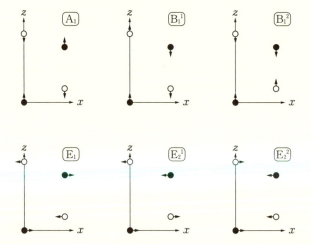

図 3.15 ウルツ鉱型 Γ 点での光学フォノンモードと原子変位の関係

3.5.7 グラファイト

ABCM はグラファイトのフォノンについても有効である．グラフェン面内では，sp^2 結合電荷があるが，その位置は腕の中点である．$Z^2/\varepsilon_r = 1.31$, $\beta = 32.8$ となる．グラフェンの層間には弱い短距離力がある（図 1.15）．これらによって計算したフォノンの分散は図 3.16 のようである．計算結果は，

3.5 3次元格子振動2 — 半導体の断熱結合電荷モデル —

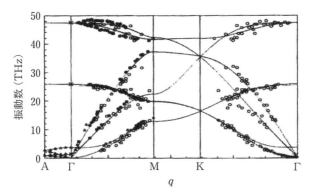

図 3.16 グラファイトのフォノン分散関係. 黒丸は実験値, 白丸は計算値
(G. Benedek and G. Onida : Phys. Rev. B 47 (1993) 16471 による)

電子線非弾性散乱の実験結果とよく一致する（図 3.16）. 層間の相互作用は弱いとされているが, 一方でグラファイトの融点は常圧では非常に高いと推定される. わずかに存在する伝導電子による金属結合が原因ではないか, という説もある.

ABCM の長所として, 少数個のパラメータによって他の構造を調べられるということがある. C 原子結合の例として, グラファイト板による表面モードの計算, C_{60} などのフラーレンの計算などがおこなわれている. さらに鎖状炭化水素, 芳香族などの有機分子, 高分子などへの拡張も考えられよう.

3.5.8 Si 原子系

Si 原子よりなるいくつかの系の ABCM によるフォノン計算がある. まず, 六方対称格子相の Si 結晶（2H）のフォノンの分散が計算された. ウルツ鉱型と同様に折り返し効果が見られる. ナノワイヤーなどでは, 通常のダイヤモンド型格子の 3C 結晶粒子のほかに, 2H 結晶が混在している. そのような系のフォノン伝播などを調べる基礎となる.

次に, Si(111) 面に現れる 2×1 構造のフォノン計算が, 24 層の板についておこなわれた. バルクモードのほかに, 表面局在モードが現れる. 低振動数モードは, He 原子非弾性散乱の実験結果とよく一致する.

Si の球について, 半径を変えてフォノンの変化を調べる計算もおこなわれ

た．これらの系では局所密度汎関数計算もおこなわれているが，ABCM は構造と振動の推定や理解に活躍している．

3.6 結晶の凝集エネルギー，弾性，圧電性

3.6.1 結晶の凝集エネルギー

原子が集合して結晶となるのは，原子間に引力が働くからである．化学的に不活性なネオンなどでも，弱いファン・デル・ワールス力がある．一方，閉殻の間には強い斥力が働く．これをモデル化したのがレナード（Lennard）-ジョーンズ（Jones）ポテンシャルである（図 1.11 参照）．このために，ネオンの原子は剛体球のように密着して最密構造をとる．これは面心立方格子である．

イオン結晶の構造は，正負イオンの電荷（$\pm Ze$）による電気力が支配的である．そのエネルギーは $-N\alpha Z^2 e^2/r_0$ となる．N は最近接イオン数，r_0 はその距離である．α は結晶格子によって決まる定数でマーデルンク（Madelung）定数という．主な例は，岩塩型（1.746），CsCl 型（1.763），閃亜鉛鉱型（1.638），ウルツ鉱型（1.641）である．格子定数は，電気力と閉殻間の斥力により決まる．

金属では，閉殻正イオン間の電気的斥力が，自由電子の"海"に部分的に遮蔽されて引力が生じるが，その力は長距離的である．

半導体では，価電子が共有結合の腕の中に結合電荷として存在することが，格子振動の様子からわかった．

これらによって，結晶のエネルギーは自由原子のエネルギーの和よりも低い．その大きさを**凝集エネルギー**という．単体について，周期表に沿って生成エンタルピーの変化の様子を示したのが図 3.17 である．共有結合性が高い IV 族半導体の凝集エネルギーが大きいことがわかる．化合物半導体では閉殻の電荷分布に偏りがあるので，凝集エネルギーは IV 族半導体よりも小さくなる．また，結合電荷の値もイオン性が増すと減少する．IV 族半導体では結合電荷は結合の中点にあったが，化合物半導体では中点からずれる．結合のイオン的性格の尺度を f_i として，凝集エネルギーを図 3.18 に示した（この図ではエネルギーが低いことをマイナス符号で表してある）．結合電荷の値，その位置の f_i

3.6 結晶の凝集エネルギー，弾性，圧電性

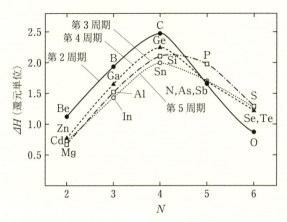

図 3.17 単元素固体の凝集エネルギーの周期律依存性（J. C. Phillips : *Bonds and Bands in Semiconductors. 1st ed.* (Academic Press, 1973) による）

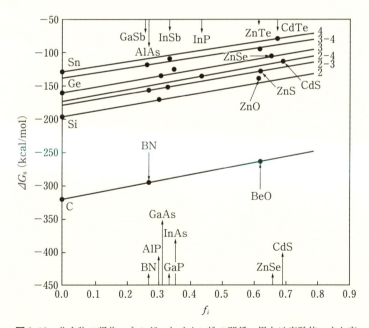

図 3.18 化合物の凝集エネルギーとイオン性の関係．黒丸は実験値．また直線の右側の数字は「周期」を表す（「2」は「第2周期」を意味する）（J. C. Phillips : *Bonds and Bands in Semiconductors. 1st ed.* (Academic Press, 1973) による）

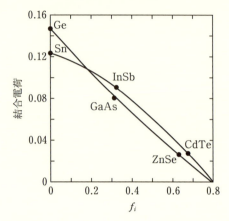

図 3.19 ボンド電荷とイオン性（J. P. Walter and M. L. Cohen : Phys. Rev. B **4** (1971) 1877 による）

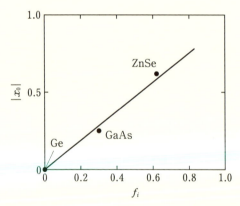

図 3.20 ボンド電荷の中点に対する位置とイオン性．結合電荷が極大になる位置を x_0 と表した（J. C. Phillips : *Bonds and Bands in Semi-conductors. 1st ed.* (Academic Press, 1973) による）

による変化の様子も図 3.19 と図 3.20 に示した．一般にイオン性が高まるにつれて結合電荷は減少し，その位置は価数の大きな閉殻イオンのほうへずれ，これらは凝集エネルギーを小さくする．一方でイオン性が高まれば，LO と TO モードの差である反電場は強くなり，イオン結晶的に考えるときの有効電荷は増加する（表 3.5）．

表 3.5 化合物の有効電荷

結晶	$|e^*|$	結晶	$|e^*|$
BN	0.55	GaN	0.42
SiC	0.41	AlN	0.40
BP	0.10	BeO	0.62
AlP	0.28	ZnO	0.53
AlSb	0.19	ZnS	0.41
GaP	0.24	ZnSe	0.34
GaAs	0.20	ZnTe	0.27
GaSb	0.15	CdS	0.40
InP	0.27	CdSe	0.41
InAs	0.22	CdTe	0.34
InSb	0.21	CuCl	0.27

3.6.2 電子状態と凝集エネルギー

結晶の原子間力や凝集エネルギーは，電子状態によって決まる．電子状態は 2.3.3 項で述べたように，波数ベクトル k で指定されたブロッホ（Bloch）関数とそのエネルギーバンド $E_n(k)$ で表される．その詳細は次章以下で述べるが，ここでは金属と半導体の凝集機構に関連したことを整理しておく．

金属価電子の電子状態は，自由電子に近い．それは，閉殻イオンのポテンシャルは強いのだが，価電子の波動関数はパウリ（Pauli）の原理によって閉殻の内部には入りにくいので，実際に感じるポテンシャルは弱いからである．このポテンシャルを**擬ポテンシャル**という．さらに価電子間の遮蔽作用がある．共有結合のある半導体では，擬ポテンシャルは金属よりも強いのだが，自由電子から出発する近似はかなり良いことがわかった．

結晶ポテンシャルと電子間相互作用を取り入れた有効な理論として，密度汎関数理論がある（4.2 節参照）．この理論では，電子系の全エネルギー

$$E_\text{T} = T + V_\text{C} + V_\text{xc}$$

は，電子密度関数 $n(r)$ の汎関数（関数 $n(r)$ が決まると種々の数学的手続きで値が決まる関数）である．さらに，r における V_xc がその点の n だけで決まるとしたものを**局所密度汎関数**（LDF，Local Density Functional）という（4.2 節参照）．ここで $n = \sum_i |\phi_i(r)|^2$ とおき，ϕ についての変分によって E_T

を極小にすると，次の方程式が導かれる．

$$\left(-\frac{\hbar^2}{2m}\nabla^2 + V_\mathrm{C} + \mu_\mathrm{xc}\right)\psi_i = E_i\psi_i \tag{3.14}$$

ここで

$$\mu_\mathrm{xc} = \frac{d}{dn}(nV_\mathrm{xc})$$

である．全エネルギーは

$$E_\mathrm{T} = \sum_i E_i - \frac{1}{8\pi\varepsilon_0}\int drdr'\,\frac{n(\boldsymbol{r})n(\boldsymbol{r}')}{|\boldsymbol{r}-\boldsymbol{r}'|} + \int d\boldsymbol{r}\cdot n(V_\mathrm{xc}-\mu_\mathrm{xc}) \tag{3.15}$$

である．(3.14) 式を**コーン (Kohn)‒シャム (Sham) 方程式**という [4]．この式は1電子のシュレディンガー (Schrödinger) 方程式と同じ形だが，全エネルギーの表式を見るとわかるように，固有値の総和が全エネルギーになるのではない．

実際の計算では，ψ を平面波で展開する．V_C は擬ポテンシャルとし，その逆格子ベクトル $\boldsymbol{K}$ 成分 $V_\mathrm{C}(\boldsymbol{K})$ が問題となる．その様子を図3.21に示した．(a)のAlの場合にはfcc格子定数が小さいので，$\boldsymbol{K} = (2\pi/a)(111),(200)$ でのポテンシャルの絶対値は小さく，自由電子近似はよく成り立つことがわかる．

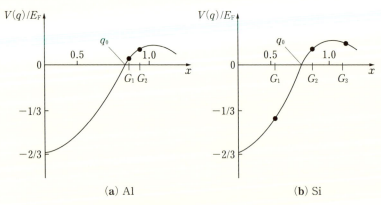

図3.21 擬ポテンシャルの波数依存性．波数はフェルミ波数 k_F，ポテンシャルはフェルミエネルギーで規格化．$x = q/2k_\mathrm{F}$ (J. C. Phillips: *Bonds and Bands in Semiconductors. 1st ed.* (Academic Press, 1973) による)

これに対して(b)の Si では fcc 格子定数は大きく，(111) 逆格子のポテンシャルは負で，絶対値は大きい．(111) は結合の腕の方向で，そこに結合電荷が生じる．(200) の成分は対称性から 0 である．(220),(311) 成分の絶対値は小さい．

図(a),(b)から，V_C/E_F と K/k_F の関係が，物質にあまりよらないことがわかる．IV,III-V,II-VI 族の一連の半導体について，大まかにはこの関係が成り立つことが光学スペクトルからわかる（第6章）．

閃亜鉛鉱型格子では反転対称性がなく，(200) 成分は 0 ではない．他の成分についても，A,B 格子について対称な成分 V_{cs} と反対称な成分 V_{ca} があることを考慮しなくてはならない．これらの値は第6章で述べるように，光学スペクトルから実験的に推定できる．イオン性の尺度 f_i は V_{ca}/V_{cs} から見積られる．それらは原子間力についての ABCM の汎用性に対応している．このように，格子力学と電子構造とは深く関係しあっている．その様子は本書の以下の各章で，より詳しくわかる．ABCM は，高度の計算や実験の解析にも役立つ．

3.6.3 弾性率

結晶に外から力を加えると変形する．外からの力は，力を加える面の法線方向と力の方向とに依存するので，テンソル量である．これを**応力テンソル** $S_{\alpha\beta}$ という．β が面の法線，α が力の方向である．例えば S_{xx} は x 軸に垂直な面に x 軸方向へ働き，結晶を伸び縮みさせる単位面積当りの力である．S_{xy} は y 軸に垂直な面に x 軸方向へ働く単位面積当りの力である．結晶の変形もまた，例えば x 軸方向に垂直な面の x 軸方向の間隔が x 軸方向に変化する伸びひずみ e_{xx}，2つの面の間隔が y 軸方向にずれるずれひずみ e_{yx} など，**ひずみテンソル**で表される．S と e は小さい間は比例する．その間の関係は，一般には4階のテンソル c（**弾性率テンソル**）で表される．

$$S_{\alpha\beta} = \sum_{\delta\gamma} c_{\alpha\beta\delta\gamma} e_{\delta\gamma}$$

格子点 i の原子の変位 u_i の R_i による変化がゆるやかな場合には，R_i を連続的な座標と考えて

$$e_{\alpha\beta} = \frac{\partial u_\alpha/\partial X_\beta + \partial u_\beta/\partial X_\alpha}{2}$$

となる.これを用いて,原子間力から弾性定数を求めることができる. fcc 格子,ダイヤモンド型格子などの立方対称の結晶では

$$S_{xx} = c_{11}e_{xx} + c_{12}(e_{yy} + e_{zz}), \quad S_{xy} = c_{44}e_{xy}$$

と,3つの定数だけですべて表される.それらは原子間力のパラメータによって表される.例えば fcc 格子の中心力では,(100) 方向の音速を比較すれば,以下のようになる.

$$c_{11} = \frac{\lambda + \mu}{a}, \quad c_{12} = c_{44} = \frac{\lambda + \mu/2}{a}$$

ダイヤモンド型格子に特徴的なもう1つのことは,応力が (111) 方向に加わったときに起こる**内部ひずみ**である. (111) に垂直な面を考えると,A 格子と B 格子とが交互にあるが,その間隔は図 3.6 に示すように同じではない.間隔 $d_{AB} \neq d_{BA}$ である.このために (111) 方向に伸ばしたときの変位の割合は必ずしも等しくない.$\delta d_{AB}/d_{AB} \neq \delta d_{BA}/d_{BA}$ である.すなわち,A 格子点の原子の周りの B 格子点の原子の正四面体がひずむ.これを表す内部ひずみパラメータを ζ とする. $\zeta = 0$ が正四面体を保つ場合,$\zeta = 1$ が正四面体の稜の長さが等しい場合である.ζ の値は,結合曲げ力のパラメータと関連しており,表 3.6 に示してある.

半導体の ABCM では,弾性定数の値は,IV 族の場合は表 3.6 のようにな

表3.6 IV 族半導体の弾性定数と内部ひずみ ζ

		C	Si	Ge	α-Sn
r_0 (Å)		1.78	2.715	2.825	3.23
c_{11}	理論値	10.90	1.56	1.33 (1.48)	0.79
	実験値	10.76	1.66	1.29	
c_{44}	理論値	5.53	0.78	0.65 (0.61)	0.37
	実験値	5.76	0.79	0.67	
$c_{11} - c_{12}$	理論値	8.91	0.98	0.81 (0.73)	0.44
	実験値	9.51	1.02	0.81	
$4\pi\chi_{bc}$		0.50	1.40	1.70	3.46
ε		5.7	12	16	24
ζ	理論値	0.12 (0.21)	0.50 (0.56)	0.52 (0.55)	0.57
	実験値	—	0.62 ± 0.04	0.64 ± 0.04	—

3.6 結晶の凝集エネルギー，弾性，圧電性

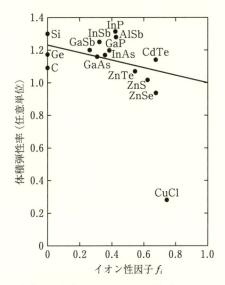

図 3.22 化合物半導体の体積弾性率とイオン性（J. C. Phillips : *Bonds and Bands in Semiconductors. 1st ed.* (Academic Press, 1973) による）

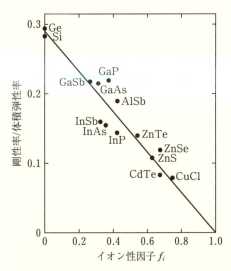

図 3.23 剛性率/体積弾性率とイオン性（J. C. Phillips : *Bonds and Bands in Semiconductors. 1st ed.* (Academic Press, 1973) による）

る．中心力だけではないので $c_{12} \neq c_{44}$ である．化合物半導体では，弾性定数はイオン性因子 f_i に依存する．圧縮率と剛性率について f_i との関係を図 3.22 と図 3.23 に示す．

3.6.4 圧電効果

化合物半導体では原子は有効電荷をもっているので，ひずみに伴って電気双極子が生じ，巨視的には電気分極 P が観測される．これを**圧電効果**という．閃亜鉛鉱型格子では，2 つの部分格子が共有結合の方向 (111) にずれている（図 3.24）．この方向に垂直な面には，有効電荷 $\pm z^*$ の電荷が分布している．そこで，この方向へ結晶に伸びひずみを加えると，先に述べた内部ひずみの効果で電気分極が生じる．電束密度 D とひずみ e との間の関係を

$$D = \frac{2}{3}\xi e$$

としたときの係数 ξ の値を表 3.7 に示す．興味深いのは，GaAs などの III-V 族化合物では ξ が負なのが，II-VI 族，I-VII 族では正となることである．こ

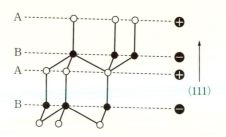

図 3.24 閃亜鉛鉱型格子の圧電効果

表 3.7 化合物半導体の圧電係数 ξ

結晶	ξ (C/m^2)	結晶	ξ (C/m^2)
GaSb	-0.22	BeO	0.04
GaAs	-0.28	ZnS	0.25
InSb	-0.12	CdTe	0.05
InAs	-0.08	ZnSe	0.09
GaP	-0.17	CdS	0.44
AlSb	-0.12	CuCl	0.50
ZnTe	0.05		

れは有効電荷 z^* の符号が逆転するからである．例えば，Ga の有効電荷は閉殻の $+3e$ に結合電荷 $Z_b \times 4/2$ を加えたものとなり，負である．一方，イオン性の強い CuCl では，結合電荷は Cl のほうへ移動するので，有効電荷は正となるのである．表 3.7 はイオン性が強まる方向へと配列してあるので，その様子がよくわかる．3.5 節で述べた原子間力の様々な姿はダイヤモンド型格子，閃亜鉛鉱型格子に限らず，一般の結晶の原子間力の解明にも役立つと思われる．結合電荷，結合の腕の曲げ力，有効電荷，結合の共有性とイオン性などである．

3.7 格子欠陥と塑性

3.7.1 格子欠陥

前節で述べたような結晶の格子構造は，原子集団のエネルギーが最小となるものである．しかし現実の結晶は，完全な格子が無限に続くような完全結晶ではない．多かれ少なかれ，完全な格子からの様々な不整，不完全性がある．その様子を図 3.25 に例示した．

例えば原子が欠けている空格子点がある．これは N 個の空格子点がランダ

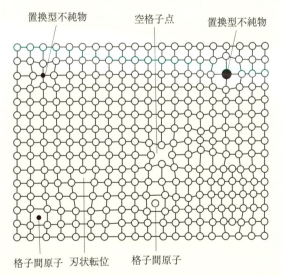

図 3.25 さまざまな格子欠陥およびドナー，アクセプターの概念図

ムに分布した状態は $k_B N \log N$ に比例するエントロピーをもち，有限温度では自由エネルギーが低くなるため存在できるのである．また液相から結晶が作られるとき，熱平衡が保たれないで冷されると，液相でのランダムな原子配置の一部が残る場合もある．以下で点状，線状，面状などの格子の不完全性（格子欠陥）を紹介しよう．

3.7.2 点状欠陥

最も単純な点状欠陥は**空格子点**である．ある格子点の原子やイオンが抜け出して，例えば表面へ移動する．これを**ショットキー（Shottky）型欠陥**という．イオン結晶では正イオンが抜ければ，電気的中性を保つように，負イオンも抜ける．隣接した正負のイオン対が抜ける場合，負イオンだけの対が抜ける場合もある．抜けた原子が近くの格子点でない位置に留まる場合もある．これを**格子間原子**といい，空格子点と格子間原子との対を**フレンケル（Frenkel）型欠陥**という．

不純物原子が母体結晶の原子を置換して，格子点に入る場合を**置換型不純物**という．半導体では，価数の異なる不純物が電気的性質を左右することはすでに述べた．不純物原子は格子間位置に入ることもある．イオン結晶では，例えば NaCl の中に Ca を入れると，Ca は 2 価の正イオンとなるので，電気的中性を保つために Na イオンの空格子点ができる．図に例示してあるように，欠陥の周囲では格子のひずみが起こる．

3.7.3 転位

線状の欠陥の代表は**転位**である．大きな結晶に端からナイフを入れて半分ほど切ったとしよう．このナイフの入った位置から 1 つの格子面を取り去る．すると図 3.26 のように，刃先の直線から少し離れた場所では，刃より先の部分と後の部分で完全格子がずれた構造となる．これを**刃状転位**という．2 つの格子のずれを表すベクトルを**バーガース（Burgers）ベクトル**という．いくつかの刃状転位が直線上に並ぶと，その両側の完全格子は小さな角度だけ傾いた構造になる．

次に，入れたナイフの左右の格子を刃の面に沿って上下に少しずらす．する

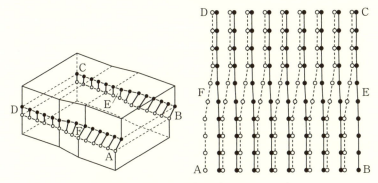

図 3.26 刃状転位の概念図（Cottrell による）

と，刃先の直線の周りに格子が回転した構造ができる（著名な教科書「キッテル　固体物理学入門」に見事な顕微鏡写真がある）．直線の周りをひとまわりすると，これに垂直な結晶面が1回転して直線方向に進む．これを**らせん型転位**という．この場合のバーガースベクトルは，格子面の変位ベクトルである．

3.7.4 積層欠陥

面状の欠陥としては，**積層欠陥**がある．fcc や hcp 格子は，三角格子面を積み上げた構造である．その積みかたに不整が起こる．例えば，閃亜鉛鉱型の ZnS で $\alpha\beta\gamma\alpha\beta\gamma\alpha\alpha\beta\gamma\cdots$ となれば，$\alpha\alpha$ が積層欠陥である．積層欠陥が周期的に入ると，長い周期をもつ結晶格子となる．このような構造を**多形**という．ZnS では 150 種を超える多形構造が知られている．

母体の積層格子面の間に，別種の原子面が入り込んだ構造のものがある．これを**包摂構造**という．多形構造や包摂構造では，格子面がそれに垂直な軸の周りに回転していく，らせん構造のものもある．そのピッチが母体格子の面間隔の整数倍のものもあるが，なかには整数倍からずれているものもあり**不整合格子**と呼ばれている．

結晶の表面は多くの場合，完全格子の切断面とは異なる構造をしている．内部に刃状転位がある場合には，表面にも格子の面に垂直なずれがある．すなわち，表面は平らではなく段丘構造をなしている．最も単純なシリコンの (100) 面でも段丘があり，上面はいちばん上の面，下面はそのすぐ下の面となるので，

表面原子どうしの共有結合の向きが 90° 異なり，その方向の変位が生じる．(100) 方向からわずかに傾いた面が出るように結晶を切断すると，その面は (100) 面の段丘が周期的に並んだものとなる．このほかに様々な 2 次元構造が現れる．さらに表面に不純物原子が吸着すると，吸着原子と母体原子とが様々な複雑な構造をとる．金属では面に沿った構造は完全格子面であっても，すぐ下の面との間隔は完全格子からずれている場合がある．これは緩和の一種である．緩和は内部でも起こる．転位では，直線のすぐ近くでは完全格子からのずれが大きい．

3.7.5 多結晶など

欠陥を含んでいても，試料全体が単一の完全格子を基本としている場合を**単結晶**という．これに対して，方位の異なる結晶粒が集まったものを**多結晶**という（図 3.27）．半導体物理の実験的研究のためには，大きな単結晶が得られることが大事であるが，なかなか作れない場合も多い．

原子が格子を組まずにランダムに配列しているものを**アモルファス**という．シリコンの蒸着膜もアモルファスである．原子が規則的に配列していないので，共有結合に参加できない価電子がある．これを**ダングリングボンド**という．そこで，アモルファスシリコンに水素を吸着させると，水素の電子が入り込んで共有結合を作り安定化する．これは，太陽電池の特性の向上に役立つ．

ガラス型構造ではダングリングボンドはないが，原子配列が不規則なネットワークを作る．SiO_2 は水晶などの結晶にもなるが，ガラスでは図 3.28 の右側

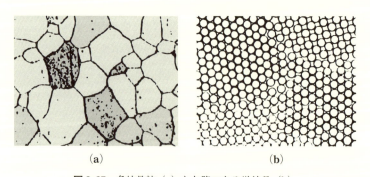

図 3.27 多結晶粒（a）と欠陥のある単結晶（b）

3.7 格子欠陥と塑性

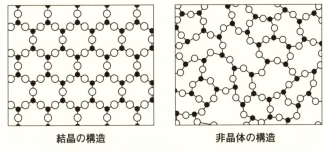

結晶の構造 　　　　　非晶体の構造

図 3.28 結晶と非晶体（アモルファス）構造

に示す図のような構造をとる．規則的ではないネットワーク状の配列をしている．

格子の不完全性は，色々な手法で観測されている．透過型電子顕微鏡は最も標準的な手法で，点状欠陥，転位，積層欠陥，およびその周りの原子の位置についての情報を与える．イオン線の反射により，表面原子の種類，位置，次の原子層との間隔がわかる．表面原子については，走査トンネル顕微鏡（STM, Scanning Tunneling Microscope）によって，原子の位置や価電子の分布の精密な知見が得られている（4.3.3 項参照）．

格子欠陥の存在は，結晶内部の運動に関係している．格子内の母体原子や不純物原子の拡散は，空格子点や格子間位置を通しておこなわれる．刃状転位の移動は，結晶の塑性変形（例えば滑り運動）のメカニズムである．小角をなす結晶のくさびを打ち込んだときの裂け目の進行は，転位列の増殖による．らせん状転位は，結晶の成長に関係している．単一結晶面が次々に作られるにあたっては，らせん状転位の食い違い線に沿って原子が付着していく．また SiC のエピタキシー成長では，やや傾いた結晶面の段丘構造を利用すると大きなきれいな層が得られる．

格子欠陥の位置では半導体の共有結合が切れたり，変化したりするので，伝導電子や正孔の供給源や捕獲中心となる．電子系でもフレンケル型欠陥のように，電子と正孔の対が作られたりすることもある．逆に，電子と正孔とが欠陥の位置で再結合することもある．

格子欠陥の存在，それによる電子的な性質，また電子状態を考慮した欠陥構

造の理解など，半導体物理の多彩な姿については次章以下で述べる．

参考文献

[1] J. C. Phillips : *Bonds and Bands in Semiconductors. 1st ed.* (Academic Press, 1973). 日本語版としては，小松原毅一訳：「半導体結合論」(吉岡書店, 1976). また J. C. Phillips : Rev. Mod. Phys. 42 (1970) 317.
[2] P. N. Keating : Phys. Rev. 145 (1966) 637.
[3] W. Weber : Phys. Rev. B 15 (1977) 4789.
[4] W. Kohn and L. J. Sham : Phys. Rev. 140 (1965) A1133.

第 4 章

金属・半導体・絶縁体の電子論

塚田　捷

　半導体の中に存在する電子の振舞いは，半導体の多彩な電気的・光学的・磁気的・熱的性質の原因となり，各種のデバイス機能を発現させる．電子がその役割を演じる舞台は，個々の半導体物質に固有なバンド構造であり，半導体の示すあらゆる現象の理解にバンド構造は基本的な枠組みを与える．第2章では，量子力学に基づいて原子，分子，結晶における電子の状態がどのように記述できるかについての原理を学んだが，本章では現実の電子状態を，代表的な半導体物質におけるバンド構造を俯瞰しつつ，より詳しく見ていくことにしよう．また，半導体の電子物性をよく理解するには，金属や絶縁体と半導体との違いを知ることも重要であり，本章では半導体に加えて，金属・絶縁体を総合した固体電子論の導入をおこなう．また，半導体物質の多彩な表面構造と，表面に誘導される電子状態についても概観する．

4.1　エネルギーバンドの特徴とその起源

4.1.1　ほとんど自由な電子と強く束縛された電子

　第2章では，結晶中の電子は波数 k で特徴づけられるブロッホ（Bloch）状態にあり，バンド構造をなしていることを見た．それでは，現実の固体結晶の中でエネルギーバンドはどのようになっており，結晶を構成する原子や格子構造に応じてどのような特徴を示すのだろうか？　2つの異なる極限から考察し

てみる．1つは，固体中の隣接原子間の相互作用が弱くて，エネルギーバンドに構成原子の電子状態の特徴が強く反映するモデル．これを「**タイトバインディング（tight-binding）モデル**」という（強束縛モデル，あるいは強結合モデルと呼ぶこともある）．他は電子に対する原子のポテンシャルの影響は弱く，電子は基本的に結晶中を自由に運動するというモデルである．これを「**ほとんど自由な電子モデル**」（あるいは「**Nearly free electron モデル**」）という．この両極端のモデルは互いに矛盾するものではなく，それぞれのモデルから出発して波動関数の計算精度を上げれば，ほとんど一致した結果が得られることが知られている．しかし，2つのモデルの物理的な描像は異なっており，問題や対象に応じてふさわしいモデルからアプローチすることが有効である．

タイトバインディングモデルから始めよう．このモデルでは波動関数は原子の軌道を基にして構成されるので，原子間の結合構造など化学的な側面を議論する場合に適している．タイトバインディングモデルにおける電子のブロッホ波は，次のような原子軌道の「ブロッホ和」と呼ばれる線形結合によって構成される．

$$\phi_{nk}(x) = \frac{1}{\sqrt{N}} \sum_R \exp(ik \cdot R) \phi_n(x - R) \qquad (4.1)$$

ただし R は格子ベクトル，N はその総数である．このブロッホ和は n 番目の原子軌道 ϕ_n から生じるバンドの状態であり，電子はとなり合う原子の軌道間を跳び移りつつ結晶全体を経めぐるというイメージで構成されている．より精密な計算をするには，複数の基底原子関数 $\{\phi_n\}_{n=1,2,\cdots}$ を導入して，それらのブロッホ和 $\{\phi_{nk}\}_{n=1,2,\cdots}$ も変分法の試行関数に加える（第2章の補遺2）．最終的な波動関数は，これらの複数のブロッホ和の線形結合として変分法によって与えられる．

ブロッホ和 (4.1) では電子の位置する原子が格子ベクトル R にある場合，位相因子 $\exp(ik \cdot R)$ が乗ぜられ，これにより波数 k の波の属性が現れる．ブロッホ和の関数が，ブロッホ条件 (2.81) を満たすことは容易に確かめられる[*1]．ブロッホ和の状態（(4.1) 式）における電子のエネルギー期待値は

4.1 エネルギーバンドの特徴とその起源

$$E_n(\boldsymbol{k}) = \langle \phi_{nk}|H|\phi_{nk}\rangle = \varepsilon_n + J\sum_d \exp(i\boldsymbol{k}\cdot\boldsymbol{d}) \tag{4.2}$$

となる．ただし，$\varepsilon_n = \langle\phi_n(\boldsymbol{x})|H|\phi_n(\boldsymbol{x})\rangle$ は原子の n 番目の準位のエネルギーであり，$J = \langle\phi_n(\boldsymbol{x})|H|\phi_n(\boldsymbol{x}-\boldsymbol{d})\rangle$ は $\boldsymbol{d}$ だけ離れた最近接原子へのホッピング積分（トランスファー積分）と呼ばれる量である．1 次元結晶と 3 次元の立方格子結晶については，それぞれ

$$E_n(k) = \varepsilon_n + 2J\cos kd \tag{4.3}$$

$$E_n(\boldsymbol{k}) = \varepsilon_n + 2J(\cos k_x d + \cos k_y d + \cos k_z d) \tag{4.4}$$

となり，エネルギーバンドは原子準位を中心に隣接原子数に $2|J|$ を乗じた幅の中にあることがわかる．バンド幅は原子間距離と原子軌道半径との比が小さくなるにつれ大きくなる．

次に，ほとんど自由な電子モデルによってエネルギーバンドを考察しよう．特に単純金属の伝導帯では，電子が結晶内をあたかも真空中にあるように自由に飛びまわる描像がよく成り立ち，ほとんど自由な電子モデルは波動関数を表現するのに適している．まず，結晶のポテンシャルには格子と同じ並進対称性があり，次のように展開できることに注目する．

$$V(\boldsymbol{x}) = \sum_m v(\boldsymbol{K}_m)\exp(i\boldsymbol{K}_m\cdot\boldsymbol{x}) \tag{4.5}$$

右辺は一般化されたフーリエ（Fourier）展開で，すべての逆格子ベクトル $\{\boldsymbol{K}_m\}$ について和をとる．ブロッホ波の周期関数因子 $u(\boldsymbol{x})$（(2.82) 式参照）も，同じように展開できる．

$$u(\boldsymbol{x}) = \sum_m C(\boldsymbol{K}_m)\exp(i\boldsymbol{K}_m\cdot\boldsymbol{x}) \tag{4.6}$$

これらの展開形をシュレディンガー（Schrödinger）方程式に代入して，波数

---

*1 ブロッホ和がブロッホ条件を満たすことは，次のように示される．ブロッホ和 (4.1) において，変数 $\boldsymbol{x}$ を $\boldsymbol{x}+\boldsymbol{R}$ に変えると

$$\begin{aligned}\phi_{nk}(\boldsymbol{x}+\boldsymbol{R}) &= \frac{1}{\sqrt{N}}\sum_{R'}\exp(i\boldsymbol{k}\cdot\boldsymbol{R}')\phi_n(\boldsymbol{x}+\boldsymbol{R}-\boldsymbol{R}') \\ &= \frac{1}{\sqrt{N}}\sum_{R'}\exp(i\boldsymbol{k}\cdot\boldsymbol{R}')\phi_n\{\boldsymbol{x}-(\boldsymbol{R}'-\boldsymbol{R})\} \\ &= \frac{\exp(i\boldsymbol{k}\cdot\boldsymbol{R})}{\sqrt{N}}\sum_{R'-R}\exp\{i\boldsymbol{k}\cdot(\boldsymbol{R}'-\boldsymbol{R})\}\phi_n\{\boldsymbol{x}-(\boldsymbol{R}'-\boldsymbol{R})\} \\ &= \exp(i\boldsymbol{k}\cdot\boldsymbol{R})\phi_{nk}(\boldsymbol{x})\end{aligned}$$

これからブロッホ和はブロッホ条件を満たすことがわかる．

成分 $k + K_m$ に注目すると

$$\left\{\frac{\hbar^2}{2m}(k + K_m)^2 - E(k)\right\}C(K_m) + \sum_n v(K_m - K_n)C(K_n) = 0 \tag{4.7}$$

が得られる．エネルギーの低い状態では (4.6) 式の展開項のうち，$K_n = 0$ の項が圧倒的に大きいので，(4.7) 式第 2 項の和の中で $K_n = 0$ の部分のみを残し一般の $C(K_n)$ を解く．そして，こうして得られる新しい $C(K_n)$ を (4.7) 式の左辺第 2 項に代入して $E(k)$ を求めると

$$E(k) \cong \frac{\hbar^2 k^2}{2m} + \sum_{n \neq 0} \frac{v(K_n)v(-K_n)}{E(k) - (\hbar^2/2m)(k + K_n)^2} \tag{4.8}$$

が得られる．この式の右辺第 2 項は摂動の 2 次のオーダーであり，第 1 項がエネルギーの主要項である．これは自由電子の分散関係

$$\varepsilon(k) = \frac{\hbar^2 k^2}{2m} \tag{4.9}$$

になっているが，第 2 項がそれへの補正項を与える．第 2 項の値が大きくなるのは，分数の分母が小さくなる項があるとき，すなわちある K_n について，$\varepsilon(k) \cong \varepsilon(k + K_n)$ となるときである．その項だけを取り出して，(4.8) 式から $E(k)$ を解くと次が得られる．

$$E(k) = \frac{1}{2}\{\varepsilon(k) + \varepsilon(k + K)\} \pm \sqrt{\left[\frac{1}{2}\{\varepsilon(k) - \varepsilon(k + K)\}\right]^2 + |v(K)|^2} \tag{4.10}$$

ただし，$K_n = K$ とした．以上のことから，エネルギー分散が自由電子のものから大きくそれるのは $\varepsilon(k) \cong \varepsilon(k + K)$ のとき，すなわち $|k| = |k + K|$ の近傍であることがわかる．この条件を満たす点は逆格子空間で原点と逆格子点 $-K$ との垂直 2 等分面，すなわちブリュアン (Brillouin) 域の定義によれば，その表面上にある．このとき，ポテンシャルがなければ縮退していた 2 つの自由電子のバンド間に，$2|v(K)|$ のエネルギーギャップが生じるのであるが (図 4.1)，その原因は次のように説明できる．

結晶中を伝搬する電子の平面波 $\exp(ik \cdot x)$ は，周期的に並んだ結晶面によるブラッグ (Bragg) 反射の散乱波 $\exp\{i(k + K) \cdot x\}$ と重なり合って進むが，$k = -K/2$ の近くでこれらの 2 つの波は同じ波長の前進波と後退波となり，

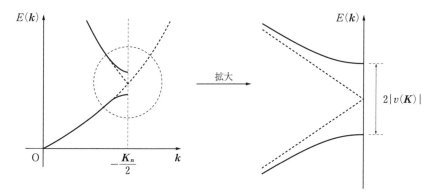

図 4.1 ほとんど自由な電子モデルにおけるバンドギャップの形成

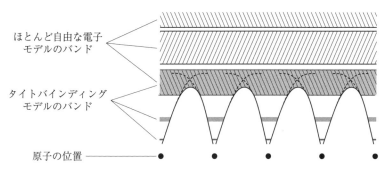

図 4.2 固体中のポテンシャルとバンド領域. 中央のバンドはタイトバインディングモデルとほとんど自由な電子モデルの両方の性格をもつ

強く干渉しあい $\cos \boldsymbol{k}\cdot\boldsymbol{x}$, $\sin \boldsymbol{k}\cdot\boldsymbol{x}$ のような定在波となる. この 2 つの状態では結晶内の最大振幅の位置が異なり, 結晶ポテンシャルから受ける影響に違いが生じてバンドギャップが生成することになる.

以上, 固体のバンド構造について両極端の 2 つのモデルについて述べたが, 現実の固体ではどちらがふさわしいのだろうか？ 図 4.2 は固体の中でのポテンシャルと, エネルギーバンド領域の概念図である. 周期的に並んだ各原子の中心付近には, 原子核によるポテンシャルの深い井戸がある. 井戸の底付近にある内殻状態からできるバンドは, 軌道半径に比して隣接原子までの距離が大きいのでタイトバインディングモデルがよく成立し, バンド幅はバンド間の間隔に比べて小さい. 電子は大部分の時間は 1 つの原子周辺に留まり, ときどき

隣の原子に跳び移る状況と見なすことができる．これとは対照的に原子ポテンシャルの浅い領域，すなわち原子の中心から離れた領域では，隣接する原子によるポテンシャルの裾が重なり合い電子を特定の原子に束縛できなくなっている．この状況では，電子は原子の束縛を離れて自由に空間を飛びまわるようになり，ほとんど自由な電子モデルのほうがよりふさわしい．このモデルは典型金属で特によく成り立つことが知られているが，空間内を自由に伝わる電子の波動関数と内殻軌道との直交効果が，その1つの原因になっている．原子芯の近くでは，この効果により自由電子の波動関数が波打つために運動エネルギーが増加し，結果として原子核との反発力を生じるからである．

ところで，1つのエネルギーバンドは何個の電子を収容することができるだろうか？　その答えの鍵は「ブリュアン域に含まれる許される k 点の数は，固体中の単位胞の数に等しい」という事実である．これを示すために図4.3のように，3辺が基本格子ベクトルに比例して $N_1\boldsymbol{a}_1, N_2\boldsymbol{a}_2, N_3\boldsymbol{a}_3$ で与えられる平行六面体の固体を考える．ただし N_1, N_2, N_3 は大きな正整数とする．「平行六面体の向かい合う面上では波動関数が一致する」という周期境界条件のもとで波動関数を求めるために，次の境界条件を導入する．

$$\phi_{nk}(\boldsymbol{x} + N_i\boldsymbol{a}_i) = \phi_{nk}(\boldsymbol{x}), \quad i = 1, 2, 3 \tag{4.11}$$

そうするとブロッホ条件により，k は次の条件を満たさなければならない．

$$\boldsymbol{k}\cdot\boldsymbol{a}_i = \frac{2\pi m_i}{N_i}, \quad m_i = 0, 1, 2, \cdots, N_i - 1, \quad i = 1, 2, 3 \tag{4.12}$$

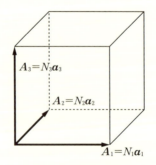

図 4.3　仮想的な結晶

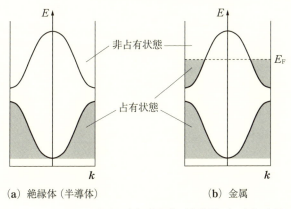

図 4.4 バンドへの電子の収容. (a) 絶縁体（半導体）と (b) 金属の違い

したがって $k = \sum_{i=1,2,3}(m_i/N_i)\boldsymbol{b}_i$ となり，各 m_i には N_i 個の値だけが許される．このことから，ブリュアン域に許される k 点の数は $N_1 \times N_2 \times N_3$ すなわち，固体中の単位胞数に等しいことがわかる．許される k 点の1つずつに，2つのスピン方向に対応して最大で2個の電子が収容される（本章の補遺2）．結局，1つのエネルギーバンドには，異なるスピンを含めて固体中の単位胞数の2倍だけ電子を収容できることになる．

実際のエネルギーバンドと電子の収容状況の模式図を図 4.4 に示す．エネルギーバンドの途中まで電子が収容されている場合が，金属または半金属，エネルギーバンドに電子が完全に収容されている場合が，絶縁体，または真性半導体である．

4.1.2 金属のエネルギーバンドと物性

アルカリ金属は電子状態が単純な金属系で，その結晶構造は体心立方格子である．Na についてのバンド構造を図 4.5(a) に示す．一方，図 4.5(b) は，結晶内のポテンシャルを取り去って $V = 0$ とした模型（空格子モデル）のバンド図である．空格子モデルのエネルギーバンドのそれぞれは，ある逆格子点 $\boldsymbol{K}_n$ を原点とする自由電子のエネルギー分散によって

$$E_n(\boldsymbol{k}) = \frac{\hbar^2(\boldsymbol{k} - \boldsymbol{K}_n)^2}{2m} \tag{4.13}$$

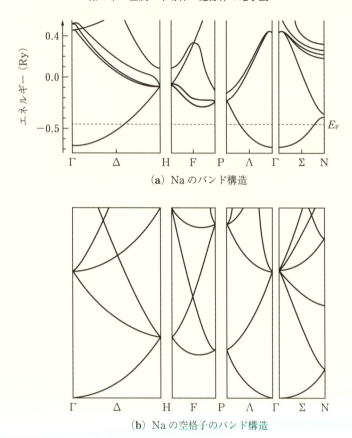

(a) Na のバンド構造

(b) Na の空格子のバンド構造

図 4.5 (a) Na のバンド構造．(b) Na の空格子のバンド構造

のように構成される．これは (4.7) 式の左辺第 2 項がゼロであることから，明らかだろう．図 4.5 の (a) と (b) を比べると，空格子モデルのバンドは実際のバンドとよく似ていることがわかる．特にアルカリ金属の最低エネルギーの伝導帯は，第 5 章で詳しく述べる「有効質量」m^* により

$$E(k) \cong \frac{\hbar^2 k^2}{2m^*} \tag{4.14}$$

と表されるが，この有効質量は真空中の電子質量 m_e に近い値をとる．原子当り 1 個の Na の価電子をエネルギーの低い状態からバンドに収容させると，図 4.5(a) のようにいちばん下のバンドだけに収まり，そのバンド内にフェル

4.1 エネルギーバンドの特徴とその起源

ミ (Fermi) 準位 E_F が位置する．金属のフェルミ準位 E_F は最も高い占有軌道のエネルギーと一致するが，一般的な定義は本章の補遺2を参照していただきたい．

次に典型金属の代表として，Al のバンド構造について見てみよう．Al は面心立方格子をなし，そのブリュアン域は図 2.14(b) に示すような正六角形と正方形とからなる多面体である．図 4.6 にブリュアン域の主要な線上でのエネルギーバンドを実線で，空格子モデルによるバンドを破線で示す．ここでも両者は互いによく似ていることがわかる．Al では，原子当り 3 個の価電子があるので，電子をエネルギーの低い順にバンドに収容させると，そのフェルミ準位は図 4.6 のように下から 4 つ目のバンドまで占めるようになる．

ところで金属の物性の多くは「**フェルミ面**」上の電子によって決定される．フェルミ面とは，バンド分散の等エネルギー面で

$$E_n(\boldsymbol{k}) = E_F \tag{4.15}$$

で決まる波数空間の曲面である．例えばアルカリ金属の場合，エネルギー分散は (4.14) 式になるので，フェルミ面は $\boldsymbol{k}$ 空間内でほぼ半径

$$k_F = \frac{\sqrt{2m^* E_F}}{\hbar} \tag{4.16}$$

の球面をなしている．Al のフェルミ面も半径 k_F の球面を基に理解できる．(4.16) 式の半径をもつ球面はブリュアン域の表面でいくつかに切断されるが，

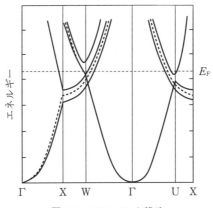

図 4.6 Al のバンド構造

それらの断片を逆格子ベクトル分だけ移動してつなぎ合わせ，(4.10) 式によるわずかな変形を加えると実際のフェルミ面になることが確められる．金属のフェルミ面の形状は強磁場を印加した系の電流磁気効果や，角度分解光電子分光法から実験的に計測できる．

4.1.3　IV 族，III-V 族半導体の電子構造
(1) IV 族半導体の電子構造

ダイヤモンド，シリコン，ゲルマニウムなどの IV 族元素はダイヤモンド構造をとる．これは図 4.7 のように，最近接原子の配位が正四面体の頂点をなす構造である．なぜそのような構造が実現するかは，IV 族元素特有の電子配置によって説明できる．すなわち，その電子配置では最外殻の s, p 軌道に価電子が 4 個収容されるのであるが，1 つの s 軌道と 3 つの p 軌道 (p_x, p_y, p_z) を再編成して次の 4 つのいわゆる sp³ 混成軌道を導入しよう．

$$\left.\begin{aligned}
\varphi_1 &= \frac{1}{2}(\varphi_s + \varphi_{p_x} + \varphi_{p_y} + \varphi_{p_z}) \\
\varphi_2 &= \frac{1}{2}(\varphi_s - \varphi_{p_x} - \varphi_{p_y} + \varphi_{p_z}) \\
\varphi_3 &= \frac{1}{2}(\varphi_s + \varphi_{p_x} - \varphi_{p_y} - \varphi_{p_z}) \\
\varphi_4 &= \frac{1}{2}(\varphi_s - \varphi_{p_x} + \varphi_{p_y} - \varphi_{p_z})
\end{aligned}\right\} \quad (4.17)$$

これらは互いに規格直交化されており，図 4.7 のように，正四面体の頂点方向

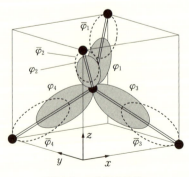

図 4.7　sp³ 混成軌道

4.1 エネルギーバンドの特徴とその起源

にはり出すように伸びている．この原子と向かいあう隣接原子でも同様の混成軌道を構成すると，2つの原子間を結ぶ線上に伸びる軌道が形成される．

2.3.2項では，2つの水素原子の 1s 軌道，$\phi_A{}^{1s}, \phi_B{}^{1s}$ から分子の結合軌道が形成されることを見たが，IV族原子の場合もボンド両端にある隣接原子から向かいあうようにはり出す混成軌道 φ_i と $\overline{\varphi}_i$ ($i = 1, 2, 3, 4$)（図 4.7 参照）によって結合軌道

$$\psi_{\mathrm{BO}} = \frac{\varphi_i + \overline{\varphi}_i}{\sqrt{2}} \tag{4.18}$$

が形成され，それぞれの原子から1個ずつ電子が供給されて結合ボンドができあがる．一方，これに伴うエネルギーの高い反結合軌道 $\psi_{\mathrm{ABO}} = (\varphi_i - \overline{\varphi}_i)/\sqrt{2}$ は，電子が収容されない空軌道である．結合軌道の形成により原子の $\mathrm{s}^2\mathrm{p}^2$ 型電子配置の場合と比べて，エネルギーが安定化されることを調べよう．結合軌道を形成することによる1電子当りのエネルギー変化は，次のようになる．

$$\left\{ \langle \varphi_i | H | \varphi_i \rangle - \frac{1}{4}(2\varepsilon_\mathrm{s} + 2\varepsilon_\mathrm{p}) \right\} - |\langle \varphi_i | H | \overline{\varphi}_i \rangle| = \frac{\varepsilon_\mathrm{p} - \varepsilon_\mathrm{s}}{4} - |\langle \varphi_i | H | \overline{\varphi}_i \rangle| \tag{4.19}$$

ここで $\langle \varphi_i | H | \varphi_i \rangle = (3\varepsilon_\mathrm{p} + \varepsilon_\mathrm{s})/4$ は，混成軌道に電子を1個ずつ収容するときのエネルギーである．混成軌道を形成することによるエネルギーの上昇（(4.19)式両辺の第1項）は，混成軌道間の結合エネルギー（同第2項）より小さく，結局，エネルギーが安定化して共有結合が形成されることになる．4.2節で述べる第一原理局所密度汎関数法（LDA（Local Density Approximation）法）の計算によれば，結合ボンドの中間に電子密度の大きい領域が出現し（図 4.8），これが両側の原子核を引きつける力を発生させる．この状況を直感的イメージで表したのが図 4.9 で，原子間隔が大きい場合(a)，原子の価電子軌道は原子軌道の姿をさほど変形させずに各原子付近に集中している．一方，原子間距離がある限度より短くなると(b)，隣接する原子から対向してはり出す混成軌道の融合で形成される「ボンド軌道」に電子が収容され，強い共有結合を作る．

図 4.10 は原子の軌道準位，混成軌道準位，最近接原子との結合・反結合軌道準位を模式的に描いたものである．結合軌道準位と反結合軌道準位は原子間

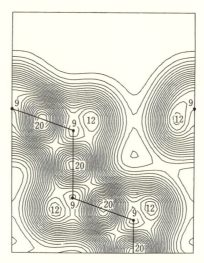

図 4.8 シリコンのボンドチャージ (M. Schlüter, J. R. Chelikowski, S. G. Luie, and M. L. Cohen : Phys. Rev. B **12** (1975) 4200 による)

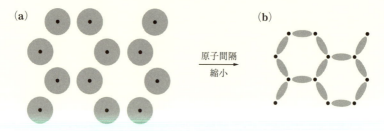

図 4.9 sp³ 混成軌道から結合軌道へ．(a) 原子に局在した混成軌道の電子分布．(b) 混成軌道間の結合ボンド形成

を結ぶボンドの数だけ存在するが，それらの軌道がさらに互いに相互作用しあって，価電子帯と伝導帯とを構成する．その際，隣接するボンドどうしの結合準位と反結合準位間の相互作用によって，価電子帯にも反結合軌道成分が，伝導帯にも結合軌道成分が混成効果によって部分的に現れる．各バンドの占有状況については，絶対温度ゼロでは電子は完全に価電子帯を占有する一方，伝導帯には電子はまったく存在しない．これが IV 族半導体のバンド構造の基本的な描像である．

LDA 法によって計算したシリコンのエネルギーバンドを，図 4.11(a) に示

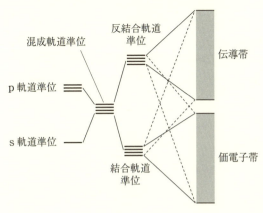

図 4.10 混成軌道準位,結合(反結合)軌道準位,価電子帯・伝導帯の関係

す.価電子帯の頂上はブリュアン域の Γ 点 ($k = 0$ の点)にあるが(白丸でマーク),この図ではその準位をエネルギーの原点に選んでいる.伝導帯の底はバンドギャップを隔てて白丸でマークした位置にある.実験によるとバンドギャップの大きさは 1.11 eV であるが,計算値はそれよりやや小さく出ている.伝導帯の底の波数空間での位置は,Γ 点と X 点を結ぶ Δ 線上(図 2.14 (b)参照)の X 点に近い $\pm(k_0, 0, 0)$,$\pm(0, k_0, 0)$,$\pm(0, 0, k_0)$ という等価な 6 個所にある($k_0 \cong 0.85\overline{\Gamma X}$).

したがって n 型半導体の場合,これらの伝導帯の底(谷ともいう)に付随した 6 種類の電子が,電流や熱伝導を担っている.谷の中心から $\Delta k = (\Delta k_\parallel, \Delta k_\perp)$ だけずれた点のエネルギーは

$$E(\Delta k) \cong E_{\mathrm{CB}} + \frac{\hbar^2 (\Delta k_\parallel)^2}{2m_l} + \frac{\hbar^2 (\Delta k_\perp)^2}{2m_t} \tag{4.20}$$

と表される.ここで m_l と m_t はそれぞれ,Δ 方向とこれに垂直な方向に対する伝導帯の谷の有効質量(第 5 章参照)であるが,サイクロトロン共鳴などの実験や LDA 法によるバンド計算によれば,その値はそれぞれ $m_l \cong 0.98 m_\mathrm{e}$,$m_t \cong 0.19 m_\mathrm{e}$ である(表 4.1 参照).

ところでシリコンのブリュアン域全体にわたるバンド構造を見通しよく解析するには,少数の対称化された基底関数を用いるバンド模型が有効である.基底関数のセットとしては Γ 点におけるブロッホ関数に平面波を乗じたもの,

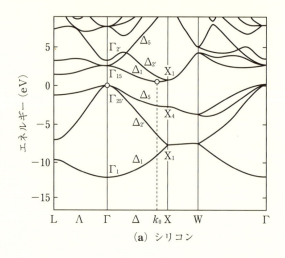

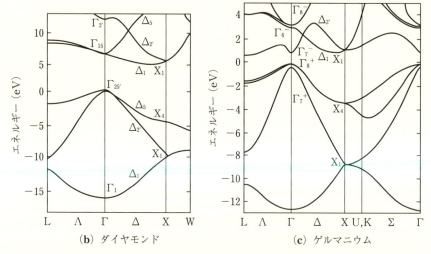

図 4.11 (a) シリコンのバンド構造（東辻浩夫著：「工学基礎 半導体工学」（培風館，1994) より改変）．k_0 は伝導帯の底の波数．バンドにつけられた記号は k 群の規約表現を表す*2．(b) ダイヤモンドのバンド構造（S. Ishii, S. Iwata, and K. Ohno : Mater. Trans. **51** (2010) 2150 より改変）．(c) ゲルマニウムのバンド構造（東辻浩夫著：「工学基礎 半導体工学」（培風館，1994) より改変）．Γ点では，スピン軌道相互作用によって分裂する二重群の規約表現：$\Gamma_{15} \longrightarrow \Gamma_6^- + \Gamma_8^-$，$\Gamma_{25'} \longrightarrow \Gamma_7^+ + \Gamma_8^+$，および $\Gamma_{2'} \longrightarrow \Gamma_7^-$ で表示している

4.1 エネルギーバンドの特徴とその起源

表 4.1 C, Si, Ge, GaAs の電子,および正孔の有効質量(単位 m_e). GaAs の電子は等方的である

物質名	電子有効質量		正孔有効質量	
	m_l	m_t	m_{hh}	m_{lh}
ダイヤモンド	1.4	0.36	2.12	0.7
シリコン	0.98	0.19	0.49	0.16
ゲルマニウム	1.64	0.082	0.28	0.04
GaAs	0.067	0.067	0.45	0.082

あるいはタイトバインディング近似におけるブロッホ和などが選ばれる.前者は次章に述べる $\boldsymbol{k}\cdot\boldsymbol{p}$ 摂動理論で利用される基底関数であり,後者では原子軌道間の短距離ホッピング積分だけを含める.それらの理論模型に必要なパラメータの値は,誘電関数や光学スペクトル,サイクロトロン共鳴など,いくつかの実験を再現するように決められるが,得られるバンド模型はパラメータの決定に使われなかった多くの実験も整合的に説明できる.

このような理論では,ブリュアン域の特徴的な点または線上でのバンド状態の対称性が重要な役割を果たす.例えば図 4.11(a) ではブリュアン域の X 点 $(\pi/a, 0, 0)$ で,Δ 線上の 2 つの伝導帯が交わって縮退しているが,この 2 つの状態は $\boldsymbol{k}$ 群の 2 次元規約表現である X_1 と呼ばれる状態を形成する[*2]. そしてこの対称性によって 2 つのエネルギーバンドの勾配 $E' = (1/a)(dE/dk_x)$ の和はゼロになるので,Δ 線上の波数 k_x について X 点の周辺で一般的に

$$E^{\pm}(\boldsymbol{k}) \simeq E(\mathrm{X}_1) \pm E'(\mathrm{X}_1)(ak_x - \pi) + \frac{\hbar^2}{2a^2 m_l}(ak_x - \pi)^2$$

(4.21)

[*2] $\boldsymbol{k}$ 群の規約表現について簡単に説明しよう.結晶をそれ自身に重ね合わせる回転・反転・並進・映進などの操作全体の集合は,空間群と呼ばれる群を構成する.さらに波数 $\boldsymbol{k}$ のブロッホ状態を同じ $\boldsymbol{k}$ か,あるいは逆格子ベクトルだけ異なる $\boldsymbol{k}+\boldsymbol{K}$ のブロッホ状態に変換する空間群の部分群を $\boldsymbol{k}$ 群と呼ぶ.ブリュアン域内の対称性の良い点でのエネルギーバンドは $\boldsymbol{k}$ 群の規約表現によって分類され,その次元数が縮退度に対応する.$\boldsymbol{k}$ 群の対称操作によって,1 つの規約表現に属する縮退したブロッホ状態は互いに線形変換されるが,規約表現の種別によってブロッホ状態の縮退度や線形変換が規定される.図 4.11 と図 4.12 のバンドに付された記号は,$\boldsymbol{k}$ 群の規約表現の種類を示している.規約表現を用いることにより,遷移の選択率や応答関数などの効率的な解析が可能になる.

と書ける．$E'(X_1) > 0$ とすると，エネルギーの低いほうの伝導帯は次のように表される．

$$E^+(\boldsymbol{k}) \cong E_{CB} + \frac{\hbar^2}{2m_l}\left\{k_x - \frac{\pi}{a} + \frac{am_l}{\hbar^2}E'(X_1)\right\}^2 \quad (4.22)$$

これは伝導帯の谷付近のバンド分散（(4.20) 式）の具体的表現であり，伝導帯の底の位置 $k_0 = \pi/a - am_l E'(X_1)/\hbar^2$，およびそのエネルギー $E_{CB} = E(X_1) - a^2 m_l \{E'(X_1)\}^2/2\hbar^2$ と X 点での状態との関係がわかる．

シリコン結晶の一軸方向（例えば x 方向）に圧力を加えたり，その方向に薄膜を生成したりすると，結晶の対称性が立方対称から正方対称へと低下するため，$\pm(k_0, 0, 0)$ にある 2 つの谷と $\pm(0, k_0, 0)$，$\pm(0, 0, k_0)$ にある 4 つの谷は等価でなくなり，両者のエネルギーに違いが生じる．これによりおのおのの谷の電子分布や谷間散乱が影響を受け，電気伝導に大きく影響する（本章の補遺 1 参照）．$(1, 0, 0)$ 方位の Si MOS 反転層では $\pm(k_0, 0, 0)$ の谷に属する電子系だけが伝導に寄与することが知られている．

次に価電子帯の状況について述べる．Γ 点にあるシリコンの価電子帯の頂上 $\Gamma_{25'}$ は，スピン軌道相互作用を無視すれば三重に縮退しているが，その効果を入れると二重縮退の状態と一重のスプリットオフ（so）状態に分裂する．この分裂はごく小さいので，図 4.11(a) では省略されている．Γ 点から $\boldsymbol{k}$ が離れるとエネルギーの高い状態の二重縮退は解け，重い正孔バンド（hh バンド）と軽い正孔バンド（lh バンド）と呼ばれる 2 つのバンド（図 4.12(a) 挿入図を参照）になる．その出現と分裂状況は一般の IV 族，および III-V 族半導体の Γ 点における価電子帯頂点で共通しているが，スピン軌道相互作用がより大きいゲルマニウム（図 4.11(c)）や GaAs（図 4.12(a)）の価電子帯の頂上ではより明瞭に見られる．この分裂に関する詳しい解析は GaAs を例にして 5.3 節（および第 5 章の補遺 1）でおこなう．表 4.1 には，ダイヤモンド，シリコン，ゲルマニウム，GaAs の hh バンドの有効質量 m_{hh} と lh バンドの有効質量 m_{lh} を示した．シリコンでは，それぞれ，$m_{hh} = 0.49 m_e$，$m_{lh} = 0.16 m_e$ である．

次にダイヤモンドとゲルマニウムのバンド構造についても触れておこう．これらの IV 族物質はシリコンと同じ結晶構造をとるが，そのバンド構造はシリ

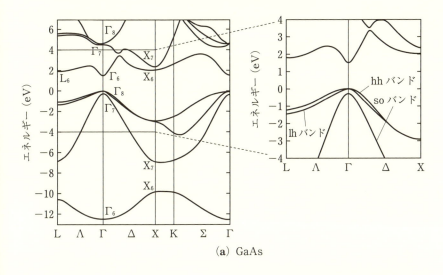

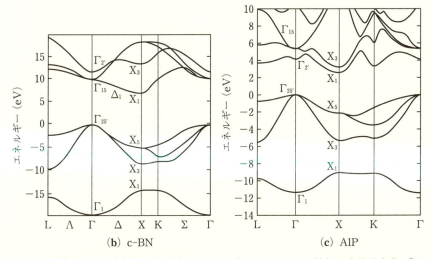

図 4.12 (a) GaAs, (b) c-BN, (c) AlP のエネルギーバンド ((a) は東辻浩夫著:「工学基礎 半導体工学」(培風館, 1994), (b) は R. M. Wentzcovitch, K. J. Chang, and M. L. Cohen : Phys. Rev. B **34** (1986) 1071, (c) は Azizjon Saliev (Department of Electrical and Computer Engineering, Binghamton University, New York / Department of Physics, Southern University and A & M College, Baton Rouge, Louisiana) より改変)

コンと比べてどのような差異や類似性を示すだろうか？ ダイヤモンドの価電子帯は図 4.11(b) に見るように 4 つのバンドで構成され，Γ 点では一重の最低エネルギー状態（Γ_1）と，三重に縮退した価電子帯頂上の $\Gamma_{25'}$ 状態に大きく分裂する．このような特徴はシリコンの価電子帯と同じである．一方，ダイヤモンドの Γ 点でいちばん低い伝導帯は三重縮退の Γ_{15} 準位であり，そこから Δ 軸上を k_x 方向に向かう 1 つのバンド（Δ_1）が X 点の手前で極小値をとる．これはシリコンで述べた状況と同じで，極小点はダイヤモンドにおいても Si 同様に伝導帯の最下端である．一方，実験によればダイヤモンドのバンドギャップは 5.47 eV と大きく，ワイドギャップ半導体であることがシリコンとの違いである．最近，V 族の不純物原子をダイヤモンドにドープして n 型半導体にすることが可能になっているが，導入された電子は上に述べた伝導帯の谷に由来するものである．

Ge でも図 4.11(c) で見るように，Δ 軸上に上述のシリコンやダイヤモンドの場合と対応する伝導帯のバンドがあり，X 点近くに同様の極小点が出現する．しかし，Γ 点において一重の Γ_7^- 状態のバンドがこの極小点よりやや低く現れ，さらに Λ 軸に沿ってこれを延長し L 点に至ると，そのエネルギーは伝導帯全体で最低となる．したがって，Ge では伝導帯の底は L 点にあり，対称性を考慮すると電子は合計 4 つの等価な谷に分布することになる．

（2）III-V 族半導体の電子構造

GaAs, InP などの III-V 族半導体も，IV 族半導体と同様に最近接原子を正四面体頂点に配置するウルツ鉱型構造，または閃亜鉛鉱型構造をとるが，隣接原子が異種原子であることに違いがある．IV 族半導体の場合と同様に，それぞれの原子種の混成軌道 φ_{III} と φ_{V} から，伝導帯と価電子帯の波動関数を構成してみよう．ただし，各原子の混成軌道 $\varphi_{\text{III}}, \varphi_{\text{V}}$ は (4.17) 式と同様に定義されるが，以下では添字 i は省略する．ボンド間の結合状態や反結合状態は (4.18) 式を一般化して

$$\phi = C_{\text{III}}\varphi_{\text{III}} + C_{\text{V}}\varphi_{\text{V}} \tag{4.23}$$

のように表す．するとそれぞれの状態の係数 $C_{\text{III}}, C_{\text{V}}$ と，エネルギー E は次の方程式

4.1 エネルギーバンドの特徴とその起源

$$\begin{pmatrix} \langle \varphi_{\mathrm{III}}|H|\varphi_{\mathrm{III}} \rangle & \langle \varphi_{\mathrm{III}}|H|\varphi_{\mathrm{V}} \rangle \\ \langle \varphi_{\mathrm{V}}|H|\varphi_{\mathrm{III}} \rangle & \langle \varphi_{\mathrm{V}}|H|\varphi_{\mathrm{V}} \rangle \end{pmatrix} \begin{pmatrix} C_{\mathrm{III}} \\ C_{\mathrm{V}} \end{pmatrix} = E \begin{pmatrix} C_{\mathrm{III}} \\ C_{\mathrm{V}} \end{pmatrix} \quad (4.24)$$

で決定される.ただし,$\langle \varphi_{\mathrm{III}}|H|\varphi_{\mathrm{III}} \rangle = \varepsilon_{\mathrm{III}}$,$\langle \varphi_{\mathrm{V}}|H|\varphi_{\mathrm{V}} \rangle = \varepsilon_{\mathrm{V}}$,$\langle \varphi_{\mathrm{III}}|H|\varphi_{\mathrm{V}} \rangle = V$ はそれぞれ,III 族原子,V 族原子の sp^3 混成軌道のエネルギー $(3\varepsilon_{\mathrm{p}} + \varepsilon_{\mathrm{s}})/4$,および隣接原子の混成軌道間のホッピング積分である.(4.24) 式から決まるエネルギーは

$$E_{\pm} = \frac{\varepsilon_{\mathrm{III}} + \varepsilon_{\mathrm{V}}}{2} \pm \sqrt{\left(\frac{\varepsilon_{\mathrm{III}} - \varepsilon_{\mathrm{V}}}{2}\right)^2 + |V|^2} \quad (4.25)$$

となり,反結合軌道のエネルギー E_+ と結合軌道エネルギー E_- のエネルギー差は

$$\Delta E = E_+ - E_- = 2\sqrt{\left(\frac{\varepsilon_{\mathrm{III}} - \varepsilon_{\mathrm{V}}}{2}\right)^2 + |V|^2} \quad (4.26)$$

となる.根号内の第 1 項は,III 族原子と V 族原子の価電子軌道準位のエネルギー差を反映しており,単体の IV 族半導体ではゼロになる量である.ΔE は化合物半導体のバンドギャップのイオン性への依存性の傾向と,その起源を示している.III-V 族半導体の場合,バンドギャップは隣接原子間の共有結合的成分 ((4.26) 式の根号内の第 2 項) とイオン結合的な成分 (同第 1 項) の 2 つから構成されていることがわかる.

異種原子間の電荷状態とバンドギャップとの関連を見るために,係数 C_{III},C_{V} を調べてみよう.電子を収容している状態 E_- について

$$|C_{\mathrm{III/V}}|^2 = \frac{1}{2}\left(1 \mp \frac{1}{\sqrt{1 + \theta^2}}\right) \quad (4.27)$$

$$\theta = \frac{2|V|}{\varepsilon_{\mathrm{III}} - \varepsilon_{\mathrm{V}}} \quad (4.28)$$

であることは,簡単な計算で確められる.共有結合的相互作用 $|V|$ がイオン化エネルギーの差 $\varepsilon_{\mathrm{III}} - \varepsilon_{\mathrm{V}}$ に比べて大きい領域では,$\theta \gg 1$ であり $|C_{\mathrm{III}}| \cong |C_{\mathrm{V}}| \cong 1/2$ となって III 族原子,V 族原子の荷電の違いは小さい.一方,$|V|$ のほうが小さい場合には,$\theta \cong 0$ となって $|C_{\mathrm{III}}| \cong 0$,$|C_{\mathrm{V}}| \cong 1$,すなわち電子は V 族原子のほうに集まり,イオン結晶的な性質が強調される.しかし,$\Delta E = |\varepsilon_{\mathrm{III}} - \varepsilon_{\mathrm{V}}|\sqrt{1 + \theta^2}$ なので,$\theta = 0$ に対応する完全なイオン化ではなく,θ を有限にして共有結合力も生じさせるほうが結合エネルギーの増加に有利で

ある.

これまで III-V 族半導体のバンドギャップにおける共有結合機構とイオン結合機構の共存をタイトバインディングモデルの立場から眺めてきたが,4.1.1 項で述べた「ほとんど自由な電子モデル」からの説明を補足しておこう.このモデルでギャップが開くのはブリュアン域の点 $k = K/2$ の周辺で,その近傍でのバンド分散は (4.10) 式のようになる.バンドギャップは (4.5), (4.10) 式で見るように,結晶ポテンシャルの逆格子ベクトル K に対応するフーリエ成分

$$v(K) = \frac{1}{\Omega}\int \exp(iK\cdot x)\{V_{\mathrm{III}}(x) + V_{\mathrm{V}}(x-d)\}dx \quad (4.29)$$

の大きさから決定される.ギャップの値は $E_{\mathrm{Gap}} = 2|v(K)|$ であるので,(4.29) 式を基に次のように求めることができる.

$$E_{\mathrm{Gap}} = \sqrt{V_{\mathrm{asym}}^2(K)\sin^2\frac{K\cdot d}{2} + V_{\mathrm{sym}}^2(K)\cos^2\frac{K\cdot d}{2}} \quad (4.30)$$

ただし $V_{\mathrm{asym}}(K) = V_{\mathrm{III}}(K) - V_{\mathrm{V}}(K)$, $V_{\mathrm{sym}}(K) = V_{\mathrm{III}}(K) + V_{\mathrm{V}}(K)$ は,それぞれ,異種原子のポテンシャルの差と和のフーリエ成分である.この結果は,タイトバインディングモデルにおけるギャップの式 (4.26) と類似した構造をもっていることは明らかだろう.すなわち V_{asym} による寄与はイオン結合的な成分であり,V_{sym} からの寄与は共有結合に由来する成分であり,エネルギーギャップはこの 2 つの寄与によって構成される.

表 4.2 には,IV 族,および III-V 族半導体のバンドギャップ E_{g} を示す.III-V 族の場合には,ごく近似的な方法で評価したバンドギャップの共有結合性成分 E_{gC} およびイオン性成分 E_{gI} を示す.すなわち,E_{gC} は同じ周期の IV 族単体半導体のバンドギャップで近似し,イオン性成分 E_{gI} は (4.26) 式に基

表 4.2 IV 族,および III-V 族半導体のバンドギャップと III-V 族における共有結合性,イオン性成分

物質名	バンドギャップ E_{g} (eV)	物質名	バンドギャップ E_{g} (eV)	共有結合性成分 E_{gC} (eV)	イオン性成分 E_{gI} (eV)
ダイヤモンド	5.47	c-BN	6.17	5.47	2.85
シリコン	1.11	AlP	2.45	1.11	2.18
ゲルマニウム	0.67	GaAs	1.43	0.67	1.26

づいて，$E_g{}^2 = E_{gC}{}^2 + E_{gI}{}^2$ の関係によって定義した．重元素になるとともに，バンドギャップの共有結合性成分は急に減少するが，イオン性成分の減少はゆるやかである．

LDA 法の理論計算による GaAs のバンド構造を図 4.12(a) に示す．価電子帯の頂上は Γ 点にあり，ここをエネルギーの原点に選んだ．伝導帯の底はやはり同じ Γ 点で，バンドギャップを挟んで価電子帯の頂上より 1.43 eV 上の位置にある．そのため GaAs は直接ギャップ半導体であるので，光学遷移の強度が大きい（第 6 章参照）．電子の存在する伝導帯の谷は Γ 点にあり等方的であるが，その有効質量は表 4.1 に示すように $0.067 m_e$ とかなり小さい．そのためキャリヤとして電子の高移動度が実現できる（第 5 章および第 7 章参照）．As や Ga 原子のスピン軌道相互作用は Si 原子に比べて大きいので，価電子帯頂上付近でのバンド分裂の構造が図 4.12(a) に明瞭に現れている．すなわちスピン自由度を含めなければ Si の場合と同様に Γ 点で三重に縮退すべき状態が，二重縮退（hh バンドと lh バンドが Γ 点で縮退）と縮退のない（so バンドという）バンドに分裂している．これらのバンド間のエネルギー差は小さいので，縮退分裂の詳細や各バンドの有効質量の決定にはバンド間相互作用を取り入れた解析をおこなう必要がある．詳細な解析法については 5.3.3 項と第 5 章の補遺 1 で述べる．

次に，同じ閃亜鉛鉱型 III-V 族半導体に属する GaAs, c-BN および AlP のエネルギーバンド（図 4.12(a)〜(c)）を，単体のダイヤモンド型半導体のバンド（図 4.11(a)〜(c)）と比べながら俯瞰し，特徴を比較してみよう．後者に属する半導体ではいずれも，ダイヤモンド型格子に特有な対称操作（映進；鏡映操作の後，半周期並進）の存在によって，Δ 軸上の 2 つのバンドを接続する二重縮退の X_1 状態が X 点に出現する．すでに述べたように，この効果によって C, Si, Ge のいずれにおいても，X 点の近くに伝導帯の谷が出現した．

一方，閃亜鉛鉱型 III-V 族半導体ではこのような対称性が存在しないので，X 点でのバンド交差による縮退（X_1 状態）は解消し，III 族原子と V 族原子のポテンシャル差を反映して 2 つのバンドに分裂する．一方，IV 族，III-V

族の半導体全体を見わたすと，Γ点における伝導帯の（ほぼ）三重縮退の状態（Γ_{15} または $\Gamma_7+\Gamma_8$, $\Gamma_6^-+\Gamma_8^-$）と一重の状態（$\Gamma_{2'}$ または Γ_6, Γ_7^-）のエネルギー準位の相対的位置関係に，ある明瞭な傾向が見られる．すなわち，周期律第二周期の C, c-BN では一重状態のほうが，三重状態よりエネルギー準位が高い（タイプ I）．一方，第四周期の Ge や GaAs では準位が逆転して一重状態のほうが低エネルギーに現れる（タイプ II）．中間の第三周期では，Si はタイプ I，AlP はタイプ II となって両タイプが現れるが，三重状態と一重状態のエネルギー差は小さい．AlP や c-BN では伝導帯の極小は X 点の内側ではなくちょうど X 点にあるが，これは Γ 点付近の一重または三重状態がさほど低位置にはなく，一方，該当する Δ_1 バンドには X 点での X_1 縮退がないためである．

半導体に不純物を添加して n 型にドープすると，キャリヤとなる電子は，Si や C では X 点の内側の谷に，Ge では L 点の谷に生じるのであるが，上記の傾向を反映しているためと理解できる．

4.1.4 金属酸化物の構造と物性
（1） MgO と SrTiO$_3$

金属原子と酸素との化合物である金属酸化物の結晶は，金属イオンの種類によって多様な構造をとる．金属イオンを囲む酸素イオンの数（配位数）は，金属イオンと酸素イオンのイオン半径の比に依存し，充填密度ができるだけ高くなるように決定される．イオン性が強い酸化物では，前項で述べた IV 族，III-V 族半導体のように，方向性の強い正四面体的な 4 配位構造をとらないことが多い．はじめに単純金属酸化物の典型例として，MgO 結晶を取りあげよう．この結晶の構造は，図 4.13(a) で示す NaCl 型であり，正負の各イオンはそれぞれ正八面体をなす 6 つの反対イオンで囲まれている．

MgO の電子構造を見るとバンドギャップは約 7.8 eV であり，ギャップ上下のエネルギーバンドは図 4.14 のようになっていて，価電子帯は主に酸素の 2p 軌道で構成される一方，ギャップのすぐ上にある 4 つの伝導帯は，主として Mg の 3s, 3p 軌道によって構成される．酸素の軌道状態は 2s, 2p 軌道がすべて占有されるために，原子当りの酸素の $n=2$ 軌道にある価電子数は 8 個

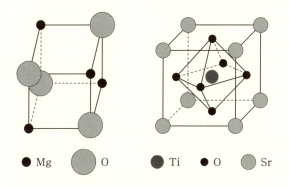

(a) MgO 結晶の構造   (b) SrTiO₃ 結晶の構造

図 4.13 (a) MgO 結晶の構造. (b) SrTiO₃ 結晶の構造

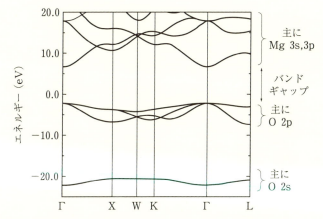

図 4.14 MgO のバンド構造 (G. Cappellini, S. Bouette-Russo, B. Amadon, C. Noguera, and F. Finocchi : J. Phys. : Condens. Matter **12** (2000) 3671 より改変)

となり,酸素は -2 価に帯電している.一方,Mg については 3s, 3p バンドが空状態であるので,2 個の価電子を失い $+2$ 価に帯電している.

次に,各種のデバイスへの応用などで重要な役割を果たす SrTiO₃ について見てみよう.その結晶は図 4.13(b) で示すような立方晶系の単位格子をもち,その各頂点には Sr,体心に Ti が,各面心には O が配置している.このよう

な結晶構造はペロブスカイト構造と呼ばれ,記号的に ABO_3 と表される. $BaTiO_3$, $MgSiO_3$, $LaAlO_3$, $CaMnO_3$, $SrFeO_3$, … など多様な複酸化物の結晶に見られる.これらの例では,A = Ba,Mg,La,Ca,Sr,…,B = Ti,Si,Al,Mn,Fe,… などであり,A サイト金属,B サイト金属のそれぞれの価数は固定されていない.ペロブスカイト型酸化物は,同一の結晶構造でありながら,絶縁体,金属,半導体から超伝導体まで,また磁性についても常磁性,強磁性,反強磁性など,様々な状態をとる.

図 4.13(b) の単位胞に含まれる金属原子 B ($SrTiO_3$ では Ti) と 6 個の酸素原子からなる BO_6 八面体の構造や向きは,金属原子によっては外場との相互作用で変化を受けやすく,対称性の低い斜方晶や正方晶に変化することがある.

$SrTiO_3$ のバンド構造を図 4.15 に示す.価電子帯のバンドは主に 3 つの酸素の p 軌道から構成される 9 個のバンドであり,これらは完全に電子に占有されることから,各酸素原子には 6 個の p 電子があり,より深いバンドにある 2 個の s 電子を含めると,結局酸素は -2 価のイオンとなっていることがわかる.一方,約 $3.2\,\mathrm{eV}$ のバンドギャップを隔てた上にある伝導帯は,主に Ti の 5 つの d 軌道から構成されている.Γ 点での最低の伝導帯は三重に縮退

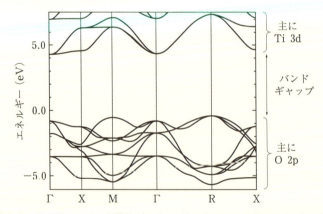

図 4.15 $SrTiO_3$ のバンド構造 (G. Cappellini, S. Bouette-Russo, B. Amadon, C. Noguera, and F. Finocchi: J. Phys.: Condens. Matter 12 (2000) 3671 より改変)

し，その上のバンドは二重に縮退している．前者は d_{xy}, d_{yz}, d_{zx} 型の d 軌道，後者は $d_{z^2}, d_{x^2-y^2}$ 型の d 軌道である．Γ 点から離れると，これらのバンドの縮退は解けるが基本的には，この Ti の 5 つの d 軌道から伝導帯が構成されている．Ti の 4s, 4p 軌道のバンドはさらにエネルギーが高い領域にある．このように Ti 原子上には，3d 電子や 4s, 4p 電子が存在しないので，Ti 原子は +4 価のイオン状態にある．また Sr については，5s 軌道のエネルギーは高く，その 2 個の価電子も酸素原子上に移動するので，+2 価のイオンになっている．Sr 原子からの 2 個，Ti 原子からの 4 個の電子が，3 つの酸素原子に移動して −2 価のイオンを形成している．ペロブスカイト型酸化物の金属原子 B を Ti から他の遷移金属原子に替えると，原子番号の増加につれて 3d 軌道の状態は酸素の 2p 軌道のバンドに接近していく．

(2) モット–ハバード絶縁体と電荷移動型絶縁体

上に述べた酸化物の例では，金属原子上に d 電子が存在しないために，比較的簡単なバンド構造となっていた．しかし，金属の d 軌道に電子が存在する場合には，d 電子間の強いクーロン (Coulomb) 反発エネルギーによって簡単なバンド理論が破綻して，絶縁性の出現，磁性や超伝導の発現など，様々な興味深い性質が生じることになる．例えば NaCl 構造をとる MnO, NiO, FeO などは，バンド理論を仮定すれば $SrTiO_3$ のバンドで見たように，酸素の 2p 価電子帯のすぐ上の伝導帯は金属イオンの d 軌道によって構成されるはずである．結晶中ではこれらの金属は +2 価となり，金属原子から 2 個の電子が酸素に移動するが，残った d 電子は伝導帯である d バンドを部分的に占有し，バンド理論によればこれらの酸化物は金属的な伝導性を示すと期待される．ところが現実にはこれらの酸化物は絶縁体であって，バンド理論の予想とは異なっている．

その原因はこれらの物質においては，同じ原子上の d 電子どうしのクーロン反発エネルギー（これを U とする）が大きいために，単純なバンド理論が適用できないことにある．その理由を説明するために，原子当り 1 個の電子が 1 つの狭いバンドの下半分に収容される系を，バンド理論によって考えてみよう．その場合，各原子上の電子分布は，フェルミ準位以下のブロッホ波のスレ

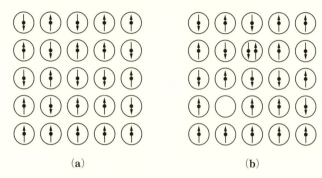

図 4.16 (a) モット絶縁体における低エネルギーの電子配置例.
(b) 励起された電子配置例

ーター (Slater) 行列式*³ から求められる. その電子分布には1個の原子の上に2個の電子がある状態も含まれており, 原子間のホッピング積分 W よりもクーロン反発エネルギー U が大きい場合, この電子分布では電子系全体のエネルギーを下げることはできない. このような状況では, 各原子上の電子数が1個に限定される図 4.16(a) のような状態が, エネルギーのより低い状態として実現する. しかし, この状態では電荷の空間的な流れは生じないので, 絶縁

---

*³ スレーター行列式とは何かについて説明しよう. シュレディンガー方程式
$$\left\{-\frac{\hbar^2}{2m}\Delta + V(\boldsymbol{r})\right\}\varphi_\nu(\boldsymbol{r}) = E_\nu\varphi_\nu(\boldsymbol{r})$$
を満たす1電子の波動関数 $\varphi_\nu(\boldsymbol{r})$ ($\nu = 1, 2, \cdots$) が与えられたとする. N 個の電子間に相互作用がないとすれば, その N 個の電子系全体としての波動関数は
$$\Psi_{\nu_1,\cdots,\nu_N}(\boldsymbol{r}_1,\cdots,\boldsymbol{r}_N) = \prod_{i=1}^{N}\varphi_{\nu_i}(\boldsymbol{r}_i)$$
を反対称化した関数 (第4章の補遺2参照) であり, 次式で与えられる.
$$\Phi_{\nu_1,\cdots,\nu_N}(\boldsymbol{r}_1,\cdots,\boldsymbol{r}_N) = \frac{1}{\sqrt{N!}}\sum_P \varepsilon(P)P\Psi_{\nu_1,\cdots,\nu_N}(\boldsymbol{r}_1,\cdots,\boldsymbol{r}_N) \tag{1}$$
ただし, P は $\boldsymbol{r}_1,\cdots,\boldsymbol{r}_N$ における添字の置換, $\sum_P$ は異なった置換すべてについての和, $\varepsilon(P)$ は P が偶置換のとき 1, 奇置換のとき -1 の値をとる. 上式 (1) は行列式で書くことができて, 次のようになる.
$$\Phi_{\nu_1,\cdots,\nu_N}(\boldsymbol{r}_1,\cdots,\boldsymbol{r}_N) = \frac{1}{\sqrt{N!}}\begin{vmatrix} \phi_{\nu_1}(\boldsymbol{r}_1) & \cdots & \cdots & \varphi_{\nu_N}(\boldsymbol{r}_1) \\ \vdots & \cdots & \cdots & \vdots \\ \vdots & \cdots & \cdots & \vdots \\ \phi_{\nu_1}(\boldsymbol{r}_N) & \cdots & \cdots & \varphi_{\nu_N}(\boldsymbol{r}_N) \end{vmatrix}$$
これをスレーター行列式と呼ぶ.

体的な状態である．図 4.16(a) よりエネルギーの高い状態は，1 個の原子上に 2 個の電子が存在することを許す図 4.16(b) のような状態である．この状態は図 4.16(a) の状態よりエネルギーが少なくとも U だけ高い状態であるが，電荷をもつサイトの位置を移動させて電流を運ぶことができる．このことから，d 電子間のクーロン反発エネルギー U が d バンド幅 W より大きいと，遷移金属酸化物の d バンドは図 4.17(a) のようにギャップを隔てた上下に分裂し，絶縁体になることが説明できる．このような絶縁体をモット (Mott)‒ハバード (Hubbard) 絶縁体と呼び，MnO などはその例である．

クーロン反発エネルギー U の大きさがさらに増加し，酸素の p バンドと（上部ハバードバンドと呼ばれる）上側の d バンドのエネルギー差 $\varDelta$ よりも大きくなると，図 4.17(b) に示すように，（下部ハバードバンドと呼ばれる）下側 d バンドと酸素 p バンドのエネルギー位置が逆転する．これは FeO, CoO, NiO, CuO などの酸化物で見られる状況であるが，このような絶縁体は電荷移動型絶縁体と呼ばれている．

さて上に述べたモット‒ハバード絶縁体や電荷移動型絶縁体では，同じサイト上の電子間クーロン反発エネルギーが絶縁性の起源となるが，各原子の電荷は等しい．これに対して隣接するサイト間にも無視できないクーロン反発エネ

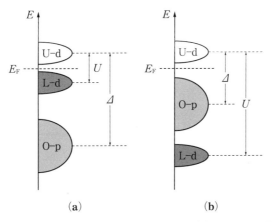

図 4.17 (a) モット‒ハバード絶縁体の電子構造．(b) 電荷移動型絶縁体の電子構造．U-d, L-d は，それぞれ上部および下部ハバードバンドである

ルギーが存在するときには，バンドの充填率に応じて荷電の異なる原子（または分子）が交互に配列するような電荷秩序が実現する．このような電荷秩序状態（Charge Order 状態）は，ある種の有機導体や金属酸化物に見られるが，詳しくは第9章で解説する．

（3）銅酸化物高温超伝導体

$YBa_2Cu_3O_{7-\delta}$ や $(La_{1-x}Sr_x)_2CuO_4$ など，比較的に温度の高い領域まで超伝導状態を保つことのできる銅酸化物高温超伝導体の発見は，20世紀末における物性物理学の最大の焦点であった．$YBa_2Cu_3O_{7-\delta}$ では，超伝導転移温度は液体窒素温度を超えて 90 K にも達する．これらの銅酸化物高温超伝導体の構造も，ペロブスカイト構造を基本にすると理解しやすい．これらの酸化物では図 4.13(b) の Ti を囲む八面体（あるいはその半分の五面体）が銅イオンを囲む構造単位となり，これが2次元シート状に広がっている．またシートの上下には伝導をブロックする金属イオン層があり，銅酸化物層とブロック層が交互に積層しており，この構造に特有な2次元的伝導が高温超伝導において重要な役割を果たすと思われている．銅酸化物高温超伝導体の化学量論的な基本構造は，以下に述べる機構で反強磁性になる絶縁体である．しかし，この状態に電子あるいは正孔をある程度導入して絶縁体から金属に転移させると電子間の相関効果の強い金属状態となり，さらに転移温度の高い超伝導状態が誘導される．

（4）超交換相互作用と磁性

ある種の遷移金属酸化物は反強磁性や強磁性などの磁性を示すが，これらの起源はスピンを微小磁石と見立てた電磁気的な相互作用では説明できない．物質の示す磁性発現のメカニズムは，電子系の量子統計性に由来する量子力学的な交換相互作用によって，はじめてその本質が理解される．交換相互作用の起源はフェルミ統計の効果によって，電子スピンが同じ向きか逆向きかに依存する電子間斥力または引力が生じることによる（第4章の補遺2参照）．交換相互作用には電子のフェルミ統計性に由来するポテンシャル交換項と，近接する遷移金属 d 軌道間の電子ホッピングに由来する運動学的交換項とがある．特

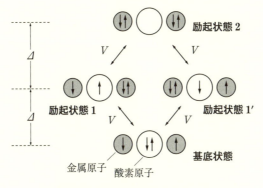

図 4.18　超交換相互作用の模式図

に金属酸化物では，後者は金属イオン間に挟まれた酸素イオンの p 軌道を介するので，超交換相互作用と呼ばれる．

図 4.18 は超交換相互作用のメカニズムを模式的に表したものである．簡単のために d 軌道が 1 個の準位をもつ場合を仮定し，電子を酸素の p 軌道から上部ハバードバンドに移すエネルギーを Δ，そのホッピング積分を V としている．基底状態として，酸素を挟む両側の遷移金属の d 軌道に，反対向きのスピンをもつ電子が 1 個ずつ存在する場合を考えよう．この場合，量子力学の摂動論によれば，図 4.18 のように酸素の電子 1 個が隣の金属 d 軌道へと移動するような励起状態 1 または 1′ と，2 個の電子が両隣の金属 d 軌道へとそれぞれ移動する励起状態 2 の成分が基底状態に加わることにより，基底状態のエネルギーを

$$E_{\uparrow\downarrow} \cong -\frac{2V^2}{\Delta} \tag{4.31}$$

だけ変化させ低下させることになる[*4]．一方，基底状態において両側の d 軌道に同じ向きのスピンの電子がある場合には，このような状態は混成できない．したがって，酸素を挟む両側のスピンは反対向きになるほうが，同じ向きの場合よりもエネルギーが低下する．これが超交換相互作用のメカニズムである．上記の相互作用は反強磁性的，すなわちスピン間相互作用 $-J\boldsymbol{s}_1 \cdot \boldsymbol{s}_2$ における交換積分を負（$J < 0$）とするが，これは，直線上に同種の磁性イオンが並んだ系で実際に観察されている．

4.2 第一原理密度汎関数計算法による電子状態の計算

物質のエネルギーバンドやその特徴について，簡単なモデルを用いた概念的な理解は重要だが，一方，現実の物質について定量的な物性予測や実験解析をおこなうために，精密なバンド構造を理論的に計算することが必要になる．1980年代になって，実験結果を用いることなしに原子のポテンシャルと波動関数，電子密度などを自己無撞着に数値計算する「第一原理的」電子状態計算法が開発された．最近ではスーパーコンピュータと計算技術の進歩に伴い飛躍的な発展を遂げている．ここでは，この方法の代表である第一原理局所密度汎関数法（LDA（Local Density Approximation）法）の原理を紹介する．

半導体の電子状態は，1つの電子に対するハミルトニアンに対してシュレディンガー方程式を解くことで得られる．ハミルトニアンは，電子の運動エネルギー，周期的な結晶ポテンシャル，そして他の電子との電子間相互作用からなる．結晶中には電子の数が 10^{23} 個程度あり，すべての電子が独立に運動しているという描像は良い近似ではなく，電子間相互作用を考慮する必要がある．しかし電子間相互作用を真正面から取り込もうとすると，波動関数はすべての電子の座標を含む多体の波動関数になり，その関数がどのような形をしているかすら理解することができない．第一原理計算では，電子間相互作用は電子の密度分布 $\rho(r)$ の汎関数として表すことができるという，局所密度汎関数理論に基づいて1電子のハミルトニアンが構成されている．ここで汎関数とは，関数 $\rho(r)$ の関数 $F[\rho(r)]$ という意味である．

局所密度汎関数理論の基礎は，ホーエンベルク（Hohenberg）とコーン（Kohn）による次の定理である[*5]．

[*4] 図4.18のスキームで表される系のエネルギー E は，基底状態を原点にとると

$$\begin{vmatrix} E & -V & -V & 0 \\ -V & E-\Delta & 0 & -V \\ -V & 0 & E-\Delta & -V \\ 0 & -V & -V & E-2\Delta \end{vmatrix} = 0$$

を満たす．この解の中でエネルギー E の最も低い

$$E = \Delta - \sqrt{\Delta^2 + 4V^2} \cong -\frac{2V^2}{\Delta}$$

が（4.31）式の右辺である．

① 外場 $V(\boldsymbol{x})$ の中の縮退のない基底状態において，電子密度分布 $\rho(\boldsymbol{x})$ と外場 $V(\boldsymbol{x})$ とは1対1に対応する．

② $\rho(\boldsymbol{x})$ の汎関数である系のエネルギー

$$E_V[\rho] = F[\rho] + \int \rho(\boldsymbol{x})V(\boldsymbol{x})d\boldsymbol{x} \tag{4.32}$$

は，$V(\boldsymbol{x})$ についての基底状態に対応する $\rho(\boldsymbol{x})$ に対して最小となる．ただし

$$F[\rho] = \sum_{i=1}^{N} \int \frac{\hbar^2}{2m}|\nabla \varphi_i|^2 d\boldsymbol{x} + \frac{q^2}{2(4\pi\varepsilon_0)}\iint \frac{\rho(\boldsymbol{x})\rho(\boldsymbol{x}')}{|\boldsymbol{x}-\boldsymbol{x}'|}d\boldsymbol{x}d\boldsymbol{x}' + G[\rho] \tag{4.33}$$

は電子系の運動エネルギーと電子間相互作用の和であり，$\rho(\boldsymbol{x})$ の一般的な汎関数である．右辺の最終項は交換相関エネルギーと呼ばれ，電子相関相互作用や電子がフェルミオンであることによる交換力効果を表している．数値計算では1電子軌道 φ_i によって $\rho(\boldsymbol{x})$ を

$$\rho(\boldsymbol{x}) = \sum_{i=1}^{N}|\varphi_i(\boldsymbol{x})|^2 \tag{4.34}$$

と表し，変分条件から導かれる φ_i の満たすべき固有値方程式

$$\left\{-\frac{\hbar^2}{2m}\Delta + \frac{q^2}{4\pi\varepsilon_0}\int \frac{\rho(\boldsymbol{x}')}{|\boldsymbol{x}-\boldsymbol{x}'|}d\boldsymbol{x}' + V_{\mathrm{xc}}(\rho(\boldsymbol{x})) + V(\boldsymbol{x})\right\}\varphi_i(\boldsymbol{x}) = \varepsilon_i\varphi_i(\boldsymbol{x}) \tag{4.35}$$

を解く．ただし，$V_{\mathrm{xc}}(\rho) = \delta G[\rho]/\delta\rho$ は電子相関力と交換力によるポテンシャルで，各種の関数形が提案されている．電子密度 $\rho(\boldsymbol{x})$ と1電子軌道 $\varphi_i(\boldsymbol{x})$ を (4.34) と (4.35) 式から自己無撞着に計算すれば，この系の電子状態を実験的な情報を用いずに数値的に解くことができる．今日では高速コンピュータを用いて，多くの電子を含む系においても精度の良い計算が実行できるようになっている．

実際の計算では，最初に入力する $\rho(\boldsymbol{x})$ を仮定し密度汎関数法によりハミルトニアンを作り，得られたエネルギー固有値と波動関数から出力としての $\rho(\boldsymbol{x})$ が得られる．入力と出力の $\rho(\boldsymbol{x})$ が等しくなるまで計算をくり返すことで，いわゆる自己無撞着な結果が得られる．これが第一原理計算のあらましで

[*5] P. Hohenberg and W. Kohn : Phys. Rev. 136 (1964) B864.

ある.

　よく用いられる平面波展開は,波動関数のフーリエ級数展開に相当する.このとき計算を困難にするのは原子核付近で急峻に深まる原子ポテンシャルのために,ポテンシャルのフーリエ成分が大きな波数でもなかなか小さくならないことである.この問題を回避するために**擬ポテンシャル**を用いる方法が一般的に使われる.擬ポテンシャルの概念は次のように理解するとよい.半導体で重要な電子状態は価電子帯と伝導帯であり,原子核付近の急に深くなるポテンシャルは,それらに大きな影響を与えない.そこで,大胆に原子核付近のポテンシャルを取り去り,これを比較的なだらかなポテンシャルで置き換えても,価電子帯や伝導帯の電子状態を再現できる.そしてなだらかなポテンシャルを採用することで,平面波の数が少なくても十分な精度で電子状態を計算できるようになる.このような,意図的になだらかにした原子ポテンシャルのことを擬ポテンシャルと呼ぶ.

　そのうちでノルム保存型擬ポテンシャルと呼ばれるものは,原子の中心からある距離内の電荷量が真の値と一致（ノルム保存という）し,その外側でポテンシャルが真の値と一致するようにしたものである.今日では,いろいろな手法によって元素ごとの擬ポテンシャルが複数（10以上）提案されていて,インターネット上から計算目的にあった擬ポテンシャルをダウンロードできる.

　今日の第一原理計算プログラムは,世界中の研究者が独立して開発しソースプログラムが公開され,日々改良がおこなわれている.その結果半導体の物性量のほとんどが第一原理計算で計算できるようになった.今日の基本的な使い方は,① 単位胞と単位胞の中の原子位置の構造最適化,② 自己無撞着な計算による電子密度の決定,③ 多くのk点によるエネルギー分散関係の導出,④ 精度の高い構造最適化によるフォノン分散関係の導出,⑤ エネルギー分散関係,波動関数,フォノン分散関係を用いた状態密度や光吸収スペクトル,ラマン（Raman）分光・赤外分光スペクトルなどの物性量の計算などである.さらに必要に応じて⑥ 波動関数から,空間に局在したワーニエ（Wannier）関数を作り,電子格子相互作用などを計算し,輸送現象や熱電性能,超伝導転移温度の計算や励起子吸収スペクトルなども順次計算することができる.

　実際の計算では,第一原理計算をブラックボックスのように使うことが多い

が，これには物理を十分理解して計算結果をよく検討し，どういう近似を使っているかを理解して使うことが必要である．単に第一原理計算の結果であるから正しい，という使い方は避けたい．例えば超伝導転移温度がプログラムで計算できるが，超伝導を起こす機構が違うことが想定されるような物質では計算結果に物理的な意味がないことに注意すべきである．未知の物質の測定結果の解釈，未知の物質探索などで第一原理計算は広く用いられていて，今後も世界中で改良が続けられていくものと考えられる．

4.3 表面構造と表面電子状態

4.3.1 表面とは

　結晶の表面では，表面に垂直方向の並進対称性が失われるために，2.3.3項で述べたようなバンド理論がそのままでは成立しない．そのために，固体表面にはバルクと異なる**「表面状態」**と呼ばれる特有の電子状態が出現する．さらに半導体の場合には最外原子層のボンドの一部が断ち切られ原子の配置が不安定になるために原子配置の再構成が起こり，新たなボンドの形成が見られる．このように，半導体の表面では電子状態と構造変化が影響しあって全エネルギーを安定化するために，多様**再構成構造**や表面状態が形成される．

　一方，表面は多くの場合，化学的な活性が強く，外界の原子・分子を化学吸着，あるいは解離吸着して吸着層を形成する．酸素原子の吸着は表面の酸化現象の初期プロセスとして重要である．現実表面では原子の吸着・脱離，電子の出入り，分子の触媒反応など広範な応用領域とかかわる様々な動的現象が起こり，それらの基礎を解明するうえで表面構造・表面電子状態，および表面現象の理解は重要である．

4.3.2 半導体の表面構造

　4配位構造をもつIV族，またはIII-V族半導体において，表面原子では結合をするべき相手の原子がなくなるために，図4.19に示すように未結合ボンド（ダングリングボンド）状態がギャップ内に出現する．このエネルギー位置は4.1.3項に述べたsp^3混成軌道のエネルギー準位の近くにあると思われる

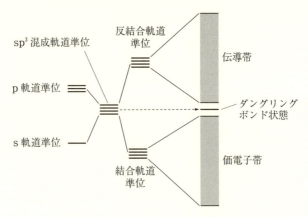

図 4.19 ダングリングボンド状態の準位

が，中心原子周辺におけるボンドの角度変化や新たなボンド形成による影響を強く受ける．このために，半導体の表面最外層は再構成構造をとることが多い．

そのような再構成構造の例は，GaAs など III-V 族半導体表面の (110) 面に見られる．図 4.20 はダングリングボンド状態のエネルギーが，バックボンド間のなす角度の影響を受ける様子を示す．3つのバックボンド間の角度が鋭いとダングリングボンドにはs軌道成分の割合が増えてそのエネルギーは低下するが，逆に角度が開くとp軌道成分が増えてエネルギーは上昇する．したがって，ダングリングボンドに電子が集中するとバックボンド間の角度が鋭

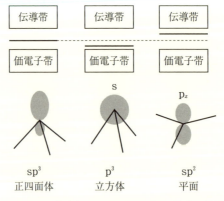

図 4.20 バックボンドの角度とダングリングボンド準位の位置（塚田捷著：「表面物理入門」(東京大学出版会，1989) による）

くなるように，一方，ダングリングボンドから電子が流出するとバックボンドが開くように構造が変化する．

4.1.3項で述べたようにGaAs結晶中ではGa原子からAs原子のほうに電子が部分的に移り原子上に電子が多い状況になっている．そのため，図4.21で示すように最外層ではAs原子が浮き上がり，一方，Ga原子は沈み込み，前者のダングリングボンドのエネルギーが低下して，表面エネルギーを減少させている．これは電子線回折などの実験や，電子状態密度の計算結果によって確認されている．

次の例はSi(100)c(4×2)表面である．この表面では図4.22で示すように，最外層のSi原子がダイマーを形成し，さらにそのダイマーが傾く非対称ダイマー構造を形成する．ダイマーが傾く方向は，静電エネルギーを低下させるようにダイマー列に沿って交互に交代している（図4.22(b)）．このようなダイマー構造ができる理由は，次のように考えられる．最外層の原子のダングリングボンドは原子ごとに2つあるが，それらは線形変換により表面に平行方向と垂直方向に向いた2つのダングリングボンドに組み替えられる．となり合う原子から伸びる表面に平行なダングリングボンドは，σ型共有結合軌道となりダ

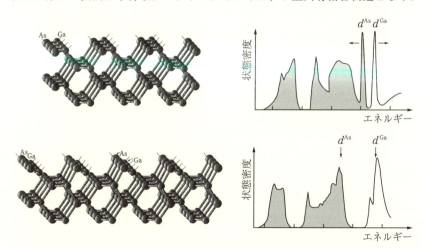

図4.21 GaAs(110)2×1表面の再構成と状態密度．上の図は再構成していない表面の場合，下の図は再構成した表面の場合である（塚田捷著：「表面物理入門」（東京大学出版会，1989）による）

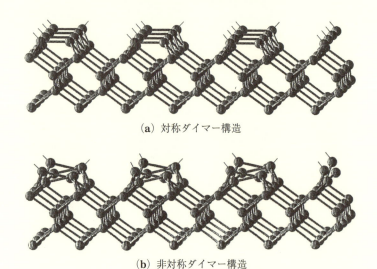

(a) 対称ダイマー構造

(b) 非対称ダイマー構造

図 4.22 Si(100)2×1 表面の構造（塚田捷著：「表面物理入門」（東京大学出版会，1989）による）．(a) 対称ダイマー構造．(b) 非対称ダイマー構造

イマーを形成する．一方，表面に垂直方向のダングリングボンドは対称ダイマーの場合にはダイマーの π 型結合軌道であるが，非対称ダイマーになると図 4.23 で示すように，沈み込む原子のダングリングボンドから浮き上がる原子のダングリングボンドへと電子が集まる．図 4.20 に示すようにバックボンドの頂角は浮き上がる原子では鋭く，沈み込む原子では広がるので，後者から前者への電子の移動はエネルギーをより低下させるからである．このようにダイマーの非対称化は，GaAs(110) 表面の再構成と同じメカニズムによって生じる．なお 4.3.3 項で述べる STM 像では室温ではダイマー構造は対称に見えるが，これは熱運動により非対称ダイマーのダイマー軸の傾きが交互に振動している効果であり，低温では明瞭な非対称ダイマー構造が観察される．

Si(111) 表面では，結晶内部の面構造に比べて 7×7 倍の大きな超周期の構造が出現する．この超周期構造における原子配置は，1985 年になって高柳らの透過電子線回折の解析[*6]と，これを裏づける STM 像によってようやく決

[*6] K. Takayanagi et al : Surface Sci. **164** (1985) 367.

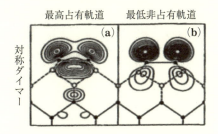

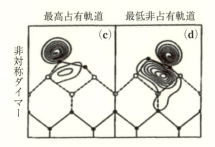

図4.23 Si(100)2×1 表面の対称および非対称ダイマーのダングリングボンド状態 (Z. Zhu, N. Shima, and M. Tsukada : Phys. Rev. B 40 (1989) 11868 による)

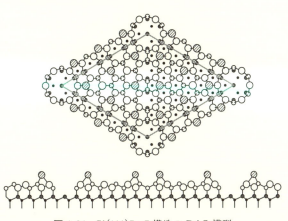

図4.24 Si(111)7×7 構造の DAS 模型

定することができた.この構造は DAS 構造と呼ばれるが,図4.24で示すように超周期の2次元単位胞の中に,二量体,吸着原子,積層欠陥の3つの要素を含み,第3原子層まで結晶内部の原子配置とは著しく異なる構造となってい

る．半導体の表面は，この他にも構成元素，表面方位，作製法，温度などにより，実に多種多様な再構成構造をとることが知られている．共有結合ボンドの組み換えや方向可変性，ダングリングボンド間の電荷移動など，構造要素の柔軟性がそのような構造の多様性を生みだしている．

4.3.3 走査トンネル顕微鏡による表面観察

固体表面の複雑な再構成構造やその起源となる表面電子状態の様相を，原子スケールで解明するうえで重要な手掛かりを与える実験法に走査トンネル顕微鏡（STM, Scanning Tunneling Microscope）がある．STM は 1982 年にビニッヒ（Binnig）とローラー（Rohrer）によって発明されたが，きわめて鋭い金属探針を表面から 1 nm 以下に接近させて表面上を走査し，表面のミクロな姿を観察・計測する画期的な実験法である．この方法によって表面にある個々の原子を実空間で直接観察し，また表面電子状態を原子スケールで計測できるようになった．

STM は表面と探針の間に流れるトンネル効果（2.1.6 項参照）による電流（トンネル電流という）が，両者の距離や電子状態によって敏感に変化することを利用する．以下ではその原理を簡単に述べよう．電子状態に基づく詳細な理論によると，探針と表面間のトンネル電流 I はバイアス電圧 V が小さいときには

$$I \propto V \sigma^{\mathrm{T}}(E_{\mathrm{F}}) \rho^{\mathrm{S}}(\boldsymbol{R}, E_{\mathrm{F}}) \tag{4.36}$$

と表され，また一般の電圧のときには，次の関係が成立する[7]．

$$\frac{dI}{dV} \propto \sigma^{\mathrm{T}}(E_{\mathrm{F}}) \rho^{\mathrm{S}}(\boldsymbol{R}, E_{\mathrm{F}} - eV) \tag{4.37}$$

ここで $\boldsymbol{R}$ は表面から見た探針の位置，$\rho^{\mathrm{S}}(\boldsymbol{R}, E_{\mathrm{F}})$ はその位置での表面の局所状態密度，ただし探針がないときの状態密度である．また $\sigma^{\mathrm{T}}(E_{\mathrm{F}})$ は，表面に最接近した探針突起部の状態密度に依存する量であり，表面に無関係に決まる．微弱な電圧 V を加えて探針を表面上で走査すると，(4.36) 式から表面の原子像が $\rho^{\mathrm{S}}(\boldsymbol{R}, E_{\mathrm{F}})$ として得られること，さらに (4.37) 式から電圧を変化させてトンネルコンダクタンス dI/dV を測定すると，表面上の位置 $\boldsymbol{R}$ での局所

---

[7] 塚田捷著：「表面物理入門」（東京大学出版会，1989）．

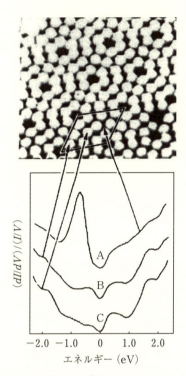

図 4.25 Si(111)7×7 表面の STM 像と STS スペクトル（R. Wolkow and P. Avouris：Phys. Rev. Lett. **60**（1988）1049 による）

状態密度のスペクトルが得られることがわかる．これを走査トンネル分光スペクトル（STS, Scanning Tunneling Spectrum）という．図 4.25 はウオルコウ（Wolkow）とアヴォリス（Avouris）によって観察された Si(111)7×7 表面の STM 像と走査トンネル分光スペクトルである[*8]．4.3.2 項で述べた複雑な Si(111) 再構成表面の原子配列構造が明瞭に観察されている．局所状態密度は吸着 Si 原子の真上と，ホローサイト上とでは大きく異なっている．

4.3.4 表面状態

半導体を含め一般に固体表面には，そのごく近傍にのみ存在する電子状態が

[*8] R. Wolkow and P. Avouris：Phys. Rev. Lett. **60**（1988）1049.

出現する.これは表面状態と呼ばれるが,表面原子層に周期的に2次元配列したダングリングボンドは表面状態の一種である.表面状態は表面原子構造に敏感であり,そのエネルギーを下げるように表面構造が再構成されることを4.3.2項で述べた.表面状態は結晶内部と外部の間での電子の出入りと関係し,表面ポテンシャルや界面でのショットキー (Schottky) 障壁を支配するなど,半導体デバイスにとって重要な役割を演じる (第7章参照).

表面状態は大別すると,① 表面に特有なポテンシャルによって束縛された電子の状態と,② 結晶内部でバンドギャップの原因となっていた効果が表面で失われることにより,ギャップ内に出現する状態とがある.① はタム (Tamm) 状態,② はショックレー (Shockley) 状態と呼ばれる.ダングリングボンドによる表面状態はショックレー状態の一種である.さらに ③ トポロジカル絶縁体の表面には,波数空間におけるトポロジー的な効果によって,表面状態が誘導される.以下では,ショックレー状態についてダングリングボンドに限定されない一般的な考え方を説明し,またこれと関連してトポロジカル表面状態についても簡単に触れよう.

4.1節ではほとんど自由な電子モデルによってバンドギャップの形成要因を述べたが,そのモデルを表面のある系に適用したらどうなるかを考えよう.(4.10) 式において,K をある逆格子ベクトルとして

$$\varepsilon(k) = \frac{\hbar^2}{2m}k^2, \quad k = q - \frac{K}{2} \tag{4.38}$$

とおくと,バンドギャップを挟む2つの状態のエネルギーは

$$E_\pm(q) = \frac{\hbar^2}{2m}\left(\frac{K^2}{4} + q^2\right) \pm \sqrt{\left(\frac{\hbar^2}{2m}\right)^2 (q \cdot K)^2 + |v(K)|^2} \tag{4.39}$$

のようになる.簡単のために K, q を表面に垂直方向に選び,以後,ベクトルをその方向のスカラー量として表す.(4.39) 式において新しい変数 θ を導入し,仮に

$$q = i\left|\frac{2mv(K)}{\hbar^2 K}\right|\sin\theta \tag{4.40}$$

とおいてみると,(4.39) 式は次のように変形される.

4.3 表面構造と表面電子状態

$$E_{\pm}(\theta) = E_0(\theta) \pm |v(K)|\cos\theta \tag{4.41}$$

ただし，$E_0(\theta)$ は (4.39) 式の右辺第 1 項である．θ がゼロから π まで増加するとき，(4.41) 式のエネルギーは下側のバンド E_- の上端から上側のバンド E_+ の下端まで変化する．すなわち，$E_\pm(\theta)$ はエネルギーバンドを複素波数領域へ解析接続したものとなっていて，波数が純虚数の曲線上でバンドギャップを挟む上下 2 つのバンドはつながっていることがわかる．

解析接続された領域での波動関数は，z の正方向を表面垂直に内部に向かう方向として

$$\phi(z) = \exp\left(-\left|\frac{2mv(K)}{\hbar^2 K}\right| z \sin\theta\right) \{C_+ \exp(iKz/2) + C_- \exp(-iKz/2)\} \tag{4.42}$$

となり，結晶内部で指数関数的に減衰することがわかる．結晶と真空との界面で，真空における波動関数と結晶内部の波動関数（(4.42) 式）の対数微分 $\phi'(z)/\phi(z)$ が一致する条件から，θ の特定の値と表面状態のエネルギーが決定される．θ がゼロから π まで変わるとき，$\phi(z)$ の対数微分はゼロから無限大まで変化するので，このような表面状態は必ず存在することがわかる．

4.3.5 トポロジカル表面状態

Bi, Sb, Te などを主成分として含むある種の化合物では，k 空間におけるエネルギーバンドのトポロジーと関係して，興味深い性質が現れる．このような物質はトポロジカル絶縁体と呼ばれるが，その表面には特別な表面状態が形成されることが位相理論によって予測され，また角度分解光電子分光法などで確認されている．トポロジカル絶縁体では，本来は価電子帯にあるべき状態がバンドギャップより上の伝導帯領域に存在し，逆に伝導帯にあるべき状態がバンドギャップの下の価電子帯領域に存在するという性質で特徴づけられるが，それが誘導する表面状態とはどのようなものだろうか？

本項では簡単なモデル系について，トポロジカル絶縁体が誘発する表面状態について考察してみよう．ブロッホ状態の波数 k に関する微分からベリー (Berry) 曲率[*9]と呼ばれるベクトルを求めると，その全ブリュアン域にわたる振舞いからバンド反転の有無を決定するトポロジー数（チャーン (Chern)

数）と呼ばれる整数[*9]が定まる．チャーン数が偶数の物質は普通の絶縁体でありバンドの反転は生じていないが，チャーン数が奇数の物質はバンドの反転が存在して，トポロジカル絶縁体となることが知られている．重要な事実はトポロジカル絶縁体の表面には，かならずチャーン数が 1 または -1 である特別な表面状態が生成して，チャーン数が偶数である真空と奇数である結晶内部を接続していることである．以下では簡単なモデル系について，この状況を見てみよう．

簡単のために 2 次元の結晶について考える．価電子帯 E_V，伝導帯 E_C のバンド端がともに $\bm{k} = 0$ にあるとすれば，近傍の波数 $\bm{k}$ における状態は第 5 章に述べるように E_V, E_C の $\bm{k} = 0$ の状態から摂動法によって決めることができる．上向きスピン電子の状態を決める有効ハミルトニアンは，以下のように近似できると仮定しよう．

$$H(\bm{k}) = \begin{pmatrix} m_0 + m_2 \bm{k}^2 & A_x k_x - i A_y k_y \\ A_x k_x + i A_y k_y & -m_0 - m_2 \bm{k}^2 \end{pmatrix} \quad (4.43)$$

ただし $\bm{k} = (k_x, k_y)$ である．この系は時間反転対称性をもつとすると，逆向きスピン電子のハミルトニアンは $H(-\bm{k})$ で与えられる．(4.43) 式は，$\bm{k}$ が小さい場合に $\bm{k} \cdot \bm{p}$ 摂動法 (5.3.1 項参照) によって導かれる有効ハミルトニアンである．結晶のエネルギーバンドは行列 (4.43) の固有値として，永年方程式 $|H(\bm{k}) - E| = 0$ により次のように決定される．

$$E = \pm \sqrt{(m_0 + m_2 \bm{k}^2)^2 + A_x^2 k_x^2 + A_y^2 k_y^2} \quad (4.44)$$

$m_0 m_2 > 0$ の場合はバンド反転がない通常の絶縁体であるが，$m_0 m_2 < 0$ の場合にはバンド反転が存在する（図 4.26）．詳細は省くが，前者についてはチ

[*9] バンド構造の $\bm{k}$ 空間におけるトポロジーは，ベリー曲率とチャーン数によって特徴づけることができる．まず，エネルギーバンド $E_n(\bm{k})$ に対応するブロッホ波の周期関数因子を $u_n(\bm{k})$ とするとき，ベリー接続は

$$A(\bm{k}) = \sum_{E_n(\bm{k}) \leq E_F} i \langle u_n(\bm{k}) | \nabla_{\bm{k}} u_n(\bm{k}) \rangle$$

で導入されるが，ベリー曲率はその回転（ローテーション）

$$\nabla_{\bm{k}} \times A(\bm{k})$$

である．また 2 次元系の場合，チャーン数はベリー曲率の積分である

$$n_{\text{Ch}} = \frac{1}{2\pi} \iint_{\text{BZ}} dk_x dk_y \nabla_{\bm{k}} \times A(\bm{k})|_z$$

で与えられる．

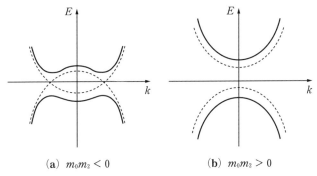

図 4.26 (a) バンド反転のある系のバンドと，(b) バンド反転のない系のバンド

ャーン数[*9]がゼロであり，後者については 1 または -1 となることが確められる[*10].

この系の表面状態について調べよう．k_x は表面に垂直方向，k_y は表面に平行方向に向いているとする．(4.44) 式の右辺で波数 k_x, k_y をともに実数とすれば，左辺のエネルギー E はギャップ内部の値をとることはない．しかし，4.3.4 項で述べたように k_x を複素数に拡張すると，エネルギーはギャップ内の値をとることができる．このエネルギーバンドの解析接続を用いて表面状態の有無を調べ，存在する場合のエネルギーを求めよう．

与えられた E に対応する k_x^2 は，(4.44) 式によれば次の k_+^2 または k_-^2 である．

$$k_\pm^2 = -\frac{A_x^2 + 2m_2(m_0 + m_2 k_y^2)}{2m_2^2} \\ \pm \frac{1}{m_2}\sqrt{E^2 - A_y^2 k_y^2 + \frac{A_x^2}{4m_2^2}\{A_x^2 + 4m_2(m_0 + m_2 k_y^2)\}} \tag{4.45}$$

[*10] この有効質量モデルでは，脚注 *9 のチャーン数はブリュアン域 (BZ) のサイズを無限大として計算する．詳細は省くが，その結果，個々のバンド n によるチャーン数は

$$n_{\text{Ch}} = \frac{i}{2\pi}\iint_{-\infty}^{\infty}\nabla_k \times \langle u_n(\mathbf{k})|\nabla_k u_n(\mathbf{k})\rangle d\mathbf{k} \\ = \frac{1}{2}\{\text{Sgn}(m_0) - \text{Sgn}(m_2)\}$$

となる．ただし，$\text{Sgn}(x)$ は x の正負に応じて，1 または -1 の値をとる．

そこで $\bm{k}_\pm = (k_\pm, k_y)$ として
$$H(\bm{k}_\pm)\bm{u}_\pm(\bm{k}_\pm) = E\bm{u}_\pm(\bm{k}_\pm) \tag{4.46}$$
を満たす固有ベクトル $\bm{u}_\pm(\bm{k}_\pm)$ を
$$\bm{u}_+(\bm{k}_+) = \begin{pmatrix} u_{+\mathrm{c}}(\bm{k}_+) \\ u_{+\mathrm{v}}(\bm{k}_+) \end{pmatrix}, \quad \bm{u}_-(\bm{k}_-) = \begin{pmatrix} u_{-\mathrm{c}}(\bm{k}_-) \\ u_{-\mathrm{v}}(\bm{k}_-) \end{pmatrix}$$
のように表そう.すると,エネルギー E の電子の波動関数は以下で与えられる.
$$\left. \begin{aligned} \psi_+(\bm{k}_+) &= u_{+\mathrm{c}}(\bm{k}_+)\varphi_\mathrm{c}(\bm{k}_+) + u_{+\mathrm{v}}(\bm{k}_+)\varphi_\mathrm{v}(\bm{k}_+) \\ \psi_-(\bm{k}_-) &= u_{-\mathrm{c}}(\bm{k}_-)\varphi_\mathrm{c}(\bm{k}_-) + u_{-\mathrm{v}}(\bm{k}_-)\varphi_\mathrm{v}(\bm{k}_-) \end{aligned} \right\} \tag{4.47}$$
ただし
$$\varphi_{\mathrm{c},\mathrm{v}}(\bm{k}_\pm) = \exp(ik_\pm x + ik_y y)\varphi_{\mathrm{c},\mathrm{v}}$$
は,平面波因子を $\bm{k}=0$ における伝導帯のブロッホ状態(ϕ_c)または価電子帯のブロッホ状態(ϕ_v)に乗じたものである.

さてエネルギーがバンドギャップの内部にあるときには,(4.45) 式右辺のどちらの符号をとっても,右辺の量はすべて負となることが確認できる.そこで波数を虚数 $k_\pm = i\kappa_\pm$($\kappa_\pm > 0$)にとって,表面状態を 2 つの減衰波
$$\psi_\pm(\bm{k}_\pm) = \psi_\pm(k_\pm, k_y) = \psi_\pm(i\kappa_\pm, k_y) \propto \exp(-\kappa_\pm x) \tag{4.48}$$
の線形結合によって構成してみよう.これらの波は結晶内部では方程式 (4.46) を満たし,表面から結晶内部に向かって減衰するから,表面での接続条件を満たすようにできれば,表面状態となる.表面状態の波動関数 ψ_ss は未定の係数 α, β を用いて,次のように表されると仮定する.
$$\psi_\mathrm{ss} = \alpha\psi_+(\bm{k}_+) + \beta\psi_-(\bm{k}_-) \tag{4.49}$$
表面 $x=0$ で波動関数が任意に与えられた対数微分を満たすとすると,適当な係数 $\tilde{\alpha}$ と $\tilde{\beta}$ を用いて境界条件は次のように表される.
$$\tilde{\alpha}\psi_+(\bm{k}_+(E))\Big|_{x=0} + \tilde{\beta}\psi_-(\bm{k}_-(E))\Big|_{x=0} = 0 \tag{4.50}$$
この条件を具体的に表示した関係
$$\{\tilde{\alpha}u_{+\mathrm{c}}(\bm{k}_+(E)) + \tilde{\beta}u_{-\mathrm{c}}(\bm{k}_-(E))\}\phi_\mathrm{c}$$
$$+ \{\tilde{\alpha}u_{+\mathrm{v}}(\bm{k}_+(E)) + \tilde{\beta}u_{-\mathrm{v}}(\bm{k}_-(E))\}\phi_\mathrm{v} = 0$$
は,$\phi_\mathrm{c}, \phi_\mathrm{v}$ の係数をともにゼロとすることで実現できる.そのためには

4.3 表面構造と表面電子状態

$$\begin{vmatrix} u_{+\mathrm{C}}(\bm{k}_+(E)) & u_{-\mathrm{C}}(\bm{k}_-(E)) \\ u_{+\mathrm{V}}(\bm{k}_+(E)) & u_{-\mathrm{V}}(\bm{k}_-(E)) \end{vmatrix} = 0 \tag{4.51}$$

であればよい．これが表面状態の決定方程式である．詳細は省略するが，(4.51) 式を用いて以下のような決定方程式が導ける．

$$E - (m_0 + m_2 k_y{}^2) + m_2 F k_y = \frac{m_2}{|m_2|} \sqrt{(m_0 + m_2 k_y{}^2)^2 + A_y{}^2 k_y{}^2 - E^2} \tag{4.52}$$

$$F = \frac{A_y}{A_x} (\sqrt{P - \sqrt{Q+R}} + \sqrt{P + \sqrt{Q+R}})$$

ただし，P, Q, R は以下のように与えられる．

$$P = \frac{A_x{}^2 + 2m_2(m_0 + m_2 k_y{}^2)}{2m_2{}^2}, \quad Q = \frac{E^2 - A_y{}^2 k_y{}^2}{m_2{}^2},$$

$$R = \frac{A_x{}^2}{4m_2{}^4}\{A_x{}^2 + 4m_2(m_0 + m_2 k_y{}^2)\}$$

関数 F のエネルギー依存性はごく小さいので，これを近似的に定数と見なすと，(4.52) 第1式の解は，図4.27の図解でおよそ求めることができる．すなわち (4.52) 第1式の右辺を Y_1 とおくと，関数 $Y_1(E)$ の曲線は，正負が m_2 の符号で決まる半円となる．左辺を Y_2 とおくと，関数 $Y_2(E)$ は切片を $-(m_0 + m_2 k_y{}^2) + m_2 F k_y$ とする直線である．解を与える両者の交点は $m_0 m_2 < 0$ の場合だけ存在し，そのギャップ中央付近にできる表面状態のエネルギー E の値は

$$E \cong -m_2 F k_y + o(k_y{}^2) \tag{4.53}$$

となることが確められる．

すなわち，表面状態は結晶がトポロジカル絶縁体の場合に限って存在し，そのエネルギーは $k_y = 0$ の場合にはバンドギャップの中心にあり，k_y に線形な分散をもつことがわかる．

上記の時間反転した状態，すなわち下向きスピン電子のハミルトニアンは (4.43) 式における k_x, k_y の符号を変えた式で与えられるので，その表面状態のエネルギーは原点近くで，(4.53) 式と逆の傾きの

$$E \cong m_2 F k_y + o(k_y{}^2)$$

で表される．本項で取りあげた時間空間反転対称性をもつ2次元モデルでは，スピンにより電子の進行方向が逆転する2つの表面状態が現れた．現実の3次

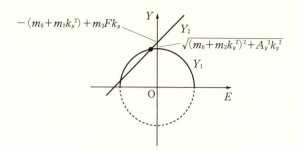

(a) $m_0<0, m_2>0$ の場合

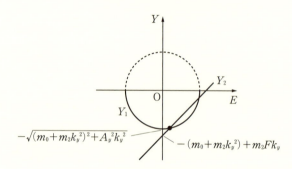

(b) $m_0>0, m_2<0$ の場合

図 4.27　方程式（4.52）の図解．(a) $m_0<0$, $m_2>0$ の場合．(b) $m_0>0$, $m_2<0$ の場合．直線と半円の交点（Y 軸に近い点）が表面状態の解である

元トポロジカル絶縁体はこれとは対称性が異なり，ディラック（Dirac）コーンと呼ばれる 1 点で交差する円錐状のエネルギー分散が現れる．

参考文献

[1] 草部浩一，青木秀夫著：「多電子論 I　強磁性」（東京大学出版会，1998）．
[2] 上村洸，菅野暁，田辺行人著：「配位子場理論とその応用」（裳華房，1969）．
[3] 阿部龍蔵著：「熱統計力学」（裳華房，1995）．
[4] L. D. Landau and E. M. Lifshitz 著，小林秋男，小川岩雄，富永五郎，浜田達二，横田伊佐秋訳：「統計物理学　上/下」（岩波書店，1957/1958）．
[5] W. A. Harrison : *Electronic Structure and Properties of Solids*（W. H. Freeman,

1980).

[6] J. Callaway : *Quantum Theory of the Solid State*（Academic Press, 1976).
[7] C. Kittel : *Quantum Theory of Solids, 2nd rev. ed.*（John Wiley & Sons, 1987).
[8] N. W. Ashcroft : *Solid State Physics*（Harcourt School, 1987).
[9] S. Lundqvist and N. H. March : *Theory of the Inhomogeneous Electron Gas*（Plenum Press, 1983).
[10] 金森順次郎，米沢富美子，川村清，寺倉清之著：「固体 ― 構造と物性 ―」（岩波書店，1994).
[11] 松田博嗣，恒藤敏彦，松原武生，村尾剛，米沢富美子著：「物性Ⅰ ― 物質の構造と性質 ―（新装版）」（岩波書店，2011).
[12] 上村洸編著：「物質科学　物理編（改訂版）」（放送大学教育振興会，1996).
[13] N. D. Lang : in *Solid State Physics*（H. Ehrenreich, F. Seitz, and D. Turnbull eds.）Vol. 28（Academic Press, 1973).
[14] P. Hohenberg and J. W. Kohn : Phys. Rev. 136（1964) B864.
[15] N. D. Lang and W. Kohn : Phys. Rev. B 1（1970) 4555 ; B 3（1971) 1215.
[16] K. Takayanagi, Y. Tanishiro, M. Takahashi, and S. Takahashi : Surface Sci. 164（1985) 367 ; J. Vac. Sci. and Techn. B 4（1986) 1074.
[17] G. Binning and H. Rohrer : Helv. Phys. Acta 55（1982) 726.
[18] 曽根純一編：「表面・界面の物理」（丸善，1996).
[19] 塚田捷著：「表面物理入門」（東京大学出版会，1989).
[20] 重川秀実，吉村雅満，坂田亮，河津璋編：「実戦ナノテクノロジー　走査プローブ顕微鏡と局所分光」（裳華房，2005).

補遺1　多谷構造によるピエゾ抵抗効果とホットエレクトロン効果

第4章ではSiやGeの伝導帯における多谷構造について述べたが，その効果が実験的に見出された現象として，ピエゾ抵抗効果，ホットエレクトロン効果，磁気抵抗効果などがある．これらの現象について紹介しよう．

4.1.3項に述べたように，伝導帯の谷の等エネルギー面はSiやGeでは回転楕円体である．ある1つの谷の電子集団について考えよう．楕円体の向きと

電場の方向が異なる場合には，電流の向きは電場の方向とは一致しない．このように谷が異方的な場合の伝導度も，第5章に述べるボルツマン（Boltzmann）方程式から導かれる．すなわち，回転楕円体の長軸方向を x とすると，この谷にある $\tilde{n}$ 個の電子による伝導度テンソルは5.6.1項の (5.53), (5.54) 式によって，次のように与えられる．

$$(\sigma_{xx}, \sigma_{yy}, \sigma_{zz}) = \tau \tilde{n} q^2 \left(\frac{1}{m_l}, \frac{1}{m_t}, \frac{1}{m_t}\right) \qquad (4.\mathrm{A}.1)$$

ただし m_l, m_t はそれぞれ，谷の長軸方向，短軸方向の有効質量であり，散乱時間 τ のエネルギー依存性は無視した．テンソル σ の非対角成分はゼロである．すべての谷の電子の電流を加え合わせれば，全体の伝導度テンソル σ は等方的で $\sigma = \tau n q^2 / m_{\mathrm{av}}$ と表せる．ただし

$$n = \sum_{\text{谷}} \tilde{n}$$

は全部の谷の電子数

$$m_{\mathrm{av}} = \left(\frac{2}{3m_t} + \frac{1}{3m_l}\right)^{-1}$$

は有効質量の平均である．

　個々の谷の伝導度テンソルの異方性のために，ひずみや圧力を結晶に加えると対称性が低くなり，電流と電場の方向が一致しない現象がみられる．n型シリコン結晶を x 方向へ引きのばすと，その方向の抵抗率が増大するピエゾ抵抗効果はその一例である．X谷での電子数が $\Delta\tilde{n}$ だけ増え，Y, Z谷の電子数が $\Delta\tilde{n}/2$ だけ減ったとしよう．すると (4.A.1) 式から x 方向の伝導度は $\tau\Delta\tilde{n}q^2(1/m_t - 1/m_l)$ だけ減少し，y, z 方向では $\tau\Delta\tilde{n}q^2(1/m_t - 1/m_l)/2$ だけ増加することがわかる．

　n型Geで見出されたホットエレクトロン効果も，Geの伝導帯の谷の異方性による現象である．Geでは伝導帯の谷はブリユアン域のL点にあり，Λ軸方向の有効質量が大きい．電場を強くしていくと伝導電子は加速・加熱されて温度が上昇し，衝突時間が短くなるために電流はオーム（Ohm）の法則からずれて飽和する傾向がある．電場方向の有効質量が小さいほどこの傾向は顕著になるため，高電場での伝導度は異方的になり，電場方向と電流方向とがずれることが見出された．また，磁気抵抗効果は物質に静磁場を加えると電気伝導

度が減少する現象であるが，GeやSiなどのn型半導体では回転楕円体の谷構造による異方性が現れる．このような現象の多谷構造に基づく解明は，我が国の半導体研究の草創期に渋谷元一や佐々木亘によって達成されたすぐれた研究成果である．

補遺2　フェルミ分布とボース分布

　量子力学で扱われる粒子は，スピンが半整数か整数かにより，フェルミオンかボソンのいずれかに分類される．例えば電子はフェルミオンであり，フォトンはボソンである．このいずれかにより，複数の粒子が量子準位を占有する仕方が異なり，多数粒子系の振舞いに強い影響を及ぼす．フェルミオンの系では粒子全体としての波動関数が粒子を互換すると符号を変える性質があり，一方，ボソン系では粒子を互換しても波動関数は不変である．このためフェルミオン系では，1つの準位には1個しか電子を収容できないが，ボソン系では何個でも収容できる．

　有限温度で1つの準位を粒子が占有する確率について考えよう．e_i 近辺の狭いエネルギーの範囲に g_i 個の準位があるとし，ここに n_i 個の粒子が収容されるとしよう．n_i 個の粒子を g_i 個の準位に配置する仕方の数 W_i は，フェルミオンにおいては

$$W_i = \frac{g_i!}{n_i!(g_i - n_i)!}$$

ボソンにおいては

$$W_i = \frac{(g_i + n_i - 1)!}{n_i!(g_i - 1)!}$$

となるので，すべてのエネルギー領域での粒子の配置数は，それぞれ以下のようになる．

$$W = \prod_i \frac{g_i!}{n_i!(g_i - n_i)!} \quad \text{（フェルミオン）}$$
$$W = \prod_i \frac{(g_i + n_i - 1)!}{n_i!(g_i - 1)!} \quad \text{（ボソン）} \tag{4.A.2}$$

一方，全粒子数 N とエネルギー E は

$$N = \sum_i n_i \qquad (4.\text{A}.3)$$

$$E = \sum_i e_i n_i \qquad (4.\text{A}.4)$$

で与えられる．ただし，粒子間の相互作用は無視できるほど小さいとする．(4.A.3), (4.A.4) 式の条件のもとで，W を最大にする粒子の分布 $\{n_i\}$ をラグランジェ (**Lagrange**) の未定乗数法を用いて決定しよう．変分法による決定方程式は，次のようになる．

$$\sum_i \{\ln(g_i \pm n_i) - \ln n_i - \alpha - \beta e_i\} \delta n_i = 0 \qquad (4.\text{A}.5)$$

ただし，複号の上下は，それぞれボソン系とフェルミオン系を表す．(4.A.5) 式から各準位の占有確率として，次が得られる．

$$\frac{n_i}{g_i} = \frac{1}{\exp(\alpha + \beta e_i) \mp 1} \qquad (4.\text{A}.6)$$

この式の値がきわめて小さいときは，ボルツマン分布と一致するので $\beta = 1/k_{\text{B}}T$ でなければならない．全配置数 W の対数の微分量は (4.A.5) 式より

$$\begin{aligned}
d(\ln W) &= \sum_i \{\ln(g_i \pm n_i) - \ln n_i\} dn_i \\
&= \sum_i (\alpha + \beta e_i) dn_i \\
&= \alpha \, dN + \beta \, dE
\end{aligned}$$

となるので

$$dE = dU = \frac{1}{\beta} d(\ln W) - \frac{\alpha}{\beta} dN \qquad (4.\text{A}.7)$$

の関係がある．体積一定の条件での熱力学の関係式 $dU = T dS + \mu dN$ と比べて

$$S = k_{\text{B}} \ln W \qquad (4.\text{A}.8)$$

$$\alpha = -\beta \mu \qquad (4.\text{A}.9)$$

が得られる．分布関数，すなわち (4.A.6) 式で与えられる準位 e_i の占有確率を f_i と書くと

$$f_i = \frac{1}{\exp\{(e_i - \mu)/k_{\text{B}}T\} \mp 1} \qquad (4.\text{A}.10)$$

となる．μ は化学ポテンシャルであるが，電子の場合にはフェルミ準位とも呼ばれる．

第 5 章

電子の輸送現象

塚田　捷

　半導体の示す有用で興味深い様々な性質は，半導体中の電子などのキャリヤと格子振動の働きによって生じる．電流を運ぶ電子あるいは正孔（ホールとも呼ばれる）とはどのようなものであり，どのようにして生じるのか？　フォノンはキャリヤの運動にどのような影響を与えるのか？　また，キャリヤは結晶外から電磁場や温度差を加えると，どのような相互作用を示しつつ，どのように電流や熱を運ぶのだろうか？　本章ではこのような基本的な問題を理解するための基礎を述べることにする．

5.1 電子の有効質量

5.1.1 有効質量とは

　半導体や金属の中で一部の電子は結晶内を自由に動きまわっており，電場や磁場に敏感に応答し電流や熱を運んだり起電力を生じたりしている．このような電子の振舞いを記述するために，結晶ポテンシャル場中の電子状態や電子の運動を原子スケールから扱うのではなく，それと同等ではるかに便利な方法が用いられる．電子をエネルギーバンドに固有な**「有効質量」**をもった自由な粒子として扱うのである．有効質量による理論は，空間的な変化がゆるやかな不純物ポテンシャルや外場中の電子の振舞いを，原子レベルの性質までは立ち入らずに正確に解析する方法を可能とする．この節では，そのような有効質量の考え方を述べ，輸送現象に応用する．

5.1.2 静電磁場中の波束の運動

粒子としての電子の運動を調べるには，第2章で述べたように波束を作っておいて，その運動を量子力学に従って追跡しなければならない．結晶の1つのエネルギーバンド $E_n(\boldsymbol{k})$ にある電子について，バンド内での波束を2.1.4項で述べたように作れば，その速度は $\boldsymbol{v} = \nabla_k E_n(\boldsymbol{k})/\hbar$ で与えられることを示せる．この波束で表される電子に電場 $\boldsymbol{E}$，磁場 $\boldsymbol{B}$ による力

$$F = q(\boldsymbol{E} + \boldsymbol{v} \times \boldsymbol{B}) \tag{5.1}$$

が加わったときの運動を考える．波束の中心の波数を $\boldsymbol{k}$ とすると，電子のエネルギーの時間変化は次のように表される．

$$\frac{d}{dt}E_n(\boldsymbol{k}) = \{\nabla_k E_n(\boldsymbol{k})\}\dot{\boldsymbol{k}} = \hbar \boldsymbol{v} \cdot \dot{\boldsymbol{k}} \tag{5.2}$$

一方，左辺については物理的な考察により

$$\frac{d}{dt}E_n(\boldsymbol{k}) = \boldsymbol{v} \cdot \boldsymbol{F} \tag{5.3}$$

であるから，外力による波数の変化は次のように表される．

$$\hbar \dot{\boldsymbol{k}} = \boldsymbol{F} \tag{5.4}$$

一方，電子（波束）の速度 $\boldsymbol{v} = \nabla_k E_n(\boldsymbol{k})/\hbar$ を時間で微分すると

$$\dot{\boldsymbol{v}} = \frac{1}{\hbar}\nabla_k \nabla_k E_n(\boldsymbol{k})\dot{\boldsymbol{k}} = \frac{1}{\hbar^2}\nabla_k \nabla_k E_n(\boldsymbol{k})\boldsymbol{F} \tag{5.5}$$

となる．そこで，質量の逆数に対応するテンソル

$$\frac{1}{m^*} = \frac{1}{\hbar^2}\nabla_k \nabla_k E_n(\boldsymbol{k}) \tag{5.6}$$

を導入し**逆質量テンソル**と呼ぶことにする．その逆行列が**有効質量テンソル**であるが，対角行列であるならその対角成分は有効質量と呼ばれる．エネルギーバンドの底付近が等方的2次曲線で

$$E_n(\boldsymbol{k}) = E_0 + \frac{c}{2}(\boldsymbol{k} - \boldsymbol{k}_0)^2 + \cdots \tag{5.7}$$

ならば，有効質量は $m^* = \hbar^2/c$ であり，c が大きくなって放物線が鋭くなるほどその値は小さくなる．

5.2 有効質量方程式

前節では結晶中の電子（の波束）が電磁場の影響を受けてどのように運動するかを考察したが，ここではさらにこれを一般化して，格子間隔のスケールではごくゆるやかに変化するポテンシャル場が導入されたとき，バンド内の電子が受ける効果やそれによって形成される電子状態を求めるための方程式，「**有効質量方程式**」を導く．これは原子ポテンシャルから構成される微視的な結晶ポテンシャル $V(\boldsymbol{x})$ の他に，$u(\boldsymbol{x})$ という格子間隔のスケールではごくゆるやかに変化するポテンシャルが加わった系の電子状態を求める問題である．第2章で述べたように，この系では電子の波動関数 $\phi(\boldsymbol{x},t)$ は原子ポテンシャルからなる完全結晶のハミルトニアンを H_0 として，シュレディンガー（Schrödinger）方程式

$$\{H_0 + u(\boldsymbol{x})\}\phi(\boldsymbol{x},t) = i\hbar \frac{\partial \phi(\boldsymbol{x},t)}{\partial t} \tag{5.8}$$

を満たす．しかし，この方程式を直接に解くことは複雑で見通しも悪いので，(5.8) 式に代わって $u(\boldsymbol{x})$ の効果のみを陽に扱い，これによって決まるゆるやかに変化する波動関数 $\varPhi(\boldsymbol{x},t)$ を求める方法を導こう．先に結論を述べると，次の有効質量方程式 (5.9) からゆるやかな波動関数 $\varPhi(\boldsymbol{x},t)$ を決定すれば，目的が果たせることが以後の考察で示される．

$$\{E_n(-i\nabla) + u(\boldsymbol{x})\}\varPhi(\boldsymbol{x},t) = i\hbar \frac{\partial \varPhi(\boldsymbol{x},t)}{\partial t} \tag{5.9}$$

ただし，$E_n(-i\nabla)$ は n 番目のエネルギーバンド $E_n(\boldsymbol{k})$ の変数を，波数 $\boldsymbol{k}$ から $-i\nabla$ に替えて得られる演算子である．以下に述べるように $\varPhi(\boldsymbol{x},t)$ は真の波動関数 $\phi(\boldsymbol{x},t)$ を，原子スケールで局在した要素波である「**ワーニエ (Wannier) 関数**」で展開するときの展開係数であり，$\phi(\boldsymbol{x},t)$ の包絡線になっている．ここでワーニエ関数 $\{a_n(\boldsymbol{x}-\boldsymbol{R})\}_{n=1,2,\cdots,R=R_1,R_2,\cdots}$ は，次のように導入される関数である．

$$a_n(\boldsymbol{x}-\boldsymbol{R}) \equiv \frac{1}{\sqrt{N}} \sum_k e^{-i\boldsymbol{k}\cdot\boldsymbol{R}} \psi_{nk}(\boldsymbol{x}) \tag{5.10}$$

ただし $\psi_{nk}(\boldsymbol{x})$ は，エネルギーバンド n における波数 $\boldsymbol{k}$ の波動関数（ブロッ

ホ (Bloch) 波) である. ワーニエ関数はエネルギーバンド n ごとに格子点 $\bm{R}$ の数だけあるが, それらはすべて互いに規格直交化していることを示せる[*1]. ワーニエ関数は格子点 $\bm{R}$ の付近に局在した関数であるので, ゆるやかに変化する包絡関数 $\Phi(\bm{x},t)$ を用いて, シュレディンガー方程式 (5.8) の解 $\psi(\bm{x},t)$ を次のように展開してみよう.

$$\psi(\bm{x},t) = \sum_{\bm{R}} \Phi(\bm{R},t) a_n(\bm{x}-\bm{R}) \tag{5.11}$$

元の結晶のハミルトニアン H_0 をワーニエ関数 $a_n(\bm{x}-\bm{R})$ に作用させ, ブロッホ関数のワーニエ表示[*1]を用いると, 次式が得られる.

$$\begin{aligned} H_0 a_n(\bm{x}-\bm{R}) &= \frac{1}{\sqrt{N}} \sum_{\bm{k}} e^{-i\bm{k}\cdot\bm{R}} E_n(\bm{k}) \psi_{n\bm{k}}(\bm{x}) \\ &= \frac{1}{N} \sum_{\bm{k},\bm{R}'} E_n(\bm{k}) e^{-i\bm{k}\cdot(\bm{R}-\bm{R}')} a_n(\bm{x}-\bm{R}') \\ &= \sum_{\bm{R}'} E_{n,\bm{R}-\bm{R}'} a_n(\bm{x}-\bm{R}') \end{aligned} \tag{5.12}$$

ここで

$$E_{n,\bm{R}} = \frac{1}{N} \sum_{\bm{k}} E_n(\bm{k}) e^{-i\bm{k}\cdot\bm{R}} \tag{5.13}$$

[*1] (5.10) 式で導入されるワーニエ関数が, 規格直交化されていることは, 次のように示される. 定義式 (5.10) より, 2つのワーニエ関数の間の内積を計算すると

$$\begin{aligned} \int a_{n'}^*(\bm{x}-\bm{R}') a_n(\bm{x}-\bm{R}) d\bm{x} &= \frac{1}{N} \sum_{\bm{k},\bm{k}'} e^{i\bm{k}'\cdot\bm{R}'} e^{-i\bm{k}\cdot\bm{R}} \int \psi_{n'\bm{k}'}^*(\bm{x}) \psi_{n\bm{k}}(\bm{x}) d\bm{x} \\ &= \frac{1}{N} \sum_{\bm{k},\bm{k}'} e^{i\bm{k}'\cdot\bm{R}'} e^{-i\bm{k}\cdot\bm{R}} \delta_{nn'} \delta_{\bm{k},\bm{k}'} \\ &= \frac{1}{N} \sum_{\bm{k}} e^{i\bm{k}\cdot(\bm{R}'-\bm{R})} \delta_{nn'} \\ &= \delta_{\bm{R},\bm{R}'} \delta_{nn'} \end{aligned}$$

が得られる. また, ワーニエ関数の定義式 (5.10) から, 逆にブロッホ関数のワーニエ表示

$$\psi_{n\bm{k}}(\bm{x}) = \frac{1}{\sqrt{N}} \sum_{\bm{R}} e^{i\bm{k}\cdot\bm{R}} a_n(\bm{x}-\bm{R})$$

を導くことができる. 実際, 上の式の右辺に (5.10) 式を用いると

$$\begin{aligned} \frac{1}{\sqrt{N}} \sum_{\bm{R}} e^{i\bm{k}\cdot\bm{R}} a_n(\bm{x}-\bm{R}) &= \frac{1}{\sqrt{N}} \sum_{\bm{R}} e^{i\bm{k}\cdot\bm{R}} \frac{1}{\sqrt{N}} \sum_{\bm{k}'} e^{-i\bm{k}'\cdot\bm{R}} \psi_{n\bm{k}'}(\bm{x}) \\ &= \frac{1}{N} \sum_{\bm{k}'} \sum_{\bm{R}} e^{i(\bm{k}-\bm{k}')\cdot\bm{R}} \psi_{n\bm{k}'}(\bm{x}) \\ &= \sum_{\bm{k}'} \delta_{\bm{k}\bm{k}'} \psi_{n\bm{k}'}(\bm{x}) \\ &= \psi_{n\bm{k}}(\bm{x}) \end{aligned}$$

が得られる.

はエネルギーバンドのフーリエ (Fourier) 変換である．この結果を用いて，ワーニエ展開形 ((5.11) 式) をシュレディンガー方程式 (5.8) に代入して，次の関係式を導くことができる．

$$\sum_{R'} E_{n,R'-R} \Phi(R',t) + \tilde{u}(R)\Phi(R,t) = i\hbar \frac{\partial}{\partial t}\Phi(R,t) \quad (5.14)$$

$$\tilde{u}(R) = \int a_n^*(x-R) u(x) a_n(x-R) dx \cong u(R) \quad (5.15)$$

ただし，$u(x)$ はごくゆるやかに変化する関数でありワーニエ基底に関する行列要素

$$\int a_n^*(x-R') u(x) a_n(x-R) dx$$

において，$R \neq R'$ の非対角成分は微小量であるので無視した．(5.14) 式の左辺第 1 項は，次の一般的な関係式

$$\sum_R E_{n,R} f(x+R) = \sum_R E_{n,R} e^{R\cdot\nabla} f(x) = E_n(-i\nabla) f(x) \quad (5.16)$$

によって

$$\sum_{R'} E_{n,R'-R} \Phi(R',t) \to E_n(-i\nabla) \Phi(R,t)$$

と置き換えられる[*2]．こうして，我々の目的としたゆるやかに変化する波動関数 (ワーニエ基底に対する包絡関数) を決める有効質量方程式 (5.9) を導くことができた．

エネルギーバンドの極小点付近で

$$E(k) \cong E_{\min} + \frac{\hbar^2}{2m^*} k^2 \quad (5.17)$$

[*2] 一般的な関係式

$$f(x+R) = \left\{1 + R\cdot\nabla + \frac{1}{2!}(R\cdot\nabla)^2 + \cdots \right\} f(x) = e^{R\cdot\nabla} f(x)$$

を用いると

$$\sum_R E_{n,R} f(x+R) = \sum_R E_{n,R} e^{R\cdot\nabla} f(x)$$

と表すことができる．一方，(5.13) 式からエネルギーバンドは

$$E_n(k) = \sum_R E_{n,R} e^{ik\cdot R}$$

と書けるが，この式で $k \to -i\nabla$ とおけば

$$\sum_R E_{n,R} e^{R\cdot\nabla} f(x) = E_n(-i\nabla) f(x)$$

が得られる．

であるとすれば，有効質量方程式 (5.9) は真空中における質量 m^* の粒子に対するシュレディンガー方程式と同じである．一方，波束としての粒子は古典力学のハミルトニアン

$$H(\boldsymbol{p},\boldsymbol{x}) = E_n(\boldsymbol{p}) + u(\boldsymbol{x}) \tag{5.18}$$

に従うことを示せる．なぜなら (5.18) 式による古典力学の運動は，5.1.2 項に述べた波束の運動方程式を再現するからである．すなわち，正準運動方程式から

$$\dot{\boldsymbol{x}} = \boldsymbol{v} = \frac{\partial H(\boldsymbol{p},\boldsymbol{x})}{\partial \boldsymbol{p}} = \frac{\partial E_n(\boldsymbol{p})}{\partial \boldsymbol{p}}$$

であるが，この式は $\boldsymbol{p} = \hbar \boldsymbol{k}$ と書くとすでに見た波束の速度式と一致するのであり，一方

$$\dot{\boldsymbol{p}} = \hbar \dot{\boldsymbol{k}} = -\frac{\partial H(\boldsymbol{p},\boldsymbol{x})}{\partial \boldsymbol{x}} = -\frac{\partial u(\boldsymbol{x})}{\partial \boldsymbol{x}} = \boldsymbol{F}$$

は波束の波数変化を与える式 (5.4) と一致するからである．このように (5.18) 式を古典力学のハミルトニアンと見なすことにより，古典粒子に対する解析力学や統計力学の手法を電子に対して適用することが可能となる．また，粒子の存在確率を $\rho(\boldsymbol{x},t) = |\varPhi(\boldsymbol{x},t)|^2$ とするなら，(2.18) 式以降と同様な議論により直線自由運動する有効質量粒子のフラックスとして

$$\boldsymbol{v}_{\text{flux}} \propto \frac{\hbar \boldsymbol{k}}{m^*}$$

が得られる．このことも有効質量近似の有効性の裏づけとなる．

5.3　$k \cdot p$ 摂動理論

5.3.1　$k \cdot p$ 摂動理論とは

　バンドの下端，または上端でバンド分散が波数 k の放物線になる場合，その頂点の鋭さは電子または正孔の有効質量 m^* と逆比例し，電子の運動を支配する．バンドの曲率は4.2節で述べた LDA (Local Density Approximation) 法によるバンド計算によって求められるが，しかし，バンド端近傍のエネルギー分散はどのような要因によって決定されるのだろうか？　さらに有効質量は

5.3 $k \cdot p$ 摂動理論

バンド間の相互作用とどのように関わり,分光学的な性質とはどのように関係しているのだろうか?

これらの疑問に答えるためには,極大・極小領域でのバンド分散に解析的な表現を与える $k \cdot p$ 摂動理論が有効である.さらにいくつかのエネルギーバンドが縮退したり接近したりしている状況では,縮退した系に対する $k \cdot p$ 摂動法によって複数の近接したバンドを同時に解析する方法が必要である.この方法に基づいて,縮退に近いバンドの記述やバンド間相互作用に由来する性質を解析することが可能となる.前者の例として本節に述べる GaAs の価電子帯(5.3.3項)があるが,後者の例として 4.3.5 項で述べたトポロジカル表面状態があげられる.

エネルギーバンドの極大または極小がブリュアン(Brillouin)域の Γ 点,すなわち $k=0$ である場合を考えよう.一般の場合への拡張も簡単にできる.ブロッホ波 $\phi(x) = \exp(ik \cdot x)u(x)$ はすでに (2.82) 式で見たように,平面波と結晶周期で変動する関数 $u(x)$ の積によって表される.後者はバンド n と波数 k に依存するので $u_{nk}(x)$ と書くことにすると,その満たすべき方程式は,次のようになる.

$$(H_0 + H_k')u_{nk} = E_n(k)u_{nk} \tag{5.19}$$

ただし

$$H_0 = \frac{p^2}{2m}, \quad H_k' = \frac{\hbar^2 k^2}{2m} + \frac{\hbar k \cdot p}{m} \tag{5.20}$$

であり,m は電子の質量である.k が小さい場合には,H_k' を摂動とし,$k=0$ におけるブロッホ波 $\{u_{n0}\}_{n=1,2,\cdots}$ を基底にして物理量を計算できる.例えば,系に反転対称性がある場合,エネルギー $E_n(k)$ は,以下のようになる.

$$E_n(k) = E_n(0) + \frac{\hbar^2 k^2}{2m} + \frac{\hbar^2}{m^2} \sum_{n' \neq n} \frac{|\langle u_{n0}|k \cdot p|u_{n'0}\rangle|^2}{E_n(0) - E_{n'}(0)} \tag{5.21}$$

この関係から逆質量テンソル((5.6) 式)が,次のように決定されることがわかる.

$$\left(\frac{1}{m^*}\right)_{\alpha\beta} = \left(\frac{1}{m}\right)\delta_{\alpha\beta} + \frac{2}{m^2} \sum_{n' \neq n} \frac{\langle u_{n'0}|p_\alpha|u_{n0}\rangle\langle u_{n0}|p_\beta|u_{n'0}\rangle}{E_n(0) - E_{n'}(0)} \tag{5.22}$$

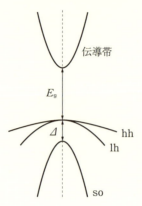

図 5.1 GaAs の Γ 点近傍でのバンド分散

右辺第 2 項における $\langle u_{n'0}|p_\alpha|u_{n0}\rangle$, $\langle u_{n0}|p_\beta|u_{n'0}\rangle$ は，第 6 章や 5.7.6 項に述べるように光学遷移の行列要素と関係しており，光学的な実験から評価することができる．

4.1.3 項で述べたように，GaAs では Γ 点付近のエネルギーバンドはギャップ付近で図 5.1 のようになっているが，この系で $\boldsymbol{k}\cdot\boldsymbol{p}$ 摂動理論による解析を具体的におこなってみよう．図 5.1 において hh, lh, so はそれぞれ，重い正孔バンド，軽い正孔バンド，スプリットオフバンドと呼ばれる．伝導帯の底は 1 つのバンドでスピンを含めて 2 つの状態がある一方，価電子帯の頂上付近は 3 つのバンド (hh,lh,so) で，スピンを含めて 6 つの状態から構成される．それらの状態は，全角運動量 $\boldsymbol{J}(=\boldsymbol{L}+\boldsymbol{S})$ の大きさ J と z 成分 J_z で分類して，$|J,J_z\rangle$ のラベルで表すと，表 5.1 の 8 個 $\{\varphi_i\}_{i=1,2,\cdots,8}$ になる（式 (5.23.1)～(5.23.8)）．ただし，$u_s, u_{p_x}, u_{p_y}, u_{p_z}$ はスピンを考えないバンド系の Γ 点におけるブロッホ状態で，u_s は伝導帯の底，$u_{p_x}, u_{p_y}, u_{p_z}$ は価電子帯頂上の状態である．また α と β はそれぞれ上向きスピン状態，下向きスピン状態を表す．

伝導帯のスピン上向き電子のエネルギーを，(5.21) 式に従って表 5.1 の (5.23.1)～(5.23.8) 式を用いて具体的に求めると次のようになる．

$$E_c(\boldsymbol{k}) = E_g + \frac{\hbar^2}{2m}(k_x^2 + k_y^2 + k_z^2) + \frac{\hbar^2|\langle c|p|v\rangle|^2}{2m^2 E_g}(k_x + ik_y)(k_x - ik_y)$$

表5.1 GaAs の価電子帯頂点の状態

軌道	状態	状態
伝導帯軌道	$\varphi_1 = \left\|\frac{1}{2}, \frac{1}{2}\right\rangle = iu_s\alpha$ (5.23.1)	$\varphi_5 = \left\|\frac{1}{2}, -\frac{1}{2}\right\rangle = -iu_s\beta$ (5.23.5)
重い正孔軌道 (hh)	$\varphi_2 = \left\|\frac{3}{2}, \frac{3}{2}\right\rangle = -(u_{p_x} + iu_{p_y})\frac{\alpha}{\sqrt{2}}$ (5.23.2)	$\varphi_6 = \left\|\frac{3}{2}, -\frac{3}{2}\right\rangle = -(u_{p_x} - iu_{p_y})\frac{\beta}{\sqrt{2}}$ (5.23.6)
軽い正孔軌道 (lh)	$\varphi_3 = \left\|\frac{3}{2}, \frac{1}{2}\right\rangle$ $= -(u_{p_x} + iu_{p_y})\frac{\beta}{\sqrt{6}} + \sqrt{\frac{2}{3}} u_{p_z}\alpha$ (5.23.3)	$\varphi_7 = \left\|\frac{3}{2}, -\frac{1}{2}\right\rangle$ $= (u_{p_x} - iu_{p_y})\frac{\alpha}{\sqrt{6}} + \sqrt{\frac{2}{3}} u_{p_z}\beta$ (5.23.7)
スプリットオフ軌道 (so)	$\varphi_4 = \left\|\frac{1}{2}, \frac{1}{2}\right\rangle$ $= (u_{p_x} + iu_{p_y})\frac{\beta}{\sqrt{3}} + u_{p_z}\frac{\alpha}{\sqrt{3}}$ (5.23.4)	$\varphi_8 = \left\|\frac{1}{2}, -\frac{1}{2}\right\rangle$ $= (u_{p_x} - iu_{p_y})\frac{\alpha}{\sqrt{3}} - u_{p_z}\frac{\beta}{\sqrt{3}}$ (5.23.8)

$$+ \frac{2\hbar^2|\langle c|p|v\rangle|^2}{3m^2 E_g} k_z^2 + \frac{\hbar^2|\langle c|p|v\rangle|^2}{6m^2 E_g}(k_x - ik_y)(k_x + ik_y)$$
$$+ \frac{\hbar^2|\langle c|p|v\rangle|^2}{3m^2(E_g + \varDelta)}(k_x - ik_y)(k_x + ik_y) + \frac{\hbar^2|\langle c|p|v\rangle|^2}{3m^2}\frac{k_z^2}{(E_g + \varDelta)}$$
(5.24)

$$= E_g + \left\{\frac{\hbar^2}{2m} + \frac{\hbar^2|\langle c|p|v\rangle|^2}{3m^2}\left(\frac{2}{E_g} + \frac{1}{E_g + \varDelta}\right)\right\}(k_x^2 + k_y^2 + k_z^2)$$
(5.25)

ただし

$$|\langle c|p|v\rangle|^2 = |\langle u_s|p_x|u_{p_x}\rangle|^2 = |\langle u_s|p_y|u_{p_y}\rangle|^2 = |\langle u_s|p_z|u_{p_z}\rangle|^2$$

である.これから伝導帯の有効質量は等方的で,以下のように表されることがわかる.

$$\frac{1}{m^*} = \frac{1}{m} + \frac{2|\langle c|p|v\rangle|^2}{3m^2}\left(\frac{2}{E_g} + \frac{1}{E_g + \varDelta}\right) \qquad (5.26)$$

5.3.2 g 因 子

　外部磁場を電子に加えたとき，ゼーマン（Zeeman）効果によって電子スピンが磁場に平行な状態はエネルギーが低下し，反平行の状態は増加する．しかし，その大きさはゼーマン効果ばかりでなく，電子の軌道運動への磁場効果にも依存するので，物質中の電子状態を反映することになる．一般に磁気量子数が1だけ異なる状態間のエネルギー差 ΔE と $\mu_\mathrm{B} B$（B は磁束密度）の比

$$g = \frac{\Delta E}{\mu_\mathrm{B} B}$$

をランデ（Landé）の g 因子，あるいは有効 g 因子と呼ぶが，この値を GaAs の伝導電子について有効質量理論に基づいて求めてみよう．

　5.2 節で述べたように，磁場のない系の有効質量方程式は，エネルギーバンド $E_n(\boldsymbol{k})$ の波数 $\boldsymbol{k}$ を演算子 $-i\nabla$ で置き換えて得られるが，磁場のある場合は

$$\boldsymbol{k} = -i\nabla - \frac{q\boldsymbol{A}}{\hbar} \tag{5.27}$$

と置き換えればよい．ここで q は電子の電荷，$\boldsymbol{A}$ は磁場 $\boldsymbol{B} = \nabla \times \boldsymbol{A}$ のベクトルポテンシャルである．磁場の方向を z 軸に垂直上向きにとれば，(5.27) 式から

$$[k_x, k_y] = i\frac{q}{\hbar}B$$

であり，したがって (5.24) 式においては

$$(k_x - ik_y)(k_x + ik_y) = k_x^2 + k_y^2 - \frac{qB}{\hbar}$$

$$(k_x + ik_y)(k_x - ik_y) = k_x^2 + k_y^2 + \frac{qB}{\hbar}$$

としなければならない．その結果，磁場が加わった場合の (5.24) 式はスピン上向き状態について次のようになる．

$$E_{c\uparrow} = \mu_\mathrm{B} B + E_\mathrm{g} + \left\{\frac{\hbar^2}{2m} + \frac{\hbar^2|\langle v|p|c\rangle|^2}{3m^2}\left(\frac{2}{E_\mathrm{g}} + \frac{1}{E_\mathrm{g} + \Delta}\right)\right\}(k_x^2 + k_y^2 + k_z^2)$$

$$+ \frac{\hbar^2|\langle v|p|c\rangle|^2}{3m^2}\frac{\Delta}{E_\mathrm{g}(E_\mathrm{g} + \Delta)}\frac{qB}{\hbar}$$

下向きスピン状態のエネルギー $E_{c\downarrow}$ は，上式で第1項と第4項の符号がマイナスに変わったものになっている．したがって GaAs の有効 g 因子は，次で与えられる．

$$g = \frac{E_{c\uparrow} - E_{c\downarrow}}{\mu_B B}$$
$$= 2 + \frac{2q\hbar|\langle v|p|c\rangle|^2}{3\mu_B m^2} \frac{\Delta}{E_g(E_g + \Delta)}$$
$$= 2 - \frac{4|\langle v|p|c\rangle|^2}{3m} \frac{\Delta}{E_g(E_g + \Delta)} \qquad (5.28)$$

5.3.3 GaAs の価電子帯 ─ 頂上付近の電子状態 ─

5.3.1項の $\boldsymbol{k}\cdot\boldsymbol{p}$ 摂動理論は，縮退がないバンドについて述べたものだが，縮退のあるバンドあるいは縮退に近いバンドの場合には，これを拡張した理論を用いることが必要である．その例は GaAs の価電子帯の頂上付近のバンドである．その頂点には，図5.1に示すエネルギーの接近した3つのバンド hh, lh, so があるので，ほぼ縮退した系についての摂動法を適用しなければならない．

スピン軌道相互作用を無視して電子状態を計算すると，Γ点での価電子帯の頂上では，3つの軌道成分と2種のスピン成分を組み合わせた状態が，すべて同じエネルギーになって6重に縮退している．スピン軌道相互作用を含めてΓ点の電子状態を解くと，5.3.1項で述べたように，それぞれが二重に縮退したhh 状態と lh 状態，これより Δ だけエネルギーの低い二重縮退の so 状態の合計6つの状態が得られる．これらの6つの状態を基底にして，摂動項の行列要素を計算する．その結果，対角化すべき行列は本章の補遺1のように与えられるが，図5.1のバンド図はこれを解くことによって得られたものである．

5.4 正孔というコンセプト

真性半導体と呼ばれる理想的な半導体では絶対温度がゼロならば，価電子帯は完全に電子によって占有され，電圧を加えても電流を流すことはない．しか

し，この価電子帯から1個の電子を抜きとると電流が流れるようになる．電子を抜きとられた価電子帯は，あたかも正の電気素量をもった粒子のように振舞うのである．この粒子を正孔またはホールと呼ぶが，そのコンセプトについて説明する．完全に満ちた価電子帯 $E_n(\bm{k})$ から，波数 $\bm{k}$ の電子を頂上付近で1個抜きとったとしよう．この電子は，もともとは波束としての速度

$$\bm{v}_k = \frac{1}{\hbar}\nabla_k E_n(\bm{k})$$

をもっていたので，電子が1個足りなくなった価電子帯の運ぶ電流は

$$\bm{j} = \sum_{k' \in \text{価電子帯}} q\bm{v}_{k'} - (q\bm{v}_k) = 0 - (q\bm{v}_k) = -q\bm{v}_k = |q|\bm{v}_k \tag{5.29}$$

となる．ただし，電子の電荷を $q\,(q=-e,\ e>0)$ としている．また価電子帯を完全に満たした電子の全体は，電流を流さないことを用いている．これから「電子の抜け穴」は正の電荷をもつ粒子と同じ電流を運ぶことがわかる．価電子帯の中で抜け穴の周辺にある電子の加速度は

$$\dot{\bm{v}} = \frac{1}{\hbar^2}\nabla_k\nabla_k E_n(\bm{k})\cdot q\bm{E} \tag{5.30}$$

である．ただし，逆質量テンソル（の主対角成分）は，バンド分散が頂上付近で下向き放物線であるとすれば負値になっている．(5.30)式は「電子の抜け穴」の波束の加速度と同じになるはずで，有効質量と電荷の符号を同時に変えれば次のように表される．

$$\dot{\bm{v}} = \frac{1}{\hbar^2}|\nabla_k\nabla_k E_n(\bm{k})|\cdot|q|\bm{E} = \frac{|q|}{|m^*|}\cdot\bm{E} \tag{5.31}$$

このことから「電子の抜け穴」は正の電気素量をもち，価電子帯頂上付近では有効質量が正の粒子として振舞うことがわかる[*3]．また正孔の運動量は，波数 $\bm{k}$ の電子を欠く価電子帯全体の運動量であることから

$$\sum_{k'\neq k}\bm{k}' = \sum_{k'\in\text{価電子帯}}\bm{k}' - \bm{k} = 0 - \bm{k} = -\bm{k}$$

となる（図5.2）．

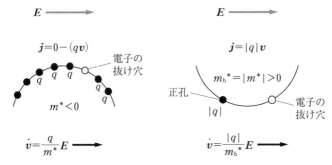

図 5.2 正孔のコンセプト．電子の抜け穴は，正の質量 $|m^*| = m_\mathrm{h}^*$，正の電荷 $|q| = e$ をもつ粒子として振舞う．これが正孔である．抜け穴の位置（白丸）の波数の符号を逆にしたものが正孔（黒丸）の波数である

5.5 不純物と欠陥

5.5.1 浅い不純物準位

有効質量方程式（5.9）を用いて，半導体中の浅い不純物準位の状態を調べてみよう．簡単な場合として，IV族半導体の結晶中の1つのIV族原子を置換して1つのV族原子が挿入された不純物中心を考える．V族原子の周辺には4つの最近接IV族原子が存在しており，これとの間に4つの結合軌道があ

[*3] 正孔の質量の正負について，より一般的な考え方を述べておこう．(5.31)式は，一般的には

$$\dot{v} = \frac{1}{\hbar^2}\{-\nabla_k \nabla_k E_n(k)\} \cdot |q| E = \frac{|q|}{(-m^*)} \cdot E$$

と表すべきである．価電子帯の頂上付近では $m^* < 0$ なので $-m^* = |m^*|$ となり (5.31) 式が得られるが，一般には正孔の質量は価電子帯における有効質量テンソルの符号を逆にしたものになる．したがって正孔（電子の抜け穴）が価電子帯の中のどの波数にあるかによって，その符号は正負いずれの値も取り得る．これは電子の有効質量の正負が，その波数が伝導帯中のどの位置にあるかによって決まることと同様である．

正孔は電子で充満した価電子帯にごく少数導入される電子の抜け穴の振舞いを解析するのに直感的にわかりやすい概念であり，半導体デバイスの基礎的理解には欠かせない．しかし，半金属や複雑な狭いバンド内にフェルミ（Fermi）準位のある系を記述するために，必ずしも「正孔」の概念を導入する必要はなく，そのような系ではバンド構造に基づく電子系としての一貫した解析が可能である．

るのは，完全な結晶の場合と同じである．V族原子の最外殻には5個の電子があるので，この4つの結合軌道へ1個ずつ電子を収容させると，1個が残ってしまう．この結合軌道へ収容しきれなかった1個の電子はどのような状態になるだろうか？

　有効質量方程式（5.9）によれば，この電子の定常状態を決めるシュレディンガー方程式は次のようになる．

$$\left(-\frac{\hbar^2}{2m^*}\Delta - \frac{q^2}{4\pi\varepsilon_0\varepsilon_r r}\right)\Phi(\bm{x}) = (E - E_\mathrm{C})\Phi(\bm{x}) \quad (5.32)$$

ここで m^* は伝導帯の有効質量，ε_r は比誘電率，E_C は伝導帯の底のエネルギーである．不純物原子が正電荷 $e\,(>0,\ e=-q)$ の荷電中心になる理由は，V族原子の最外殻にあった5個の電子のうち4個は混成軌道上にあるが，残り1個は現在その状態を決めようとしている電子であり，したがってこの電子はV族原子上に残った正電荷 e によるクーロン（Coulomb）引力を感じるからである（図5.3）．(5.32)式は，水素原子に対するシュレディンガー方程式と同じ構造である．基本的に束縛エネルギー準位は水素原子のリュードベルク（Rydberg）系列となるが，シリコンの伝導帯の場合，$m^* \cong 0.4 m_\mathrm{e}$（異方性を平均），$\varepsilon_r \cong 12$ とすると，第2章の補遺1によれば束縛エネルギーは水素原

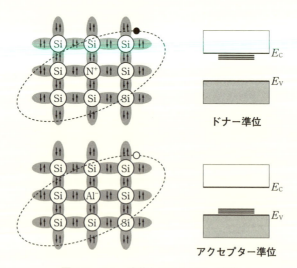

図5.3　ドナー準位とアクセプター準位

子に比べて $m^*/\varepsilon_r^2 m_e \cong 2.8 \times 10^{-3}$ の因子でスケールされて小さくなっている.すなわちいちばん深い $n=1$ の準位でも,束縛エネルギーは 37 meV 程度である(図 5.3).一方,軌道の広がりは水素原子の対応する軌道の $(m_e/m^*)\varepsilon_r$ 倍にスケールされる(第 2 章の補遺 1 における a の逆数)から,30 倍ほど大きくなる.

次に III 族原子の不純物を,母体の IV 族原子と置換して導入する場合を考える.この系では,III 族原子は 4 つの最近接ボンドとの混成軌道を埋めるために 1 個の電子を価電子帯から取り込まなければならない.すると価電子帯に正孔が 1 個導入されるので,この正孔の状態を有効質量方程式で決定する.これは次のようになる.

$$\left(-\frac{\hbar^2}{2m^*}\Delta + \frac{q^2}{4\pi\varepsilon_0\varepsilon_r r}\right)\Phi(\boldsymbol{x}) = \left(\frac{\hbar^2}{2|m^*|}\Delta + \frac{q^2}{4\pi\varepsilon_0\varepsilon_r r}\right)\Phi(\boldsymbol{x})$$
$$= (E - E_V)\Phi(\boldsymbol{x}) \qquad (5.33)$$

ここで E_V は価電子帯の頂上のエネルギーである.価電子帯の有効質量 m^* は負であること,また不純物付近では外から取り込んだ 1 個余分な電子により電子に対する反発ポテンシャルが生じていることを注意しよう.(5.33) 式の符号を変えれば左辺は (5.32) 式と同じとなり,右辺では符号が変わることから,束縛準位のリュードベルク系列は価電子帯頂上 E_V の上に出現する(図 5.3).

上の議論からわかるように,ドナーの低エネルギー状態では不純物原子の余分な 1 個の電子は周辺にできる大きな浅い軌道に束縛され,またアクセプターの低エネルギー状態では,1 個の正孔が価電子帯の頂上の上にできる浅い大きな軌道に束縛される.

5.5.2 キャリヤの発生

5.5.1 項で述べたドナーおよびアクセプターは,絶対零度では電子または正孔を捕獲しており,それらは物質内を自由に動きまわることはできない.しかし,温度が上昇するに伴いそれらの電子や正孔は浅い束縛状態から解放されて,固体内を自由に運動する状態へ励起されて,電圧を加えると電流を運ぶようになる.5.5.2 項では,このような有限温度によるキャリヤ生成を議論する.

表 5.2 ドナーの電子配置

(i)	電子の束縛状況	束縛電子数 n_i	エネルギー E_i ($E_d < 0$)
(1)	束縛されない	0	0
(2)	上向きスピン電子1個	1	E_d
(3)	下向きスピン電子1個	1	E_d

ドナーの場合について,束縛される電子の状況,その電子数,エネルギーをリストアップすると,表5.2のようになる.ただし,不純物が2個の電子を束縛することはできないとしている.また,E_d (<0) は伝導帯の底を基準とした束縛準位のエネルギーである.統計力学によればこのような系で,温度 T において1個のドナーが捕獲する電子数の期待値 $\langle n \rangle$ は,次のようになる.

$$\langle n \rangle = \frac{\sum_{i=1}^{3} n_i e^{-\beta(E_i - \mu n_i)}}{\sum_{i=1}^{3} e^{-\beta(E_i - \mu n_i)}} = \frac{2e^{-\beta(E_d - \mu)}}{1 + 2e^{-\beta(E_d - \mu)}} \tag{5.34}$$

ただし,$\beta = 1/k_B T$ であり μ は電子の化学ポテンシャル(フェルミ準位に等しい)である.ドナーの濃度が N_d の場合,いずれかのドナーに束縛されている電子の密度 n_d と,伝導体中に自由電子として励起された電子密度すなわち正イオン化されたドナー密度 n_d^+ は

$$n_d = N_d \langle n \rangle = \frac{N_d}{1 + e^{\beta(E_d - \mu)}/2} \tag{5.35}$$

$$n_d^+ = N_d - n_d = \frac{N_d}{1 + 2e^{\beta(\mu - E_d)}} \tag{5.36}$$

で与えられる.化学ポテンシャル μ がドナー準位付近から下に下がると,ドナーのイオン化が進み伝導帯に自由電子が供給される.

この状況をより詳しく記述するには,伝導帯および価電子帯に存在する電子と正孔のバランスから,化学ポテンシャル μ とその温度変化を決める必要がある.半導体全体としての中性条件は,伝導帯にある電子の密度を n,価電子帯にある正孔の密度を p として次のように書かれる.

$$n = n_d^+ + p \tag{5.37}$$

伝導帯の有効質量を m_e^* とすると,ボルツマン(Boltzmann)分布に基づいて n は以下のようになる.

5.5 不純物と欠陥

$$n = \frac{2}{8\pi^3} \int_0^\infty \exp\left\{-\beta\left(\frac{\hbar^2 k^2}{2m_e^*} - \mu\right)\right\} M_C 4\pi k^2 dk = N_C(T) e^{\beta\mu} \quad (5.38)$$

ただし

$$N_C(T) = \frac{M_C}{4}\left(\frac{2m_e^*}{\pi\hbar^2\beta}\right)^{3/2} \quad (5.39)$$

である.また M_C は伝導帯の等価な谷の数(4.1.3 項参照)であり,Si, Ge, GaAs に対して M_C の値は,それぞれ,6, 4, 1 である.同じような見積りを価電子帯についておこなうと,有効質量 $m_h^*(>0)$ の正孔の密度 p は次で与えられる.

$$p = N_V(T) e^{-\beta(\mu+E_g)} \quad (5.40)$$

$$N_V(T) = \frac{M_V}{4}\left(\frac{2m_h^*}{\pi\hbar^2\beta}\right)^{3/2} \quad (5.41)$$

ここで価電子帯の頂上の多重度を M_V としている.化学ポテンシャル μ は,(5.36)~(5.41) 式を連立して決められる.

不純物のドーピングは半導体のキャリヤ濃度,したがって伝導度を制御する重要な因子であるが,その効果を見るための比較基準として不純物のない真性半導体のキャリヤの濃度について調べよう.(5.37) 式において $n_d^+ = 0$,$n = p$ とおき,(5.38),(5.40) 式を用いると

$$\mu = -\frac{E_g}{2} + \frac{3k_BT}{4}\ln\frac{m_h^*}{m_e^*} - \frac{k_BT}{2}\ln\frac{M_C}{M_V} \quad (5.42)$$

$$n = p = \sqrt{N_C(T)N_V(T)}\, e^{-E_g/2k_BT} \quad (5.43)$$

となる.真性半導体の化学ポテンシャルは,低温ではほぼギャップの中央にあり,温度の低下とともにキャリヤ濃度が著しく減少することがわかる.

さて不純物をドープした n 型半導体に戻り,(5.37) 式を満たすように決定される化学ポテンシャル μ の振舞いとキャリヤ密度について考察しよう.左辺の電子密度と右辺の正電荷(正孔 + イオン化ドナー)密度のおよその振舞いを化学ポテンシャルの関数として模式的に描くと,図 5.4(a) のようになる.これらの2つの曲線が交差する点から,実現される化学ポテンシャル μ とキャリヤ濃度が決定される.低温領域では μ はドナー準位 E_d と伝導帯の底 E_c の間にあり,ドナーは一部しかイオン化していないことがわかる.温度が上昇するにつれ,μ は低下してドナー準位 E_d よりも低くなる.この領域ではドナ

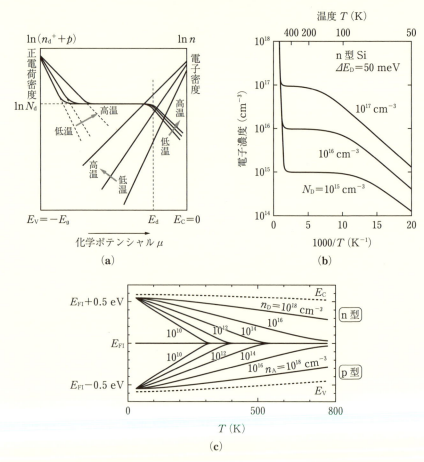

図 5.4 (a) 不純物半導体における化学ポテンシャルとキャリヤ濃度の決定. (b) n 型半導体におけるキャリヤ濃度の温度依存性（小長井誠著：「半導体物性」（培風館，1992）による）. (c) n 型および p 型半導体における化学ポテンシャルの温度依存性（東辻浩夫著：「工学基礎 半導体工学」（培風館，1994）による）

ーはほとんどイオン化しているので出払い領域と呼ばれる.

このように (5.37) 式から, 温度 T を決めるとキャリヤ濃度 n と化学ポテンシャル μ が決定されるが, 不純物濃度をパラメータとして図示したものが, 図 5.4(b) および (c) である. 化学ポテンシャル μ については, p 型半導体の場合にも示してある. 図 5.4(a) の特徴を参考にして, (5.37) 式の近似解を温度

領域ごとに求めると以下のようになる．

- 低温領域

$$n \cong \sqrt{\frac{N_\mathrm{d} N_\mathrm{c}(T)}{2}} \exp\left(\frac{E_\mathrm{d}}{2k_\mathrm{B} T}\right), \quad \mu \cong \frac{E_\mathrm{d}}{2} - \frac{k_\mathrm{B} T}{2} \ln \frac{2N_\mathrm{c}(T)}{N_\mathrm{d}}$$

- 出払い領域

$$n \cong N_\mathrm{d}, \quad \mu \cong -k_\mathrm{B} T \ln \frac{N_\mathrm{c}(T)}{N_\mathrm{d}}$$

- 真性領域

$$n \cong \sqrt{N_\mathrm{c}(T) N_\mathrm{v}(T)} \exp\left(-\frac{E_\mathrm{g}}{k_\mathrm{B} T}\right), \quad \mu \cong \frac{E_\mathrm{v}}{2} + \frac{1}{2} k_\mathrm{B} T \ln \frac{N_\mathrm{v}(T)}{N_\mathrm{c}(T)}$$

図5.4(b)および(c)に示すグラフの振舞いは，この近似解から理解することができよう．

出払い領域は飽和領域とも呼ばれるが，フェルミ準位がドナー準位よりも低い状況にあるためドナーはほとんどイオン化し，電子密度はドナー濃度とほぼ等しくなる．第7章で見るように多くのデバイスはこの領域で作動し，不純物準位から熱励起されたキャリヤが半導体の電流を担っているのである．一方，さらに高温領域になると価電子帯に正孔が生成されはじめ，伝導帯の電子密度に寄与するようになる．より高温になれば真性半導体で期待されるキャリヤ濃度に近づき，化学ポテンシャル μ はギャップの中央部に近づく．この領域が真性領域である．

5.6 電気伝導度とホール効果

5.6.1 輸送方程式と伝導度テンソル

この節では，半導体に電場や磁場などの外場が加わったとき，キャリヤ（以後，電子または正孔をキャリヤと呼ぶ）がどのように応答し電流がどのように生じるかを議論しよう．さてすでに述べたように，"粒子"，すなわち"波束"としてのキャリヤの運動は，ゆっくりした外場の中では古典力学のハミルトニアン (5.18) に従う．本章の補遺2で述べるようにこの力学系はリューピル (Liouville) の定理を満たすので，座標 x と運動量 $p\,(=\hbar k)$ の位相空間で，

キャリヤ粒子集団の分布関数 $f(\boldsymbol{k},\boldsymbol{x})$ を次のボルツマン方程式によって解析することができる．

$$\frac{q}{\hbar}(\boldsymbol{E}+\boldsymbol{v}_k\times\boldsymbol{B})\frac{\partial f}{\partial \boldsymbol{k}}+\boldsymbol{v}_k\frac{\partial f}{\partial \boldsymbol{x}}=\left.\frac{\partial f}{\partial t}\right|_{\text{scatt}} \tag{5.44}$$

ただし，q はキャリヤの電荷であり，$\boldsymbol{E}$ と $\boldsymbol{B}$ は系に加えた電場と磁場である．外場のない温度 T の一様な系で，(5.44) 式を満たす解はフェルミ分布関数（第4章の補遺2参照）．

$$f^0(\boldsymbol{k})=[1+\exp\{(E(\boldsymbol{k})-\mu)/k_{\text{B}}T\}]^{-1} \tag{5.45}$$

であるが，これが外場の効果により $f(\boldsymbol{k})$ という分布に変化するとして，その微小な変化分

$$g(\boldsymbol{k})=f(\boldsymbol{k})-f^0(\boldsymbol{k}) \tag{5.46}$$

を計算しよう．$g(\boldsymbol{k})$ によって (5.44) 式右辺の散乱項は近似的に次のように表される．

$$\left.\frac{\partial f}{\partial t}\right|_{\text{scatt}}\cong-\frac{1}{\tau}g(\boldsymbol{k}) \tag{5.47}$$

ここで τ は散乱時間，または緩和時間と呼ばれ，キャリヤが不純物や格子振動などによって散乱され不連続に軌道を変えるまでの寿命に対応するが，詳しくは5.8節で考察する．

簡単のために空間的に一様な系を考え，外場 $\boldsymbol{E}$ に対して1次の近似で分布関数を求めよう．(5.44) 式左辺の第2項は空間の一様性からゼロなので，(5.47) 式により次の関係が得られる．

$$g(\boldsymbol{k})=-\frac{\partial f^0(\boldsymbol{k})}{\partial E(\boldsymbol{k})}\tau\boldsymbol{v}_k\cdot q\widetilde{\boldsymbol{E}} \tag{5.48}$$

ただし，キャリヤの受ける力を $q(\boldsymbol{E}+\boldsymbol{v}_k\times\boldsymbol{B})\to q\widetilde{\boldsymbol{E}}$ と置き換えている．分布関数の変化によってキャリヤの感じる電磁場が影響を受ける可能性を考慮するためである．(5.48) 式を用いると次の関係式

$$\frac{\partial f}{\partial \boldsymbol{k}}=\hbar\frac{\partial f^0}{\partial E}\boldsymbol{v}_k+\frac{\partial g(\boldsymbol{k})}{\partial \boldsymbol{k}}\cong\frac{\partial f^0}{\partial E}\left(\hbar\boldsymbol{v}_k-\frac{\hbar q\tau\widetilde{\boldsymbol{E}}}{m^*}\right) \tag{5.49}$$

が得られるので，これを (5.44) の左辺第1項に用いる．ここで $m^*(>0)$ はキャリヤの有効質量である．(5.49) を (5.44) 式に代入し，積 $\boldsymbol{E}\cdot\widetilde{\boldsymbol{E}}$ を含

5.6 電気伝導度とホール効果

む項は 2 次以上の高次項になるので省略すると

$$\bm{v}_k \cdot \bm{E} = \bm{v}_k \cdot \widetilde{\bm{E}} + \frac{q\tau}{m^*}(\bm{v}_k \times \bm{B}) \cdot \widetilde{\bm{E}} \tag{5.50}$$

という関係が得られる.これがすべての $\bm{v}_k$ について成り立つためには

$$\bm{E} = \widetilde{\bm{E}} + \frac{\omega_c \tau}{B} \bm{B} \times \widetilde{\bm{E}}$$

でなければならない.ここで $\omega_c = qB/m^*$ はサイクロトロン振動数である.電場を $\bm{B}$ に平行な成分 $\bm{E}_{\parallel}$ と直交する成分 $\bm{E}_{\perp}$ に分解して $\bm{E} = \bm{E}_{\parallel} + \bm{E}_{\perp}$ とすると,この関係式を $\widetilde{\bm{E}}$ について解いて

$$\widetilde{\bm{E}} = \widetilde{\bm{E}}_{\parallel} + \widetilde{\bm{E}}_{\perp}, \quad \widetilde{\bm{E}}_{\parallel} = \bm{E}_{\parallel}, \quad \widetilde{\bm{E}}_{\perp} = \frac{\bm{E}_{\perp} - \omega_c \tau \dfrac{\bm{B}}{B} \times \bm{E}_{\perp}}{1 + (\omega_c \tau)^2} \tag{5.51}$$

が得られる.ただし $\widetilde{\bm{E}}_{\parallel}$ と $\widetilde{\bm{E}}_{\perp}$ は,それぞれ $\bm{B}$ に平行な成分と直交する成分である.この $\widetilde{\bm{E}}$ を用いて,(5.48) 式により外場による分布関数変化 $g(\bm{k})$ が決定される.したがって流れる電流密度は次のようになる.

$$\begin{aligned}\bm{j} &= 2q \int \bm{v}_k g(\bm{k}) \frac{d\bm{k}}{(2\pi)^3} \\ &= \left\{ 2q^2 \int \tau \bm{v}_k \bm{v}_k \left(-\frac{\partial f^0}{\partial E} \right) \frac{d\bm{k}}{(2\pi)^3} \right\} \cdot \widetilde{\bm{E}} \end{aligned} \tag{5.52}$$

上式の積分は $\bm{k}$ 空間のブリュアン域全体にわたる積分であるが,これをエネルギーバンドの等エネルギー面 $E = E(\bm{k})$ 上の表面積分と,エネルギー E についての積分としておこなう.

$$\frac{d\bm{k}}{(2\pi)^3} = \frac{dS}{(2\pi)^3} \frac{dE}{|\nabla_k E(\bm{k})|} = \frac{dS}{(2\pi)^3} \frac{dE}{\hbar |\bm{v}_k|}$$

に注意すると,(5.52) 式により $\bm{j} = \sigma \widetilde{\bm{E}}$ で定義される伝導度テンソル σ は以下で与えられる.

$$\sigma = \int_{-\infty}^{\infty} \left(-\frac{\partial f^0}{\partial E} \right) \widetilde{\sigma}(E) dE \tag{5.53}$$

$$\widetilde{\sigma}(E) = \frac{q^2}{4\pi^3 \hbar} \iint_{E=E(k)} \tau \frac{\bm{v}_k \bm{v}_k}{|\bm{v}_k|} dS \tag{5.54}$$

5.6.2 金属と半導体の伝導度

(5.53) 式における被積分関数の $-\partial f^0/\partial E$ という因子は,フェルミ準位 E_F を中心として,幅が $k_B T$ で高さ $k_B T$ の逆数に比例するような δ 関数型ピークを構成する.

$$-\frac{\partial f^0}{\partial E} = \frac{1}{k_B T}\{1 + e^{(E-E_F)/k_B T}\}^{-1}\{1 + e^{(E_F-E)/k_B T}\}^{-1} \cong \delta(E - E_F) \tag{5.55}$$

したがって金属の場合には,電気伝導度テンソルはフェルミ面上の積分である $\sigma = \tilde{\sigma}(E_F)$ ((5.54) 式) で与えられる.

したがって金属で電流を担うのはフェルミ面上にある電子と考えてよく,電子の散乱(緩和)時間 τ の他に,フェルミ面の大きさと形状が電気伝導度を決定する.半導体の場合は $\tilde{\sigma}(E)$ がフェルミ準位の近くで $k_B T$ のスケールで大きく変化するので,(5.53) 式のエネルギー積分が必要である.ところでエネルギーが $E \sim E + dE$ の範囲にある状態数は,状態密度を用い $D(E)dE$ と表されるが,バンド分散との関係は次のようになる.

$$D(E) = \frac{2}{8\pi^3}\iint_{E(\bm{k})=E}\frac{1}{|\nabla_k E(\bm{k})|}dS$$
$$= \frac{2}{8\pi^3\hbar}\iint_{E(\bm{k})=E}\frac{1}{|\bm{v}_k|}dS \tag{5.56}$$

因子の 2 はスピンの多重度である.この状態密度を用い (5.54) 式を,次のように表す.

$$\tilde{\sigma}(E) = \frac{\tau q^2 \overline{\bm{v}_k \bm{v}_k}}{4\pi^3 \hbar}\iint_{E=E(\bm{k})}\frac{dS}{|\bm{v}_k|} = \frac{2\tau q^2 E}{3m^*}D(E) \tag{5.57}$$

ただし,$\overline{\bm{v}_k \bm{v}_k}$ は対角成分の等エネルギー面上での平均であり,有効質量 m^* の自由電子(自由正孔)モデルでは $\overline{\bm{v}_k \bm{v}_k} = 2E/3m^*$ である.また τ は電子のエネルギーだけに依存するとした.半導体の場合には,伝導帯では $m^* = m_e^*$, 価電子帯では $m^* = m_h^*(>0)$ とし,それぞれのバンド端をエネルギーの原点にしてバンドの内部に向かってエネルギーの正方向を定める.(5.57) 式の $\tilde{\sigma}(E)$ を (5.53) 式に用いると,電気伝導度 σ として次が得られる.

$$\sigma = \frac{2q^2}{3m^*} \int \tau(E) E \left(-\frac{\partial f^0}{\partial E}\right) D(E) dE \tag{5.58}$$

散乱（緩和）時間 τ は，電子が格子欠陥や不純物など様々な格子不整や格子の熱振動量子（フォノン）と衝突するまでの時間（寿命）であり，そのメカニズムに応じたエネルギー依存性があるが，これについては5.8節に述べる．簡単のため τ のエネルギー依存性を無視して，状態密度が自由電子的に $D(E) \propto \sqrt{E}$ となる場合を考えると，(5.58)式はキャリヤ濃度

$$n = \int_0^\infty f^0(E) D(E) dE$$

によって次のように書くことができる．

$$\sigma = \frac{nq^2\tau}{m^*} \tag{5.59}$$

5.6.3 運動方程式との関係

(5.59)式で示された電気伝導度 σ の式は，キャリヤの運動方程式に散乱過程を直感的に取り入れた古典的な電子ガスモデルからも導くことができる．すなわち，固体中の i 番目のキャリヤの速度を $\boldsymbol{v}_i$ とすれば，電流密度は単位体積中のキャリヤの寄与 $\boldsymbol{j}_i = q\boldsymbol{v}_i$ の総和

$$\boldsymbol{j} = \sum_i \boldsymbol{j}_i = qn\left(\sum_i \frac{\boldsymbol{v}_i}{n}\right) = qn\langle\boldsymbol{v}\rangle \tag{5.60}$$

となる．ここで q と n はキャリヤの電荷と総数，$\langle\boldsymbol{v}\rangle$ はキャリヤ速度の平均である．磁場のない場合を考えて，個々のキャリヤの運動方程式は次のように表されると仮定しよう．

$$m^* \frac{d\boldsymbol{v}_i}{dt} = q\boldsymbol{E} - \frac{m^*\boldsymbol{v}_i}{\tau} \tag{5.61}$$

右辺の第2項は時間 τ ごとに散乱が起こり，そのたびにキャリヤの運動量が消失することを意味しており，現実を極端に簡単化したように見える．しかし，すべての i について総和をとり，全キャリヤ数 n で除した次の関係では，この散乱項の扱いはより説得力がある．

$$m^* \frac{d}{dt}\langle\boldsymbol{v}\rangle = q\boldsymbol{E} - \frac{m^*\langle\boldsymbol{v}\rangle}{\tau} \tag{5.62}$$

定常状態では，左辺はゼロとなるべきなので，次の関係が成立する．

$$m^*\langle v \rangle = \tau q E \tag{5.63}$$

これはキャリヤ1個当り平均として，散乱時間 τ の間，力 qE を受けるため運動量が $\tau q E$ だけ増加すること，またしたがってキャリヤの平均速度が

$$\langle v \rangle = \mu E, \quad \mu = \frac{\tau q}{m^*} \tag{5.64}$$

となることを意味している．μ は移動度，またはモビリティと呼ばれる．対応する電流密度は次のようになる．

$$j = nq\langle v \rangle = nq\mu E = \frac{nq^2\tau}{m^*} E \tag{5.65}$$

これから決まる伝導度 σ の大きさ $nq^2\tau/m^*$ は，一般的な式 (5.58) から散乱時間 τ のエネルギー依存性を無視して導出した結果（(5.59) 式）と一致している．

5.6.4 ホール効果

次に電場と磁場が共存する場合の電流磁気効果，ホール (Hall) 効果について調べよう．基本の方程式は (5.51) と (5.52) 式である．5.6.2 項と 5.6.3 項で求めた伝導度 σ によって電流密度は

$$j = \sigma \tilde{E} = \sigma \frac{E - \omega_c \tau \dfrac{B}{B} \times E}{1 + (\omega_c \tau)^2} \tag{5.66}$$

と表される．ただし，磁場と平行な電場成分はないとしている．上の関係式を E について解くと，抵抗率 $\rho = 1/\sigma$ を用いて

$$E = \rho j + \frac{\omega_c \tau \rho}{B} B \times j \tag{5.67}$$

が得られる．右辺の第2項は電流，磁場のそれぞれと直交する方向に電圧が発生することを表すが，この電圧をホール電圧という．ホール電圧の大きさは電流と磁場の大きさに比例するが，その比例係数 R_H はホール係数と呼ばれる．

$$R_\mathrm{H} = \frac{\omega_c \tau \rho}{B} = \frac{q\tau}{m^*} = \frac{q\tau}{m^*} \frac{m^*}{nq^2\tau} = \frac{1}{nq} \tag{5.68}$$

なので，ホール係数はキャリヤの符号，すなわち電子か正孔かで正負が異なり，

またキャリヤ濃度だけに依存する．したがって，半導体のキャリヤの性質を直接に知るうえで重要である．

5.7 格子振動と光の量子

5.7.1 波の量子化

結晶格子の振動は波動として結晶中を伝わり，振動数の小さい長波長の波動は音波になる．このような波動現象もミクロな世界では量子現象として把握しなければならない．2.2節では，1個の調和振動子の運動を例にして量子力学の方法を導入したが，ここでは結晶中を波動として伝搬する格子振動や光の電磁場を，どのように量子力学によって記述するかを述べる．これまで量子力学では微細な粒子は波動という側面をあわせもつことを学んだが，一方，波動という現象はある意味では粒子という側面をあわせもつのである．

5.7.2 格子振動の力学 ― ダイナミカル行列 ―

結晶の格子点 l にあるべき原子が，ある瞬間に u_l だけ変位して，$R_l = l + u_l$ にあるとする．このとき結晶のポテンシャルエネルギーは $V(\{R_l\})$ と表すことができるが，微小量である変位 $\{u_l\}$ についてこれを展開すれば，次のようになる．

$$V(\{R_l\}) \cong V_0 + \sum_l u_l \nabla_l V + \frac{1}{2} \sum_{ll'} u_l u_{l'} \nabla_l \nabla_{l'} V + \cdots \quad (5.69)$$

格子点の位置 l を原子の平衡点とすれば，そこでの原子の感じる力 $\nabla_l V$ はゼロとなるので，右辺の第2項は省略できる．原子の質量を M_l とすると，(5.69)式のポテンシャルエネルギーに運動エネルギーを加えたハミルトニアンは，変位の2次までの近似で以下のようになる．

$$H = \frac{1}{2} \sum_l \frac{p_l^2}{M_l} + \frac{1}{2} \sum_{ll'} u_l u_{l'} \nabla_l \nabla_{l'} V \quad (5.70)$$

ただし，p_l は格子点 l の原子の運動量である．古典力学での運動は，(5.70)式に対する正準運動方程式によって

$$\dot{u}_l = \frac{\partial H}{\partial p_l} = \frac{p_l}{M_l}, \qquad \dot{p}_l = -\frac{\partial H}{\partial u_l}$$

と与えられるので，これから u_l についての次の運動方程式が導かれる．

$$M_l \ddot{u}_l = -\sum_{l'} G_{ll'} u_{l'} = -\sum_{l'} G(l' - l) u_{l'} \tag{5.71}$$

ここでばね定数に相当する $G_{ll'} \equiv \nabla_l \nabla_{l'} V(\{u_l\})_{\{u_l\}=0}$ は，格子点 l と l' 間の距離だけに依存するので $G_{ll'} = G(l' - l)$ と表した．格子振動の波数 q の波を次式によって導入しよう．

$$u_l(t) = \exp(i\boldsymbol{q}\cdot\boldsymbol{l}) U_q(t) \tag{5.72}$$

ただし，原子の変位は右辺の指数関数因子の実部だけで与えられるが，以下では虚部も含めた因子を用いて議論していく．(5.72) 式を (5.71) 式に代入すると，格子波の振幅 $U_q(t)$ についての運動方程式

$$M \ddot{U}_q(t) = -G(\boldsymbol{q}) U_q(t) \tag{5.73}$$

が得られる．ただし，ここでは原子質量はすべて等しい $M = M_l$ の場合を考えているが，一般の場合への拡張は後でおこなう．$G(\boldsymbol{q})$ はダイナミカル行列（または力行列）と呼ばれ，次のように与えられる．

$$G(\boldsymbol{q}) = \sum_l G(\boldsymbol{l}) \exp(i\boldsymbol{q}\cdot\boldsymbol{l}) \tag{5.74}$$

運動方程式 (5.73) を解くために

$$U_q(t) = C(\boldsymbol{q}) \exp(-i\omega(\boldsymbol{q}) t) \tag{5.75}$$

とおけば，固有ベクトル $C(\boldsymbol{q})$ を決める次の関係式

$$\{M\omega^2(\boldsymbol{q}) - G(\boldsymbol{q})\} C(\boldsymbol{q}) = 0 \tag{5.76}$$

が得られるが，ゼロでない $C(\boldsymbol{q})$ の解が存在するためには

$$\det\{M\omega^2(\boldsymbol{q}) - G(\boldsymbol{q})\} = 0 \tag{5.77}$$

が必要である．単位胞中に 1 個だけ原子がある場合，$G(\boldsymbol{q})$ は x, y, z の 3 方向に対応して 3×3 行列であり，3 つの格子振動波の角振動数 $\omega(\boldsymbol{q})$ が永年方程式 (5.77) の解として決定される．

単位胞に $s (\geq 2)$ 個の原子 $1, 2, \cdots, s$ がある一般的な場合への拡張は容易である．そのとき，行列 $G(\boldsymbol{q})$ は $3s \times 3s$ 次元で，その行列要素は単位胞内の原子 $p, q = 1, 2, \cdots, s$ と変位の x, y, z 方向により

5.7 格子振動と光の量子   205

$$\sum_{l'} \nabla_{lp} \nabla_{l+l'q} V \exp(i\boldsymbol{q}\cdot\boldsymbol{l'})$$

で与えられる．また，対角行列 M（$\boldsymbol{M}$ と表す）の対角要素は対応する原子の質量（$M_{ip,jq} = m_p \delta_{ij}\delta_{pq}$）である．このようにすると $3s$ 個の角振動数 $\omega_i(\boldsymbol{q})$ ($i = 1, 2, \cdots, 3s$) が，(5.77) 式の固有値として得られる．

波数 $\boldsymbol{q}$ の定義域をブリユアン域の内部に限定できることは，電子のバンドの場合と同じであるが，これは (5.72) 式で決まる原子変位は $\boldsymbol{q}$ に任意の逆格子ベクトルを加えても変わらないからである．さらに，結晶を各辺の長さを単位胞の N 倍（$N \gg 1$）である大きい平行六面体にとり，向かいあう辺上での変位を等しくするように境界条件を選ぶと，波数は

$$\boldsymbol{q} = \pm \frac{2\pi}{N}(m_x, m_y, m_z), \quad m_x, m_y, m_z = 0, \pm 1, \pm 2, \cdots, \pm \frac{N}{2}$$

という離散的な値に限定される．これも 2.3.3 項に述べた電子のバンド状態の場合と同様である．

5.7.3 フォノン ― 格子波の量子 ―

$\boldsymbol{T} = \boldsymbol{M}^{1/2}$ という行列を導入すると (5.76) 式は

$$\boldsymbol{T}\{\omega^2(\boldsymbol{q}) - \boldsymbol{T}^{-1}\boldsymbol{G}(\boldsymbol{q})\boldsymbol{T}^{-1}\}\boldsymbol{T}\boldsymbol{C}(\boldsymbol{q}) = 0$$

となる．したがって，基準振動 $\boldsymbol{C}_\lambda(\boldsymbol{q})$ はエルミート (Hermite) 行列の固有値問題

$$\{\boldsymbol{T}^{-1}\boldsymbol{G}(\boldsymbol{q})\boldsymbol{T}^{-1}\}\widetilde{\boldsymbol{C}}_\lambda(\boldsymbol{q}) = \omega_\lambda^2(\boldsymbol{q})\widetilde{\boldsymbol{C}}_\lambda(\boldsymbol{q})$$

の固有ベクトル $\widetilde{\boldsymbol{C}}_\lambda(\boldsymbol{q})$ を解いて，$\boldsymbol{C}_\lambda(\boldsymbol{q}) = \boldsymbol{T}^{-1}\widetilde{\boldsymbol{C}}_\lambda(\boldsymbol{q})$ として求められる．重要なことは，$\{\widetilde{\boldsymbol{C}}_\lambda\}$ を，規格直交化の条件 $\widetilde{\boldsymbol{C}}_\mu^\dagger \widetilde{\boldsymbol{C}}_\lambda = \delta_{\lambda\mu}$ を満たすように選べることである．

次に変位 $\boldsymbol{u}_l$ をあらゆる基準振動 $\{\lambda\}$ の和によって

$$\boldsymbol{u}_l = \frac{1}{\sqrt{N}} \sum_{\lambda q} Q_\lambda(\boldsymbol{q}) \boldsymbol{C}_\lambda(\boldsymbol{q}) \exp(i\boldsymbol{q}\cdot\boldsymbol{l}) \tag{5.78}$$

と展開し，モード λ の振幅 $Q_\lambda(\boldsymbol{q})$ を正準理論における一般化座標と見なすことにしよう．すると，運動エネルギーは

$$H_{\text{kin}} = \sum_l \frac{\dot{\boldsymbol{u}}_l \boldsymbol{M} \dot{\boldsymbol{u}}_l}{2} = \frac{1}{2} \sum_{\lambda q} \dot{Q}_\lambda^2(\boldsymbol{q})$$

となるので[*4]，Q_λ に共役な運動量は

$$P_\lambda(\boldsymbol{q}) = \frac{\partial H}{\partial \dot{Q}_\lambda(\boldsymbol{q})} = \frac{\partial H_{\text{kin}}}{\partial \dot{Q}_\lambda(\boldsymbol{q})} = \dot{Q}_\lambda(\boldsymbol{q})$$

である．ポテンシャル項 H_{pot} については

$$\begin{aligned} H_{\text{pot}} &= \frac{1}{2}\sum_{ll'} \boldsymbol{u}_l G(l'-l) \boldsymbol{u}_{l'} \\ &= \frac{1}{2N} \sum_{ll'} \sum_{\boldsymbol{q}\boldsymbol{q}'\lambda\lambda'} e^{-i\boldsymbol{q}'\cdot l} Q_{\lambda'}(\boldsymbol{q}') Q_\lambda(\boldsymbol{q}) C_{\lambda'}{}^\dagger(\boldsymbol{q}') G(l'-l) e^{i\boldsymbol{q}\cdot l'} C_\lambda(\boldsymbol{q}) \\ &= \frac{1}{2}\sum_{\boldsymbol{q}\lambda\lambda'} Q_{\lambda'}(\boldsymbol{q}) Q_\lambda(\boldsymbol{q}) C_{\lambda'}{}^\dagger(\boldsymbol{q}) G(\boldsymbol{q}) C_\lambda(\boldsymbol{q}) \end{aligned}$$

となるが

$$\begin{aligned} C_{\lambda'}{}^\dagger(\boldsymbol{q}) G(\boldsymbol{q}) C_\lambda(\boldsymbol{q}) &= \widetilde{C}_{\lambda'}{}^\dagger(\boldsymbol{q}) T^{-1} G(\boldsymbol{q}) T^{-1} \widetilde{C}_\lambda(\boldsymbol{q}) \\ &= \omega_\lambda{}^2(\boldsymbol{q}) \widetilde{C}_{\lambda'}{}^\dagger(\boldsymbol{q}) \widetilde{C}_\lambda(\boldsymbol{q}) \\ &= \delta_{\lambda\lambda'} \omega_\lambda{}^2(\boldsymbol{q}) \end{aligned}$$

であることを用いて

$$H_{\text{pot}} = \frac{1}{2}\sum_{\boldsymbol{q}\lambda} \omega_\lambda{}^2(\boldsymbol{q}) Q_\lambda{}^2(\boldsymbol{q})$$

が得られる．

結局，一般化座標とそれに共役な運動量で表示された格子振動系のハミルトニアンは

$$H = \frac{1}{2}\sum_{\lambda\boldsymbol{q}} \{P_\lambda{}^2(\boldsymbol{q},t) + \omega_\lambda{}^2(\boldsymbol{q}) Q_\lambda{}^2(\boldsymbol{q})\} \tag{5.79}$$

となる．(5.79) 式は各波数ごとに $3s$ 個，全部で $N \times 3s$ 個の振動系のハミルトニアンであり，そのすべての自由度 $(\lambda, \boldsymbol{q})$ は独立した調和振動子として

[*4] フォノンの運動エネルギー項の導出には，次の関係を用いる．

$$\begin{aligned} H_{\text{kin}} &= \frac{1}{2}\sum_l \frac{1}{\sqrt{N}} \sum_{\lambda\boldsymbol{q}} \dot{Q}_\lambda(\boldsymbol{q}) C_\lambda{}^\dagger(\boldsymbol{q}) \exp(-i\boldsymbol{q}\cdot l) M \frac{1}{\sqrt{N}} \sum_{\lambda'\boldsymbol{q}'} \dot{Q}_{\lambda'}(\boldsymbol{q}') C_{\lambda'}(\boldsymbol{q}') \exp(i\boldsymbol{q}'\cdot l) \\ &= \frac{1}{2}\sum_{\lambda\lambda'\boldsymbol{q}} \dot{Q}_\lambda(\boldsymbol{q}) C_\lambda{}^\dagger(\boldsymbol{q}) M C_{\lambda'}(\boldsymbol{q}) \dot{Q}_{\lambda'}(\boldsymbol{q}) \\ &= \frac{1}{2}\sum_{\lambda\lambda'\boldsymbol{q}} \dot{Q}_\lambda(\boldsymbol{q}) \widetilde{C}_\lambda{}^\dagger(\boldsymbol{q}) \widetilde{C}_{\lambda'}(\boldsymbol{q}) \dot{Q}_{\lambda'}(\boldsymbol{q}) \\ &= \frac{1}{2}\sum_{\lambda\lambda'\boldsymbol{q}} \dot{Q}_\lambda(\boldsymbol{q}) \dot{Q}_{\lambda'}(\boldsymbol{q}) \delta_{\lambda\lambda'} \\ &= \frac{1}{2}\sum_{\lambda\boldsymbol{q}} \dot{Q}_\lambda{}^2(\boldsymbol{q}) \end{aligned}$$

振舞う．また各調和振動子の量子力学的な運動は，2.2節に述べた1個の調和振動子の量子力学に従う．

それらの独立した調和振動のそれぞれに対して，振動量子を生成または消滅する演算子は，以下によって導入される．

$$\begin{pmatrix} b_{\lambda q}^{\dagger} \\ b_{\lambda q} \end{pmatrix} = \frac{1}{\sqrt{2\hbar\omega_\lambda(\bm{q})}} \begin{pmatrix} P_\lambda(\bm{q}) + i\omega_\lambda(\bm{q})Q_\lambda(\bm{q}) \\ P_\lambda(\bm{q}) - i\omega_\lambda(\bm{q})Q_\lambda(\bm{q}) \end{pmatrix} \quad (5.80)$$

この振動量子は「フォノン」と呼ばれるボソンであり，2.2節で述べたことからわかるように，その生成 ($b_{\lambda q}^{\dagger}$) 消滅 ($b_{\lambda q}$) 演算子は交換関係

$$[b_{\lambda q}, b_{\lambda' q'}^{\dagger}] = \delta_{\lambda\lambda'}\delta_{qq'} \quad (5.81)$$

を満たし，格子振動のハミルトニアン (5.70) は

$$H = \sum_{\lambda q} \hbar\omega_\lambda(\bm{q})\left(b_{\lambda q}^{\dagger} b_{\lambda q} + \frac{1}{2}\right) \quad (5.82)$$

のように表すことができる．$b_{\lambda q}^{\dagger} b_{\lambda q}$ は振動準位 $\lambda, \bm{q}$ を占めるフォノン数である．

5.7.4 音響モードと光学モード

単位胞に2個の原子がある3次元結晶の格子波の分散関係を，模式的に図5.5に示す．このうちの3つの波は，波数 $\bm{q}$ が小さいとき，角振動数が波数に比例してゼロに近づくが，これは波長が原子間距離より長い場合に音波になる振動であり，音響モードと呼ばれる．残りの格子波はこのような特徴を示さず，

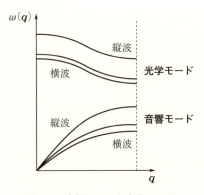

図 5.5 音響モードと光学モード

音響モードより高振動数の波動である．これらは光学モードと呼ばれる．音響モードの1つは原子の振動変位方向が伝搬方向と一致する縦波であるが，他の2つは進行方向と原子変位の方向が直交する横波である．結晶中のフォノンの分散曲線については，第3章で詳しく述べられている．

5.7.5 フォトン ― 光の量子 ―

真空中の電磁場を記述するためにベクトルポテンシャル A を導入し，磁場 B を

$$B = \nabla \times A \tag{5.83}$$

と表そう．電場はマクスウェル（Maxwell）方程式（$\nabla \times E + \partial B/\partial t = 0$）から，次のように与えられる．

$$E = -\frac{\partial A}{\partial t} \tag{5.84}$$

クーロンゲージ $\nabla \cdot A = 0$ を満たす A を，平面波の重ね合わせ

$$A(x,t) = \sum_{\nu=1,2}\sum_{k}\{q_\nu(k,t)\varepsilon_\nu \exp(i k \cdot x) + \text{c.c.}\} \tag{5.85}$$

によって求めよう．ただし，ε_ν（$\nu = 1, 2$）は k に垂直な2つの方向の単位ベクトルである．

単位体積当りの電磁場のエネルギーは，真空の誘電率を ε_0，透磁率を μ_0 として

$$W = \frac{1}{2}\int\left(\varepsilon_0 E^2 + \frac{B^2}{\mu_0}\right)dV \tag{5.86}$$

であるが，E と B をベクトルポテンシャル A の展開式（5.85）で表して積分を実行すれば

$$W = \sum_{\nu k}\frac{1}{2}\left(\varepsilon_0 \dot{q}_\nu^2(k) + \frac{k^2 q_\nu^2(k)}{\mu_0}\right) \tag{5.87}$$

という結果が得られる．そこで $Q_\nu(k) = \sqrt{\varepsilon_0}\, q_\nu(k)$ を一般化座標に選べば，ハミルトニアンとして次の式が得られる．

$$H = \frac{1}{2}\sum_{\nu k}\{\dot{Q}_\nu^2(k) + c^2 k^2 Q_\nu^2(k)\} \tag{5.88}$$

ただし，$c = 1/\sqrt{\varepsilon_0 \mu_0}$ は真空中の光速である．一般化座標 $Q_\nu(k)$ に共役な運

5.7 格子振動と光の量子

動量は

$$P_\nu(\boldsymbol{k}) = \frac{\partial H}{\partial \dot{Q}_\nu(\boldsymbol{k})} = \dot{Q}_\nu(\boldsymbol{k}) \tag{5.89}$$

であるので，ハミルトニアンは

$$H = \frac{1}{2}\sum_{\nu k}\{P_\nu{}^2(\boldsymbol{k}) + c^2 k^2 Q_\nu{}^2(\boldsymbol{k})\} \tag{5.90}$$

となる．正準方程式から $\dot{P}_\nu(\boldsymbol{k}) = -\partial H/\partial Q_\nu(\boldsymbol{k}) = -c^2 k^2 Q_\nu(\boldsymbol{k})$ であるので，(5.89) 式と合わせて座標 $Q_\nu(\boldsymbol{k})$ は調和振動子の運動方程式

$$\ddot{Q}_\nu(\boldsymbol{k}) = -\omega^2(\boldsymbol{k})Q_\nu(\boldsymbol{k}), \quad \omega(\boldsymbol{k}) = ck \tag{5.91}$$

を満たすことがわかる．この単振動の振動量子（2.2 節参照）を光子，またはフォトンという．フォトンの生成演算子 $a_\nu{}^\dagger(\boldsymbol{k}) = a_{\nu k}{}^+$，消滅演算子 $a_\nu(\boldsymbol{k}) = a_{\nu k}{}^-$ は 2.2 節で述べたように，次のように導入される．

$$a_{\nu k}{}^\pm = \frac{1}{\sqrt{2\hbar ck}}\{P_\nu(\boldsymbol{k}) \pm ickQ_\nu(\boldsymbol{k})\} \tag{5.92}$$

生成・消滅演算子は交換関係

$$[a_{\nu k}, a_{\nu' k'}{}^\dagger] = \delta_{\nu\nu'}\delta_{kk'}$$

を満たし，ハミルトニアン (5.90) は次のように表される．

$$H = \sum_{\nu k}\hbar ck\left(a_{\nu k}{}^\dagger a_{\nu k} + \frac{1}{2}\right) = \sum_{\nu k}\hbar\omega_k\left(n_{\nu k} + \frac{1}{2}\right) \tag{5.93}$$

ただし，$\hbar\omega_k = \hbar ck$ は個々のフォトンのエネルギー，$n_{\nu k} = a_{\nu k}{}^\dagger a_{\nu k}$ はフォトン数の演算子である．その固有値は，$\nu, \boldsymbol{k}$ でラベルされる光の量子準位を占めるフォトン数であり，負でない整数値をとる．

温度 T の平衡状態にある空洞について，その中の光のスペクトルはどうなるかを考えてみよう．フォトンはボース（Bose）統計に従う粒子なので，空洞中に生じているモード ν，波数 $\boldsymbol{k}$ のフォトン数は次のようになる（第 4 章の補遺 2 参照）．

$$\langle n_{\nu k}\rangle = \frac{1}{\exp(\hbar\omega_k/k_\mathrm{B}T) - 1} = \frac{1}{\exp(\hbar ck/k_\mathrm{B}T) - 1} \tag{5.94}$$

これから波数領域 $k \sim k + dk$ の光エネルギー密度 $u(k)dk$ を求め，$\nu = ck/2\pi$ を用い，光強度の振動数分布 $u(\nu)d\nu$ として表すと次のようになる．

$$u(\nu)d\nu = \frac{8\pi h}{c^3}\frac{\nu^3 d\nu}{\exp(h\nu/k_{\mathrm{B}}T) - 1} \tag{5.95}$$

低振動数領域での強度は ν^2 に比例して増大するが，これは状態密度の増加による幾何学的効果である．一方，高振動数領域では $\nu^3 \exp(-h\nu/k_{\mathrm{B}}T)$ に比例して急激に減少するが，これは個々のフォトンのエネルギー $h\nu$ が大きくなるために，熱励起によるフォトン生成ができなくなるためである．(5.95) 式は「**プランク (Planck) の放射法則**」と呼ばれるが，量子力学を発見する糸口となったものである．

5.7.6 電子遷移とフォトン

電子はフォトンを放出してエネルギーの高い状態から低い状態へと遷移し，逆にフォトンを吸ってエネルギーの低い状態から高い状態へと遷移する．このようにフォトンの生成や消滅によって電子の量子遷移を引き起こす相互作用はどのようなものだろうか？　その概略について述べよう．

光の電磁場中の電子のハミルトニアンは，次のように書くことができる．

$$H = \frac{1}{2m}(\boldsymbol{p} - q\boldsymbol{A})^2 + V(\boldsymbol{x})$$

これをベクトルポテンシャル $\boldsymbol{A}$ で展開すると 1 次の項は $H' = -q\boldsymbol{A}\cdot\boldsymbol{p}/m$ であるが，状態間の遷移はこの項による摂動（2.1.9 項参照）によって引き起こされるのである．$\boldsymbol{A}$ の展開式 (5.85) をフォトンの一般化座標 $Q_\nu(\boldsymbol{k}) = \sqrt{\varepsilon_0}\,q_\nu(\boldsymbol{k})$ で表し，これを (5.92) 式により生成・消滅演算子によって書き換えれば

$$\boldsymbol{A}(\boldsymbol{x}) = \sum_{\boldsymbol{k}\nu}\sqrt{\frac{\hbar}{2c\varepsilon_0 k}}\,(a_{\nu\boldsymbol{k}}^\dagger - a_{\nu\boldsymbol{k}})\exp(i\boldsymbol{k}\cdot\boldsymbol{x})\boldsymbol{\varepsilon}_\nu$$

を得る．フォノン系を含めた始状態 $\phi_{\mathrm{i}}|\{n_\nu(\boldsymbol{k})\}_{\mathrm{i}}\rangle$ から終状態 $\phi_{\mathrm{f}}|\{n_\nu(\boldsymbol{k})\}_{\mathrm{f}}\rangle$ への遷移確率は，2.1.9 項に述べた摂動論の黄金則によって次のように求められる．

$$\begin{aligned}W_{\mathrm{if}} &= \frac{2\pi}{\hbar}\sum_{\mathrm{f}'}|\langle\{n_\nu(\boldsymbol{k})\}_{\mathrm{i}}\phi_{\mathrm{i}}|H'|\phi_{\mathrm{f}}\{n_\nu(\boldsymbol{k})\}_{\mathrm{f}}\rangle|^2\delta(E_{\mathrm{f}} - E_{\mathrm{i}} + \sum_{\nu\boldsymbol{k}}\Delta n_\nu(\boldsymbol{k})\hbar\omega_\nu(\boldsymbol{k}))\\&= \frac{\pi q^2}{\varepsilon_0 ckm^2}|\boldsymbol{\varepsilon}_\nu\cdot\langle\phi_{\mathrm{i}}|\boldsymbol{p}|\phi_{\mathrm{f}}\rangle|^2\sum_{\mathrm{f}}|\langle\{n_\nu(\boldsymbol{k})\}_{\mathrm{i}}|(a_{\nu\boldsymbol{k}}^\dagger - a_{\nu\boldsymbol{k}})|\{n_\nu(\boldsymbol{k})\}_{\mathrm{f}}\rangle|^2\\&\qquad\qquad\qquad\times\delta(E_{\mathrm{f}} - E_{\mathrm{i}} + \sum_{\nu\boldsymbol{k}}\Delta n_\nu(\boldsymbol{k})\hbar\omega_\nu(\boldsymbol{k}))\end{aligned}$$

$$= \frac{\pi q^2}{\varepsilon_0 c k m^2} |\boldsymbol{\varepsilon}_\nu \cdot \langle \phi_i | \boldsymbol{p} | \phi_f \rangle|^2 \{ n_\nu(\boldsymbol{k}) \delta(E_f - E_i - \hbar \omega_\nu(\boldsymbol{k}))$$
$$+ (n_\nu(\boldsymbol{k}) + 1) \delta(E_f - E_i + \hbar \omega_\nu(\boldsymbol{k})) \}$$
$$(5.96)$$

ただし，ϕ_i, ϕ_f は電子の始状態と終状態，E_i, E_f はそれらに対応するエネルギー，$n_\nu(\boldsymbol{k})$ はモード ν，波数 $\boldsymbol{k}$ のフォトン数，$\Delta n_\nu(\boldsymbol{k})$ は遷移前後におけるフォトン数の変化である．また，光の波長が原子スケールよりかなり大きいとして A における平面波の因子 $\exp(i\boldsymbol{k}\cdot\boldsymbol{x})$ は無視した．(5.96) 式の { } 内の第1項はフォトンの吸収による電子励起遷移に対応し，半導体電子構造を解析する光吸収スペクトル法などの基礎になる．{ } 内の第2項は，フォトンの放出を伴う励起状態からの電子緩和遷移に対応し，光の誘導放出や蛍光現象などの起源になる．このようなフォトンが誘導する電子遷移は半導体分光物性の重要なテーマであるが，その詳しい解説は第6章でおこなう．

5.8 キャリヤの散乱時間

5.8.1 不純物による散乱

キャリヤの散乱時間 τ というものを 5.6.1 項で導入したが，これは熱平衡からずれたキャリヤ分布が熱平衡に緩和するまでの時間であるので緩和時間とも呼ばれる．結晶内にはどのような散乱過程または緩和過程があり，τ はそれらによってどのように決まるのだろうか？ 電気伝導において散乱時間 τ が重要な物性量であることをこれまで見てきたが，それが決定されるメカニズムについては触れなかった．そこで本節で詳しく議論することにしたい．結晶内電子の散乱にはエネルギーの保存する弾性散乱と，保存しない非弾性散乱があるが，はじめに不純物などの散乱中心による弾性散乱過程を考察する．

結晶中にその並進対称性を乱す散乱体，例えば不純物原子などがあると，キャリヤはこれによって散乱されて散乱前の状態 $\boldsymbol{k}$ から，これと異なる状態 $\boldsymbol{k}'$ へと遷移する．このような散乱過程によるボルツマン分布関数への影響は，次

式で与えられる（本章の補遺2参照）．

$$\left.\frac{\partial f}{\partial t}\right|_{\text{scatt}} = \int [f(\boldsymbol{k}')\{1-f(\boldsymbol{k})\} - f(\boldsymbol{k})\{1-f(\boldsymbol{k}')\}] P(\boldsymbol{k},\boldsymbol{k}')d\boldsymbol{k}' \tag{5.97}$$

ただし，$P(\boldsymbol{k},\boldsymbol{k}')$ は状態 $\boldsymbol{k}$ から $\boldsymbol{k}'$ へ，または $\boldsymbol{k}'$ から $\boldsymbol{k}$ への遷移確率であり，両者は等しい．5.6 節では分布関数 $f(\boldsymbol{k})$ に微小な変化 $g(\boldsymbol{k}) = f(\boldsymbol{k}) - f^0(\boldsymbol{k})$ が生じたとき，それが時間とともに回復する状況を (5.47) 式のように近似したが，本節ではさらに具体的に τ がどのように決まるかを考えよう．この近似のもとで，(5.97) 式から次の関係が導かれる．

$$g(\boldsymbol{k}) = \tau \int \{g(\boldsymbol{k}) - g(\boldsymbol{k}')\} P(\boldsymbol{k},\boldsymbol{k}')d\boldsymbol{k}' \tag{5.98}$$

空間的に一様な系で電子に力 $\boldsymbol{F}$ が加わっているとすれば，(5.44), (5.47) 式からわかるように

$$g(\boldsymbol{k}) = -\frac{\partial f^0}{\partial E} \tau \boldsymbol{v}_k \cdot \boldsymbol{F}$$

が得られる．これを (5.98) 式に用いると，散乱確率 $P(\boldsymbol{k},\boldsymbol{k}')$ が $\boldsymbol{k}'$ と $\boldsymbol{k}$ のなす角度 θ によって $P(\boldsymbol{k},\boldsymbol{k}') = p(\theta)$ と書ける場合，次の関係が得られる．

$$\frac{1}{\tau} = \int_0^\pi (1-\cos\theta) p(\theta) 2\pi \sin\theta \, d\theta \tag{5.99}$$

1個の不純物原子による散乱について，散乱ポテンシャル $V(\boldsymbol{r})$ から $p(\theta)$ を求めてみよう．2.1.8 項で述べたように，平面波として入射するキャリヤの波動関数は，散乱体の遠方では散乱波を伴った漸近形

$$\Psi(\boldsymbol{r}) \cong e^{i\boldsymbol{k}\cdot\boldsymbol{r}} + f_0(\theta) \frac{e^{ikr}}{r} \tag{5.100}$$

で表される．ただし，r は散乱体からの距離である．2.1.8 項に述べた散乱理論のボルン（Born）第1近似によれば，入射方向と角度 θ をなす方向への散乱振幅 $f_0(\theta)$ は，散乱ポテンシャル $V(\boldsymbol{r})$ によって次のように与えられる．

$$f_0(\theta) = -\frac{m^*}{2\pi\hbar^2} \int \exp\{i(\boldsymbol{k}'-\boldsymbol{k})\cdot\boldsymbol{r}\} V(\boldsymbol{r}) d\boldsymbol{r} \tag{5.101}$$

ただし m^* はキャリヤの有効質量である．したがって，θ 方向への散乱確率は

$$p(\theta) = v|f_0(\theta)|^2 = v\sigma(\theta) \tag{5.102}$$

と求められる．ここで
$$\sigma(\theta) \equiv |f_0(\theta)|^2$$
は散乱微分断面積と呼ばれる量である．一方，散乱全断面積はこれを全立体角で積分して
$$\sigma_{\mathrm{imp}} \equiv \int_0^\pi (1 - \cos\theta)\,\sigma(\theta)\,2\pi \sin\theta\,d\theta$$
で与えられる．

次に，散乱中心となる不純物が単位体積当り N 個だけ無秩序に分布している場合を考えよう．この場合の散乱振幅 $f(\theta)$ は，$\{\boldsymbol{R}_i\}_{i=1,2,\cdots,N}$ にある多数の不純物ポテンシャルからの散乱によって決まるので，(5.101) 式により次のように表される．

$$\begin{aligned}
f(\theta) &= -\frac{m^*}{2\pi\hbar^2} \sum_i \int \exp\{i(\boldsymbol{k}' - \boldsymbol{k})\cdot\boldsymbol{r}\} V(\boldsymbol{r} - \boldsymbol{R}_i) d\boldsymbol{r} \\
&= -\frac{m^*}{2\pi\hbar^2} \Big[\int \exp\{i(\boldsymbol{k}' - \boldsymbol{k})\cdot\boldsymbol{r}\} V(\boldsymbol{r}) d\boldsymbol{r}\Big] \sum_i \exp\{i(\boldsymbol{k}' - \boldsymbol{k})\cdot\boldsymbol{R}_i\} \\
&= f_0(\theta) \sum_i \exp\{i(\boldsymbol{k}' - \boldsymbol{k})\cdot\boldsymbol{R}_i\}
\end{aligned}$$

ところで $\{\boldsymbol{R}_i\}_{i=1,2,\cdots,N}$ はランダムに分布しているので，次の関係が成立する．
$$|f(\theta)|^2 = |f_0(\theta)|^2 \sum_{i,j} \exp\{i(\boldsymbol{k}' - \boldsymbol{k})(\boldsymbol{R}_i - \boldsymbol{R}_j)\} \cong N|f_0(\theta)|^2$$

$i = j$ 以外の多数の項は乱雑な位相をもつために，全体として相殺しあうからである．したがって θ 方向への散乱確率は，1個の不純物の微分散乱断面積 $\sigma(\theta)$ によって次のように書かれる．

$$p(\theta) = vN\sigma(\theta) \qquad (5.103)$$

この散乱確率を用いれば (5.99) 式の散乱時間は，1個の不純物の散乱全断面積 σ_{imp} により

$$\frac{1}{\tau} = vN \int_0^\pi (1 - \cos\theta)\,\sigma(\theta)\,2\pi \sin\theta\,d\theta = vN\sigma_{\mathrm{imp}} \qquad (5.104)$$

と表される．不純物ポテンシャルとして遮蔽されたクーロンポテンシャル

$$V(\boldsymbol{r}) = \frac{Ze^2}{4\pi\varepsilon_0\varepsilon r} \exp(-\lambda r)$$

を仮定すると，(5.101)〜(5.104) 式によって散乱時間の逆数は次のように求

められる.

$$\frac{1}{\tau(E)} = vN 2\pi \left(\frac{Ze^2}{4\pi\varepsilon_0\varepsilon E}\right)^2 \int_0^1 \frac{z^3}{2(z^2 + \lambda^2\hbar^2/8mE)^2} dz \propto E^{-3/2}$$
(5.105)

積分因子のエネルギー依存性は小さいので，散乱時間 τ はキャリヤのエネルギー E のほぼ 3/2 乗に比例して E の減少とともに小さくなる.

平均自由行程 l は電子が散乱されるまでに移動できる平均的な距離であり，散乱時間 τ により $l = v\tau$ と与えられる．(5.104) 式から $l = 1/N\sigma_{\mathrm{imp}}$ となるのであるが，これを直感的に理解するために，個々の不純物を面積 σ_{imp} の的と考えてみよう．$Nl\sigma_{\mathrm{imp}} = 1$ の状況では，電子の進行方向の厚さ l の空間に Nl という面密度で存在する多数の的は，電子前方の全面を覆い尽くしているように見える．したがって電子は距離 l だけ進むと，散乱を受ける確率が 100% になる．これが (5.104) 式の意味することである．

5.8.2 フォノンによる散乱

次に格子振動，すなわちフォノンによる電子の散乱を考えよう．この散乱ではフォノンと電子のエネルギーがやりとりされ，電子系のエネルギーは散乱前後で保存されない非弾性散乱となる．フォノンによる散乱ポテンシャルは，結晶を構成する原子位置が理想的な格子点位置からずれることで生じるので，次のように表される．

$$V(\boldsymbol{r}) = \sum_l \{v_\mathrm{a}(\boldsymbol{r} - \boldsymbol{R}_l) - v_\mathrm{a}(\boldsymbol{r} - \boldsymbol{l})\} \quad (5.106)$$

ここで $v_\mathrm{a}(\boldsymbol{r})$ は原子のポテンシャル，$\boldsymbol{R}_l$ は時々刻々と変化する格子点 l の原子位置，$\boldsymbol{l}$ は基準になる理想格子位置である（ただし以後，$l \to \boldsymbol{l}$ として格子点を指定する記号を兼ねる）．このポテンシャルによるキャリヤの状態 $\boldsymbol{k}$ から $\boldsymbol{k}'$ への散乱振幅は次のように表される．

$$\begin{aligned}f(\theta) &= -\frac{m^*}{2\pi\hbar^2} \int \exp\{i(\boldsymbol{k} - \boldsymbol{k}')\cdot\boldsymbol{r}\} V(\boldsymbol{r}) d\boldsymbol{r} \\ &= -\frac{m^*}{2\pi\hbar^2 N} \hat{v}_\mathrm{a}(\boldsymbol{k} - \boldsymbol{k}') \sum_l [\exp\{i(\boldsymbol{k} - \boldsymbol{k}')\cdot\boldsymbol{R}_l\} - \exp\{i(\boldsymbol{k} - \boldsymbol{k}')\cdot\boldsymbol{l}\}]\end{aligned}$$
(5.107)

ここで $\hat{v}_a(\boldsymbol{k})$ は原子ポテンシャル $v_a(\boldsymbol{r})$ のフーリエ変換を単位胞の体積 $\Omega_c = 1/N$ で除した量

$$\hat{v}_a(\boldsymbol{k}) = \Omega_c^{-1} \int v_a(\boldsymbol{r}) \exp(i\boldsymbol{k}\cdot\boldsymbol{r}) d\boldsymbol{r}$$

である.実際の原子位置は基準の位置から $\boldsymbol{u}_l$ だけ変位した $\boldsymbol{R}_l = \boldsymbol{l} + \boldsymbol{u}_l$ にあるが,5.7.2 項でおこなったように $\boldsymbol{u}_l$ を波数分解して

$$\boldsymbol{u}_l = \sum_q \boldsymbol{U}_q \exp(i\boldsymbol{q}\cdot\boldsymbol{l})$$

と表す.ただし,$\boldsymbol{u}_l$ は実数なので $\boldsymbol{U}_{-q} = \boldsymbol{U}_q^*$ としている.$\boldsymbol{u}_l$ は小さい量なので波数の変化を $\boldsymbol{q} = \boldsymbol{k}' - \boldsymbol{k}$ として,以下の近似ができる.

$$\frac{1}{N}\sum_l \exp(-i\boldsymbol{q}\cdot\boldsymbol{R}_l) \cong \frac{1}{N}\sum_l \exp(-i\boldsymbol{q}\cdot\boldsymbol{l})\{1 - i\boldsymbol{q}\cdot\sum_{q'}\boldsymbol{U}_{q'}\exp(i\boldsymbol{q}'\cdot\boldsymbol{l})\}$$

$$= \frac{1}{N}\sum_l \exp(-i\boldsymbol{q}\cdot\boldsymbol{l}) - i\boldsymbol{q}\cdot\sum_{q',G}\boldsymbol{U}_{q'}\delta_{q,q'+G} \quad (5.108)$$

ただし,$\boldsymbol{G}$ は任意の逆格子ベクトルである.

(5.108) 式を用いると,(5.107) 式の散乱振幅は次のように変形できる.

$$f(\theta) = \frac{m^* i}{2\pi\hbar^2}\hat{v}_a(\boldsymbol{q})\sum_{q',G}\boldsymbol{q}\cdot\boldsymbol{U}_{q'}\delta_{q,q'+G}$$

$$= \frac{m^* i}{2\pi\hbar^2}\hat{v}_a(\boldsymbol{q})\sum_G \boldsymbol{q}\cdot\boldsymbol{U}_{q+G}$$

$$\cong \frac{m^* i}{2\pi\hbar^2}\hat{v}_a(\boldsymbol{q})\boldsymbol{q}\cdot\boldsymbol{U}_q \quad (5.109)$$

最後の式は,$\boldsymbol{G} \neq 0$ の項(ウムクラップ過程に対応する項)の寄与を省略する場合に成り立つが,この近似ではフォノンの運動量と電子の運動量の和は衝突前後で保存される.このとき電子の散乱振幅の絶対値の 2 乗は

$$|f(\theta)|^2 = \sigma_a(q)|\boldsymbol{q}\cdot\boldsymbol{U}_q|^2 \quad (5.110)$$

と表すことができる.ただし,

$$\sigma_a(q) = \left(\frac{m^*}{2\pi\hbar^2}\right)^2 |\hat{v}_a(\boldsymbol{q})|^2$$

は結晶を構成する各原子の微分散乱断面積である.

さて結晶の温度を T として,音響フォノンとの相互作用による散乱時間を見積ってみよう.近似的な方法ではフォノンと電子のエネルギーのやりとりを

無視して，(5.110) 式の右辺の量を熱平衡にあるフォノン系での期待値とする．その概要を以下に説明しよう．まず 5.7 節で述べたように固有モード $C_\lambda(q)$ と振幅 $Q_\lambda(q)$ により，波数 q の変位成分を

$$U_q = \sum_\lambda Q_\lambda(q) C_\lambda(q)$$

のように展開する．さらに生成・消滅演算子により

$$Q_\lambda(q) = i\sqrt{\frac{\hbar}{2\omega_\lambda(q)}} \left(b_{\lambda q} - b_{\lambda q}{}^\dagger\right)$$

であることから

$$\langle Q_\lambda(q) Q_{\lambda'}(q) \rangle = \delta_{\lambda\lambda'} \frac{\hbar n_\lambda(q)}{\omega_\lambda(q)}$$

という関係を導く．上で $n_\lambda(q)$ はフォノン数の期待値

$$n_\lambda(q) = \left[\exp\left\{\frac{\hbar\omega_\lambda(q)}{k_B T}\right\} - 1\right]^{-1}$$

である．また脚注*5 の解析によれば，零点振動項は非弾性散乱を生じないの

---

*5 フォノンによる電子非弾性散乱の正確な解析について，補足しておこう．フォノンの放出または吸収を伴う電子遷移 $k \to k'$ の行列要素は，次式で与えられる．

$$\langle k|V|k'\rangle = i\hat{v}_a(q)(q \cdot U_q) = -\hat{v}_a(q)\sum_q \sqrt{\frac{\hbar}{2\omega_\lambda(q)}} \{q \cdot C_\lambda(q)\}(b_{\lambda q} - b_{\lambda q}{}^\dagger)$$

この式から電子＋フォノン系のエネルギー保存を考慮して，以下に述べる遷移過程ごとに，その確率 $P(k, k')$ を求める．それらを (5.97) 式の右辺に用いると，次式が得られる．

$$\begin{aligned}
\left.\frac{\partial f}{\partial t}\right|_{\text{scatt}} =& \sum_\lambda \int dq\, W_{\lambda q}[(1-f_k)f_{k+q}\{n_\lambda(q)+1\}\delta(E(k) - E(k+q) + \hbar\omega_\lambda(q))] \\
&-\sum_\lambda \int dq\, W_{\lambda q}[(1-f_{k+q})f_k n_\lambda(q)\delta(E(k+q) - E(k) - \hbar\omega_\lambda(q))] \\
&+\sum_\lambda \int dq\, W_{\lambda q}[(1-f_k)f_{k+q}n_\lambda(-q)\delta(E(k) - E(k+q) - \hbar\omega_\lambda(q))] \\
&-\sum_\lambda \int dq\, W_{\lambda q}[(1-f_{k+q})f_k\{n_\lambda(-q)+1\}\delta(E(k+q) - E(k) + \hbar\omega_\lambda(q))]
\end{aligned}$$

(1)

ただし

$$W_{\lambda q} = |\hat{v}_a(q)|^2 \frac{|qC_\lambda(q)|^2}{2\omega_\lambda(q)}$$

であり，$n_\lambda(q) = n_\lambda(-q)$ はモード λ，波数 q のフォノン分布である．右辺の第1項はフォノン放出を伴う $k+q \to k$ への電子遷移，第2項はフォノン吸収による電子遷移 $k \to k+q$，第3項はフォノン吸収による遷移 $k+q \to k$，第4項はフォノン放出による電子遷移 $k \to k+q$ に対応する．本文中の (5.116) 式は，上の (1) 式を基に導かれたものである．

5.8 キャリヤの散乱時間

で除いている. 結局, 単位胞に質量 M の原子が 1 個含まれる場合, 次のような結果が得られる.

$$\langle|\boldsymbol{q}\cdot\boldsymbol{U}_q|^2\rangle = \sum_\lambda |\boldsymbol{q}\cdot\boldsymbol{C}_\lambda(\boldsymbol{q})|^2 \langle Q_\lambda^2(\boldsymbol{q})\rangle = \sum_\lambda \frac{\hbar n_\lambda(\boldsymbol{q})|\boldsymbol{q}\cdot\widetilde{\boldsymbol{C}}_\lambda(\boldsymbol{q})|^2}{M\omega_\lambda(\boldsymbol{q})} \tag{5.111}$$

$|\boldsymbol{q}\cdot\widetilde{\boldsymbol{C}}_\lambda(\boldsymbol{q})|^2$ という因子は横波成分に対してはゼロであるから, 電子の散乱は縦波フォノン, すなわち格子振動の粗密波成分によって起こることに注目しよう.

$k_B T \geq \hbar\omega_\lambda(\boldsymbol{q})$ となるような高温では $n_\lambda(\boldsymbol{q}) \cong k_B T/\hbar\omega_\lambda(\boldsymbol{q})$ となるので, 散乱振幅を次のように見積ることができる.

$$\langle|f(\theta)|^2\rangle = \sigma_a(\theta)\langle|\boldsymbol{q}\cdot\boldsymbol{U}_q|^2\rangle \cong \sigma_a(\theta)\sum_\lambda \frac{|\boldsymbol{q}\cdot\widetilde{\boldsymbol{C}}_\lambda(\boldsymbol{q})|^2 k_B T}{M\omega_\lambda^2(\boldsymbol{q})} \cong \frac{k_B T}{Mc_l^2}\sigma_a(\theta) \tag{5.112}$$

ここで, c_l は縦波音響フォノンの音速である. 最後の関係は光学フォノンモードの寄与を無視して, 縦波 ($\lambda = l$) 音響フォノンの分散を $\omega_l(\boldsymbol{q}) \cong c_l q$ と仮定して導いた. したがって, 格子振動による散乱時間は $k_B T \geq \hbar\omega_l(\boldsymbol{q})$ の高温側では次のようになる.

$$\frac{1}{\tau_{\mathrm{ph}}} = v\sigma_a^{\mathrm{total}}\frac{k_B T}{Mc_l^2} \propto T E^{1/2} \tag{5.113}$$

ただし, 結晶を構成する原子の全断面積 $\sigma_a^{\mathrm{total}}$ は, (5.99) 式右辺の $p(\theta)$ に $\sigma_a(\theta)$ を用いて得られる. (5.113) 式により高温領域でのフォノンによる散乱時間は, キャリヤのエネルギーの 1/2 乗と温度の積に逆比例することがわかる. 低温では正確なフォノン数による次の関係

$$\langle|\boldsymbol{q}\cdot\boldsymbol{U}_q|^2\rangle = \frac{\hbar\omega_l(\boldsymbol{q})}{Mc_l^2}\left[\exp\left\{\frac{\hbar\omega_l(\boldsymbol{q})}{k_B T}\right\} - 1\right]^{-1} \tag{5.114}$$

を用いなければならない. これを用いると一般温度での散乱時間は次のように表される.

$$\frac{1}{\tau_{\mathrm{ph}}} = \frac{2\pi v}{Mc_l^2}\int_0^{\pi/2} \sigma_a(q)\frac{\hbar\omega_l(q)}{\exp\{\hbar\omega_l(q)/k_B T\} - 1}(1-\cos\theta)\sin\theta\, d\theta$$

$$\cong v\sigma_a^{\mathrm{total}}\frac{k_B T}{Mc_l^2}\left\{4\left(\frac{T}{\Theta}\right)^4 \int_0^{\Theta/T}\frac{x^4}{\exp(x)-1}\, dx\right\} \tag{5.115}$$

ただし Θ はデバイ温度で,デバイ振動数 ω_D により $\Theta \cong \hbar\omega_D/k_B$ と与えられる.高温では { } 内の値は1に近づくので,上の関係は高温での振舞い (5.113) 式を再現する.一方,低温では { } 内の積分値が定数に近づくので,散乱確率 $1/\tau_{ph}$ は温度の5乗に比例して小さくなり,その結果,平均自由行程は温度の5乗に逆比例して長くなる.

より正確には脚注*5で述べるように,フォノンの生成・吸収に伴う電子のエネルギー変化を伴う非弾性散乱過程を考慮して,散乱確率を決めなければならない.散乱後の電子エネルギーが吸収・放出したフォノンのエネルギー分だけ変化することを反映させて,(5.97) 式を解析すると

$$\frac{1}{\tau_{ph}} = v\sigma_a^{total}\frac{k_B T}{Mc_l^2}\left\{4\left(\frac{T}{\Theta}\right)^4 \int_0^{\Theta/T} \frac{x^5}{\{\exp(x)-1\}\{1-\exp(-x)\}}dx\right\} \tag{5.116}$$

という結果が得られる.しかし,高温の振舞いは (5.115) 式によるものと変わらないことが確められる.また低温では { } 内の積分値は,(5.115) 式での対応する値の5倍になるが,平均自由行程が温度の5乗に逆比例することは変わらない.

不純物による散乱とフォノンによる散乱とは独立な確率事象なので,単位時間にいずれかの散乱が起こる確率,すなわち全体の散乱時間の逆数 $1/\tau$ は次のようになる.

$$\frac{1}{\tau} = \frac{1}{\tau_{imp}} + \frac{1}{\tau_{ph}} \tag{5.117}$$

ここで,τ_{imp}, τ_{ph} はそれぞれ不純物または格子振動による散乱時間である.それぞれの散乱過程に対応する移動度を

$$\mu_{imp} = \frac{\tau_{imp}q}{m}, \quad \mu_{ph} = \frac{\tau_{ph}q}{m}$$

とすれば,上に述べた結果により

$$\mu^{-1} = \mu_{imp}^{-1} + \mu_{ph}^{-1}$$

である.τ_{imp}, τ_{ph} はキャリヤのエネルギー E に依存するが,これを熱平均 $k_B T$ に置き換えれば

$$\langle\mu_{imp}^{-1}\rangle \propto T^{-3/2}, \quad \langle\mu_{ph}^{-1}\rangle \propto T^{3/2}$$

であることがわかる．温度が高い領域では移動度は音響フォノン散乱で決定され $\mu \propto T^{-3/2}$ となり，温度の低い領域では不純物散乱で決定され $\mu \propto T^{3/2}$ となる．低温でのフォノン散乱効果 $\langle \mu_{\mathrm{ph}}^{-1} \rangle \propto T^5$ は，不純物散乱に比べて無視できる．

5.9 熱電効果

5.9.1 温度勾配のある系の輸送方程式

　個々の電子は電荷とともにエネルギーをもっているので，電流は熱の移動や放出・吸収を伴うはずである．この節では電流と熱との関係が主役を演じる**「熱電効果」**について調べよう．電子の流れを記述する出発点は 5.6.1 項に述べたボルツマン方程式 (5.44) である．この式で磁場のない場合を考え，散乱時間 τ による近似を用いると次の式が得られる．

$$\frac{q}{\hbar} \boldsymbol{E} \frac{\partial f}{\partial \boldsymbol{k}} + \boldsymbol{v}_k \frac{\partial f}{\partial \boldsymbol{x}} = -\frac{g}{\tau} \tag{5.118}$$

ただし $g = f - f^0$ は電場のない温度一定系の平衡分布からのずれである．温度勾配 ∇T がある系では，これによる分布関数の空間的な変化

$$\frac{\partial f}{\partial \boldsymbol{x}} = \left(\frac{E - \mu}{T} \nabla T \right) \left(-\frac{\partial f^0}{\partial E} \right) \tag{5.119}$$

が生じる．この関係を (5.118) 式に用いると，分布関数の変化 g は電場と温度勾配の 1 次までの近似で次のように求められる．

$$g = \left(-\frac{\partial f^0}{\partial E} \right) \tau \boldsymbol{v} \left\{ q\boldsymbol{E} + \frac{E - \mu}{T} (-\nabla T) \right\} \tag{5.120}$$

これを用いると，5.6.1 項と同じ方法で電流についての次の式が得られる．

$$\boldsymbol{J} = \frac{1}{4\pi^3} \frac{q^2}{\hbar} \int \tau \boldsymbol{v}_k \boldsymbol{v}_k \left(-\frac{\partial f^0}{\partial E} \right) \frac{dS}{|\boldsymbol{v}_k|} dE \, \boldsymbol{E}$$
$$+ \frac{1}{4\pi^3} \frac{q}{\hbar} \int \tau \boldsymbol{v}_k \boldsymbol{v}_k \left(\frac{E - \mu}{T} \right) \left(-\frac{\partial f^0}{\partial E} \right) \frac{dS}{|\boldsymbol{v}_k|} dE \, (-\nabla T)$$
$$\tag{5.121}$$

一方，熱流（熱の流れ，エネルギーフラックス）は

$$U = 2\int (E-\mu)\bm{v}_k g\, d\bm{k} \tag{5.122}$$

と表されるので，(5.120) 式を用いて計算できる．それらをまとめると，結局，電流 $\bm{J}$ と熱流 U について，以下の式が得られる．

$$\bm{J} = q^2\bm{C}_0\cdot\bm{E} + \frac{q}{T}\bm{C}_1\cdot(-\nabla T) \tag{5.123}$$

$$U = q\bm{C}_1\cdot\bm{E} + \frac{1}{T}\bm{C}_2\cdot(-\nabla T) \tag{5.124}$$

ただし

$$\bm{C}_n = \frac{1}{4\pi^3\hbar}\int \tau \bm{v}_k\bm{v}_k(E-\mu)^n\left(-\frac{\partial f^0}{\partial E}\right)\frac{dS}{|\bm{v}_k|}dE \tag{5.125}$$

である．これらの係数 $\bm{C}_0, \bm{C}_1, \bm{C}_2$ を具体的に求めてみよう．電子をキャリヤとする n 型半導体の場合には，外場のない系の分布関数 f^0 として (5.45) 式における右辺分母の 1 が無視できるので，エネルギーの原点 $E(\bm{k}) = 0$ を伝導帯の底に選ぶと

$$f^0 \cong \exp\left\{-\frac{E(\bm{k})-\mu}{k_\mathrm{B}T}\right\} \tag{5.126}$$

となる．一方，p 型半導体の正孔系ではエネルギーの原点 $E(\bm{k}) = 0$ を価電子帯の頂上に選びエネルギーの符号を逆転 $(E(\bm{k}), \mu \to -E(\bm{k}), -\mu)$ すれば，分布関数は電子と同じになる．いずれの場合でも，半導体におけるキャリヤの有効質量 $m^*(>0)$ が等方的ならば，キャリヤの属する谷の多重度を M とすると，$\bm{C}_n$ は次のようになる．

$$\bm{C}_0 = \frac{\tilde{\tau}M}{4m^*}\left(\sqrt{\frac{2m^*k_\mathrm{B}T}{\hbar^2\pi}}\right)^3 e^{\beta\mu} = \frac{\tilde{\tau}n}{m^*} \tag{5.127}$$

$$\bm{C}_1 = \frac{\tilde{\tau}n}{m^*}\left\{\left(\frac{5}{2}+\alpha\right)k_\mathrm{B}T - \mu\right\} \tag{5.128}$$

$$\bm{C}_2 = \frac{\tilde{\tau}n}{m^*}\left\{\left(\frac{5}{2}+\alpha\right)\left(\frac{7}{2}+\alpha\right)(k_\mathrm{B}T)^2 - (2\alpha+5)\mu k_\mathrm{B}T + \mu^2\right\} \tag{5.129}$$

ただし，n はキャリヤ密度であり，散乱時間のエネルギー依存性が $\tau(E) \propto E^\alpha$ で与えられる場合を考えている．

5.9 熱電効果

$$\tilde{\tau} \equiv \tau(k_{\rm B}T)\Gamma\left(\alpha + \frac{5}{2}\right)\Big/\Gamma\left(\frac{5}{2}\right) \quad (\Gamma(x) \text{はガンマ関数})$$

は，そのエネルギー値を熱平均値にした場合（$E \to k_{\rm B}T$）の実効的散乱時間である．5.8節で述べたように，音響フォノンによる散乱機構で散乱時間が決まっている場合には，$\alpha = -1/2$ である．また，縮退半導体を除いてフェルミ準位は負，$\mu < 0$ である．

金属の場合には，フェルミ分布関数 (5.45) のエネルギー微分がほぼ δ 関数に等しいことから，以下のようになる．

$$C_0 = \iint_{\text{フェルミ面}} \tau vv \frac{dS}{4\pi^3 \hbar v} \tag{5.130}$$

$$C_1 = \frac{1}{3}\pi^2(k_{\rm B}T)^2 \left[\frac{\partial C_0(E)}{\partial E}\right]_{E=\mu} \tag{5.131}$$

$$C_2 = \frac{1}{3}\pi^2(k_{\rm B}T)^2 C_0 \tag{5.132}$$

以下では，(5.123), (5.124) 式の関係と上記の係数 C_0, C_1, C_2 とによって，様々な熱電現象を解析できることを述べる．ただし，このモデルでは電子とフォノン間の相互作用が必ずしも完全には扱われておらず，そのため電子系とフォノン系との運動量がやりとりされる効果（フォノンドラッグ）が考慮されていない．これを改善したより進んだモデルについては他書に譲ろう．

さて，(5.123) 式によると温度勾配がなければ金属・半導体いずれでも，5.6節で求めた電気伝導度 σ について $\sigma = q^2 C_0$ が成立する．一方，温度勾配があるけれど，電流が流れていない棒状の導体の場合はどうなるだろうか？電流がゼロになるので，(5.123) 式で $J = 0$ とおくと内部には電場

$$E = \frac{1}{qT}C_0^{-1}C_1 \cdot (\nabla T) = Q\nabla T \tag{5.133}$$

が生じていなければならない．電場は温度勾配に比例するが，その係数 $Q = C_0^{-1}C_1/qT$ は絶対起電能と呼ばれる．縮体のない半導体では，n型，p型いずれも $C_1 > 0$ であり，Q の正負の符号はキャリヤの電荷の符号と同じになることが確かめられる．

5.9.2 種々の熱電効果
(1) ゼーベック効果

さて，2種の金属 A, B を図 5.6 のように 2 点 1, 2 で接続し，2 つの接合点 1, 2 を異なる温度 T_1, T_2 に保ったとしよう．すると開放回路に起電力 V を生じるのであるが，これをゼーベック（Seebeck）効果と呼ぶ．この回路に生じる電位差は，Q_A, Q_B をそれぞれの導体の絶対起電能とすると，次のように与えられる．

$$V = \int_0^1 E_B \, dx + \int_1^2 E_A \, dx + \int_2^0 E_B \, dx$$

$$= \int_2^1 Q_B \frac{\partial T}{\partial x} \, dx + \int_1^2 Q_A \frac{\partial T}{\partial x} \, dx$$

$$= \int_{T_1}^{T_2} (Q_A - Q_B) \, dT \tag{5.134}$$

起電力 V は温度差の小さいとき温度差 $T_2 - T_1$ に比例するが，その比例係数

$$\lim_{T_2 \to T_1} \frac{V}{T_2 - T_1} = Q_A - Q_B$$

はゼーベック係数と呼ばれる．(5.130) と (5.131) 式，(5.127) と (5.128) 式から，金属の絶対起電能は

$$Q = \frac{\pi^2 k_B{}^2}{3q} T \left[\frac{\partial \ln \sigma(E)}{\partial E} \right]_{E=\mu} \tag{5.135}$$

半導体の絶対起電能は

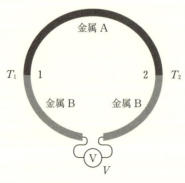

図 5.6　ゼーベック効果

$$Q = \frac{1}{qT}\left\{\left(\frac{5}{2} + \alpha\right)k_{\mathrm{B}}T - \mu\right\} \tag{5.136}$$

と与えられる．半導体の絶対起電能は金属に比べて2桁程度大きいために，半導体物質は温度差を利用する熱電デバイスへの応用に適している（第7章参照）．

（2）熱伝導度

開放回路で電流が流れない場合，(5.123) と (5.124) 式から系の熱流が

$$U = \frac{1}{T}(\boldsymbol{C}_2 - \boldsymbol{C}_1\boldsymbol{C}_0^{-1}\boldsymbol{C}_1)(-\nabla T) = \kappa(-\nabla T) \tag{5.137}$$

となり，したがって熱伝導度 κ が次のように求められる．

$$\kappa = \frac{1}{T}(\boldsymbol{C}_2 - \boldsymbol{C}_1\boldsymbol{C}_0^{-1}\boldsymbol{C}_1) \tag{5.138}$$

通常の金属の場合，右辺括弧内の第2項は第1項に比べてごく小さいからこれを無視すると，次の関係が得られる．

$$\kappa = \frac{\pi^2 k_{\mathrm{B}}^2 T}{3q^2}\sigma \tag{5.139}$$

この伝導度と熱伝導度の間の関係を，ウィーデマン（Wiedemann）-フランツ（Franz）の法則という．また

$$L = \frac{\kappa}{T\sigma} = \frac{\pi^2 k_{\mathrm{B}}^2}{3q^2} = 2.44 \times 10^{-8}\,\mathrm{W}\,\Omega\,\mathrm{K}^{-2}$$

をローレンツ（Lorenz）数と呼んでいる．

半導体の場合，キャリヤによる熱伝導度は (5.127)～(5.129) 式より次のように表される．

$$\kappa = \left(\frac{5}{2} + \alpha\right)\frac{k_{\mathrm{B}}^2 T}{q^2}\sigma \tag{5.140}$$

金属のローレンツ数 L に当たる比例定数は，半導体では金属の 0.6 倍ほどである[*6]．

[*6] (5.138)～(5.140) 式で表される熱流は電子（キャリヤ）の寄与だけによるものだが，現実の熱伝導にはフォノンによる寄与が加わる．半導体ではフォノンによる寄与の割合が金属に比して相対的に大きいので，ローレンツ数 L に当たる量は半導体物質により様々な値をとる．

(3) ペルティエ効果

次に2種の金属をつないだ回路に電流を流すと,接合点から熱の出入りが生じる現象であるペルティエ (Peltier) 効果について述べよう.ただし,系は同じ温度であり $\nabla T = 0$ と仮定する.図 5.7 のように起電力となる電位差 V を印加すると系内に電場 E が生じる.このときの熱流と電流とは

$$U = qC_1E, \quad J = q^2C_0E$$

と表される.したがって,熱流は電流に比例して

$$U = q^{-1}C_1C_0^{-1}J = \Pi J \tag{5.141}$$

となる.その比例係数 $\Pi = q^{-1}C_1C_0^{-1}$ は,ペルティエ係数と呼ばれている.(5.133) 式と比べると,ペルティエ係数と絶対起電能との間に,次のケルビン (Kelvin) の関係式

$$\Pi = QT \tag{5.142}$$

が成立することがわかる.

図 5.7 で示すように,導体の接合部を越えるとき電流は変わらないが,熱の流れは $\Pi_B J$ から $\Pi_A J$ へ,あるいは $\Pi_A J$ から $\Pi_B J$ へと不連続に変化する.したがって,2つの接合部の中の一方では外部の熱を吸収し,また他の接合部からは熱を放出する.これがペルティエ効果と呼ばれる現象である.半導体物質では金属に比べて絶対起電能がかなり大きく,したがって同じ温度ではペルティエ係数も大きい.ペルティエ効果を利用したデバイスは,第7章で見るよ

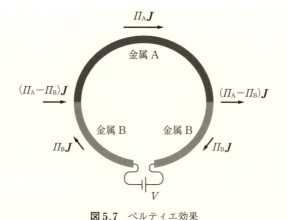

図 5.7 ペルティエ効果

（4）トムソン効果

　トムソン（W. Thomson）は温度勾配のある導体の中を電流が流れるときに，ジュール（Joule）熱以外に可逆的な発熱または吸熱現象があることを見出した．これをトムソン（Thomson）効果という．すなわち，このとき導体に発生する熱量 q_T は

$$q_T = \rho J^2 - \mu J \cdot \nabla T \tag{5.143}$$

と表される．右辺の第2項は可逆的な発熱または吸熱であるが，その値は電流 J の温度勾配に対する向きによって符号を変え，トムソン係数と呼ばれる物質固有の物理量 μ に比例する．この現象は以下のように説明できる．

　すなわち，基本方程式（5.123），（5.124）によれば，E と ∇T の両方があるとき，導体の内部エネルギー密度の時間変化 du/dt は次のように表される．

$$\frac{du}{dt} = J \cdot E - \mathrm{div}\, U \tag{5.144}$$

温度勾配によって生じる電場 $E = Q \nabla T$ と，熱流 $U = \Pi J$ を用いると，この関係は

$$\frac{du}{dt} = QJ \cdot \nabla T - \mathrm{div}(\Pi J) = \left(Q - \frac{d\Pi}{dT}\right) J \cdot \nabla T = -T \frac{dQ}{dT} J \cdot \nabla T \tag{5.145}$$

となる．ただし，最右辺はケルビンの関係式（5.142）によって得られた．以上からトムソン効果の機構が理解できるとともに，トムソン係数 μ として次の関係が得られる．

$$\mu = T \frac{dQ}{dT} \tag{5.146}$$

（5.145）式の量は温度勾配によって生じる発熱または吸熱量であるので，これに電流による通常のジュール熱の項を加えると（5.143）式が得られる．

参考文献

[1] C. Kittel : *Introduction to Solid State Physics, 8th ed.* (John Wiley & Sons, 2004). 日本語版としては,宇野良清,津屋昇,新関駒二郎,森田章,山下次郎訳:「第8版 キッテル固体物理学入門 上/下」(丸善出版, 2005/2005).
[2] C. Kittel : *Quantum Theory of Solids, 2nd rev. ed.* (John Wiley & Sons, 1987).
[3] J. M. Ziman : *Principles of the Theory of Solids* (Cambridge Univ. Press, 1969).
[4] R. E. Peierls : *Quantum Theory of Solids* (Clarendon Press, 1965).
[5] W. A. Harrison : *Solid State Theory* (Dover Publications, 1980).
[6] N. W. Ashcroft and N. D. Mermin 著,松原武生,町田一成訳:「固体物理の基礎 上・I/上・II/下・I/下・II」(吉岡書店, 1981/1981/1982/1982).
[7] 川村肇著:「半導体物理」(共立出版, 1987).
[8] 東辻浩夫著:「工学基礎 半導体工学」(培風館, 1994).
[9] H. Ibach and H. Lüth 著,石井力,木村忠正訳:「固体物理学 — 21世紀物質科学の基礎 —(改訂新版)」(丸善出版, 2012).
[10] M. Born and K. Huang : *Dynamical Theory of Crystal Lattices* (Oxford Univ. Press, 1998).
[11] 塚田捷著:「物性物理学」(裳華房, 2007).

補遺1　GaAs の価電子帯頂上近傍の $k \cdot p$ ハミルトニアン

IV族,あるいはIII-V族半導体の価電子帯の Γ 点近傍でのバンド構造を詳しく解析するためにラッティンジャー (Luttinger)-コーン (Kohn) の理論が有効である[*7]. ブロッホ波の周期関数部分 u_{nk} を決めるためのハミルトニアン H_k は,次のようになる.

$$H_k = H_0 + H_k'$$

$$H_0 = \frac{\boldsymbol{p}^2}{2m} + \frac{\hbar}{4m^2c^2}(\nabla V \times \boldsymbol{p}) \cdot \vec{\sigma}$$

$$H_k' = \frac{\hbar}{m} \boldsymbol{k} \cdot \left(\boldsymbol{p} + \frac{\hbar}{4mc^2}(\vec{\sigma} \times \nabla V)\right) + \frac{\hbar^2 k^2}{2m}$$

[*7] J. M. Luttinger and W. Kohn : Phys. Rev., 97 (1955) 869.

補遺1　GaAs の価電子帯頂上近傍の $k \cdot p$ ハミルトニアン

5.3.3項で述べた hh 状態, lh 状態, so 状態からなる 6 つの状態以外の状態との相互作用を, 2 次摂動で取り入れ, 有効ハミルトニアン行列 $D_{jj'} = E_j \delta_{jj'} + \sum_{\alpha\beta} D_{jj'}{}^{\alpha\beta} k_\alpha k_\beta$ の行列要素を構成する. ただし

$$D_{jj'}{}^{\alpha\beta} = \frac{\hbar^2}{2m}\left\{\delta_{jj'}\delta_{\alpha\beta} + \sum_\gamma \frac{p_{j\gamma}{}^\alpha p_{\gamma j'}{}^\beta + p_{j\gamma}{}^\beta p_{\gamma j'}{}^\alpha}{E - E_\gamma}\right\}, \quad p_{j\gamma}{}^\alpha = \langle u_{j0}|p_\alpha|u_{\gamma 0}\rangle$$

γ の和は上記の価電子帯頂上の 6 つの状態以外での和である. これを具体的に書けば, 次のようなラッティンジャー–コーン・ハミルトニアンが得られる. ただし, 行と列の状態は, 一連の (5.23) 式で示す $\varphi_2, \varphi_3, \varphi_7, \varphi_6, \varphi_4, \varphi_8$ の順に並べた.

$$D = \begin{pmatrix} H_{\rm hh} & H_{12} & H_{13} & 0 & iH_{12}/\sqrt{2} & -i\sqrt{2}H_{13} \\ H_{12}{}^* & H_{\rm lh} & 0 & H_{13} & -iH_{25} & \sqrt{3/2}\,iH_{12} \\ H_{13}{}^* & 0 & H_{\rm lh} & -H_{12} & -\sqrt{3/2}\,iH_{12}{}^* & -iH_{25} \\ 0 & H_{13}{}^* & -H_{12}{}^* & H_{\rm hh} & -i\sqrt{2}H_{13}{}^* & -iH_{12}{}^*/\sqrt{2} \\ -iH_{12}{}^*/\sqrt{2} & iH_{25} & \sqrt{3/2}\,iH_{12} & i\sqrt{2}H_{13} & H_{\rm so} & 0 \\ i\sqrt{2}H_{13}{}^* & -\sqrt{3/2}\,iH_{12}{}^* & iH_{25} & iH_{12}/\sqrt{2} & 0 & H_{\rm so} \end{pmatrix}$$

ただし

$$H_{\rm hh} = \frac{\hbar^2}{2m}\{(\gamma_1 + \gamma_2)(k_x{}^2 + k_y{}^2) + (\gamma_1 - 2\gamma_2)k_z{}^2\}$$

$$H_{\rm lh} = \frac{\hbar^2}{2m}\{(\gamma_1 - \gamma_2)(k_x{}^2 + k_y{}^2) + (\gamma_1 + 2\gamma_2)k_z{}^2\}$$

$$H_{\rm so} = \frac{H_{\rm hh} + H_{\rm lh}}{2} - \varDelta$$

$$H_{12} = -\sqrt{3}\,i\frac{\hbar^2}{m}\gamma_3(k_x - ik_y)k_z$$

$$H_{13} = \sqrt{3}\,\frac{\hbar^2}{2m}\{\gamma_2(k_x{}^2 - k_y{}^2) - 2i\gamma_3 k_x k_y\}$$

$$H_{25} = \frac{H_{\rm hh} - H_{\rm lh}}{\sqrt{2}}$$

である. $\gamma_1, \gamma_2, \gamma_3$ はラッティンジャー–コーン・パラメータと呼ばれるが, GaAs の場合には, $\gamma_1 = 6.85$, $\gamma_2 = 2.1$, $\gamma_3 = 2.9$ である.

補遺 2　リュービルの定理とボルツマン方程式

　5.2 節で述べたように適当な近似のもとで, 電子 (キャリヤ) を (5.18) 式のハミルトニアン H に従う古典粒子として扱うことができる. その場合, 電子の運動は正準方程式

$$\dot{x} = \frac{\partial H}{\partial p}, \quad \dot{p} = -\frac{\partial H}{\partial x}$$

によって決定される. ある時刻に x と p を座標とする位相空間にすべての電子を配置させると, それらは時間とともに連続的な軌跡を描いて移動していく. この運動は連続正準変換なので, 任意の電子の軌跡に沿って密度が一定に保たれる (リュービルの定理). これに基づいて電子の分布関数 $f(p, x, t)$ の時間変化を求める. 時刻 $t + dt$ での分布関数は, 時刻 t での分布関数によって以下のように表される.

$$\begin{aligned} f(p, x, t + dt) &= f(p - \dot{p}\,dt, x - v_k\,dt, t) \\ &= -dt\left(\dot{p}\,\frac{\partial f}{\partial p} + v_k\,\frac{\partial f}{\partial x}\right) + f(p, x, t) \end{aligned} \quad (5.\mathrm{A}.1)$$

したがって, H による電子の流れに伴う分布の変化は, 次のように与えられる.

$$\left.\frac{\partial f}{\partial t}\right|_{\mathrm{drift}} = -\dot{p}\,\frac{\partial f}{\partial p} - v_k\,\frac{\partial f}{\partial x} \quad (5.\mathrm{A}.2)$$

$p = \hbar k$ とし $\dot{p}$ を電子の受けるローレンツ (Lorentz) 力にすると, (5.44) 式の左辺は $-\partial f/\partial t|_{\mathrm{drift}}$ である. 一方, 実際の電子系では H に含まれない散乱効果によって, 電子の軌跡が不連続にジャンプして分布関数が影響を受ける. これによる分布関数の変化は, 次のように表される.

$$\left.\frac{\partial f}{\partial t}\right|_{\mathrm{scatt}} = \int \{f_{k'}(1 - f_k) - f_k(1 - f_{k'})\} P(k, k')\,dk' \quad (5.\mathrm{A}.3)$$

ただし, $f_k = f(\hbar k, x, t)$ などとした. $P(k, k')$ は, 波数 k の状態から k' の状態, あるいはその逆過程の遷移確率である. (5.44) 式は, これらの 2 つの効果が相殺して粒子分布が一定になる条件

$$\left.\frac{\partial f}{\partial t}\right|_{\text{drift}} + \left.\frac{\partial f}{\partial t}\right|_{\text{scatt}} = 0$$

を表している．また (5.47) 式の関係は，5.8 節で議論するように (5.A.3) 式をごく簡単に近似したものである．

第6章

半導体の分光物性

中山正敏

　分光物性とは耳慣れない言葉である．この章では，光をはじめとして一般的に電磁波と半導体とのかかわりについて述べる．光，電磁波は，電場 E と磁場 H との波であり，電磁気学によって解明されている．それによると真空中の電磁波は，電場ベクトルと磁場ベクトルとが両者に垂直な方向へ伝播する横波である．その様子は，空間的には波長 λ あるいはその逆数である波数 k，時間的には振動数 ν あるいはその 2π 倍である角振動数 ω によって特徴づけられる．実際に観測され実用化されている範囲も非常に広く，歴史的な事情などから様々な名前が付けられている．この中で波長が約 8×10^{-7} m の赤い光から 4×10^{-7} m の紫色の光の範囲を可視光と呼んでいる．波長が赤色の光よりも長い赤外光，紫色の光よりも短い紫外光，さらに波長が短い X 線，赤外光よりも波長が長いマイクロ波，電波なども半導体の物理に登場する．

　それぞれの波長域の光は，その尺度での半導体の物性の解明に役立ち，また応用を生んでいる．プリズム，回折格子などにより，光は波長，振動数によって分離できる．これを分光という．分光した光によって調べられる物性を**分光物性**と呼ぶことにして，各領域の現象や研究方法の特徴と共通面を浮き出せよう．また全体的な参考文献として，章末の [1] から [4] をあげておこう．

6.1 光，電磁波と半導体

6.1.1 分光物性の現象論

真空中の電磁波の波数 k と角振動数 ω との間には

$$\omega = c_0 k \quad (c_0 は真空中の光速度) \tag{6.1}$$

という関係がある．波長の単位はメートル m，振動数 ν の単位はヘルツ Hz = 1/s である．これらの値は，理論的には 0 から ∞ にわたっている．すなわち真空中の光速度 c_0 の値は普遍定数の 1 つであり，今日では基本単位量である．この 6.1 節では，物質中の巨視的な電磁気学に基づいて，現象論の基本原理を述べる．

6.1.2 電気分極

まず，物質と電場との相互作用は，物質を構成する原子核の正電荷と電子の負電荷との分布に対する電場からの電気力である．分子の中には，外部の電場がなくても電荷分布に偏りがあり，電気双極子をもつものがある．これを有極性分子という．外部電場がなければ，電気双極子集団の平均としての分極はない．外部電場があると，電気双極子は平均としても電場の方向を向く．微視的な電気双極子の集団の体積平均を**電気分極** P という．

また電気力の向きは電荷の符号によるので，電場の作用によって物質の電荷分布 ρ には偏りが生じる．原子の電荷分布の偏りは，電気双極子モーメント p_e で表される．

$$p_e = \int dV \rho r \tag{6.2}$$

単位体積中の原子の集団の電気双極子の総和を，巨視的な電気分極 P と呼ぶ．

$$P = \sum_i p_{e,i} = n \langle p_e \rangle \tag{6.3}$$

$\langle p_e \rangle$ は原子などのミクロな電気双極子モーメントの平均，n はその密度である．電場があまり強くない場合には，電気分極 P は電場 E に比例する．

$$P = \chi_e E \tag{6.4}$$

χ_e を**電気感受率**という．

光の波を表すのに，第 3 章での格子振動のように，複素数の指数関数

6.1 光, 電磁波と半導体

$$E = E_0 \exp\{i(\omega t - \boldsymbol{k}\cdot\boldsymbol{r})\} \tag{6.5}$$

を用いる. $\boldsymbol{P}$ もまた同様に表す. 電場や電気分極は観測できる実数であるから, 実際には指数関数の実数部 $\cos(\omega t - \boldsymbol{k}\cdot\boldsymbol{r})$ が問題である. このやり方は交流回路のときと同じである. 光の電場が時間的に変動しているから, 電気分極の値もまた時間的に変動する. 時刻 t' における電場 $\boldsymbol{E}(t')$ の分極作用には時間がかかるので, t' 以後の電気分極が電場の影響を受ける. すなわち, (6.4) 式には時間の遅れの効果があり

$$\boldsymbol{P}(t) = \int dt' \chi_e(t,t') \boldsymbol{E}(t') \tag{6.6}$$

となる. 積分は $t' = -\infty$ から t までおこなう. これが**因果律**を表している. 以下

$$\boldsymbol{E}(t') = \boldsymbol{E}(\omega)\exp(i\omega t')$$

として, $\boldsymbol{P}$ を計算すると

$$\boldsymbol{P}(t) = \boldsymbol{P}(\omega)\exp(i\omega t), \quad \boldsymbol{P}(\omega) = \chi_e(\omega)\boldsymbol{E}(\omega) \tag{6.7}$$

と書ける. χ_e は

$$\chi_e(\omega) = \int dt' \exp(-i\omega t')\chi_e(t,t') \tag{6.8}$$

である. $\chi_e(t,t') = \chi_e(t-t')$ であるから, (6.8) 式の積分は, 変数 $t-t'$ について $-\infty$ から 0 までおこなうことになる. $\chi_e(\omega)$ は一般に複素数で

$$\chi_e = \chi_e' + i\chi_e'' = |\chi_e|\exp(i\phi)$$

と書くことにする. これらから

$$\boldsymbol{P}(t) = \chi_e(\omega)\boldsymbol{E}(\omega)\exp(i\omega t) = |\chi_e|\boldsymbol{E}\exp\{i(\omega t - \phi)\}$$

すなわち, 実数部をとって

$$\boldsymbol{P}(t) = |\chi_e(\omega)|\boldsymbol{E}(\omega)\cos(\omega t - \phi) \tag{6.9}$$

となる. ϕ は交流回路でおなじみの位相の遅れを表す. $|\chi_e|$ は絶対値で, ϕ は

$$\tan\phi = \frac{\chi_e''}{\chi_e'} \tag{6.10}$$

である. 電気分極による半導体の分光物性は $\chi_e(\omega)$ によって表される. 半導体の電気分極の機構は様々ある. 図 6.1 に, 振動数の低いほうから分子双極子の回転, イオンの変位, 価電子の励起の順に分極率のスペクトルを示した.

物質中の電場は電気分極の寄与があるために, 物質を構成する電荷以外の外

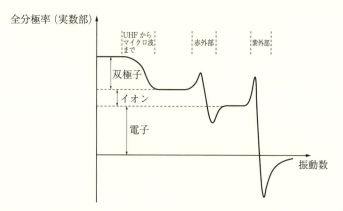

図 6.1 電気分極の機構と誘電率への寄与の様子．図の上から，有極性分子の電気双極子，イオン，電子の運動による寄与である

部電荷による電場とは異なる．外部電荷を源とする電場は，電束密度 D によるものである．

$$D = \varepsilon_0 E + P = \varepsilon E \tag{6.11}$$

である．ε を物質の誘電率という．

$$\varepsilon = \varepsilon_0 + \chi_e \tag{6.12}$$

である．磁性が弱い物質中の光に対しては

$$\varepsilon \omega^2 = \mu_0 k^2 \tag{6.13}$$

が成り立つ．μ_0 は真空の透磁率である．χ_e したがって ε は複素数であるから，波数 k もまた複素数 $k' + ik''$ である．

$$k'^2 - k''^2 = \frac{\varepsilon' \omega^2}{c^2}, \quad 2k'k'' = \frac{\varepsilon'' \omega^2}{c^2} \tag{6.14}$$

である．k'' があると，指数関数は $\exp(-\boldsymbol{k}'' \cdot \boldsymbol{r})$ となる．

$$\frac{k\omega}{c_0} = n = n' + n''$$

を複素屈折率という．

外部から入射した光による物質の応答は**屈折率** n で表される．たとえば垂直に入射した光の**反射率** R は

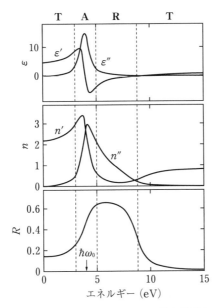

図 6.2 誘電率，屈折率，反射率の関係．上から複素誘電率，複素屈折率，反射率の大まかな様子．T は透過域，A は吸収域，R は反射域である

$$R = \left| \frac{(n'-1)^2 + n''^2}{(n'+1)^2 + n''^2} \right|$$

である．電子系の分極の固有角振動数 ω_0 近くの様子を図 6.2 に示す．ω_0 から遠い ω 領域（T）では $n' > 0$ で，光の一部分は物質中へ**透過**し，一部分は反射される．ω_0 の近傍（A）では ε'' が大きくなり，n'' も大きくなる．これは，光が物質に**吸収**されて弱くなることを示す．それよりも大きな ω 領域（R）では $n'' > n'$ であって，光は物質中で減衰する．これは $\varepsilon' < 0$ で，光が物質中を伝播できないからである．光の吸収は弱く，大部分の光は真空側へ反射される．物質が薄層の場合には，一部の光は裏面に到達して，そこから真空へと出ていく．これは光の波の"トンネル効果"である．この例のように，光の反射などの応答から，物質の誘電率の様子を知ることができる．

　ε'' あるいは χ'' が光の吸収を与えることを別の角度から見るために，電場が電気分極に対してする仕事率 $W = \dot{\boldsymbol{P}} \cdot \boldsymbol{E}$ を求めると

$$\dot{P}\cdot E = -\omega|\chi_\mathrm{e}|E_0{}^2 \sin(\omega t - \phi)\cdot\cos\omega t$$
$$= \omega|\chi_\mathrm{e}|E_0{}^2(\sin\omega t\cos\omega t\cos\phi - \cos^2\omega t\sin\phi)$$

となり，その時間平均は

$$\langle\dot{P}\cdot E\rangle = \frac{\omega}{2}|\chi_\mathrm{e}|E_0{}^2\sin\phi = \frac{\omega}{2}E_0{}^2\chi_\mathrm{e}'' \tag{6.15}$$

となる．交流回路と同様に位相の遅れ，それをもたらす χ_e'' が電気的エネルギーの散逸を表すのである．

6.1.3 調和振動子モデル

実際の半導体の電気感受率の計算は量子力学によってなされるが，これについては 6.2 節で述べる．ここでは，その前にミクロな電気分極のモデルとして，調和振動子を用いて電気感受率を具体的に調べよう．第3章で述べた格子振動の光学モードを念頭に，古典論的な調和振動子を考えて，その電場による変動を調べよう．これは電子の存在が確立されたのち，ローレンツ（Lorentz）によって原子の光学的性質が論じられたのでローレンツ（Lorentz）モデルという．調和振動子の**共鳴角振動数**を ω_0，速度に比例する抵抗による減衰係数を γ，電場との結合係数を q とすると，座標 x の運動方程式は

$$\ddot{x} = -\omega_0{}^2 x - \gamma\dot{x} + qE \tag{6.16}$$

$E = E_0\exp(i\omega t)$ に対する定常解から，電気感受率 χ_e は次のようになる．

$$\chi_\mathrm{e} = n\frac{q^2}{m}\frac{1}{\omega_0{}^2 - \omega^2 - i\gamma\omega} \tag{6.17}$$

χ_e の実数部 χ_e' と虚数部 χ_e'' は，次のようになる．

$$\chi_\mathrm{e}' = \frac{q^2}{m}\frac{\omega_0{}^2 - \omega^2}{Z} \tag{6.18}$$

$$\chi_\mathrm{e}'' = \frac{q^2}{m}\frac{\gamma\omega}{Z} \tag{6.19}$$

$$Z = \frac{q^2}{m}\{(\omega_0{}^2 - \omega^2)^2 + \gamma^2\omega^2\} \tag{6.20}$$

電気分極の振動の位相の遅れは

$$\tan\phi = \frac{\gamma\omega}{\omega_0{}^2 - \omega^2} \tag{6.21}$$

6.1 光, 電磁波と半導体

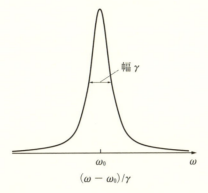

図 6.3 ローレンツモデルの光吸収スペクトル

である. 位相の遅れがあるために, 光の電場はエネルギーを散逸する. その時間率 W の時間平均は

$$W = \langle \dot{P} \cdot E \rangle = \frac{P_0 E_0}{2} \omega \sin\phi$$

$$= \frac{P_0 E_0}{2} \frac{\gamma\omega}{Z} \quad (6.22)$$

となる. W は図 6.3 のように $\omega = \omega_0$ に共鳴ピークをもち, その幅は γ の程度である. γ が小さいとピークは鋭くなる. γ が大きくなるとピークは下がり, 幅は広くなる. ω_0 は半導体中の電荷の変位に対する復元力, γ は半導体中の熱運動などへのエネルギー散逸に由来する. 光の吸収スペクトルによって, これら半導体中の電子の運動に対する知見が得られる.

(6.18) 式によれば, $\omega \gg \omega_0$ では χ_e は $-nq^2/m\omega^2$ となる. これにより誘電率は

$$\varepsilon \cong \varepsilon_0 - \frac{nq^2}{m\omega^2} \quad (6.23)$$

となる. これは次節で述べるように, 半導体の誘電率について一般的に成り立つ特徴である. ε は共鳴角振動数 ω_0 で発散するが, それよりも高い角振動数で 0 となる点がある. この角振動数を**プラズマ角振動数** ω_p という.

$$\omega_p^2 = \frac{nq^2}{m\varepsilon_0} + \omega_0^2 \quad (6.24)$$

$\varepsilon = 0$ ということは (6.11) 式により, $D = 0$ だが $E \neq 0$ ということである.

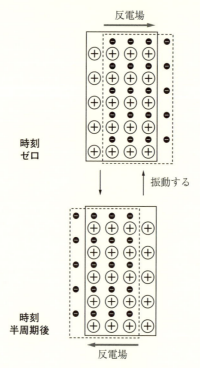

図 6.4 反電場によるプラズマ振動．電荷の移動により，端の面に正，負の電荷がたまる．それによる反電場が電荷を打ち消すように働く

　これは図 6.4 に示すように，バルクの電気分極によって，半導体試料の表面にたまった正負の電荷が作る**反電場**が，外部電荷を源とする D がなくても自立的に振動することを示す．この振動を**プラズマ振動**といい，ミクロな電気双極子の集団振動である．これは，格子振動の場合の縦波の光学振動モードに対応する．同様のことが一般に，電子系についても起こる．量子力学では，すべての波に対応した粒子（量子）を考える．プラズマ振動の量子を**プラズモン**という．

　プラズマ振動は 3 次元系では縦波であるが，2 次元系では横波としても存在する．図 6.4 で厚さが小さいときは，面に平行な電気分極があり，それによる反電場が生じる．調和振動子が面に垂直に並んだシートを考える．この場合，面に垂直な D が 0 であっても，シート内は $P \neq 0$ となり得る．このような 2

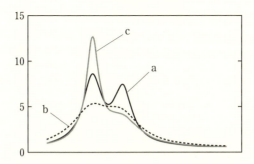

図 6.5 抵抗力に相関がある2つの振動子による光吸収. 振動子1の減衰が振動子2の速度に比例するような模型. この効果が強くなると, 一方のピークの幅も狭くなる (c)

次元的なプラズモンは, 表面準位間の遷移, 表面吸着系などで観測されている.

誘電率が ω に依存することから, 横波についても集団運動が起こる. 横波の分散式 (6.13) に $\varepsilon(\omega)$ を代入すると, ω^2 についての2次方程式となるから, 与えられた波数 k に対して2つの解が現れる. 電場と電気分極の2種類の波が結合して, 混成波ができるのである. この波の量子を**ポラリトン**という.

実際の半導体では, すべてのミクロな調和振動子は必ずしも同等ではない. 復元力や減衰抵抗の異なる調和振動子の集団として考えるべきである. 復元力, したがって共鳴角振動数 ω_0 が一定ではなくて分布している場合には, W のスペクトルにはそれに由来する幅が現れる. このように吸収スペクトルの共鳴位置だけではなく, 線幅もまた知見を与えてくれる. その点の理解のために, 2つの共鳴振動子系の W の様子を調べてみよう. ごく簡単な例として, 共鳴角振動数が ω_1 と ω_2 の2つの共鳴振動子の運動がある場合の吸収率は, 図 6.5のようになる. 減衰率 γ が小さい場合には, 2つのピークが現れる (a). γ が大きくなると2つは重なり合って, 幅広いピークとなる (b). 興味深いのは, 振動子1の抵抗力に, 振動子2の速度に比例する項 $(-\beta\dot{x})$ がある場合である. この場合は, 結合した振動子のモードの減衰は等しくない. その結果, 1つのモードはかえって幅が狭くなる (c). それは, 例えば振動子1が減衰する前に振動子2の効果で乱されて, 減衰が途中で止まるからである. 実際の観測スペクトルの解析にあたっては, このような視点も必要なのである.

6.1.4 分光物性のニューモード

　伝統的な分光物性は，真空中から分光された光を物質に入射させて，反射，透過，吸収を波長ごとに調べ研究されてきた．しかし最近の計測技術，情報処理，さらに物質加工などの技術の進展によって，この伝統的な手法とは異なる研究が発展してきた．その詳細は 6.3 節以降で述べるが，ここで 3 つのことを指摘しておこう．

　第一は，**フーリエ（Fourier）変換分光法**である．すなわち $E(t)$ に対する $P(t)$ を測定して，それをフーリエ変換して $P(\omega)$ を求める．したがって，光を分光する必要がない．分光装置なしで，しかもある時間幅の $P(t)$ の測定により，$P(\omega)$ の全体が一挙にわかる．励起光パルスの時間幅はフェムト秒（10^{-15} s），さらにアト秒（10^{-18} s）域に達した．これに対する $P(t)$ の様子は，前者では原子の，後者では電子の運動を反映したものとなる．

　第二は，光の立体回路の活用である．6.7 節で述べる磁気共鳴では電波やマイクロ波を使う．これらの波は導波管などを使って試料まで導いていた．試料は空洞共振器の中に入れていた．これは交流回路の LC に当たるもので，試料の吸収は抵抗 R を挿入することに当たる．マイクロ波の振動数は GHz で，波長は cm，これが導波管のサイズである．最近の加工技術の進歩により，10^2 nm から μm 程度のサイズのチューブができるようになった．これは可視光から赤外光の波長程度であるから，光の伝達路を組み込んだ立体回路が作れる．フォトダイオードなどと組み合わせると，電流線のない光トランジスタが作られる．

　第三は，レーザーなどの利用によって，高出力の $P(t)$ が得られることである．磁気共鳴では，低温でも $h\nu$ が $k_B T$ より小さい領域となり，スピンの運動は半古典的である．また，時間発展の追跡もおこなわれた．高出力赤外分極などでも似たような状況が作り出されて，量子状態間遷移ではない波動的な分極が作られる場合がある．

　これらの詳細は 6.3 節以下で述べるが，それらによって分光物性が切り開く物理像はより豊かになってきた．また，応用の道も開けてきた．

6.2 分光物性の量子力学的理論

6.2.1 誘電関数の計算法

この節では第4章と第5章で述べてきた半導体電子状態の量子論に基づいて電気感受率を計算し，分光物性を考える基礎を述べる．半導体と光両方を含む系の量子状態を $|I\rangle$，その中の半導体の状態を $|i\rangle$，角振動数 ω のフォトンの個数を n_i とする．$t=0$ において光との相互作用がない状態 $|I\rangle$ から出発して，相互作用による状態の変化を追い，これから電気分極を計算する．状態 $|I\rangle$ のエネルギーは $E_I = E_i + (n_i + 1/2)\hbar\omega$ である．E_i は半導体のエネルギーである．状態 $|I\rangle$ の時間変化は，因子 $\exp(-iE_I/\hbar)$ で表される．

電気分極 $\boldsymbol{P}$ と光の電場 $\boldsymbol{E}$ との相互作用ハミルトニアンは

$$H' = -\boldsymbol{P}\cdot\boldsymbol{E}$$

である．いま

$$\Psi = \sum b_J(t)|J\rangle \tag{6.25}$$

として（ここで和は状態についてとるものとする．以下でも同じ），運動方程式 $i\hbar\dot{\Psi} = \langle J|H|I\rangle|J\rangle$ から，摂動の1次では

$$i\hbar\dot{b}_J = \sum \langle J|H'|I\rangle b_I \exp(i\omega_{IJ}t)$$
$$\omega_{IJ} = \frac{E_I - E_J}{\hbar} \tag{6.26}$$

である．

相互作用 H' が関数 $\exp(-\eta t)$ によって断熱的にゆっくり変化したとすると，b_J は次のようになる．

$$b_J = \sum \langle J|H'|I\rangle \frac{\exp\{i(\omega_{IJ}-i\eta)t\}-1}{i(\omega_{IJ}-i\eta)} \tag{6.27}$$

これから，状態Jの確率には次の因子がある．

$$\frac{4\exp(-2\eta t)\sin^2\omega_{IJ}t}{\omega_{IJ}^2 + \eta^2} \tag{6.28}$$

状態Jのエネルギー E_J は連続に分布している．半導体のエネルギー E_j はバンド構造で連続的であるし，さらに一般に光の状態は伝播する波数ベクトルの方向が分布しているので連続的である．ω_{IJ} の関数として (6.28) 式を調べる

と，$t \neq 0$ の場合は，ω_{IJ} が 0 の近くで大きな値をとる．これは δ 関数である．$(\omega_{IJ} - \omega)^2$ が準位間隔より大きければ

$$|b_J|^2 = At\sum|\langle J|H'|I\rangle|^2 \delta(\omega_{IJ}) = W_{IJ}t \tag{6.29}$$

すなわち，系は状態 I と同じエネルギーの状態 J へと一定の時間率 W_{IJ} で遷移する．W_{IJ} を遷移確率速度という．係数 A は状態の密度などから計算できる．

H' は電場について 1 次であるから，相互作用する状態は $n_j = n_i \pm 1$, すなわちフォトンが 1 個増える（光の放出）か，あるいは減る（光の吸収）かの状態である．前者の確率速度は $n_i + 1$ に，後者は n_i に比例する．古典論の光の電場の強さ E^2 は n_i に比例する．半導体の 2 つの状態 i, j の間の n_i に比例する放出と吸収は古典論的なもので，**誘導放出**，**誘導吸収**と呼ばれる．一方，$n_i = 0$ でも起こる光の放出は**自然放出**と呼ばれる．半導体の 2 つの状態のエネルギーをあらためて $E_i < E_j$ と書くと，吸収，放出する光子のエネルギー $\hbar\omega = E_j - E_i$ で，$\delta(\omega_{IJ})$ はこのエネルギー保存則を表す．光の放出確率速度を W_{ij}, 吸収確率速度を W_{ji} と書くと

$$\frac{W_{ij}}{W_{ji}} = \frac{n_\omega + 1}{n_\omega} \tag{6.30}$$

である．半導体が状態 i, j にある確率を f_i, f_j とすると，放出過程の時間率は $f_j(n_\omega + 1)$, 吸収過程の時間率は $f_i n_\omega$ に比例する．熱平衡では，この両者は等しい．また

$$\frac{f_j}{f_i} = \exp\left(-\frac{E_j - E_i}{k_B T}\right)$$

である．一方

$$n_\omega = \frac{1}{\exp(n_\omega \hbar\omega/k_B T) - 1}$$

で，確かにこの関係が成り立つ．

(6.27) 式に戻って，t が大きい場合の定常状態を計算すると

$$b_J = b_j \exp\left\{i\left(\frac{E_j}{\hbar} \pm \omega\right)t\right\}$$

によって定義した b_j は次のようになる．

$$b_j = \sum \langle j|P|i\rangle A\left\{\frac{\sqrt{n_i}}{i(\omega_{ij}+\omega+i\eta)}+\frac{\sqrt{n_i+1}}{i(\omega_{ij}+\omega-i\eta)}\right\} \tag{6.31}$$

電気分極の期待値は次のようになる.

$$\langle\Psi|P|\Psi\rangle = A^2\sum|\langle j|P|i\rangle|^2\left(\frac{n_i}{\omega_{ij}+\omega+i\eta}+\frac{n_i+1}{\omega_{ij}-\omega+i\eta}\right) \tag{6.32}$$

半古典論的な場合の電気感受率は

$$\chi_e = \sum|\langle j|P|i\rangle|^2\left(\frac{1}{\omega_{ij}+\omega+i\eta}+\frac{1}{\omega_{ij}-\omega+i\eta}\right) \tag{6.33}$$

$\eta \ll |\omega_{ij}\pm\omega|$ では, χ_e は実数で

$$\chi_e' = 2\sum|\langle j|P|i\rangle|^2\frac{\omega}{\omega_{ij}^2-\omega^2} \tag{6.34}$$

となる. $\eta \gg |\omega_{ij}\pm\omega|$ では, χ_e の虚数部が $1/\eta$ で発散するが, ω についての積分値は有限である. 再び δ 関数を用いると, χ_e の虚数部は

$$\chi_e'' = \pi\sum|\langle j|P|i\rangle|^2\{\delta(\omega_{ij}+\omega)+\delta(\omega_{ij}-\omega)\} \tag{6.35}$$

となる. 第1項は, フォトンを1個吸収して半導体の状態が $i \to j$ と遷移する過程を, 第2項はフォトンを1個放出する過程をそれぞれ表すのである. こうして, 半導体の電気感受率を計算する方法がわかった. 実数部と虚数部とをそれぞれ ω の関数として測定し, 電子構造の計算結果と比較することが, 半導体の分光物性研究の正統的な方法である.

6.2.2 誘電関数の諸性質

電気感受率は複素関数であるから, ω もまた複素数として, 複素関数論を用いて調べることができる. (6.33) 式の構造から, 次の積分を考える.

$$\wp\int d\omega'\frac{\chi_e(\omega')}{\omega'-\omega}$$

この積分は主値積分と呼ばれて, ω の実数軸に沿って $-\infty$ から $\omega-\xi$ までと, $\omega+\xi$ から ∞ まで積分をおこなう ($\xi \to 0$ と考える). (6.33) 式から, 被積分関数は次のような形となる.

$$\frac{1}{(\omega'-\omega)(\omega'+\omega_{ij}-i\eta)} = -\frac{1/(\omega'+\omega_{ij}-i\eta) - 1/(\omega'-\omega)}{\omega+\omega_{ij}+i\eta}$$

これを主値積分すると，右辺の分子の実数部は打ち消しあって 0 となる．虚数部は右辺の分子の第 2 項だけが残るが，複素積分すると $i\pi$ となる．こうして次の関係式が成り立つ．

$$\chi_\mathrm{e}(\omega) = -\frac{i}{\pi} \wp \int d\omega' \frac{\chi_\mathrm{e}(\omega')}{\omega'-\omega} \tag{6.36}$$

あるいは，実数部と虚数部とで表せば

$$\chi_\mathrm{e}'(\omega) = -\frac{i}{\pi} \wp \int d\omega' \frac{\chi_\mathrm{e}''(\omega')}{\omega'-\omega} \tag{6.37}$$

$$\chi_\mathrm{e}''(\omega) = -\frac{i}{\pi} \wp \int d\omega' \frac{\chi_\mathrm{e}'(\omega')}{\omega'-\omega} \tag{6.38}$$

このように，虚数部（または実数部）のスペクトルが全域でわかれば，実数部（虚数部）のスペクトルがわかる．これを**クラマース（Kramers）-クローニヒ（Kronig）の関係**という．(6.37) 式で $\omega = 0$ とすれば，静電場の感受率は

$$\chi_\mathrm{e}'(0) = \int d\omega' \frac{\chi_\mathrm{e}''(\omega')}{\omega'^2} \tag{6.39}$$

となる．静電感受率したがって誘電率は，ω の低いところに吸収のある半導体，すなわちバンドギャップが小さい半導体ほど大きい．

また，χ_e'' に対して次の関係が成り立つ．

$$\int d\omega' \omega' \chi_\mathrm{e}''(\omega') = 一定 \tag{6.40}$$

その導出には，まず交換関係から導かれる以下の式

$$[x,H] = \left[x, \frac{p^2}{2m}\right] = ([x,p]p + p[x,p])\frac{1}{2m}$$
$$= \frac{i}{\hbar m} p$$

の i, j 要素の式

$$\langle i|x|j\rangle(E_i - E_j) = \frac{i}{\hbar m}\langle i|p|j\rangle$$

を用いる．ここで，さらに交換関係 $[x,p] = i\hbar$ の i, j 要素を利用して計算すると

6.2 分光物性の量子力学的理論

$$\sum |\langle i|x|j\rangle|^2 (E_i - E_j) = m \qquad (6.41)$$

となる．この関係式を用いれば (6.40) 式が成り立つことがわかる．これを**総和則**という．

この関係式は，量子力学的に求めた電気感受率が，古典論的な調和振動子の集合としてとらえられることを示している．調和振動子の共鳴角振動数 ω_0 の値が連続的に分布している集団を考えよう．(6.19) 式により，虚数部 χ_e'' の値は $\omega_0 = \omega$ でピークとなるから，δ 関数 $\delta(\omega_0 - \omega)$ で表される．その強さは ω_0 の値をもつ個数分布の密度 $n(\omega_0)$ に比例する．すなわち，(6.19) 式に ω_0 を掛けて ω_0 で積分すると

$$\frac{q^2}{m} \int d\omega_0 \, \omega_0 n h(\omega_0) \delta(\omega_0 - \omega) \qquad (6.42)$$

という形になる．この表式を (6.41) 式を用いた (6.40) 式と比べると，量子論的な i→j 遷移を共鳴角振動数とする感受率の総和則は，古典論的な感受率に従う調和振動子を数え上げることに対応している．i を固定したときに，j について遷移エネルギーは分布していて，その総和は 1 になる．さらに i について和をとると，i が属するバンドの電子密度となる．すなわち，調和振動子が強度 f_{ij} で分布していることになる．f_{ij} を**振動子強度**と呼び

$$f_{ij} = \frac{2m\omega_{ij} |\langle i|P|j\rangle|^2}{\hbar q^2} \qquad (6.43)$$

である．これを用いると (6.34) 式は

$$\chi_e = \frac{q^2}{m} \sum f_{ij} \left(\frac{n_i}{\omega_{ij} + \omega + i\eta} + \frac{n_i + 1}{\omega_{ij} - \omega + i\eta} \right) \qquad (6.44)$$

と非常に見やすい形になる．総和則は，状態 i にある 1 個の電子の振動子強度の状態 j についての総和が 1 であるということである．半導体の価電子について，終状態 j についての和を上限 E 以下でとったときの振動子個数の様子を図 6.6 に示す．Si では $E \to \infty$ で s, p 電子の総数 4 に漸近する．化合物では d 電子の寄与もある．

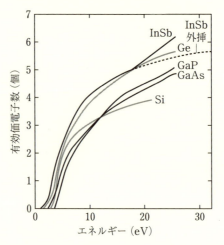

図 6.6 半導体の価電子の有効振動子個数の上限エネルギー変化 (J. C. Phillips : *Bonds and Bands in Semiconductors. 1st ed.* (Academic Press, 1973) による)

6.2.3 分光物性の概観

　光,電磁波と物質との相互作用にはいくつかのスケールがある.1個の原子を考えると,その中の電子の密度分布の広がりと同程度の波長の電磁波は X 線に相当する.そこで,原子による X 線の散乱が観測されている.多数の原子よりなる半導体では,原子の配列が散乱 X 線の干渉効果をもたらすので,これを利用して結晶構造や,またアモルファス物質の様子を知ることができる.また原子集団の運動による振動の振動数は赤外光の範囲に当たるので,赤外光の吸収や放出をもたらす.このように物質の空間的スケールに応じた波長,また運動の時間的スケールに応じた振動数の光,電磁波との相互作用が重要である.

　原子の中の電子の運動は,それぞれの原子に固有のいくつかの振動数の振動を引き起こす.これに対応する光の振動数の集合は原子スペクトルと呼ばれる.その研究が量子力学をもたらした.その範囲は可視光から紫外光,X 線に広くまたがっている.原子核に近い内殻電子による振動は,X 線から紫外光にわたっている.その様子から,半導体物質がどのような原子から構成されてい

るかを知ることができる．しかし細かく見ると，この運動も原子の全体の状況，例えば価数に依存している．また振動の様子は，周囲の原子の配置にも依存する．こうして X 線から紫外光域のスペクトルもまた，半導体についての知見を与えてくれる．6.3 節ではこれらのことを紹介する．

価電子の状態や運動は原子間の化学結合の状態を反映して，物質に依存して多彩である．半導体結晶では第 4 章で述べたように，電子のとり得る状態はバンド構造となる．電子の運動には異なるエネルギーバンド間の遷移によるものと，伝導帯中の遷移，価電子帯中の遷移によるものとがある．前者はバンド間の電気分極により，光の吸収や放出をもたらす．6.4 節ではこれによる物性を述べる．後者はそれぞれ伝導電子の運動，正孔の運動によるものである．これらについても 6.4 節で述べる．半導体ではこれらのことが精細に研究されており，物性物理学のお手本といえよう．

第 4 章で述べたように，半導体中の欠陥によってその周りに局在した電子状態が作られる．イオン性の強い結晶の空格子点の周りに局在した電子による光の吸収は色中心と呼ばれ，固体物理学の初期から研究がなされた．不純物原子によるドナー，アクセプターは，半導体の電子物性の重要な問題であるが，その分光学的な研究は電子状態の基礎研究としても，また p 型および n 型半導体の応用の面でも重要である．これらについて 6.5 節で述べる．

半導体の原子の運動による格子振動は，赤外光域の電磁波と相互作用する．これらは原子の価数状態や原子間力に関係している．格子欠陥の近くで，そこへ局在した振動モードがある．この領域では光の吸収，放出とともに，入射光が散乱を受けて振動数が異なる振動数の光となるラマン（Raman）散乱も重要である．これは電磁波との 2 次の相互作用による．これらについて 6.6 節で述べる．化合物半導体では，原子はイオン性をもつ．このようなイオンの運動についての分光物性は 6.6 節で述べる．

電子や一部の原子核はスピンによる磁気モーメントをもつ．磁気モーメントと電磁波との磁気的相互作用は，電気的相互作用に比べると弱い．このため電子スピンとの相互作用はマイクロ波，原子核スピンとの相互作用は電波（ラジオ波）の領域となる．しかし振動数が一致する近くでは共鳴的になり，電磁波の吸収が観測される．これらは電子スピン共鳴，核磁気共鳴と呼ばれていて，

電子スピンや核スピンの運動の様子を反映する．また応用例も多い．これら磁気共鳴については 6.7 節で述べる．

本書では主として光のエネルギーが吸収される場合について述べるが，半導体に蓄えられたエネルギーの光放出については 6.8 節で述べる．放出スペクトルは，吸収スペクトルとは異なる点が多い．その機構についても述べよう．

6.3 内殻電子励起

6.3.1 内殻電子

半導体の諸性質は，主に価電子の状態で決まる．しかし，価電子より内側に分布している内殻電子と光との相互作用からも，様々な知見が得られる．この節では半導体，特にシリコンについて主として述べるが，その手法は他の半導体，さらには金属などの固体に広く応用できる[*1]．

ボーア (Bohr) モデルによって，原子核の位置の点電荷 Z^*e によるポテンシャル中の原子エネルギー準位は，主量子数 n によって

$$E_n = -13.6 \times \frac{Z^{*2}}{n^2} \,[\mathrm{eV}]$$

で与えられる．多くの元素の X 線スペクトルが，$Z^* = Z - b$ $(b \cong 1)$ として表されるというモーズリー (Moseley) の法則は，原子構造の量子論の土台となった．Si では $Z = 14$ だから，$b = 0$ とすると，1s の準位は $E_1 = -2.67 \times 10^3$ eV となる．1s 軌道には電子が 2 個いるから，その遮蔽効果で $b = 1$ とすると -2.3×10^3 eV となる．ところが Si 結晶の実験結果では，1s 準位は -1.84×10^3 eV である（図 6.7）．これは，1s 以外の電子との相互作用による．例えば，価電子は 4 つの共有結合に結合電荷として存在する．その分布は球対称ではないから，内殻電子にも有限の効果をもたらす．また 1s 電子は外側の殻の電子と直交するので，内側へ閉じ込められると考えられる．このように内殻電子からの励起は，他の原子の電荷分布を反映する．

分光学の伝統として，初期状態の準位 $n = 1$ を K，2 を L，3 を M，4 を N，… という記号で表す．

[*1] 基本的文献は章末の [1]．

6.3 内殻電子励起

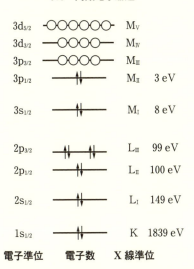

図 6.7 価電子のエネルギー準位.数値はシリコン結晶の場合で,真空からの深さを表す.大文字アルファベットは分光学の慣例的呼称.↑↓は 2 つのスピンによる占有,○は空いている準位

実験法としては,内殻電子を電離する光電効果スペクトルの測定が基本である.これを **X 線電子分光**(**XPS**, X-ray Photoelectron Spectroscopy)という.1s 準位からの光電子放出を,K 殻 XPS という.Si の内殻準位を図 6.7 に示す.$n = 2$ からの励起は,ポテンシャルがクーロン(Coulomb)型でないから,軌道角運動量とスピンとに依存する.2s 準位を L_I, 2p 準位をスピン軌道分裂を考慮して L_{II}, L_{III} と表す(図 6.7).

殻準位の値は,まず原子番号 Z に大きく依存し,さらに原子の結合状態,イオンの価数による.これを用いて化学的な状態を調べる方法を **ESCA**(Electron Spectroscopy for Chemical Analysis)という.内殻準位の計算は,第 4 章で述べた量子力学的手法によっておこなわれる.X 線励起の場合の自由電子状態は 1s に空孔ができるので,中性原子の周囲とは異なることを考慮しなければならない.

X 線で励起された光電子は,励起原子から球面波として伝播するが,その波は周囲の他の原子によって散乱される.したがって光電子の波動関数は,励起原子からの球面波に散乱波を重ね合わせたものとなる.その様子は,光電子

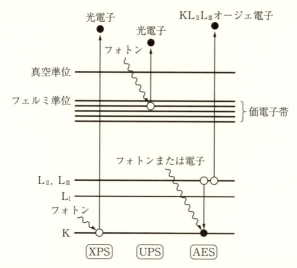

図 6.8 種々の光学過程．XPS は X 線電子分光法，UPS は紫外光電子分光法，AES はオージェ電子分光法．電子は白丸の準位から黒丸の準位へと遷移する

の波長と原子間距離に依存する．これを解析すると，励起原子の周囲の原子配列を調べることができる．これを**光電子回折法**という．それには電気感受率を終状態の波動関数を用いて計算すればよい．この方法は，励起原子からの球面波を参照波とするホログラムとも考えられ，周囲の原子の立体的配置を知ることができる．

1s 準位に空孔ができると，電子間のクーロン相互作用によって，外側の内殻から電子がそこへ遷移することができる．そのエネルギーによって別の内殻電子が電離する．これは 2 次電子放出の一種で**オージェ（Auger）過程**という．オージェ過程は関与する内殻準位によって K に孔ができ，L_{II} からの電子がそれを埋め，L_{III} から真空へ遷移する場合を $KL_{II}L_{III}$ というように表される．オージェ過程は X 線に限らず，例えば電子線によって内殻に空孔が作られれば起こる．価電子帯からの励起を含めて，様々な光学過程の様子を図 6.8 にまとめた．

6.3.2 半導体の XPS

Si 結晶の表面の酸化は劣化の一種であるが，また MOS（Metal Oxide Semiconductor）を作る基本技術の過程でもある．図 6.9 は，酸化した Si の L_{II} XPS スペクトルである．SiC 基板上のバルク Si 結晶と酸化物 SiO_2 結晶のピークの間に 3 つのピークがある．Si 原子はバルクでは中性だが，酸化物では O へ電子が移動して +4 価のイオンとなり，2p 準位は低くなる．両者の中間の酸化進行域では，O へ移動する価電子の個数に応じて +1, +2, +3 価の Si 原子があることがわかる．酸化過程，その後の処理過程に応じた変動を観測することもできる．またエピタキシー法によって層を形成する場合，金属電極層の場合なども観測されている．

不純物のドーピングは，半導体材料制御の基本過程である．ドープした不純物原子についても XPS を用いた研究がある．特にドープ量を増やしていくと，キャリヤの密度が頭打ちになることが材料設計の 1 つの課題となっている．

XPS スペクトルから，より広く物質中の原子の価数状態が調べられる．図 6.10 は，様々な物質中の炭素原子の XPS スペクトルである．HOPG（Highly Oriented Pyrolytic Graphite，高配向性熱分解グラファイト），ダイヤモンド結晶，2 種のカーボンクラスター，有機分子，高分子中の C 原子の K 殻 XPS スペクトルが示されている．これらの物質中の C 原子どうし，C 原

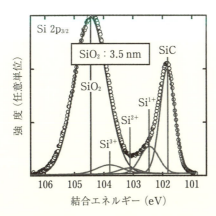

図 6.9 SiC 上の Si 膜成長と酸化（渡部平司，細井卓治：表面科学 33 (2012) 639 による）

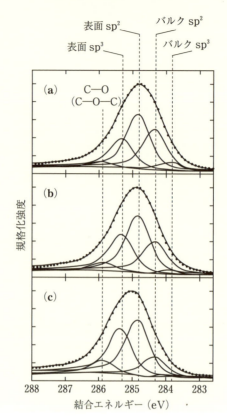

図 6.10 ダイヤモンド的な薄片の XPS と 1 原子の結合状態による変化．(a), (b), (c) は放射角が異なる．順に 10°, 45°, 75°（鷹林将，岡本圭司，中谷達行，坂上弘之，高萩隆行：炭素 2008 巻 235 号（2008）280 による）

子と H, O 原子との結合状態の違いが，このスペクトルから読みとれる．

光電子回折 Si 中の As 原子の周りの原子構造を光電子回折法で調べた結果，提唱されたモデルによると，低ドープでも見られる Si 格子点を置換した単独 As とともに，As 原子が 2 つ接近して対となって Si の空孔とともに入り込んだもの，さらに Si の中でアモルファスな As 原子構造をとる領域とがある．この中で，置換 As 原子のみが電気的に活性なドナーとなる．

酸化中に測定した O の XPS スペクトルでは，酸素に曝露する量 L（ラングミュラー）を増すと，曝露直後には表面に吸着した分子状酸素分子による

$\pi_a{}^*$, $\pi_b{}^*$ ピークが見られるが，その後，O 原子に解離して内部へ入るにつれてスペクトルが変化する．

Si 表面には，再構成によりバルクとは異なる原子配列がある（4.3.2 項参照）．光電子の角度変化は原子内殻の電子分布の異方性を反映する．これを利用して構造モデルを求めることができる．表面構造は低速電子線回折や STM (Scanning Tunneling Microscope, 走査型トンネル顕微鏡．4.3.3 項参照）によっても調べられているが，光電子回折では内側からの励起電子を使って構造を推定できる．

Si 表面に他の原子や分子が吸着した場合の構造も調べられている．炭水化物が吸着したときの炭素原子の角度分解 XPS スペクトルの変化から，低温では分子がそのままの形でゆるく物理吸着されているが，高温では分子は分解されて内部へ入り込んで Si と結合した中心となることがわかる．

6.4 価電子励起分光

第 2 章と第 4 章で述べたように，半導体結晶の電子状態 $|i\rangle$ は波数 k で指定され，エネルギーの値は連続的に分布している．状態はエネルギーバンドを指定する指標 n と波数ベクトルにより $|n, k\rangle$ と表され，そのエネルギーは $E_n(k)$ で連続的な広がりをもつ．エネルギーの低いバンドから順に電子が入って，いちばん高い価電子帯 v まで占拠した状態が基底状態である．この占有されたバンドから，バンドギャップの空白帯を隔てて，空いている伝導帯，さらにより高いバンドへの遷移によって光を吸収する．これが電気感受率の虚数部を与える．波長域は可視光，さらに近紫外光の領域に当たる．電気感受率の式（6.33）に現れる ω_{ij} は

$$\hbar\omega_{ij} = E_n(k') - E_m(k)$$

で連続的である．光の波数 $q = k' - k$ は，電子の波数に比べて十分に小さい．E_n はコーン（Kohn）-シャム（Sham）方程式の解であるが，その差が直接，光吸収に反映されるのではない．それはバンド m に孔ができ，バンド n に伝導電子ができた状態は基底状態とは異なるからである．また遷移の行列要素も単純に ψ_n で計算すればよいわけではない．これらの多体効果については，総

合報告 [5] を参照されたい．また主要な効果については，それぞれのところで指摘する．

6.4.1 直接遷移と間接遷移

バンド n, m の間の r の行列要素が 0 でない場合は，許容遷移あるいは**直接遷移**という．q の大きさを無視すれば，電子はバンド n の k 状態から，直上のバンド m の同じ k 状態へ遷移する．i, j についての和はエネルギー差の積分であり，その寄与は結合状態密度 $N_{n,m}(E)$ で表される．結合状態密度は次式である．

$$N_{n,m}(E)dE = 8\pi k^2 dk$$

直接遷移端 E_g の近傍においては，$E < E_g$ では $N = 0$，$E > E_g$ では E_g は k のすべての方向についての極小点なので $N \cong (E - E_g)^{1/2}$ となる．すなわち E_g は特異点である．この場合を M_0 型という．遷移の極大点 M_3 では，特異性は上下を入れ替えた形となる．その中間には，k ベクトルのある方向では極大（極小），別の 2 方向には極小（極大）という型の特異性（M_1, M_2）がある．これらをファン・ホーベ（van Hove）特異性という（図 6.11）．

ファン・ホーベ特異性を含む Si の誘電関数 ε'' と反射率を図 6.12(b) に示す．図 6.12(a) は，光電子スペクトルからの状態密度の推定値と，バンド計算からの値を示す．さらに多体効果を取り入れた計算の例を図 6.13 に示す [7]．一体近似による ε は実験値の特異性の位置に対応している．しかし両者の強度比は多体効果を考慮した ε_{xc} によって正しく与えられる．このように，定量的理解には多体効果は不可欠である．誘電関数のファン・ホーベ特異性の定性

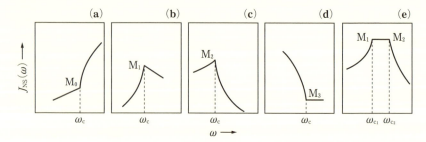

図 6.11　結合状態密度のファン・ホーベ特異性

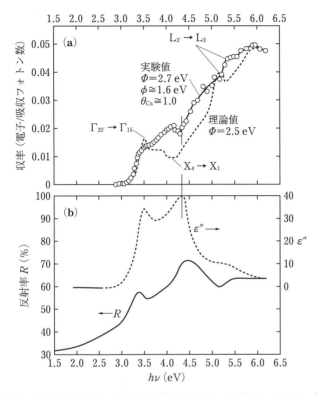

図 6.12 結合状態密度による Si の誘電関数 (a) と反射スペクトル (b)
(M. L. Cohen and J. C. Phillips : Phys. Rev. 139 (1965) A912 による)

的理解には，結合状態密度も十分に有効である．このような見地から，IV 族，III-V 族，II-VI 族の光学スペクトルを概観する研究がおこなわれ，3.6.2 項で述べた擬ポテンシャルが半定量的に有効であることが示された [10]．

　誘電率スペクトルの測定には，様々な変調法が用いられる．外部からの静電場変調，温度変調，応力変調などである．変調は遷移エネルギーに関する微分なので，特異点のところで，微分にさらに顕著な特異性が現れ，検出には有効である．

　光電子放出スペクトルを，表面からの出射角度を指定して測定する方法を**角度分解光電子分光法**（**ARUPS**, Angle-Resolved Ultraviolet Photoelectron Spectroscopy）という．出射角の指定は，光電子の運動量の表面に平行な成分

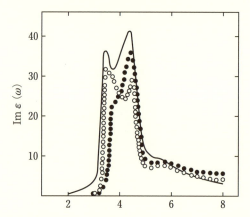

図 6.13 Si の誘電関数における多体効果 ε_{xc}(白丸).結合状態密度による ε(黒丸)に対する補正が重要.実線は実験値(W. Hanke and L. J. Sham : Phys. Rev. B **21**(1980)4656 による)

を与えることになる.フォトンの運動量は小さいので,これは始状態の運動量を指定することになる.始状態の運動量はバンドの k ベクトルと,波動関数の行列要素とで与えられる.UPS(Ultraviolet Photoelectron Spectroscopy,紫外光電子分光)領域では前者が支配的である.

Si の(100)面からの ARUPS の測定例を図 6.14 に示す.θ は法線を(100)軸から(010)軸へと倒したときの角度である.いくつかのピークは,表面近くに局在した電子の面に平行な波数に関するバンドに対応している.

この手法はバルクのバンド構造の解明にも役立つ.

$k \cdot p$ モデルでは,p の行列要素が与えられている.InSb のようにバンドギャップが小さい場合には,E_g よりも少し上の領域では,$E(k)$ は 2 次関数からずれてくる.その様子は図 6.15 に示すように,$k \cdot p$ モデルによってよく説明される.

シリコンやゲルマニウムでは,価電子帯の頂上は $k=0$ だが,伝導帯の極小は有限の波数のところにある.価電子帯の頂上から伝導帯の谷底への遷移は,対応する波数のフォノンの吸収や放出を伴ってはじめて可能になる.これを**間接遷移**という(図 6.16).間接遷移の強度は直接遷移に比べて小さいが,光の吸収スペクトルの下端に当たるので重要である.間接遷移端近くのスペクトル

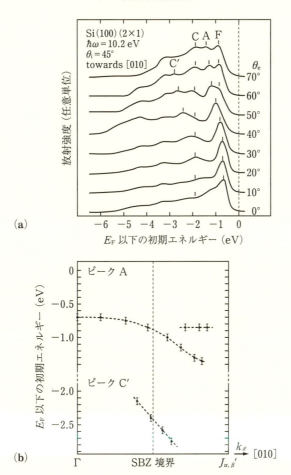

図 6.14 Si の角度分解光電子スペクトル. (a) 実験結果, (b) 表面状態の分散 (R. I. G. Uhrberg et al. : Phy. Rev. B **24** (1981) 4684 による)

は電子エネルギーバンドと, 関与するフォノンの状態密度とから計算でき, $(\omega - \omega_g)^2$ に比例する. また, 強度はフォノンの吸収の場合は個数 n_q, 放出の場合は $n_q + 1$ に比例するので, 温度が高くなると強くなる. Si の間接吸収端近くの吸収スペクトルの例を図 6.17 に示す. 温度が高くなると位置が動くのは, 熱膨張により格子定数が変わる効果である. 関与するフォノンにはいくつものモードがあるので, そのエネルギーに応じて複雑な階段構造が現れる場

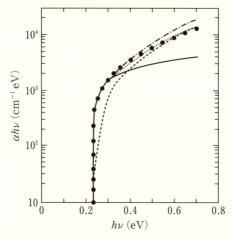

図 6.15 InSb の直接吸収端近くの光吸収と $k \cdot p$ モデル. 黒丸は実験値, 4 本の曲線はそれぞれ異なる方法 (実線 (有効質量一定), 破線 ($k \cdot p$ モデルによる計算)) による理論値 (G. W. Gobeli and H. Y. Fan : Phy. Rev. 119 (1960) 613 ; G. W. Gobeli and H. Y. Fan : *Semiconductor Research, Second Quarterly Report* (Purdue Univ., 1956) による)

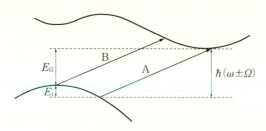

図 6.16 バンド間間接遷移の概念図

合もある.

6.4.2 バンド間磁気光吸収

　バンド間光吸収を調べる有力な手法は, 強い静磁場をかけることである. 静磁場中では, 磁場に垂直な面内では価電子 (正孔), 伝導電子のサイクロトロン運動が量子化される. すなわち, エネルギー準位は L_n を整数として

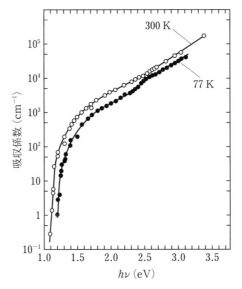

図 6.17 Si の間接吸収端近くの吸収スペクトル．温度変化は，熱膨張による格子定数の変化の効果（W. S. Dash and R. Newman : Phy. Rev. **99**（1955）1151 による）

$$E(L_n) = \hbar\omega_{\mathrm{cn}}\left(L_n + \frac{1}{2}\right) \tag{6.45}$$

となる．これを**ランダウ**（Landau）**準位**という（図 6.18）．$\omega_{\mathrm{cn}} = eB/m_n^*$ はバンド n のサイクロトロン振動数である．同じバンド内での $l \to l\pm 1$ の遷移は，伝導電子や正孔のサイクロトロン共鳴（CR）であった．バンド間の許容遷移の場合には，光の吸収・放出は $L_\mathrm{v} = L_\mathrm{c}$ の間にのみ起こる．このために吸収スペクトルには振動的な構造が現れる．これを**バンド間磁気光吸収効果**（IMO）という．Ge の場合の実験例を図 6.19 に示す．Ge の価電子帯の構造は複雑であった．それを反映して，正確な吸収の位置は縦棒で示したように等間隔ではない．また InSb のように伝導帯の底での有効質量の値が小さい場合には，エネルギーが高くなると有効質量の値は L に依存して変化し，エネルギー準位は等間隔ではなくなる．このようなことも実験で調べられており，$\boldsymbol{k}\cdot\boldsymbol{p}$ ハミルトニアンを用いて解析がなされて，ハミルトニアンのパラメータの値が決められている．

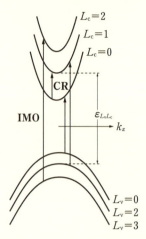

図 6.18 バンド間磁気光吸収（IMO）の概念図．簡単なバンド構造では，ランダウ量子数 (L_v, L_c) が同じ値の準位間を遷移

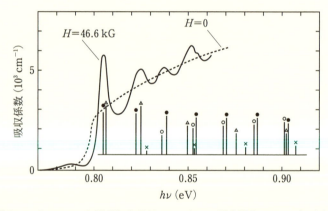

図 6.19 Ge のバンド間磁気光吸収スペクトル．測定温度 300 K．価電子バンドが複雑なため，理論値は挿入図のように複雑になる（E. Burstein, G. S. Picus, R. F. Wallis, and F. Blatt : Phys. Rev. 113 (1959) 15 による）

6.4.3 励起子

価電子帯から電子が伝導帯へ遷移すると，価電子帯には空孔ができる．内殻電子励起と同様に電子間のクーロン相互作用を考えると，空孔と伝導電子との間にクーロン力が引力として働く．価電子帯の頂上近くでは，空孔は正孔とし

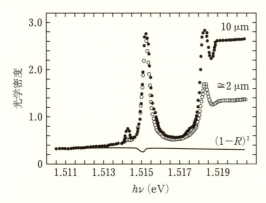

図6.20 GaAs の励起子光吸収. 大きなピークは 1s 励起子を作る吸収. 右の域は電子-正孔相互作用を考慮したバンド間吸収. なお, いちばん下の実線は, 試料表面の反射による補正項を示す. 測定温度は 2 K. プロット横の数字は試料厚 (D. D. Sell : Phys. Rev. B **6** (1972) 3750 による)

て動きまわる. 伝導電子と正孔の相対運動は, 水素原子と同様な束縛状態となる. これを**励起子**という.

コーン-シャム方程式の解を使って 2 体グリーン (Green) 関数を調べることにより, 束縛がゆるい場合には有効質量近似が成り立ち, 伝導電子と正孔との 2 粒子問題となることがわかった [6]. 水素原子と同様に, 束縛状態はいくつかのシリーズとなる. 束縛状態への遷移エネルギーは, バンドギャップよりも束縛エネルギーだけ低いから, 基礎吸収端よりも低角振動数域に線スペクトルが現れる. 束縛エネルギーの中の運動エネルギーは, 伝導電子と正孔の有効質量から求められる換算質量 $\mu = m_e^* m_h^*/(m_e^* + m_h^*)$ で決まる. ポテンシャルエネルギーは誘電率 ε で遮蔽される. これは有効質量近似では仮定されていたが, 多体効果を取り入れた理論では純理論的に導かれた. 束縛エネルギーは $13.6 \times (\mu/m)/(\varepsilon/\varepsilon_0)^2$ [eV] であり, 水素原子に比べてかなり小さくなる.

水素原子とは異なり, 基底状態 1s への遷移がまず現れる. GaAs の例を図 6.20 に示す. 吸収端の低エネルギー側に励起子のピークが現れる. 伝導電子と正孔の運動に対するクーロン力の効果は, バンド間遷移 (自由運動する伝導電子と正孔) にも現れ, ファン・ホーベ特異性は修正される. 近似を進めると, 電子正孔波動関数の交換相互作用の項などが現れる.

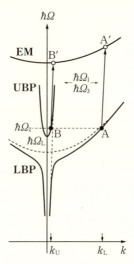

図 6.21 CuCl の励起子ポラリトン（LBP と UBP）と励起子分子（EM）の分散図

励起子の**重心運動**は，伝導電子と正孔の有効質量の和を有効質量として半導体の中を動きまわり，光吸収エネルギーの移動に寄与する．光を吸収した重心運動の波数は，光の波数に等しい．また励起子の電気分極は，価電子帯と伝導帯の波動関数が混じり合うバンド間遷移によるものである．このように，励起子は半導体の中を動きまわる電気分極波である．すなわち，共鳴角振動数 ω_{ex} は波数 k に依存する．このために電気感受率，したがって誘電率は ω とともに波数 k の関数でもある．これを空間分散という．励起子分極波は電磁波と混成した波となる．これを**ポラリトン**（励起子ポラリトン）という．この場合の分散関係の様子を，CuCl について図 6.21 に示す．励起子の角振動数が波数によるために，高角振動数領域では1つの角振動数に対して2つのモード，すなわち下部分枝（LBP）と上部分枝（UBP）が存在する．外から光（図中の $\hbar\Omega_2$）を入射したときに2つのモード A, B が励起される．これは**量子もつれ状態**の一種である．どのような比で励起されるかは，励起子場の運動の境界条件で与えられる．これを**付加的境界条件**という．

分子性結晶やイオン結晶では，価電子帯は k にあまり依存しない．この場合の励起子は，原子・分子の励起が，双極子相互作用などによって隣の原子・

6.4 価電子励起分光

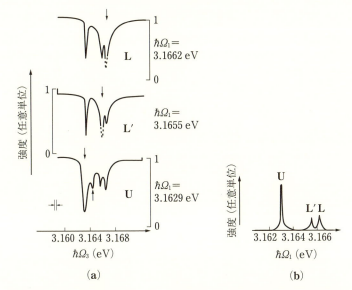

図 6.22 CuCl の励起ポラリトン → 励起子分子光吸収スペクトル. 1.6 K, $\hbar\Omega_2 = 3.2092$ eV (M. Kuwata and N. Nagasawa: Solid State Commun. **45** (1983) 937 による)

分子へ伝播すると考えられる.これも励起子の一種で**フレンケル**(Frenkel)**励起子**という.フレンケル励起子の場合の付加的境界条件は,例えば表面での電気分極は0であるというように与えられよう.これに対して,伝導電子と正孔の対と見なせる励起子を**ワーニエ**(Wannier)**励起子**という.この場合も大ざっぱには,表面から有効ボーア半径程度の領域は励起子場をほぼ0とする,というようなモデルも考えられる.しかし正確には,この条件は表面域での電気分極場と電場の運動をつじつまの合うように決定する理論で扱わなければならない.

2つの励起子が結合すると**励起子分子**を作る.その重心運動の有効質量は,励起子の2倍である(図 6.21 中の EM).そこで UBP や LBP から EM を作る光の吸収は,異なる振動数の光によってなされる.その実験結果を図 6.22 に示す.Ω_2 の円偏光で励起するポラリトン吸収が,逆まわりの円偏光 (Ω_1) を吸収して励起子分子を作る光を照射することにより,低下する様子を調べた.これから求めた励起子分子への吸収スペクトルは図(b)である.その

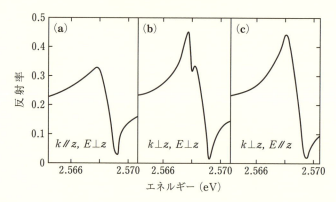

図 6.23 ウルツ鉱型 CdS の光反射スペクトル.(b)の構造は k の1次項による(G. D. Mahan and J. J. Hopfield : Phys. Rev. 135 (1964) A428 による)

強度は,各分枝の励起子成分の振幅の2乗に比例する.図中の L′ は,薄層試料の背面で反射された LBP に関するものである.

CdS 結晶は反転対称性をもたない.価電子帯は Γ_7, Γ_9 対称性をもち,それぞれ二重縮退である.各価電子帯の正孔による励起子があるが,その反射スペクトルには Γ_7 正孔の場合にのみ,異常なくぼみがある(図6.23(b)).これは Γ_7 帯のハミルトニアンには,波数 k に関して1次の非対角項があるからである.この非対角項は励起子の重心運動エネルギーにも k に関して1次の項をもたらす.それがポラリトン分散を通して反射率の異常となる.このような項は,ほかの反転対称性のない物質でも現れ,様々な異常現象となる.

CdS 励起子の重心運動に関係したもう1つの現象は,磁気シュタルク(Stark)効果である.励起子の重心速度を V とすると,電子も正孔も平均的にはその速度で運動している.励起子が静磁場 B の中にあるとすると,ローレンツ力 $qV \times B$ が電子と正孔とでは同じ大きさで,逆向きに働く.これは有効電場 $E' = V \times B$ が働くと見てもよい.このために,励起子の内部運動は E' によるシュタルク効果が起こる.図6.24 は,外部から静電場をかけたときの励起子光吸収の位置の変化を示したものである.E' 依存性の極小点が0 からずれているのが,光の波数 k に対応する励起子重心速度の効果である.この内部分極は,励起子の運動に対する欠陥の効果などにも関係する.

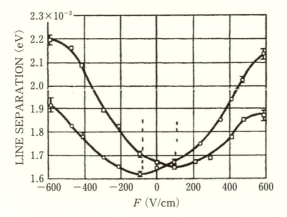

図6.24 CdS 励起子光吸収のシュタルク効果. 磁場によって誘起されたシュタルク効果（G. D. Mahan and J. J. Hopfield : Phys. Rev. **135** (1964) A428 による）

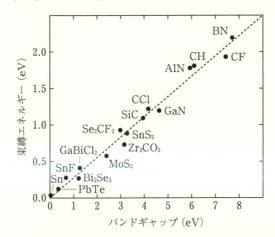

図6.25 2次元結晶の励起子束縛エネルギーとバンドギャップの相関（Z. Jiang, Z. Liu, Y. Li, and W. Duan : Phys. Rev. Lett. **118** (2017) 266401 による）

励起子は広範囲の結晶で観測される. バンドギャップが大きい結晶では静誘電率が小さく, 励起子束縛エネルギーは大きい. この傾向を2次元系について図6.25に示した. この線形の関係は, 時間依存密度汎関数理論によって説明された.

6.4.4 光起電力

順バイアスのある PN 接合領域にバンド間遷移をもたらす光を照射すると，生じた伝導電子と正孔は分離して両端にたまる．これにより外部回路に起電力が生じる．これを**光起電力**という．これは光のエネルギーを電気エネルギーに変換する装置であり，例えば太陽電池の原理である（図 7.38 参照）．太陽電池の効率は，バンドギャップ以上の光の吸収，発生した伝導電子と正孔の熱拡散と衝突による発熱，電極に到達する以前の再結合によって左右される．効率の観点からは，不純物の少ない完全度の高いシリコン結晶が最有力である．その効率の上限は 30% 程度とされている．この制約を克服するために，多重構造や新材料の開発がなされている．

しかし物理学的に興味深いのは，新しい原理に基づく光起電力の発生である．それはバンド間遷移過程そのものに伴う電気分極を利用する．PN 接合領域の伝導電子および正孔の移動が，それぞれ伝導帯および価電子帯でのバンド内の過程であるのに対して，新しい機構は電気分極のバンド間遷移による直流起電力を利用するもので，**バルク光起電力**と呼ばれる．

III-V 族半導体のように反転対称性がない結晶に交流電場をかけて，バンド間遷移で誘起された 2 次の電気分極を考える．それと電場との干渉効果によって，直流電流が流れる．これを図 6.26 に模式的に示す．この起電力は電場について 2 次なので，反転対称性のない媒質ではじめて現れる．この電流を**シフト電流**という．この現象については様々な物質が試されて難しい理論もあるが，ここでは n 型 GaP という半導体での研究を紹介しよう [11]．

GaP の伝導帯の極小点は Si と同様に X 点の近くにある．n 型で，この極小点に伝導電子がたまっているとする．ダイヤモンド型格子では，このすぐ上に X 点で縮退していたバンドがある．GaP では反転対称性がないので，X 点でも Δ のギャップがある．その近傍のバンドの様子は $\boldsymbol{k}\cdot\boldsymbol{p}$ 項でも混じり合い，その様子は図 6.27 のようになる．赤外光の電場との相互作用について，2 次の電気分極を摂動論で計算すると直流成分が得られる．そのスペクトルを実験結果と比較したのが図 6.28 である．バンド構造や波動関数は別のことからわかっているので，ほぼ完全に実験結果を説明できた．

一般に時間反転対称性により，スピンの向きを含めたエネルギーバンドは

6.4 価電子励起分光

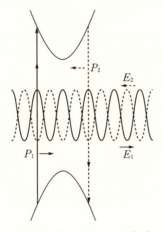

図 6.26 シフト電流の概念図. $P_1 \pm P_2 \longrightarrow P_s(2\omega) + P_0(0)$. ω のバンド間遷移分極の2次効果で,2ω と 0(直流)の分極が生じる

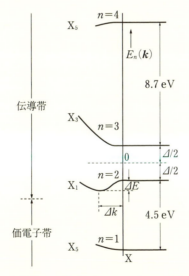

図 6.27 GaP バンド構造の一部(R. Hornung, R. von Baltz, and U. Rössler : Solid State Commun. 48(1983)225 による)

$E_\uparrow(\boldsymbol{k}) = E_\downarrow(-\boldsymbol{k})$ という対称性をもつ.空間反転対称性があれば $E_\uparrow(\boldsymbol{k}) = E_\uparrow(-\boldsymbol{k})$ が成り立つので,スピンも含めたバンドは二重縮退している.しかし空間反転対称性がなければ,この縮退は解ける.角振動数 ω の光はスピン

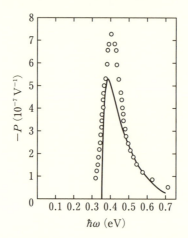

図 6.28 GaP のシフト電流スペクトル．白丸は実測値，実線は理論値（R. Hornung, R. von Baltz, and U. Rössler : Solid State Commun. **48** (1983) 225 による）

の向きに応じて，異なる波数の異なる波数状態に同じ分極を引き起こす．分極の全体は，各状態の波動関数の位相の分布に依存する [8]．ここで問題となるのは，ブロッホ（Bloch）関数の周期的部分 $u_\nu(\boldsymbol{k}\,;\boldsymbol{r})$ の位相である．ここではスピンの向きを ν で表した．

$$u_\nu(\boldsymbol{k} + \varDelta\boldsymbol{k}\,;\boldsymbol{r}) = \exp(ia_\nu(\boldsymbol{k})\varDelta\boldsymbol{k})u_\nu(\boldsymbol{k}\,;\boldsymbol{r})$$

によって定義される $a_\nu(\boldsymbol{k})$ をベリー（Berry）の接続という．"接続" というのはヒルベルト（Hilbert）空間の微分幾何学上の言葉で，ベリーの位相ともいう．光による v→c バンド間遷移は，$a_\mathrm{v} \to a_\mathrm{c}$ の変化と，分極演算子の行列要素の位相変動 $\phi_\mathrm{vc}(\boldsymbol{k})$ をもたらす．電子の波束の中心座標 $\boldsymbol{r}$ の変動は

$$\boldsymbol{r} = \nabla_k \phi_\mathrm{vc} + a_\mathrm{c}(\boldsymbol{k}) - a_\mathrm{v}(\boldsymbol{k})$$

となる．これがシフト電流の起源である．実際の計算では $\boldsymbol{k}\cdot\boldsymbol{p}$ モデルや LCAO モデルで v,c バンド状態を計算すれば，各状態の位相がわかる．これを用いて遷移行列要素を計算すればよいのである．GaP の例は，これをごく簡単に示したものである．

ほかの例として，層状化合物 GeS について励起子効果も考慮して計算した結果によれば，励起子シグナルは，バンドギャップ以下の構造に現れる．しかしバンドギャップより高エネルギーでも，励起子による増強効果がある．この

系では PN 接合方式のシリコン太陽電池と同程度の電流が期待される．シフト電流はフォノン散乱，再結合などの影響を受けずに弾道的に伝わるので高効率発電，またエネルギー散逸の少ない情報伝達が期待できる．

6.4.5 キャリヤプラズマ振動

n 型半導体での伝導電子，p 型半導体での正孔の運動は，束縛力のない自由運動である．それらの誘電率は 6.1 節の調和振動子モデルで $\omega_0 = 0$ とした場合である．減衰が小さい場合には

$$\varepsilon = 1 - \frac{\omega_p^2}{\omega^2}$$

となる．プラズマ角振動数 $\omega_p = (ne^2/m^*)^{1/2}$ は，普通のキャリヤ密度では赤外域である．この場合の反射率を図 6.29 に示す．

実際の半導体では，フォノンによる電気分極とキャリヤプラズマの分極とが同じ領域に共存する．その場合には，フォノン分極による誘電率を加算すればよい．2 種類の分極が混成した結合波は，全誘電率 = 0 によって与えられる．伝導電子密度が様々な n 型 GaAs の場合に，ラマン散乱で求めたプラズマ- LO フォノン結合モードの振動数を図 6.30 に示す．

キャリヤ分極とフォノン分極に電場が混成したポラリトンの分散も誘電関数から求められる．6.2 節で論じたように，一般に固有角振動数 ω_0 よりもずっ

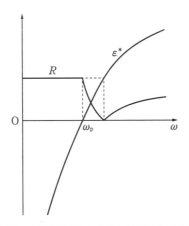

図 6.29 モデル誘電関数と光反射率のスペクトル

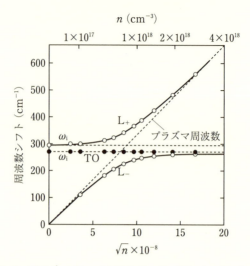

図 6.30 GaAs プラズマ-フォノン結合モード. TO フォノンとプラズモンとの混成波が 2 つ作られる (A. Mooradian and G. B. Wright : Phys. Rev. Lett. **16** (1966) 999 ; A. Mooradian and A. L. McWhorter : Phys. Rev. Lett. **19** (1967) 849 による)

と大きな角振動数域では,誘電関数は (6.23) 式に近づく.この場合の n は,価電子の密度である.プラズモン,ポラリトンなどは量子論では量子として扱われる.

p 型半導体では,価電子帯の頂上付近が,スピン軌道相互作用によって分裂する.正孔が $j = 3/2$ のバンドにある場合には,$j = 1/2$ のバンドとの間の光吸収がある.p 型 GaAs についての実験結果を図 6.31 に示す.図の左側の立ち上がりは,自由正孔プラズマによる吸収である.

伝導電子,正孔の外部からの大量注入,強い光の励起子吸収などで,電子-正孔の密度が高くなると,励起子は解離して,伝導電子と正孔によるプラズマ状態が作られる.これを**電子正孔プラズマ**(または**液滴**)という.この場合にはキャリヤ間の交換相関相互作用により,バンドギャップは小さくなる.

高温では,電子正孔プラズマは自由粒子の集団であるが,低温では,超伝導のクーパー (Cooper) 対のような状態を伝導電子と正孔が組む新しい相が作られる.図 6.32 は GaAs の実験結果である.励起光強度が小さい場合には,軽い正孔励起子と重い正孔励起子とによる吸収が分離して観測される.励起光

6.4 価電子励起分光

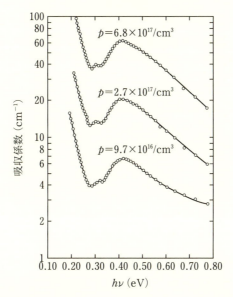

図 6.31 p 型 GaAs の価電子バンド間光吸収.プロットに添えた数値はそれぞれの正孔密度(R. Braunstein : J. Phys. Chem. Solids 8 (1959) 280 による)

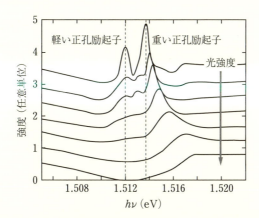

図 6.32 GaAs の励起子光吸収の励起強度依存性(定性的に表現したもの)

強度が強くなるにつれて,まず軽い正孔励起子,次に重い正孔励起子が解離する.やがて両者は一体となって幅広い吸収帯となる.これに付随して,有効質量は重くなることもわかった.なおバンドギャップは減少するが,電子遷移は

価電子帯のフェルミ (Fermi) 面から伝導帯のフェルミ面へ起こるので，ピークは高エネルギー側へ移動する．励起条件によっては，励起子のボース (Bose) 凝縮も起こる．

6.4.6 プラズモンと表面電荷

2つの媒質 1, 2 の境界面には，一般に表面分極電荷 $\sigma_P = P_{1,n} - P_{2,n}$ が生じる．この電荷は巨視的な電気分極場 P の不連続性による巨視的電場を表すもので，微視的には実体がない．媒質1が真空の場合，σ_P が媒質2に作る電場は反電場である．$\varepsilon_2 = 0$ ならば $D_n = 0$ で，外部からの電場はなくても $P_{2,n} \neq 0$ で，媒質2の電気分極は自立して振動する．これがバルクのプラズマ振動で，その量子がバルクのプラズモンである．

$\varepsilon_2 < 0$ の角振動数領域では，σ_P による電場は媒質2の中へ伝播できず，減衰波となる．境界条件により，E_x は媒質1でも2と同じ方向を向いている．E_z は1と2で逆向きになる．特に $\varepsilon_1 = -\varepsilon_2$ の場合には，媒質1の電場は媒質2の電場を境界面で鏡映したものとなる（図 6.33(a)）．プラズマ分極は，境界面近傍に局在した波となる．これを**表面プラズモン**という．一般には 6.1 節の最後に述べた P 波の反射係数は，$\varepsilon_1 k_{z,2} + \varepsilon_2 k_{z,1} = 0$ で発散する．これは入射波がなくても反射波，透過波が存在するということで，その解は表面プラズモンポラリトンの分散を与える（図 6.33(b)）．k が大きい場合の電気力線の様子は図 6.34 のようである．

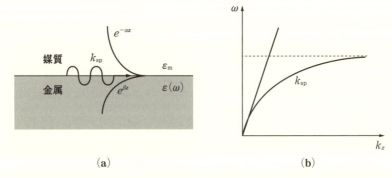

図 6.33 表面プラズモンの電場 (a) と表面プラズモンポラリトンの分散関係 (b)

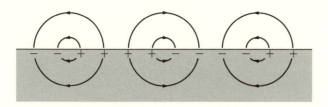

図 6.34 表面ポラリトンの分極電荷と電場

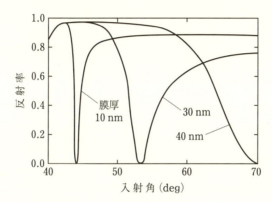

図 6.35 ZnSe 膜（膜厚 10 ～ 40 nm）の反射スペクトル（定性的に表現したもの）．表面プラズモン励起により，反射率が減る

　表面プラズモンの電場は，境界面近くに局在しているので，例えば境界面に吸着した分子を励起，検出するのに役立つ．また，この波は放射による損失がないので，境界面に沿ってのエネルギー，情報の伝達に役立つ．それが半導体の境界面でおこなわれるので様々な応用がなされている．

　表面プラズモンを励起するには，例えば媒質 1 に置いたプリズムへ P 偏光の光を斜めに入射し，底面で全反射させる．底面の近くに媒質 2 を置く．表面プラズモンを励起すると，媒質 1 内の減衰場の作用で，全反射条件がずれることを観測すればよい．実験例として，金の膜上に成長させた ZnSe 膜の場合を示そう（図 6.35）．膜厚が変わると，裏面での反射波の寄与が変わる効果が観測されている．

　MOS 反転層など，表面に局在した 2 次元電子系がある場合には．表面キャリヤは実体をもち，そこでの電荷密度，電気分極の集団運動は**表面キャリヤプラズモン**というモードとなる．

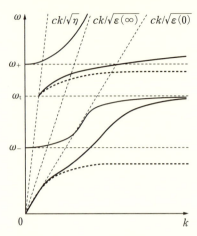

図 6.36 分散の概念図（中山正敏：物性研究 21（1973）F43 による）

表面に沿った電流密度 i_x^s があると，電荷密度波 $\sigma^s = (k/\omega)i_x^s$ が生じる．これによる電気力線の様子は図 6.34 のようになる．i_x^s があると H_y は境界面で不連続になる．このことを考慮して表面に局在した解を探すと

$$\frac{\varepsilon_1}{\alpha_1} + \frac{\varepsilon_2}{\alpha_2} + \chi_{xx}^s = 0$$

となる．

$$\chi_{xx}^s = \frac{-4\pi N_s e^2}{m^* \omega^2}$$

は，2 次元キャリヤガスの電気感受率である．この式は，周囲の誘電率が正でも解をもつ．その様子を図 6.36 に示す．k が大きい場合には $\alpha_1, \alpha_2 \cong k$ となるので，ω は k の平方根に比例する．

　MOS 反転層のサブバンド間遷移のように，表面に垂直な電気分極が起こる場合には，1 層の電気双極子系に特有の反電場効果がある．これは，電気双極子が作る電場は，双極子に垂直な面ではすべて双極子と逆の向きになるからである．この場合には E_z ではなく，D_z に対する電気感受率を考える．

$$P_z = \frac{\tilde{\chi}_{zz}^s D_z}{\varepsilon}$$

$\tilde{\chi}_{zz}^s$ と χ_{zz}^s の間には

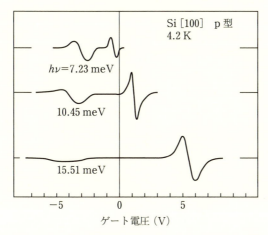

図 6.37 MOS サブバンド間の励起スペクトル (A. Kamgar, P. Kneschaurek, G. Dorda, and J. F. Koch : Phys. Rev. Lett. 32 (1974) 1251 による)

$$\tilde{\chi}_{zz}{}^s = \chi_{zz}{}^s + \frac{\tilde{\chi}_{zz}{}^s}{1 + \int dz'' \chi_{zz}{}^s(z,z'') \tilde{\chi}_{zz}{}^s(z'',z')}$$

という関係がある.

$$\chi_{zz}{}^s = \frac{f(z)f(z')4\pi N_s e^2}{m^*(\omega_0{}^2 - \omega^2)}$$

ならば

$$\bar{\chi}_{zz}{}^s = \frac{f(z)f(z')4\pi N_s e^2}{m^*(\omega_0{}^2 + \omega_d{}^2 - \omega^2)}$$

となる. 反電場シフト $\omega_d{}^2 = 4\pi N_s e^2/m^* b$ である. b は 2 次元層の有効厚さ

$$b = \frac{\int dz\, f^2(z)}{\left\{\int dz\, f(z)\right\}^2}$$

である.

MOS 反転層の基底 → 励起サブバンド間遷移についての実験結果を図 6.37 に示す. 実験は x 方向の導波路を進む赤外光を用いてなされた. ゲート電圧によって電子密度, すなわちサブバンド間隔を変化させて共鳴吸収を観測した.

理論では, 正孔の引力を考慮した時間依存局所密度汎関数法により吸収スペ

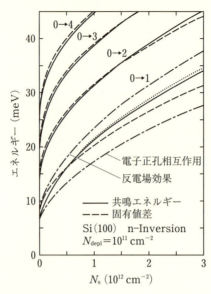

図 6.38 MOS サブバンド間の励起エネルギーの計算値（T. Ando : Z. Phys. B **26**（1977）263 による）

クトルを求めた．ω_0 は Exciton-like 効果でサブバンド間隔よりも小さくなるが，反電場シフトはこれをかなり打ち消して，サブバンド間隔に近くなる（図 6.38）．一見，コーン-シャム方程式の固有値の差に近いようだが，分極が z 方向という特異な条件下でのことである．局所密度汎関数法による計算値は，ハートリー（Hartree）近似よりも大きい．実験結果と理論との一致は良い．さらに，電子の散乱機構を取り入れた理論計算により，スペクトルの形状や幅もよく説明できた．

6.5 不純物励起分光

6.5.1 不純物中心

半導体の諸性質は，少量の不純物によって制御される．IV 族のシリコンに V 族の P, As, Sb などを加えると，余分の価電子は伝導電子となる．P は正イオンとなるので，低温では電子はこれに束縛される．このような不純物中心をドナーという．その電子状態は，分光物性によって調べられる．III 族の B,

Al, Ga などは不足している価電子を 1 つ受け取って価電子帯に正孔を作る．B は負イオンとなり，正孔を束縛してアクセプターとなる．これもまた分光物性の対象である．このほかに，価数がもっと異なる不純物もある．また，空格子点などの格子欠陥もまた束縛状態をもつ．これらの電子状態はバンドギャップの中にあり，その励起エネルギーは価電子励起よりもずっと小さく，微量であっても観測可能である．以下では，これら広義の不純物中心による分光物性を述べる．

ドナー，アクセプターの電子状態のエネルギーは，大ざっぱには水素原子モデルで記述できる (5.5.1 項参照)．ただしクーロン力は誘電率 ε で遮蔽され，質量は有効質量 m^* となる．そのエネルギー準位は

$$E_n = -13.6 \times \frac{m^*/m_e}{(\varepsilon/\varepsilon_0)^2} n^2 \, [\text{eV}]$$

である．$m^* = 0.1 m_e$，$\varepsilon = 10\varepsilon_0$ で束縛エネルギーは $13.6\,\text{meV}$（$1\,\text{meV} = 1/1000\,\text{eV}$）となるから電子準位間隔は小さく，有効質量理論で記述できる．光は赤外光である．しかし，より詳しく見ると，その状態は伝導帯，価電子帯の構造を反映して複雑である．

ダイヤモンド型格子の格子点の周りの対称性は正四面体で，その対称群は T_d である．状態は A（s 的），E（$x^2 - y^2$, $x^2 + y^2 - z^2/2$ 的），T（x, y, z 的）と分類される．T_d 群には空間反転対称性はないので，d 軌道の (d_{yz}, d_{zx}, d_{xy}) は T 状態となる．

6.5.2　Si の浅いドナー

GaAs など伝導帯の極小点が Γ 点で単純な場合には，水素モデルがそのまま当てはまる．しかし Si の伝導帯の極小点 k_0 は X 点の近くの x, y, z 軸上の 6 か所にある（4.1.3 項参照）．Ge では 4 か所の L 点にある（4.1.3 項参照）．また有効質量には異方性がある．以下では，Si の場合について述べよう．

シリコンの伝導帯の極小点は，$\langle 100 \rangle$ 方向のブリュアン (Brillouin) 域の境界 X 近くの 6 か所 ($i = 1 \sim 6$) にある．これらを極小点 $k_1 = (k_0, 0, 0)$, $k_2 = (-k_0, 0, 0)$, $k_3 = (0, k_0, 0)$, $k_4 = (0, -k_0, 0)$, $k_5 = (0, 0, k_0)$, $k_6 = (0, 0, -k_0)$ と表す．極小点近くを谷という．ラッティンジャー (Luttinger)-コーン

(Kohn) の有効質量理論では，ドナーの波動関数は

$$\Psi_{i,\nu} = F_\nu \phi_i$$

と表される．F_ν は谷の波数域で表される包絡関数，ϕ_i は谷底のブロッホ関数である．量子数 ν は，水素原子のように主量子数 n，方位量子数 l，磁気量子数 m のセットである．有効質量は k_i 方向の m_l とそれに垂直方向の m_t とで異なるので，$m=0$ と ± 1 とでエネルギーが異なる．1s 状態の包絡関数は

$$F_{1s} = \exp\left\{-\left(\frac{x^2}{b^2} + \frac{y^2+z^2}{a^2}\right)\right\}$$

のように書け，変分法で計算することができる．その結果は，1s の束縛エネルギーは $E_{1s} = 29$ meV で，$a = 2.5$ nm，$b = 1.42$ nm である．6つの谷の基底状態の縮退は，谷の間の不純物ポテンシャルの行列によって解ける．これを**谷間分裂**という．波動関数は $\Psi = \sum_i \alpha_i \Psi_{i\nu}$ となる．その形は対称群 T_d の基底関数となり，係数 α は下記のようになる．

$A_1 : \left(\frac{1}{6}\right)^{1/2} (1,1,1,1,1,1)$

$E : \frac{1}{2}(1,1,-1,-1,0,0), \quad \frac{1}{2}(1,1,0,0,-1,-1)$

$T_1 : \left(\frac{1}{2}\right)^{1/2}(1,-1,0,0,0,0), \quad \left(\frac{1}{2}\right)^{1/2}(0,0,1,-1,0,0),$

$\quad\left(\frac{1}{2}\right)^{1/2}(0,0,0,0,1,-1)$

光の吸収の選択則は $\Delta l = \pm 1$ で，1s → 2p,3p などが許される．図 6.39 に，P をドープした Si の吸収スペクトルの実験結果を示す．最も低い温度では，主として全体の基底状態 1s(A_1) にいる電子の吸収（最右端のピーク）が見られる．温度が上がるにつれて，上の 1s(T_1)，1s(E) からの吸収も観測されるようになる．T_1 と E とのエネルギー差の絶対値は 1.35 meV である．どちらの準位が下かは強度比の温度依存性の解析からわかり，T_1 のほうが低い．

同様な測定をおこなった結果を図 6.40 に示す．この図は 2p$_0$ の位置を揃えるように描いたものである．この準位から上では，エネルギー構造はドープした不純物の種類によらず有効質量理論による計算値に近い．これに対して下では，不純物の種類による違いは大きい．有効質量理論は，不純物のポテンシャ

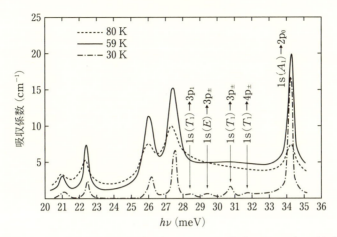

図 6.39 P をドープした Si の光吸収スペクトル．温度が上がると，励起準位からの遷移がある（R. L. Aggarwal and A. K. Ramdas : Phys. Rev. 140 (1965) A1246 による）

ルの空間的変化がゆるやかなところでよく成り立つ．不純物原子の位置では，$1s(A_1)$ 状態の波動関数のみが大きな値をもつ．そこでは有効質量理論の近似が良くなく，また不純物ポテンシャルの不純物による違いが大きいのである．

なお多電子効果を取り入れた局所密度汎関数理論においては，完全結晶の中のドナー不純物に $-e^2/4\pi\varepsilon_0$ の付加ポテンシャルがあるとして，それが ε で遮蔽された有効質量方程式が導かれる [9]．さらに質量近似に対する補正項として $-C/r^2$ 型のポテンシャルがあることが指摘されている．

6.7 節で，磁気共鳴を用いてドナーの波動関数を推定する実験について述べる．そこでも不純物原子の位置における波動関数の推定値が，有効質量理論から大きく外れていることが示される．

Ge の場合も，Si とほぼ同様である．伝導帯の極小点 k_0 は $\langle 111 \rangle$ 方向のブリュアン域の境界点 L に 4 つある．それを $i = 1 \sim 4$ で区別する．T_d の基底関数は A_1 と T_1 の 2 つになる．あとは Si の場合とほぼ同様である．

6.5.3 Ge の浅いアクセプター

価電子帯の極大は $k = 0$ の Γ 点にあるが，バンドは p 軌道的で 3 重に縮退している（Γ_{15}）．スピンを含めると 6 重である．スピン軌道相互作用によれば，

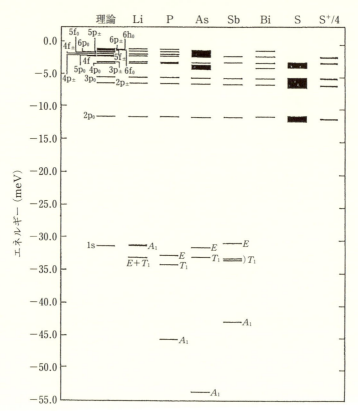

図 6.40 Si 中のドナー不純物のエネルギー準位. 2p 準位が一致するように示した. それより高い準位は, 不純物元素によらない (R. A. Faulkner : Phys. Rev. **184** (1969) 713 による)

これは 4 重 (Γ_8) と 2 重 (Γ_7) に分かれる. スピン軌道相互作用の小さい Si では 6 重, 大きい Ge などでは 4 重の状態を i として選び, 包絡関数と線形結合で波動関数を表す. 運動エネルギー部分は $\boldsymbol{k}\cdot\boldsymbol{p}$ モデルで表す.

基底状態 (Γ_8) の包絡関数の形は下のようである.

$$\begin{pmatrix} F_1(\boldsymbol{r}) \\ F_2(\boldsymbol{r}) \\ F_3(\boldsymbol{r}) \\ F_4(\boldsymbol{r}) \end{pmatrix} = c_1 \begin{pmatrix} 1 \\ 0 \\ 0 \\ 0 \end{pmatrix} e^{-r/r_1} + c_2 \begin{pmatrix} z^2 - \frac{1}{2}(x^2+y^2) \\ 0 \\ -\sqrt{\frac{3}{2}}(x^2-y^2) \\ 0 \end{pmatrix} e^{-r/r_2}$$

$$+ ic_3 \begin{pmatrix} 0 \\ z(x+iy) \\ xy \\ 0 \end{pmatrix} e^{-r/r_2}$$

2つの指数パラメータ r_1, r_2 と，係数 c_1, c_2, c_3 について変分をとる．Ge の場合の結果は束縛エネルギー 8.83 meV，$r_1 = 4.4$ nm，$r_2 = 3.4$ nm である．この状態を $(8+0)$ と書く．1s 的である．励起状態も同様に計算でき，例えば 2p 的な状態は $(8-01), (8-02)$ などのように表す．その結果は図 6.41 に示す．B をドープした Ge の実験結果を図 6.42 に示す．

実験で最も強いピーク D の位置を揃えて，他の不純物の場合も図 6.41 に示した．Si のドナーの場合と同様に，これより上の準位は不純物の種類によらない．一方，基底状態は不純物の種類により，また有効質量理論よりもかなり

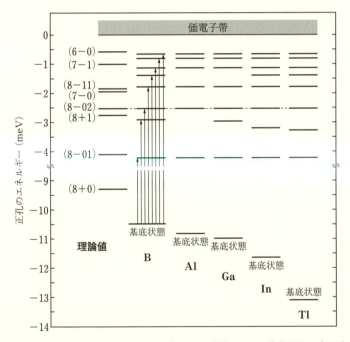

図 6.41　Ge 中のアクセプターのエネルギー準位．8-02 準位がそろうように示した．それより上の準位は，不純物の種類によらない（R. L. Jones and P. Fisher : J. Phys. Chem. Solids 26 (1965) 1125 による）

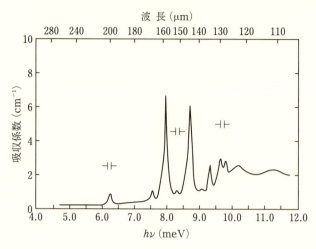

図 6.42 B をドープした Ge の光吸収スペクトル．$T \cong 10\,\mathrm{K}$, $N_A \cong 2 \times 10^{14}\,\mathrm{cm}^3$ (R. L. Jones and P. Fisher : J. Phys. Chem. Solids **26** (1965) 1125 による)

深い．

6.5.4 深い準位の中心 1 ― 空格子点 ―

Si 原子が抜けた空格子点は，価電子間の結合に欠損があり，禁制帯内に準位をもつ．III, V 族以外の不純物は，伝導電子や正孔の束縛エネルギーが大きい中心となる．特に遷移金属元素，希土類元素は d, f 軌道の結合特性が共有結合と異なるので，エネルギー準位は禁制帯の中に作られる．

これらの場合には谷底や頂上の近傍だけでなく，価電子帯，伝導帯の全体を含むブロッホ関数の重ね合わせによって電子状態を調べなければならない．すでにアクセプターの場合におこなったような計算を，例えば価電子帯，伝導帯の全体を導く $\bm{k}\cdot\bm{p}$ ハミルトニアンを用いて展開する．あるいは格子点に局在した原子軌道，すなわちワーニエ軌道を用いて展開する．

このような場合に有効な計算法として，グリーン関数法がある．一般に，ハミルトニアン H に対して

$$G = (E - H + i\eta)^{-1}$$

によって，グリーン関数を導入する．H の固有値を E_n，固有関数を ψ_n とす

ると，状態 $\Psi = \sum_n c_n \psi_n$ について

$$\langle \Psi | G | \Psi \rangle = \sum_n |c_n|^2 (E - E_n + i\eta)^{-1}$$

となる．その虚数部は

$$\mathrm{Im} \langle \Psi | G | \Psi \rangle = \pi \sum_n |c_n|^2 \delta(E - E_n)$$

であるから，状態密度スペクトルを与える．完全結晶のハミルトニアンを H_0，そのグリーン関数を G_0 とする．不純物，格子欠陥によるハミルトニアンの摂動項を U とすると

$$G = G_0 + G_0 U G$$

という関係式が成り立つ．これをダイソン（Dyson）方程式という．適当な基底を用いて行列表示をすれば，上式を解いて状態密度スペクトルの不純物による変化分を求めることができる．

図 6.43 は，Si 中の空格子点についてなされた計算の結果である．完全な Si 結晶の状態密度，空格子点の A_1 対称準位，T_2 対称準位における状態密度の完全結晶からの変化分を示した．図からわかるように，A_1 準位は価電子帯の中に埋もれていて，価電子帯との出入りによる幅がある．負の変化分を含めた全体の変化分は 0 である．全体としてこの中心の電荷は 0 である．T_2 は価電子帯では 6 個の状態欠損があるが，禁制帯内に，伝導帯の底から 0.68 eV だけ下に束縛状態（6重）をもつ．

基底状態のすぐ上に対称性が異なる励起状態のある系は，電子軌道に励起成分が混じり，周りの原子が変位することによってエネルギーが低下する．これをヤーン（Jahn）-テラー（Teller）効果という．

空格子点に電子が捕えられた中心のもう1つの例は，アルカリハライド結晶の負イオン空格子点である．アルカリハライドのバンドギャップは大きいので白色であるが，空格子点があるとそこでの電子遷移による吸収のために色づいて見える．これを色中心といい，固体分光物性の古典的対象であった．

例として，KCl 結晶の吸収スペクトルを図 6.44 に示す．図の F ピークは低温での測定結果である．比較的高温でこの吸収光を照射すると，F 吸収帯の強度は低下する．これを褪色といい，代わりに低エネルギー側に別の吸収帯が現れる．これを F' 帯といい，電子を 2 個捕えた空格子点とされている．2 個

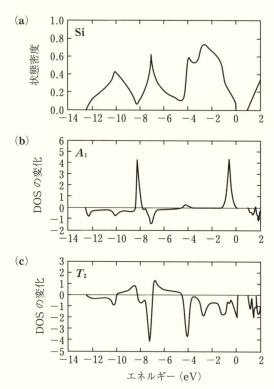

図 6.43 Si 中の空格子点のエネルギー状態密度 (DOS) (J. Bernholc, N. O. Lipari, and S. T. Pantelides : Phys. Rev. B **21** (1980) 3545 による)

の空格子点が作る色中心など,多種の中心が観測されている.

　これらの吸収帯は,広い幅をもっている.それは周囲のイオンの振動の効果である.イオンの変位座標を代表的に q で表すと,電子状態のエネルギーは図 6.45 のように描ける.電子の励起状態は基底状態とは異なる対称性をもつから,励起状態のエネルギー極小を与える代表変位の位置は,基底状態の極小点とは異なる.基底状態における代表変位の振動は熱分布している.電子励起は変位振動に比べて速く起きるので,電子は変位座標の変化のない垂直遷移をする.これを**フランク (Franck)-コンドン (Condon) の原理**という.このために吸収スペクトルはガウス関数型となり,その幅は $k_B T$ の平方根に比例する.その様子は図 6.44 の F 中心スペクトルをよく説明する.F′ 中心の場合

6.5 不純物励起分光

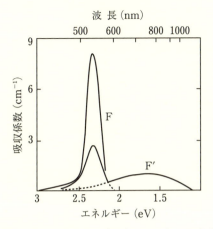

図 6.44 KCl 結晶の格子欠陥による光吸収. F 中心, F′ 中心について定性的に表現したもの

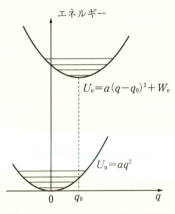

図 6.45 フランク-コンドンの原理

の幅は広い.

アルカリハライド結晶の F 中心吸収と格子定数 a の関係を図 6.46 に示す. 図からわかるように, ピークの位置は a^2 に反比例する. これは, 電子が 1 辺 a の立方体の箱の中に閉じ込められたという描像が, 大ざっぱには成り立つことを示す. 半導体ではこのような箱を人工的に作り, 電子を閉じ込めたものを**量子ドット**と呼ぶ.

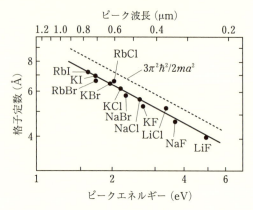

図 6.46 アルカリハライド結晶の F 中心．光吸収ピークエネルギーと格子定数の関係（H. Pick : Nuovo Cimento Volume 7, Issue 2 supplement (1958) 498 による）

6.5.5 深い準位の中心 2 ― 不純物 ―

Si 中の不純物による深い準位の例を図 6.47 に示す．これらの計算はグリーン関数法によってなされる．

特に遷移金属元素不純物の場合には，図 6.43 に示す，Si の空格子点によく

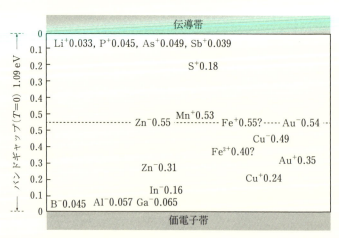

図 6.47 Si 中の深い不純物準位の例（川村肇著：「半導体物理」（共立出版，1987）による）

6.5 不純物励起分光

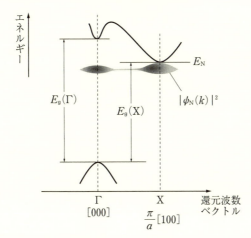

図 6.48 GaP 中の N 不純物のエネルギー準位. Γ 点と X 点の近くの状態により, 電子準位が作られる (N. Holonyak Jr. et al. : J. Appl. Phys. **44** (1973) 5517 による)

似た電子状態が現れる. T_d 対称の E は $x^2 - y^2$ 型, T_2 は xy 型の d 軌道である. これらがヤーン-テラー効果によって周囲の対称性を低下させ, エネルギーが下がる. そして Cr^{2+} の場合には, スピンの向きが揃った電子配置となる.

希土類元素不純物による中心の発光は, かつてカラーテレビのブラウン管などに利用された. これらでは f 電子が関係して, 深い準位を作る.

母体結晶と同じ価数の不純物も, ポテンシャルが異なるために, 禁制帯内に準位を作る. これを**等電子中心**という. GaP の P を N で置換した場合の計算結果を図 6.48 に示す. GaP の伝導帯の極小は X 点にあるが, N 原子は P 原子よりも小さいので束縛力が強く, ドナー準位が伝導帯の下 10 meV 付近に現れる. しかも k 空間で状態密度のスペクトルを見ると, Γ 点の近くにも分布している. したがってドナーから Γ 点頂上への遷移が, フォノンの関与なしで起こり得る. また Γ 点頂上近くの正孔と伝導帯電子による励起子が, N の近くに局在した束縛励起子となり得ることがわかる.

6.6 フォノン励起分光

6.6.1 赤外分光と半導体

　半導体の格子振動の振動数は，おおむね赤外光の領域にある．格子振動の量子であるフォノンの励起は，**赤外光の吸収**による．また，光の非弾性散乱によってもフォノンが励起される．光学モードフォノンの励起の場合を**ラマン散乱**，音響モードフォノンの励起の場合を**ブリュアン散乱**という．このように赤外分光の手法によって，半導体のフォノンが調べられてきた．レーザーなどの強く，コヒーレンスの良い光源の登場によって，その精度は向上してきた．

　一方，赤外分光は半導体結晶に限らずアモルファス状態，微粒子，薄膜，高分子など広範囲の物質における分子振動の解析手段である．これらの研究において，半導体は表面プラズモン，微粒子プラズモンなどの近接場増強効果を通して，吸着分子の同定の手法を支えている．膨大な種類の分子データの蓄積とその参照によって，少量の汚染物質，医薬品候補分子などを高速で自動的に推定するような装置も開発されている．そこでは半導体基板の上でデータ輸送，情報処理などを高速におこなう技法も使われている．

　光学の立場から興味深いのは，回折格子などであらかじめ分光した光によるスペクトル測定ではなく，時間的に変動する光の場に対する応答から，フーリエ変換によって電気感受率などのスペクトルを求めるという手法である．この原理を図 6.49 に示す．

　図の光源から出た光をハーフミラーで分割し，上と左の鏡で反射させて再び合成する．左の鏡の位置を変動させると，その干渉波の強度は時間的に変動する．この光による試料の透過光強度の時間的変動を記録する（左下図）．そのフーリエ変換が透過率のスペクトルである．これをフーリエ変換赤外分光法（FT-IR，Fourier Transform Infrared Spectroscopy）という．ラマン散乱と組み合わせた実験もある．

　ここで興味深いのは，光の強度が強くなると，コヒーレントフォノンが励起されることである．その例は 6.6.3 項で紹介しよう．

　このように光学技術と半導体技術とが組み合わさって，分光の新しい物理学的側面が明らかにされつつある．それらの紹介も含めて以下に述べよう．

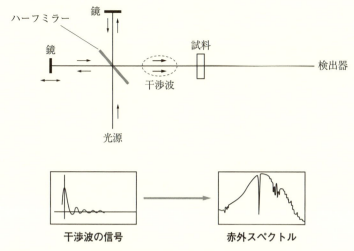

図 6.49 フーリエ変換測定法の原理. 上段図のように光パルスを用いて, 光吸収の時間変化を測定する. 下段図のように時間変化のデータをフーリエ変換して, 吸収スペクトルを求める

6.6.2 赤外吸収

 III-V 族, II-VI 族などの化合物半導体では, 光学フォノン (TO モード) が赤外光を吸収する. LO モードは, TO フォノン振動数にある誘電率の極に対応する縦波モードである. これらは, TO～LO フォノン領域における反射スペクトルに反映されることはすでに述べた. 図 6.50 は, III-V 族化合物の反射スペクトルの例である. 実線は測定値, 点線は振動子モデルによる誘電率を用いた計算値である. 両者の一致はよく, それから TO 角振動数 ω_T, LO 角振動数 ω_L がわかる. 2 つの角振動数の差から, 有効電荷 e^* がわかる. その結果を表 6.1 に示した. スペクトルの計算値と実験値とのわずかな差は, 振動の減衰の様子による. II-VI 化合物の例として ZnS の場合も図 6.51 に示した. この図では, 横軸が波長になっている.

 半導体にキャリヤがある場合には, それによるプラズモンの効果がある. さらに電磁波との相互作用によってポラリトンが作られること, 表面の効果がある場合には表面波が作られることは 6.4 節で述べた.

 シリコン, ゲルマニウムのような等極性物質では原子は中性であるから,

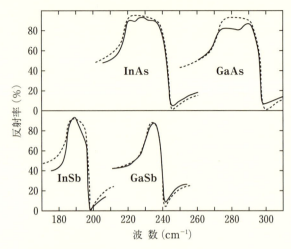

図 6.50 化合物半導体の光学フォノンによる反射スペクトル（定性的に表現したもの）．実線は測定値，破線は計算値．光学フォノンによるスペクトルが観測される

表 6.1 正四面体配位半導体の有効電荷

結晶	$|e^*|$	結晶	$|e^*|$
BN	0.55	GaN	0.42
SiC	0.41	AlN	0.40
BP	0.10	BeO	0.62
AlP	0.28	ZnO	0.53
AlSb	0.19	ZnS	0.41
GaP	0.24	ZnSe	0.34
GaAs	0.20	ZnTe	0.27
GaSb	0.15	CdS	0.40
InP	0.27	CdSe	0.41
InAs	0.22	CdTe	0.34
InSb	0.21	CuCl	0.27

TO モードは光とは直接に相互作用しない（光学不活性）．しかし Si の高純度で，酸素を含まない結晶でも数百 cm^{-1} の波数域に弱い赤外吸収があることは昔から知られていた．これは Si 基板上に加工してフォトニクス素子を作るときに見逃せない問題である．この弱い吸収の機構として，2 個のフォノンの同時励起，あるいは 1 個のフォノンの励起と別のフォノンの消滅が提案されていた．最近の研究によって，その詳細がわかった（図 6.52）．最も強いピー

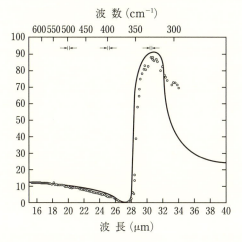

図 6.51 ZnS の赤外反射率.白丸は実験値,実線は計算値.測定温度 300 K (T. Deutsch : Proc. Inern. Conf. Phys. Semicon., Exeter (1962) 505 による)

クは,TO + TA モードの 2 つのフォノンの同時励起である.波数 k_{TA} の大きな TA モードが,例えば熱的に励起されたとすると,共有結合のなす角度がジグザグに変動した波が生じる.これに $k_{TO} \cong -k_{TA}$ の波を重ねると,波数の小さい双極子波が生じて,これは光と結合する.このような考え方で,関与する波数について結合状態密度をフォノン分散のモデルで計算した.その結果が下段図の実線である.その形状は 6.4 節で述べたファン・ホーベ特異性を反映している.それはまた,上段図の薄い板状試料の透過率のデータに近い.

同様なスペクトルは,Ge の高純度試料でも観測されている.

6.6.3 光子散乱

角振動数 ω の光子(フォトン)が結晶で散乱されるときに,角振動数 ω_{ph} のフォノンを吸収または放出する非弾性散乱がある.散乱光の振動数は $\omega' = \omega \pm \omega_{ph}$ にシフトする.+ 符号は吸収の場合で**反ストークス**(Stokes)**シフト**という.− 符号は放出の場合で**ストークスシフト**という.このとき,波数ベクトルもまた $q \to q' = q \pm k_{ph}$ となる.光学フォノンのように ω_{ph} が有限な場合を**ラマン散乱**という.これに対して,音響フォノンの場合には ω_{ph}

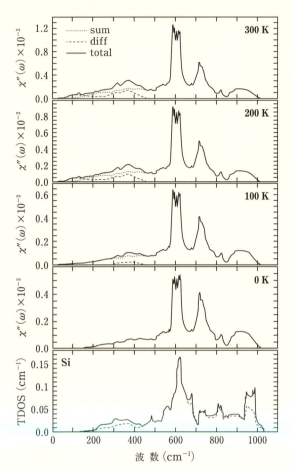

図 6.52 Si 結晶の 2 フォノン励起光吸収（G. Deinzer and D. Strauch : Phys. Rev. B **69**（2004）045205 による）

は 0 から分布していて様子が異なる．これを**ブリュアン散乱**という．

　これら光散乱の強度は，電気感受率のフォノン座標による偏微分で表される．入射光の偏光方向と散乱光の偏光方向の組合せについて選択則が成り立つ．

　閃亜鉛鉱型の化合物や Si, Ge では，A, B の価電子帯は原点では縮退している．またラマン散乱では光学フォノンが関与している．これらによって入射光，散乱光の進行方向と偏光，また関与するフォノンの進行方向とモードの様々な組合せについて，対称性から認められる配置がわかる．実験の結果から，フォ

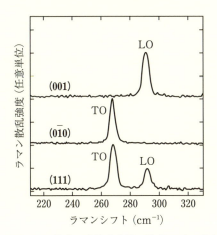

図 6.53 GaAs のラマン散乱の方位依存性．結晶の面に垂直に入射し，後方散乱光のシフトを観測（中山正昭著：「半導体の光物性」（コロナ社，2013）による）

ノンの進行方向と偏りモードを様々に調べることができる．GaAs（閃亜鉛鉱型）のラマン散乱の場合を図 6.53 に示す．

ブリュアン散乱の強度は弱いので，感度を上げるためには共鳴誘導散乱法が用いられる．これはフォノン振動に当たる電波を照射しておいて，共鳴吸収帯の強い入射光を照射し，散乱光強度スペクトルを測定するものである．

CdS によるブリュアン散乱の実験を紹介する．励起子はポラリトンとなって，その下部分枝と上部分枝の入射光によるストークス，反ストークスシフトの信号が観測される．入射光のエネルギーが高くなると，図のように反ストークス線は 2 本現れる．その様子は図 6.54 のようになる．

コヒーレントフォノン 強い入射光と散乱光を照射すると，その交差領域に差角振動数 $\omega' - \omega$ の分極波が高密度で励起され，コヒーレントな分子振動が発生する．結晶では，これはコヒーレントフォノンとして周囲に伝播する．調和振動子の固有状態を $|n\rangle$ として，コヒーレント状態は

$$|\alpha\rangle = \sum_n c_n |n\rangle$$

である．振幅と位相のゆらぎの積を最小にするのは $c_n \cong \exp(-\beta^2)\beta^n/\sqrt{n!}$ の場合で，$|c_n|^2$ はポアソン分布となり，熱平衡分布とはまったく異なる．

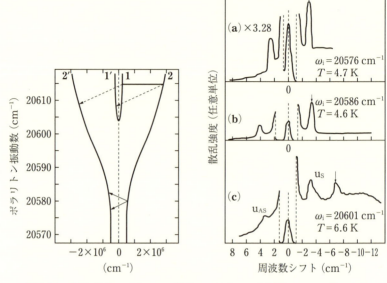

図 6.54 CdS 結晶のブリュアン散乱スペクトル．左図はフォノンポラリトンの分散図で，1 は上部分枝，2 は下部分枝．また実線の矢印はストークスシフトの信号，破線の矢印は反ストークスシフトの信号．右図は実験結果で，ω_i はレーザーの振動数．下の図ほど，入射光のエネルギーが大きい（G. Winterling and K. Koteles : Solid State Commun. **23**（1977）95 による）

　GaAs と AlAs との超格子の場合を図 6.55 に示す．プローブ光と励起光から遅延時間後に励起光を照射して，変動する光場による反射率の変動を測定した．初期段階の後に，弱い振動が続く．これは GaAs の LO コヒーレントフォノンである．

　レーザー光により結晶の温度も変動するので，ラマン活性ではない Si でも，コヒーレントな LO フォノンが励起される．この解析から，コヒーレント波の励起断面積や減衰定数がわかる．それによって音波の伝播による通信，情報処理をおこなう**フォノニクス**という技術が開発される．音波導波管を作ることができる．このように半導体はエレクトロニクス，フォトニクス，フォノニクスが並立する舞台である．

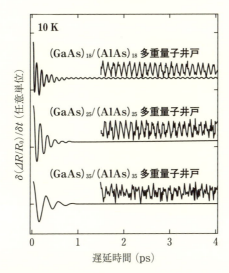

図 6.55 GaAs-AlAs 超格子におけるコヒーレントフォノンの発生．時間変化の裾を拡大すると，波の振動が観測されている（O. Kojima, K. Mizoguchi, and M. Nakayama : J. Lumin. **108** (2004) 195 による）

6.7 磁気共鳴分光

6.7.1 磁気双極子と磁場

この節では，半導体の磁気双極子と電磁場の相互作用を考える．これは広範囲にわたるが，以下では主として Si 中のドナーについて述べる．

「物質の電磁気学」を復習すると，磁気の担い手は，ミクロな磁石である磁気双極子と電流である．これらはミクロなスピン角運動量 s と軌道角運動量 l による．磁気双極子モーメント m は

$$m = \mu_B(g_s s + g_l l) = \mu_B g^* J$$

と書ける．ここで

$$\mu_B = \frac{e\hbar}{2M}$$

は磁気双極子の単位量で，ボーア磁子という．M は粒子の質量，J はスピンと軌道とが結合した全角運動量，g^* は結合状態で決まる有効 g 因子である．電

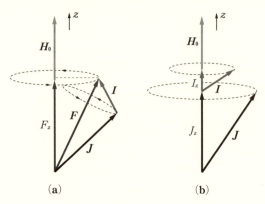

図 6.56 磁気モーメントの歳差運動．(a) 2種の磁気モーメントが結合したものが歳差運動する場合，(b) 2つの磁気モーメントが独立に歳差運動する場合

子の場合は $\mu_B = 9.27 \times 10^{-24}$ J/T である．原子核では，陽子の値 5.05×10^{-27} J/T が目安となるが，電子に比べてけた違いに小さい．

磁気双極子は角運動量をもっているので，静磁場の中では磁場と角運動量の2つの方向に垂直な方向に回転力を受け，磁場方向を軸としてコマのように歳差運動をする（図 6.56）．電子の場合，スピンと軌道運動との結合が強ければ，(a)のように両者が結合した全角運動量が歳差運動する．一方，電子スピン J と核スピン I のように両者の結合が弱ければ，(b)のように I, J はほぼ独立に歳差運動する．歳差運動で回転の自由度があること，種々のスピンがあって相互作用があること，また熱ゆらぎの効果が大きいことにより，磁気双極子の運動は電気双極子とは異なる物理を示す．

磁場については，真空の電磁気学では磁束密度 B が微小電流に働くとしている．しかし，物質中ではそう単純ではない．それは他の磁気双極子が作る磁場の作用を考えるとわかる．B と磁場の強さ H との違いは，磁気双極子の内側で起こる．しかしパウリ（Pauli）の原理によって，スピンが同じ向きの電子が重なり合うことはない．スピンが逆向きの電子は接近できるが，クーロン力のためにエネルギーが上がる．これらから2つの電子の間には，磁気モーメントの向きによるエネルギー $K_{i,j} J_i \cdot J_j$ がある．これを**交換エネルギー**という．また原子核と電子のように別種の粒子の間には，重なり合ったところで生じる

エネルギー $AJ_i \cdot J_j$ がある．これを**超微細相互作用エネルギー**という．以上から，磁気双極子系のエネルギーは

$$\mathcal{H} = -\sum_i H \cdot J_i + \sum_{i,j} K_{i,j} J_i \cdot J_j + \sum_{i,j} A_{i,j} J_i \cdot J_j$$

となる．第1項は磁場 H によるゼーマン（Zeeman）エネルギー，第2項は同種粒子間の交換エネルギー，第3項は異種粒子間の超微細エネルギーである．第1項の H は，他の磁気双極子による磁場を含んでいる．このような相互作用を受けている微視的な磁気双極子の集団の体積平均を**磁気分極** M という．磁気分極の変動外磁場 H_1 に対する応答を**磁気感受率** χ_m で表す．その性質の多くは電気感受率 χ_e と共通であるが，上記の歳差運動の特質によって，独自の性質をもつ．

6.7.2 核磁気共鳴

水素をはじめ，磁気双極子をもつ原子核は多数ある．これらの歳差運動と同じ角振動数の電磁波が共鳴吸収されるのを**核磁気共鳴**（**NMR**, Nuclear Magnetic Resonance）という．その振動数は MHz 領域で，電波域である．そのエネルギー量子は $k_B T$ に比べてずっと小さく，周囲の磁気的環境，熱ゆらぎの影響を強く受ける．例として，エチルアルコールの H 核スピンの NMR スペクトルを図 6.57 に示す．化学的な環境に応じて，H 核に働く有効磁場が異なる様子がわかる．これを**化学シフト**といい，分子などの化学構造の同定に使われる．

先に述べたように，核スピンの運動では熱ゆらぎの影響が強く現れ，その解析によってスピンの環境について多くの情報が得られる．この理論は 1950 年

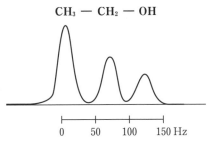

図 6.57 エチルアルコールの水素核磁気共鳴のケミカルシフト

代に，久保亮五と富田和久によって作られ，線形応答理論の基礎となった．

歳差運動の緩和過程には，縦横の2種類がある．**縦緩和**は，静磁場方向の成分 M_z の緩和で，その特性時間を T_1 という．縦緩和はスピンのゼーマンエネルギーが環境へ散逸する過程で，一般に横緩和よりも遅い．**横緩和**は，静磁場に垂直な成分 M_x, M_y の緩和である．これは微視的な磁気双極子の x, y 成分の回転運動の位相が乱れてくることにより，その平均の位相もずれ，M_x, M_y の大きさが減少することによる．横緩和の特性時間を T_2 という．2つの緩和時間を考慮した M の運動方程式は次のようになる．

$$\dot{M}_x = \gamma(M_y H_z - M_z H_y) - \frac{M_x}{T_2}$$

$$\dot{M}_y = \gamma(M_z H_x - M_x H_z) - \frac{M_y}{T_2}$$

$$\dot{M}_z = \gamma(M_x H_y - M_y H_x) - \frac{M_z - M_0}{T_1}$$

これを**ブロッホ方程式**という．M_0 は z 方向の静磁場 H_0 に対する M_z の熱平衡値である．M の運動は上式を扱えばよい．静磁場などの外部条件の変動は，縦緩和よりも速い断熱過程と，遅い非断熱過程に分けられる．断熱過程はさらに，横緩和よりも速い高速過程と，遅い低速過程に分けられる．

例えば z 方向に静磁場，x 方向に変動磁場 $2H_1 \cos\omega t$ が働く場合の定常解から，磁気感受率などは次のようになる．

$$\chi_\mathrm{m}' = \frac{\gamma}{2} \frac{(\omega_0 - \omega)T_2^2 M_0}{1 + (\omega_0 - \omega)^2 T_2^2 + \gamma^2 H_1^2 T_1 T_2}$$

$$\chi_\mathrm{m}'' = \frac{\gamma}{2} \frac{T_2 M_0}{1 + (\omega_0 - \omega)^2 T_2^2 + \gamma^2 H_1^2 T_1 T_2}$$

$$M_z = \gamma \frac{\{1 + (\omega_0 - \omega)^2 T_2^2\} M_0}{1 + (\omega_0 - \omega)^2 T_2^2 + \gamma^2 H_1^2 T_1 T_2}$$

磁気共鳴吸収の強度は χ_m'' で与えられ，$\omega = \omega_0$ でピークとなる．その幅は $1/T_2$ である．変動磁場が強くなると，吸収強度 $\chi_\mathrm{m}'' H_1^2$ はピークを経て飽和する．これは電波量子 $\hbar\omega$ の吸収とともに放出が起こるからである．磁気感受率の量子力学的計算は，スピンの磁気量子数状態に基づいておこなわれる．さらに，環境の熱ゆらぎを統計力学的に考慮しなければならない．これは久保

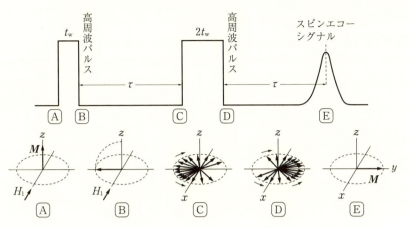

図 6.58 スピンエコー実験の概念図. 高周波パルス磁場を加えた後のスピン系の運動の様子

-富田理論によって完成された.

スピンの緩和の様子を直接に調べる実験方法がある. 磁気分極 M が z 軸に平行な状態で, H_1 を作用させると M は倒れていく. 作用時間を選べば, $-y$ 軸を向くようになる. これを 90° パルスという (図 6.58). この過程は T_1 よりも十分短い時間で非断熱的である. その後, 時間 τ の間にわたって, M を構成する磁気双極子に働く有効磁場に分布があるために xy 面内での拡散が起こり M_y は減衰する. そこで再度 2 倍の時間幅の H_1 パルスを作用させると, 磁気双極子の向きは 180° 回転する. その後の有効磁場中の運動は, 拡散していた向きが逆に収束する働きをして, 時間 τ の後には M は y 軸を向くようになり信号を検出することができる. これを**スピンエコー**という. エコーの強度は $\exp(-2\tau/T_2)$ に比例するから, T_2 を直接知ることができる. T_2 は環境のゆらぎを反映するので, 様々に応用されている. 例えば医療で用いられているMRI (Magnetic Resonance Imaging, 磁気共鳴画像法) は温度, 水分などの局所環境から病変を知る手法である.

6.7.3 電子スピン共鳴

固体内の不対電子 (2 つのスピンの向きが対になっていない状態) は磁気双極子をもつ. その共鳴吸収を**電子スピン共鳴** (**ESR**, Electron Spin Resonance)

という．自由電子の g 値は古典物理では 2 だが，量子電気力学では電磁場との相互作用によって $g = 2.003$ となる．しかし，物質中ではスピン軌道相互作用によって有効 g 因子 g^* の値は物質に依存する．鉄族，希土類元素など，原子あるいはイオンで磁気双極子をもつものが多い．半導体では，価電子は共有結合に参加して不対電子ではない．伝導電子と正孔が磁気双極子をもつ．

スピン軌道相互作用はゼーマンエネルギーよりも大きいので，g^* 値は物質によって異なる．Γ 点の 3 バンドモデルによると，伝導電子の g^* は

$$g^* = 2 - \frac{4}{3}P^2 \frac{\Delta_0}{mE_0(E_0 + \Delta_0)}$$

となる（5.3.2 項参照）．P は運動量行列要素，E_0 はバンドギャップ，Δ_0 は価電子帯のスピン軌道分裂である．バンドギャップが小さく，スピン軌道相互作用が大きい InSb では g^* 値の絶対値は大きい．正孔の g^* 値は，磁場中の価電子帯の状態を解いて，ランダウ準位とともに求めなければならない．

Si，Ge では，伝導帯の極小点は有限の波数 $\bm{k}_i$ にあり（谷），有効質量 m^* は $\bm{k}_i$ 方向とそれに垂直な方向とで異なる．g^* も同様な異方性をもつ．低温では，ドナーの基底状態 A_1 では，その平均値 $g_l^*/3 + 2g_t^*/3$ が観測される．図 6.59 に，P をドープした Si の ESR のデータを示す．(a)の 2 本の吸収線は，ドナーの中心にある P 原子核との超微細相互作用による分裂である．なお説明の便宜上，一部は後述の ENDOR 法で得られた結果も含めて示す．2 本の線は，核スピンの上下の向きに対応している．(b)のいくつかの吸収は，磁気双極子をもつ同位元素 ^{29}Si との超微細相互作用による．多数の線があるのは，ドナーの領域内の異なる格子点にある ^{29}Si 核によるものである．(c)は，中心から遠く離れた位置にある ^{29}Si 核との超微細相互作用による．

不純物 P の濃度を増していくと，ESR スペクトルの様子は図 6.60 のように変化する．(a)のように濃度が小さい場合では，電子は各ドナーに局在して孤立し，P 核スピンとの超微細構造が観測される．濃度が増大していくと，この中間にいくつかの構造が現れる（(b)および(c)）．これは，ドナーが近接して作るクラスターがあるからである．そこでの電子はドナー間を行き来して，クラスター内の核スピンの上下の組合せに応じた超微細構造が観測される．(d)のように濃度が非常に高くなると，すべての P がクラスターに参加して，

6.7 磁気共鳴分光

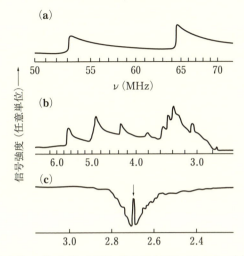

図 6.59 P をドープした Si の電子-核 2 重共鳴スペクトル．(a) は P 核による 2 重共鳴，(b) は ^{29}Si 核による 2 重共鳴を含む（G. Feher：Phys. Rev. 114 (1954) 1219 による）

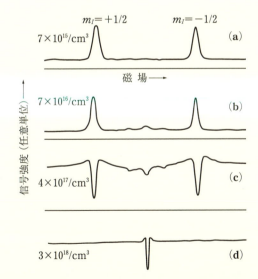

図 6.60 P をドープした Si の電子スピン共鳴の P 濃度依存性．(a)→(d) へ P 濃度が増え，複数の P 核との相互作用が観測される（G. Feher：Phys. Rev. 114 (1954) 1219 による）

電子は P を動きまわる．実際，この濃度では，低温でも不純物を渡り歩く電気伝導（不純物伝導）が観測されている．その頻度が超微細分裂振動数よりも大きくなると，電子は平均的な核スピンの向きを感じることになり，中央に鋭い共鳴線が観測される．これは運動による尖鋭化と呼ばれ，同様なことは他の系でも数多く観測される．(d)の場合の g^* は伝導帯の伝導電子とほぼ等しく 1.9983 である．吸収線の構造が変わるのは，緩和時間 T_2 の減少によって，実験の磁場変動条件が断熱高速過程から断熱低速過程へ移行したからである．

g^* の異方性は，外からのひずみをかけた実験で調べることができる．ひずみをかけると，ドナーの励起状態 E_2 が混じるので，g^* の値は磁場の方向による．これらの解析からドナーの励起エネルギーは，P では 15 meV であることがわかった．また $g_l^* - g_t^* = 0.001$ である．

Ge の P ドナーについての実験もほぼ同様である．スピン軌道相互作用の値が大きいので，$g_l^* = 0.87$，$g_t^* = 1.93$ となる．なお Ge では，すべての谷が等価なはずの (100) 方向に磁場をかけた場合にも g^* のひずみ依存性が観測される．この場合は電子の谷ごとの振幅は変わらないので，1 つの谷についても g^* のひずみ依存性がある．

正孔，アクセプターについては，磁場の効果は価電子帯の全体の構造から解析しなければならない．この場合も，外からのひずみにより Γ_8 帯の縮退を解けば，解析は容易となる．

6.7.4 核電子二重共鳴

ESR の解析において重要情報を提供する超微細相互作用を詳しく調べるために，両方のスピンの同時共鳴を観測する核電子二重共鳴（**ENDOR**, Electron-Nuclear Double Resonance）法が開発された．その原理を Si 中の Sb ドナーの場合について図 6.61 に示す．電子の磁気量子数 m_J が $\pm 1/2$ 状態の磁場中のエネルギーは，大きさ 5/2 の Sb 核スピンの磁気量子数 m_I の値に応じて 6 個の準位に分かれる．振動数 ν_e のマイクロ波による電子スピンの $\Delta m_J = \pm 1$ の遷移は 6 通りの磁場で起こる．このとき核スピンの m_I は変わらない．電子スピン共鳴を飽和に近い状態にしておいて，核スピンに $\Delta m_I = \pm 1$ の遷移の電波をあてると，ESR 吸収が変調される．これを利用し

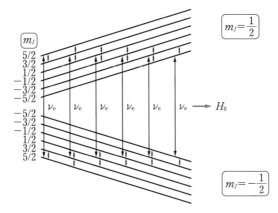

図 6.61 Sb をドープした Si の電子-核スピンエネルギー．上図は電子スピンが上向き，下図は下向き．核スピンにより分裂した準位間の遷移を示す

表 6.2 超微細構造から求めたドナー位置での包絡波動関数の 2 乗．第 2 列は測定値，第 3 列は有効質量近似による理論値

ドナー	a_D (MHz)	$\|\phi(0)\|^2$ (cm^{-3}) 実験値	$\|\phi(0)\|^2$ (cm^{-3}) 理論値
^{121}Sb	186.802 ± 0.005	1.18×10^{24}	—
^{123}Sb	101.516 ± 0.004	1.18×10^{24}	—
^{31}P	117.53 ± 0.02	0.43×10^{24}	0.4×10^{24}
^{76}As	198.35 ± 0.02	1.73×10^{24}	—

て，超微細相互作用の大きさを高精度で測定する．Si 中の P, As ドナーの場合の実験結果を元に超微細相互作用定数から，ドナー位置での電子の波動関数の 2 乗 $|\phi(0)|^2$ を求めた結果を表 6.2 に示す．この値は，有効質量方程式から計算した値よりも大きく，基底状態のエネルギーがそうであったように，ドナー原子の種類に依存する．これは有効質量方程式が，ドナー原子の近くでは成り立たないことを示している．その後，ドナー不純物と Si 原子からなる大きなクラスターを用いた第一原理計算がおこなわれ，それによって実験結果をほぼ説明できた．

ENDOR 法を使い，核スピンをもつ ^{29}Si 核による超微細相互作用によってドナー近くの Si 原子位置における波動関数の値が調べられた．その構造は磁

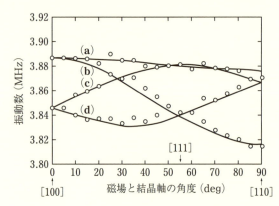

図 6.62 Si 中の As ドナーの磁気共鳴の磁場方位依存性．(a)～(d) は，結晶面に対する磁場の角度変化（G. Feher : Phys. Rev. **114** (1954) 1219 による）

場の方向によって異なる．これは波動関数が異方性をもつことを示す．それは包絡関数 F の異方性とともに，格子点 R_j における波動関数が谷底の波数 k_i の平面波因子 $\exp(i k_i \cdot R_j)$ を含むからである．その重ね合わせによって $|\psi(R_j)|^2$ は複雑な距離，方向依存性を示す（図 6.62）．このことを利用して k_i の値を知ることができる．その解析によれば，ドナーが原点にあるとして，A線は (400) 格子点（fcc 格子の立方体の角）にある ^{29}Si 核による．そうして k_i の位置は $\langle 100 \rangle$ 方向で $0.85\pi/a$ の位置にあることがわかった．ドナー位置から離れた位置での包絡関数としては，有効質量方程式の結果が適切である．

このように Si 中のドナーの電子状態は，ドナー位置を除いては，有効質量理論と実験によってかなり詳しい理解が得られた．有効質量理論が不十分な場合は，元の波動関数に立ち返って考えればよい．g^* をもつ磁気双極子は実体概念に過ぎず，その限界はバンド理論によって克服されるのである．

6.8 半導体発光（ルミネッセンス）

6.8.1 光吸収と発光

振動数 ν の光を吸収して，半導体の状態が $i \to j$ へ移る光吸収過程があれば，その逆過程として $j \to i$ 遷移による ν の発光が起こり得る．半導体の i, j

6.8 半導体発光（ルミネッセンス）

状態とフォトンとが熱平衡にあれば，光の吸収と放出は同じ頻度で起こる．すなわち，詳細つり合いが成り立つ．半導体と光とが熱平衡でなければ，吸収と同じ振動数の発光が観測される場合がある．これを**蛍光**という．しかし，これは発光寿命が短い．これに対して，発光寿命が長い発光では，発光振動数 ν' は吸収からずれている場合が多い．これを**りん光**という．それは 6.5 節で局在中心吸収について述べたように，電子の環境を代表的に表す座標が吸収直後には熱平衡にはなく，それが緩和して熱平衡に達したときには，電子のエネルギーは一般に低下しているからである（図 6.45）．すなわち，発光線は吸収線よりも低振動数（長波長）側へずれる（ストークスシフト）．発光がおこなわれる中心は，このように電子系が準安定な状態にあり，そこから光の自然放出がおこなわれる場合が多い．こうして，吸収では観測できない様々な状態がわかる．

6.8.2 バンド間励起発光

半導体に特有なバンド間励起による発光の例として，高純度の GaAs を低温で，バンド間遷移の光によって励起した場合の発光スペクトルを図 6.63 に示す．伝導電子と正孔とが再結合することによるたくさんの発光線が観測されている．これらについて，順次説明しよう．

図 6.63 中の 1.518 eV 付近の弱い発光が，伝導帯から価電子帯への遷移

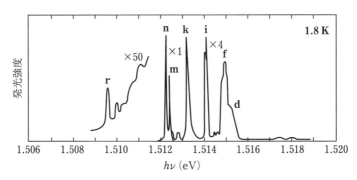

図 6.63 GaAs の光励起による発光スペクトル．発光は，さまざまな励起準位から起こる（U. Heim and P. Hiesinger : Phys. Stat. Sol. (b) **66** (1974) 461 による）

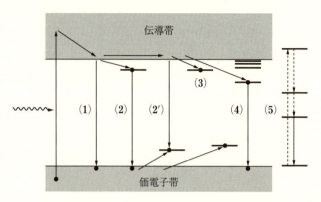

図 6.64 バンド間励起後の種々の発光過程．(1) バンド間遷移，(2) 不純物準位遷移，(3) ドナー-アクセプター対間遷移，(4) 励起子を作っての発光，(5) 局在した状態からの発光

(図 6.64 中の(1))である．励起光はこれより大きなエネルギーをもっていた．その低エネルギーからの立ち上がりは，図 6.63 の d で示す自由励起子の再結合である．励起子では伝導電子と正孔の波動関数が重なり合い，再結合確率が高い．励起子は，中性ドナーの近くでは引力を受けて束縛される．そこからの再結合遷移が図 6.63 のピーク f である．このときに，残ったドナー電子が $n=2$ 状態に遷移するのが図 6.63 のピーク i とされている．図 6.64 の(2)と(2′)の遷移は図 6.63 の d の肩に含まれている．さらに低エネルギーのピーク k はイオン化したドナー，ピーク m と n は中性アクセプターにそれぞれ束縛された励起子からの再結合発光である．これらよりも低エネルギーの弱い発光は，フォノンの励起を伴うものであろう．

ドナー-アクセプター対の再結合発光の例として，GaP 中の Zn-S の場合を図 6.65 に示す．たくさんの線が観測されている．線の位置の違いは，伝導電子と正孔とのクーロンエネルギーの違いであり，その分だけ大きなフォトンのエネルギーが必要である．図に書いた数字は，対の間隔を表したものである．発光強度は，伝導電子と正孔の波動関数の重なりの 2 乗に比例する．これを考慮すれば，発光強度は対の存在確率に比例する．

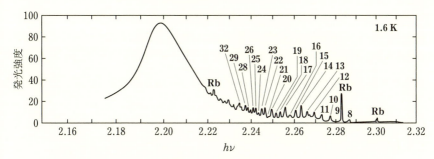

図 6.65 GaP のドナー–アクセプター対間遷移発光．ドナー–アクセプター間隔が異なる発光線が見られる（D. G. Thomas, M. Gershenzon, and F. A. Trumbore : Phys. Rev. 133 (1964) A269 による）

6.8.3 様々な励起子発光

発光は様々なメカニズムにより起こるが，ここでは励起子が関連した例を示す．

図 6.66 は，AlGaAs の高励起条件での発光スペクトルである．伝導電子–正孔液滴からの発光，さらに GaAs 的な LO フォノン，AlAs 的な LO フォノンを励起する発光が観測されている．これらから混晶中のフォノンの様子がわかる．

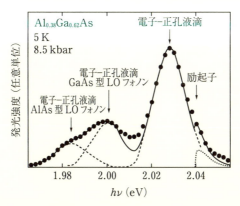

図 6.66 AlGaAs の高励起された励起子の発光スペクトル．励起子と，それが解離した電子–正孔液滴からの発光（H. Kalt et al. : Phys. Rev. B 43 (1991) 12364 による）

これまで，光によって励起された状態からの発光について述べてきた．この場合を**フォトルミネッセンス**という．エネルギーを供給する励起方式に応じて，このほかに電気的な場合の**エレクトロルミネッセンス**，熱的な場合の**サーモルミネッセンス**，化学的な場合の**ケミカルルミネッセンス**などがある．

6.8.4 局在中心による発光

遷移金属元素，希土類元素では d, f 電子は局在性が強い．半導体中のこれらの元素不純物は，強い発光中心となる．

例として，CaS 中の Ce^{3+} イオンの発光スペクトルを図 6.67 に示す．光励起は，結晶中の 4f 状態（F）から 5d 状態（T）への遷移による．発光はストークスシフトした 2 種の T → F 遷移によって起こる．それぞれが幅をもっているのは，断熱ポテンシャルの中での 2 種類のフォノンの振動分布による．このように電子とフォノンとの相互作用が大きいことが，これら局在中心の 1 つの特徴である．いくつかの鋭い線はゼロフォノン遷移である．

励起子が不純物に束縛されることを述べたが，電子格子相互作用の強い結晶では，不純物や欠陥がなくても，局在することが知られている．これを**自己束縛状態**という．図 6.68 にその様子を説明した．励起状態の断熱ポテンシャルの中で，励起子は重心運動の運動エネルギーの異なる状態を経て緩和していく．

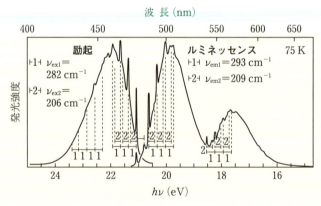

図 6.67 CaS 中の Ce^{3+} の発光と励起スペクトル．右方向にエネルギーが低いことに注意（S. Yokono, T. Abe, and T. Hoshina : J. Phys. Soc. Jpn. 46 (1979) 351 による）

6.8 半導体発光（ルミネッセンス）

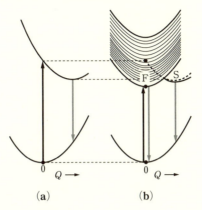

図 6.68 励起子の自己束縛状態と発光．励起子の近くの格子変位により束縛状態 S が作られる

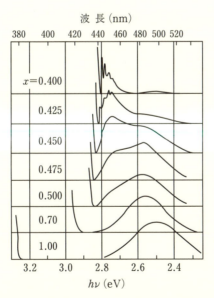

図 6.69 AgBrCl の発光スペクトル．Cl の分率 x の増加とともに，自由励起子発光とフォノン側線から自己束縛状態の発光へ変化する（Y. Toyozawa : *Optical Processes in Solids* (Cambridge Univ. Press, 2003) による）

ポテンシャルの底（F）からの発光が自由励起子発光である．ところが電子格子相互作用が強いと，別種の格子ひずみを伴う断熱ポテンシャルへと非断熱的に遷移する可能性がある．代表的なものは，負イオンに正孔ができて中性となった原子が，となり合った負イオンのほうへ変位して，分子状の欠陥を作るものである．その状態での緩和により，元の配位座標ではSの点へ緩和して発光する．この際のフォノン励起過程によって，発光スペクトルの長波長端の外へ発光が観測される．

$AgBr_{1-x}Cl_x$ の吸収スペクトルと発光スペクトルを図 6.69 に示す．x の小さい試料では，発光スペクトルは自由励起子からのシャープなスペクトルで，フォノン放出線も見られる．x が大きい試料では，発光は幅広いバンドとなり，自己束縛励起子からの発光である．その長波長側の裾は，指数関数的なエネルギー依存性を示す．同様な裾は吸収スペクトルでも広く観測され，**アーバック**（Urbach）**則**といわれる．

6.8.5 LED と半導体レーザー

電気的エネルギーによる発光素子が，今では日常生活での光源の主流となっている．**LED**（Light Emitting Diode，発光ダイオード）である．半導体 PN 接合に電圧をかけ，接合領域に伝導電子と正孔を注入すると，再結合発光する．

LED の発光色は，バンドギャップで決まる．赤（GaAs, GaP），黄緑（GaP, AlAs）は古くから知られていたが，GaN が青色発光の材料として開発され，光の三原色が揃った．白色光などは，三原色の混合によって作られる．

このとき，接合領域の電子分布は熱平衡から大きく外れている．電子状態が $i \to j$ と遷移するときの確率速度は $W_{ij}(f_i(n_\nu, 1) - f_j n_\nu)$ と書ける．$f_i/f_j = \exp\{-(E_i - E_j)/k_B T\}$ で有効温度 T を考えたとき，$E_i > E_j$ なのに $f_i > f_j$ ということは有効温度 $T < 0$，すなわち"負の温度"にある．この場合，誘導放出が誘導吸収を上まわり，確率速度は負となるから n_ν は増大する．このとき ν の光はコヒーレント状態となり，古典的な電磁波として伝播する．半導体の両端に鏡とハーフミラーをつけると，電磁波の中の特定のモードだけが集中的に増幅されて，ハーフミラーを通して外へ取り出せる．これが半導体レーザーの原理である．注入電流が小さい間は有効温度は正で，状態 i が連続的

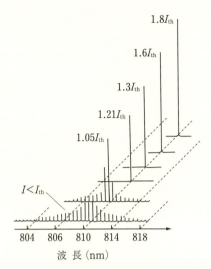

図 6.70 半導体レーザー発振の概念図.電流が増えると,特定の発光線が成長する(川村肇著:「半導体物理」(共立出版,1987)による)

に分布し,光の波数ベクトルの向きにも広がりがあることから,複数のモードの電磁波が自然放出も含めて励起される.これは LED の光と同様で,進行方向に広がりがある.注入電流が閾値を超えると有効温度は負となり,いくつかのモードの電磁波が増幅される.この中で,鏡の配置で決まる特定のモードだけが最終的には集中的に増幅されるのである(図6.70).この光は単一の波数ベクトルをもつので指向性が良い.またコヒーレンスも良い.

半導体レーザーはコンパクトで,またパラメータの制御が簡単なので,様々に応用されている.

参 考 文 献

[1] 松井文彦,松下智裕,大門寛著:「光電子分光詳論 — 基礎から学ぶ原子配列・電子構造イメージング —」(丸善出版,2020).
[2] 中山正昭著:「半導体の光物性」(コロナ社,2013).
[3] 中山正敏著:「物質の電磁気学」(岩波書店,1996).
[4] Y. Toyozawa : *Optical Processes in Solids* (Cambridge Univ. Press, 2003).

[5] G. Onida, L. Reinig, and A. Rubio : Rev. Mod. Phys. **74** (2002) 601.
[6] L. J. Sham and T. M. Rice : Phys. Rev. **144** (1966) 708.
[7] W. Hanke and L. J. Sham : Phys. Rev. B **21** (1980) 4656.
[8] Y. Tokura and N. Nagaosa : Nature Communications **9** (2018) 3740.
[9] L. J. Sham : Phys. Rev. **150** (1966) 720.
[10] M. L. Cohen and T. K. Bergstresser : Phys. Rev. **141** (1966) 789.
[11] R. Hornung, R. von Baltz, and U. Rössler : Solid State Commun. **48** (1983) 225.
[12] T. Ando : Z. Phys. B **26** (1977) 263.
[13] W. Kohn : in *Solid State Physics* (F. Seitz and D. Turnbull eds.) vol. 5 (Academic Press, 1957).
[14] G. Feher : Phys. Rev. **114** (1954) 1219.

第 7 章

半導体デバイスの物理

名取研二・名取晃子

　半導体デバイスは半導体のどのような物性を用いて，どのような素子構造でどのような機能をもつかを解説する．7.1 節でデバイスとは何かについて述べ，7.2 節でデバイスの理解に必要最低限の事項を要約する．7.3 節以降で具体的に，バイポーラ・トランジスタと MOSFET，DRAM と SRAM，フラッシュメモリー，ガンダイオードと HEMT，LED，有機 EL と太陽電池，熱電変換素子について解説する．最後に集積回路についても述べる．

7.1 デバイス（素子）とは

　半導体を工学的に利用する立場から見ると，それはきわめて有望であり，実際すでに幅広い応用を提供している．この立場は，半導体材料の何らかの特性を応用して，何らかの望ましい機能を達成するものといえる．このように，人間にとって何らかの有用な機能を実現する装置を**デバイス**と呼ぶことにしよう．例えば，マイクロフォンは人の話を聞き取り雑音の少ない電流信号に変えるデバイスである．"有用な"という条件が，その言葉に含まれているわけではないが，人が工夫し作製する装置であるから結果は有用な装置を目指すことになる．複数のデバイスやソフトウェアなどを連係動作させてまとまった作業をおこなう系を**システム**と呼ぶならば，デバイスは何かのシステムの一構成要素として機能する．例えばプリンタは情報のファイルを入力すると内容を紙に印刷

するシステムだが，大きなコンピュータ・システムの一構成要素として見れば1個のデバイスに過ぎない．

このように，デバイスという言葉は広く用いられるが，この章では半導体を用いて作られる「基本単位」となるデバイスについて，その機能の原理的な面を議論しよう．これらのデバイスは，通常は単一で複雑な機能を実現することはなく，個々のデバイスはきわめて簡単な機能を果たすに過ぎない．その意味で，しばしば「素子」と呼ばれることもある．電流を一方向に流して逆流を抑える整流素子，1つの電流端子から第二の電流端子に流れる電流を，第三の端子に加えられる電圧ないし電流により制御する素子，内部電圧のレベルに情報を担わせて，その情報を一定時間にわたって保持する素子，さらには，電気エネルギーを光エネルギーなど他のエネルギーに，また，逆に他のエネルギーを電気エネルギーに，エネルギー形態を変換する素子，など様々な素子があり得る．

もともとは特性の制御が難しかった「半導体材料」だが，材料の高純度化や不純物の正確な制御，あるいは多彩な材料構成や材料技術の研究により，安定して多様な特性を示す半導体材料が得られるようになってきた．これらの半導体と，さらに金属や絶縁体をも用いて必要とされる構造を構築して，意図した機能を満たす1個の素子が完成する．

このように，素子の機能は材料構成や構造などの正確な制御の上に成り立つために，優れた機能を達成し得る反面，工学的な利用が難しい課題に直面することもある．温度により半導体の特性は変化しやすいことが知られているが，このために使用環境が所期のものとずれてうまく機能しないことも起こり得る．多様な環境で使用される素子の場合には注意が必要である．半導体素子は真空管などと比べて著しく長寿命である．しかし，設計や製造の不備により，使用中に予期しない動作不良を起こしてしまうことがある．正当な素子寿命を示す**動作信頼性**の保証は，市場に製品を供給する際の重要な項目の1つである．このような「基本単位」の素子は普通，単一で用いられることはあり得ず，多くの素子を並列・直列につなげて半導体回路を構成して，はじめて我々の求めるまとまった動作をおこなう部分回路が得られる．素子の多くには入力信号を加える入力端子と，素子の出力信号を出力する出力端子とがある．素子と素子と

を電気的につないで正しく動作させるためには，入力信号はある標準化された規格を満たすことが必要とされ，出力信号も同様にあらかじめ決められた規格を満たしていることが要求されている．例えば，電源電圧 V は $4.5\,\mathrm{V} \leq V \leq 5.5\,\mathrm{V}$ の範囲と決められているとか，入力レベル V_i は，$0.8\,\mathrm{V} < V_\mathrm{i} < 2.0\,\mathrm{V}$ を満たさないと正しい動作が保証されない，というような例である．使用環境なども含めこれら各種の標準的な規格は通常「**仕様**」と呼ばれる．素子メーカーへの基本的な要請は，仕様を正しく満たす素子を需要に合わせて多数きちんと市場に供給していくことである．しかし，この点だけを見ても容易ではない．普通は研究所などの細かく行き届いた良好な条件下において，まず少数の素子を開発・試作することがおこなわれる．試行錯誤をくり返して試作が達成できた場合も，それを工場などの必ずしも良好とは言い難い条件下に移管して大量に生産できるまでには，設計面，製造工程などに多大な作業量が必要となる．

さらに，半導体デバイスは定められた仕様の環境内で正しく動作して機能を遂行できればよい，ということだけでは済まない．例えば，回路動作がより速い（言い換えれば，より優れた仕様を満たす）素子が，市場価値が高いことが多く，販売の価格や数量で有利となることが多い．また，製作コストがどうなるかも最も重要な視点の1つである．製作コストが高い場合，競争の激しい市場で価格にそれを反映させれば販売実績が低下し，価格を市場に合わせれば，販売の際に必要な利益が確保できなくなる．事業としてはこれらの競争に勝っていくことが求められる．しかし，これら多くは大変重要な問題ではあるが，半導体産業ないし半導体工学の領域に属する．基礎的な「半導体物理学」とは関係の薄い問題が多いといえる．

これまでの半導体素子の発展を概観しておこう．**半導体素子**の幕開けは，1947年に真空管と同等な機能をもつトランジスタが発明されたことに始まる．当初は真空管のような単一素子として用いられていたが，1960年頃にいたり集積回路技術が開発された．数ミリ角のシリコン・チップ上に多数の素子を同時に一括して作製し，その間の配線も作製できるようになった．素子の微細化が可能であり，それにより回路の性能の向上，機能の多様性，消費電力の低下，回路信頼性の向上などを図ることができた．20世紀後半は，情報技術の革命的な進展があった時代であり，そのハードウェアを構成し，支えてきたのが半

導体素子の集積回路であった．素子の微細化は精力的に進められ，ついに 10 nm を切った．そして今，各方面でシリコン素子の微細化の限界が議論されている．次の時代の我々の生活を大きく塗り替えようとしているのは，半導体の光学素子である．光源としての LED は任意の色の低電力発光が可能となって，我々の用いる各種光源をすべて置き換えつつある．カメラなどの受光素子はすべて半導体化され，発電も太陽電池がその大きな部分を担おうとしている．熱電変換による身近な熱エネルギーの小電力への利用なども考えられている．その次の時代にと注目されているのは，市場の開発自体もまだ途上であるがパワーエレクトロニクスの半導体化だろう．人の生活に用いられる高エネルギーの電力の制御を，半導体素子を用いておこなう．交通機関を動かすには数百 V の大電力が必要であり，その周波数変換などの制御を高速におこなう必要がある．自然エネルギーによる電力供給には揺動や不安定要素も考えられる．送電網を需要側と供給側の双方から制御し最適化するスマート・グリッド技術なども提案されている．高電圧を制御するパワーエレクトロニクスには，シリコンに代わる高耐圧半導体材料の使用が目されている．

7.2 半導体デバイスの構成要素

半導体デバイスは，半導体，金属，絶縁体を組み合わせた構造をもち，半導体を流れる電流を制御することで様々な機能をもつ．金属は主に電極や配線に用いられ，絶縁体は電子に対するエネルギー障壁として用いられる．

5.5 節で述べられたように，半導体はドナーをドープ（添加）することで多数キャリヤが電子の n 型半導体と，アクセプターをドープすることで多数キャリヤが正孔の p 型半導体とを，作り分けることができる．ドナーやアクセプターの不純物濃度は，10^{11} cm^{-3} から 10^{18} cm^{-3} の広範囲にわたって制御できる．本節では，以下に述べる半導体デバイスの理解に必要な室温付近での半導体物性を要約する．

最初に，半導体のキャリヤ濃度についてまとめる．5.5 節で示されたように，伝導帯，価電子帯の有効状態密度，$N_c(T)$，$N_v(T)$ を用いて，電子濃度 n と正孔濃度 p は，$\varepsilon_c - \mu \gg k_B T$，$\mu - \varepsilon_v \gg k_B T$ の条件では下式で与えられる．

7.2 半導体デバイスの構成要素

$$n = N_c(T)e^{-\beta(\varepsilon_c-\mu)}$$
$$p = N_v(T)e^{-\beta(\mu-\varepsilon_v)} \tag{7.1}$$

$\beta = 1/k_B T$，ε_c，ε_v はそれぞれ伝導帯の底，価電子帯の頂上のエネルギー，μ はフェルミ（Fermi）準位を表す．(7.1) 式より，n と p の積はフェルミ準位によらず，エネルギーギャップ $E_g = \varepsilon_c - \varepsilon_v$ を用いて表される．

$$np = N_c(T)N_v(T)e^{-\beta E_g} \tag{7.2}$$

不純物添加のされていない**真性半導体**では $n = p$ が成立し，**真性キャリヤ濃度** n_i と**真性フェルミ準位** μ_i は次式で与えられる．μ_i はエネルギーギャップのほぼ中央に位置する．

$$n_i = \sqrt{N_c N_v}\, e^{-(\beta E_g/2)} \tag{7.3}$$

$$\mu_i = \frac{\varepsilon_c + \varepsilon_v}{2} + \frac{k_B T}{2}\ln\frac{N_v}{N_c} \tag{7.4}$$

真性キャリヤ濃度 n_i と真性フェルミ準位 μ_i を用いて，(7.1) と (7.2) 式は次のように書ける．

$$n = n_i e^{\beta(\mu-\mu_i)} \tag{7.5}$$
$$p = n_i e^{\beta(\mu_i-\mu)} \tag{7.6}$$
$$np = n_i^2 \tag{7.7}$$

室温 300 K での真性キャリヤ濃度は，Si で $1.45 \times 10^{10}\,\mathrm{cm^{-3}}$，GaAs で $1.79 \times 10^6\,\mathrm{cm^{-3}}$ となる．次に，不純物ドープ半導体のキャリヤ濃度の温度依存性を概観する．5.5 節で述べられたように，ドナーやアクセプターの束縛エネルギーが室温 T_R の熱エネルギー（$k_B T_R = 25.8\,\mathrm{meV}$）と同程度の場合は，室温を含む広い温度範囲でドナーやアクセプターは完全にイオン化している．**完全イオン化条件**のもとで，**n 型半導体**の**電荷の中性条件**は，ドナー濃度を N_d として下記で与えられる．

$$n = N_d + p \tag{7.8}$$

(7.7) と (7.8) 式から n 型半導体の**多数キャリヤ**の電子濃度 n と**少数キャリヤ**の正孔濃度 p は次式で与えられる．

$$n = \frac{\sqrt{N_d^2 + 4n_i^2} + N_d}{2}$$
$$p = \frac{\sqrt{N_d^2 + 4n_i^2} - N_d}{2} \tag{7.9}$$

Si や GaAs では，室温での真性キャリヤ濃度は不純物濃度に比べ十分に小さいので，室温でのキャリヤ濃度は下記で近似でき，$n \gg n_i \gg p$ が成り立つ．

$$n \cong N_d$$
$$p \cong \frac{n_i^2}{N_d} \tag{7.10}$$

n 型 Si の電子濃度 n の温度依存性を図 7.1 に掲げる（図 5.4(b) 参照）．

高温の $n_i \gg N_d$ となる**真性領域**では $n = n_i$，室温近辺の**飽和領域**では $n = N_d$ となる．低温の**凍結領域**では電子はドナーに束縛され，電子濃度は温度低下とともに減少する．一方，n 型半導体のフェルミ準位は下式で与えられる．

$$\mu = \mu_i + k_B T \ln \frac{n}{n_i} \tag{7.11}$$

室温でのフェルミ準位は，ドナー濃度の増加に伴い真性フェルミ準位から伝導帯の底に向かって上昇する．**p 型半導体**のキャリヤ濃度，フェルミ準位も同様に得られ，室温近辺の正孔濃度はアクセプター濃度に等しく，フェルミ準位はアクセプター濃度の増加に伴い真性フェルミ準位から価電子帯の頂上に向かって低下する．不純物ドープ Si のフェルミ準位の温度依存性を図 7.2 に掲げる

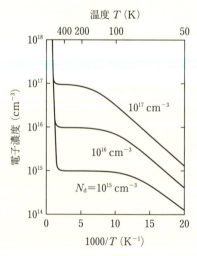

図 7.1 束縛エネルギー 50 meV，ドナー濃度 N_d の n 型 Si の電子濃度 n の温度 T 依存性（小長井誠著：「半導体物性」（培風館，1992）による）

7.2 半導体デバイスの構成要素

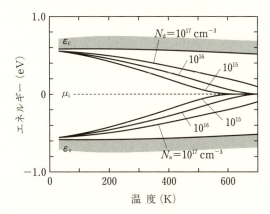

図 7.2 Si のフェルミ準位の温度 T, 不純物濃度 N 依存性. エネルギーギャップの温度依存性も考慮されている（小長井誠著:「半導体物性」（培風館, 1992）による）

(図 5.4(c) 参照. ただし両者で不純物濃度の値は異なる). 半導体デバイスは, 十分なキャリヤ濃度があり, n 型, p 型の区別がつく飽和領域で作動する.

次に, 半導体中の電流について述べる. n 型半導体デバイスを流れる電流は, 電場 E による**ドリフト電流** j_{drif} と濃度勾配による**拡散電流** j_{diff} の 2 種類がある. 5.6 節で述べられたように, 有効質量近似のもとで, n 型半導体のドリフト電流は伝導電子の**移動度** μ_{e} を用いて下式で与えられる.

$$j_{\mathrm{drif}} = qn\mu_{\mathrm{e}}E \tag{7.12}$$

$$\mu_{\mathrm{e}} = \frac{q\tau_{\mathrm{ce}}}{m_{\mathrm{e}}} \tag{7.13}$$

ここで, m_{e} は伝導電子の有効質量, τ_{ce} は衝突時間を表す. 他方, 拡散電流 j_{diff} は濃度勾配に比例して, 拡散係数 D_{e} を用いて下記で与えられる.

$$j_{\mathrm{diff}} = qD_{\mathrm{e}}\nabla n \tag{7.14}$$

揺動散逸定理より, 移動度と拡散係数の間には下記の**アインシュタイン (Einstein) の関係**が成立する. 電子のランダムな熱運動による拡散と, ドリフト電流のエネルギー損失を結びつけている.

$$\mu_{\mathrm{e}} = \frac{q}{k_{\mathrm{B}}T}D_{\mathrm{e}} \tag{7.15}$$

正孔に対しても, 同様の関係式が成り立つ.

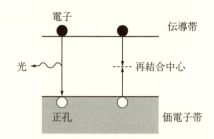

図7.3 電子と正孔の直接再結合と間接再結合

最後に，**過剰少数キャリヤ**の**再結合過程**と**寿命**について触れる．半導体中には多数キャリヤと少数キャリヤが存在するので，熱平衡値より過剰に注入された少数キャリヤは多数キャリヤと再結合して有限の寿命 τ で消失する．再結合過程は図7.3に模式的に示すように，伝導帯の電子が光を放出して価電子帯の孔に移る**直接再結合**と，**再結合中心**を介する**間接再結合**がある．直接再結合は**輻射再結合**とも呼ばれる．再結合中心は電子と正孔の双方の捕獲，放出をおこなう．捕獲した電子，正孔の熱励起の抑制のためには，エネルギーギャップ中央付近に捕獲準位をもつ再結合中心が有効となる．直接再結合による寿命は，GaAs などの直接ギャップ半導体では短く室温で 1 μs 以下となり，Si などの間接ギャップ半導体では室温で 1 s 以上に長くなる．Si での再結合寿命は再結合中心による間接再結合で決まり，代表的な不純物は Au や Cu である．間接再結合の詳細は，7.3.1 項で説明される．

7.3 電流制御素子

本節では，pn 接合を用いたバイポーラ・トランジスタと，MOS 接合を用いた電界効果トランジスタについて述べる．

7.3.1 少数キャリヤの寿命と拡散距離
（1）寿命と拡散距離

本題に入る前に，少数キャリヤの**寿命**と**拡散距離**について述べる．例えば p

型半導体を考えたとき，外部端子に接続して一端から価電子帯に多数キャリヤの正孔を注入すると，全体の中性を保つため同数の多数キャリヤが他端から流出する．今度は少数キャリヤの電子を伝導帯に注入すると，一帯の多数キャリヤがわずかに増減して系の中性が保たれ，少数キャリヤは自由な振舞いを示す．多数キャリヤ中に拡散し，あるいは価電子帯の多数キャリヤと再結合して消失する．空間的に一様な場合は，少数キャリヤの電子濃度 n の満たす連続の方程式は一般に

$$\frac{dn}{dt} = G_L - U \tag{7.16}$$

と書ける．G_L は光を照射した場合の少数キャリヤの生成確率，U は熱エネルギー放出その他の原因による低減確率である．光照射を除いて放置すればやがて n は p 型半導体中の熱平衡値 n_{p0} に戻る．このため U は近似的には時定数 τ_n を用いて

$$U = \frac{n - n_{p0}}{\tau_n} \tag{7.17}$$

という形に表すことができる．これを (7.16) 式に代入して

$$\frac{dn}{dt} = -\frac{n - n_{p0}}{\tau_n} \tag{7.18}$$

を得るので，n の初期条件を $n(0)$ としてこれを解くと

$$n(t) = n_{p0} + \{n(0) - n_{p0}\}e^{-t/\tau_n} \tag{7.19}$$

となる．すなわち，少数キャリヤは時間的には指数関数的に減少することがわかる．τ_n は再結合などによる少数キャリヤ電子の**寿命**である．

一般にキャリヤの空間的な流れは拡散とドリフトとに支配される．例えば p 型の半導体中に少数キャリヤの電子を注入した場合を考えると，電子のフラックス F_e は

$$F_e = -D_e \frac{dn}{dx} + n\mu_e E \tag{7.20}$$

という形に表すことができる．右辺の第 1 項は電子の拡散による流れを表し，第 2 項は電場 E に比例するドリフト流を示す．多数キャリヤに関しても類似な関係が成り立つ．電場 E は外から加えられたものだけでなく，キャリヤなどの電荷の分布の寄与も含み，この電場により電子と正孔は相互に逆方向に運

動する.移動度は電子の μ_e も正孔の μ_h も似たような大きさであり,キャリヤ濃度は 7.2 節で示されたように多数キャリヤのほうが圧倒的に大きい.半導体に外から電場が印加されていなければ,電気的中性の条件から多数キャリヤによる遮蔽効果のため電場 E がほとんどゼロになり,少数キャリヤの拡散は方程式

$$\frac{\partial n}{\partial t} = -\frac{\partial F_e}{\partial x} - U \tag{7.21}$$

を用いて表される.(7.17), (7.20) 式を代入して

$$\frac{\partial n}{\partial t} = D_e \frac{\partial^2 n}{\partial x^2} - \frac{n - n_{p0}}{\tau_n} \tag{7.22}$$

となる.時間的に変わらない (steady) 状況なら左辺がゼロとなり,2 階の常微分方程式になる.$x=0$ で $n(0)$,$x \to \infty$ で発散しないとしてこれを解くと

$$n(x) = n_{p0} + \{n(0) - n_{p0}\}e^{-x/\sqrt{D_e \tau_n}} \tag{7.23}$$

$L_n \equiv \sqrt{D_e \tau_n}$ は電子が減衰する間に拡散していく目途を表し,電子の**拡散距離**といわれる.同じく正孔の拡散距離 L_p が定義される.

(2) キャリヤの再結合

バンドギャップ内に,結晶欠陥などによる中間のエネルギー準位があって,これらが電子を捕えたり放出したりしている場合の,キャリヤ**再結合**などの寿命を考えてみよう.例えば図 7.4 の (a) は伝導帯の電子がエネルギーを失って近くの空いている中間エネルギー準位に捕われること(電子捕獲)を表し,(b) はその逆に,**中間準位**から伝導帯に戻る過程である.(c) は,今度は価電子帯の正孔がエネルギーを放出して中間準位に捕われる場合であり,(d) がそ

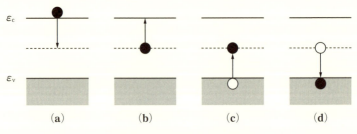

図 7.4 間接再結合の素過程

の逆の過程となる.これらの過程のエネルギー授受は,欠陥周囲の格子の熱振動との間でなされる.これらを個々に見ていく.この中間準位 E_t が電子により満たされている確率を f としよう.熱平衡の場合には f はフェルミ分布関数に一致する.このとき(a)の起こる確率を r_1 とすると, r_1 は伝導帯のキャリヤの電子濃度 n,中間エネルギー準位濃度 N_t,および中間準位が空である確率 $1-f$ に比例する.すなわち

$$r_1 \propto nN_t(1-f) \tag{7.24}$$

となる.比例定数は,キャリヤの速度を熱速度 v_{th} にとり,それに中間準位の見かけの大きさ(**散乱断面積**と呼び, σ とおく,大きさは原子レベル)を掛けた数値にとればよいので,結局

$$r_1 = v_{th}\sigma_n nN_t(1-f) \tag{7.25}$$

となる.下付きの n や p により,キャリヤが電子の場合と正孔の場合とを区別しよう.次に(b)は,中間準位の濃度と,そのうちでキャリヤが捕えられている割合,それに中間準位に捕えられたキャリヤが伝導帯に戻る確率(e_n と書こう)との積となる.すなわち

$$r_2 = e_n N_t f \tag{7.26}$$

である.(c)および(d)の現象は(a)および(b)の場合とキャリヤの種類を逆転して

$$r_3 = v_{th}\sigma_p pN_t f \tag{7.27}$$

$$r_4 = e_p N_t(1-f) \tag{7.28}$$

と得られる.熱平衡では $r_1 = r_2$, $r_3 = r_4$ が成立し, e_n, e_p が求まる.伝導帯の電子に対する連続の式は,光の吸収の寄与の項を G として

$$\frac{dn}{dt} = G + (r_2 - r_1) \tag{7.29}$$

であり,同じく価電子帯の正孔に対する式は

$$\frac{dp}{dt} = G + (r_4 - r_3) \tag{7.30}$$

となる.両者が1つずつ変化して電子と正孔の再結合が定常的に起こるためには

$$r_2 - r_1 = r_4 - r_3 \tag{7.31}$$

となる.この式に (7.25)〜(7.28) 式を代入して分布関数 f について解くと

$$f = \frac{\sigma_n n + \sigma_p n_i e^{-(E_t - \mu_i)/k_B T}}{\sigma_n \{n + n_i e^{(E_t - \mu_i)/k_B T}\} + \sigma_p \{p + n_i e^{(\mu_i - E_t)/k_B T}\}} \tag{7.32}$$

という式を得る.この f を (7.25), (7.26) 式に代入してそれぞれ r_2, r_1 を算出し $r_1 - r_2$ を求めると,それは (7.29) 式から伝導帯の電子が価電子帯の正孔と再結合する確率 U を与える.すなわち

$$U = \frac{\sigma_p \sigma_n v_{th} N_t (pn - n_i^2)}{\sigma_n \{n + n_i e^{(E_t - \mu_i)/k_B T}\} + \sigma_p \{p + n_i e^{(\mu_i - E_t)/k_B T}\}} \tag{7.33}$$

となる.この式の特性を知るために $\sigma_n = \sigma_p = \sigma$ とおいてみる.

$$U \cong \sigma v_{th} N_t \frac{pn - n_i^2}{n + p + 2n_i \cosh\{(E_t - \mu_i)/k_B T\}} \tag{7.34}$$

これを見ると,**再結合率**は pn 積の大きさが n_i^2 から離れているほど,すなわち熱平衡からずれているほど大きくなることがわかる.また**中間準位**が真性フェルミ準位に一致しているときに最大で,このときは同一の pn 積に対して p と n とが近いほど大きな値をとる.中間準位のエネルギーが真性フェルミ準位より離れるにつれて急速に小さくなる,などのことがわかる.むろん,中間エネルギー準位の濃度に比例して変化する.

半導体デバイスにおいては p と n とが同一レベルである場合よりも,片方がより少ない**低レベル注入**の状況が多く出てくる.その場合はこの式ももう少し簡単化される.n 型半導体に正孔の低レベル注入をおこなう場合で,しかも中間準位がバンドギャップの端に偏ったりしていない場合を考える.すなわち,$n_n \gg p_n$, $n_n \gg n_i e^{(E_t - \mu_i)/k_B T}$ と仮定しよう.熱平衡時の正孔数は $p_{n0} = n_i^2/n_n$ であるから,(7.33) 式より

$$U = \sigma_p v_{th} N_t (p_n - p_{n0}) \tag{7.35}$$

したがって,(7.17) 式と比較して,n 型半導体に低レベル注入された**正孔の寿命**は

$$\tau_p = \frac{1}{\sigma_p v_{th} N_t} \tag{7.36}$$

と与えられる.同様に,p 型半導体に低レベル注入された**電子の寿命**は

$$\tau_n = \frac{1}{\sigma_n v_{th} N_t} \tag{7.37}$$

となる．

キャリヤの再結合確率が，結晶の表面でバルクの内部と異なる値をもつことがある．表面においては，そこまで連続的に続いてきた原子の格子が切れてその向こうは何もなく不連続となる．キャリヤの再結合を促す中間エネルギー準位の密度がバルクの内部とは変化しても不思議はない．表面での少数キャリヤ正孔の濃度を $p(0)$，表面の有効的な中間準位濃度を N_ts，表面層の厚さを $\varDelta x$ としよう（図7.5）．この層内の再結合率は（7.35）式より

$$\sigma_\mathrm{p} v_\mathrm{th} N_\mathrm{ts} \varDelta x \{p(0) - p_\mathrm{no}\}$$

となる．結晶の表面近くにはこの再結合を満たすべく，表面に向かう方向の少数キャリヤの流れがある．この流れは，**表面再結合速度** s_h を用いて書き表せる．

$$D_\mathrm{h} \frac{dp_\mathrm{n}}{dx} = s_\mathrm{h}(p_\mathrm{n} - p_\mathrm{no}) \tag{7.38}$$

s_h は速度の次元をもち，表面の単位面積当りの中間エネルギー準位の数を $N_\mathrm{ts} \varDelta x \equiv N_\mathrm{ss}$ と書くと，以下で表される．

$$s_\mathrm{h} = \sigma_\mathrm{p} v_\mathrm{th} N_\mathrm{ss} \tag{7.39}$$

この中間準位の正体は，普通の不純物や結晶欠陥以外に，結晶が不連続になくなる表面構造に起因するもので，タム（Tamm）やショックレー（Shockley）により予想された，いわゆる**界面準位**であると考えられる．界面準位については，4.3.4項を参照されたい．トランジスタの開発当初，ショックレーのMOS型トランジスタが正しく動作しなかったのはこの界面準位のためであっ

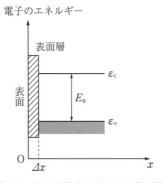

図7.5 表面再結合に寄与する表面層

7.3.2 pn 接合

(1) 熱平衡状態の pn 接合

　半導体デバイスの構造を構成する要素として非常に頻繁に現れるのが **pn 接合**という構造である．これは単に p 型半導体と n 型半導体とを隣接させた構造に過ぎないが多様な応用に対応できる．その特性がどのようになるかバンド構造から見ていく．考えている半導体片はマイクロメータ以下のサイズだが，半導体片の大きさがキャリヤのド・ブロイ（de Broglie）波長に比べて十分に大きければ，そのバンド構造もまたエネルギー値も正しく成立する．通常のデバイスはそのような領域にある．また，実空間内の構造を問題とするので，実空間の位置を横軸にとったバンド構造を用いるのが便利である．そのような観点に立ち，座標を横軸にとって p 型，および n 型半導体のバンドを描いたのが図 7.6 である．横軸の位置は正しくはド・ブロイ波長程度の不確定さを含むと見るのが正しいだろう．p 型の(a)と n 型の(b)の違いは，7.2 節で述べたようにフェルミ準位の位置の差にある．一様な単結晶がそれぞれに熱平衡にあるとして，フェルミ準位は水平でありキャリヤの流れはないが，p 型のフェルミ準位は真性フェルミ準位より低い位置にあり，n 型のフェルミ準位は逆に高い位置にある．これらの p 型および n 型の部分を 1 つの半導体単結晶内に作り込んだのが pn 接合である．接合という言葉は単に並置したのでなく，全領域

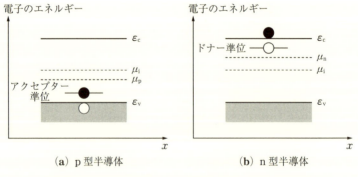

図 7.6　(a) p 型半導体，(b) n 型半導体のエネルギー図

にわたって規則正しい結晶性が維持されていることを示す．デバイスに用いられる半導体結晶に，電子や正孔を外部から導入（注入という）して電気的特性を制御する．p 型半導体，n 型半導体において，本来の不純物濃度より低い濃度の電子や正孔を注入する場合が**低レベル注入**であり，より高濃度の電子や正孔を注入するのは**高レベル注入**と呼ばれる．例えば n 型不純物の濃度を $10^{17}\,\mathrm{cm}^{-3}$ 程度とするならば伝導帯の電子濃度の値もこの程度である．このときに真性キャリヤ濃度が $10^{10}\,\mathrm{cm}^{-3}$ 程度であることを考慮すると，熱平衡ならば正孔濃度は $10^{3}\,\mathrm{cm}^{-3}$ 程度となりほとんど無視できる．この試料に濃度 $10^{15}\,\mathrm{cm}^{-3}$ の正孔の低レベル注入をおこなうならば，熱平衡状態が破れて正孔の拡散や電子と正孔の再結合などが起こると期待できる．

　pn 接合に外部から電圧が印加されておらず熱平衡のときは，内部のフェルミ準位は一定で勾配はなく，電流は流れない．これを理解するために，仮にフェルミ準位の異なる図 7.6 の (a) と (b) とを接触させた場合に何が起こり，どのように落ち着くかを見てみよう．横軸の原点を接合の境界に置くとしよう．接触の瞬間には，接合の近くでは p 型部分のフェルミ準位は n 型部分のそれより低く，この差を埋めるため瞬間的に p 型部分の正孔と n 型部分の電子とが相互に相手の領域に流れ込む．電子と正孔は再結合して消滅した後に全体が熱平衡になるので，図 7.7(a) のようにドナーの正電荷とアクセプターの負電荷とが残る．この部分のように，キャリヤの電荷が移動して失われ，ドナーやアクセプターのイオン電荷だけが残留している部分を**空乏層**と呼ぶ．p 型領域および n 型領域がそれぞれ N_a および N_d の一様な値にドープされている場合は，各部分の空乏層内で電荷分布の値が定数となり，分布の端点ではほぼ垂直にゼロとなるきれいな形になる．これは熱エネルギーがわずか 26 meV であるため，わずかのエネルギー差の間にフェルミ分布が 1 と 0 の間を変化すること，および系全体は中性となるためである．図のように，p, n 領域の空乏層幅を W_1, W_2 とおくと

$$N_\mathrm{a} W_1 = N_\mathrm{d} W_2 \tag{7.40}$$

が成り立つ．むろん接合部から遠く離れた領域ではフェルミ準位が p 型ないし n 型それぞれ固有の，価電子帯の頂上ないし伝導帯の底近くの位置にあり，接合部分では，左右のフェルミ準位が同一になるようにつながる．バンドの変

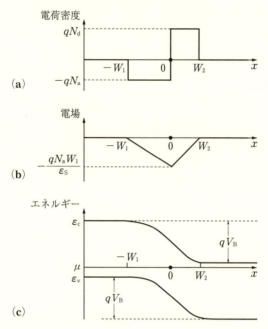

図 7.7 pn 接合の (a) 電荷分布, (b) 電場強度, (c) エネルギー図

形の様子は**ポアソン (Poisson) 方程式**から得られる. 電場 E は電荷密度 ρ に対して

$$\frac{dE}{dx} = \frac{\rho}{\varepsilon_s} \tag{7.41}$$

と関係づけられ,電荷分布が $-qN_a$ および qN_d と与えられているので,積分して,電場分布は図 7.7(b) のように得られる. ε_s は半導体の誘電率を表す. 電位は電場を積分して符号を変えたものである. 縦軸に電子のエネルギーをとって描くと, ε_c や ε_v が電子の一定のフェルミ準位に対して変化することとなる. このことを用いて適切な境界条件のもとに電子のエネルギーを解くと図 7.7(c) を描くことができる.

$$W = W_1 + W_2 \tag{7.42}$$

として**バンドの曲がりの大きさ** qV_B は

$$qV_B = \frac{qW^2}{2\varepsilon_s} \frac{N_a N_d}{N_a + N_d} \tag{7.43}$$

と得られる．p 領域と n 領域のポテンシャル差を表す V_B の値は，**拡散電位**ないし**ビルトイン・ポテンシャル**と呼ばれる．

孤立して熱平衡にある pn 接合，ないしは両端が同じ電位に結ばれた pn 接合には電流が流れない．両端の電位を変えて電圧を印加すると，電流が流れ得るようになる．半導体を流れる電流には，すでに (7.20) 式で述べたようにドリフト電流と拡散電流とがある．1 次元の場合の表式を与えておこう．**ドリフト電流**は電場によりキャリヤが力を受けて動く際の電流で，例えば電子が電場 E を受けて電流密度 j_edrif の電流が流れる場合

$$j_\text{edrif} = qn\mu_e E \tag{7.44}$$

と書ける．電子の速度 v_e は，電場と逆方向で $v_e = -\mu_e E$ であり，電子の電荷は負で $-q$ となるためである．同様に正孔電流は

$$j_\text{hdrif} = qp\mu_h E \tag{7.45}$$

となる．一方，**拡散電流**は，キャリヤ濃度の勾配があるとき濃度の大きいところから小さいところに向かってキャリヤが流れるもので，電子電流，正孔電流それぞれ

$$j_\text{ediff} = qD_e \frac{dn}{dx} \tag{7.46}$$

および

$$j_\text{hdiff} = -qD_h \frac{dp}{dx} \tag{7.47}$$

と書ける．上記の熱平衡の場合には，接合部近くの電場は図 7.7(c) に見る通り，電位の大小を考えると負となる．キャリヤの電子は正方向に力を受け，負方向のドリフト電流を流そうとする．一方，電子の拡散電流は，n 型領域に電子が多いため p 型領域に向かって電子が多く動き正方向の電流を流そうとして，結局両者は相殺する．正孔に関しても同様な相殺が存在して，ドリフト電流と拡散電流とが正確に打ち消し合い，電流が流れない．

上記は同一バンド内を流れる電流であるが，これ以外にキャリヤがバンドギャップを超えて他バンドに移ることによる電荷の動きも存在する．バンドギャップの大きさは 1 eV 程度と大きく，直接これを超えて移るにはかなり大きなエネルギーの出入りが必要である．(7.16) 式のように，価電子帯の電子が大

きな光のエネルギーを得て伝導帯に上がり，その伝導帯の電子が熱などのエネルギーを放出して価電子帯に落ちる．このようなバンド間の直接再結合の頻度は，少数キャリヤの濃度と多数キャリヤの濃度との積に比例すると考えられる．そのように考えた再結合確率はバンド構造に強く依存すると予想され，実際GaAsなどの直接ギャップ半導体では重要な過程となる．しかし，ゲルマニウムやシリコンなどの間接ギャップ半導体ではその可能性はかなり小さくなると見られる．他方これらの材料の実測値は，その再結合確率が製造工程などに起因する構造敏感性を示していた．バンドなどの物質固有の性質ではなく，不純物や欠陥の入り方に支配されていることを示唆している．

（2）pn接合の電流

p型半導体とn型半導体の間に外部電圧がかかっていない場合は熱平衡にあり電流が流れない．この場合はすでに7.2節で見たように，キャリヤ濃度はフェルミ準位μを用いて

$$n_0 = n_i e^{-(\mu_i - \mu)/k_B T} \tag{7.5}$$

$$p_0 = n_i e^{-(\mu - \mu_i)/k_B T} \tag{7.6}$$

と表される．このときは**質量作用の法則**

$$p_0 n_0 = n_i^2 \tag{7.7}$$

が成り立つ．しかし，n, pが熱平衡にない場合は（7.5）と（7.6）式は両立しない．それぞれの式から決まるμが一致しないからである．この場合，左辺をnとした（7.5）式から算出されるμを電子の**擬フェルミ準位**E_{fn}，同じく左辺をpとした（7.6）式から算出されるμを正孔の**擬フェルミ準位**E_{fp}といい，熱平衡にあって両者が一致する場合にのみ，フェルミ準位という．具体的には

$$E_{\mathrm{fn}} = \mu_i + k_B T \ln \frac{n}{n_i} \tag{7.48}$$

$$E_{\mathrm{fp}} = \mu_i - k_B T \ln \frac{p}{n_i} \tag{7.49}$$

と表される．質量作用の法則も変形されて

$$pn = n_i^2 e^{-(E_{\mathrm{fp}} - E_{\mathrm{fn}})/k_B T} \tag{7.50}$$

となる．これを用いると，電子の電流密度 j_e は前記のようにドリフト電流と拡散電流の和であるので，(7.20) 式と**アインシュタインの関係** (7.15) 式を用いてまとめて

$$j_e = qn\mu_e \frac{dE_{fn}}{dx} \tag{7.51}$$

同じく正孔電流もまた

$$j_h = qp\mu_h \frac{dE_{fp}}{dx} \tag{7.52}$$

と与えられる．

　熱平衡でない場合とは，p 型部分と n 型部分との間に電圧が印加されて両方の擬フェルミ準位がずれる場合である．n 型の擬フェルミ準位に対して p 型の擬フェルミ準位に印加する電圧 V_{app} が正である場合を**順バイアス電圧**といい，逆に負電圧の場合を**逆バイアス電圧**という．印加電圧の値は，キャリヤが**低レベル注入**となる範囲で考えることとする．これらの電圧を印加した場合に，それぞれの擬フェルミ準位が接合部でどのようになるか問題となる．下記の議論から，おおよそ図 7.8 および図 7.9 のようになることが示される．

　例えば電子の擬フェルミ準位 E_{fn} の変化を見てみよう．接合から遠く離れた n 領域においては多数キャリヤが電子であり，その濃度は熱平衡値に近い．その領域の電流はほぼ電子のドリフト電流により担われている．したがって

$$j_e \cong j \cong qn\mu_e \frac{d\mu_i}{dx} \tag{7.53}$$

と考えられ，(7.51) 式と比較して

$$\frac{dE_{fn}}{dx} \cong \frac{d\mu_i}{dx} \tag{7.54}$$

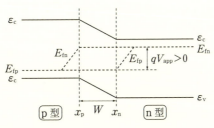

図 7.8　pn 接合に順バイアスを印加したときの擬フェルミ準位の変化

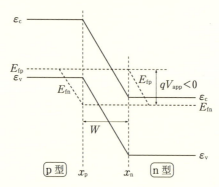

図 7.9 pn 接合に逆バイアスを印加したときの擬フェルミ準位の変化

を得る．$d\mu_i/dx$ は電場に比例するので E_{fn} はバンドと並行していることがわかる．この部分は低抵抗であり，電荷がなく中性ならばバンドは水平に近いので，dE_{fn}/dx はほとんどゼロとなる．E_{fn} はほぼ一定であり熱平衡のフェルミ準位 μ_n にほぼ一致する．同様に p 型領域の E_{fp} もほぼ一定で，熱平衡の場合のフェルミ準位 μ_p に一致する．接合部分から隔たったところでは，一様な準熱平衡状態に近く，E_{fn} も E_{fp} もともにその部分のフェルミ準位に一致する．

次に空乏層領域を見よう．pn 接合が完全に熱平衡にあるときは $E_{fn} = E_{fp}$ となり，バンド構造が qV_B の曲がりを示すのに対し，順バイアス V_{app} を印加するとバンドの接合部分の曲がりの大きさは $q(V_B - V_{app})$ となり，したがって p 型と n 型の 2 つの中性部分のフェルミ準位の差は qV_{app} となる．空乏層の端点の近くを除くと電子の生成再結合電流は大きくないと考えると，空乏層を通じて例えば電子電流の大きさはほとんど変わらないと見られる．一方で電子濃度 n は，電子が少数キャリヤとなる p 型領域では小さく，多数キャリヤとなる n 型領域では桁違いに大きい．(7.51) 式を考慮すると，dE_{fn}/dx が p 型領域端に比べて n 型端では何桁も小さくなることを示唆する．したがって E_{fn} は n 型領域から延びて空乏層領域でほとんど一定に近く，p 型近傍で大きく変化する．同様に，E_{fp} は p 型領域から延びて空乏層領域でほとんど一定となる．以上から，低注入の pn 接合のバンド構造は大まかに図 7.8（順バイアス電圧）および図 7.9（逆バイアス電圧）のようになり，空乏層領域では

$$E_{fn} - E_{fp} = qV_{app} \tag{7.55}$$

7.3 電流制御素子

したがって，(7.50) 式より

$$pn = n_\mathrm{i}^2 e^{-(E_\mathrm{fp}-E_\mathrm{fn})/k_B T} = n_\mathrm{i}^2 e^{qV_\mathrm{app}/k_B T} \tag{7.56}$$

を得る．図のように，空乏層領域と p 型領域との境界を x_p，n 型領域との境界を x_n として，これらの点におけるキャリヤ濃度を求める．まず，接合から隔たった左右の端では熱平衡の値（0 を付けて表すとする）に等しくなり，n 型の領域では $n = n_0 = N_\mathrm{d}$, $p = p_0 = n_\mathrm{i}^2/N_\mathrm{d}$ となる．同様に p 型領域では $n = n_0 = n_\mathrm{i}^2/N_\mathrm{a}$, $p = p_0 = N_\mathrm{a}$ となる．空乏層内では擬フェルミ準位が一定となる上記の近似を用いると，点 x_n では，同じく $n(x_\mathrm{n}) = N_\mathrm{d}$, $p(x_\mathrm{n})$ は (7.56) 式によって

$$p(x_\mathrm{n}) = \frac{n_\mathrm{i}^2}{n(x_\mathrm{n})} e^{qV_\mathrm{app}/k_B T} = \frac{n_\mathrm{i}^2}{N_\mathrm{d}} e^{qV_\mathrm{app}/k_B T} \tag{7.57}$$

同様にして，点 x_p では，$p(x_\mathrm{p}) = N_\mathrm{a}$

$$n(x_\mathrm{p}) = \frac{n_\mathrm{i}^2}{p(x_\mathrm{p})} e^{qV_\mathrm{app}/k_B T} = \frac{n_\mathrm{i}^2}{N_\mathrm{a}} e^{qV_\mathrm{app}/k_B T} \tag{7.58}$$

と得られる．

順バイアスの場合の，**pn 接合を流れる電流**を求めよう．それは中性の左右の p 型領域および n 型領域，それに空乏層領域を流れる電流からなる．p 型領域の多数キャリヤ電流として流入し，n 型領域の多数キャリヤ電流として流出するので，素子内のどこかでキャリヤの再結合を経た電流である．p 型領域では，点 x_p で熱平衡より過剰にある電子が p 型領域の内部に拡散しつつ再結合して，p 型領域から n 型領域に向かう電流密度を形成する．それは

$$j_\mathrm{ndiff} = qD_\mathrm{n} \left.\frac{dn_\mathrm{p}}{dx}\right|_{x=x_\mathrm{p}} = qD_\mathrm{n} \frac{n(x_\mathrm{p}) - n_0}{L_\mathrm{n}} = qD_\mathrm{n} \frac{n_\mathrm{i}^2}{L_\mathrm{n} N_\mathrm{a}} (e^{qV_\mathrm{app}/k_B T} - 1) \tag{7.59}$$

と表せる．同様に，n 型領域では点 x_n で過剰にある正孔が n 型領域の内部に拡散して再結合し，p 型領域から n 型領域に向かう電流密度を形成する．

$$j_\mathrm{pdiff} = qD_\mathrm{p} \frac{n_\mathrm{i}^2}{L_\mathrm{p} N_\mathrm{d}} (e^{qV_\mathrm{app}/k_B T} - 1) \tag{7.60}$$

最後に空乏層内の**再結合電流**の密度を見る．確率 U を与える (7.33) 式を空乏層の厚さ W にわたって積分すればよいが，それをそのまま積分するのは現実的でない．むしろ最大値としてどの程度の値となるか推定しよう．

$\sigma_\mathrm{p} = \sigma_\mathrm{n} = \sigma$ として (7.34) 式を用いる．中間準位も効率の良い $E_\mathrm{t} = \mu_\mathrm{i}$ の場合を想定する．(7.56) 式により積 pn が一定となっているので，U が最大となるのは $p + n$ が最小，すなわち

$$p = n = n_\mathrm{i} e^{qV_\mathrm{app}/2k_\mathrm{B}T} \tag{7.61}$$

のときである．また (7.36), (7.37) 式にならって

$$\tau_0 = \frac{1}{\sigma v_\mathrm{th} N_\mathrm{t}} \tag{7.62}$$

とおくと，τ_0 は再結合の時定数を与える．これらから

$$U \cong \frac{n_\mathrm{i}}{2\tau_0} \frac{e^{qV_\mathrm{app}/k_\mathrm{B}T} - 1}{e^{qV_\mathrm{app}/2k_\mathrm{B}T} + 1} \tag{7.63}$$

となる．印加電圧 V_app が $k_\mathrm{B}T/q$ の数倍より大きければ ± 1 を略し，空乏層領域の再結合による電流密度は

$$j_\mathrm{rec} \cong W \frac{qn_\mathrm{i}}{2\tau_0} e^{qV_\mathrm{app}/2k_\mathrm{B}T} \tag{7.64}$$

と表すことができる．したがって順バイアスされた pn 接合の電流密度は，これらの和をとって

$$\begin{aligned} j_\mathrm{forward} &= j_\mathrm{ndiff} + j_\mathrm{pdiff} + j_\mathrm{rec} \\ &\cong qn_\mathrm{i}^2 \left(\frac{D_\mathrm{n}}{L_\mathrm{n} N_\mathrm{a}} + \frac{D_\mathrm{p}}{L_\mathrm{p} N_\mathrm{d}} \right)(e^{qV_\mathrm{app}/k_\mathrm{B}T} - 1) + W \frac{qn_\mathrm{i}}{2\tau_0} e^{qV_\mathrm{app}/2k_\mathrm{B}T} \end{aligned} \tag{7.65}$$

と表される．

拡散電流の寄与と**再結合電流**の寄与とは印加電圧依存性が異なっている．それは，縦軸を対数目盛にしたグラフに描くと傾きの差となる．それを pn 接合の特性の解析に利用できる．どちらが主要かは，温度や材料により異なってくる．両方の寄与が無視できない場合，狭い電圧範囲では

$$j_\mathrm{forward} \propto e^{qV_\mathrm{app}/mk_\mathrm{B}T} \tag{7.66}$$

のような形をとり，m は $1 < m < 2$ の範囲の値をとる．

次に**逆バイアス**の場合を見よう．n 型領域に対して，p 型領域に負電圧を印加し，V_app は負になる．接合部分にかかる電圧は図 7.9 のように $V_\mathrm{B} + |V_\mathrm{app}|$ と大きくなり電場が大きくなる．空乏層内のキャリヤは，電子は n 型領域に，正孔は p 型領域に運ばれる方向で，p, n ともに $\ll n_\mathrm{i}$ となる．n 型領域，p 型

領域内で生成される少数キャリヤも素子外に流出して素子電流を形成する．電流は，p 型および n 型領域のキャリヤ生成電流および空乏層内のキャリヤ生成電流とからなる．空乏層内のキャリヤ生成確率は (7.34) 式を用いて，n_i に比べて p, n を無視すると

$$U \cong -\sigma v_{th} N_t \frac{n_i}{2\cosh\{(E_t - \mu_i)/k_B T\}} \tag{7.67}$$

と，負の再結合率として得られる．この場合も，$E_t \cong \mu_i$ の準位からの寄与が主とすると，空乏層領域の**キャリヤ生成電流密度**の大きさは

$$j_{gen} = q|U|W = q\frac{n_i}{2\tau_0}W \tag{7.68}$$

となる．p 型領域のキャリヤ生成電流は，少数キャリヤの電子が接合端 x_p に向かって拡散し，到達後は電場により運び去られる．この領域における拡散電流となるので，拡散電流密度の大きさは $n(x_p) \cong 0$ として拡散方程式の解より

$$j_{ndiff} = qD_n \frac{dn_p}{dx}\bigg|_{x=x_p} = \frac{qD_n n_i^2}{L_n N_a} \tag{7.69}$$

となる．同様に n 型領域の正孔の拡散電流密度の大きさは

$$j_{pdiff} = \frac{qD_p n_i^2}{L_p N_d} \tag{7.70}$$

となり，**逆バイアス電流密度**の飽和値の合計は

$$j_{reverse} = j_{ndiff} + j_{pdiff} + j_{gen}$$
$$\cong qn_i^2 \left(\frac{D_n}{L_n N_a} + \frac{D_p}{L_p N_d}\right) + W\frac{qn_i}{2\tau_0} \tag{7.71}$$

となる．逆バイアス電流の飽和値は印加電圧への依存性を示す．逆バイアスの増大とともに空乏層幅 W が増大するからである．pn 接合の電流密度 j が順バイアス電圧および逆バイアス電圧に対してどのように変化するかを，再結合電流を無視した理想的な近似式として

$$\begin{aligned} j_s &= qn_i^2 \left(\frac{D_n}{L_n N_a} + \frac{D_p}{L_p N_d}\right) \\ j &= j_s(e^{qV_{app}/k_B T} - 1) \end{aligned} \tag{7.72}$$

と記述することが多い．実際の特性は，多数のパラメータに支配されて変化し

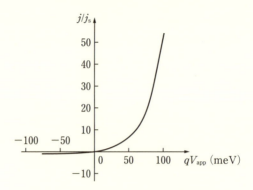

図7.10 pn 接合の室温での電流電圧特性

て，個々の場合で理想からずれる．図 7.10 に，pn 接合の電流電圧特性（(7.72) 式）を示す．この**整流特性**は単体の整流素子としてのみでなく，いろいろな素子の基本構成要素としても広く利用されている．

7.3.3 バイポーラ・トランジスタ

バイポーラ・トランジスタは最初に実用化され，電流の断面積を大きくとれることから高速な回路が構成できる．使用数量としては MOS トランジスタほど多くないが，高速素子としては今も広く用いられている．バイポーラの名は電子と正孔の両方を用いることによる．その構造は，図 7.11(a)，(b) に見るように，**npn 型素子**と **pnp 型素子**の 2 種類に分けられる．バイポーラ・トランジスタは，**エミッター**，**ベース**，**コレクター**の 3 種類の端子をもつ．ベース端子に入力電流を流し，コレクター端子に出力電流が流れる．図 7.11(c) は，すべての端子を表面上に設定した，集積回路などで使用される**プレーナ型構造**の場合である．基本的には，1 つの単結晶内に pn 接合を 2 つ背中合わせに設定した構造である．各端子を流れる電流 $I_\mathrm{E}, I_\mathrm{B}, I_\mathrm{C}$ も示されている．これらの間には

$$I_\mathrm{E} = I_\mathrm{C} + I_\mathrm{B} \tag{7.73}$$

の関係がある．**トランジスタ特性**を表す重要なパラメータとしては，**ベース接地電流増幅率**と呼ばれる α と**エミッター接地電流増幅率**と呼ばれる β がある．

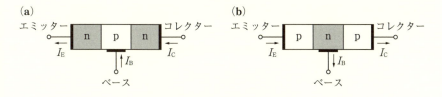
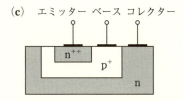

図 7.11 (a) npn 型バイポーラ・トランジスタ,(b) pnp 型バイポーラ・トランジスタ,(c) プレーナ型バイポーラ・トランジスタの構造

$$\alpha \equiv h_{FB} \equiv \frac{I_C}{I_E}$$
$$\beta \equiv h_{FE} \equiv \frac{I_C}{I_B} \qquad (7.74)$$

(7.73) 式から明らかなように

$$\beta = \frac{\alpha}{1-\alpha} \qquad (7.75)$$

の関係がある.通常のトランジスタでは α の値は1に近く,このため β は数百の値をとる.エミッター端子を基準にコレクターに印加する電圧をコレクター電圧 V_{CE} としたとき,ベース電流 I_B が一定ならば V_{CE} が小さい領域を除いて I_C は V_{CE} によらず一定となり,(7.74) 式のようにその値は I_B に比例する.ベース電流 I_B に信号を載せて入力すると,大きく増幅された信号がコレクター電流 I_C に出力される.これが,バイポーラ・トランジスタの**増幅作用**である.さらに,ベース電流を制御して,大きなコレクター電流をオン,オフすることもでき,これは**スイッチング素子**として使えることを意味する.

その動作機構は,エミッター・ベース間の pn 接合を順バイアスして多くのキャリヤをベース領域に送り込み,ベース領域ではできるだけキャリヤの消滅を抑えてそれを逆バイアスされたベース・コレクター間の pn 接合に注入する.

:::column

ラジオの変遷

　ラジオ放送は最初に実用化された放送（不特定多数に向けて同時かつ一方的に情報を発信すること）である．放送局から音声信号を電波に載せて送り出し，これをラジオ受信機で受けて音声信号を分離して聴く．初期の最も簡単なラジオ受信機は図のような鉱石ラジオだが，基本的なラジオ放送の受信の機能はこれで尽くされている．

　放送局からの電波は，搬送波といわれる高周波の振幅を音声信号に比例して変化させた高周波電磁波と考えられる（AM 方式．AM は Amplitude Modulation，AM 変調ともいう）．その作り出す電場が，アンテナの回路に高周波の電流を引き起こす．同調回路はコイル L と，平行平板コンデンサの対向面積をダイヤルで変えてキャパシタンスを変化できるバリコン（VC, Variable Condenser）からなる共振回路である．共振周波数を調節して特定放送局の搬送波電波だけを選び出し拡大できる．この高周波交流は検波回路に導かれる．検波回路は整流回路であり，はじめは整流素子として半導体に金属を点接触させた鉱石検波器が用いられた．しかし，この頃の半導体の技術は十分に高くなく安定した素子の性能が得難かったので，トランジスタの発明以降は pn 接合の整流素子が代わって用いられるようになった．検波回路の出力は高周波の交流の一方向に流れる部分だけ切り取ったような形となる．そのあとのキャパシタンスと抵抗の回路で，高周波成分が平滑化され元の波形の包絡線に似た信号がイヤホーンに導かれる．これは

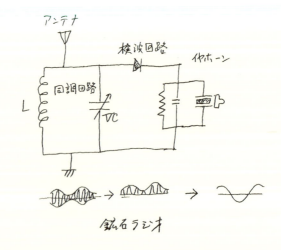

> もともとの音声信号であり，イヤホーンにより空気の振動となって音声が耳に導かれる．回路および音声のエネルギー源はアンテナから入る電磁波のエネルギーであり，電池は用いない．
>
> 　放送を同時に多数の人が聴くことができるようにイヤホーンの代わりにスピーカーが用いられ，その電源が電灯線や電池からとられるようになった．検波も単純な整流でなく，スーパーヘテロダイン方式などが使われて高性能化する．AM 変調は電波の振動の振幅に頼り，電波の減衰や雑音の影響を受けやすい．これに代わって，音声信号に対応して搬送波の周波数に変更を加える FM 方式（FM は Frequency Modulation. FM 変調ともいう）が開発された．振幅に比べ周波数は雑音などの影響を受けにくく，放送の音質は著しく向上した．さらに最近は，他の多くの情報処理と同じくデジタル信号化して放送や受信をおこなっているようである．ラジオの回路もデジタル処理が IC 化され，ワンチップのラジオ IC がごく低価格で売られている．無論，アナログ時代に比べてデジタル回路では音質も向上している．しかし，ラジオ放送が歴史に登場したころはそれが時代の最先端技術であったのに対し，今やラジオは多くの流通している情報の背後に流れている，目を引かない存在になってしまった．

キャリヤはほとんどがコレクター領域の大きな電場に吸い込まれ，逆行することはない．(7.74) 式により $\alpha \sim 1$ となり，(7.75) 式より大きな β の値が得られることになる．例えば，$\beta = 400$ のトランジスタの特性を描くと図 7.12 のようになり，電流が大きく増幅されている．npn 型トランジスタ内部のポテンシャルの分布を図 7.13(a) に，同 (b) に模式的な空乏層の様子を示した．図のように x 軸をとり，順バイアス電圧がエミッター・ベース間に印加されたときの空乏層のベース側の端を $x = 0$ に，逆バイアス電圧がベース・コレクター間に印加されたときの空乏層のベース側の端を $x = W$ にとる．この $0 \sim W$ の間が実質的なベース領域であり，エミッターから注入された少数キャリヤの電子が拡散により進む．定常的な流れは，時間に依存しない拡散方程式 (7.22) より

$$D_\mathrm{n} \frac{d^2 n_\mathrm{p}}{dx^2} - \frac{n_\mathrm{p}(x) - n_\mathrm{p0}}{\tau_\mathrm{n}} = 0 \qquad (7.76)$$

の解となり，境界条件の $n_\mathrm{p}(0)$ として (7.58) 式のように

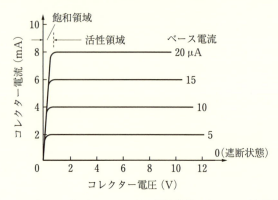

図 7.12 npn トランジスタのエミッター接地特性. $\beta = 400$（小長井誠著：「半導体物性」（培風館, 1992）による）

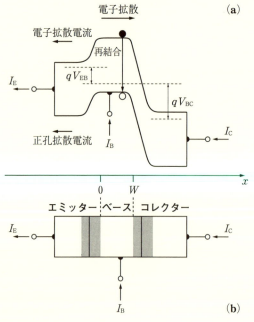

図 7.13 npn 型トランジスタ内部の (a) ポテンシャル分布と (b) 空乏層

$$n_\mathrm{p}(0) = n_\mathrm{p0} e^{qV_\mathrm{EB}/k_\mathrm{B}T} = \frac{n_\mathrm{i}^2}{N_\mathrm{aB}} e^{qV_\mathrm{EB}/k_\mathrm{B}T} \tag{7.77}$$

であり，ここに N_aB はベースのアクセプター濃度，n_p0 はベースの熱平衡電子

濃度である．さらに $x = W$ に到達した電子は強い電場により速やかにコレクターに運び去られるので

$$n_\mathrm{p}(W) \cong 0 \tag{7.78}$$

となる．このときの (7.76) 式の解は，$V_\mathrm{EB} \gg k_\mathrm{B}T/q$ として

$$n_\mathrm{p}(x) = n_\mathrm{p0}\left\{1 - \frac{\sinh(x/L_\mathrm{n})}{\sinh(W/L_\mathrm{n})}\right\} + \{n_\mathrm{p}(0) - n_\mathrm{p0}\}\frac{\sinh\{(W-x)/L_\mathrm{n}\}}{\sinh(W/L_\mathrm{n})}$$

$$\cong n_\mathrm{p}(0)\frac{\sinh\{(W-x)/L_\mathrm{n}\}}{\sinh(W/L_\mathrm{n})} \quad \left(V_\mathrm{EB} \gg \frac{k_\mathrm{B}T}{q}\right) \tag{7.79}$$

この分布は，$W \gg L_\mathrm{n}$ の場合は指数関数的な減少となるが，一般のトランジスタでは $W \ll L_\mathrm{n}$ であり，ほとんど直線となるので

$$n_\mathrm{p}(x) \cong n_\mathrm{p}(0)\left(1 - \frac{x}{W}\right) \tag{7.80}$$

と近似できる．エミッター電流全体の中で，ベースに注入される少数キャリヤの電子の占める割合を**エミッター注入効率** γ とおく．ベースに注入される少数キャリヤは (7.59) 式に (7.80) 式を用いて求める．エミッター電流の正孔成分は (7.65) 式の pn 接合の順バイアス電流と同様に求める．再結合電流 j_rec は他の電流成分に比べて無視できるとし

$$\gamma = \frac{I_\mathrm{diffB}}{I_\mathrm{E}} = \frac{I_\mathrm{diffB}}{I_\mathrm{diffB} + I_\mathrm{diffE}} = \left(1 + \frac{WD_\mathrm{p}N_\mathrm{aB}}{L_\mathrm{p}D_\mathrm{n}N_\mathrm{dE}}\right)^{-1} \tag{7.81}$$

と求められる．N_aB，N_dE はそれぞれ，ベースのアクセプター濃度，エミッターのドナー濃度を表す．電流レベルが小さいところでは再結合電流が無視できず，(7.81) 式の分母に I_rec の寄与を入れる必要がある．また，ベースに注入された電子電流のうちでコレクター電流となる割合を**ベース輸送効率** α_T と呼ぶ．

$$\alpha_\mathrm{T} = \frac{I_\mathrm{C}}{I_\mathrm{diffB}} = \frac{\left.dn_\mathrm{p}(x)/dx\right|_{x=W}}{\left.dn_\mathrm{p}(x)/dx\right|_{x=0}} = \frac{1}{\cosh(W/L_\mathrm{n})} \cong 1 - \frac{1}{2}\left(\frac{W}{L_\mathrm{n}}\right)^2 \tag{7.82}$$

$$\alpha = \gamma\alpha_\mathrm{T} \tag{7.83}$$

の関係がある．これより，ベース・コレクター間に逆バイアスのかかる活性領域では，電流増幅率 β は，$\beta \sim L_\mathrm{p}/W$ のオーダーの値をとることがわかる．

実質的なベース幅 W がベース領域内の中性領域が消失するほど小さくなると，ベース電流によるコレクター電流の制御ができなくなる．

バイポーラ・トランジスタは優れた性能を示すが構造が複雑であり，それは素子当りの製造コストが高くなることにつながる．このため，半導体素子が微細化，それによる LSI の高集積化に向かって進んでいく際に，バイポーラ・トランジスタは MOS トランジスタを凌ぐことができずに汎用な需要を得られず，その特性を生かす独自の分野内のみに留まることとなった．

7.3.4 MOS 接合

半導体の接合構造としては，pn 接合と並んで **MOS（Metal Oxide Semiconductor）接合**がある．それは図 7.14 のように，SiO_2 など誘電体の膜を金属と半導体とでサンドイッチした構造である．金属と半導体とを電極とする平行平板型キャパシタであり，両端の電圧によりキャパシタンスの充放電が起こるが，半導体の電極が電荷の蓄積にどう影響するかが問題となる．

金属，誘電体，半導体の個々の電子のエネルギーバンドの様子を図 7.15 に示す．金属ではフェルミ準位まで電子が詰まり，端の部分には外部の真空準位までのエネルギー障壁があって電子が外部にこぼれ出ない．

フェルミ準位から真空準位までの段差は金属の仕事関数である．誘電体が SiO_2 の場合は中央の図のように，金属（Al）のフェルミ準位あたりのエネルギーはちょうどエネルギーギャップに当たる．右側は半導体（p 型シリコンとする）で似た位置にエネルギーギャップがあるが，その幅は 1.12 eV と狭い．

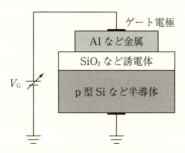

図 7.14 MOS 接合の断面．金属（M），酸化膜（O），半導体（S）の積層構造

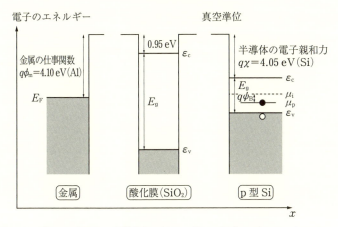

図 7.15 金属,酸化膜,半導体を分離して置いた場合の電子のエネルギーバンド図. バンドギャップ E_g は,Si が 1.12 eV, SiO₂ が 8〜9 eV. ε_c, ε_v はそれぞれ伝導帯の下端,価電子帯の上端を表す

この 3 者を接触させて図 7.14 の MOS 接合を作製するには,良質な p 型シリコンの表面を清浄な酸化雰囲気中で**熱酸化**して SiO₂ を付け,その上に清浄な Al をスパッタしてゲート電極を作製すればよい.熱酸化により作られた SiO₂ とシリコンの界面には,**界面状態**などがごく少なく良質な接合が得られる.3 者を接触させた構造のエネルギーバンド図は,金属から SiO₂ のエネルギーバンドへ,また SiO₂ のエネルギーバンドから半導体のそれへと連なった構造となる.図 7.15 では金属と半導体のフェルミ準位の間にはエネルギー構造によるエネルギー差があり,図 7.14 のゲート電極に印加されるゲート電圧 V_G によりこの差を補償してやると,酸化膜内部の電場がゼロ(エネルギーバンドが水平となるフラット・バンド条件)となる.このときのゲート電圧は**フラット・バンド電圧** V_{FB} と呼ばれ

$$V_{FB} = \phi_m - \chi - \frac{E_g}{2q} - \phi_B \tag{7.84}$$

で与えられる.ここに ϕ_m および χ はそれぞれ金属の仕事関数および半導体の電子親和力を電気素量 q で割った値,また ϕ_B は真性フェルミ準位 μ_i と p 型シリコンのフェルミ準位 μ_p との差を電気素量で割った値,すなわち $\phi_B = (\mu_i - \mu_p)/q$ である.V_G がこの値からずれると酸化膜内部に電場が発生し,

金属界面や半導体部分に電荷が誘起される.

V_G を V_{FB} より大きくとるとエネルギーバンドの様子は図7.16 の模式図のようになり，誘電体膜には金属から半導体に向かう大きさ E_{ox} の電場が形成される．このため p 型シリコンでは界面近くの正孔が排除されてアクセプター不純物イオンの負電荷が残り，金属界面の電子も排除されて下図のような電荷分布が作られる．半導体界面には動き得る電荷はなくいわゆる**空乏層**で，その密度はアクセプター不純物密度から $-qN_a$ となる．空乏層内部のポテンシャル分布はこの電荷密度を用いて 1 次元のポアソン方程式から得られ，その厚さ d と**バンドの曲がり**の大きさ $q\phi_S$ との間には

$$d = \sqrt{\frac{2\varepsilon_s \phi_S}{qN_a}} \tag{7.85}$$

の関係がある．界面の単位面積当りの空乏層の電荷 Q_d はアクセプター不純物の電荷であり

$$Q_d = -qN_a d = -\sqrt{2\varepsilon_s q N_a \phi_S} \tag{7.86}$$

である．酸化膜中に電荷がないとして，酸化膜の両面の電位差 ϕ_{ox} は酸化膜

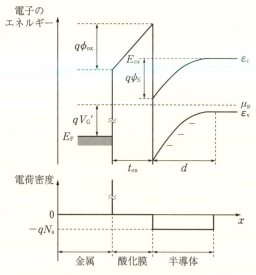

図7.16 MOS 接合のエネルギーバンド図と電荷密度．フラット・バンド電圧より大きなゲート電圧 V_G を印加した場合．図中，$V_G' = V_G - V_{FB}$

の厚さを t_{ox} として $\phi_{ox} = E_{ox}t_{ox}$ であり，酸化膜内部からシリコンの中性部分にまで伸びた，界面に垂直な角柱を頭に描いてそれにガウス（Gauss）の定理を適用すると

$$\varepsilon_{ox}E_{ox} = |Q_d| \tag{7.87}$$

となる．ε_{ox} は SiO_2 の誘電率（3.45×10^{-13} F/cm）であり，またシリコンの中性部分には電場が存在しないからである．ところで，V_G が V_{FB} に等しいときはバンドが水平となることを考慮すると，$V_G - V_{FB}$ はバンドの傾斜や曲がりによる電位の変化量に等しく

$$V_G - V_{FB} = \phi_{ox} + \psi_S$$

となる．ϕ_{ox} を E_{ox} で表し，(7.86),(7.87) 式を用いると

$$V_G = V_{FB} + \psi_S + \frac{1}{C_{ox}}\sqrt{2\varepsilon_s q N_a \psi_S} \tag{7.88}$$

の関係式が得られる．ここに C_{ox} は

$$C_{ox} = \frac{\varepsilon_{ox}}{t_{ox}} \tag{7.89}$$

で表される酸化膜の単位面積当りのキャパシタンスである．

図 7.17 は，前図よりさらに大きな V_G の値に増加させた場合の様子を示す．V_G の増加に対応して d や ϕ_{ox}，ψ_S がそれぞれ一段と大きくなる．ψ_S の増大は，SiO_2 との界面のシリコンの伝導帯の三角形のポテンシャル井戸の底を，さらに押し下げて p 型シリコンのフェルミ準位 μ_p に近づけるように作用する．これは，熱平衡状態でシリコンの界面近傍に電子が誘起されてくることを意味し，電荷密度は図の下部のように変化する．界面近くの電荷は，界面に沿って動き得る自由電子からなり，p 型シリコン内部の正孔からなる自由電荷と符号が異なっていて**反転層**と呼ばれる．両電荷の間には**空乏層**があって，両者は絶縁されている．反転層が形成されることを**反転**という．この場合に，上と同様にして界面の電荷分布にガウスの定理を適用すると，(7.87) 式の右辺に反転層の電荷密度 Q_i の寄与が加わって

$$\varepsilon_{ox}E_{ox} = |Q_d| + |Q_i| \tag{7.90}$$

となる．このため (7.88) 式は

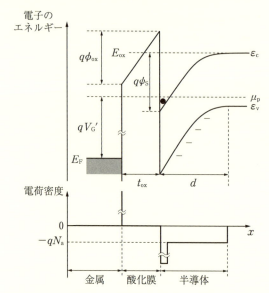

図 7.17 ゲート電圧が増加して反転層が形成された場合の MOS 接合のエネルギーバンド図と電荷密度．図中，$V_G' = V_G - V_{FB}$，黒丸は反転層の電子を表す

$$V_G = V_{FB} + \phi_S + \frac{1}{C_{ox}}\sqrt{2\varepsilon_s q N_a \phi_S} + \frac{|Q_i|}{C_{ox}} \qquad (7.91)$$

となる．

　一方，逆に V_G を V_{FB} より小さい値にとると誘電体の内部の電場の向きは逆転し，金属界面および半導体界面の電荷の符号が逆転する．半導体界面には空乏層がなくなり，正孔が集結して正の電荷層を形成して，これは**蓄積層**と呼ばれる．

　外からのゲート電圧 V_G を与えれば ϕ_S や Q_i などの値が一意的に定まる．(7.91) 式では，ϕ_S を与えれば Q_i が決まることがわかる．半導体の界面近傍の電荷は，実際のドナー電荷やアクセプター電荷（それぞれ qN_d^+ および $-qN_a^-$ と書く）などの不純物イオンの電荷と，電子および正孔の電荷からなる．電子や正孔の濃度については，バルクの熱平衡値 n_0, p_0 を 7.2 節に示したが，バンドのエネルギー準位を変えるポテンシャルの変化 ϕ に対してボルツマン（Boltzmann）分布に従

$$p(x) = p_0 e^{-q\phi/k_BT}, \quad n(x) = \frac{n_i^2}{p_0} e^{q\phi/k_BT}$$

と表される．図7.17のx点におけるバンドの曲がりの大きさを$q\psi(x)$とおくと，$-d\psi(x)/dx$が電場であるのでポアソン方程式は

$$\frac{d^2}{dx^2}\psi(x) = -\frac{\rho(x)}{\varepsilon_s} = -\frac{q}{\varepsilon_s}\left\{-N_a^- - \frac{n_i^2}{p_0}e^{q\phi/k_BT} + p_0 e^{-q\phi/k_BT}\right\} \tag{7.92}$$

となる．内部の部分は中性である．両辺に$2d\psi/dx$を掛けて，界面から半導体の中性部分までxで積分する．左辺には$(d\psi/dx)^2$の変化量が，また右辺にはψによる定積分が出てきて，界面を離れた半導体内部では$\psi = d\psi/dx = 0$，界面では$\psi = \psi_s$となる．半導体の界面近くに誘起される電荷密度をQ_sとすると，半導体界面の電場は(7.87)式と同様にガウスの定理を用いてQ_sにより表されるので，**完全イオン化条件**$N_a^- = N_a$と，バルクの**電荷中性条件**$p_0 = N_a + (n_i^2/p_0)$を用いて

$$|Q_s| = \sqrt{2k_B T \varepsilon_s N_a \left\{\left(e^{-q\psi_s/k_BT} + \frac{q\psi_s}{k_BT} - 1\right) + \frac{n_i^2}{N_a^2}\left(e^{q\psi_s/k_BT} - \frac{q\psi_s}{k_BT} - 1\right)\right\}} \tag{7.93}$$

となる．この関係をプロットすると図7.18のようになる．

図の左側$\psi_s < 0$の部分は，$Q_s > 0$となる正孔の**蓄積層**を表す．**フラット・バンド**の状態は，$\psi_s = Q_s = 0$の点となる．中ほどの$0 < \psi_s < 2\phi_B$の部分は，**空乏層**の電荷が支配的でありQ_sは負で，その大きさが$\sqrt{\psi_s}$に比例して，(7.86)式に相当する．右側の$2\phi_B < \psi_s$の部分は図7.17のように**反転層**が形成される場合であり，Q_sのうちの指数関数的に増大する部分が**反転層電荷**Q_iからなる．$\psi_s = 2\phi_B$でカーブの傾きが変わるのは，Q_sの増加を担う寄与が空乏層電荷Q_dからQ_iに移り変わることを示す．このことを鑑みると，$2\phi_B < \psi_s$の領域では(7.91)式においては$|Q_i|$の変化に比べ他の項の変化は十分に小さいと見られ，これらの項の寄与は$\psi_s = 2\phi_B$における値により近似できると考える．よって

$$V_t \equiv V_{FB} + 2\phi_B + \frac{1}{C_{ox}}\sqrt{2\varepsilon_s q N_a 2\phi_B} \tag{7.94}$$

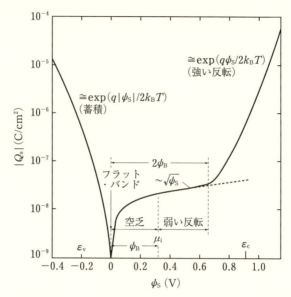

図7.18 表面ポテンシャル ϕ_S の変化による p 型シリコン MOS 接合中の全電荷量 Q_S の変化（御子柴宣夫著:「半導体の物理（改訂版）」（培風館, 1991）による）

とおくことにより（7.91）式は

$$|Q_i| = C_{ox}(V_G - V_t) \tag{7.95}$$

と書き換えることができる．このことから，MOS 接合は電圧に閾値をもつキャパシタンスとして機能することがわかる．V_t を MOS 接合の**閾値電圧**と呼ぶ．

Q_i は伝導帯に誘起された電子の電荷であり，界面に沿った方向には自由電子として運動する．界面に垂直方向には図 7.17 に示された通り三角形のポテンシャル井戸に捕獲されていて，とびとびのエネルギー準位を形成する．電子は，各準位に対応する多数の **2 次元サブバンド**に収容されたキャリヤとなる．

7.3.5 MOS 電界効果トランジスタ（MOSFET）

反転層の電荷は，空乏層により p 型の半導体の正孔から絶縁された伝導帯の底の電子からなる．半導体の表面近くに多量の n 型不純物を導入して低抵抗の n 型層（n$^+$ 層と称する）を形成すると，この層は p 型半導体の価電子帯

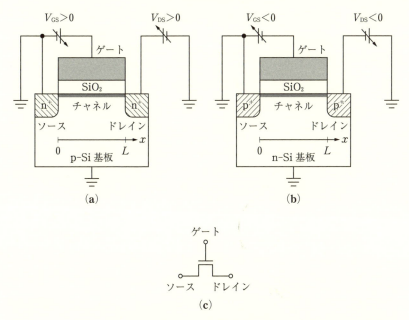

図7.19 (a) nチャネル Si MOS トランジスタの断面構造, (b) pチャネル Si MOS トランジスタの断面構造と (c) MOSFET の回路記号

の正孔から pn 接合により絶縁された伝導帯の電子をキャリヤとして含む. この層を電極として反転層と接触させれば, 反転層のキャリヤと電気的な接触がとれる. このようにして図 7.19(a) のような構造の **MOS 電界効果トランジスタ** (**MOSFET**, Metal Oxide Semiconductor Field Effect Transistor) が作られ, 幅広く用いられている.

ソースおよび**ドレイン**と呼ばれる 2 つの電極の端子があり, **ゲート電極**に V_t 以上の電圧を印加するとその間の**チャネル**と呼ばれる部分に**反転層**が形成されて, 2 つの電極が導通する. ゲート電極の電圧を V_t より降下させれば, 反転層が消失して 2 つの電極間は非導通となる. 簡単な機構で, ゲート電圧 V_{GS} を V_t の上下に変化させることにより, 電流を流したり切ったりする**スイッチング素子**として機能させることができる. **ソース電極**はチャネルにキャリヤを供給する電極であり, **ドレイン電極**はチャネルからのキャリヤを排出する電極である.

図 7.19(b) のように, 半導体の p,n を逆転し同時に電極に印加する電圧の

極性も反転すると,同様な素子でキャリヤを電子から正孔に変えることができる.(a)の素子を**n チャネル素子**といい,(b)の素子を**p チャネル素子**と称する.nチャネル素子を用いて構成される回路を **nMOS 回路**といい,pチャネル素子から構成される回路を **pMOS 回路**という.nチャネル素子とpチャネル素子の両方を用いる回路に **CMOS(Complementary MOS)回路**がある.これは,両方の素子を組み合わせて電源端子から接地端子へ静的な直流電流が流れないように構成した回路で,回路を流れる電流はキャパシタンスの充放電電流のみに限られる.回路構成はやや複雑となるが,著しく低消費電力の回路を実現できる.図7.19(c)に,一般的な MOSFET の回路記号を示す.

　実際に素子を応用するには,電極に加えられた電圧の関数として電流値がどうなるかの見積りが重要となる.**nMOSFET** の場合の見積りを簡単に示す.pMOSFET の場合も同様に導くことができる.低抵抗の電極内は,ほぼ電極の電位となり,ソース電極とドレイン電極の間に加えられたドレイン電圧 V_{DS} はすべてチャネル部分の反転層に印加される.ソース・ドレイン間の距離を**チャネル長**といい,この長さを L としよう.図7.19(a)の素子の断面に垂直な方向のチャネル領域の広がりを**チャネル幅**といいその大きさを W とする.図に示された x 軸に沿ったチャネル内の電位の変化を $v(x)$ とすると,$v(0) = 0$,$v(L) = V_{DS}$ となる.反転層の電荷はその部分の多数キャリヤでの電子であり,準熱平衡状態にあって,(7.95)式により一意的に定まる.その中の V_t は (7.94) 式で与えられるが,x 点の電位が $v(x)$ のところでは**擬フェルミ準位**が $qv(x)$ だけ下がるので,反転層が生じる**バンド曲がり** ψ_S は $2\phi_B$ から $2\phi_B + v(x)$ に増加する.素子を流れる電流 I_D はドリフト電流であり (7.44) 式を用いて

$$I_D = W|Q_i|\mu_n \frac{d}{dx}v(x) \qquad (7.96)$$

と与えられる.これに (7.95) 式を代入すると

$$I_D = WC_{ox}\left[V_{GS} - V_{FB} - 2\phi_B - v(x) - \frac{1}{C_{ox}}\sqrt{2\varepsilon_s q N_a\{2\phi_B + v(x)\}}\right]\mu_n \frac{d}{dx}v(x) \qquad (7.97)$$

を得る.この式の両辺を $x = 0$ から L まで x で積分する.電流値は x によらない定数値であり,I_D の値を求めると

$$I_D = \frac{W}{L}\mu_n C_{ox}\left[\left(V_{GS} - V_{FB} - 2\phi_B - \frac{1}{2}V_{DS}\right)V_{DS} - \frac{2\sqrt{2\varepsilon_s q N_a}}{3C_{ox}}\{(2\phi_B + V_{DS})^{3/2} - (2\phi_B)^{3/2}\}\right]$$
(7.98)

となる.

これが印加電圧やパラメータの関数として電流の値を与える式となる[*1].これについて注意を要することが 1 つある.V_{DS} が増加するに従いドレイン近くの電位 $v(L)$ も増大して,閾値電圧 V_t が増加する.(7.95) 式より $|Q_i|$ の値の減少を招き,ついにはどこかの点で $|Q_i| = 0$ に到達する.これを,**ピンチオフ**と呼ぶ.これ以上 V_{DS} を上げても $v(L)$ の値は上昇することもなく,また電流は $v(0) \sim v(L)$ 間の電位変化により決定されるので,電流の値は一定値を維持する.この特性は**電流の飽和**といわれる.電流が飽和するドレイン

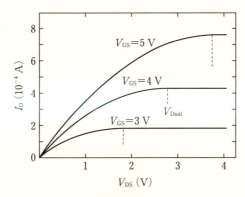

図 7.20 (7.98) 式による古典的 MOSFET の I-V 特性.$V_{DS} > V_{Dsat}$ は飽和領域.$L = W = 0.5\,\mu m$,$t_{ox} = 20\,nm$,$N_a = 5 \times 10^{15}\,cm^{-3}$ (名取研二著:「ナノスケール・トランジスタの物理」(朝倉書店,2018) による)

[*1] (7.98) 式を V_{DS} の 2 次の項まで級数展開して極大値を飽和電流値 I_{ds} とする.I_{ds} は $(V_{GS} - V_t)^2$ に比例し,バルク空乏容量が無視できる基板濃度が低いときは (8.5) 式を与える.

電圧は V_{Dsat} と記され，$|Q_i| = 0$ から

$$V_{\text{Dsat}} = V_{\text{GS}} - V_{\text{FB}} - 2\phi_{\text{B}} + \frac{\varepsilon_{\text{s}} q N_{\text{a}}}{C_{\text{ox}}^2}\left\{1 - \sqrt{\frac{2 C_{\text{ox}}^2}{\varepsilon_{\text{s}} q N_{\text{a}}}\left(V_{\text{GS}} - V_{\text{FB}} + \frac{\varepsilon_{\text{s}} q N_{\text{a}}}{2 C_{\text{ox}}^2}\right)}\right\} \tag{7.99}$$

と得られる．このようにして，V_{DS} の増加に対するドレイン電流の振舞いは図 7.20 のようになることがわかる．

飽和電流は，(7.96) 式によれば $x = L$ の近くで $|Q_i| \cong 0$ となり $dv(x)/dx \cong \infty$ となっている．実際に無限大の値をとることはないので，この微小領域では準熱平衡状態が成り立っていない可能性がある．

7.4 メモリー素子

　コンピュータは，2 進法のデジタル信号を用いて論理や数値の情報処理をおこなう．データや処理手続き（プログラム）の情報をメモリー（記憶回路）に蓄えておき，それを取り出して参照し，また論理処理したのちに再度メモリーに格納する．それをくり返すことにより，多量の情報を順次に処理することができる．したがって，原則としてコンピュータは 2 進情報の論理回路とメモリーとからなる．**メモリー**は (1,0) の 1 ビットの情報を格納できる**メモリー・セル**が多数配置されて構成されている．1 ビットの情報は，例えば 1 を電位の高いレベルで，0 を低いレベル（あるいはその逆）として表現することができる．コンピュータのメモリーは，動作中に上記の読み出しや書き込みを高速におこなう**キャッシュ・メモリー**や，多量の主メモリー，それに非動作時（コンピュータの電源オフ時）でも大量のデータやプログラムの情報を保持することができる補助記憶装置とからなる．主メモリーのように電源をオフにするとデータが消えてしまうメモリー装置を**揮発性メモリー**といい，補助記憶装置のように電源をオフにしても記憶を維持するメモリー装置を**不揮発性メモリー**という．これらは普通，任意の番地のメモリー・セルを指定して，(1,0) のどちらのデータでも格納できる（**ランダム・アクセス・メモリー**，Random Access Memory, **RAM**）．これに対し，データの格納や取り出しの番地の順序が指定されているメモリーを**シリアル・アクセス・メモリー**（Serial Access

Memory) と呼ぶ. 任意のデータの格納ではなく, 各メモリー・セルのデータが製造時に (1,0) のどちらかに決められていて, 必要に応じてその一連のデータの読み出しだけをおこなうものを, **読み出し専用メモリー** (Read Only Memory, **ROM**) と呼ぶ.

7.4.1 揮発性メモリー

揮発性メモリーは, コンピュータのキャッシュ・メモリーや主メモリーに用いられる RAM であり, データの書き込みおよび読み出しの両方を高速度におこなうことができる. 1ビットの情報を格納するメモリー・セルの構造により通常, **スタティック RAM** (**SRAM**, Static RAM) と**ダイナミック RAM** (**DRAM**, Dynamic RAM) に分かれる.

SRAM のメモリー・セルは MOSFET を用いて構成され, その構造の一例を図 7.21(a) に示した. 図の2つの抵抗素子の抵抗値は, それにつながるトランジスタが導通した場合の抵抗値よりは十分に大きな値に選んである. データの記憶の仕組みは, 例えばデータが1の場合には, 図のビット線1端子とビット線2端子がそれぞれ高電位, 低電位となるとしよう. そうするとデータが0の場合はその逆になることとなる. データの書き込みは, 図のワード線の信号を高電位にするとそれにつながった2つのトランジスタが導通して, A,B の2点にそれぞれ高電位と低電位とが伝達される. このためトランジスタ T_2 は導通し, トランジスタ T_1 は非導通の方向に向かう. この状況は点 A の高電位, 点 B の低電位をともに固定する方向に作用する. その後ワード線の信号

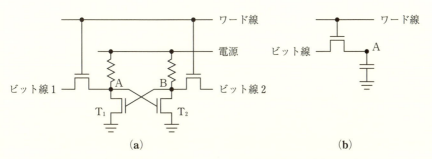

図 7.21 (a) SRAM のメモリー・セルの構造の一例と, (b) DRAM のメモリー・セルの構造

を接地電位に下げるとそれにつながった2つのトランジスタはともに非導通となり，点Aの高電位，点Bの接地電位が閉じ込められて，はじめのデータ1が格納・維持される．このデータを読み出すには，ビット線1端子とビット線2端子とを等しい高電位に設定しておいて，ワード線の信号により2つのトランジスタを導通させる．ビット線1,2端子はともに高電位だったため，点Aの電位は変わらないが，点Bは接地電位だったのでビット線2から電流が流れ込んで，ビット線2の電位は引き込まれて少し低下する．ビット線1と2の間に電位差が発生するので，この差を外部回路により検出・増幅すると，格納されていた1のデータを読み出すことができる．0のデータも同様にして，書き込み・読み出しが可能となる．

次に，**DRAM**のメモリー・セルの構造を図7.21(b)に示す．図のキャパシタには通常，図7.14のようなMOSキャパシタを利用し，A端子側の電極は反転層を用いてMOSFETのチャネル部分から延在した構造となるようにする．データの書き込みは，(1,0)に合わせて高電位ないし接地電位の入力電位をビット線に加え，ワード線の電位を高電位に上げてMOSトランジスタを導通させる．ビット線の電位がA端子に伝わって高電位ないし接地電位となり，その電位に応じてMOSキャパシタに蓄積される電荷が定まる．ワード線の信号を接地電位に下げるとMOSFETが非導通となり，当初ビット線に入力した電位が孤立したA端子に格納されて保持される．一方，データの読み出しは，ビット線に高電位を入力しておいた状態でワード線の電位を上げてMOSFETを導通させる．このとき，A端子に高電位が格納されていたならばビット線の電位に変化は生じず，A端子に接地電位が格納されていたならばキャパシタを充電する電荷がビット線からA端子に流れ込んでビット線の電位がわずかに下がる．格納されていたデータの値によりビット線の電位にわずかの差が生じるので，その差を外側の回路により検出すると，格納されていたデータを読み出すことができる．

メモリーは多数のメモリー・セルを半導体基板に集積した**集積回路**として製造される．メモリー・セルは，基板の表面に縦横の2次元の配列の形に並べられている．特定のメモリー・セルを指定するには，例えば横方向何番目のワード線，縦方向何番目のビット線というように，番地のアドレス入力を用いて配

7.4 メモリー素子　　355

列内の位置を割り出し，指定したメモリー・セルにアクセスする．メモリー・セル内の回路節点は孤立しているため，周辺から pn 接合などを通じて常に**リーク（漏れ）電流**が流れ込み，内部に格納された電位を熱平衡値に近づけようとする．これはセル内のデータ情報の消失に向かって作用する．しかし，SRAM の場合にはメモリー・セル内の安定状態における A 端子および B 端子の電位が，それぞれ高電位および接地電位のペア，ないしは接地電位および高電位のペアとなるようにトランジスタや抵抗素子が機能するよう設置されている．このためリークによる電荷は排出されてデータ情報が安定に保持される．一方，DRAM においては，メモリー・セルは単一のキャパシタに過ぎず，そこに蓄えた電荷はリークにより減少して，長時間経つと一様にゼロになる．つまりデータ情報は消失する．DRAM をメモリーとして用いるためには，リークによるデータの劣化がひどくならないうちにこれを一度読み出し，同じ値を再書き込みするという動作が必要となる．メモリー内の全データに対してこれをおこなうことを**リフレッシュ動作**という．データの書き込みや読み出しは 1 回当りナノ秒程度の時間を要し，一方，リフレッシュ動作はミリ秒くらいの時間内におこなわれる．DRAM はメモリー・セル内の素子の数が少ないのでメモリー・セルを小さく作製することができ，その分だけ同一面積内に多数のデータ情報を格納できる．それは 1 ビット当りに必要な製造コストを下げられるというメリットがある．しかし，リフレッシュ動作が必要であり，回路動作は多少複雑になる．これに対し SRAM はメモリー・セル内の素子数が多い．それは 1 ビット当りの回路面積が大きくなることを意味し，1 ビット当りの製造コストが高くなる．しかしキャパシタンスの充放電を含まず，動作は安定で高速である．それぞれのメリット，デメリットに応じて活用される．

7.4.2　不揮発性メモリー

　コンピュータのスイッチを切っても，再度スイッチを入れると正常に動作して画像や動画が再生されるのは，内部に不揮発性メモリーが入っているからである．コンピュータ以外でも，日常生活の中で写真や音楽，動画などを保存しておくには不揮発性メモリーが必要になる．以前は磁気テープや光学ディスクなどの使用がほとんどだった．これらの機器はシリアル・メモリーである．最

近は舛岡富士雄の発明した**フラッシュ・メモリー**を用いた USB メモリーや半導体ディスクなどが多く用いられる．半導体を用いた**不揮発性メモリー**として，フラッシュ・メモリーを見ていこう．

図 7.22(a) はフラッシュ・メモリーのメモリー・セルを示す．MOSFET と類似の構造だが，ゲート電極が**制御ゲート**と**浮遊ゲート**の2つからなる．シリコンの p 型基板に大きな n 型の領域（n-ウェル）を作り，さらにその中に入るように大きな p 型の領域（p-ウェル）を作る．p-ウェルおよび n-ウェルには，上部を走る配線から別途それぞれの電圧を印加する．この p-ウェルの中に1ブロックと呼ばれる単位の多数のメモリー・セルが入っている．図の左右の n^+ 領域をソースおよびドレイン電極，制御ゲートをゲート電極とする構造の MOSFET を考える．浮遊ゲートに正の電荷が格納されている場合と，負電荷が入っている場合とを比較してみよう．簡単のため，複雑なゲート構造を無視して浮遊ゲートのすべての電荷量が SiO_2 界面に固定されているとして，MOS 接合の閾値電圧がどうなるか考える．浮遊ゲートの電荷を Q_{FG} とすると，(7.90) 式の右辺に $-Q_{FG}$ が加わり，このため (7.91) 式の右辺には $-Q_{FG}/C_{ox}$ が加わる．この結果，(7.94) 式の閾値電圧の右辺に $-Q_{FG}/C_{ox}$ を加えておくと (7.95) 式と同様な反転層電荷の関係式が成り立つことがわかる．このことから，浮遊ゲートの電荷が正の場合には制御ゲートの閾値電圧が下降し，負の場合には上昇することとなる．このように，浮遊ゲートの電荷量が異

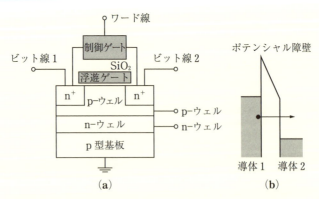

図 7.22　(a) フラッシュ・メモリーのメモリー・セルの構造と，
(b) 電子の FN トンネリング

なっている場合には，同じゲート電圧に対しても，閾値電圧が小さくて反転層が形成される場合と，それが大きくて反転層が形成されない場合とが起こり得る．反転層が形成されるか否かは，ソース・ドレイン間に電圧を印加すれば，そこに電流が流れるか否かにより外から回路的に検知できる．このことから，もし浮遊ゲートの電荷量を意図したように制御できるならば，この電荷量により (1,0) の1ビットの情報を代表させることができる．浮遊ゲートの周辺は良質な絶縁体である SiO_2 で構成されていて，電荷の漏出はほとんどない．この電荷量により表された情報は，電源など使わずに長期にわたり保持されて，その機構を不揮発性メモリーとして用いることができる．この電荷の量を変化させることは，図 7.22(a) の浮遊ゲートの下部の薄い SiO_2 の膜に強い電場を印加することにより，2.1.6 項で述べられた電子の量子力学的な**トンネル効果**を起こさせておこなう．このトンネル効果は図 7.22(b) に示したように，SiO_2 の膜に高電場を印加してポテンシャル障壁の有効的な高さや厚さを減少させて起こさせる．このトンネル現象は FN（Fowler-Nordheim）トンネリングと呼ばれる．

　実際のメモリーに対応した例を見るのがわかりやすい．いまトランジスタが導通している場合，すなわち浮遊ゲートに十分な正電荷が入っている場合を情報の 1，逆に非導通で負電荷の場合を 0 に対応させるとしよう．データの読み出し動作は，図 7.22(a) でアドレス信号により選ばれた特定のメモリー・セルの，ワード線に 0 V，p-ウェルおよび n-ウェルはともに 0 V，ビット線 1 とビット線 2 とにはそれぞれ 0 V と 1 V とを印加する．格納されたデータが 1 で浮遊ゲートに十分な正電荷があればビット線 1 とビット線 2 の間に電流が流れ，逆にデータが 0 なら電流が流れない．ビット線の電流をモニターしていればデータを検出できる．特定のメモリー・セルへのデータの書き込みは，ワード線には高い 20 V の電圧，p-ウェルおよび n-ウェルはともに 0 V，ビット線 1 とビット線 2 はともに 0 V を印加する．SiO_2 部分の膜厚を適切に選んであれば，容量結合によりワード線の高電圧が適切に分配されて浮遊ゲートの電位は十分に高くなる．それにより界面には 0 V レベルの反転層が形成されて，浮遊ゲートの下側の SiO_2 膜に大きな電場が印加される．このため FN トンネリングが誘起されて，チャネル側から浮遊ゲートに十分な量の電子電荷が注

入されメモリー・セルにデータの0が書き込まれる．実際は，ワード線は複数のメモリー・セルに共通な信号線であるから，これらのメモリー・セルにはすべて 20 V の高電圧が印加されてしまう．しかし，それらのセルのビット線には例えば 7 V くらいの中間電圧が印加されるように構成されていて，ゲート下の SiO_2 膜中の電場が高く上昇して FN トンネリングが起こるのを阻止するようになっている．この方法ではデータの1が書き込めないが，これに対しては**ブロック消去**と呼ばれる動作モードがある．

　ブロック消去モードでは，すべてのワード線に 0 V を印加，p-ウェルおよび n-ウェルには 20 V の高電圧を印加して，ビット線1および2をともに浮遊電位に保つ．この場合は，先ほどのデータ0の書き込みと同等だが極性が逆の高電場が浮遊ゲート下の SiO_2 膜に印加される．この電場により FN トンネリングが誘起されるが，今回は電子の移動方向が逆方向で浮遊ゲートから p-ウェル側に電子が引き抜かれる．この結果，浮遊ゲートには正電荷が発生し，メモリー・セルの情報は1に変化する．同じ p-ウェルに入っているブロック全体のデータが同時に1に変化するのであり，ブロック消去といわれる．フラッシュ・メモリーという名前は，このように多量のデータを一度の動作で消去する手法から，写真のフラッシュをイメージして発明者により名付けられたものである．フラッシュ・メモリーでは，$1 \to 0$ のデータ変換は1ビットずつシリアルにおこなうが，$0 \to 1$ のデータ変換はブロック全体にしかできない．それは，データに $1 \to 0$ や $0 \to 1$ が混在した場合のデータ変換の手続きが複雑となり，メモリーの機能として大きなデメリットでもある．無論，$0 \to 1$ のデータ変換もまた1ビットずつシリアルにおこなう方式を実現するのも不可能ではない．1個1個のメモリー・セルごとに p-ウェルおよび n-ウェルを導入すればよい．しかし，メモリー・セルの大きさが格段に大きくなり，それは1チップ当りのメモリー記憶容量を大幅に引き下げることとなる．そして1ビット当りの記憶情報のコストを大幅に悪化させる．このときの発明者の判断は，機能を犠牲にしてもコスト低下をとるべきというものであった．現在はそれが，超小型で安価な USB メモリーにおいて数十ギガバイトの大記憶容量を実現していることを考えると，発明者の見通しが正しかったと考えることができる．

7.5 マイクロ波素子

GaAs を用いた 2 種類のマイクロ波素子について述べる．1 つはバルク結晶のバンド構造由来の負性微分抵抗を用いた発振素子，他の 1 つはヘテロ界面の 2 次元電子ガスを用いた高速トランジスタである．

7.5.1 ガンダイオード

1963 年にガン（Gunn）は，n 型の GaAs と InP に 3 kV/cm 以上の高電場を印加すると，0.47 GHz から 6.5 GHz の間の**マイクロ波発振**が生じることを見出した．これは，陰極付近で発生した**高電場ドメイン**の陽極方向への走行と陽極での消滅で説明された．**ガンダイオード**あるいは **TED (Transferred-Electron Device)** と呼ばれ，マイクロ波発振デバイスとして広く用いられている．

GaAs のバンド構造について，4.1.3 項 (2) で学んだ．伝導帯の底は Γ 点の谷にあり，$\Delta E = 0.29$ eV 上の L 点に第二の谷をもつ．Γ 点では伝導電子の有効質量 m_1 は $0.07m$ と小さく，有効質量の 3/2 乗に比例する有効状態密度も小さい．L 点では有効質量 m_2 は $0.55m$ と大きく有効状態密度も大きい．一方，伝導電子の移動度は有効質量に逆比例するので，Γ 点の電子の移動度 μ_1 は大きく，L 点の電子の移動度 μ_2 は小さくなる．n 型 GaAs に印加する電場の強度を上げていくと，伝導電子が Γ 点の谷から L 点の谷に移り，**閾値電場**を超えると図 7.23 に示すような**負性微分抵抗**が生じる．

GaAs では閾値電場 E_{th} は 3.2 kV/cm となる．負性微分抵抗が生じるためには，格子温度を T として次の 3 条件が必要となる．① $\Delta E \gg k_B T$，② $m_1 \ll m_2$，$\mu_1 \gg \mu_2$，③ $\Delta E < E_g$．E_g はエネルギーギャップを表す．条件 ③ は，**インパクトイオン化**による**なだれ降伏**[*2]の発生電場より低電場で谷間の電子遷移が起こる条件を与える．上記 3 条件を満たす**谷間電子遷移**で負性微分抵抗が生じる機構を，提唱者であるリドリー（Ridley），ワトキンス（Watkins），

[*2] なだれ降伏は高電場で加速された自由電子と価電子帯の電子との衝突によるインパクトイオン化で生じる．衝突により発生した電子正孔対もインパクトイオン化を引き起こし，キャリヤ数は倍増をくり返してなだれ的に増大することによる．

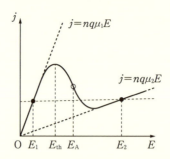

図7.23 負性微分抵抗をもつ電流電場特性

ヒルサム (Hilsum) の頭文字をとって，**RWH メカニズム**と呼ぶ．

負性微分抵抗があると，空間電荷のゆらぎ $n - n_0$ が増大する．空間電荷の振舞いを1次元系で調べてみよう．ポアソン方程式と電流連続の式と電流 j の表式は各々下記で与えられる．ε_s は GaAs の誘電率を表す．

$$\frac{\partial E}{\partial x} = \frac{-q}{\varepsilon_s}(n - n_0)$$

$$\frac{\partial j}{\partial x} - q\frac{\partial (n - n_0)}{\partial t} = 0 \qquad (7.100)$$

$$j = qnv_d + \varepsilon_s \frac{\partial E}{\partial t} + qD\frac{\partial n}{\partial x}$$

空間電荷ゆらぎ $n - n_0$ と電場 E の微小変化量に対して，フーリエ解析をおこなう．

$$\begin{aligned} n - n_0 &\propto e^{-ikx} \\ E &\propto e^{i\omega t} \end{aligned} \qquad (7.101)$$

また

$$\frac{\partial v_d}{\partial x} = \frac{dv_d}{dE}\frac{\partial E}{\partial x}$$

に注意して，次式が導かれる．

$$\begin{aligned} q\frac{\partial (n - n_0)}{\partial t} = &-\left(n_0 q\frac{dv_d}{dE} + i\omega\varepsilon_s\right)\frac{q}{\varepsilon_s}(n - n_0) \\ &- qDk^2(n - n_0) - ikqv_d(n - n_0) \end{aligned}$$
$$(7.102)$$

k の0次の項に注目すると，**微分移動度** $\mu_D = dv_d/dE$ が負の場合は空間電荷

のゆらぎ $n - n_0$ は時定数 τ_D で指数関数的に増加する.

$$\tau_\mathrm{D} = \frac{\varepsilon_\mathrm{s}}{n_0 q |\mu_\mathrm{D}|} \qquad (7.103)$$

それでは,どのようにして**高電場ドメイン**は生じるのだろうか.図 7.24 に示すような局所的な電場のゆらぎがあるとする.負性微分抵抗の閾値電圧を E_th として,$E_\mathrm{A} > E_\mathrm{th}$ の電場を印加する.図 7.23 に示すように,E_A より電場が高くなるとドリフト速度は減少し,E_A より電場が低くなるとドリフト速度は増加するので,電子の蓄積層と空乏層が生じて**双極子層**が形成される.双極子層の内部では電場が強められるので高電場ドメインは成長し,図 7.23 に示すように低電場側と高電場側のドリフト速度が等しくなったときに定常形に達して一定速度で移動する.

高電場ドメインは E_th 以上の高電場 E_A の印加により,ドーピング濃度のゆらぎが大きな陰極付近で発生し,陽極方向に移動して,陽極で消滅する.高電場ドメインが消滅すると試料には再び電場 E_A がかかり,図 7.23 より,ドメイン走行時の電流 $j(E_1)$ より大きな電流 $j(E_\mathrm{A})$ が流れて**電流振動**が生じる.高電場ドメインの模式図を図 7.25 に示す.試料長を L,高電場ドメインの平均速度を v とすると,**発振振動数** ν は $\nu = v/L$ で与えられる.定常形の高電場ドメインの走行による振動数の電流振動が起こるためには,$L/v > \tau_\mathrm{D}$ の下記条件が必要となる.

$$n_0 L > \frac{\varepsilon_\mathrm{s} v}{q |\mu_\mathrm{D}|} \qquad (7.104)$$

GaAs では,$n_0 L > 10^{12}\,\mathrm{cm}^{-2}$ となる.高電場ドメインの時間進展のシミュレ

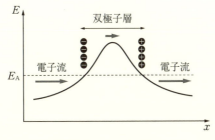

図 7.24 負性微分抵抗による高電場ドメインの形成

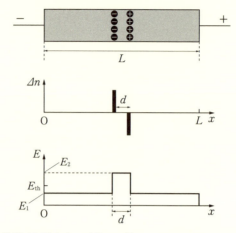

図7.25 負性微分抵抗をもつ試料に閾値以上の電場を印加したときの (a) 高電場ドメイン形成の模式図, (b) 電子濃度 $\Delta n = n - n_0$ の分布, (c) 電場分布

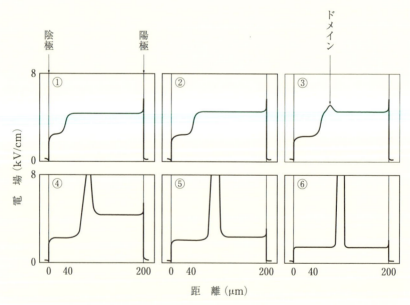

図7.26 陰極近傍の不純物濃度の不均一による高電場ドメインの生成, 成長, 移動のシミュレーション結果. 時間発展は ① → ⑥ の順 (御子柴宣夫著:「半導体の物理 (改訂版)」(培風館, 1991) による)

ーション結果を図7.26に示す.

InPはGaAsに似たバンド構造をもち,伝導帯の底はΓ点の谷にあり,0.59 eV上のL点に第二の谷をもつ.n型InPはGaAsと同様に負性微分抵抗をもち,ガンダイオードに用いられる.GaAsやInPのガンダイオードは,1～100 GHzのマイクロ波発振デバイスとして広く用いられている.

7.5.2 高電子移動度トランジスタ (HEMT)

高電子移動度トランジスタ(**HEMT**, High-Electron-Mobility Transistor) は電界効果トランジスタの一種で,高速,低雑音で動作するマイクロ波半導体素子である.1979年に三村高志と冷水佐壽により発明された.

HEMTは図7.27に示すような半導体の**ヘテロ接合層構造**をもち,キャリヤ電子は不純物添加のされていないGaAs層(アンドープGaAs)と$Al_xGa_{1-x}As$スペーサー層の**ヘテロ界面**に形成される**伝導チャネル**を界面に沿って走行する.キャリヤ電子は,チャネルから離れて**変調ドープ**された$Al_xGa_{1-x}As$層のドナー不純物から供給される.チャネルのキャリヤ電子はイオン化不純物によるランダムな散乱の影響を受けにくく,ヘテロ界面ではランダムな**界面散乱**も抑制されるので,HEMTは高移動度と低雑音を達成できる.さらに,GaAsの電子の有効質量は$0.067m$と小さく,短チャネルのHEMTでは$30000\ \mathrm{cm^2\,V^{-1}\,s^{-1}}$のオーダーの高移動度が得られている.

ヘテロ接合は,$GaAs/Al_xGa_{1-x}As$界面のように同一の結晶構造をもち,格子定数が近い異種半導体界面に形成される.ヘテロ界面ではバンド端エネル

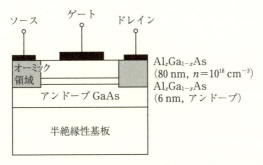

図7.27 HEMTの模式図

ギーに不連続が生じ，これを**バンドオフセット**と呼ぶ．伝導帯端のバンドオフセットは，図 7.28 に示すようにヘテロ界面で 2 種の物質に共通の真空準位をとることで，**電子親和力**の差として見積ることができる．これを**アンダーソン**(Anderson) **則**と呼ぶ．$Al_xGa_{1-x}As$ は $x = 0.45$ で，伝導帯端は Γ 点から X 点に移り変わり，GaAs の伝導帯端とのバンドオフセットは $x = 0.45$ で最大値の 0.35 eV をとる．

　図 7.29 に HEMT の伝導帯端エネルギーの層方向の変化の様子を示す．図 (a) は正のゲートバイアスを印加して $GaAs/Al_xGa_{1-x}As$ 界面に伝導チャネルが形成された場合を，図 (b) は負の閾値ゲートバイアスを印加した場合を示す．**閾値バイアス**では伝導チャネルは形成されず，不純物添加のない GaAs 層と $Al_xGa_{1-x}As$ スペーサー層の伝導帯端エネルギーは一定値をとり，界面でバンドオフセット ΔE_c の不連続をもつ．他方，GaAs の表面には 4.3.4 項で述べられた**表面状態**が形成され，フェルミ準位はエネルギーギャップ中央付近の**表面準位**に固定される．GaAs と金属との界面でもフェルミ準位はエネルギーギャップ中央付近の**界面準位**に固定され，**ショットキー**(Schottky)**障壁**が形成される．界面準位にはイオン化不純物から電子が供給される．

　図 (a) は 0.2 V のゲートバイアスを印加して，$GaAs/Al_xGa_{1-x}As$ 界面の第 1 サブバンドに伝導チャネルが形成された場合を示す．伝導チャネルの **2 次元電子ガス**の濃度 n_{2D} は，平行平板コンデンサの電場と電荷の関係より，高ドープ極限では次式で近似できる．

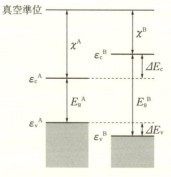

図 7.28 物質 A と B のヘテロ接合でのバンド端の並び方についてのアンダーソン則

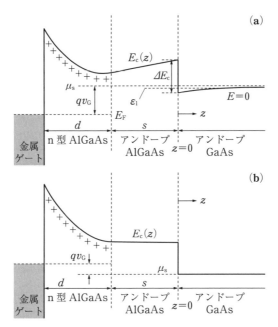

図 7.29 HEMT の伝導帯端エネルギーの深さ方向依存性.(a) 0.2 V のゲートバイアスを印加したとき,基板 GaAs 層の 2 次元電子ガス濃度 $n_{2D} = 3 \times 10^{11}$ cm^{-2}. 第 1 サブバンドのエネルギー ε_1 とそのフェルミ準位 E_F も示す.(b) 負の閾値バイアスを印加したとき,$n_{2D} = 0$

$$n_{2D} \cong \frac{\varepsilon_0 \varepsilon}{q^2 s}\{\Delta E_c - (E_c - E_F)\} \tag{7.105}$$

ε_0 は真空の誘電率,ε は GaAs の比誘電率,E_c は高ドープ Al$_x$Ga$_{1-x}$As 層の伝導帯端のエネルギー,E_F はそのフェルミ準位を表す[*3]. スペーサー層は**空乏層**になっており,その厚さを s とする.n_{2D} は 10^{11} cm^{-2} から 10^{12} cm^{-2} の値をとる. HEMT は 7.3.5 項の MOSFET と同様に,ゲートバイアスによりソース・ドレイン間の電流を制御する低雑音高速の電界効果トランジスタである. GaAs 系 HEMT は,パラボラアンテナやカーナビに用いられている.

[*3] M. Jaros : *Physics and Applications of Semiconductor Microstructures* (Oxford Science Publications, 1990).

GaAs/Al$_x$Ga$_{1-x}$As 界面の 2 次元電子ガスをサブバンドのチャネルに閉じ込めるためには，ΔE_c が大きくなければならない．伝導帯端が有効質量の軽い Γ 点にあるためには，GaAs/Al$_x$Ga$_{1-x}$As 系では ΔE_c は 0.35 eV 以下の値しかとれない．また，ソース・ドレイン間の電場が 3 kV cm^{-1} 以上になると，前項で見たように GaAs の伝導特性はオームの法則からずれてドリフト速度は抑えられる．HEMT の性能を高めるため，GaAs 系以外にも GaN などの種々の半導体ヘテロ接合を用いた HEMT が開発されている．GaN 系 HEMT は GaAs 系 HEMT に比べ，高電流，高電圧に耐えられ，飽和電子速度が大きく，熱伝導度が大きい利点を生かし，携帯電話基地局の電力-電波変換トランジスタへの応用が進められている．

7.6 光素子

電気エネルギーを光エネルギーに変換する発光ダイオードと，逆に光エネルギーを電気エネルギーに変換する太陽電池について述べる．

7.6.1 発光ダイオード
(1) III-V 族半導体発光ダイオード

発光ダイオード（LED, Light-Emitting Diode）は電気を光に変換する素子で，平たいダイオード配置の構造をもつ．pn 接合の順方向に電流を流して少数キャリヤの注入をおこない，多数キャリヤとの**輻射再結合**により発光させる．1962 年のホロニャック（Holonyak）による赤色 LED の発明以降，近赤外光，可視光，紫外光の LED の開発が進められてきた．

7.3.2 項で述べられたように，**pn 接合**に順バイアスを印加すると拡散電流が流れて**少数キャリヤ**が注入される．注入された過剰少数キャリヤは多数キャリヤと再結合して消失する．**直接再結合**が許容される場合は，半導体の伝導帯の底から価電子帯の頂上への電子遷移が生じて，光の**自然放出**が起こる．光の振動数 ν と光子（フォトン）のエネルギー E の間には $E = h\nu$ の関係があるので，エネルギーギャップ E_g に近いエネルギーをもつフォトンが放出されて発光する．

7.6 光素子

伝導帯の底から価電子帯の頂上への直接遷移が許容されるのは**直接ギャップ半導体**のみである．6.8節で述べられたように，許容遷移はエネルギー保存則と波数ベクトル保存則の双方を満たさねばならず，間接ギャップ半導体では波数ベクトル保存則を満たすことができない．GaAs, GaN は直接ギャップ半導体で，直接再結合で発光する．表7.1に，LED に用いられる **III-V 族半導体**のエネルギーギャップの型と値をまとめる．表7.1には，格子定数と電子親和力の値も示す．

GaP は**間接ギャップ半導体**であるが，**等電子トラップ**となる N 原子を添加することで緑色に発光させることができる．V 族の N 原子は V 族の P 原子と置換して結晶に入る．N 原子の電気陰性度は P 原子よりも大きいので，N 原子の近傍で電子は引力を感じて伝導帯の底近くに空間的に局在したトラップ準位を作る．伝導帯の底近くの局在した束縛状態は，伝導帯の多くのブロッホ (Bloch) 関数の重ね合わせで作られる．このため，価電子帯の頂上の波数ベクトルをもつブロッホ関数成分も含まれ，トラップ準位から価電子帯の頂上への電子遷移の確率が高まり発光する．GaP は GaAs と混晶を作ることができ，組成比を変えることでエネルギーギャップを連続的に変えることができる．混

表7.1 III-V族半導体のエネルギーギャップ（d は直接ギャップ，i は間接ギャップ），格子定数と電子親和力．窒化物はウルツ鉱構造での値（I. Vurgaftman, J. R. Meyer, and L. R. Ram-Mohan : J. Appl. Phys. 89 (2001) 5815），他は閃亜鉛鉱構造での室温の値（J. H. Davies : *The Physics of Low-dimensional Semiconductors* (Cambridge Univ. Press, 2005)）

物質	エネルギーギャップ E_g (eV)	格子定数 a (nm)	格子定数 c (nm)	電子親和力 χ (eV)
AlN	6.23 (d)	0.3112	0.4982	—
AlAs	2.15 (i)	0.566		3.51
AlSb	1.62 (i)	0.6136		3.65
GaN	3.507 (d)	0.3189	0.5185	—
GaP	2.27 (i)	0.5451		4.3
GaAs	1.42 (d)	0.5653		4.07
GaSb	0.75 (d)	0.6096		4.06
InN	1.994 (d)	0.3545	0.5703	—
InP	1.34 (d)	0.5869		4.38
InAs	0.35 (d)	0.6058		4.92
InSb	0.18 (d)	0.6479		4.59

晶の $GaAs_{1-y}P_y$ は，$y < 0.45$ で直接ギャップ半導体，$y > 0.45$ で間接ギャップ半導体となる．$y < 0.45$ で赤色発光，$y > 0.45$ の混晶も N 原子添加により黄色に発光させることができる．

$GaAs_{1-y}P_y$ や GaP の LED は図 7.30 に示すような構造をもち，GaAs 基板上に作製される．これらの半導体は基板の GaAs との**格子不整合**が大きいので，**ミスフィット転位**が発生する．転位は**非発光中心**となり**間接再結合**が生じるので，高輝度の発光は得られない．赤から黄色にかけての**高輝度 LED** は，GaAs 基板に**格子整合**した $Al_{1-x}Ga_xIn_{1-y}P_y$ 系の 4 元化合物を用いて作製されている．

青色 LED の発明，開発は赤崎勇，天野浩，中村修二によりなされ，2014 年にノーベル物理学賞が授与された．赤崎勇，天野浩は，サファイア基板上の高品質，高純度の GaN の結晶成長と p 型 GaN の作製にはじめて成功し，青色 LED を実現した．中村修二は，GaN の結晶成長と p 型半導体作製に独自の改良をおこない，1993 年に高輝度青色 LED の製品化に道を拓いた．サファイア基板上の GaN をベースにした**青色 LED** の基本構造を図 7.31 に示す．p 型 GaN 層と n 型 GaN 層で $In_xGa_{1-x}N$ **発光層**を挟んだダブルヘテロ接合構造を用いる．発光層での転位の発生を抑制するために，$In_xGa_{1-x}N$ 層の厚さは**臨界膜厚**以下にする必要がある．**ヘテロ接合**は，$GaN/In_xGa_{1-x}N$ 界面のように，同一の結晶構造をもち，格子定数が近い異種半導体界面に形成される．**分子線エピタキシー**（**MBE**, Molecular-Beam Epitaxy）や，**有機金属化学気相成長法**（**MOCVD**, Metal-Organic Chemical Vapour Deposition）を用いた

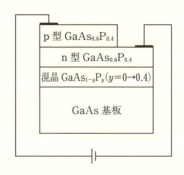

図 7.30　GaAs 基板上の $GaAs_{1-y}P_y$ の pn 接合を用いた LED の構造

7.6 光素子

図7.31 サファイア基板上のGaNをベースにした青色LEDの基本構造

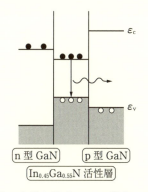

図7.32 青色LEDにおけるダブルヘテロ接合のエネルギーバンド図

エピタキシャル結晶成長法で作製される. ヘテロ界面では7.5.2項で述べたように, バンド端エネルギーの不連続, すなわち**バンドオフセット**が生じる. $In_xGa_{1-x}N$ 層は図7.32に示すように, 注入された電子と正孔の双方を閉じ込める**量子井戸**として働く.

量子井戸とは, エネルギー障壁を用いて電子や正孔を閉じ込めることのできる微細構造をいう. 2.1.5項で示したように, 量子井戸は量子力学の最も簡単な演習問題であったが, エピタキシャル結晶成長法を用いて実際に作られるようになり, 半導体デバイスに広く応用されている. キャリヤの井戸内への閉じ込めにより, キャリヤ密度と発光確率の双方を上げることができる. 混晶比 x を変えることにより $In_xGa_{1-x}N$ のエネルギーギャップが変わり, 青, 緑, 黄色に発光波長を変えることができる. 高輝度の緑色および青色LEDには,

$In_xGa_{1-x}N$ 系半導体が広く用いられている. 基板のサファイアや SiC との格子不整合が大きく高密度の転位が発生するが, 転位の電気的活性が低いために影響を受けにくいと考えられている. 何事も, 実際にやってみないとわからないものである.

光の3原色である赤, 緑, 青の高輝度 LED の開発により, 省エネルギーの LED 照明が広く普及するようになった.

(2) 有機エレクトロルミネッセンス (有機 EL)

有機エレクトロルミネッセンス (Organic Electroluminescence) は有機材料を用いて電気を光に変換する電流注入型素子である. 日本では**有機 EL** と呼ばれているが, 世界的には **OLED** (Organic Light Emitting Diode) と呼ばれている. 有機 EL のブレイクスルーは, 1987年のタン (Tang) による 100 nm オーダーの2層型の**有機超薄膜積層構造**(図7.33(b))を用いた高輝度・高効率素子の実現による.

有機 EL では, 図 7.33(c) に示すような3層型有機 EL 素子構造が広く用いられている. 3層は, 陰極から注入された電子を発光層に輸送する**電子輸送**

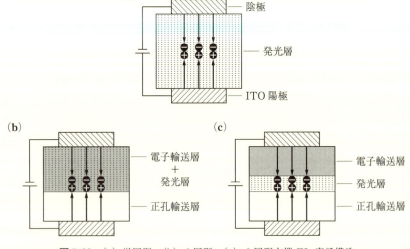

図7.33 (a) 単層型, (b) 2層型, (c) 3層型有機 EL 素子構造

層，陽極から注入された正孔を発光層に輸送する**正孔輸送層**，電子と正孔が再結合して発光する**発光層**からなり，全体の膜厚は 100 nm から 200 nm ときわめて薄い素子構造を有する．このため，10 V 程度の印加電圧により有機薄膜内の電場強度はきわめて高くなる．発光層の有機発光材料を変えることにより，赤，緑，青の発光を自在に制御できる．白色有機 EL の開発も，1993 年に城戸淳二によりなされた．

陽極には透明電極のインジウム-スズ酸化物（ITO，Indium-Tin Oxide）が用いられる．正孔の注入効率を上げるために，正孔輸送層には ITO のフェルミ準位に近い最高占有軌道（HOMO，Highest Occupied Molecular Orbital）をもつ有機物が選ばれる．陰極には仕事関数の小さな金属が選ばれ，電子輸送層には陽極金属のフェルミ準位に近い最低空軌道（LUMO，Lowest Unoccupied Molecular Orbital）をもつ有機物が選ばれる．キャリヤは電極から，トンネル注入機構やショットキー機構により注入され，輸送層を**分子間ホッピング**で移動する．キャリヤ移動度が 10^{-3} cm^2/V s 程度と非常に小さくても，高電場のため大きな電流値を得ることができる．発光層に運ばれた電子と正孔は，クーロン引力による電子正孔束縛状態の**励起子**を生成する．励起子は電子と正孔のスピン状態により，1 重項状態と 3 重項状態に分類される．1 重項状態は**蛍光**を発して，許容遷移で基底状態に戻る．3 重項状態から基底状態への遷移は禁制遷移であるが，スピン軌道相互作用がある場合は**りん光**を発して基底状態に戻ることができる．イリジウム，白金，オスミウム，ルテニウムなどの遷移金属を含む有機金属化合物で，りん光発光が観測されている．蛍光発光のみの場合は，生成された励起子の 1/4 だけが発光に寄与する．スピン軌道相互作用が有効な場合は 1 重項励起子から 3 重項励起子への変換が起こり，すべての励起子がりん光発光に寄与する．

有機 EL は下記の特徴をもち，高機能パネルや面発光照明への応用が広がっている．

① 電流注入型の薄膜面発光デバイスである．
② マイクロ秒オーダーの速い応答速度をもつ．
③ 単純な素子構造のため薄膜化，軽量化ができる．

7.6.2 太陽電池

太陽光は図 7.34 に示すように紫外領域から赤外領域にわたる広いスペクトルをもち，可視領域で高い強度をもつ．図には，大気圏外（AM 0）と北緯 37 度の地表（AM 1.5）での太陽光スペクトルを示す．**太陽電池**は太陽の放射エネルギーを電気エネルギーに変換する素子である．そのためには，光吸収で作られる電子正孔対を空間的に分離しなければならない．本項では，**pn 接合**を用いる**シリコン太陽電池**と，電子・正孔受容体を用いる**ペロブスカイト太陽電池**について述べる．最初に，太陽電池の究極効率と pn 接合太陽電池の限界効率について紹介する．

(1) 究極効率と限界効率

ショックレーとクワイサー（Queisser）により，pn 接合太陽電池の限界効率についての考察がなされた [1]．まず，太陽電池の**究極効率**について考える．究極効率は，「エネルギーギャップ $h\nu_g$ 以上のエネルギーをもつフォトンは，$V_g = h\nu_g/e$ の電位差をもつ 1 個の電荷を作り出す」とする仮定に基づき導か

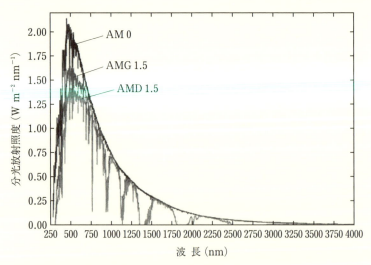

図 7.34　大気圏外（AM 0）と地表（AM 1.5）の太陽光放射スペクトル．AMD 1.5 は直射スペクトル，AMG 1.5 は大気の散乱光を加えたスペクトル（米 National Renewable Energy Laboratory のホームページによる）

れる．バンド端より高いエネルギーをもつ電子と正孔は，それぞれ，バンド端に**エネルギー緩和**をすることによる．太陽を温度 T_S の黒体と見なし，**プランク（Planck）の放射法則**より，単位時間・単位面積当りの入射エネルギー P_S は下記で与えられる．

$$P_S = \frac{2\pi h}{c^2} \int_0^\infty \frac{\nu^3}{\exp(h\nu/k_B T_S) - 1} d\nu \quad (7.106)$$

エネルギーギャップ以上のエネルギーをもつフォトンの単位時間・単位面積当りの入射数 Q_S は次式で与えられる．

$$Q_S = Q(\nu_g, T_S) = \frac{2\pi}{c^2} \int_{\nu_g}^\infty \frac{\nu^2}{\exp(h\nu/k_B T_S) - 1} d\nu \quad (7.107)$$

究極効率 $u(\nu_g)$ は次式で定義される．

$$u(\nu_g) = \frac{h\nu_g Q_S}{P_S} \quad (7.108)$$

$u(\nu_g)$ は，太陽光により作られる電気エネルギーの入射エネルギーに対する割合を表す．$u(\nu_g)$ は ν_g と Q_S に比例するので，図 7.35 に示すように $h\nu_g = 1.1\,\text{eV}$ 付近でピークをもち，ν_g が大きくなると指数関数的に減少する．図は，$T_S = 6000\,\text{K}$ を用いて計算されている．太陽電池には，最適なエネルギーギャップが存在することがわかる．

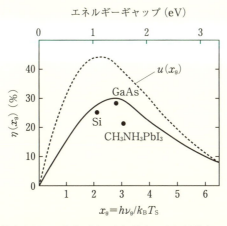

図 7.35　pn 接合を用いた太陽電池の究極効率 u と限界効率 η のエネルギーギャップ依存性．Si, GaAs, $CH_3NH_3PbI_3$ ペロブスカイト太陽電池で得られた最高変換効率も示す

次に，pn 接合太陽電池の**限界効率**について考える．太陽電池は温度 T_c の黒体とし，以下の仮定に基づいて**詳細平衡**極限での pn 接合太陽電池の限界効率を求める．

① 電子と正孔の**再結合**過程は**輻射再結合**のみとする．
② 太陽電池に入射した $h\nu > E_g$ の 1 個のフォトンは，1 個の電子正孔対を作る．

図 7.36 に示すように，表面積 A_p の電池（セル）への太陽光の単位時間当りの入射エネルギーと $h\nu > E_g$ の入射フォトン数は，太陽の立体角を ω_S，セルの法線と太陽のなす角度を θ として，下式で表される．

$$\text{（入射エネルギー）} = A_p P_S \omega_S \cos\theta / \pi$$
$$\text{（入射フォトン数）} = A_p Q_S \omega_S \cos\theta / \pi \quad (7.109)$$

仮定②に基づき，太陽光によりセル内に電子正孔対が作られる速度 F_S は

$$F_S = A_p Q_S \omega_S \cos\theta / \pi \quad (7.110)$$

次にバイアス印加下の電子と正孔の再結合について考える．温度 T_c のセルの $h\nu > E_g$ のエネルギーの黒体放射 F_{c0} はセルの両面で起こるので，$Q_c = Q(\nu_g, T_c)$ を用いて下式で与えられる．

$$F_{c0} = 2A_p Q_c \quad (7.111)$$

pn 接合にバイアス V を印加すると，電子濃度 n と正孔濃度 p の積は真性キャリヤ濃度 n_i を用いて (7.56) 式で近似できる．

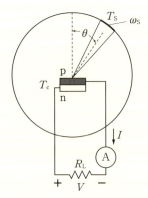

図 7.36 平板型太陽電池の模式図．太陽の立体角を ω_S，入射角を θ とする

$$np = n_\mathrm{i}^2 \exp\left(\frac{qV}{k_\mathrm{B}T_\mathrm{c}}\right)$$

電子正孔再結合速度は np に比例して，$V=0$ で F_c0 に等しくなるので，バイアス V 印加下の電子正孔再結合速度 $F_\mathrm{c}(V)$ は下式で与えられる．

$$F_\mathrm{c}(V) = F_\mathrm{c0}\exp\left(\frac{qV}{k_\mathrm{B}T_\mathrm{c}}\right) \tag{7.112}$$

セル内の電子正孔対は太陽光により速度 F_s で作られ，輻射再結合により速度 $F_\mathrm{c}(V)$ で消失し，外部回路への電流 I により I/q だけ消失するので，詳細平衡の定常状態で下式が成り立つ．

$$F_\mathrm{s} - F_\mathrm{c0} + \{F_\mathrm{c0} - F_\mathrm{c}(V)\} - \frac{I}{q} = 0 \tag{7.113}$$

輻射擾乱がない場合，すなわち $F_\mathrm{s}-F_\mathrm{c0}=0$ での電流電圧特性は，(7.113) 式より下記となる．

$$I = I_0\left\{1 - \exp\left(\frac{qV}{k_\mathrm{B}T_\mathrm{c}}\right)\right\} \tag{7.114}$$

ここで，$I_0 = qF_\mathrm{c0}$ は逆方向飽和電流値を与える．電流方向が通常と逆にとられていることに注意しよう．輻射擾乱がある場合の電流電圧特性は次のように表せる．

$$I = q(F_\mathrm{s} - F_\mathrm{c0}) + I_0\left\{1 - \exp\left(\frac{qV}{k_\mathrm{B}T_\mathrm{c}}\right)\right\} \tag{7.115}$$

(7.115) 式の右辺第1項は $V=0$ のときに流れる**短絡電流** I_sh を与える．**開放電圧** V_oc は $I=0$ の条件で求められ，T_c が0の極限で最大値 E_g/q に近づく．セルの限界効率 u は，外部出力 IV の最大値と (7.109) 式のセルへの太陽光入射エネルギーの比として求められる．限界効率のエネルギーギャップ依存性を図7.36に示す．限界効率は究極効率より小さくなる．開放電圧が E_g/q より小さくなることと，IV の最大値が $I_\mathrm{sh}V_\mathrm{oc}$ より小さくなることによる．

(2) シリコン太陽電池

シリコン太陽電池は浅い **pn 接合**構造をもち，前面にくし形電極，後面に全面電極をもつ．図7.37は，p型 Si 基板上に薄い n型 Si 層が配置された構造を示す．

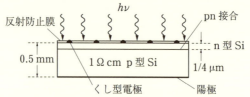

図 7.37 Si の pn 接合太陽電池の模式図

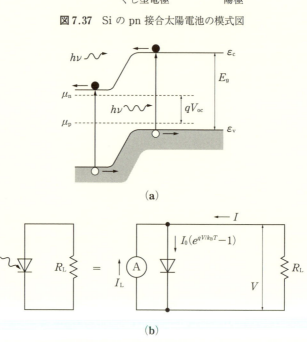

図 7.38 (a) 太陽光照射下の pn 接合太陽電池のエネルギーバンド図と，
(b) 太陽電池の等価回路

　Si は間接ギャップ半導体で可視光領域の光吸収係数が小さいので，光を全部吸収するには 150 μm もの厚い結晶が必要となる．pn 接合の n 側から光照射をおこなったときの模式的なバンド図を図 7.38(a) に示す．バンドギャップ以上のエネルギーをもつ光照射により，電子正孔対が作られる．図 7.38(a) に示すように，空乏層でのポテンシャル勾配により，空乏層端から拡散長程度の範囲に作られた電子，正孔の n 層，p 層への流れ込みが生じる．すなわち，n 層で作られた正孔は p 層に流れ込み，p 層で作られた電子は n 層に流れ込み，**光電流**が生じる．

7.6 光素子

光電流は，光照射下で拡散と再結合を考慮して，少数キャリヤ濃度に対する連続の式を解くことにより求められる．空乏層で作られた電子，正孔は，強電場により直接に n 層，p 層に流れ込む．このため，p 側がプラス，n 側がマイナスに帯電して**開放電圧** V_{oc} が生じる．開放電圧値は，光照射により生じる**光電流** I_L とバイアス V_{oc} による pn 接合順方向電流のつり合いで決まる．

$$I_L = I_0 \left\{ \exp\left(\frac{qV_{oc}}{k_B T} \right) - 1 \right\}$$

I_0 はダイオード飽和電流値を表す．光照射による光電流 I_L は n 層から p 層に向かって流れるので，pn 接合の順方向電流と逆向きであることに注意しよう．太陽電池から電力を取り出すために，負荷抵抗 R_L を接続する．等価回路は図 7.38(b) のようになり，電流 I は下式で与えられる．

$$I = I_0 \left\{ \exp\left(\frac{qV}{k_B T} \right) - 1 \right\} - I_L$$

電流電圧特性を図 7.39 に示す．

太陽電池を短絡させたときの**短絡電流** I_{sh} は $-I_L$ に等しい．負荷抵抗 R_L は，取り出しパワー IV が最大になるように選ぶ．図 7.35 に示すように，Si 太陽電池の**変換効率**は 25 % を超えており，地上電力用に広く用いられている．図 7.35 には，宇宙電力用に用いられる GaAs の pn 接合太陽電池の最大変換効率も示す．どちらも理論限界効率に近い値が得られていることには驚かされる．

これ以上の高い変換効率を目指すには，利用波長領域を広げなければならな

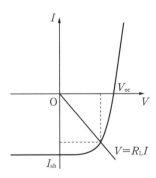

図 7.39 照射下の太陽電池の電流電圧特性

い．このために，バンドギャップの異なる複数個の III-V 族半導体太陽電池をバンドギャップの大きいほうから順に積層して接合した多接合構造（タンデム構造）の太陽電池が開発され，単一接合の理論限界効率を超える変換効率が得られている．

太陽電池の基礎的なことに興味がある読者には，Würfel による教科書「太陽電池の物理」[2] を推奨する．

（3）ペロブスカイト太陽電池

ペロブスカイト太陽電池は，2009 年に宮坂力によりはじめて作られた．安価で簡単な塗布により作られるので，フレキシブルで軽量な太陽電池への応用が期待され，エネルギー変換効率は急速な上昇を続けている．

ペロブスカイト太陽電池は図 7.40 に示すように，ペロブスカイト結晶層を**正孔輸送層**と**電子輸送層**でサンドイッチした 3 層接合構造をもつ．**有機無機ハイブリッドペロブスカイト結晶**は，可視光領域の吸収係数が大きい直接ギャップ半導体で，電子，正孔の有効質量が小さく拡散長が長い．

図 7.41 に，ペロブスカイト太陽電池の模式的なバンド準位図を示す．ペロブスカイト半導体が光を吸収して発生した電子と正孔は，それぞれ，**電子輸送層**と**正孔輸送層**を通って負極と正極に流れる．電子，正孔の有効質量が軽いため室温では励起子とはならず，自由電子，自由正孔として振舞う．$CH_3NH_3PbI_3$ ペロブスカイト結晶は $1.55\,eV$ のエネルギーギャップをもつ．正孔輸送層に Spiro-OMeTAD，電子輸送層に TiO_2 を用いた太陽電池は，

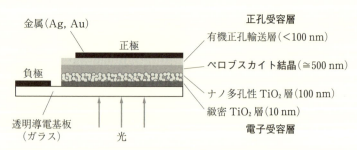

図 7.40 ペロブスカイト太陽電池の模式図（現代化学 2014 年 3 月号（No. 516），宮坂力「ペロブスカイト型太陽電池の登場」による）

7.6 光素子

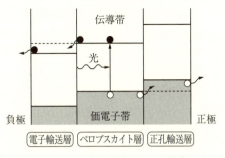

図 7.41 ペロブスカイト太陽電池のバンド準位ダイアグラム

1.16 eV の開放電圧をもち，21.6 % の高いエネルギー変換効率を示す．開放電圧はエネルギーギャップの 70 % 以上になり，ペロブスカイト太陽電池の**電圧損失**が小さいことを意味する．ペロブスカイト半導体と，電子輸送層との伝導帯端，正孔輸送層との価電子帯端のエネルギー段差がもたらす電圧損失が小さいことによる．理想的には，図 7.41 の破線で示すようにエネルギー段差をなくすことができれば，電圧損失を 0 にすることも可能である．電子輸送層は正孔に対して，正孔輸送層は電子に対してエネルギー障壁になっていればよい．ペロブスカイト半導体は電子，正孔の拡散係数が大きいので，エネルギー段差がなくても，拡散によってキャリヤはそれぞれの輸送層に運ばれる．pn 接合を用いた太陽電池では，一般的にエネルギーギャップの 6 割程度が開放電圧として取り出され，残りは熱として失われている．図 7.35 に，$CH_3NH_3PbI_3$ ペロブスカイト太陽電池の変換効率もプロットしてある．pn 接合を用いていないので限界効率を超えることも可能であり，今後のさらなる伸びが期待できる[*4]．

ペロブスカイト太陽電池の課題として，実用に耐えられる耐久性と，人体へ悪影響のある鉛を使わない鉛フリーペロブスカイト太陽電池の開発があげられる．第一原理計算とマテリアルズインフォマティクス手法を駆使して，太陽電池に適した鉛フリーペロブスカイト結晶の大規模な探索がなされ，いくつかの候補物質が提案されている．

[*4] 最近は，変換効率が 25% を超えるものも作製されている．

有機無機ハイブリッドペロブスカイトは反転対称性をもたない有機分子の導入により，6.4.4項で述べられたシフト電流に起因するバルク光起電力をもつことが実際に示され，最近，さらに関心が高まっている．

7.7 熱電変換素子

熱エネルギーと電気エネルギーの間の変換素子について述べる．

7.7.1 熱発電と電子冷凍

半導体は金属や絶縁体に比べて，大きな**熱電効果**をもつ．半導体ではフェルミ準位がエネルギーギャップ内にありキャリヤ統計はボルツマン分布で記述できることと，n型半導体とp型半導体を個別に作製できることによる．金属のキャリヤ統計はフェルミ分布関数で記述されるので，フェルミ準位近傍のキャリヤのみが温度の影響を受けるため熱電効果は小さくなる．また，絶縁体は真性半導体と同様，電子と正孔の寄与が打ち消しあって熱電効果は小さくなる．金属のゼーベック（Seebeck）係数は数 μV/K であるが，半導体では数百 μV/K に達する．

ゼーベック効果は，物質に温度差 ΔT を与えることにより**熱起電力** V_S が発生する効果で，**ゼーベック係数** α で特徴づけられる．

$$V_\mathrm{S} = \alpha \Delta T \tag{7.116}$$

5.9節で示されたように，ボルツマン方程式を解いて，n型半導体，p型半導体のゼーベック係数は下式で与えられる．

$$\begin{aligned}
\alpha_\mathrm{n} &= -\frac{k_\mathrm{B}}{e}\left(r + \frac{5}{2} + \frac{\varepsilon_\mathrm{c} - \mu}{k_\mathrm{B} T}\right) \\
\alpha_\mathrm{p} &= \frac{k_\mathrm{B}}{e}\left(r + \frac{5}{2} + \frac{\mu - \varepsilon_\mathrm{v}}{k_\mathrm{B} T}\right)
\end{aligned} \tag{7.117}$$

$k_\mathrm{B}/e = 8.61 \times 10^{-5}$ V/K となる．ここで，r はキャリヤ散乱時間 τ のエネルギー E 依存性を特徴づけるパラメータである．

$$\tau \propto E^r$$

音響フォノン散乱が優勢の場合は，$r = -1/2$ となる．ゼーベック係数は，n

型半導体は負，p型半導体は正の符号をもつ．

他方，導体に電流 I を流すと電流に比例する熱流 Q が発生する．これを**ペルティエ (Peltier) 効果**と呼び，比例係数を**ペルティエ係数**と呼ぶ．

$$Q = \Pi I \tag{7.118}$$

同一温度の2つの導体の接合面を通って電流 I が流れているとする．導体1での熱流は $Q_1 = \Pi_1 I$，導体2での熱流は $Q_2 = \Pi_2 I$ である．熱流の保存則より，接合面で電流 I に比例して単位時間当り Q の熱の放出または吸収が起こる．

$$Q = Q_1 - Q_2 = (\Pi_1 - \Pi_2)I \tag{7.119}$$

接合のペルティエ係数は，2つの導体のペルティエ係数の差で与えられる．ペルティエ係数 Π は，5.9節で述べられたように**ケルビン (Kelvin) の関係式**でゼーベック係数と関係づけられる．

$$\Pi = \alpha T \tag{7.120}$$

ゼーベック効果を用いれば**熱発電**をすることができ，ペルティエ効果を用いれば**電子冷凍**をすることができる．

図7.42(a)は**熱発電**の発電原理を示す．低温電極と高温電極の間にn型半導体とp型半導体を直列接続した素子構造をもち，低温電極間の負荷抵抗に電流を流して電力を得る．n型半導体とp型半導体を直列接続することで，双方の熱起電力の和が得られる．熱発電で10%を超えるエネルギー変換効率が得られている．

図7.42(b)は**電子冷凍**の素子構造を示す．直列接続したn型半導体とp型半導体に電流を流し，上部金属面の冷却をおこなう．n型半導体とp型半導体

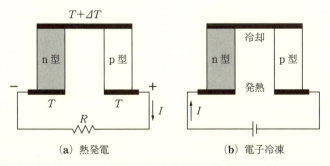

図7.42 (a) ゼーベック効果を用いた熱発電の模式図と，(b) ペルティエ効果を用いた電子冷凍の模式図

を直列接続することで,上部接合面で吸熱和が得られる.n 型半導体から金属へ電流が流れるときの接合のペルティエ係数は,n 型半導体と金属のペルティエ係数の差で与えられ,金属のペルティエ係数が小さいことを考慮すると n 型半導体のペルティエ係数となり,接合面で吸熱する.金属から p 型半導体に電流が流れるときは,p 型半導体のペルティエ係数に負号を付けたものになり接合面で吸熱が起こる.発熱部に放熱器を取り付ければ,上面を効率良く冷却することができる.この方式により,マイナス数十 °C まで冷却可能となる.

7.7.2 熱発電の変換効率

熱発電の変換効率はどのように決まるのだろうか [3].図 7.42(a) の構造で考える.熱起電力を与えるゼーベック係数 α は,両方の半導体分枝の寄与から下式となる.

$$\alpha = \alpha_p - \alpha_n \tag{7.121}$$

各分枝の内部抵抗を r_p, r_n,熱伝導度を K_p, K_n,断面積を S_p, S_n で表す.分枝の長さを L とすると,両方の分枝の内部抵抗 r と熱伝導度 K は下式となる.

$$\begin{aligned} r &= r_p + r_n = \left(\frac{\rho_p}{S_p} + \frac{\rho_n}{S_n}\right)L \\ K &= K_p + K_n = \frac{\kappa_p S_p + \kappa_n S_n}{L} \end{aligned} \tag{7.122}$$

ここで,ρ_p, ρ_n は各分枝の抵抗率,κ_p, κ_n は各分枝の熱伝導率を表す.簡単のためゼーベック係数の温度依存性を無視し,ペルティエ熱,熱伝導で熱接点から冷接点に流れる熱流,回路を流れる電流 I により発生するジュール (Joule) 熱のみ考慮する.熱接点で熱源から吸収される熱量 Q は,ペルティエ熱 Q_P と熱伝導で運ばれる熱流 Q_m の和から熱源に送り返されるジュール熱の半分を差し引いたものになる.

$$\begin{aligned} Q &= Q_P + Q_m - \frac{1}{2}I^2 r \\ Q_P &= \alpha I(T + \Delta T) \\ Q_m &= K \Delta T \end{aligned} \tag{7.123}$$

熱発電で取り出せる有効電力 W は負荷抵抗を R として $W = I^2 R$ で,電流 I

7.7 熱電変換素子

は下記で与えられる．

$$I = \frac{\alpha \Delta T}{R + r} \tag{7.124}$$

有効電力 W は α^2/ρ に比例し，この量を**電力因子**（power factor）と呼ぶ．

熱発電の効率 η は，$\eta = W/Q$ で与えられ，$R = mr$ とおくと次式となる．

$$\eta = \frac{\Delta T}{T + \Delta T} \frac{\dfrac{m}{m+1}}{1 + \dfrac{Kr}{\alpha^2} \dfrac{m+1}{T + \Delta T} - \dfrac{1}{2} \dfrac{\Delta T}{T + \Delta T} \dfrac{1}{m+1}} \tag{7.125}$$

次に，η を最大にすることを考える．まず，η の分母の Kr が最小になるように，分枝の断面積比を決める．(7.122) 式より

$$\frac{S_\mathrm{p}}{S_\mathrm{n}} = \sqrt{\frac{\rho_\mathrm{p}}{\kappa_\mathrm{p}} \frac{\kappa_\mathrm{n}}{\rho_\mathrm{n}}} \tag{7.126}$$

このような断面積比を用いると，Kr は以下のように書ける．

$$Kr = (\sqrt{\kappa_\mathrm{p} \rho_\mathrm{p}} + \sqrt{\kappa_\mathrm{n} \rho_\mathrm{n}})^2 \tag{7.127}$$

(7.125) 式中の材料特性のみに依存する量を，z として定義する．

$$z = \frac{\alpha^2}{Kr} = \frac{(\alpha_\mathrm{p} - \alpha_\mathrm{n})^2}{(\sqrt{\kappa_\mathrm{p} \rho_\mathrm{p}} + \sqrt{\kappa_\mathrm{n} \rho_\mathrm{n}})^2} \tag{7.128}$$

η を最大にする外部抵抗 $R = mr$ を決める条件 $\partial \eta / \partial m = 0$ より

$$m = \sqrt{1 + \frac{1}{2} z (2T + \Delta T)} \tag{7.129}$$

この m を用いると，最大効率 η は次式で与えられる．

$$\eta = \frac{\Delta T}{T + \Delta T} \frac{m - 1}{m + \dfrac{T}{T + \Delta T}} \tag{7.130}$$

η の第1因子は可逆機関，すなわちカルノー（Carnot）サイクルの効率を与える．第2因子は1より小さく，z 値と熱接点の温度が高くなるほど1に近づく．熱接点の温度が上がると可逆機関の熱効率も上がる．z の値は，ゼーベック係数と抵抗率と熱伝導度で特徴づけられる．

　熱電材料としては，ゼーベック係数 α が大きいこと以外に，熱伝導を抑えるために熱伝導率 κ が小さいこと，ジュール熱の発生を抑えるために抵抗率 ρ

が小さいことが必要となる．そのため，**性能指数** Z を下記で定義する．

$$Z = \frac{\alpha^2}{\kappa\rho} \tag{7.131}$$

Z は温度の逆数の次元をもち，Z の値が大きいほど**熱電材料**に適している．代表的な熱電物質として，200 °C 以下の温度領域では Bi_2Te_3 や Bi_2Sb_3，500 °C 以上の温度領域では PbTe が使われている．

現在，人類が作り出すエネルギーの約 3 分の 2 が排熱として捨てられている．地球温暖化解消のために，鉛やテルルなどの毒性金属元素を用いず環境に優しい安価な熱電材料が求められ，広範な物質探索がなされている．興味ある読者に，寺崎一郎著「熱電材料の物質科学」を推奨する [4]．

7.8 集積回路

7.8.1 情報革命と集積回路

1947 年末に原理的なトランジスタが作られたのに続き，実用的なバイポーラ・トランジスタ（ショックレーにより開発された接合トランジスタ）が作製されるようになった．それは以前の真空管と類似の増幅機能をもつ半導体デバイスであったが，まとまった作業をおこなう回路システムを構成するには多数のこれらの半導体デバイスを回路基板にはんだづけする必要があった．従来の回路システムは，例えば 1946 年にはじめて実用化された汎用の計算機 ENIAC（Electronic Numerical Integrator And Calculator）を見ると，1 秒当り 10 桁の数値の加減算を 5000 回可能であったが，17000 本の真空管を使用したためはんだづけ個所は 500 万個所を超えた．全体は倉庫 1 棟分の大きさをもち 150 kW の消費電力を必要とし，しかも 2 日に 1 回は真空管が壊れて，その修復には約 15 分間が必要であった．半導体デバイスが従来の真空管に代わって新時代を牽引していくには，デバイスの著しい小型化，省電力化，故障を起こさない高信頼性化，そして多数のデバイスを同時に作製・配線できる一括製造技術などが必要だったといえる．これらはいずれも**集積回路**（**IC**, Integrated Circuit）と呼ばれる新しい技術により達成される．

最初に発明された点接触トランジスタは特性のバラツキが大きく，実用には

7.8 集積回路

適さないものだった.ショックレーは pn 接合を用いてそれを改良し,7.3 節で議論した接合トランジスタ(バイポーラ・トランジスタ)に作り上げた.特性は安定したが,それはゲルマニウムを用いて作られた素子の 1 個 1 個に端子を付けた個別の半導体素子だった.ショックレーは MOS 型の電界効果トランジスタをも検討していた.しかし MOS 界面のいわゆる「界面準位」が制御できず,動作するものが作れず試作を果たせなかった.MOSFET はゲルマニウムではなくシリコンを用いて試作され,1960 年になってベル研究所のグループにより国際会議に発表された.彼らはシリコンとそれを熱酸化して作られる SiO_2 との界面には界面準位が少ないという事実を見出して,それを用いた結果だった.一方その直前の 1959 年には,米フェアチャイルド社の技術者が**プラーナ技術**と呼ばれる方法の特許を取得していた.これは**フォトリソグラフィ**を用いて 2 次元の半導体表面に任意のパターンを形成する方法で,表面に感光樹脂を塗布しその上にそのパターンを描いた写真乾板を乗せて露光し,感光液に浸してパターン外の樹脂を除去し表面にパターンを転写する.これをもとにパターンの形状の不純物拡散層や絶縁層,金属配線層などを形成できる.これを何度もくり返して,半導体表面に素子を作り付けていくことができる.さらに 1958 年から 1959 年にかけて米フェアチャイルド社および米テキサスインスツルメンツ社の技術者が独立に検討を進め,1961 年くらいにかけて特許も取られて**集積回路技術**が作りあげられた.それはシリコン表面に多数の素子,トランジスタやダイオード,抵抗器,コンデンサなどをシリコンと絶縁膜とだけを用いてプラーナ技術により同時並行的に作り込み,それらの間を結ぶ膨大な配線接続もプラーナ技術により一括して作り付けてしまう技術だった.素子のサイズの縮小も,フォトリソグラフィにより可能だった.

20 世紀の半ば以降コンピュータ関連の技術が大きく進歩した.データは誤差の蓄積を避けられる 2 進のデジタル情報に変えられ,情報の通信理論が作られた.コンピュータはいわゆる万能チューリング(Turing)・マシンに位置付けられ,計算プログラムを内蔵したプログラム計算機が作られた.**コンピュータ**のハードウェアは**中央演算装置**(**CPU**, Central Processor Unit)と,データやプログラムを記憶する**メモリー装置**とからなっていた.様々な計算や情報処理への対処は,プログラム(ソフトウェア)を代えることだけで対応できる.

そしてそのハードウェアはシリコンの集積回路を用いて構成された．1970年頃には，シリコンの小片（チップ）上に 10 μm 程度の MOSFET を約 3000 個集積した 1 K ビットのダイナミック型のメモリー装置が，また約 2300 個集積した 4 ビットの CPU（マイクロプロセッサと呼ばれる）が，ともに米インテル社により提供されるに至った．チップ上に 1000 個以上の素子を集積した IC は**大規模集積回路**（**LSI**, Large Scale Integration）と呼ばれるようになった．集積回路は，バイポーラ・トランジスタを集積することも可能である．しかし，バイポーラ・トランジスタは MOSFET に比べて構造が複雑であり，集積化した場合も工程数や素子当りの面積を多く必要とする．それは集積回路を製品化した場合に製造コストの面で MOS 型のデバイスに比べて大きく不利となることを意味し，実際にバイポーラ素子の高速性を考慮しても多くの場合敗退せざるを得なかった．その後にわたり，マイクロプロセッサは 8 ビット，16 ビットと次々と機能が増大していき，メモリーも 4 K ビット，16 K ビット，64 K ビットと容量が増大していった．それは，ハード技術としてはトランジスタなどの素子の微細化によるチップ当りの**高集積化**（トランジスタ数の増大）の進行に基づいていた．この高集積化の流れに関しては，1965 年に米インテル社の創始者であるムーア（Moore）が示した「**ムーアの法則**」は，その後の半導体素子の開発にも大きな影響を与えたものとして知られている．それは，今後にわたり LSI のチップ上の素子数は年月の経過に対して指数関数的に増加するだろうと予想している．図 7.43 は，インテル社のマイクロプロセッサのチップ上のトランジスタの数を，西暦年数の関数としてプロットとしたものである．実際に指数関数的に増加してきたことがわかる．

　実際の産業発展の中で，汎用のハードウェアをソフトウェアで制御する方式のもつ高機能性は多面的な応用から歓迎され，多種類の産業機械の制御，エアコンから電気釜など各種家電製品の制御，自動車や航空機の制御や高性能化など，多くの産業側面へと急速に浸透していった．顕在的には見えないがあらゆる産業に不可欠であるとの認識から，シリコン・チップは「産業の米」と呼ばれるに至った．半導体デバイスに基礎を置く情報技術は，従来なかった新しい世界をも拓いた．個々人が手元で用いるパーソナル・コンピュータ，いつどこでも皆と通話できるセルラー・フォン（いわゆるスマート・フォン），そして

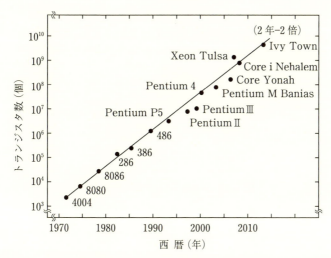

図7.43 インテル社の CPU のチップ上のトランジスタ数. ムーアの法則に従っているのがわかる（名取研二著：「ナノスケール・トランジスタの物理」（朝倉書店, 2018）による）

いつでも世界中と情報的につながっているインターネットの世界などである. 20世紀後半から現代へと続くこの大きな潮流は, **情報革命**の進展そのものであるととらえることができる.

7.8.2 集積回路の構造と作製

ひと口に集積回路といっても, メモリーやプロセッサ, イメージセンサーなどその種類により構造は大きく異なっており, したがってその作製方法も多様である. 本項では, まずその共通な構造の特徴について模式的に示したいと思う. **集積回路**は 99.999999999 %（イレブンナイン）という高純度の, ウェハーと呼ばれるごく薄いシリコンの単結晶の円盤の上に作られる. 半導体技術の改良により, ウェハーの直径は 30 cm に達している. 回路はシリコンの表面に, 数多くの工程を経た結果として不純物拡散層やゲート電極層, 配線金属層などの多層の層状構造に作製される. MOS 集積回路のウェハー断面の構造の一部分は, 1つのイメージとして図7.44 のようになる.

図の左側部分は p 型のシリコン基板に設けられた n 型の MOSFET で図

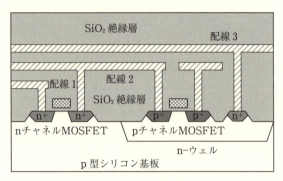

図7.44 MOSLSI の断面構造の一例

7.19(a) と類似の構造である．一方，右側部分は，p 型基板に n 型不純物を拡散させて n-ウェル領域を作りその中に p 型の MOSFET が作られている．両方の MOSFET の間は pn 接合により絶縁されている．素子を結ぶ金属配線層はこの図では 3 層が想定されている．MOSFET のゲート電極への配線は，この断面内には示されておらず，ずれた断面にあるとしている．MOSFET のソース，ドレイン領域へ配線する接触部（コンタクト），および n-ウェル領域へ配線するウェル・コンタクトも描かれている．配線間のすべての間隙には SiO_2 が充填されて相互間を絶縁している．

これらの層構造は，**プレーナ技術**によりフォトリソグラフィを各層ごとにおこなって構築される．**フォトリソグラフィ**の方法を簡単に紹介しよう．シリコン上に不純物イオンを高濃度に拡散した領域を作製する場合を想定する．まずシリコン基板を洗浄してチリや汚れを落とし，酸素を含んだ雰囲気中で高温に熱して表面を酸化して厚い SiO_2 膜を付ける．次いでフォトリソグラフィ用のフォトレジストを塗布して図7.45(a) の構造を作る．フォトレジストは感光材料で，紫外光が当たると，その後の現像の際に感光した部分が現像液に融解して，紫外光が当たらなかった部分だけが残るポジ型のレジストと，逆に感光した部分が残って，紫外光が当たらなかった部分だけが融解してなくなるネガ型レジストとがある．ここではポジ型レジストを想定してある．レジスト塗布の後のプリベーク工程でレジストの溶剤を蒸発させ密着性を高める．

次いで (b) の露光工程に際しては，あらかじめフォトマスクを用意しておき，

7.8 集積回路

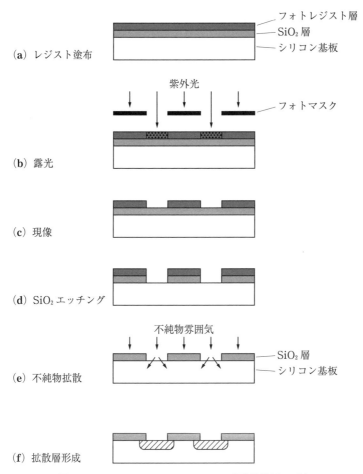

図7.45 フォトリソグラフィによる不純物拡散層の形成

これを上部に設定する．フォトマスクは写真の乾板やフィルムに当たるもので，紫外光を照射したいパターンの部分は透明になっており，さえぎりたい部分は黒く遮光できるようになっている．フォトマスクの作製は，写真乾板上に電子ビームを用いて，デジタルな図形情報をコンピュータ制御により描画する．微細な素子では，デジタルな図形情報の微細化が必要となる．フォトマスクの上から紫外光を照射してフォトレジストを感光させる．そのあと(c)の工程で現像薬を作用させて，フォトレジストの感光部分を溶かし去る．さらにポストベ

ークにより,残ったレジストをSiO₂膜によく密着させ,また耐腐食性を向上させる.工程(d)ではSiO₂膜に作用する薬剤を導入して露出しているSiO₂膜部分をエッチング除去する.レジスト膜で保護されている部分はそのまま残る.そして,不純物拡散をおこなうためにPなどのn型不純物を高濃度に含む雰囲気中に置き高温で処理する.露出されたシリコン表面からは不純物原子が侵入し,SiO₂膜で覆われた部分では侵入がブロックされる.表面下への不純物の導入後,高温で焼成するドライブイン工程により不純物原子がシリコン中を拡散して(f)のような拡散層領域が完成する.この他に,例えば金属配線のパターンではSiO₂膜の代わりに金属薄膜を用いると(a)〜(d)の工程により配線のパターンの作製が可能であることがわかる.

LSI上で,異なるパターンをもつ層ごとに1回のフォトリソグラフィが必要であり,1回のフォトリソグラフィには上記のような複雑な工程が必要である.LSI全体の作製には,非常に多数回の複雑な工程を必要とすることがわかる.しかも,素子の微細化につれて,チリや意図しない不純物などの工程への混入がますます回路の致命的な欠陥を引き起こしかねない.清浄でよく管理された製造環境が必要とされることがわかる.他方,非常に多数の素子が同時並行的に作製されていくのもわかる.このような工程の積み重ねのプラーナ技術はまさにLSIの製造に最適の技術であるといえる.

7.8.3 今後の展望

これまでシリコン素子は,その微細化によりLSIの高集積化を実現し,より大規模で複雑なデジタル回路を提供することにより情報革命の推進をサポートしてきた.しかし,微細化はどこまでも続けられるものではなく,微細化には限界がある.微細化による素子特性の変化や様々な問題が現れる.MOSFETのチャネル長が短くなると,**短チャネル効果**が現れてゲート電極によるドレイン電流の制御が難しくなる.短チャネル効果に関しては,8.8節で説明される.微細化による他の問題として,障壁構造のトンネル・リーク,MOS有効酸化膜厚の最小限界,スイッチング時間の最小限界,熱雑音と誤動作などがある.チャネル長がキャリヤの平均自由行程に近づくと,移動度を用いたドレイン電流の記述が成り立たなくなる.これらのことに興味ある読者は,

7.8 集積回路

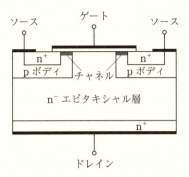

図 7.46　DMOS 構造の模式図

拙著「ナノスケール・トランジスタの物理」[5] を参照されたい．素子性能をさらに上げるために，斬新な発想に基づく新たな素子の創出が望まれる．

最後に，**パワーエレクトロニクス**を支える半導体に言及する[*5]．現在までは，主に Si のバイポーラ・デバイスや DMOS (Double-diffused MOSFET) が用いられてきた．DMOS は図 7.46 に示す構造の素子で，低いオン抵抗と高速スイッチング特性をもち，十数 V 〜 500 V 程度の耐圧領域で用いられる．ソース・ゲート間バイアスで MOS チャネルの開閉を制御する．ソース・ドレイン間の高耐圧化には，n^- エピタキシャル層と p ボディ間の pn 接合の**降伏電圧** (breakdown voltage) を上げて**絶縁破壊**を防がねばならない．そのためには，n^- エピタキシャル層の層厚を厚くしてドナー濃度を下げて空乏層領域を広げる必要がある．これは，ソース・ドレイン間導通状態のオン抵抗を上げてしまう．pn 接合の降伏電圧は，7.5.1 項で触れたなだれ降伏で生じる．なだれ降伏は衝突イオン化により引き起こされるので，バンドギャップが増大すると，絶縁破壊電圧は増大する．高耐圧で小型の素子の実現のため，SiC や GaN などの**ワイドギャップ半導体**を用いた DMOS の実用化が進められている．SiC，GaN は，バンドギャップが Si の 3 倍近く大きいので絶縁破壊電圧が 10 倍ほど増大し，素子を薄くしてオン抵抗を軽減でき，高電圧・大電流のパワーデバイスに適している．SiC は熱伝導度も Si の 3 倍ほど大きく放熱効果が高いので，システムの小型化に有利となる．

[*5] 大橋弘通，葛原正明編著：「パワーデバイス」（丸善，2011）．

本章を締めくくるにあたり，半導体デバイスの教科書に触れる．電子・情報工学講座8の小長井誠著「半導体物性」[6]，半導体工学シリーズ2の御子柴宣夫著「半導体の物理（改訂版）」[7]，K. Seeger の *Semiconductor Physics* [8] は，半導体デバイスについても説明されている．Y. Tauer and T. H. Ning の *Fundamentals of Modern VLSI Devices, 2nd ed.* [9] は MOSFET，CMOS，バイポーラ・トランジスタの基礎がしっかりと解説されている．S. M. Sze の *Semiconductor Devices* [10]，*Physics of Semiconductor Devices, 2nd ed.* [11] も推奨される．前者は半導体デバイスの物理と技術の教科書として，後者は半導体デバイス技術者，研究者の参考書として，豊富なデータと参考文献が有用である．古い教科書ではあるが，A. S. Grove の *Physics and Technology of Semiconductor Devices* [12] も，シリコン系デバイスに限られるが，簡潔，明快で演習問題が豊富で推奨される．

参考文献

[1] W. Shockley and H. J. Queisser : J. App. Phys. 32 (1961) 510.
[2] P. Würfel 著，宇佐美徳隆，石原照也，中嶋一雄監訳：「太陽電池の物理」（丸善出版，2010）．
[3] A. F. Ioffe 著，坂田民雄訳編：「サーモエレメント」（日刊工業新聞社，1962）．
[4] 寺崎一郎著：「熱電材料の物質科学 ― 熱力学・物性物理学・ナノ科学 ―」（内田老鶴圃，2017）．
[5] 名取研二著：「ナノスケール・トランジスタの物理」（朝倉書店，2018）．
[6] 小長井誠著：「半導体物性」（培風館，1992）．
[7] 御子柴宣男著：「半導体の物理（改訂版）」（培風館，1991）．
[8] K. Seeger : *Semiconductor Physics ; An Introduction* (Springer-Verlag, 1989).
[9] Y. Taur and T. H. Ning : *Fundamentals of Modern VLSI Devices, 2nd ed.* (Cambridge Univ. Press, 2009).
[10] S. M. Sze : *Semiconductor Devices ; Physics and Technology* (John Wiley & Sons, 1985).
[11] S. M. Sze : *Physics of Semiconductor Devices, 2nd ed.* (John Wiley & Sons, 1981).
[12] A. S. Grove : *Physics and Technology of Semiconductor Devices* (John Wiley & Sons, 1967).

第 8 章

2次元電子と2次元物質

齋藤理一郎

2つの物質の界面近傍だけに存在し，界面に平行に運動する電子を2次元電子と呼ぶ．2次元電子を用いて MOSFET そして CMOS と呼ばれる半導体素子が作られた．2次元電子は集積回路の飛躍的な発展に貢献しただけでなく，量子ホール効果など半導体物理の基礎的な知見を与えた．21世紀になると，1原子層だけの物質である2次元物質が発見された．本章では第7章の MOS 構造の原理を復習し，2次元電子デバイスと物理がどのように並行して進歩したかを説明する．

8.1 反転層における2次元電子

2つの物質が接する面のことを**界面**と呼ぶ．図 8.1(a) のように絶縁体 (i) と金属 (m) が，それぞれ $z<0$, $z>0$ の空間に存在し，界面が xy 平面上 ($z=0$) にある状況を考える．界面に垂直に z 軸正の方向に電場 E をかけると，負の電荷 $-e$ をもった電子（黒丸）は $-Ez$ のポテンシャルを感じるので，金属中の自由電子は界面付近に集まる．次に図 8.1(b) のように $z>0$ の領域を n 型半導体にする．n 型半導体の自由電子も同様に界面付近に集まる．これを**蓄積層**と呼ぶ．蓄積層は，金属中の自由電子が集まる図 8.1(a) の状況と同じである．しかし電子が集まる領域の z 方向の長さ（遮蔽長）は，金属に比べて n 型半導体のほうが長い．遮蔽長は自由電子の密度が小さいほうが長いからである．また図 8.1(a), (b) のどちらの場合でも，自由電子が物質全

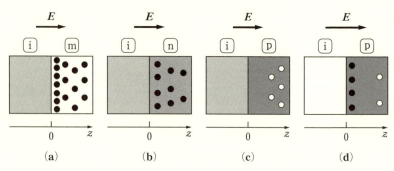

図 8.1 (a) 絶縁体（i）と金属（m）の界面（$z=0$）に垂直に電場 E をかけると電子（黒丸）が集まる．(b) n 型半導体（n）の場合にも電子が集まる（蓄積層）．(c) p 型半導体（p）の場合には，正孔（白丸）が遠ざかり空乏層（マイナスの電荷をもつ）ができる．(d) p 型半導体で電場 E を強くすると，界面に孤立した 2 次元電子ができる（反転層）

体に存在することに注意したい．

図 8.1(c) に半導体として正孔（白丸）をキャリヤにもった p 型半導体の場合を示した．電場によって正孔は界面から遠ざかり，界面からの一定距離の領域には，キャリヤが存在しない**空乏層**が発生する．空乏層中は，動けない p 型の不純物イオンがあるため，負の一様な電荷密度 $-N_{\mathrm{p}}$ をもち，この一様な負電荷によって電場は遮蔽される．実際に，電位 $V(z)$ を満たすポアソン (Poisson) 方程式を境界条件 $V(0) = V_0$，$-V'(0) = E$ で解くと

$$-\frac{d^2 V(z)}{dz^2} = -\frac{N_{\mathrm{p}}}{\varepsilon} \quad \longrightarrow \quad V(z) = V_0 - Ez + \frac{N_{\mathrm{p}}}{2\varepsilon} z^2 \quad (8.1)$$

を得る．ここで ε は，半導体の誘電率である．空乏層の厚さ d は，$V'(d) = 0$ より $d = \varepsilon E / N_{\mathrm{p}}$ であり，E に比例する．

さらに p 型半導体に図 8.1(c) より強い電場をかけると，図 8.1(d) のように界面付近に電子が蓄積する．これを**反転層**と呼ぶ．図 8.2 に反転層が現れる理由を，エネルギーバンド図で示した．p 型半導体の伝導帯のエネルギーバンドは，電場が作るポテンシャル $-eV(z)$ によって大きく曲がり，界面付近では化学ポテンシャル μ より小さくなる[*1]．その結果，エネルギーが低くなった界面付近の伝導帯に電子が占有することで，反転層が形成される．反転層に集まった電子は，xy 平面上に存在し z 方向の電場の影響を受けずに xy 方向に

8.1 反転層における2次元電子

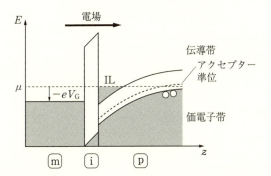

図 8.2 反転層の生成．金属電極（m）に電圧 V_G をかけて，絶縁体（i）と p 型半導体（p）に，界面に垂直な強い電場を発生させると，半導体の伝導帯が界面付近で大きく曲がり化学ポテンシャル μ より小さくなると，電子が占有し，反転層（IL）ができる．白丸は正孔

運動する[*2]ので，**2次元電子**と呼ばれる[*3]．

2次元電子は半導体，特に集積回路において革新的な概念をもたらした．それが電界効果トランジスタ（FET[*4]）である．FET 以前のトランジスタは，pnp または npn 接合型バイポーラトランジスタであった（7.3.3 項参照）．pnp 型のトランジスタは，信号増幅などに広く利用されていたが，① 高周波数に追従できない，② 発熱が大きい，などの問題点があった．これに対し，FET では ① ゲート電圧によって2次元電子を生成，② ドレイン電圧によっ

[*1] 化学ポテンシャルは，エネルギーバンドで低いエネルギーから順に電子を占有したときの上端のエネルギーである．容器に入れた水面の高さを想像するのがわかりやすい．電子の化学ポテンシャル μ は，フェルミ（Fermi）分布関数 $f(E)$（第4章の補遺2参照）

$$f(E) = \frac{1}{1 + \exp\{(E - \mu)/k_B T\}} \tag{8.2}$$

の値が 1/2 になるエネルギーと定義できる．ここで，k_B はボルツマン（Boltzmann）定数．T は絶対温度である．(8.2) 式に $E = \mu$ を代入すれば，$f(\mu) = 1/2$ を得る．$f(E)$ は，E の状態に電子が存在する確率を表す．有限温度では，エネルギーの高い状態にも電子が占有するので，μ が温度とともに増加する．真性半導体ではエネルギーギャップ中央付近にある（5.5.2 項参照）．

[*2] 界面を幾何学的な平面と理解する場合には，界面は xy 方向の運動に影響を与えない．実際の界面（表面）は，原子が並んだ構造があり運動に影響する．

[*3] 一般に2次元電子を対象とする物理を**2次元電子系**と呼ぶ．また2次元自由電子を**2次元電子ガス**とも呼ぶ．本章では2次元電子という言葉を用いる．

[*4] Field Effect Transistor の略．FET の動作原理はトランジスタの発明前の 1925 年と 1934 年に特許の申請がある．FET が先に実現しなかった理由は界面準位の存在である．

て電流が流れる．このとき界面をまたぐように電流が流れないので消費電力が少なく，動作速度が速い．今日の集積回路（CPU やメモリー）では，次に述べる MOSFET と呼ばれる素子が用いられている．

8.2　MOSFET の動作原理

2次元電子としての MOSFET の構造と動作原理を説明する（デバイスとしての議論は 7.3.5 項を参照）．MOSFET の動作原理には，ドレイン電圧特性とゲート電圧特性がある．スイッチング素子としてはゲート電圧特性が重要であるが，素子の動作にはドレイン特性の理解が必要である．

8.2.1　MOSFET の構造

Si 半導体のウェハー[*5]の表面は，SiO_2 の酸化膜で覆われている．酸化膜上に Al などの金属を蒸着すると，金属-酸化物-半導体からなる2つの界面でできた構造ができる．これを **MOS 構造** と呼ぶ（図 8.3(a)）[*6]．ここで MOS とは金属（Metal ＝ ゲート電極）酸化膜（Oxide ＝ 絶縁体）半導体（Semiconductor）の略である．8.1 節で説明したように，ゲート電極と半導体の間に電圧（ゲート電圧 V_G）をかけると反転層が形成され（図 8.3(c)），MOS 構造による FET である **MOSFET** ができる[*7]．

図 8.3 の MOSFET 構造を作る手順を，**半導体プロセス** と呼ぶ．半導体プロセスでは，①酸化膜を除去する，②p 型領域の一部に n 型不純物をイオン打込みして n^+ 領域を作る[*8]，③真空蒸着でソースおよびドレイン電極を作製する，という一連の作業を手順どおりにおこなって作る[*9]．

[*5] 円柱形の Si を輪切りにした円盤状の半導体材料，集積回路などに用いられる．Si ウェハーは，継ぎ目のない（モノリシックな）単結晶である．2020 年には，世界で 120 億ドルの売上げがある．
[*6] 7.3.4 項に MOS 構造の詳細な議論があるので，ここでは2次元電子を作る点に絞って議論する．
[*7] 1959 年ベル研究所のアタラ（Atalla）とカーン（Kahng）が MOSFET を作った．
[*8] n^+ とは，もともと p 型半導体のところに n 型不純物を多くドープすることで，n 型半導体にした領域を指す．

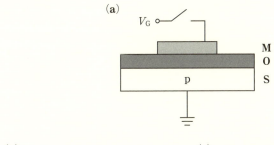

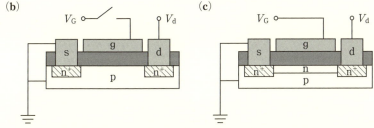

図 8.3 (a) MOS 構造．MOS とは金属（Metal ＝ ゲート電極）酸化膜（Oxide ＝ 絶縁体）半導体（Semiconductor）の略．(b) MOSFET 構造，ゲート電圧 V_G をかけないとき．(c) V_G をかけると，反転層（n）による n 型チャネルができ，ドレイン電圧 V_d によってチャネル電流が流れる

8.2.2 オン状態とオフ状態，遮断領域と線形領域

図 8.3(b) のように $V_G = 0$ のときは反転層がなく，このときソース・ドレインの間は，npn 構造になる．ドレイン電圧 $V_d > 0$ をかけても，npn の右側の pn 接合が逆バイアスになるので，電流が流れない[*10]．MOSFET でドレイン電流が流れない状態をオフ（絶縁）状態もしくは**遮断領域**と呼ぶ[*11]．

[*9] 特定の場所だけに，酸化膜を除去し，イオンを打ち込み，電極を蒸着するために，④マスクと呼ばれる微細構造のカバーを着ける技術（またマスクを除去する技術）も必要である．④ の技術は，光によって露光してマスクを作る**フォトレジスト技術**と呼ばれる技術が使われる．2021 年には，EUV（極端紫外光）を用いた露光によって台湾の TSMC 社による 5 nm の微細加工が実現した．EUV 装置はオランダの ASML 社が独占（2020年の売上げは 1 兆 8000 億円）している．2024 年では，2 nm の微細加工が得られている．

[*10] 図 8.3(b) のように，ソース電極を接地するので，ソース電極の電位が 0 である．ドレイン電圧 $V_d > 0$ は，ソース・ドレイン間の電圧になる．pn 接合では，p から n の方向だけ電流が流れる（順バイアス，7.3.2 項参照）．npn 構造では，ソース・ドレイン間に電圧をどちらの方向にかけても，npn の 2 つの接合のうち 1 つは逆バイアスになり，電流が流れない．

これに対し図 8.3(c) のようにゲート電圧 V_G をかけて，p 型半導体の領域で反転層が形成されはじめるゲート電圧を**閾値電圧** V_T （しきいち，スレッショルド電圧）と呼ぶ．また，$V_G - V_T$ を**実効的なゲート電圧** V_G' と呼ぶ．$V_G' > 0$ で反転層（n 型）が形成されると，両側の n^+ 型半導体領域が反転層を通してつながる．つながった領域を **n 型チャネル**と呼ぶ[*12]．n 型チャネルができた状態でドレイン電圧 V_d をかけると，ドレイン電流 I_d が流れる．電流が流れる状態を**オン（導通）状態**と呼ぶ．

もし V_d の大きさが，V_G' に比べ小さい場合には，n 型チャネルの電子数（電気抵抗）は，ソースからの距離の関数として大きく変化しないので，ドレイン電流 I_d は V_d に比例して大きくなる．この V_d の領域を**線形領域**（L）と呼ぶ（図 8.4(a), (d)）．また $V_d/I_d = R_{on}$ を**オン抵抗**と呼ぶ．ドレイン電圧 V_d が小さい線形領域では，チャネルでの電圧降下が小さく消費電力も少なくて済むので，CMOS（8.3 節を参照）のスイッチング回路として使われる[*13]．

8.2.3 ドレイン電圧特性，ピンチオフ，飽和領域

図 8.3(c) のオン状態（$V_G' > 0$ で固定）で，V_d を増加して，$V_d = V_p = V_G'$ になると，ドレイン端の反転層に電子が蓄積しなくなり[*14]，$V_d > V_p$ になると，ドレイン端付近の n 型チャネルが消滅し空乏層ができる．この状態を**ピンチオフ**と呼び，V_p を**ピンチオフ電圧**と呼ぶ[*15]．n 型チャネルが消滅する点をピンチオフ点とすると，V_d の増加とともにピンチオフ点がソース側に

[*11] 遮断領域で電流が流れないと書いたが，V_d をかけるとわずかではあるが漏れ電流が流れる．npn 構造が有限の高さのポテンシャル障壁であり，V_d に対して熱励起した電子による微弱な電流が漏れ電流の原因である．この他に酸化膜の欠陥など，絶縁性の部分的な破れも漏れ電流の原因となる．
[*12] チャネルとは，電流が流れるところを意味する．語源は水路，経路．
[*13] オン抵抗 R_{on} は，実効ゲート電圧 V_G' が大きくなると n 型チャネルの電子数が多くなるので，小さくなる．したがって，V_G' を大きくすれば，ドレイン電流 I_d は大きくなる．I_d の V_G' 特性については，8.2.4 項で述べる．
[*14] ドレイン端で $V_d = V_G'$ のとき反転層に電子がなくなる理由は，ゲート電極の電位 V_G' とチャネル側の電位 $V_p = V_G'$ が同じになると，絶縁層の両側の電位差がなくなり電荷が蓄積しないからである．
[*15] ピンチオフ電圧はドレイン電圧の値である．すなわち $V_d = V_G'$ のときの V_d が V_p である．したがって V_p は V_G' 一定なら，定数である．

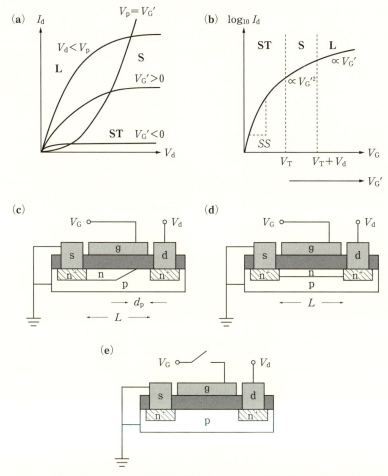

図 8.4 MOSFET の動作特性．(a) I_d-V_d 特性．ST, S, L はサブスレッショルド領域，飽和領域，線形領域である．(b) $\log_{10} I_d$-V_G 特性．ST 領域で，I_d が 10 倍になるときの V_G の変化量をサブスレッショルド・スウィング (SS) と呼ぶ．(c) S 領域．(d) L 領域．(e) ST 領域での n 型チャネルの様子

移動し，空乏層の距離 d_p が増加する（図 8.3(c)）．図 8.3(a) $V_d > V_p$ の領域を**飽和領域** (S) と呼ぶ（図 8.4(a), (c)）．飽和領域での I_d の値は，V_d によらず飽和値 I_d^{sat} をとる（図 8.4(a)）[*16]．以下 I_d^{sat} を導出しよう．ソースから x ($0 \leq x \leq L - d_p$) だけ離れた点の電位を $V(x)$ とおく（図 8.4(c)）．

$V(0) = 0$, $V(L - d_p) = V_G'$ である. x におけるチャネル方向の電場は, $E(x) = -V'(x)$ である. 電流密度 $J(x)$ は, $J(x) = \sigma(x)E(x)$ で与えられる. ここで $\sigma(x)$ は, x における電気伝導度である. n型チャネル中の電子1個の移動度を μ とすると[*17], $\sigma(x)$ は

$$\sigma(x) = \mu q(x) = \mu C_0 V_z(x) \tag{8.3}$$

となる. ここで $q(x)$ は x における電荷密度であり $q(x) \equiv en_e(x)$ で与えられる ($n_e(x)$ は x における電子の数密度). $q(x)$ は, 酸化膜の静電容量 C_0 と酸化膜にかかる電圧 $V_z(x) \equiv V_G' - V(x)$ の積で与えられる. 電子の蓄積する $q(x) > 0$ の領域は, $V_z(x) > 0$, $0 < V(x) < V_G'$ の領域である. 一方, $V(x) > V_G'$ の領域はピンチオフが起き空乏層ができる. ソース電流 I_d は, x によらず一定で以下で与えられる[*18].

$$I_d = \sigma(x)E(x)W = \mu C_0 W V_z(x) \frac{dV(x)}{dx} \tag{8.4}$$

(8.4) 式の両辺を $x = 0, L - d_p$ の区間で積分すると, 左辺は $I_d(L - d_p)$ になる. また右辺は $V(x) = 0, V_G'$ 間の積分になり, (8.3) 式を用いると

$$I_d^{\text{sat}} = \frac{\mu C_0 W}{L - d_p} \int_0^{V_G'} V_z(x) dV(x) = \frac{\mu C_0 W}{2(L - d_p)} V_G'^2 \tag{8.5}$$

となり, V_d によらず一定値をとる. I_d^{sat} は $V_G'^2$ に比例する[*19]. ここで, ピンチオフしている部分の長さ d_p がチャネル長 L に比べて十分小さく分母が変わらないとした. しかし, V_d の増加に伴って d_p も大きくなりチャネル長 L

[*16] 飽和領域で, チャネルから空乏層に進入した電子はドレイン電極方向に引力を感じながら加速度運動する. 加速度運動では単位時間に通過する電子数は変化せず, 電流値は空乏層に進入する電子数によって決まる.

[*17] 移動度は, 1個の電子の動きやすさを示す物理量である. 電子の平均速度 v は電場 E に比例し, $v = -\mu E$ と書くとき, μ を**移動度**と呼ぶ. μ の単位は, m²/(V s) である. 電流密度 J(A/m) は, $J = -en_e(x)v(x) = en_e(x)\mu E(x) = \sigma(x)E(x)$ で表される. したがって $\sigma(x) = en_e(x)\mu = \mu q(x)$ である.

[*18] I_d は, 回路 (チャネル) に流れる電流なので, 場所によらず一定値である.

[*19] 線形領域の場合には, (8.4) 式の右辺の積分は $x = 0, L$, $V(x) = 0, V_d$ の区間の積分になるので

$$I_d = \frac{\mu C_0 W}{L} \int_0^{V_d} V_z(x) dV_x = \frac{\mu C_0 W}{L} \left(V_G' V_d - \frac{V_d^2}{2} \right) \tag{8.6}$$

となる. $V_d \ll V_G'$ なら (8.6) 式の第2項は無視できるので, I_d は V_d に比例する. V_d が大きくなると, 第2項は無視できなくなり, $V_d = V_G'$ で最大値をとり飽和領域になる.

に比べて無視できない場合には，R_{on} の大きさは $L-d_p$ の逆数で大きくなり飽和しない．この状況を**チャネル長変調**（8.8.1 項参照）と呼ぶ．

8.2.4　ゲート電圧特性，サブスレッショルド領域

図 8.4(b) は，ゲート電圧特性を示す．$V_G' < 0$ でオフ状態，$V_G' > 0$ でオン状態である．このゲート電圧特性を利用して，スイッチング素子としての MOSFET ができる．オフ状態でも，ドレイン電流 I_d は完全には 0 でなく，V_G' の変化に対して指数関数的に変化する．この I_d 特性を**オフ性能**と呼ぶ（図 8.4(b)）．またわずかに電流の流れる領域を**サブスレッショルド**（sub-threshold, ST）**領域**と呼ぶ[20]．オフ性能を評価する数値として，**サブスレッショルド・スウィング**（SS）がある．SS とは，ST 領域で I_d の大きさを 10 倍にするのに必要なゲート電圧 V_G の変化量と定義する．図 8.4(b) の ST 領域での傾きが SS である．単位は，V/decade である[21]．例えば $SS = 0.2$ V/decade ならば，オンオフ比を 10^5 にするには，V_G の変化として $0.2 \times 5 = 1$ V 必要である．消費電力の小さい FET を作るには SS の値が小さいことが条件となる．SS は，以下の式で与えられる[22]．

$$SS = \left(\frac{d(\log_{10} I_d)}{dV_G}\right)^{-1} = 2.3 \frac{k_B T}{e}\left(1 + \frac{C_d}{C_o}\right) \quad (8.7)$$

ここで k_B はボルツマン定数，T は絶対温度である．C_d/C_o は，空乏層の静電容量 C_d と酸化膜静電容量 C_o の比である[23]．通常は，$C_d/C_o < 1$ と考えてよい．(8.7) 式の右辺第 1 項だけを評価すると，室温 $T = 300$ K では $SS =$

---

[20]　FET のスイッチとしての性能を決める 1 つの指標として，オンオフ比がある．オンオフ比とは，FET の出力がオン状態のときの I_d と，オフ状態のときの I_d の比である．オンオフ比が小さい場合，オフのときに無駄な電力が使われる．オンオフ比が 10^5 以上あるのが，デバイスとして十分な性能をもつ条件である．

[21]　V/decade とは，I_d を 10 倍にするのに必要な電圧増加量という意味である．

[22]　(8.7) 式の導出はサブスレッショルド領域での I_d の表式が必要である．空乏層の障壁を熱的に励起する確率から計算する．章末の参考文献 [3] の「タウア・ニン最新 VLSI の基礎（第 2 版）」の 3.1.3 項に表式がある．この文献 [3] では，SS はサブスレッショルド・スロープ S_L と呼んでいる．

[23]　ゲート電圧によって反転層に生成されるときの電荷の量は C_o に比例するが，空乏層があるときは C_d と C_o が直列につながったような静電容量をもつ．C_d と C_o は，それぞれの誘電率と，特徴的な厚さである空乏層の厚さと酸化膜の厚さによって決まる量である．

60 mV/decade となり，これ以上小さくできない．したがって，オンオフ比 10^5 を得るには，$T = 300\,\mathrm{K}$ で $0.3\,\mathrm{V}$ 以上の動作電圧が必要である．

図 8.4(b) で V_G' をさらに大きくすると，$0 < V_\mathrm{G}' < V_\mathrm{d}$ で飽和領域になり，飽和電流 $I_\mathrm{d}^\mathrm{sat}$ は $V_\mathrm{G}'^2$ に比例する（(8.5) 式）．$V_\mathrm{G}' > V_\mathrm{d}$ になると，ピンチオフはなくなり線形領域になり，I_d は V_G' に比例する（(8.6) 式）．比例係数を**トランスコンダクタンス** g_m と呼び，以下で定義される．

$$g_\mathrm{m} = \left.\frac{dI_\mathrm{d}}{dV_\mathrm{G}'}\right|_{V_\mathrm{d}=\mathrm{const}} \tag{8.8}$$

g_m の単位は S である．g_m はゲート電極に電気信号を入れたときの増幅率を表す指標であり，MOSFET を信号増幅器（アンプ）として使うときに重要な指標になる[*24]．飽和領域の I_d の表式 (8.5) を (8.8) 式に代入すると

$$g_\mathrm{m} = \frac{\mu C_\mathrm{o} W}{L - d_\mathrm{p}} V_\mathrm{G}' \quad （飽和領域） \tag{8.9}$$

になる．また，線形領域の I_d の表式 (8.6) を (8.8) 式に代入すると

$$g_\mathrm{m} = \frac{\mu C_\mathrm{o} W}{L} V_\mathrm{d} \quad （線形領域） \tag{8.10}$$

になる．したがって，V_G' を 0 から大きくすると飽和領域では g_m は V_G' に比例して大きくなり，線形領域で飽和する．g_m の飽和値は V_d に比例する[*25]．

g_m や I_d を大きくするには，チャネル長 L を短くすればよい．しかし L を短くしすぎると，チャネル全体が空乏層になり反転層がなくなるだけでなく，空乏層全体がパンチスルー状態と呼ばれる導通状態になりデバイスとして機能しなくなる問題が発生する．短チャネルにすると動作速度向上や，省消費電力を期待できるが，同時に**短チャネル効果**（8.8.1 項参照）と呼ばれる問題が発生する．約 50 年間の微細化技術で，実用化しているチャネル長は，1970 年代の 10 μm から，2020 年の 10 nm まで実に 1000 分の 1 の大きさになり，この問題は避けて通れない．表 8.1 に，MOSFET の動作領域と，実効ゲート電

[*24] $g_\mathrm{m}/(2\pi C_\mathrm{o})$ は，周波数の次元をもち，**カットオフ周波数**と呼ぶ．カットオフ周波数は，チャネルに電荷が蓄積する時定数の逆数であり，これ以上の周波数では MOSFET は動作しない．

[*25] サブスレッショルド領域 $V_\mathrm{G}' < 0$ では，I_d は V_G' に対して指数関数的に増加するので，g_m は非常に大きな値になる．しかし，I_d の値が小さいので増幅には適していない．

表 8.1 MOSFET の動作領域と動作特性．V_G' は実効ゲート電圧 $V_G' \equiv V_G - V_T$

動作領域	V_G'	I_d	g_m	用途
サブスレッショルド領域（ST）	$V_G' < 0$	V_G' に対して指数関数的		論理回路（オフ状態）
飽和領域（S）	$0 < V_G' < V_d$	(8.6)式	(8.10)式	増幅回路
線形領域（L）	$V_G' > V_d$	(8.5)式	(8.9)式	論理回路

圧 $V_G' \equiv V_G - V_T$ の範囲と I_d, g_m の動作特性の式番号を示した．

8.3 入力インピーダンス，CMOS 構造

　MOSFET の登場で，従来のバイポーラ・トランジスタと比べて大きく改善した点は，入力インピーダンス Z_{in} の飛躍的増加である．Z_{in} とは，1つの素子の入力側の電気抵抗である．図 8.5(a) に示すように，素子の入力部に電圧 V_{in} を発生させる（オン）には $I_{in} \equiv V_{in}/Z_{in}$ の電流を流せばよい．電流を流すために V_{in}^2/Z_{in} の電力が必要であるから，Z_{in} が大きいほうが電力消費が少ない[*26]．MOSFET の Z_{in} は 10 MΩ 以上あり非常に大きい．

　Z_{in} が大きい素子であれば，その素子に入力する電流は少しでよく，電力消費が小さい．一方，MOSFET の出力電流 I_{out} は $I_{out} = I_d$ であり，オン状態での出力インピーダンスを Z_{out} とすると，MOSFET の出力電圧は $Z_{out} I_{out}$ の電圧降下が発生し，$Z_{out} I_{out}^2$ の消費電力が発生する．次のトランジスタの入

[*26] V_{in} を小さくするほうが，消費電力を小さくするのに効果的であると思った読者はすばらしい．しかし，技術的な問題が多く存在する．MOSFET では，ゲート電極からチャネルに直流の電流が流れない．ゲート電圧をかけたとき，ゲート電極と n 型チャネルの間の静電容量 C_o のキャパシタに電荷を蓄積するだけである．蓄積に必要な電流だけ流れたあとは流れない．この状況は十分に長い時間後には，Z_{in} が無限大に対応する．実際の回路では，入力端子の電圧は頻繁にオン・オフされるので，角振動数 ω の交流電圧がかかると考えると，$Z_{in} = 1/\omega C_o$ であるが，ωC_o が小さい限り，Z_{in} は大きい．また静電容量 C_o 以外に電気抵抗 R がなければ，電力の消費がない．しかし，実際の集積回路では配線抵抗による電力消費が，全電力消費の 1/3 にもなるので，無視はできない．また，C_o に漏れ電流があると抵抗が存在する．また動作速度 ω を大きくすると Z_{in} が小さくなる．したがって動作速度 ω を大きくしたい集積回路では，C_o の値を小さくする必要がある．

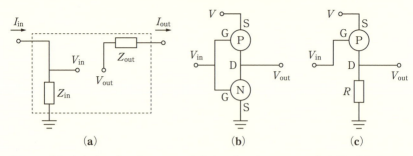

図 8.5 (a) 入力インピーダンス Z_{in}, 出力インピーダンス Z_{out} の概念図. (b) CMOS 構造. P, N はそれぞれ PMOS, NMOS を表す. (C) MOSFET 1 個でのスイッチング回路

力に適正な電圧がかかるためには, Z_{out} が小さいことが必要である.

CMOS[*27] とは, 図 8.5(b) に示すように, p 型チャネルの MOSFET (PMOS) と n 型チャネルの MOSFET (NMOS) をつないだ構造であり, 入力端子は 2 つの MOSFET のゲート電極へ, 出力端子は 2 つの MOSFET のドレイン電極をつなぐように設定されている. 図 8.5 では, MOSFET を簡単のため丸で表している[*28].

入力電圧 $V_{in} > V_T > 0$ のとき, NMOS 側がオンになり電流が流れ, PMOS 側がオフになり電流が流れない. その結果, 出力電圧 V_{out} は, 0 になる. 逆に, 入力電圧 $V_{in} < -V_T < 0$ のとき, NMOS 側がオフになり, PMOS 側がオンになるので, その結果, 出力電圧 V_{out} は, 電源電圧 V になる. いずれの場合においても, 2 つの MOSFET に同時に流れる電流はない[*29]. この結果は, MOSFET 1 個に比べて, 大幅に消費電力が少なくな

[*27] Complementary MOSFET の略. 電流電圧特性が等しく, その極性が逆の 2 つの素子を利用した回路を相補回路 (complementary circuit) と呼ぶ. 相補回路では, いずれか片方の素子にだけ電流が流れる点が相補的である. 相補回路の MOSFET なので CMOS である. 1963 年フェアチャイルド社のワンラス (Wanlass) とサー (Sah) は, CMOS 動作原理を特許化した.

[*28] MOS には, PMOS と NMOS があり, さらにエンハンスメント型とデプレッション型があり, 合計 4 種類ある. デプレッション型というのは例えば NMOS の場合に, p 型の半導体で n 型チャネルを作る場所に, あらかじめ n 型不純物を打ち込んで, 反転層ができる電圧が負 ($V_T < 0$) のものである. これに対し $V_G > V_T > 0$ で反転層ができるものをエンハンスメント型と呼ぶ. デプレッション型では, $V_G < V_T < 0$ で, オフ状態になる.

る*30. 今日では，CMOS を用いた論理回路素子は，広く使われていて乾電池 1 個で 1 年以上動作するリモコンや電卓などが実現している．

CMOS 構造は，図 8.5(c) の回路で，オンのときに抵抗 R が大きくなって，オフのときに R が 0 になるのと等価である．CMOS に流れる電流は出力先のゲート電極に電荷を貯めるとき（オン）と放出するとき（オフ）だけであり，消費されるエネルギーは 1 回のオンオフで，ゲート電極の静電容量 C に蓄積されるエネルギー $CV^2/2$ だけである．このエネルギーは，抵抗 R で発生するジュール熱 $V^2/2R$ よりはるかに少ない*31．

8.4　Si MOS 反転層におけるホール効果

MOS には，PMOS と NMOS があることを説明した．MOS 反転層のキャリヤの種類や密度は，ホール効果で観測することができる．

8.4.1　MOS 反転層内の 2 次元電子の量子状態

MOS 反転層に束縛された電子状態を，p 型 Si 表面の場合で考える．ゲート電極に正電位を加えた場合の電位分布は，図 8.2 のようになり，不純物濃度 N_p は (8.1) 式で与えられる．電位を大きくすると電子がポテンシャルにより z 方向に束縛されるようになる．このとき電子の z 方向に運動できる領域の幅がド・ブロイ（de Broglie）波長と同程度の場合には，電子の運動は量子

[*29] この仕組みは，スエズ運河の閘門と同じ仕組みである．高い水位または低い水位で船を通過させるには，2 つの閘門が両方閉じた状態から片方を上げればよい．この結果流れる水量は，2 つの閘門間の高さの差相当の水量だけが必要であって，高い水位から低い水位に常に水が流れているわけではない．

[*30] 図 8.5(c) に MOSFET 1 個で，V_{out} が V と 0 になる回路を示した．下の部分の MOSFET が抵抗 R に置き換わっている．MOSFET がオンのとき，MOSFET のチャネルの抵抗 R_{on} が R に比べて十分に小さいなら，出力部に V の電圧が発生する．MOSFET がオフなら，MOSFET の抵抗が R に比べて十分に大きくなり，出力部の電圧は 0 になる．MOSFET がオフのときは，流れる電流は漏れ電流ぐらいであるので無視できるが，オンのときは抵抗 R には電流が流れているので，消費電力が発生する．

[*31] $V^2/2R$ で 2 で割ったのは，オンとオフの時間が半分ずつを仮定しているからである．"はるかに少ない"といっても，スイッチング周波数が，非常に高く（5 GHz）また素子数が 100 億個の CPU などでは発熱は無視できない．

力学的な束縛状態になる.

シリコン (001) 面を MOS の界面の方向に設定したとき,電子の存在する谷は z 方向に長い回転楕円体である((4.20) 式).この谷に存在する電子の波動関数は次の有効質量方程式で求めることができる.

$$\left\{-\frac{\hbar^2}{2m_{\parallel}^*}\frac{\partial^2}{\partial x^2}-\frac{\hbar^2}{2m_{\parallel}^*}\frac{\partial^2}{\partial y^2}-\frac{\hbar^2}{2m_{\perp}^*}\frac{\partial^2}{\partial z^2}-eV(z)\right\}\varphi(x,y,z)=E\varphi(x,y,z) \tag{8.11}$$

ここで,$m_{\parallel}^*$,$m_{\perp}^*$ は,それぞれ界面に平行方向と垂直方向の有効質量,$V(z)$ は静電ポテンシャルである.$V(z)$ が,x,y を変数にもたないので (8.11) 式を満たす波動関数は次の形をもつ.

$$\varphi(x,y,z)=\exp\{i(k_xx+k_yy)\}\zeta_n(z) \tag{8.12}$$

(8.12) を (8.11) 式に代入して,z 方向に束縛された波動関数 $\zeta_n(z)$ の満たす方程式は以下で与えられる.

$$-\frac{\hbar^2}{2m_{\perp}^*}\frac{d^2}{dz^2}\zeta_n(z)-eV(z)\zeta_n(z)=\left\{E-\frac{\hbar^2}{2m_{\parallel}^*}(k_x^2+k_y^2)\right\}\zeta_n(z) \tag{8.13}$$

$\zeta_n(z)$ の固有値を ε_n とすると,(8.11) 式のエネルギー E は,量子数 n と波数 k_x,k_y の関数として,(8.13) 式の右辺から,以下で与えられる.

$$E_n(k_x,k_y)=\varepsilon_n+\frac{\hbar^2}{2m_{\parallel}^*}(k_x^2+k_y^2) \tag{8.14}$$

量子数 n の 2 次元エネルギーサブバンド[*32] E_n が ε_n から ∞ までのエネルギー領域で存在する.(8.13) 式での静電ポテンシャル $V(z)$ は,層内の電荷分布 $\rho(z)$ からポアソン方程式を解くことで与えられる.

$$\frac{d^2}{dz^2}V(z)=-\frac{\rho(z)}{\varepsilon} \tag{8.15}$$

ここで ε は,Si の誘電率である.(8.15) の境界条件は,$V(\infty)=0$,$-eV'(0)=F$(F は界面での電場)である.$\rho(z)$ は波動関数の 2 乗 $|\zeta_n(z)|^2$ と関係し,電子がフェルミ準位 E_F まで占有するとすると,以下の式で与えら

[*32] エネルギーサブバンドとは,エネルギーバンドが n のような量子数によって複数のバンドに分裂したものである.ここでは,最小値が ε_n である 2 次元自由電子のサブバンドが,束縛状態の数だけ存在する.

8.4 Si MOS 反転層におけるホール効果

れる.

$$\rho(z) = -eN_p - 2e\sum_n |\zeta_n(z)|^2 \int_{\varepsilon_n}^{\infty} dE_n \nu D f(E_n) \qquad (8.16)$$

ここで N_p は帯電したアクセプターの濃度, $\nu = 2$ は谷の縮退度, $D \equiv m_{//}/\pi\hbar^2$ は 2 次元自由電子の状態密度 (定数), $f(E)$ はフェルミ分布関数である. (8.16) 式右辺第 2 項の積分は, E_n に占有する電子数になり, 反転層に束縛された電子間の相互作用をハートリー (Hartree) 近似[*33]したものである.

$\rho(z), \zeta(z), V(z)$ は, (8.13), (8.15), (8.16) 式を連立して自己無撞着[*34]に求められる[*35]. 数値計算結果によるとハートリーポテンシャルの項はさほど大きくないので, $V(z)$ を図 8.2 のように界面で垂直の壁で区切られた三角形 (z に比例) と近似的に扱うことができる. その場合, 波動関数 $\zeta(x)$ はエアリー (Airy) 関数[*36]となり, 固有値 ε_n はエアリー関数のゼロ点 γ_n の近似式を用いて

[*33] ここでのハートリー近似とは, 電子密度によって電場が遮蔽された効果を計算するときに電子密度の電荷分布によって電場を計算する近似である. 電磁気学で電荷分布があるときの電位の計算と同じである. 電子間相互作用を考えるときには, ハートリー近似は最初の近似であり固体の電子状態を計算するときには十分ではないことが知られている. 同じスピンの向きをもった 2 つの電子が同じ状態をとることができない (パウリ (Pauli) の原理) ことからくる交換相互作用 (ハートリー (Hartree)-フォック (Fock) 近似) や, さらに異なるスピンの向きをもった 2 つの電子も接近することができないことからくる相関相互作用によって, 電子は比較的距離を保ったまま運動するので, ハートリー近似における電子間の反発の大きさより実際は小さくなることが知られている.

[*34] ① $\rho(z)$ の形を仮定し (8.15) 式を解くことで $V(z)$ を求め, (8.13) 式より ε_n と $\zeta_n(z)$ を得る. ② 得られた ε_n と $\zeta_n(z)$ から (8.16) 式を用いて $\rho(z)$ を求める. ③ 仮定した $\rho(z)$ と計算した $\rho(z)$ が同じなら, 自己無撞着な解と呼び計算を終了する. 同じでないなら ① に戻って計算をくり返す. (8.13) 式で $k_x = k_y = 0$ とおいた式と (8.15) 式は, z の 2 階の常微分方程式なので数値的に解くことができる.

[*35] T. Ando, A. B. Fowler, and F. Stern: "Electronic properties of two-dimensional systems", Rev. Mod. Phys. 54, (1982) 437. 2 次元電子系の電子状態に関する代表的なレビュー論文. 参考文献 [1] も参照.

[*36] エアリー関数は以下の微分方程式の解であり, 特殊関数の 1 つである.

$$\frac{d^2 y}{dx^2} - xy = 0 \qquad (8.17)$$

三角形の井戸型ポテンシャルは, 量子力学では半古典近似 (WKB 近似) を用いて解くことができる. (8.18) 式のゼロ点 γ_n の式は WKB 近似を用いた結果である. 詳細は量子力学の教科書を参照.

$$\varepsilon_n \cong \left(\frac{\hbar^2 F^2}{2m_\perp^*}\right)^{1/3}\gamma_n, \quad \gamma_n \cong \left(\frac{3\pi}{2}\right)^{2/3}\left(n+\frac{3}{4}\right)^{2/3} \tag{8.18}$$

で表される．

一方，(8.12) 式の波動関数における平面波因子 $\exp\{i(k_x x + k_y y)\}$ は，2次元電子の並進運動に対応していて，本節に述べる面内電場で駆動されるチャネル電流のほか，面直磁場によるホール電圧，量子ホール効果など様々な現象をもたらす．

8.4.2　ホール効果の実験

8.2 節で説明した Si MOSFET 反転層の 2 次元電子の電荷密度をゲート電圧の関数として評価することが必要である．電荷密度を符号を含めて実験で観測するために，反転層に垂直に磁場をかけてホール電圧を観測する．図 8.6 にホール電圧を測定する実験装置（**ホールバー**）を示す．xy 平面上を x 方向に速度 v で運動する 2 次元電子に，z 方向に磁場 B を印加すると，電子は y 方向にローレンツ力

$$\boldsymbol{F} = -e\boldsymbol{v} \times \boldsymbol{B} \tag{8.19}$$

を受ける．その結果，y 方向に**ホール電圧** V_y が発生する．この効果を**ホール (Hall) 効果**と呼ぶ[*37]．

実験では図 8.6 の電極 1-2 間に電圧 V をかけたときに，電流 I が $+x$ 方向に流れる．面に垂直な $+z$ 方向に磁場 B をかけた状態で，電極 5-6 間に発生する電圧[*38] V_x と電極 4-6 間に発生するホール電圧 V_y を測定する．V_x 一定の条件で，V_y は B に比例する．また V_y の符号から，2 次元電子のキャリヤが正孔か電子であるかを判別できる[*39]．x, y 方向の電流密度 J_x, J_y と電場

[*37] 1879 年，E. H. Hall によって発見されたので "Hall" 効果である．正孔 (hole) も "ホール" なのでまぎらわしい．ホール効果は，3 次元の半導体のキャリヤの種類と密度を測定する場合にも一般に用いられる．

[*38] 電圧 V_x を測定する方法を 4 端子法と呼ぶ．電流が流れる状況では，電極 1, 2 における接触抵抗の電圧 V への影響が無視できない．電極 5-6 で電圧 V_x を測定するときは，電極 5, 6 の接触抵抗は，電圧計の内部抵抗に比べ無視できるので，接触抵抗に依存しない物質固有の抵抗率が測定できる．ただしアナログ電圧計の内部抵抗は，10 kΩ/V 程度なので，接触抵抗が大きい場合には使えない．デジタル電圧計の内部抵抗は 10 MΩ 以上あるのが普通である．

8.4 Si MOS 反転層におけるホール効果

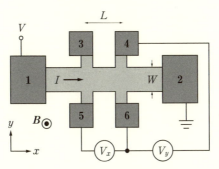

図 8.6 ホール電圧を測定するホールバー構造.金属電極 1 から 6 を半導体につけ,面に垂直 $+z$ 方向に磁場 B を加えた状況で,1-2 間に電流 I を流し,電極 5-6 間の電圧 V_x と電極 4-6 間の電圧 V_y を測定する

E_x, E_y の間には,$\boldsymbol{J} = \sigma\boldsymbol{E}$ (σ は電気伝導度)の比例関係があるので

$$\begin{pmatrix} J_x \\ J_y \end{pmatrix} = \begin{pmatrix} \sigma_{xx} & \sigma_{xy} \\ \sigma_{yx} & \sigma_{yy} \end{pmatrix} \begin{pmatrix} E_x \\ E_y \end{pmatrix} \tag{8.20}$$

と表すことができる.ここで 2×2 の行列 σ_{ij} を**伝導度テンソル**[*40]と呼ぶ.対角成分の σ_{xx}, σ_{yy} を**縦伝導度**と呼び,非対角成分の σ_{xy}, σ_{yx} を**ホール伝導度**と呼ぶ.磁場が存在するとき,ホール効果によって σ_{xy}, σ_{yx} は 0 ではない.(8.20) 式の両辺に伝導度テンソルの逆行列を掛けて

$$\begin{pmatrix} E_x \\ E_y \end{pmatrix} = \begin{pmatrix} \rho_{xx} & \rho_{xy} \\ \rho_{yx} & \rho_{yy} \end{pmatrix} \begin{pmatrix} J_x \\ J_y \end{pmatrix} \tag{8.21}$$

としたときの ρ_{ij} を**抵抗率テンソル**と呼び,対角成分 ρ_{xx}, ρ_{yy} を**縦抵抗率**,非対角成分 ρ_{xy}, ρ_{yx} を**ホール抵抗率**と呼ぶ.

図 8.6 より E_x, E_y は,$E_x = V_x/L$, $E_y = V_y/W$ である.ここで L と W は,それぞれ電極 5-6 間,4-6 間の長さである.E_y を**ホール電場**と呼ぶ.また電流密度は,$J_x = I/W$, $J_y = 0$ である.さらに,2 次元を運動する電子は,x, y によらず等方的であると仮定すると

$$\sigma_{xx} = \sigma_{yy}, \qquad \sigma_{yx} = -\sigma_{xy} \tag{8.22}$$

[*39] 半導体が p 型か n 型かの判定は,ホール電圧の符号で測定する.ここで p 型半導体の反転層のキャリヤは(逆の)電子であり,n 型半導体の反転層のキャリヤは,やはり逆の正孔であることに注意したい.

[*40] テンソルとは,座標軸の回転によって相互に変化する定数のことである.行列は,2 階のテンソルである.ベクトルは 1 階のテンソルである.

が成り立つ[*41]．これらの条件を，(8.20) 式に代入して連立方程式を解き，E_x, E_y の関数で表すと

$$\sigma_{xx} = \frac{E_x}{E_x{}^2 + E_y{}^2} \cdot \frac{I}{W}, \quad \sigma_{xy} = \frac{E_y}{E_x{}^2 + E_y{}^2} \cdot \frac{I}{W} \quad (8.23)$$

を得る．ここで $J_y = 0$ より，$\sigma_{yx} = -\sigma_{yy} E_y/E_x$ と (8.22) 式を用いた．ホール電場 E_y は，速度 v_x で動く電子に働くローレンツ力を打ち消すように発生するので

$$-eE_y = -eBv_x \longrightarrow E_y = Bv_x = -\frac{B}{n_e e} J_x \quad (8.24)$$

が成り立つ．ここで $J_x = -n_e e v_x$ での n_e は，電子の数密度である．(8.24) 式から，E_y は J_x に比例する．(8.21) と (8.24) 式で $J_y = 0$ を用いると

$$\rho_{xy} = -\frac{B}{n_e e} \quad (8.25)$$

を得る．ホール抵抗率 ρ_{xy} は B に比例し n_e に反比例する．実験での観測値は V_x, V_y, I であり，$\rho_{xx} = E_x/J_x$，$\rho_{xy} = E_y/J_x$ は

$$R_{xx} = \frac{V_x}{I}, \quad \rho_{xx} = R_{xx} \frac{W}{L}, \quad R_\mathrm{H} = \frac{V_y}{I}, \quad \rho_{xy} = R_\mathrm{H}$$

$$(8.26)$$

より求められる．ここで，R_{xx}，R_H を**縦抵抗**，**ホール抵抗**と呼ぶ．また σ_{xx}，σ_{xy} は，抵抗率テンソルの逆行列から求められる．ホール抵抗率 $\rho_{xy} = -B/n_e e$ は，キャリヤの種類によって正にも負にもなり，磁場に比例する．ρ_{xy} を，磁場の関数としてグラフにしたときの傾き $-1/n_e e$ を**ホール係数**と呼ぶ[*42]．$\rho_{xy} = R_\mathrm{H}$ が成り立つのは，2 次元の電気伝導だからである．

8.4.3　2 次元電子の電気伝導度とホール伝導度の次元

2 次元電子の電気伝導を考えるときには，物理量の単位が 3 次元の電気伝導とは異なる点に注意したい．2 次元の電気伝導とは，厚さが無視できる物質に

[*41] 縦伝導度は，等方的なら $\sigma_{xx} = \sigma_{yy}$ が成り立つのは直感的にわかる．ホール伝導度が反対称なのは，「x 方向に進んだら y 方向に左折する」のであれば，「y 方向に進んだら $-x$ 方向に左折する」からであると理解すればよい．

[*42] 反転層の 2 次元電子は，ρ_{xy} やホール係数は負であるが，ρ_{xy} をプロットする場合には，符号をとってプロットすることも多い．

8.4 Si MOS 反転層におけるホール効果

おける平面内の電気伝導である．3次元を運動する飛行機と，2次元を運動する自動車では，速度という物理量が $(v_{水平}, v_{垂直})$ と $v_{水平}$ のように異なるように，同じ物理量でも3次元と2次元では単位の次元が異なる．3次元の物質の電気抵抗 R_{3D} は，物質の長さ L に比例し，断面積 S に反比例する．

$$R_{3D} = \rho_{3D} \frac{L}{S} \tag{8.27}$$

ここで ρ_{3D} は物質固有の値であり，**抵抗率**（単位は $\Omega\,\mathrm{m}$）と呼ぶ．抵抗の逆数をコンダクタンス G_{3D} と呼び

$$G_{3D} = \sigma_{3D} \frac{S}{L} \tag{8.28}$$

で表される．ここで σ_{3D} は，**電気伝導度**（S/m）と呼ぶ[*43]．

これに対し2次元での電気抵抗 R_{2D} は，物質の長さ L に比例し，幅 W に反比例する．

$$R_{2D} = \rho_{2D} \frac{L}{W} \tag{8.29}$$

ここで ρ_{2D} は2次元の抵抗率（または**シート抵抗率**）であり，単位は Ω である．2次元では，抵抗と抵抗率の次元が同じである．混同を避ける場合には，抵抗率の単位を $\Omega/\square$ と表記する．2次元のコンダクタンス G_{2D} は

$$G_{2D} = \sigma_{2D} \frac{W}{L} \tag{8.30}$$

で表される．2次元の電気伝導度 σ_{2D} の単位は，S である．

ここで e と h の単位がそれぞれ，電荷 q の単位であるクーロン $\mathrm{C} = \mathrm{A\,s}$，作用の単位 $\mathrm{J\,s}$ であり，さらに $\mathrm{J} = \mathrm{VC} = \mathrm{V\,A\,s}$ であるので，h/e^2 の次元が

$$\frac{h}{e^2} = \frac{\mathrm{J\,s}}{\mathrm{A^2\,s^2}} = \frac{\mathrm{V(A\,s)s}}{\mathrm{A^2\,s^2}} = \frac{\mathrm{V}}{\mathrm{A}} = \Omega \tag{8.31}$$

のように Ω になる．e と h は，それぞれ電気素量と作用量子であり，これ以上細かくできない量であるので，もし2次元抵抗率が量子化されれば，h/e^2 になることが予想される[*44]．量子化された2次元抵抗率は，量子ホール効果

[*43] S はジーメンスと読み，Ω の逆数である．古い教科書では，S は ℧（ohm の反対で mho, モー）と書かれていた．

[*44] 作用は（エネルギー）×（時間）の次元をもつ．角振動数 ω の光は $\hbar\omega$ で量子化される．また3次元の電気伝導度の単位（S/m）は，e と h だけでは表されない点に注意したい．

として観測された．

8.5 Si MOSFET における整数量子ホール効果

8.5.1 整数量子ホール効果の実験

整数量子ホール効果は，低温で強磁場のとき，2次元電子のホール伝導度 σ_{xy} が e^2/h の整数 ν 倍に量子化される現象である[*45]．また，整数量子ホール効果をホール抵抗率 ρ_{xy} を用いて説明すると，ρ_{xy} が

$$\frac{h}{e^2} = 25812.80745\ \Omega \equiv R_\mathrm{K} \tag{8.32}$$

の $1/\nu$ 倍になる現象である．R_K を**フォン・クリッツィング（von Klitzing）定数**と呼ぶ．

図 8.7 は，ホール抵抗 R_H と縦抵抗 R_{xx}（(8.26) 式）を磁場の関数で表示したものである．磁場の大きさ B が 2 T 以下のときはホール抵抗は磁場に比例する（(8.25) 式）．傾き R_H/B は，ホール係数であり，ホール係数から $n_\mathrm{e} = R_\mathrm{H}/eB$ を評価すると，$n_\mathrm{e} = 4.45 \times 10^{15}\ \mathrm{m}^{-2}$ になる．B が大きくなると，縦抵抗 R_{xx} が 0 になり，ホール抵抗 R_H が一定になる磁場領域がある．R_H（$= \rho_{xy}$）が一定になるときの値が，R_K/ν の値に 10 桁の精度で一致する．磁場中の 2 次元のホール抵抗率が，(8.32) 式で示したように，物質によらない物理の定数[*46]である e と h だけで書かれることが，高精度で観測できる理由である．物質によらない物理量を与えることは，物理学の広い研究分野に対して

[*45] 1980 年，フォン・クリッツィング（von Klitzing）が低温かつ強磁場の条件で，Si MOSFET の整数量子ホール効果を報告した．K. v. Klitzing, G. Dorda, and M. Pepper : Phys. Rev. Lett. 45 (1980) 494. 1978 年，川路紳治と若林淳一も MOSFET でホール伝導度を観測している．さかのぼって 1975 年，安藤恒也，松本幸雄，植村泰忠は理論的にホール伝導度の量子化を予想している．1985 年，フォン・クリッツィングは，整数量子ホール効果の発見で，ノーベル物理学賞を受賞した．

[*46] 2019 年 5 月 20 日に，国際度量衡総会は SI 基本単位を再定義した．SI 単位の定義は https://www.bipm.org/en/publications/si-brochure からダウンロード可能．電気素量，プランク（Planck）定数，アボガドロ（Avogadro）定数，ボルツマン定数の 4 つが新たに物理の定数になった．現在の定数は $\Delta\nu(^{133}\mathrm{Cs})\mathrm{hfs} = 9192631770\ \mathrm{s}^{-1}$，$c = 299792458\ \mathrm{m\ s}^{-1}$，$h = 6.62607015 \times 10^{-34}\ \mathrm{kg\ m}^2\ \mathrm{s}^{-1}$，$e = 1.602176634 \times 10^{-19}\ \mathrm{A\ s}$，$k_\mathrm{B} = 1.380649 \times 10^{-23}\ \mathrm{kg\ m}^2\ \mathrm{s}^{-2}\ \mathrm{K}^{-1}$，$N_\mathrm{A} = 6.02214076 \times 10^{23}\ \mathrm{mol}^{-1}$，$K_\mathrm{cd} = 683\ \mathrm{kg}^{-1}\ \mathrm{m}^{-2}\ \mathrm{s}^3\ \mathrm{cd\ sr}$ の 7 つである．

8.5 Si MOSFET における整数量子ホール効果

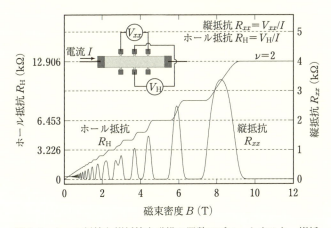

図 8.7 ホール抵抗と縦抵抗を磁場の関数でプロットすると，縦抵抗 R_{xx} が 0 になる磁場でホール抵抗 R_H が一定になる領域があり，ホール抵抗の値は，h/e^2 の整数 ν 分の 1 になる．$T = 23$ K，$I = 10\,\mu$A で測定（産業技術総合研究所物理計測標準研究部門 大江武彦博士の提供による）

大きな問題提起となった[*47]．また実用的には，整数量子ホール効果は電気抵抗の標準として用いられている[*48]．さらに，整数量子ホール効果が，不純物や結晶境界での電子の散乱に依存せずに高い精度で求められる理由として，物理量が物質の形状に依存しない**トポロジカル不変量**という概念がもたらされた．

(8.25) 式で示した $\rho_{xy} = -B/n_e e$ において，もし電子密度 n_e が $n_e = eB\nu/h$ であれば，$|\rho_{xy}| = h/\nu e^2$ になり整数量子ホール効果を与える．この状況を与えるのが，ランダウ（Landau）量子化である．

[*47] 原子核物理学や素粒子物理学の世界では，電磁相互作用の大きさを表す無次元量として，微細構造定数 α がある．微細構造定数は，真空のインピーダンス $Z_0 = \sqrt{\mu_0/\varepsilon_0} = 376.730313\,\Omega$ を $2h/e^2$（μ_0, ε_0 は，それぞれ真空の透磁率と誘電率）で割った量であり，$\alpha = Z_0 e^2/2h$ で与えられる．微細構造定数の逆数は，$\alpha^{-1} = 137.035999$ であり，電子の異常磁気モーメントの量子電磁気力学（QED，Quantum Electrodynamics）の計算値と 10 桁以上一致している．素粒子物理学の実験，例えばミュー粒子の異常磁気モーメントの測定で測定値が，量子ホール効果から得られた α の値からずれると，従来の理論では説明できない物理がある可能性があり，2021 年現在，精密測定が大きな研究プロジェクトになっている．

[*48] 2021 年現在，図 8.7 のようなホールバーがドイツ国立理工学研究所（PTB, Physikalisch-Technische Bundesanstalt）により Magnicon という会社を通じて市販されている．低温で同じ条件で実験をすれば，量子化ホール抵抗率の値を 9 桁の精度で求めることができる．また異常ホール効果を用いても 9 桁の精度が得られている．

8.5.2 2次元電子の状態密度とランダウ量子化

古典力学では磁場中の電子は，サイクロトロン運動と呼ばれる円運動をするが，量子力学では2次元面内の運動が，離散的なエネルギーに量子化される．これを**ランダウ量子化**と呼ぶ．

2次元電子のエネルギー E は，$E = \hbar^2 k^2/2m$ である．ここで m は電子の有効質量である．以下，1辺が L の正方形を考える．x, y 方向の波数 k_x, k_y は量子化され

$$k_x = \frac{2\pi}{L} n_x, \quad k_y = \frac{2\pi}{L} n_y \quad (n_x = 0, 1, 2, \cdots, \; n_y = 0, 1, 2, \cdots) \tag{8.33}$$

で表される．2次元波数空間では，$(2\pi/L)^2$ ごとに1つの状態があり，1つの状態に上向きのスピンの電子と下向きのスピンの電子が占有する．エネルギー E までの単位面積当りの状態数 $N(E)$ は，波数空間で半径 k の円内部の状態数を L^2 で割って

$$N(E) = 2\frac{\pi k^2}{(2\pi)^2} = \frac{mE}{\pi \hbar^2} \tag{8.34}$$

で与えられる．ここで2は，スピン自由度である．状態密度 $D(E)$ は，エネルギー E から $E+dE$ までの状態数 $N(E)$ であり

$$D(E) = \frac{dN(E)}{dE} = \frac{m}{\pi \hbar^2} \tag{8.35}$$

で与えられる．2次元電子の状態密度 $D(E)$ は E によらず定数である．図8.8(a)に縦軸エネルギー E で横軸状態密度 $D(E)$ を示した．電子は，フェルミエネルギー E_F まで占有する．

量子力学では，磁場中の1個の電子に対するハミルトニアン $\mathscr{H}$ は

$$\mathscr{H} = \frac{1}{2m}(-i\hbar \nabla + e\bm{A})^2 \tag{8.36}$$

である．$\bm{A}$ はベクトルポテンシャルで，磁場 $\bm{B}$ は $\bm{B} = \nabla \times \bm{A}$ で与えられる．$\bm{A} = (-By, 0, 0)$ とおくと $\bm{B} = (0, 0, B)$ になり，(8.36) 式は

$$\left\{ \frac{1}{2m}\left(-i\hbar \frac{\partial}{\partial x} - eBy\right)^2 - \frac{\hbar^2}{2m}\frac{\partial^2}{\partial y^2} \right\} \Psi = E\Psi \tag{8.37}$$

になる．2次元電子の波動関数 $\Psi(x, y)$ の形として

8.5 Si MOSFETにおける整数量子ホール効果

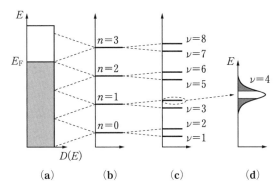

図 8.8 2次元電子の状態密度とランダウ量子化. (a) 2次元電子の状態密度 $D(E)$ ((8.35)式). (b) 磁場中2次元電子のランダウ量子化 ((8.41)式). (c) ランダウ準位はゼーマン分裂する ((8.49)式). ν は電子の占有率. (d) $\nu=4$ のランダウ準位を拡大表示. ランダウ準位は,不純物ポテンシャルによってエネルギー幅をもつ. 灰色部は,局在状態で,中央の部分は広がった状態

$$\Psi(x,y) = \exp(ik_x x)\, Y(y) \tag{8.38}$$

を仮定し (8.37) 式に代入する. さらに

$$y_0 = \frac{\hbar k_x}{eB}, \qquad \omega_c = \frac{eB}{m} \tag{8.39}$$

とおくと (8.37) 式は $Y(y)$ に対する式として

$$\left\{-\frac{\hbar^2}{2m}\frac{\partial^2}{\partial y^2} + \frac{1}{2}m\omega_c^2(y-y_0)^2\right\}Y(y) = EY(y) \tag{8.40}$$

を得る. (8.40) 式は,振動の中心が y_0 で角振動数が ω_c の調和振動子である. ω_c は,質量 m の電子が磁場中でローレンツ力 (8.19) を受けて,円運動をするときの角振動数であり,**サイクロトロン振動数**と呼ぶ. (8.40) 式を解くと

$$E_n = \hbar\omega_c\left(n + \frac{1}{2}\right) \quad (n=0,1,2,\cdots) \tag{8.41}$$

のように,$\hbar\omega_c$ で量子化された離散的なエネルギー準位 E_n を得る. 磁場によって離散化した E_n を**ランダウ準位**と呼ぶ (図 8.8(b))[*49]. また n 番目の固有関数 $Y_n(y)$ は,1次元調和振動子の固有関数であり,エルミート (Hermite) 多項式 $H_n(s)$ を用いて[*50]

$$Y_n(y) = \frac{1}{\sqrt{\sqrt{\pi}\, l\, 2^n n!}} \exp\left\{-\frac{(y-y_0)^2}{2l^2}\right\} H_n\left(\frac{y-y_0}{l}\right) \tag{8.42}$$

と表される. $Y_n(y)$ は, y_0 を中心に y 方向に局在する. 局在の程度を表す長さは, (8.42) 式中の変数 $y - y_0$ を無次元化するとき現れた長さ l である. l は**磁気長**と呼ばれ

$$l = \sqrt{\frac{\hbar}{m\omega_c}} = \sqrt{\frac{\hbar}{eB}} \tag{8.43}$$

で表される. l の大きさは, $B = 1\,\text{T}$ で $l = 25.66\,\text{nm}$ である[*51]. 調和振動子の中心 y_0 は, $0 \leq y_0 \leq L$ を満たす必要があるので, 可能な y_0 の個数は, (8.39), (8.33), (8.43) 式を用いて

$$y_0 = \frac{\hbar k_x}{eB} = \frac{\hbar}{eB}\frac{2\pi}{L}n_x < L \quad \longrightarrow \quad n_x < \frac{L^2}{2\pi l^2} \tag{8.44}$$

で与えられ L^2 に比例する. E_n は n_x によらないので, 単位面積当りの, 1つのランダウ準位の縮退度は (8.44) 式を L^2 で割って

$$\frac{1}{2\pi l^2} = \frac{eB}{h} = \frac{B}{\phi_0} \tag{8.45}$$

になる. ここで, ϕ_0 は**磁束量子**と呼ばれ

$$\phi_0 \equiv \frac{h}{e} = 4.136 \times 10^{-15}\,\text{Wb} \tag{8.46}$$

で表される量である[*52]. (8.45) 式から, 1個のランダウ準位の縮退度は, 試料を貫く磁束量子の数である. 1個のランダウ準位に縮退度の数の電子が占有されれば, 電子の数と磁束量子の数は等しい. このとき電子密度 n_e は, $n_e = eB/h$ になる. 8.4節の最後で示したように ν 個のランダウ準位に電子が占有すれば $n_e = eB\nu/h$ なので, (8.25) 式より $\rho_{xy} = R_K/\nu$ になり整数量子ホー

[*49] 2.2.2項に調和振動子の解法があるので, 結果のみを示した. また (8.38) 式は, 偏微分方程式の変数分離法の解法を用いている. 3次元の電子でも, xy 方向の運動はランダウ量子化されるが, E_n に z 方向の運動エネルギー $\hbar^2 k_z^2/2m$ が加わるので, ランダウ準位間にも連続に状態が存在する. ランダウ準位間に状態がない2次元電子であることが整数量子ホール効果が起こる条件として必要である.

[*50] エルミート多項式 $H_n(s)$ は (2.50) 式で定義する. 具体的な形も (2.50) 式の前にある.

[*51] l は, $n = 0$ の場合のエネルギー ($\hbar\omega_c/2 = mv_0^2/2$) に相当するサイクロトロン半径 $R = v_0/\omega_c$ に等しい.

[*52] 磁束とは, 磁場 (T) に断面積 (m^2) を掛けた量であり, 単位は Wb である. 磁束が量子化されるなら, h と e で表され ϕ_0 になる. 超伝導の場合, 磁束量子は $h/2e$ と分母に2が付く. 第二種超伝導体では, 磁束量子を電子顕微鏡で観測できる.

8.5 Si MOSFET における整数量子ホール効果

ル効果を与える.ここで,(8.45) 式で与えられる縮退度には,スピンの自由度 2 は含まれていないことに注意しよう.1 個のランダウ準位は,$\hbar\omega_c$ のエネルギー幅の状態が縮退し,量子化してできたものと考えられるので,スピンの自由度を含めたランダウ準位 1 個当りの n_e は,$\hbar\omega_c$ に状態密度 (8.35) を掛けて

$$\hbar\omega_c \cdot \frac{m}{\pi\hbar^2} = \frac{\hbar eB}{m} \cdot \frac{m}{\pi\hbar^2} = \frac{2eB}{h} \tag{8.47}$$

であり,(8.45) 式の 2 倍の $2eB/h$ になる.ランダウ準位の計算では電子の軌道運動だけを考えたので,電子のスピンの自由度を含まない.1 個のランダウ準位の中の電子のスピンのアップの状態とダウンの状態は,磁場中では縮退が解けゼーマン (Zeeman) 分裂する (図 8.8(c)).ゼーマン分裂は,磁場と電子の磁気モーメントとの相互作用である.物質中の電子は,電子のスピンによって $-g\mu_B/2$ の磁気モーメントをもつ.ここで,g は **g 因子**と呼ばれる定数である[53].μ_B は,**ボーア**(Bohr)**磁子**と呼ばれ,以下で与えられる.

$$\mu_B = \frac{e\hbar}{2m_0} = 9.274 \times 10^{-24} \, \text{J T}^{-1} \tag{8.48}$$

μ_B は,電子のスピン角運動量 $\hbar/2$ に対応する磁気モーメントである[54].$m_0 = 9.109 \times 10^{-31}$ kg は,真空中における電子の静止質量である.ゼーマン分裂幅 ΔE_Z は,磁気モーメントと $\boldsymbol{B}$ との双極子相互作用より

$$\Delta E_Z = 2 g\mu_B B = 2\frac{\hbar g e B}{m_0} \tag{8.49}$$

で与えられ,(8.39) 式と比べると,m_0/g と m 以外は $\hbar\omega_c$ と同じ形である.半導体の電子の有効質量 m は,m_0 の 1/10 程度なので,ゼーマン分裂は,ランダウ準位間隔の 1/10 程度になる[55].表 8.2 に整数量子ホール効果に現れる物理量と磁場 $B = 1$ T のときの値をまとめた.図 8.7 において,$B = 9.2$

---

[53] Si や GaAs の g 因子の値は,g(Si) = 2,g(GaAs) = 0.52 である.量子電磁力学 (QED) の計算によって,真空中の電子の g 因子の値は $g = 2.002319$ である.
[54] 真空中の g 因子がほぼ 2 なので,μ_B は,真空中の電子の磁気モーメントといってよい.2 次元電子ガスで,電子間クーロン (Coulomb) 反発を考慮すると,$n_e = 1 \times 10^{12} \sim 6 \times 10^{12}$ cm^{-1} に対し $g = 3.3 \sim 2.5$ の値をとる.Phys. Rev. 178 (1969) 1416 参照.
[55] 有効質量は 5.1 節参照.半導体の電子の有効質量は,GaAs で $m = 0.068 m_0$,Si で $m = 0.19 m_0$ である.

表 8.2 整数量子ホール効果に現れる物理量と磁場 $B = 1\,\mathrm{T}$ のときの値

物理量	式	$B = 1\,\mathrm{T}$ のときの値と単位
ランダウ準位間隔	$\hbar\omega_\mathrm{c} = \dfrac{\hbar e B}{m}$	$1.16\,\mathrm{meV}\ (m = m_0/10)$
磁気長	$l = \sqrt{\dfrac{\hbar}{eB}}$	$25.66\,\mathrm{nm}$
磁束量子	$\phi_0 = \dfrac{h}{e}$	$4.136 \times 10^{-15}\,\mathrm{Wb}$
ランダウ準位縮退度	$\dfrac{eB}{h} = \dfrac{B}{\phi_0} = \dfrac{1}{2\pi l^2}$	$2.417 \times 10^{14}\,[1/\mathrm{m}^2]$
ゼーマン分裂幅	$g\mu_\mathrm{B} B = \dfrac{g\hbar e B}{m_0}$	$0.12\,\mathrm{meV}\ (g = 2)$

T で $\nu = 2$ なので,ランダウ準位の縮退度の 2 倍の値を計算すると 4.45×10^{15} になり,ホール係数から求めた n_e の値に一致する.

8.5.3 整数量子ホール効果が観測される状況

スピンの縮退を考えない ν 個のランダウ準位に電子が占有したときに,整数量子ホール効果が現れることを示した[*56].ここでは,実際の実験における状況を定性的に説明する.

(ランダウ準位間隔) > (ゼーマン分裂幅) であること (8.41) 式において,隣接するランダウ準位間のエネルギーは $\hbar\omega_\mathrm{c} = \hbar e B/m$ であった.ここで m は,電子の有効質量である.一方,ゼーマン分裂幅 $\varDelta E_\mathrm{Z}$ ((8.49) 式) で定義した m_0 は,電子の静止質量である.半導体中の電子の有効質量は,$m \sim 0.1 m_0$ 程度であるため,ランダウ準位間隔はゼーマン分裂幅より約 10 倍ぐらい大きい.2 つの準位間隔はともに磁場に比例し,比は一定であるので,常に $\hbar\omega_\mathrm{c} > \varDelta E_\mathrm{Z}$ である.

熱的なエネルギー $k_\mathrm{B} T$ が,ランダウ準位間隔やゼーマン分裂幅より小さければ,電子はエネルギーの高い離散的な準位に熱的に励起して占有することはできない.したがって,「電子は離散的なエネルギーを感じる」ことができる.実験の最大磁場を $10\,\mathrm{T}$ とすると,$B = 10\,\mathrm{T}$ に対するゼーマン分裂は,$2\mu_\mathrm{B} B = 1.8 \times 10^{-23}\,\mathrm{J} = 1.2\,\mathrm{meV}$ であるので,温度換算して $10\,\mathrm{K}$ 以下であ

[*56] 実験で 10 桁近い精度でホール抵抗が観測できることを,詳細なことをすべて考慮して説明するのは至難なことであり本書の目的ではない.

れば，ゼーマン分裂した $n=0$ のランダウ準位に電子が占有することができる[*57]．このとき整数 ν に対応する抵抗率が観測される．これに対し，$\hbar\omega_c$ を温度換算すると，約 10 倍なので，100 K ぐらいになる．10 K 以上では，ゼーマン分裂したランダウ準位に同時に電子が占有するので，偶数の $\nu=0,2,4$, $\cdots$ に対応する抵抗率が観測される．

最低ランダウ準位を占有する電子の密度 $B=0$ で，電子がエネルギー $E=0$ からフェルミエネルギー E_F までの状態を占有するとき，電子数密度 n_e は状態密度 (8.35) を用いて

$$n_e = \frac{E_F m}{\pi \hbar^2} \tag{8.50}$$

で表される．$B=10$ T で，n_e がランダウ準位の縮退度 (8.45) に等しいとすると

$$n_e = \frac{B}{\phi_0} = \frac{10}{4.136 \times 10^{-15}} = 2.417 \times 10^{15} \text{ m}^{-2} \tag{8.51}$$

であり，(8.51) = (8.50) から E_F を求めると，$m = 0.1 m_0$ の場合には $E_F = 5.8$ meV になる．(8.51) 式の n_e のとき $B = 10$ T で，すべての電子は $n = 0$ の最低ランダウ準位を占有する．

各ランダウ準位は，エネルギー幅があること ランダウ準位は，エネルギーの値が量子化されているが，実際の実験ではランダウ準位のエネルギーの値は，一定の幅がある（図 8.8(d)）．エネルギー幅の起源は，電子の散乱によって有限の寿命 τ（緩和時間）をもつからである．τ の値が小さいと，不確定性原理によって $\varDelta E = \hbar/\tau$ 程度のエネルギーの不確定性があり，ランダウ準位の幅になる[*58]．緩和時間 τ がある場合の電子の古典的な運動方程式は

[*57] 1 meV を k_B で割って温度換算すると 10 K 程度になる．
[*58] 電子の散乱の起源として，① 不純物ポテンシャル，② 試料の端，③ 電子格子相互作用，などが考えられる．反転層を作るときに p 型不純物をドープしているので，電子は不純物ポテンシャルによって散乱を受ける．また，MOS 構造での酸化物である SiO_2 の酸素原子は負イオンになっていて，反転層の電子に対する散乱体になる．酸化物 SiO_2 の表面は原子的に平坦ではなく，2 次元電子の運動を妨げる．さらに，試料の幅 W（図 8.6）が有限であるので，v_y/W ごとに端での散乱が起きる．また室温では，格子振動によって電子が加速・減速を受ける．この効果は，電子格子相互作用による電子の非弾性散乱である．100 K 以下の低温では，①，② が大きな効果である．

$$m\left(\frac{d}{dt} + \frac{1}{\tau}\right)v_x = -e(E_x + Bv_y), \quad m\left(\frac{d}{dt} + \frac{1}{\tau}\right)v_y = -e(E_y - Bv_x) \tag{8.52}$$

のように v_x, v_y の連立方程式で書くことができる．(8.52) 式を v_y について解き[*59]，$J_y = -nev_y = \sigma_{yx}E_x + \sigma_{yy}E_y$，$\sigma_{yy} = \sigma_{xx}$，$\sigma_{yx} = -\sigma_{xy}$ より

$$\sigma_{xx} = \frac{\sigma_0}{1 + \omega_c^2\tau^2}, \quad \sigma_{xy} = -\frac{\sigma_0\omega_c\tau}{1 + \omega_c^2\tau^2} \tag{8.56}$$

を得る．ここで σ_0 は，磁場がないとき（$\omega_c = 0$）の縦伝導度であり

$$\sigma_0 = \frac{n_e e^2 \tau}{m} \tag{8.57}$$

で表される．$\omega_c\tau/(2\pi)$ は，緩和時間 τ の間に電子が何周サイクロトロン運動をするかを示す数字である．$\omega_c\tau \gg 1$ のとき，(8.56) 式は

$$\sigma_{xx} = 0, \quad \sigma_{xy} = -\frac{\sigma_0}{\omega_c\tau} = -\frac{n_e e^2}{m}\frac{m}{eB} = -\frac{n_e e}{B} \quad (\omega_c\tau \gg 1) \tag{8.58}$$

になり，(8.58) 式の逆行列をとると

$$\rho_{xx} = 0, \quad \rho_{xy} = -\frac{B}{n_e e} \quad (\omega_c\tau \gg 1) \tag{8.59}$$

となり，(8.25) 式の結果に一致する[*60]．一般の $\omega_c\tau$ に対しても，(8.56) 式から

$$\sigma_{xy} = -\frac{B}{n_e e} + \frac{\sigma_{xx}}{\omega_c\tau} \tag{8.60}$$

の関係を得る[*61]．(8.60) 式は，$\omega_c\tau \gg 1$ でなくても $\sigma_{xx} = 0$ である限り

[*59] (8.52) 式の 2 番目の式から，v_x について解くと

$$v_x = \frac{1}{\omega_c}\left(\frac{d}{dt} + \frac{1}{\tau}\right)v_y + \frac{E_y}{B} \tag{8.53}$$

を得る．(8.53) を (8.52) 式の 1 番目の式に代入して，以下の微分方程式を得る．

$$\left(\frac{d^2}{dt^2} + \frac{2}{\tau}\frac{d}{dt} + \frac{1}{\tau^2} + \omega_c^2\right)v_y = -\frac{e}{m}\left(\omega_c E_x + \frac{E_y}{\tau}\right) \tag{8.54}$$

$v_y = P\exp(-i\omega t) + Q$ （P, Q は定数）とおくと，$\omega = \omega_c - i/\tau$ になり，$\tau > 0$ なら P の項は $t \to \infty$ で 0 になる．その結果，v_y は以下のようになり，(8.56) 式を得る．

$$v_y(t \to \infty) = Q = -\frac{e}{m}\frac{\tau^2}{1 + \omega_c^2\tau^2}\left(\omega_c E_x + \frac{E_y}{\tau}\right) \tag{8.55}$$

[*60] $\tau \to \infty$ の極限は，散乱がないとして解いた (8.25) 式に一致する．

8.5 Si MOSFET における整数量子ホール効果

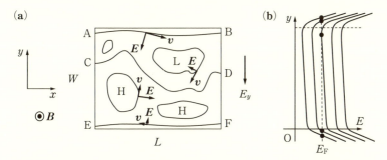

図 8.9 2 次元電子の磁場中の運動．(a) 不純物ポテンシャルの等高線．H(L) はポテンシャルエネルギーの高い（低い）場所．電子はサイクロトロン運動をしながら中心が等高線に沿って動く．等高線が閉曲線の場合，電子は ρ_{xx} に寄与しない．(b) (a) の AB (EF) の等高線は，試料の外側に物質がないのでエネルギーが増加することによる．フェルミエネルギー E_F を通る点の状態でジュール熱が発生しないエッジ電流が流れる．AB と EF でエッジ電流の向きは逆である．ホール電場 E_y がある分，EF を流れるエッジ電流が AB より大きく，正味 $I \neq 0$ になる

$\sigma_{xy} = -B/n_e e$ であり，(8.58) 式の結果に対応するので，n_e にランダウ準位の縮退度を代入すると，散乱を考慮しても整数量子ホール効果を与える．

ジュール熱が発生しない電流 図 8.6 で電圧 V を印加し，電流 I が流れている状況で，$\rho_{xx} = 0$，$\rho_{xy} \neq 0$ であるということは，(8.26) 式より $V_x = 0$，$V_y \neq 0$ を意味する[*62]．電流 I が流れているのに，$V_x = 0$ であることは x 方向に散乱の影響を受けない，「ジュール熱が発生しない電流」があることを意味する[*63]．

不純物があるのに σ_{xx} が 0 になるのは，電子が不純物ポテンシャルの等高線に沿って周回運動するからである．図 8.9(a) に，不純物ポテンシャルの作る等高線を示した．古典力学では，磁場中の電子はサイクロトロン運動をしな

[*61] (8.60) 式の導出は

$$\frac{n_e e}{B} = \frac{n_e e^2 \tau}{m} \frac{m}{eB} \frac{1}{\tau} = \frac{\sigma_0}{\omega_c \tau} \qquad (8.61)$$

の関係を (8.60) 式の右辺に代入し，(8.56) 式を用いると得る．

[*62] 実験で B が大きいとき $\rho_{xx} = 0$，$\rho_{xy} = h/e^2 \nu$ になるのは，磁気長 l が小さくなり，半径 l の円の中に不純物ポテンシャルが存在する確率が少なくなるので，円運動をする限り散乱が起こらなくなる（$\tau \to \infty$）からである．

[*63] 一般に電圧と電流の方向が直交するとき，ジュール熱 VI が発生しない電流が流れる．

がら，回転の中心が磁場と電場に垂直な方向に動く．いま，不純物ポテンシャルの大きさがサイクロトロン半径に比べて大きく，また不純物ポテンシャルの作る電場が電極間のホール電場 E_y より大きい場合を考える．このとき物質中の電場は不純物ポテンシャルの等高線に垂直な方向を向いている．したがって電子は等高線に沿って運動をする．試料中の等高線の大部分は，閉曲線をなすので，閉曲線を周回する電流は，ρ_{xx} に寄与しない[64]．ρ_{xx} に寄与しない電流として，試料の端を流れる量子化された**エッジ電流**がある（図 8.9(a) の AB と EF）．図 8.9(b) に示すように試料の外側には物質がないので，電子のポテンシャルは試料端で増加する．この結果，ポテンシャルの等高線は，試料の端に沿ってあり，ポテンシャルの作る電場は試料の端に垂直で内側方向であるので，電子は試料の端に沿って周回するように流れる．これをエッジ電流と呼ぶ．エッジ電流はジュール熱が発生しない電流である[65]．ホール電場 E_y がある分，上端より下端のほうが E_F との交差点の数が多いので AB を流れるエッジ電流が EF より大きく，正味 $I \neq 0$ になる．V_y に比例した量子化されたエッジ電流 I が流れ，(8.26) 式から ρ_{xy} が量子化される．

8.5.4 量子力学で散乱を考えた整数量子ホール効果

散乱を含めた古典力学の電子の運動と 2 次元のランダウ量子化，そして量子化されたエッジ電流で整数量子ホール効果が一般の場合でも成立した．量子力学で量子ホール効果をより深く説明する場合には，いくつか修正点がある[66]．(8.52) 式の古典力学の解は，サイクロトロン運動の半径が時間とともに減衰

---

[64] 逆に等高線が試料の両端と交差する図 8.9 の CD の場合には，ρ_{xx} に寄与する電流になる．2 次元上の等高線の場合には，試料を横切るような等高線が存在する．等高線のエネルギーは，広がったランダウ準位の中央のエネルギーの状態に対応する（図 8.8(d)）．

[65] エッジ電流が流れる電子状態をエッジチャネルと呼ぶ．エッジ電流は，フェルミエネルギーがどの位置にあっても，流れる（試料の外に向かって増加するポテンシャルと交差点（図 8.9(b) の黒丸）がある）．エッジ電流が流れる仕組みは，E_y の電場と，z 方向の磁場のベクトル積によるもので，E_x ではない．実際に電子の運動方向は AB は $+x$ 方向で，EF は $-x$ 方向で逆である．したがって，x 方向に流れるエッジ電流にはジュール熱が発生しない．散乱をしない電気伝導を**バリスティック伝導**と呼び，交差点 1 個ごとに e^2/h の量子伝導度をもつ．これは**ランダウアー（Landauer）の式**として知られている．

[66] 量子力学で説明しなければならない理由は，非常に精度良く h/e^2 の値が実験で観測される理由を説明するためには，いかなる近似も排除しなければならないからである．

する((8.55)式). しかし, 量子力学の解は, 調和振動子の解として固有のエネルギーをもち, サイクロトロン半径の大きさが散乱によって減衰しない. 不純物ポテンシャルによる電子の散乱は, 運動量は変わるがエネルギーが変わらない弾性散乱である. 弾性散乱によって電子は, 縮退するランダウ準位内で量子数の k_x, y_0 が異なる状態に遷移する[*67]. 散乱を考慮した, ランダウ準位の波動関数(8.38)は, 複数の不純物ポテンシャルが存在する領域に束縛された状態になることがわかっている[*68].

線形応答の理論である久保公式[*69]に, 不純物ポテンシャルも考慮した磁場中の波動関数を用いて, 電気伝導度を計算することができる(9.5.4項参照). ここでは, 計算の詳細は省き, 結論だけを列挙する. ① 不純物ポテンシャルがあると, ランダウ準位中の電子状態の大半は, 空間的に局在する. 電子の局在によってエネルギーの変化[*70]が発生するので, ランダウ準位はエネルギー的に広がりをもつ状態になる. 広がった両端の状態はエネルギーの損得が大きいので, より局在している状態になる. 局在した状態は, x 方向の電気伝導には寄与しないので $\sigma_{xx}=0$ になる(図8.9(d)斜線部). ② 不純物ポテンシャルの等高線が試料を縦断するような電子状態(図8.9のCD)が各ランダウ準位の中心付近に存在する. この非局在の状態によって, $\sigma_{xx}\neq 0$ になるがこの

[*67] サイクロトロン半径が不純物ポテンシャルの有効距離に比べて十分小さいのであれば, 8.5.3項のように電子は等高線に沿って運動すると考えてよい. 逆にサイクロトロン半径が不純物ポテンシャルの有効距離と同程度の場合には, 磁場と不純物ポテンシャルを同時に入れてシュレディンガー方程式を解く必要がある.

[*68] 一般に不純物ポテンシャルによって電子状態が空間にわたって広がらなくなることを, **アンダーソン(Anderson)局在**と呼ぶ(9.2.3項参照). 電子は, 波の性質をもち複数の不純物ポテンシャルによって散乱を受けると, 散乱波のランダム位相が重ね合わさり干渉効果によって打ち消される. その結果, 波の進行方向の振幅が小さくなる. 波消しブロックがランダムに積み上げられるのと同じ理由である. 磁場中でも, アンダーソン局在が起きるが, 局在の程度が少なくなり, 負の磁気抵抗を与えることがわかっている. 1977年, アンダーソン(P.W. Anderson)は, モット(Mott), ヴァン・ヴレック(van Vreck)とともにノーベル物理学賞を受賞した.

[*69] 電気伝導度や磁化率など線形応答の感受率を計算する一般的な公式を久保公式と呼ぶ. 久保亮五によって導出された. R. Kubo: J. Phys. Soc. Jpn. 12 (1957) 570.

[*70] 不純物ポテンシャルが引力ポテンシャルならエネルギーが減少し, 斥力ポテンシャルなら増加する. 斥力ポテンシャルであっても, 等高線上を運動するので, 周回運動で局在するのであって, 局在は等高線の高さにはよらない.

とき，(8.56) の表式の電子密度はランダウ準位全体の n_e になる．③ 久保公式における σ_{xy} の表式を変形すると，$\sigma_{xy} = \nu e^2/h$ の ν の値が，**ベリー (Berry) 接続**と呼ばれる「波動関数に固有な量の特異点を何回回ったか」という巻き数に対応する（9.5.4 項参照）[*71]．この巻き数は，物質の変形や散乱などによって波動関数が変形しても不変なので，トポロジカル不変量と呼ばれている．この結果，ν が散乱によらないで非常に高い精度で得られる理由になっている．トポロジカル不変量は，2 次元電子に固有の現象であって，多くの新しい物理の概念がもたらされた[*72]．

8.6　半導体ヘテロ構造とデルタドーピング

整数量子ホール効果は，Si MOSFET で観測された．磁場中で，不純物ポテンシャルが緩和時間 τ を与え，σ_{xx}, σ_{xy} に寄与した（(8.56) 式）．また磁場がないときの σ_0 を大きくするためには（(8.57) 式），τ が大きいことが必要である．τ を大きくするために半導体ヘテロ構造が導入された．

8.6.1　シングルヘテロ構造と変調ドープ

半導体ヘテロ構造とは，バンドギャップの異なる 2 つの半導体を接合した構造である[*73]．ヘテロ構造は，基板材料の上に異なる物質を結晶成長させて作られる．主な手法は，MOCVD，MBE[*74] など材料原子の気体を基板に吹きつけて結晶成長させるものである．

[*71] TKNN (Thouless, Kohmoto, Nightingale, Nijs) 公式と呼ばれている．
[*72] 2016 年，サウレス (Thouless)，ホールデン (Haldane)，コステリッツ (Kosterlitz) は「トポロジカル相転移および物質のトポロジカル相の理論的発見」により，ノーベル物理学賞を受賞した．
[*73] ヘテロとは，「異なる」というギリシャ語由来の言葉である．
[*74] MOCVD は，Metal Organic Chemical Vapor Deposition, 有機金属気相成長法の略．MBE は，Molecular Beam Epitaxy, 分子線エピタキシー法の略．エピタキシーとは，構造がよく似た他の結晶が成長すること．MOCVD は，MOVPE (Metal Organic Vapor Phase Epitaxy) とも呼ばれる．MOCVD は 1960 年代から開発が進み，1970 年代に入って MBE が開発された．それ以前の半導体は，液相エピタキシャル成長法 (LPE, Liquid Phase Epitaxial)，気相エピタキシャル成長法 (VPE, Vapor Phase Epitaxial) が用いられていた．LPE, VPE, MOCVD, MBE の順番に進化した．

8.6 半導体ヘテロ構造とデルタドーピング

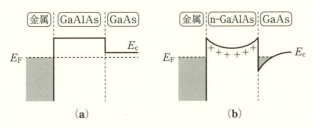

図 8.10 シングルヘテロ接合と変調ドープ．(a) $Ga_{1-x}Al_xAs$ ($0 < x < 1$) と GaAs のヘテロ接合帯の底 (E_c) を位置の関数として表示．(b) $Ga_{1-x}Al_xAs$ の Al の一部を Si に置換し n 型半導体にすると，電子が GaAs 側に移動し，2次元電子ができる．GaAs 側に不純物は存在しないので，電子移動度が大きくなる

図 8.10 に，具体的な半導体ヘテロ構造として，GaAs と GaAs に Al を少し加えた $Ga_{1-x}Al_xAs$ との**シングルヘテロ構造**（界面が1個の半導体ヘテロ構造）における，伝導帯の下端のエネルギー E_c を示した．図 8.10(a) に示すように，GaAs の E_c は，$Ga_{1-x}Al_xAs$ の E_c より低い．このことを利用して，図 8.10(b) のように，$Ga_{1-x}Al_xAs$ の Al の一部を Si に置換し n 型半導体にすると電子は GaAs に移動する．n-$Ga_{1-x}Al_xAs$ 側には正イオンが残るので，電子は正イオンに引きつけられ，GaAs 層の界面で2次元電子を作る．このように，不純物ドープを片方の物質，特に2次元電子が発生しないほうの物質におこなう手法を，**変調ドープ**と呼ぶ．

変調ドープで重要な点が3点ある．① GaAs 層には不純物が添加されていないので，2次元電子で不純物散乱が起きず，理想的な電子移動度を得ることができる[*75]．② 界面で良好な接合を形成できる．異なる物質といっても，ともに GaAs が基本になっているので，格子定数のずれはほとんどなく，**エピタキシャル成長**が可能である[*76]．エピタキシャル成長した界面では，原子と原子が化学結合し格子欠陥による界面準位が発生しない．③ 2次元電子がで

[*75] 脚注 17 も参照．電子移動度は，1個の電子が電場に対してどれくらいの平均速度を得るかを表す量である．単位は $(m/s)/(V/m) = m^2/(V\,s)$ であるが，$cm^2/(V\,s)$ の単位で使われることが多い．移動度は低温では不純物散乱で決まり，100 K より高温になるにしたがってフォノンとの散乱が支配的になる．不純物の量が多ければ，温度が高いところでもその影響が無視できないので，温度を下げても移動度の上昇が期待できない．

きる GaAs が $Ga_{1-x}Al_xAs$ のような混晶でなく，単結晶であることである．混晶は格子歪や欠陥が発生し，電子移動度に悪影響を与える．

得られた 2 次元電子は，電子を供給する $Ga_{1-x}Al_xAs$ 層の厚さを調整することで，2 次元電子の密度をコントロールできる．また，$Ga_{1-x}Al_xAs$ を p 型半導体にすれば，2 次元正孔を GaAs 層に作ることもできる[*77]．

図 8.10 の金属側の部分に，ソース，ゲート，ドレイン電極をつければ MOSFET として動作するが，低温（100 K 以下）にすることで移動度が格段に上がり，高電子移動度トランジスタ（HEMT[*78]）ができ，非常に高い周波数の動作にも追従可能になった．図 8.10(b) の変調ドープの欠点は，2 次元電子が界面付近の不純物ポテンシャルで散乱されることと，2 次元電子の閉じ込め効果が不純物濃度で変化する点である．この問題を克服するためにデルタドーピングという概念が考えられた．

8.6.2　ダブルヘテロ構造とデルタドーピング

図 8.11 (a) では，中央部のチャネル層になる GaAs 層が，上下の $Ga_{1-x}Al_xAs$ 層（δSi と書かれた部分も含む）で挟まれた構造になっている．2 つの界面からなる構造を**ダブルヘテロ接合**と呼ぶ．ダブルヘテロ接合では，図 8.11 (b) に示すように，GaAs の伝導帯の下端のエネルギー E_c が，$Ga_{1-x}Al_xAs$ の E_c より小さいので，有限の高さの**量子井戸**と呼ばれる閉じ込められた空間になる．また，AlGaAs 層中で δSi と書かれた部分が，Si をドープした部分である．Si はドナーになり GaAs 層に電子を供給する．このように，半導体の中の限られた層だけに不純物をドープすることを**デルタドーピング**と呼ぶ[*79]．デルタドーピングした部分は界面から十分離れている（10

[*76]　最近では，エピ成長とも呼ばれている．エピ成長とは，結晶の表面の結晶軸に沿って新しい単結晶を成長させることである．
[*77]　pn ヘテロ接合や，nn ヘテロ接合，さらには，ヘテロ接合バイポーラ・トランジスタなどの概念がある．
[*78]　High-Electron-Mobility Transistor の略．1979 年に三村高志が発明した．
[*79]　ドープ量の分布を z の関数として考えると，数学のデルタ関数 $\delta(z-z_0)$ のような鋭い形になる．デルタドーピングの語源がデルタ関数から来ているかどうかの確証は得られなかった．最初の論文とされているのは，J. Crys. Growth 47 (1979) 613 であり，"sharp doping spikes" と表現されている．

8.6 半導体ヘテロ構造とデルタドーピング

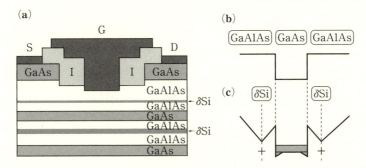

図 8.11 ダブルヘテロ接合とデルタドーピング．(a) δSi が，Si をデルタドーピングした部分．チャネル層になる GaAs 層が，上下の $Ga_{1-x}Al_xAs$ 層（δSi を含む）で挟まれたダブルヘテロ接合．G，S，D，I はゲート電極，ソース電極，ドレイン電極，絶縁層．一番下の GaAs は基板層．S と D の下の部分の GaAs はキャップ層．(b) ダブルヘテロ接合によって作られる量子井戸構造．(c) デルタドーピングによって，電子が GaAs に移動．正電荷によってポテンシャルが変形する

nm）ので，GaAs 層にできた 2 次元電子への不純物ポテンシャルの影響は，変調ドープより抑えられ，より高い電子移動度を得ることができる．図 8.11(c) に示すように，デルタドーピングされた場所に正電荷のイオン，量子井戸中に負電荷の電子があるので，電荷層が作るポテンシャルが発生し，量子井戸のポテンシャルとあわせて，2 次元電子が閉じ込められる[*80]．

図 8.11(a) では，電流はソースからキャップ層の GaAs 層，$Ga_{1-x}Al_xAs$ 層を通ってチャネル層に入り，図の右側で $Ga_{1-x}Al_xAs$ 層，GaAs 層を通ってドレインに流れ込む．また，ゲート電極とチャネル層の間には絶縁層がなく，金属電極と半導体キャップ層の界面は**ショットキー（Schottky）接合**[*81]であ

[*80] シングルヘテロ構造の場合には，量子井戸のポテンシャルのような閉じ込め効果はないので，ダブルヘテロ構造のほうがより閉じ込め効果が高くなる．閉じ込め効果が高いと，z 方向の運動エネルギーが高くなるので，励起状態と基底状態のエネルギー差が大きくなり，電子の 2 次元性が高くなる．

[*81] 金属と半導体の接合界面をショットキー接合という．整流特性があることが 1874 年に見出されている．整流作用は，金属から見た場合の障壁の高さが，半導体から見た障壁の高さに比べて大きいとき起きる．この高さの違いは，金属の仕事関数と半導体の電子親和力（ともにエネルギーの次元）の大小関係で決まる．整流特性がない状況では，金属半導体接合はオーミックな接合になる．

る．ショットキー障壁による空乏層が $Ga_{1-x}Al_xAs$ 層に広がる．空乏層によって，チャネル層を通らないで，$Ga_{1-x}Al_xAs$ 層を通ってドレイン電流が流れることを阻止している[*82]．

半導体ヘテロ構造は，2つの物質の伝導帯と価電子帯の相対的位置で4つの構造が可能である．また電子と正孔を同時に特定の層に注入し，半導体レーザーや太陽電池として使うなど光学的デバイスとしても大きな発展をした[*83]．ヘテロ構造から，1978年に半導体超格子の概念が生まれた．

半導体ヘテロ構造によって作られた FET は，非常に高い周波数でも追従するので応用上重要である．デルタドーピングでは，GaAs 層に不純物の影響がないので，さらに高移動度の n 型半導体を作ることができる．2012年には耐電圧特性の高い GaN を用いてより高性能の HEMT が作られ，パワー素子や，車の自動運転用の 76 GHz のレーダが作られている．また物理の世界では1982年に，不純物散乱のない2次元電子の実現によって，8.7節で説明する分数量子ホール効果が観測された．

8.7　分数量子ホール効果

ヘテロ構造中の2次元電子は，不純物散乱が著しく抑えられる．この理想的な2次元電子を用いると，整数量子ホール効果で観測された $h/\nu e^2$（ν は整数）に量子化されたホール抵抗率 ρ_{xy} だけでなく，h/e^2 の一般の分数の値

$$\rho_{xy} = \frac{p}{q}\frac{h}{e^2} \tag{8.62}$$

でも平らな部分があることが観測された（図8.12）．ここで，q は 3, 5, 7, 9 のような奇数で，p は整数である[*84]．ホール抵抗率 ρ_{xy} が，量子化された抵抗

[*82] 空乏層の大きさはゲート電圧の大きさで制御できるので，図8.11の構造とは別に，ゲート電極直下にチャネル層となる半導体を置けば，空乏層の変化で電流を制御することも可能である．このような FET を MESFET (Metal-Semiconductor Field Effect Transistor, 金属半導体接合電界効果トランジスタ) と呼ぶ．

[*83] 2000年には，ヘテロ接合における半導体の優位性を指摘したクレーマー (Kroemer) と，ヘテロ接合で半導体レーザーを作製したアルフョーロフ (Alferov) が，ノーベル物理学賞を受賞した．もう一人の受賞者は，集積回路を発明したキルビー (Kilby) である．

8.7 分数量子ホール効果

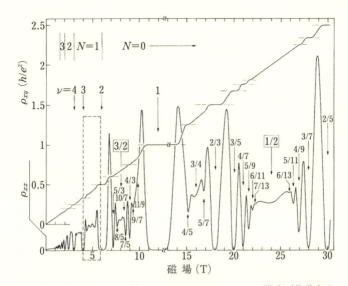

図 8.12 分数量子ホール効果．GaAs/GaAlAs ヘテロ構造（移動度は $1.3 \times 10^6 \, \mathrm{cm^2/V}$）で，絶対温度 150 mK で ρ_{xy} と ρ_{xx} を測定．ν は，ランダウ準位の占有率．N はスピンの自由度を含むランダウ準位の量子数．$N = 0$ は，$\nu < 2$ に対応する．ρ_{xx} が極小値をとるとき，ρ_{xy} は (8.62) 式の分数 p/q 値を与える（Phys. Rev. Lett. **59** (1987) 1776 より許可を得て転載）

率 h/e^2 の分数になる効果を**分数量子ホール**効果と呼ぶ．p/q が $1/\nu$ のときは，ν はランダウ準位の占有数に対応した（(8.60) 式）．p/q が分数なのは，図 8.12 において磁場が $B > 12\,\mathrm{T}$ の強磁場で，最低ランダウ準位（$n = 0$）に電子が占有する（$\nu < 1$）ときである．整数量子ホール効果では，不純物散乱によって試料内部の電子状態が局在し電流が流れないが，試料の端に流れるエッジ電流がホール伝導度を担うという描像であった．これに対し，分数量子ホール効果では電子間のクーロン相互作用によって試料内部に多体の安定した電子状態が形成され電流が流れないが，試料の端に流れるエッジ電流がホール伝導度を担うという描像になる．

図 8.12 で観測される分数の値はすべての整数の組ではなく，分母が奇数の

[*84] のちに偶数の q も観測されている．Nat. Phys. **11** (2015) 347 は ZnO の実験．論文の文献 2-11 は，GaAs の偶数の q の実験結果の文献である．

特殊な組の集まりである.図 8.12 で,$B = 24$ T が,最低ランダウ準位に電子が半分占有する $\nu = 1/2$ に対応する(1/2 を四角で囲んだ位置).そこを挟んで,$\nu = 7/13$ と 6/13,6/11 と 5/11,5/9 と 4/9,4/7 と 3/7,3/5 と 2/5,2/3(1/3 は,$B < 30$ T では観測されない)など分母が奇数で,1/2 の前後の分数の ν の値が現れる.分数の ν の値で,ρ_{xx} が 0 もしくは極小になり,ρ_{xy} が一定値(8.62)になる.$\rho_{xx} = 0$ のとき,ρ_{xy} が量子化されるのは,整数量子ホール効果のとき((8.60)式)と同じである.また,$\rho_{xx} = 0$ で ρ_{xy} が平らになる磁場の領域は,分母が小さいほうが大きい傾向にある.これらの規則性を説明するために複合粒子描像を導入する[85].

8.7.1 複合粒子描像

複合粒子とは,「電子と複数の磁束量子をまとめて 1 個の粒子」と見なす考え方である[86].図 8.13 に複合粒子の概念図を示した.図 8.13(a)は,錠剤を一度に 10 個取り出す便利なスプーンである.10 個の凹みがある.ここでは,凹みを磁束量子と考える.図 8.13(b)は,10 個の凹みに錠剤が入った状態である.錠剤を電子と考えると,磁束量子 1 個に電子 1 個が占有する.したがって図 8.13(b)は,最低ランダウ準位に電子が占有率 $\nu = 1$ で占有した整数量子ホール状態に対応する[87].占有率が 1 より小さい場合には,電子間の反発があることが重要で図 8.13(c)のように錠剤がとなり合わないように配置すると 4 個置くことができる.図 8.13(c)の配置では電子は一定の距離をあけて占有するので,すべての磁束量子に電子が占有するわけではない.図 8.13(c)の

---

[85] 分数量子ホール効果の理論は,まず 8.7.3 項で説明するラフリン(Laughlin)の多体の変分波動関数によって,1/3, 1/5, ⋯ の分数量子状態の説明がなされた.その後,ジャイン(Jain)が,次の 8.7.1 項でラフリンの波動関数を拡張することによって複合粒子描像を提案し,実験で観測された残りの分数を再現した.この本では,歴史的な順番を逆にして複合粒子描像でどのように実験の分数を説明できるかを示す.多体の変分波動関数がどれぐらい真実の波動関数に近いかは,数値計算によってエネルギーや二体相関関数の計算で検証されているが,検証されたのは限られた分数に限られる.例えば,ラフリンの波動関数は 1/3 状態を非常に良く説明するが,占有数(分数)が小さくなると 8.7.2 項で示すウイグナー(Wigner)結晶状態のほうが安定になる場合もある.

[86] J. K. Jain : Phys. Rev. Lett. 63 (1989) 199.
[87] (8.45)式より磁束量子の数は 1 つのランダウ準位の縮退度であった.

8.7 分数量子ホール効果

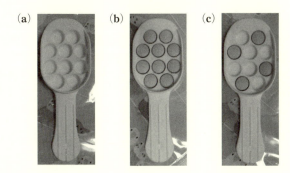

図 8.13 複合粒子の概念．(a) 錠剤を 10 個取るスプーン．10 個の凹みがある．凹み＝磁束量子と考える．(b) 10 個の凹みに錠剤が入った状態．錠剤＝電子と考えると，磁束量子 1 個に電子 1 個が占有し，占有率 $\nu = 1$ の整数量子ホール状態に対応する．(c) 錠剤がとなり合わないように配置した状態．電子間の反発がある場合には，すべての凹みに電子が占有できない．この場合，占有率は $\nu = 2/5$ になる．「錠剤がある凹み」＋「錠剤のない凹み」＝ 1 個の複合粒子と考える．

電子の占有率は 4/10 = 2/5 である．複合粒子は，「錠剤がある凹み」＋「錠剤のない凹み」を 1 つの粒子として考える描像である．図 8.13(c) の複合粒子が電子 1 個と磁束量子 2 個からなるとすると，複合粒子が 4 個あるので凹みが 2 個余る．余った凹みを「電子に付随しない磁束量子」と考える[*88]．他の分数の占有率がどう現れるか，図 8.14 を見ながら以下の順番で考えてみよう．

(1) 図 8.14(a) は，整数量子ホール状態の場合である．ランダウ準位の縮退度は，(8.45) 式より B/ϕ_0 なので，単位面積当りの磁束量子（黒矢印）数 n_ϕ に等しい．縮退度の数の電子（黒丸）が $n = 0$ のランダウ準位に 100 ％ 占有するとき，電子の占有率 ν は 1 である．$\nu = 1$ のとき，n_ϕ と単位面積当りの電子数 n_e の比は $n_\phi : n_e = 1 : 1$ である（図 8.14(a) のいちばん下）．

(2) $n = 0, 1$ の 2 つのランダウ準位に，電子が占有すると（$\nu = 2$），$n_\phi / n_e = 1/2$ になる．「電子 1 個当りの磁束量子の数」は 1/2 である[*89]．図 8.14(a) に示すように，一般に ν が整数のとき，n_ϕ / n_e は，以下で与えられる．

[*88] 図 8.13(c) の場合，複合粒子 1 個当りの「電子に付随しない磁束量子」の数は，1/2 になる．
[*89] 磁束量子 1 個に調和振動子のポテンシャルが 1 個存在し，$n = 0$ と $n = 1$ のランダウ準位に電子が 2 個占有するからである．

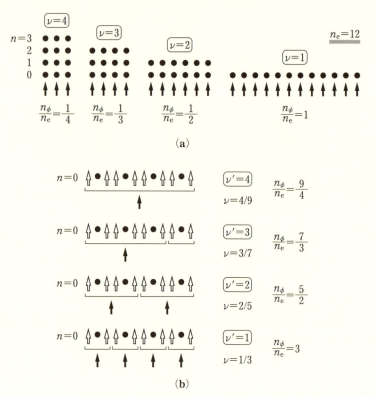

図 8.14 (a) 整数量子ホール効果の場合．磁束量子（黒矢印）の数 n_ϕ はランダウ準位の縮退度に等しい．n_e は電子（黒丸）の数．図では $n_e = 12$ に固定．ν は電子の占有率．n_ϕ/n_e は電子 1 個当りの磁束量子．(b) 複合粒子描像．複合粒子は「電子 1 個」＋「電子に付随した磁束量子（白矢印）2 個」からなる．黒矢印は，電子に付随しない磁束量子．ν' は複合粒子の占有率

$$\frac{n_\phi}{n_e} = \frac{1}{\nu} \quad (\nu = 1, 2, 3, 4) \tag{8.63}$$

(3) 図 8.14(b)のように，「電子 1 個」＋「電子に付随する磁束量子（白矢印）2 個」で複合粒子 1 個を作ると考える．また，図 8.14(b)のいちばん下の図で，複合粒子 1 個に対して「電子に付随しない磁束量子」1 個（黒矢印）をもつと考える[*90]．白矢印と黒矢印の合計の磁束量子は図 8.14(a)と同じ 12 個になる．$n = 0$ の準位は，複合粒子 4 個でいっぱいになる．このとき，複合粒子の占有

率 ν' は $\nu' = 1$ になる．$\nu' = 1$ のとき電子の占有率 ν は，$\nu = 4/12 = 1/3$ である．図8.14(b)に複合粒子の占有率 $\nu' = 1, 2, 3, 4$ の状態を示した．$\nu' = 2$ のとき，複合粒子2個に対し黒矢印が1個の状態である[*91]．一般の $\nu' = 1, 2, 3, 4$ のとき，複合粒子 ν' 個に対して黒矢印が1個，また白矢印が $2\nu'$ 個あるので，磁束量子の総数は $n_\phi = 2\nu' + 1$ である．また電子の数は $n_e = \nu'$ であり，また n_e/n_ϕ が電子の占有率 ν になるので ν は

$$\nu = \frac{\nu'}{2\nu' + 1} \tag{8.64}$$

で与えられる．(8.64) 式の ν' に整数 $\nu' = 1, 2, 3, 4, 5, 6$ を代入すると $\nu = 1/3, 2/5, 3/7, 4/9, 5/11, 6/13$ を得て，$\nu = 1/2$ の右側に現れた ν を再現する．一方，$\nu = 1/2$ の左側に現れた ν を再現するためには

$$\nu = \frac{\nu'}{2\nu' - 1} \tag{8.65}$$

ならよい．実際に (8.65) 式に $\nu' = 1, 2, 3, 4, 5, 6, 7$ を代入すると $\nu = 1, 2/3, 3/5, 4/7, 5/9, 6/11, 7/13$ を得る．(8.65) 式を逆算すると $n_\phi = 2\nu' - 1$ になる．これは，黒矢印の向きが白矢印と逆になって打ち消されたと考える．

(4) ν' に整数を代入すると，分数量子ホール効果で現れる分数の ν の規則性を説明できた．その理由を考えてみる．複合粒子で $\nu' = 1$ は，$n = 0$ のランダウ準位に複合粒子の占有率1で占有することを意味した．複合粒子の $\nu' = 1$ の状態は電子の $\nu = 1/3$ の状態であり，残りの2/3のランダウ準位には電子間反発のため電子が占有できない．$\nu = 1/3$ 以上電子を占有しようとすると，別の状態が発生する．この別の状態を ν' 個の複合粒子と電子に付随しない磁束量子（黒矢印）と考えるとうまく説明できる．

(5) では，なぜ白矢印の磁束量子を3個としないで2個として，残り1個を黒矢印の磁束量子としたか，という疑問が残る．これには，2つの理由があ

[*90] 2個の白矢印は，それぞれ図8.13の「空き凹み」と「錠剤が入った凹み」の2個の凹みに対応する．黒矢印は，余った凹みに対応する．

[*91] 1個の複合粒子当りの黒矢印の数は $1/\nu'$ である．これは，整数量子ホール効果で1個の電子当りの磁束量子の数 $1/\nu$ と対応する ((8.63) 式)．分数量子ホール効果では，$\nu' > 1$ でも複合粒子はすべて最低ランダウ準位に存在するので，$n = \nu'$ のランダウ準位を占有するという意味はない．ν' は整数量子ホール効果との対応関係が成り立つという意味をもつ．

る*92. 1つ目の理由は，整数量子ホール効果との対応関係 (8.64) が形式的に成り立つからである．整数量子ホール効果では，電子の占有率 ν が整数のときにホール抵抗率が整数量子化された．分数量子ホール効果では，複合粒子の占有率 ν' が整数のときにホール抵抗率が分数量子化された．したがって，分数量子ホール効果を「複合粒子の整数量子ホール効果」として説明できるからである．

(6) もう1つの理由は，電子がフェルミオンなので2つの電子の交換に対し波動関数に -1 が掛かる必要があるからである．磁場中の電子の波動関数には，ベクトルポテンシャル A に関係する位相が掛かる*93．粒子を交換するという操作は，磁束量子を半周することに対応して，$\exp(i\pi) = -1$ の位相が掛かる．もし電子1個＋磁束量子1個の複合粒子だと，電子の交換で -1，磁束の周りを半分回って -1 で，波動関数の符号が変わらない．こういう複合粒子を**複合ボソン**と呼ぶが，複合ボソンは電子とは異なる統計性をもつので，仮想的に磁束量子といっしょに考えた電子がボソン的に振舞う必然性がない．これに対し磁束量子2個にすると，2個の磁束の周りを半分回って $+1$ の位相を得るので，電子の交換で -1 の位相を得る．このようなフェルミオンの複合粒子を**複合フェルミオン**と呼ぶ．

(8) 逆に複合フェルミオンを作るには，2個だけでなく4個，6個の偶数個の磁束量子 $2p\phi_0$ でもよい．(8.64), (8.65) 式中の2を $2p$ に置き換えると

---

*92 理論的には，分数量子ホール効果は，8.7.3項に示すようなラフリンの多体波動関数が出発点となった．その後，ジャインによって，複合フェルミオン描像が提唱された．J. K. Jain : Phys. Rev. Lett. 63 (1989) 199 ; Phys. Rev. B 41 (1990) 7653. 複合粒子描像は，分数量子ホール状態のエネルギーギャップの占有率依存性を説明するなど，実験と良い一致を示した．
*93 $B = 0$ の波動関数 $\Psi(r)$ は，$B \neq 0$ では

$$\Psi(r) \to \exp\left(i\frac{e}{\hbar}G_R\right)\Psi(r), \quad G_R \equiv \int_R^r A(s)ds \tag{8.66}$$

のように，位相因子 $\exp\left(i\frac{e}{\hbar}G_R\right)$ が掛かる．G_R の積分は，適当に選んだ原点 R から r までのベクトルポテンシャル A の線積分である．線積分路を閉曲線にとるとストークス (Stokes) の定理によって積分は閉曲線内を貫く磁束 Φ になる．もしこの磁束が磁束量子 $\phi_0 = h/e$ なら $\exp\left(i\frac{e}{\hbar}G_R\right) = \exp(2\pi i) = 1$ になる．積分路が半周なら $\exp(i\pi) = -1$ である．

$$\nu = \frac{\nu'}{2p\nu' \pm 1} \tag{8.67}$$

になる. p に整数 $p = 2, 3, 4$ を代入すると, ν' の関数として新たな分数の ν が現れる. この ν は, $\nu = 1/2p$ ($\nu = 1/4, 1/6, \cdots$) の B の左右に実験で現れる分数になっている. p が大きくなると平らな領域が小さくなる点などが実験と非常に良く合っている[*94].

このように複合フェルミオン描像は, 実験の特殊な分数占有率を良く説明する. 複合フェルミオンは, 電子 1 個に対し偶数個の磁束量子をもつ. 電子に付随する磁束という描像が成り立つのは, 分数量子ホール状態が「2 個の電子が磁場に依存した平均的距離を保って運動する量子液体」だからである. このことを理解するために, 量子液体の概念を導入する.

8.7.2 ウイグナー結晶, 量子液体

物質の状態として固体と液体がある. 固体の状態では, 物質中の原子の相対的位置は変わらない. 液体の状態では, 相対的位置は時間とともに変化する. 物質中の電子に対しても固体と液体の状態がある. 例えば, 原子の内殻電子は原子に束縛され固体, 自由電子は結晶中を自由に動きまわるので液体と考えられる. 原子内の電子は, ポテンシャルエネルギー ($PE < 0$) と運動エネルギー ($KE > 0$) との大小関係によって, 原子に束縛された内殻電子か ($-PE > KE$), 結晶中に広がる自由電子か ($-PE < KE$) が決まる[*95]. 自由電子の場合には, 電子の KE は原子ポテンシャルの作る KE だけでなく, パウリの原理によってフェルミエネルギー E_F まで電子が占有することによる KE がある. 電子数密度 n_e が大きく E_F が大きくなると, PE の効果は無視できる. これが**自由電子近似**である (4.1.1 項参照).

自由電子であっても, E_F が小さいと電子間相互作用 ($EE > 0$) の効果が無

[*94] 平らな領域の大小は, 電子の分数占有率をもつ状態がどれぐらい安定かによって決まる. 分母 p の小さい値の場合には, 白矢印の磁束量子の数が少ないので, この状態から別の状態に変化するときには大きなエネルギーが予想され, 平らな領域が大きくなる.

[*95] 外側の原子軌道の電子の感じる PE は, 内殻電子の遮蔽によって絶対値が小さくなるので, 電子の波動関数は広がった軌道になる. 波動関数の広がりが, 近接の原子まで広がると, 電子は相互に交換しながら複数の原子を渡り歩き, 自由電子になる.

視できず, 固体状態になる場合がある. エネルギーの大小関係を比較するために, 自由電子の KE と EE の大きさを, 電子の平均的な距離を無次元化したパラメータ r_s を用いて表すと[*96], KE は r_s の2乗に反比例し, また EE は r_s に反比例するので, r_s が小さくなると (n_e が大きくなると) $KE > EE$ になり, EE は E_F に比べて無視でき, この場合も自由電子近似が成り立つ. 逆に r_s が大きくなる (n_e が小さくなる) と $EE > KE$ になり, さらに熱的な運動エネルギー $k_B T$ が小さい低温では, 電子は, EE を小さくするように結晶を作って動けなくなる. この電子状態が**ウイグナー結晶**状態である. 2次元電子のウイグナー結晶状態では, 電子は三角格子を作る[*97]. 三角格子上の電子が作るポテンシャル障壁を KE や熱エネルギー $k_B T$ で超えることができない電子は, ポテンシャルの極小点付近で振動し束縛される.

ウイグナー結晶状態で考えなければならないのが, 零点振動の運動エネルギー KE_0 である. $T=0$ でも電子の KE は 0 にはならず, KE_0 が存在する. 不確定性原理 $\Delta x \Delta p \geq \hbar/2$ があるので, 電子が EE の最小の点で静止 ($\Delta x = 0$) できず, KE_0 がある. $KE_0 < EE$ であっても, 電子はポテンシャル障壁をトンネル効果で乗り越えるので, 電子の位置が変化しない古典的な結晶とならない. 電子の位置は時間とともに相互に交換する. この状態を**量子固体**状態と呼ぶ. さらに, $KE_0 \sim EE$ になると, KE_0 のために電子の位置は結晶状態をとらない. この状態を**量子液体**状態と呼ぶ[*98].

分数量子ホール状態も量子液体状態であるが, 上記のような電子の KE_0 によって液体に転移した量子液体状態ではないことに注意したい[*99]. 分数量子ホール状態において電子の交換に寄与するのは, KE_0 ではなく交換相互作用

[*96] 2次元電子間の平均距離は, $r_{av} = n_e^{-1/2}$ である. r_{av} をボーア半径 $a_B = 0.529$ Å で割った無次元量, $r_s \equiv r_{av}/a_B$ が, r_s パラメータである.
[*97] 3次元電子は, 体心立方格子上に局在する.
[*98] 原子の場合も量子液体状態がある. 常圧の He は $T=0$ K でも固体にならず量子液体である. 1962年, ランダウ (Landau) は「凝縮状態の物質とくに液体ヘリウムの理論的研究」でノーベル物理学賞を受賞した. 結晶か液体かを区別する方法として, 動径分布関数 $g(r)$ がある. $g(r)$ とは, 1つの電子を原点に置いたときに, 距離 r に他の電子がどれぐらいの確率で存在するかを表した量である. 結晶であれば, 最近接, 第2近接の距離に相当する r で $g(r)$ は極大をもつが, 液体の場合には, 平均距離で $g(r)$ が極大になるが, 第2近接の距離に相当する r で $g(r)$ は極大にならない.

8.7 分数量子ホール効果

である*100. 図 8.15 に，2 個の磁束量子が作る調和振動子ポテンシャル (8.37) の底付近にいる 2 個の電子の波動関数を示す．2 個の電子の間には電子間相互作用があり，電子間相互作用のうち交換相互作用によって 2 個の電子が交換する*101. 2 個の電子の波動関数が重なっている場合（図 8.15(b)）には，交換相互作用が大きくなり 2 個の電子がポテンシャル障壁を超えなくても量子的に交換することができる．分数量子ホール状態の電子は，互いの距離を保ちつつ交換相互作用で量子液体状態になる．

分数量子ホール状態で比較する物理量は，磁気長 l（(8.43) 式）と電子の平均距離 r_{av} である（図 8.15）．l は，磁場が作る調和振動子ポテンシャル中の電子の波動関数の広がりを表す．$l < r_{av}$ ならば，2 個の電子の波動関数が重なっていないので交換相互作用が小さく，ウイグナー結晶状態になる（図 8.15(a)）．逆に $l > r_{av}$ ならば，2 個の電子の波動関数が重なるので，交換相互作用によって電子が交換し量子液体状態になる（図 8.15(b)）．l と r_{av} の大きさは，それぞれ磁場 B と電子数密度 n_e によって決まるが，相対的な大小関係は占有率 ν で考えるのがわかりやすい*102. 実験では，$\nu < 1/5$ ではウイ

[*99] 1 個のランダウ準位中の電子の運動エネルギーは縮退しているので，電子間相互作用によって量子液体状態（多体波動関数）ができるとき，運動エネルギーがエネルギーの低下に寄与しない．したがって KE_0 が，電子の交換に寄与しているわけではない．

[*100] 磁場中の電子状態の運動エネルギーは，最低ランダウ準位での占有数によらず一定値をとるので，相互作用エネルギーと競合しない．これに対し磁場がない場合は，相互作用と E_F の大小関係が重要であった．分数量子状態の基底状態を決めるのは電子間相互作用だけであり，直接相互作用と交換相互作用の相対的な大きさが，磁場によって変化する．交換相互作用が相対的に大きくなると，波動関数の重なり（量子的なゆらぎ）が大きくなり量子液体になる．

[*101] スレーター (Slater) 行列式で書かれた多体波動関数で，電子間相互作用を計算すると，クーロン積分 K と交換積分 J の 2 つの項が得られる．

$$K = \int dr_1 dr_2 \phi_1^*(r_1) \phi_2^*(r_2) \frac{1}{4\pi\varepsilon_0} \frac{1}{|r_1 - r_2|} \phi_1(r_1) \phi_2(r_2) \tag{8.68}$$

$$J = \int dr_1 dr_2 \phi_1^*(r_1) \phi_2^*(r_2) \frac{1}{4\pi\varepsilon_0} \frac{1}{|r_1 - r_2|} \phi_2(r_1) \phi_1(r_2) \tag{8.69}$$

ここで，ϕ_1, ϕ_2 は一電子波動関数である．クーロン積分 K は，r_1 にいる電子 1 と r_2 にいる電子 2 のクーロン反発エネルギーである．K だけだと，反対称性から生じる $r_1 = r_2$ を排除する状況が考慮されていないので，電子間相互作用は過大評価されている．過大評価の補正項が交換積分 J である．$J < 0$ であり，電子 1 が r_2 にいる確率が発生する．波動関数の反対称性によって電子が量子的に交換するのである．J の大きさは ϕ_1 と ϕ_1 の積に比例するので，ϕ_1 と ϕ_2 が重なっている図 8.15(b) の場合，J が大きい．

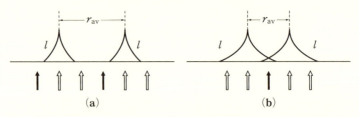

図 8.15 分数量子ホール状態で，電子の波動関数の広がりを表す磁気長 l と電子間の平均距離 r_{av} の大小関係．(a) $l < r_{av}$ ならば，電子はウイグナー結晶状態になる．(b) $l > r_{av}$ ならば，2 個の波動関数が重なり，交換相互作用によって電子が交換し，量子液体状態になる．黒矢印，白矢印は複合粒子を考えたときの磁束量子

グナー結晶状態，$\nu \geq 1/5$ なら量子液体状態との報告がある[*103]．

8.7.3 分数量子ホール状態の多電子状態

分数量子ホール状態では，クーロン反発の効果が支配的な量子液体状態が実現する．クーロン相互作用があるとき，電子の波動関数は**多体の波動関数**になる[*104]．一般に多体の波動関数の形は，変分法などの近似を用いないと求めることはできない[*105]．

1983 年ラフリン（Laughlin）は，$\nu = 1/3$ の多体波動関数の試行関数として

[*102] n_e が一定の条件で，磁場 B を大きくするとランダウ準位の縮退度 $n_\phi = B/\phi_0$ が増加し占有率 $\nu = n_e/n_\phi$ が小さくなる．l は $B^{-1/2}$ に比例し，r_{av} は $n_e^{-1/2}$ に比例するので，相対的な大小関係は占有率 ν で考える．
[*103] Phys. Rev. Lett. 65 (1990) 633. $\nu = 1/5$ は不純物ポテンシャルによる磁束のピン止め効果があるとされ，その後 $\nu < 1/7$ の計算結果がある．
[*104] クーロン相互作用がない場合，電子の運動は独立であると近似でき，波動関数は座標 r の関数として $\phi(r)$ と書くことができる．これを一体の波動関数と呼ぶ．r_1 と r_2 にある 2 個の電子間には $1/|r_1 - r_2|$ に比例するクーロンポテンシャルを感じるので，波動関数は，$\Psi(r_1, r_2)$ と二体波動関数になる．電子が N 個の場合には，多体波動関数 $\Psi(r_1, r_2, \cdots, r_N)$ になる．1 個の電子は，残り $N-1$ 個の電子に近づかないように運動する．
[*105] 化学と物理は，多体波動関数の近似法を研究してきた．化学の分子における多体の変分波動関数は，スレーター行列式である．物理の結晶においては，電子密度の汎関数で定められたポテンシャル中を独立した電子が動く近似（**密度汎関数法**）が用いられる（4.2 節参照）．相互作用の強い多体波動関数の具体的な形は，2021 年現在でも解かれていない．1998 年に，コーン（Kohn）は，ポープル（Pople）とともに密度汎関数法の研究でノーベル化学賞を受賞した．

8.7 分数量子ホール効果

$$\Psi(Z_1, Z_2, \cdots, Z_N) = \left\{\prod_{i<j}(Z_i - Z_j)^Q\right\}\exp\left(-\frac{1}{4l^2}\sum_k |Z_k|^2\right) \quad (8.70)$$

を提案した．ここで Q は奇数である．また，$Z_i = x_i + iy_i$ は，複素数で表示された 2 次元の座標 (x_i, y_i) である．2 個の電子の座標を等しく $Z_i = Z_j$ にすると $\Psi = 0$ になり，また Q が奇数のとき 2 個の電子の位置 Z_i と Z_j の交換に関して Ψ が反対称になるので，パウリの原理を満たしフェルミ統計に従う[106]．Q が奇数であることと，(8.62) 式の q が奇数ということが対応する[107]．(8.70) 式を導出するもとになった一電子波動関数は，磁場中のハミルトニアン (8.36) を，対称ゲージ $\boldsymbol{A} = (-By, Bx, 0)/2$ で解いたものである．エネルギー固有値は，ゲージのとり方によらないので (8.41) 式になる．また，最低ランダウ準位 $n = 0$ の固有関数は以下で与えられる．

$$\Psi_{0,M}(x,y) = \frac{1}{\sqrt{2^{M+1}\pi M!}} \frac{Z^M}{l} \exp\left(-\frac{|Z|^2}{4l^2}\right) \quad (8.71)$$

ここで $Z = x + iy$，$\overline{Z} = x - iy$ であり，$\Psi_{0,M}$ は，軌道角運動量の z 成分

$$L_z = -i\hbar x \frac{\partial}{\partial y} + i\hbar y \frac{\partial}{\partial x} = \hbar\left(Z\frac{\partial}{\partial Z} - \overline{Z}\frac{\partial}{\partial \overline{Z}}\right) \quad (8.72)$$

の固有関数でもある．$n = 0$ の固有関数に対する L_z の固有値は $M\hbar$ になる[108]．したがって (8.71) 式の M は，1 個の電子の軌道角運動量である．$n = 0$ の最低ランダウ準位は，M の値によらず縮退している．(8.71) 式の一電子波動関数を用いてスレーター行列式を作り，さらに $(Z_i - Z_j)^Q$ の項を導入したのが，(8.70) 式である[109]．このとき Q の値は，任意の 2 個の電子の**相対角運動量の最低次**を与え，占有率 $\nu = 1/Q$ の状態を与える[110]．ラフリンの波動関数が分数量子ホール状態の基底状態を記述することは，その後の少

---

[106] 最低ランダウ準位の電子は，ゼーマンエネルギーによってスピンの向きがそろう．このとき Ψ のスピン部分は 2 つのスピンの交換に関して対称になり，軌道部分が反対称になる．もしスピン部分が反対称ならば，軌道部分の Ψ は対称になる．

[107] ラフリンは，Phys. Rev. Lett. **50** (1983) 1395 で (8.70) 式を示し，対応関係を 1 成分プラズマの式で説明した．1998 年ラフリンは，分数量子ホール効果を発見（Phys. Rev. Lett. **48** (1982) 1559）したシュテルマー（Störmer），ツイ（Tsui）とともにノーベル物理学賞を受賞した．

[108] $n \neq 0$ の場合の波動関数は，ルジャンドル（Legendre）の陪多項式を用いて表される．また，L_z の固有値は $(M-n)\hbar$ になる．エネルギー固有値は，(8.41) 式で与えられる．

数電子系の厳密解や密度関数くりこみ群の計算によって明らかになった[*111].

ラフリンの波動関数 (8.70) は，$\nu = 1/3$ のときに安定した状態を実現する．分数量子ホール状態で磁場を変化させても，ホール抵抗率が一定のプラトー状態は**占有率が変わらない状態**である．プラトー状態では，$\nu = 1/3$ に対応する外部磁場の大きさから増加（減少）しても，追加（不足）の磁束量子を排除（吸収）して，$\nu = 1/3$ の占有率を保つほうがエネルギー的に安定である．磁場の大きさをさらに増加して，$\nu = 1/3$ が保たれなくなると，ラフリンの波動関数に $Q = 1$ の状態が混ざり電子の相対的距離が小さくなるので，電子間の反発エネルギーの不連続な増加が生じる[*112]．ラフリンの波動関数は，相対角運動量 Q が 3 以上になる多電子状態の中で，最も占有率が大きい多体波動関数に対応するからである．さらに斥力相互作用が働く電子系では，① 他の電子の運動に引きずられ，電子の有効質量が増大する，② 電子が接近する確率

[*109] (8.71) 式から N 個の電子に対するスレーター行列式を作ると

$$\Psi \propto \frac{1}{\sqrt{N!}} \begin{vmatrix} 1 & Z_1 & Z_1^2 & \cdots \\ 1 & Z_2 & Z_2^2 & \cdots \\ 1 & Z_3 & Z_3^2 & \cdots \\ \cdots & \cdots & \cdots & \cdots \end{vmatrix} \exp\left(-\frac{1}{4l^2}\sum_k |Z_k|^2\right)$$

$$= \frac{1}{\sqrt{N!}} \left\{\prod_{i<j}(Z_i - Z_j)\right\} \exp\left(-\frac{1}{4l^2}\sum_k |Z_k|^2\right) \tag{8.73}$$

になる．ここで行列式が，$\prod_{i<j}(Z_i - Z_j)$ になるのは，ヴァンデルモンド（Vandermonde）の行列式と呼ばれるものである．一般に $Z_i - Z_j$ の関数 $g(Z_i - Z_j)$ をすべての ij の組に関して掛けた波動関数を**ジャストロー**（Jastrow）**型波動関数**と呼ぶ．(8.70) 式は $g(Z) = Z^Q$ に対応する．また (8.73) 式の指数関数の項は，すべての電子が原点 $Z = 0$ で極大になる関数であるが，その前の $(Z_i - Z_j)^Q$ の積の部分によって，1 個の電子が原点から離れた空間全体に一様に分布でき，また 2 個の電子が $(Z_i - Z_j)^Q$ の項のため接近することはない．

[*110] 2 個の電子が接近したとき $(Z_1 - Z_2)^3$ の項が最低次なので，相対運動量は少なくとも 3 になる．2 個の電子が離れた状態は，例えば $(Z_1 - Z_3)^3$ を $(Z_1 - Z_2 + Z_2 - Z_3)^3$ と変形して展開すれば，$(Z_1 - Z_2)^Q$ で $Q > 3$ の状態を含むので，2 個の電子が遠くに離れた状態が含まれる．$\nu = 1/Q$ であることは，参考文献 [2] の吉岡大二郎著：「量子ホール効果」（岩波書店，1998）4, 3, 2 節を参照．$(Z_1 - Z_2)^3$ の関数では，$Z_1 - Z_2$ より 2 個の電子が近づけない関数である．一般の $\nu = P/Q$ の占有率を与える波動関数も提案されていて，その妥当性は数値計算によって検証されている．

[*111] 密度関数くりこみ群の計算とは，多体問題の基底状態を計算するとき，非常に多くの状態の中から，基底状態の成分が大きいものを，くり返し計算ごとに抽出する計算方法で，比較的に粒子数が大きくても原理的に厳密解に近い基底状態のエネルギーを求めることができる手法である．柴田尚和らによる論文，Phys. Rev. Lett. 86 (2001) 5755 を参照．

が小さくなり，電子間の平均距離が長くなる．これを**電子相関効果**と呼ぶ[*113]．分数量子ホール効果は，電子間相互作用によって生み出された磁場中の多彩な多体状態として理解されている．

8.8　短チャネル効果，FinFET

8.3節で，CMOSの消費電力を削減するには，チャネル長 L，静電容量 C，動作電圧 V の値を小さくする必要があることを理解した．つまり消費電力の削減は CMOS 構造の微細化で実現できる．8.8節では2000年代以降に現れた，短チャネル効果など微細化の問題点を議論する．微細化の問題を解決するために，FinFET が生まれた[*114]．

[*112]　$Q = 0, 2$ の状態は，粒子の交換に対して対称になるので含まれない．磁束量子を排除（吸収）する機構は，整数量子ホール効果で説明したエッジ電流である．**Phys. Rev. B 103 (2021) 115107** 参照．表面エネルギーを犠牲にして，エッジ電流を流し磁束を排除するという意味では，第一種超伝導体におけるマイスナー効果に似ている．ジュール熱の発生しないエッジ電流のため，プラトー領域では縦抵抗率が0になるのは整数量子ホール効果と同じである．エネルギーの不連続な増加は，$\nu = 1/3$ の状態から別の状態に励起するために有限のエネルギーギャップが必要な**非圧縮性液体**であることを示す．非圧縮性とは，密度（ν）の（$\nu = 1/3$ からの）無限小の変化に対し有限の圧力（B）の増加が必要（圧縮率 = ∞）ということである．磁束を排除せずチャネルに電子を供給することで占有率を保つことはない．（電子の供給に必要な化学ポテンシャル）＞（相互作用エネルギー）だからであり，局所電荷感受率の実験で確認されている．

[*113]　電子間相互作用は，クーロン積分と交換積分で記述できた．交換相互作用はスピンの向きが同じ場合のみ現れる．スピンの向きが異なり，スピン波動関数が反対称の場合には，電子の軌道部分は対称になる．スピンが反対称の場合でも，2つの電子が接近することはできない．この効果を電子相関効果と呼ぶ．相関効果によって電子間相互作用は，クーロン積分の補正項である交換積分を考慮しても過大評価になる．残りの過大評価分をまとめて電子相関効果と定義する．

[*114]　本章では取り上げなかったが，半導体の大きな展開としてパワーエレクトロニクス（PE, Power Electronics）がある．PE とは電気製品の AC アダプターや，電車やハイブリッドカーのモーターの制御など，高い交流電圧を制御するトランジスタを使った電気回路である．以前の電気回路より省電力で軽量で動作することから，広く使われている．パワートランジスタに求められる条件は，① 高耐圧，② 省電力，③ 高速動作であり，絶縁ゲート型バイポーラ・トランジスタ（IGBT, Insulated Gate Bipolar Transistor）や MOS 構造をさらに発展させた構造がいくつか提案されている．また高電圧（500 V 以上）に耐えるためには，エネルギーギャップの大きな半導体が必要であり，SiC や GaN さらには Ga_2O_3 などが試みられている．

8.8.1 短チャネル効果

微細化において,チャネル長 L を小さくするとき MOSFET の動作特性に現れる効果のことを,**短チャネル効果**と呼ぶ.短チャネル効果は,2020 年代において重要な問題であり,2 次元物質の登場を求める理由になった.

短チャネル効果として以下の 4 つが考えられる.① しきい値電圧 V_T の低下.② オフ電流の増大,サブスレッショルド・スウィング SS の増大 ((8.7) 式).③ チャネル長変調が起き,I_d^{sat} が増大 ((8.5) 式).④ $V_G = 0$ でも I_d が流れる(パンチスルー).図 8.16 に,(a) チャネル長 L が大きい場合と (b) L が小さい場合の,ソース (s)・ドレイン (d) 間のチャネルの等ポテンシャル線を示した.実線がドレイン電圧 V_d が小さく線形領域の等ポテンシャル線で,破線が V_d が大きく飽和領域の等ポテンシャル線である.ピンチオフ点からドレイン電極までの領域は,等ポテンシャル線は一定値 $(-eV_d)$ をとる.L が小さいと,ソース電極付近の破線のポテンシャルの障壁が下がり,室温で電子の熱励起によって漏れ電流が発生する.V_d の増加に伴って,ドレイン電極付近では電荷が蓄積せず空乏層になる(図 8.4(c)).この結果,閾値電圧 V_T が小さくなる[*115].V_T が小さくなると,電子のポテンシャル障壁も下がり,上記のように遮断領域の漏れ電流が大きくなる.つまりオフ電流の切れが悪くなる.この結果 SS の値 (8.7) が大きくなるので,スイッチング素子として使う場合には,動作電圧を大きくする必要があり消費電力が大きくなる.また,

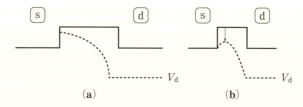

図 8.16 短チャネル効果.(a) チャネル長 L が大きい場合と (b) L が小さい場合の,ソース (s)・ドレイン (d) 間のチャネルの等ポテンシャル線.実線は V_d が小さい線形領域 ($V_d < V_G'$) の場合で,破線は V_d が大きい飽和領域 ($V_d > V_G'$) の場合.L が小さいと V_d を印加するとポテンシャルの障壁が下がり,漏れ電流が発生する

[*115] V_d によって V_T が小さくなる効果を Drain-Induced Barrier Lowering (DIBL) と呼ぶ.

図 8.4(b) で，V_T が小さくなると，飽和領域が小さな V_G で起こるから，同じ V_G でもピンチオフ領域の長さ d_p が大きくなり，(8.5) 式において，L がさらに小さくなると起きるチャネル長変調 (8.2.3 項) がより顕著になる．L をさらに小さくすると，$V_G = 0$ でも I_d が流れ，素子として動作しなくなる．このように短チャネル効果は，8.2 節で議論した MOSFET の動作原理に直接関係した問題である．

8.8.2　短チャネル効果の抑制，FinFET，SOI

短チャネル効果を抑制するには，V_d に比べて V_G の効きを強くすればよい．そこで考えられたのが **FinFET** である[*116]．図 8.17 に (a) 従来型のプラナー型の MOSFET と (b) FinFET を示した．図 8.17 では，ゲート電極とチャネル領域の間の絶縁層は省略している．プラナー型の MOSFET は，チャネル領域とゲート電極が 1 つの界面で接している．これを**シングルゲート電極**と呼ぶ．シングルゲート電極だと，ソースとドレイン電極が接近すると，8.8.1 項の短チャネル効果によりドレイン電極から成長する空乏層によって，ゲート電圧の効きが悪くなる．

図 8.17(b) に示す FinFET は，チャネル部分とゲート電極が立体的になっていて，ゲート電極がチャネル部分と接する面が 3 つになっている．これを**トライゲート電極**と呼ぶ．接する面のチャネル方向の長さがチャネル長 L にな

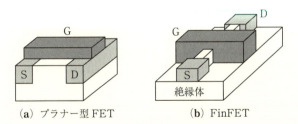

図 8.17　マルチゲート素子．(a) MOSFET に代表されるプラナー型 FET．プラナー型 FET はシングルゲートである．ソース・ドレイン間のチャネル長が短くなると，ゲート電圧による制御が効きにくくなる．(b) FinFET．絶縁体上の Si チャネルを作製して，ゲート電極で 3 方向を囲むようにつける．絶縁体上に作製された半導体デバイスなので，SOI と呼ばれる

[*116]　FinFET は，1998 年久本大によって提案された．

るので, L を十分短くできる[*117]. これによって, V_G と V_d が重なる領域がなくなるので, 閾値電圧の低下など短チャネル効果を抑える効果がある. FinFET は微細化の進むべき方向になった. これらに似た構造は, 特許の関係でいろいろ提案され, 総称名として, **マルチゲート素子**と呼ばれている[*118].

FinFET は, 絶縁体上に半導体を置いて回路を作るので **SOI**（Silicon On Insulator）と呼ぶ. SOI は SOI ウェハーからプロセス技術で CMOS 回路が作製される[*119]. 従来の MOSFET では, Si ウェハー内に pn 接合を作り素子を実現した. このとき, Si ウェハー内に作られた素子間の絶縁は空乏層を作ることで得られていたが, この結果, 素子間または素子と Si 基板の間に静電容量（浮遊容量）が発生し, 回路の時定数に悪影響を与えていた. これに対し SOI では, 素子は絶縁基板上に置かれ, さらに素子間も絶縁体にできるので浮遊容量の問題を解決した. SOI とマルチゲート素子が, 5 nm のプロセスルールを可能にした.

一方, SOI 上素子を作るうえでの問題点は, プロセス数が増えることである. FinFET でない, 通常の平面型（プラナー型）の MOSFET でも, ①酸化膜厚を薄くする, また②酸化膜の誘電率を大きくする, ことによって酸化膜の静電容量 C_0 を大きくして対応できる. 誘電率の大きな物質を **high-k 物質**と呼ぶ. 代表的な high-k 物質としては HfO_2, HfSiO, HfSiON などハフニウム化合物が用いられる. しかし酸化膜厚を薄くすると, 同じ V_G でも絶縁破壊が起きやすくなる. また, 絶縁破壊を起こさないでも結晶性の低さによる漏れ電流の影響が大きくなる. これらの問題を解決するために, 2 次元物質の積層という考え方が 2010 年代に導入された.

[*117] 図 8.17(b) の場合, ソース・ドレイン間でゲート電極と重なっていない部分があるので, チャネルがゲート電圧を加えないでも存在するように, $V_\mathrm{T} < 0$ にする必要がある.
[*118] Pi-gate, Ω-gate, Tri-gate, flexFET, double-gate, all-around-gate など, さまざまな構造が提案されている.
[*119] SOI ウェハーは, Si ウェハー上に絶縁体層, さらに半導体層が積層された構造であり, 数種類の製造方法が提案され販売されている.

8.9 2次元物質とヘテロ積層半導体デバイス

2次元物質の特徴と，2次元物質を積層した半導体デバイスを紹介する．

8.9.1 なぜ2次元物質が必要なのか？

2次元物質とは，1原子層（または数原子層で1つの物質層）で電気を流す物質であり究極の2次元電子を実現する舞台である．皮膚などの上で動作するフレキシブルな素子は，厚さがない2次元物質である必要がある．厚さがないと，金属，絶縁体にかかわらず光を通すことができ，また比熱や静電容量など体積に比例する物理量（示量変数）の値を0にできる．また，断面積に依存しない2次元電流が流れる利点がある．また，異なる2次元物質を積層（**ヘテロ積層**）することで，絶縁層や金属電極層を実現することができる．このときヘテロ積層の自由度は，物質の選択の自由度だけでなく xy 面を積層するときの z 軸の周りの回転角の自由度もある[120]．

3次元物質を薄くして理想的な表面を作ることは非常に困難である．ダングリングボンド（4.3.2項参照）や，格子欠陥などが表面に多数存在する[121]．また，非常に薄い3次元物質にn型やp型の不純物を置換してドープする技術が確立していない．図8.18に，300 K における半導体の移動度を厚さの関数でプロットした．3次元半導体の Si の移動度は，厚さが 2 nm 以下になると急速に小さくなる．このように，3次元物質の厚さが 1 nm ぐらいになると，3次元の半導体技術がそのまま使えない．一方グラフェンや遷移金属ダイカルコゲナイド（8.9.3項参照）MoS_2 などの2次元物質は，移動度の値が小さくならない．これは，2次元物質が層状物質であり，電流は層内だけを流れるからである．

3次元の結晶の中には，**層状物質**と呼ばれる物質がある．グラファイトや雲

---

[120] 積層回転角によって2次元物質の特性が大きく変わることが知られている．2層グラフェンを 1.1 度の回転角で積層すると超伝導になり，30度回転すると準結晶になることが知られている．

[121] また欠陥がなくても，表面のエネルギーを小さくするため表面の結晶構造が，内部の結晶構造と異なる形をとる表面再構成が発生し，その結果，表面原子にはひずみが生じる（4.3.2項参照）．

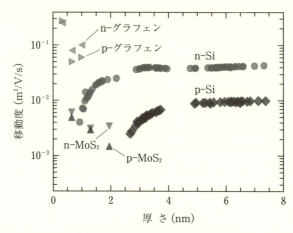

図8.18 300 K における半導体の移動度を厚さの関数で片対数プロットしたもの．半導体の厚さが，2 nm より小さくなると，3 次元物質である Si の移動度が急激に小さくなる．これに対し 2 次元物質は 1 原子層でも電気伝導があるので，1 nm でも移動度の値が小さくならない（東北大学 Nguyen Tuan Hung 博士のご厚意による）

母が代表的な層状物質である．層状物質は，結晶が層状に劈開[*122]して，薄い物質を作ることができる．劈開が起きるのは層状物質の原子が層内の方向には強い化学結合（共有結合やイオン結合）で結びついているのに対し，層間の方向ではファン・デル・ワールス（van der Waals）力[*123]による弱い結合でつながっているからである．真空中で層状物質を劈開すると，原子的に平らな清浄な表面を作ることが容易にできるので，1970 年代ぐらいから単結晶黒鉛をスコッチテープ（粘着性のテープ）で劈開し厚さが 100 nm を切るような薄い層を作って測定する実験が多くなされていた．

2004 年ガイム（Geim）とノボセロフ（Novoselov）は，スコッチテープを使った劈開を 30 回ぐらいくり返しおこなうことで，単原子層のグラファイトである**グラフェン**を作った．1 回の劈開で，厚さが半分になるとすれば，10

[*122] へきかい．結晶の特定の方向に，比較的弱い力で薄く剥がれること．
[*123] 電気双極子間に働く力の一種であるが，片方の電気双極子が，他方の電気双極子によって誘起される双極子である．このため，双極子間に働く引力は距離の 6 乗に反比例し，近くでは距離の 12 乗に反比例する斥力を感じる．

8.9 2次元物質とヘテロ積層半導体デバイス

回で 1/2 の 10 乗で 1000 分の 1, 30 回で 10 億分の 1 の厚さになるので, できると思えば不可能ではない[124]. グラファイトの層間隔は, 3.35 Å であるので, Å 単位の厚さをスコッチテープで実現したことになる. グラファイトは, 光を通さない物質であるが, 1 原子層では光を通す. 実験で観測すると, 1 原子層の光の吸収率は, 2.3 % ぐらいで, 97.7 % の光を通す. 2 層, 3 層のグラフェンの光の吸収率は, だいたい 2.3 % の 2 倍, 3 倍に近似できるので, 層の厚さは光学顕微鏡で像の濃淡で評価できる. グラフェンは, 1947 年の理論ですでに, 半金属であることが知られていて[125], 電気を良く流すことがわかっていたが, 実際に電気抵抗を測定すると, 1 層のグラフェンの抵抗率は量子抵抗値の 10 kΩ ぐらいで, 室温で量子ホール効果が観測されたのである[126]. また, グラフェン上の電子の移動度を測定すると, 室温で 400,000 cm^2/V s, 低温では 1,000,000 cm^2/V s の値を示し, 室温で HEMT で観測された移動度をはるかにしのぐ値を示した[127]. 室温での驚異的な移動度の値は, グラフェンを h-BN (六方晶窒化ホウ素) を劈開した原子的に平坦な基板上に置いたときだけ実現するものである[128]. すなわち, 2 次元物質を原子レベルで平らな基板上に置くと, 究極の 2 次元電子が実現できた[129].

また, 層状物質で半導体である, 遷移金属ダイカルコゲナイド物質 MX_2, (M = Mo,W, X = S,Se,Te) も劈開によって, FET 動作を実現し原子層 1 層の半導体デバイスとして動作することがわかり, トランジスタの歴史の新た

---

[124] 誰も原子 1 層まで劈開できるとは思わなかったことを実行した点が, 大きな科学の進歩につながった. 新しい科学への扉は, ある日突然開かれる. 開く方向に扉を押すかどうかが, 科学者の資質といえる. ニュートリノ天文学を開いた小柴昌俊先生の言葉をお借りすれば「やればできる」である.

[125] P. R. Wallace : Phys. Rev. 71 (1947) 622.

[126] グラフェンのランダウ準位の間隔が, 室温程度と同じぐらいであるからである. これは, グラフェンの状態密度が小さいことによる. グラフェンの n 番目のランダウ準位は $\sqrt{n}$ に比例する. J. W. McClure : Phys. Rev. 104 (1956) 666.

[127] 低温での移動度の最高値は, MBE 成長した GaAs, $T = 1$ K で 44,000,000 cm^2/V s である (Nat. Mater. 20 (2021) 632). 分数量子ホール効果で $\nu = 16/31$ を観測した.

[128] 単結晶 h-BN 試料は, NIMS (国立研究開発法人物質・材料研究機構) の谷口尚, 渡邊賢司によって世界中に供給された. 世界の最先端の成果には必ず使われている.

[129] 2010 年ガイム (Geim) とノボセロフ (Novoselov) は, グラフェンの発見でノーベル物理学賞を受賞した.

な扉を開いた.

8.9.2 グラフェンの電子状態

グラフェンは,グラファイト（黒鉛）の1原子層であり,最も基本的な2次元物質である.炭素原子が六方格子を作る（図8.19(a)）.炭素原子の 2s, $2p_x, 2p_y$ 軌道から3つの sp^2 混成軌道を作り,xy 平面上に σ 結合を作る[*130]. また,$2p_z$ 軌道は,3つの最近接原子と π 結合を作る.グラフェンの価電子帯と伝導帯は,それぞれ結合性と反結合性の π 結合によるエネルギーバンドであり,π バンド,π^* バンドと呼ぶ（図8.19(c)）.グラフェンでは,σ 結合と π 結合で価電子をすべて使っているので,グラフェンの原子層間には大きな化学結合は存在せず,**ファン・デル・ワールス力**のような弱い力が面間に働く[*131]. このためグラファイトは層状物質になる.

図8.19(a)にグラフェンの単位胞（ひし形）を示す.単位胞に A, B の2つの炭素原子がある.基本格子ベクトル $\bm{a}_1, \bm{a}_2$ は

$$\bm{a}_1 = \left(\frac{\sqrt{3}}{2}a, \frac{a}{2}\right), \quad \bm{a}_2 = \left(\frac{\sqrt{3}}{2}a, -\frac{a}{2}\right) \tag{8.74}$$

で与えられる.ここで a は,$a = |\bm{a}_1| = |\bm{a}_2| = 1.42 \times \sqrt{3} = 2.46$ Å である.グラフェンのブリュアン域は六角形（図8.19(b)）であり,逆格子ベクトル $\bm{b}_1, \bm{b}_2$ は

$$\bm{b}_1 = \left(\frac{2\sqrt{3}\pi}{3a}, \frac{2\pi}{a}\right), \quad \bm{b}_2 = \left(\frac{2\sqrt{3}\pi}{3a}, -\frac{2\pi}{a}\right) \tag{8.75}$$

で与えられる.ブリュアン域の対称な点 Γ, M, K での (k_x, k_y) の座標は

$$\Gamma = (0, 0), \quad M = \left(\frac{2\sqrt{3}\pi}{3a}, 0\right), \quad K = \left(\frac{2\sqrt{3}\pi}{3a}, \frac{2\pi}{3a}\right)$$

である.

グラフェンの π バンド,π^* バンドのエネルギーバンドは,A, B 原子の $2p_z$ 軌道のブロッホ（Bloch）軌道を基底として,タイトバインディング法で求めることができる[*132]. タイトバインディング法でのハミルトニアン行列と重な

[*130] 結合の手が3本ある平面上の構造は六方格子になる.
[*131] 炭素原子が,z 軸方向に並んだ場合には,$2p_z$ 軌道が重なって,弱い共有結合が発生するが,面内の π 結合の大きさのおよそ10分の1である.

8.9 2次元物質とヘテロ積層半導体デバイス

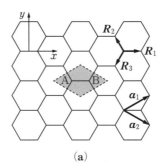

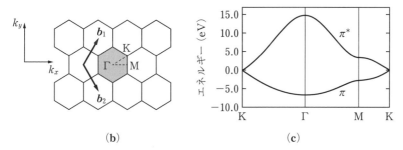

図 8.19 (a) グラフェンの六方格子. 単位胞 (灰色部のひし形) に A と B の 2 つの炭素原子がある. a_1, a_2 は基本格子ベクトル. R_i ($i=1,2,3$) は, A 原子から 3 つの最近接の B 原子までのベクトル. (b) グラフェンの逆格子. ブリュアン域 (斜線部の六角形) の対称な点を Γ, K, M と表示. b_1, b_2 は逆格子ベクトル. (c) π バンドと π^* バンドを, Γ, K, M を結ぶ三角形上の波数の関数として表示. K 点で, π バンドと π^* バンドが縮退するので, エネルギーギャップが 0 になる

り行列は

$$H = \begin{pmatrix} \varepsilon_{2p} & tf(k) \\ tf(k)^* & \varepsilon_{2p} \end{pmatrix}, \quad S = \begin{pmatrix} 1 & sf(k) \\ sf(k)^* & 1 \end{pmatrix} \quad (8.76)$$

で与えられる. ここで, ε_{2p}, t, s は, それぞれ $2p_z$ 軌道のエネルギー, 最近接原子とのトランスファー積分, 重なり積分である. また, $f(k)$ は, タイトバインディング法の最近接原子の軌道との積分で現れる位相因子 $\exp(i\boldsymbol{k}\cdot\boldsymbol{R}_i)$ の和で複素数の関数である. 図 8.19(a) の 3 つの $\boldsymbol{R}_i$ に対し和をとると

[*132] タイトバインディング法は, 4.1.1 項を参照. (8.76) 式の導出は, 例えば参考文献 [4] の R. Saito et al.: *Physical Properties of Carbon Nanotubes* (Imperial College Press, 1998) Chapter 2 を参照.

$$f(k) = \exp\left(\frac{ik_x a}{\sqrt{3}}\right) + 2\exp\left(-\frac{ik_x a}{2\sqrt{3}}\right)\cos\frac{k_y a}{2} \tag{8.77}$$

になる．(8.76) 式のハミルトニアン行列 H と重なり行列 S を用いて永年方程式 $\det(H - E_g S) = 0$ を解くと，固有値のエネルギー E_g が k_x, k_y の関数として

$$E_g = \frac{\varepsilon_{2p} \pm tw(k)}{1 \pm sw(k)} \quad \text{（複号同順）} \tag{8.78}$$

と得られる．± は π バンド（+），π^* バンド（−）である[133]．また，$w(k)$ は

$$w(k) = |f(k)| = \sqrt{1 + 4\cos\frac{\sqrt{3}k_x a}{2}\cos\frac{k_y a}{2} + 4\cos^2\frac{k_y a}{2}} \tag{8.79}$$

である．$w(k)$ の値は，K 点で 0，M 点で 1，Γ 点で 3 になることを，それぞれの (k_x, k_y) の値を代入して得ることができる．

図 8.19(c) に，π, π^* バンドのエネルギー分散関係 (8.78) を K→Γ→M→K の線上でプロットした．単位胞当り π 電子は 2 個あるので，π バンドはすべて占有される．グラフェンの場合には，K 点で π バンドと π^* バンドが接してエネルギーギャップのない半金属になる（図 8.19(c)）[134]．(8.79) 式を，1 つの K 点 $(0, 4\pi/3a)$ の周りで，テーラー展開すると

$$w(k_x', k_y') = \frac{\sqrt{3}}{2}a\sqrt{k_x'^2 + k_y'^2} = \frac{\sqrt{3}}{2}k'a \tag{8.80}$$

を得る．ここで，k_x', k_y' は $(0, 4\pi/3a)$ から測った k_x, k_y である．$w(k_x', k_y')$ を表示すると，円錐形になる．(8.78) 式で，$\varepsilon_{2p} = s = 0$ とおくと

$$E_g(k') = \pm\frac{\sqrt{3}}{2}tk'a \tag{8.81}$$

となり，エネルギー分散関係も，2 次元波数 k' に比例する円錐形になる．これを**ディラック**（Dirac）**コーン**と呼ぶ[135]．グラフェンの電子は，有効質量が 0 であり，速度が一定（v_F）のため電場によって加速（減速）されず，約

---

[133] $t = 2.7$ eV, $s = 0.13$, $\varepsilon_{2p} = 0$ の値を用いて，実験のエネルギー分散を再現できる．$t < 0$ の定義の場合には，− が π バンド，+ が π^* バンドになる．
[134] 半金属とは，フェルミエネルギーでの電子の状態密度が小さい金属のことである．グラフェンの場合は，フェルミエネルギー直上での電子の状態密度は 0 である．

1000 km/s の速度で物質中を動きまわっている．この結果グラフェンの移動度は非常に大きく，原理的に 1 THz ぐらいの電気信号にも追従できる[*136]．グラフェンは集積回路の金属部分として用いることができる．

8.9.3 遷移金属ダイカルコゲナイド，その他の 2 次元半導体

遷移金属ダイカルコゲナイド（TMD[*137]）も層状物質であり，劈開することで 2 次元半導体物質になる．図 8.20 に，TMD の代表的な物質である MoS_2 の結晶構造を示す．MoS_2 の結晶構造は，遷移金属の Mo 原子層の上下をカルコゲン S 層で挟む 3 層構造である（図 8.20(b)）．z 軸方向から 3 層を重ねてみると，グラフェンと同じ構造（図 8.20(a)）をしているので，2 次元のブリュアン域は図 8.19(b) と同じである．価電子帯と伝導帯の電子状態は，K 点（K′ 点）でエネルギーギャップをもつ半導体になる．K 点でのエネルギーギャップの起源は，(8.76) 式の対角成分の値が異なることからくる．実際 (8.76) 式の対角成分 ε_{2p} を，$\Delta/2, -\Delta/2$ に置き換え，簡単のため $s = 0$ とおくと (8.81) 式は

$$E_{\text{TMD}}(k_x', k_y') = \pm\sqrt{\left(\frac{\Delta}{2}\right)^2 + \frac{3t^2a^2}{4}(k_x'^2 + k_y'^2)} \qquad (8.84)$$

になる[*138]．$k_x' = k_y' = 0$ で，エネルギーギャップ Δ をもつ 2 次元半導体に

[*135] 通常，伝導帯の下端は $E = \hbar^2 k^2/2m$ のように k^2 に比例し，$\hbar^2/(\partial^2 E/\partial k^2)$ より，有効質量 m が求められるが，(8.81) 式のように E が k に比例する場合には，有効質量の式を使うことができない．その代わり，相対論的なエネルギー分散の式

$$E = \sqrt{m_0^2 c^4 + p^2 c^2} \qquad (8.82)$$

（c は光速，p は運動量）で，静止質量 m_0 を $m_0 = 0$ とおくと，$E = pc = \hbar k c$ となり k に比例する場合に対応するので，(8.81) 式は，(8.82) 式で $m_0 = 0$ に対応する．(8.81) 式と $E = pc = \hbar k c$ を比べて，グラフェンの電子の速度（フェルミ速度）v_F は

$$v_F = \frac{\sqrt{3}}{2}\frac{ta}{\hbar} = 8.73 \times 10^5 \, \text{m/s} \qquad (8.83)$$

になる．ここで，$t = 2.7\,\text{eV}$，$a = 2.46\,\text{Å}$ の値を用いた．v_F はディラックコーンの傾きに相当し，エネルギーによらない定数である．

[*136] 1 THz $= 10^{12}$ Hz の周期は，10^{-12} s であり，これに $v_F = 10^6$ m/s を掛けると，10^{-6} m $= 1\,\mu$m なので，$1\,\mu$m 以下の半導体デバイスであれば，信号が遅延なくデバイス内を伝搬する．

[*137] Transition Metal Dicharcogenides の略．MX_2 (M = Mo, W, X = S, Se, Te) で表される物質．

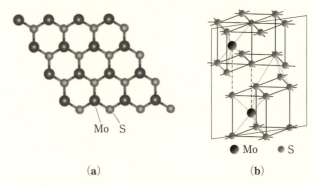

図 8.20 (a) 遷移金属ダイカルコゲナイド MoS$_2$ を上から見た図．グラフェンと同じ形をしている．(b) 横から見た図．Mo の原子層を 2 つの S の原子層で挟む三層構造が，1 つのユニットになっている．Mo も S も三角格子になっている

なる[*139]．六方格子の窒化ホウ素 h-BN の場合には，単位胞の 2 つの原子が B と N で異なるため，MoS$_2$ と同様にエネルギーギャップが発生する．h-BN は，エネルギーギャップの大きさが 6 eV ぐらいある絶縁体である．一方 MoS$_2$ は，1.8 eV のエネルギーギャップをもつ半導体である[*140]．また 1 原子層（0.65 nm）の MoS$_2$ の移動度は，2 nm の厚さの Si 層と同程度であり，1 原子層の FET を作ることができる（8.9.4 項）．

このほかに，2 層のグラフェンや，シリセン（Si の 1 原子層）において面に垂直に電場を加えると，単位胞の 2 つの原子の電場によるポテンシャルエネルギーを変化させることができるので，エネルギーギャップが開く[*141]．このように，2 次元物質では半導体も絶縁体も存在する．半導体，絶縁体，金属を

[*138] Mo の d 軌道と S の p 軌道から複数のバンドができる．さらに K 点付近では，ギャップを作るバンドは 2 × 2 の行列になる．Phys. Rev. B **88** (2013) 075409.

[*139] エネルギーギャップの起源は，対角成分のエネルギー差になる．$\Delta \neq 0$ のときは，(8.84) 式を $k_{x'} = k_{y'} = 0$ で展開して，Δ に比例した有効質量が $m = (2\Delta\hbar^2)/(3t^2a)$ になる．

[*140] TMD の場合には，価電子帯と伝導帯の電子状態は，遷移金属の d 軌道の線形結合で与えられ，基底となる原子軌道は d_{z^2} と $(d_{x^2-y^2} + i\tau d_{xy})/\sqrt{2}$ からなるブロッホ軌道である．ここで，τ は，K バレー（$\tau = +1$），K' バレー（$\tau = -1$）を示す整数である．ここでバレー（valley, 谷）とは，伝導帯の下限付近の波数領域のことである．最近接として，6 個の金属原子を考え展開すると，ハミルトニアンは，(8.76) 式の対角成分が $\Delta/2, -\Delta/2$ の形になる．この導出は，$\mathbf{k} \cdot \mathbf{p}$ 法でなされているが，タイトバインディング法でもできる．詳細は Phys. Rev. Lett. **108** (2012) 196802 を参照．

8.9.4 2次元トランジスタの構造

図 8.21(a) に, MoS_2 を用いた MOSFET の構造を示す. チャネル層として, MoS_2 原子層が使われている. また, 移動度低下を防ぎ, 界面準位を少なくするために, 原子的に平坦な h-BN を数層基板として採用している. 図 8.21(b) に, 数層の MoS_2 原子層を 10 層程度の h-BN 上にヘテロ積層した構造の断面 TEM 像を示す. TEM 像が示すように原子レベルで平坦な構造が得られ, 理想的な 2 次元電気伝導が実現できる. 図 8.21(a) の h-BN の下に, 過剰に n ドープした Si をバックゲート電極として, また high-k 物質である HfO_2 を絶縁膜の上に, 金でトップゲート電極を取り付けている. 絶縁膜を挟んだ静電容量を大きくするために, 誘電率が大きな high-k 物質である HfO_2

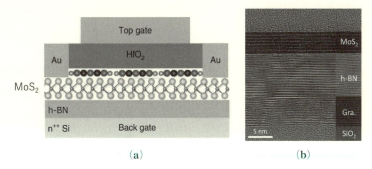

図 8.21 (a) MoS_2 原子層の FET. 金電極はソースとドレイン. 界面準位を少なくするために原子的に平坦な h-BN を採用. HfO_2 は絶縁膜, さらに漏れ電流を阻止するために単分子有機膜 (HfO_2 と MoS_2 の間) を挿入. (b) SiO_2 層の上に順番にグラフェン, h-BN, MoS_2 を約 10 層ずつヘテロ積層した構造の断面 TEM 像 (東京大学 長汐晃輔教授提供による)

[*141] 2 層のグラフェンは, AB 積層といって, 単位胞の 2 つの原子のうち 1 個の原子の上には 2 層目の原子が存在するが, もう 1 個の原子の上は, 六角形の中心になり 2 個の原子が非対称になる. 原子層に垂直に電場を加えるとギャップが開くことがわかっている. シリセンは, 化学結合が sp^2 のように完全に平面ではなく, sp^3 の成分を含み単位胞の 2 つの原子が, z 方向にずれている. したがって電場を加えると, ポテンシャルエネルギーに差 $2E\varDelta z$ が生じてギャップが開く.

が採用されている[*142].

h-BN 基板を用いることで界面準位の発生を抑え，MoS_2 FET で，理想 SS 値（8.2.4 項参照）65 mV/dec を実現した[*143]．また，電流のオンオフ比も実用上十分な 10^5 を得た．電流を 10^5 倍するゲート電圧の増加分は，65 mV × 5 = 0.33 V であり動作電圧を小さくできる．しかし，2 次元物質は電子の状態密度が小さいために，少しの電荷の蓄積でフェルミエネルギーが上昇し，観測される静電容量 C が小さくなる．この効果を**量子静電容量** C_Q と呼ぶ[*144]．

8.9.5　0 次元，1 次元への展開

2 次元半導体物質の出現は，半導体の微細化において重要な展開となった[*145]．2 次元物質を細線化し 1 次元物質にする，さらに細線の長さも有限にし 0 次元物質を作る提案も，2003 年にグラフェンが 2 次元物質として登場する前の 1990 年代に現れていた．

1 次元の代表的な物質が**カーボンナノチューブ**（CNT, Carbon Nanotube）である（図 8.22(a)〜(c)）．カーボンナノチューブは，グラフェンを円筒に丸めて作った 1 次元物質である．図 8.22(d) は，ナノチューブの展開図である．長方形 OAB'B で OB と AB' をつなぐように丸めるとナノチューブができる．OA は，赤道方向の格子ベクトルで

[*142] ゲート電圧に対して 2 次元物質中のキャリヤ数 Q を上げるためには，絶縁層を挟んでゲート電極と MoS_2 の間の静電容量 C_o が大きいこと（$Q = C_o V$）が必要である．このため絶縁層に大きな誘電率（high-k）の物質 HfO_2 を薄く挿入した．HfO_2 絶縁層を 1 原子層まで薄くすると，電場やトンネル効果によって絶縁が壊れるので数層積層する．しかし，HfO_2 は，2 次元物質ではないので漏れ電流が存在する．漏れ電流を阻止するために単分子有機膜をバッファ層として HfO_2 と MoS_2 の間に採用している．
[*143] Adv. Func. Mater. 29 (2019) 1904465.
[*144] C は，C_o と C_Q を直列につないだときの合成容量になる．high-k 物質を使って C_o を大きくしても，C_Q より小さくなることが報告されている．逆に，C_o を大きくし Q が増加すると，C_Q の C に対する寄与が増えるので，high-k 物質の効果がなくなる問題がある．通常の金属電極の場合には状態密度が大きいので，電子が蓄積してもフェルミエネルギーが上昇する量子静電容量の効果は考える必要はない．
[*145] 従来の MOSFET のプロセス技術が使えないので，2 次元物質ヘテロ構造の開発目標は 2030 年代に設定されている．

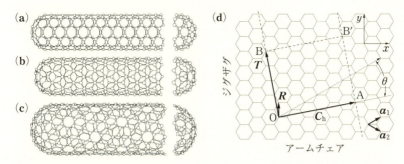

図 8.22 (a) から (c) はカーボンナノチューブで (a) アームチェア型, (b) ジグザグ型, (c) カイラル型. (d) ナノチューブの展開図. 長方形 OAB'B で OB と AB' をつなぐように丸めるとナノチューブができる

$$\boldsymbol{C}_\mathrm{h} = n\boldsymbol{a}_1 + m\boldsymbol{a}_2 \equiv (n, m) \tag{8.85}$$

と2つの整数 n, m で表される. また OB はナノチューブ軸方向の格子ベクトル $\boldsymbol{T}$ であり

$$\boldsymbol{T} = t_1 \boldsymbol{a}_1 + t_2 \boldsymbol{a}_2 \equiv (t_1, t_2) \qquad (t_1, t_2\text{ は互いに素}) \tag{8.86}$$

と表され, 整数 t_1, t_2 は, n, m の関数で与えられる[*146]. $\boldsymbol{C}_\mathrm{h}, \boldsymbol{T}$ の単位胞に対応する逆格子ベクトルを $\boldsymbol{K}_1, \boldsymbol{K}_2$ とすると, $\boldsymbol{C}_\mathrm{h} \cdot \boldsymbol{K}_1 = 2\pi$, $\boldsymbol{T} \cdot \boldsymbol{K}_2 = 2\pi$ を満たす[*147]. ここから, $|\boldsymbol{K}_1| = 2\pi/|\boldsymbol{C}_\mathrm{h}| = 2/d_\mathrm{t}$ (d_t はナノチューブの直径. $\pi d_\mathrm{t} = |\boldsymbol{C}_\mathrm{h}|$), $|\boldsymbol{K}_2| = 2\pi/|\boldsymbol{T}|$ であるので, 長さが $2\pi/|\boldsymbol{T}|$ の線分 WW' (図 8.23(a)) が $2/d_\mathrm{t}$ ごとに等間隔に並んだ集まりがナノチューブの波数になる. その結果, ナノチューブの波数を2次元の逆格子空間で表すと, 離散的で平行な線分の集まりになる (図 8.23(a)). 線分上の波数 (k_x, k_y) を用いてグラフェンのエネルギー E_g ((8.78) 式) を計算すると

[*146] $\boldsymbol{C}_\mathrm{h} \cdot \boldsymbol{T} = 0$ と, t_1, t_2 は互いに素から

$$t_1 = \frac{2m+n}{d_\mathrm{R}}, \qquad t_2 = -\frac{2n+m}{d_\mathrm{R}} \tag{8.87}$$

を得る. ここで d_R は $2m+n$ と $2n+m$ の最大公約数である.

[*147] $\boldsymbol{C}_\mathrm{h} \cdot \boldsymbol{K}_1 = 2\pi$, $\boldsymbol{T} \cdot \boldsymbol{K}_2 = 2\pi$, $\boldsymbol{T} \cdot \boldsymbol{K}_1 = 0$, $\boldsymbol{C}_\mathrm{h} \cdot \boldsymbol{K}_2 = 0$ を計算すると

$$\boldsymbol{K}_1 = \frac{1}{N}(-t_2 \boldsymbol{b}_1 + t_1 \boldsymbol{b}_2), \qquad \boldsymbol{K}_2 = \frac{1}{N}(m\boldsymbol{b}_1 - n\boldsymbol{b}_2) \tag{8.88}$$

で与えられる. $\boldsymbol{b}_1, \boldsymbol{b}_2$ は, (8.75) 式で定義した.

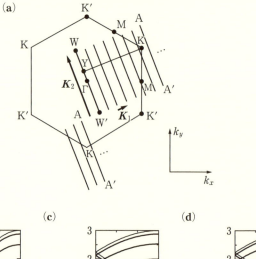

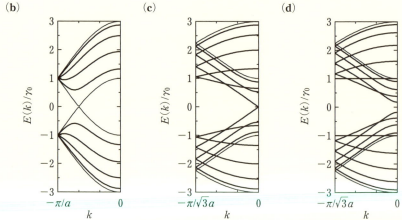

図 8.23 (a) ナノチューブの波数を 2 次元の逆格子で表すと,線分の集まりになる.
(b) (5,5), (c) (9,0), (d) (10,0) のエネルギー分散. (b) と (c) は $E = 0$ でエネルギーギャップがなく金属, (d) は半導体になる

$$E_\mu(k) = E_g\left(k\frac{\boldsymbol{K}_2}{|\boldsymbol{K}_2|} + \mu\boldsymbol{K}_1\right) \quad \left(\mu = 0, 1, \cdots, N-1, \ -\frac{\pi}{T} < k < \frac{\pi}{T}\right) \tag{8.89}$$

というナノチューブの分散関係を得る.線分の数 N 個だけの分散関係が発生する(図 8.23(b)〜(d))[*148].ここで,離散的な線分が,グラフェンのブリュアン域の K 点を通るときは,$E = 0$ でエネルギーギャップがなく金属になり(図 8.23(b),(c)),K 点を通らない場合にはナノチューブは半導体になる(図

8.23(d)).ナノチューブはこのように円筒の巻き方によって金属にも半導体にもなるという著しい性質をもっている.ナノチューブの立体構造は,2つの整数 (n,m) で書くことができ(図8.22(d)),$n-m$ が3の倍数のときは金属,それ以外のときは半導体である[149].今日では,特定の (n,m) を取り出すことができ,室温で高い移動度をもつ半導体デバイスとして動作することが確認されている[150].半導体ナノチューブの利点は,円筒構造のため円筒の両端以外は,構造の欠陥がないことである.また,半導体ナノチューブのエネルギーギャップは,ナノチューブの直径に反比例し,近赤外領域(1 eV)ぐらいから0まで連続的にギャップが存在する.目的に応じた半導体を同じ炭素の物質として作ることができる.

また1次元の別の形として,グラフェンナノリボンがある(図8.22(d)参照)[151].**ナノリボン**は,グラフェンをリボン状に切って「丸めないで」できた1次元物質である.ナノチューブの場合と違って,平面構造なので2次元物質内に配置するのは便利であるが,リボンの端があるために,輸送現象において端の効果が無視できない.端の構造の代表的なものとして,アームチェア端とジグザグ端がある(図8.22(d)).アームチェア端のナノリボンの電子状態は,リボンの幅方向の固定端の境界条件[152]によって,波数が離散的になる.この結果ナノチューブの場合と同じように,リボンの幅に依存して,金属にも半導体にもなる.一方ジグザグ端のナノリボンは,端の原子が単位胞の2つの原子A,Bのどちらかになるので,端の原子どうしの化学結合がなく,端に局在するエッジ状態が現れる.エッジ状態は,エネルギー分散関係がないフラッ

---

[148] N は長方形 OABB′ の中にある六角形の数に対応するので

$$N = \frac{|\boldsymbol{T} \times \boldsymbol{C}_\mathrm{h}|}{|\boldsymbol{a}_1 \times \boldsymbol{a}_2|} = \frac{2(n^2 + m^2 + nm)}{d_\mathrm{R}} \tag{8.90}$$

で与えられる.エネルギー分散関係の総数は E_g の± で $2N$ になる.
[149] 図8.23で YK $= (2n+m)\boldsymbol{K}_1/3$ が,$\boldsymbol{K}_1$ の整数倍のときは線分が K 点を通る.したがって $2n+m$ または $n-m$ が3の倍数ならば金属になる.
[150] CNTFET と呼ばれている.多数の CNTFET を並列させて1個の素子を作る技術は確立されている.1個の CNT を用いた CNTFET は実験室レベルの段階である.
[151] 1996年藤田,若林,中田,草部の論文がある.J. Phys. Soc. Jpn. 65 (1996) 1920.
[152] 端の原子の外の部分の位置には原子が存在しないので,波動関数の値が0になる.これが,固定端条件になる.

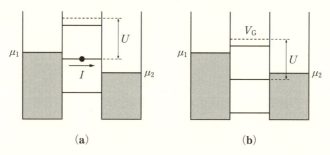

図 8.24 量子ドット．(a) μ_1, μ_2 は左右の電極の化学ポテンシャル．離散的なエネルギー準位が μ_1 と μ_2 の間にあると，電子は左から右に流れる．エネルギー準位に 2 個目の電子を占有させようとすると，電子間反発 U だけエネルギーが上がり，電流が流れない．(b) ゲート電圧 V_G をかけると，エネルギー準位が $-eV_G$ だけ下がり，電流は流れない

トバンドになる．フラット・バンドでは π 電子のスピンが偏極し，磁性が発生する[*153]．

ナノリボンの合成にはいろいろな方法があるが，リボン幅を固定したリボンを作るには，部品[*154]となる分子を作り重合してリボンを作る，**自己組織化法**がある．特に重要なのは，分子の特定の位置に B や N の不純物を入れてリボンを合成すると不純物の位置が周期的になり，アクセプター準位やドナー準位がエネルギーサブバンドになる．実際にタイトバインディング法で，アクセプターバンドやドナーバンドを作ると，不純物は結晶全体に広がった電子状態を作る．部分状態密度を計算すると，アクセプターバンドやドナーバンドは，不純物原子からできているのではなく，炭素の π 軌道からできていることがわかっている．ここから pn 接合を作ると，従来の半導体の pn 接合とはまったく異なる負性抵抗を示す[*155]．

さらにナノチューブや細線中を電子 Fin ゲート電極などで閉じ込めると，0 次元の**半導体量子ドット**を作ることができる（図 8.24）．半導体量子ドットにソースとドレイン電極を付け電圧 V_d をかけると，ソース側に電子が占有し，ドレイン側に電子が占有しないエネルギー領域（$\mu_2 < E < \mu_1$）が電圧に比例

[*153] エッジ状態に関連した伝導チャネルに特異的な振舞いがあることが報告されている．
[*154] precursor，前駆体という．
[*155] Phys. Rev. Appl. **16** (2021) 024030.

して現れる $(eV_d = \mu_1 - \mu_2)$. このエネルギー領域を**電位の窓**と呼ぶ. 電位の窓に量子ドットの離散的な準位があると，ソースにいる電子は離散的な準位を通ってドレイン側に電流を与える. この現象を**共鳴トンネル効果**と呼ぶ. 図 8.24(b) で示すように，離散的準位のエネルギー位置はゲート電圧で制御できるので，共鳴トンネル効果を用いて低温で FET 動作をすることができる. ここで重要なのは，離散的準位を占有できる電子は 1 個に限られることである. もう 1 個スピンの向きが逆の電子が占有すると，電子間の反発エネルギー U だけ 2 個目の電子のエネルギーが上がり，その結果バイアスの窓から外れてしまうと電流が流れない（図 8.24(a)）. この現象を**クーロンブロッケード**と呼ぶ. このように量子ドットの特異な電気的性質により，単電子トランジスタ，量子コンピュータ，量子ドットレーザー，量子ドット太陽電池などへの応用が期待されている. しかし量子ドットの動作は極低温でのみ可能であり，克服すべき技術が多い. ナノチューブを用いた量子ドットの研究は，2000 年代に広くおこなわれていた[156] が多くは極低温の実験であり，実用的な応用とは当時は結びつかなかった. 2019 年になって複数のナノチューブを並列にしたデバイスを作り，16 ビット CPU を作る報告がなされた[157].

　2 次元物質や，0 次元，1 次元物質は，半導体の微細構造の研究に重要な概念をもたらしただけでなく，半導体物理にも新しい概念をもたらした. 新しい半導体物理は，結晶の純度，プロセス技術による構造欠陥の制御，ヘテロ構造による不純物ポテンシャルの影響の回避，そして電子の閉じ込めによる量子効果などが総合的に研究され達成されたものである. 今後も微細化技術の進歩に伴い，省エネルギーで高速な半導体デバイスの開発が，新しい量子物理の概念の発展とともに進められていくものと考えられる.

---

[156] ナノチューブを用いたトンネル FET の論文は Phys. Rev. Lett. 93 (2004) 196805 を参照. SS 値が 40 mV/decade と，熱励起による MOSFET の下限値 60 mV/decade より小さい値を得ている.

[157] Nature 572 (2019) 595.

参考文献

本文に関連する論文は脚注に示した.

[1] 安藤恒也編:「量子効果と磁場」(丸善, 1995). 2次元電子系, 量子ホール効果の実験と理論の解説がある.

[2] 吉岡大二郎著:「量子ホール効果」(岩波書店, 1998). 分数量子ホール効果の理論が詳しい. 現在は岩波オンデマンドブックスとして販売されている.

[3] Y. Taur and T. H. Ning 著, 芝原健太郎, 宮本恭幸, 内田建監訳:「タウア・ニン最新 VLSI の基礎 (第2版)」(丸善出版, 2013). MOSFET, CMOS 構造の説明が詳しい. 英語の本が原著.

[4] 齋藤理一郎著:「フラーレン・ナノチューブ・グラフェンの科学 — ナノカーボンの世界 —」(共立出版, 2015). ナノカーボン物質の入門書. 英語の本では, R. Saito, G. Dresselhaus, and M. S. Dresselhaus: *Physical Properties of Carbon Nanotubes* (Imperial College Press, 1998).

第 9 章

半導体研究の新展開
「広がる半導体の世界」

福 山 秀 敏

　前章までに紹介された基礎的な事項を基に，ディラック電子・ワイル電子系で代表される半導体ないしは半金属特有の少数キャリヤ系の物性，とりわけ軌道磁性，ホール係数，ゼーベック係数などに関する基本事項の理論の現状を俯瞰する．ここでは単バンド系においては無視されるバンド間結合に起因する様々な効果が出現するが，その理解のためにブリュアン域の特定の領域の電子系に対してはラッティンジャー–コーン表示，一方，電荷秩序状態やモット絶縁体などの強相関系についてはタイトバインディングモデルが有効であることを紹介する．

9.1 半導体とは

　孤立した原子あるいは分子の特徴は詳細に理解されている．一方，原子・分子で構成される固体がもつ可能性については絶えず「想定外の驚き」が待ち受けている．固体は $1\,\mathrm{cm}^3$ 当りアボガドロ（Avogadro）数（6.02×10^{23}）程度の膨大な数の原子・分子が凝集した「凝縮系」であるという事実がその原因である．実際，固体においては個々の構成要素とはまったく異なる特徴・機能が生まれる．アンダーソン（P. W. Anderson）はこのことを "More is different." と見事に表現した [1,2,3]．例えば固体で普通に見られる「金属と絶縁体の違い」「磁性や超伝導などの相転移」は少数の原子・分子の集団では決して出現しない特性である．これら固体でしか見られない諸現象の出現形態とその起源

について物理学，特に固体物理学は驚くほど精緻な理解の道筋を提示してきた．その際に基本的な役割を果たしたのはバンド理論に基づく「固体電子論」であり，本書第4章で紹介されている．一方，絶縁体においては電子が表立って活躍することはないが，電子が介在して形成される「格子」およびその微小な動きである格子振動については第3章に紹介がある．このように固体の物性は金属・絶縁体いずれにおいてもすべて電子が規定している．加えてバンド理論により特徴が明らかにされた電子状態は状況によって電子格子相互作用あるいは電子間相互作用によって構造相転移，磁性，超伝導などの「相転移」を通して固体物性に華を添えている．

「半導体」は第1章で紹介されているように固体がもつ最も基本的な特徴である「金属と絶縁体」において「絶縁体」に接し，かつ金属の属性である「導電性」を多少持った状態の総称である．「金属は電気を通す，しかし絶縁体は通さない，半導体はその中間」と分類され，それらは電気抵抗の大きさで判定されるが，この分類は定性的であり，それらの間には明確な違いはない．「半導体」は外的条件の調節によって伝導性を制御できる系一般である．固体中の導電性の担い手はイオンが関与する場合もあるが主として電子である．その電子は元来原子に束縛されているが，電場下の金属では電子の流れが生まれる．一方，絶縁体ではその流れが生まれない．このことを理解するためには電子が量子的粒子であり固体中の電子の運動は量子力学に従うことを理解することが出発点となる（第2章）．第4章で紹介されているように，電子が原子に強く束縛された軌道状態由来か，あるいはゆるく束縛された軌道由来かによって物理的描像は異なるものの，固体中の電子に許されるエネルギー領域と許されないエネルギー領域（エネルギーギャップと呼ばれる）がエネルギーの関数として帯のように交互に存在すること（エネルギー帯，エネルギーバンドともいう），また電子はフェルミ（Fermi）統計に従うことから電子が占有する状態のエネルギーには上限がある（これはフェルミエネルギーと呼ばれる）ことが基本となる．フェルミエネルギー E_F がバンドギャップ内に存在すれば，多少の外部電場によって電子の配置を変化させることができないので，絶対零度では絶縁体，一方，E_F がエネルギーバンド中に位置すれば金属となる．また絶

対零度では絶縁体であっても，有限温度では電子はエネルギーギャップ E_g を超えて熱励起されるので，有限温度では $\exp(-E_g/k_BT)$ (k_B はボルツマン (Boltzmann) 定数．室温程度の T (300 K) に対応するエネルギー k_BT はおよそ 0.03 eV) に比例した伝導性が出現する．このことから導電性は E_F の位置と E_g の大きさで支配される．通常の絶縁体の E_g は 5 eV 程度以上あり，フェルミエネルギー E_F がこのバンドギャップ内に位置する．この状況をバンドギャップ近傍でのエネルギー分散の次元 d に応じた電子の状態密度 (DOS, Density Of States) のエネルギー依存性 $D_d(E)$ の概略とともに図 9.1(a) に示した．

一方，半導体のエネルギーギャップは 1 ～ 1.5 eV 程度であり，ナローギャップ半導体ではそれ以下，またワイドギャップ半導体では 2 ～ 4 eV 程度とそれほど厳密な違いではないが絶縁体でのエネルギーギャップに比べて小さい．このような状況では伝導性がフェルミエネルギーの位置によって大きな違いが生まれる．バンドギャップよりエネルギーの高い領域では伝導帯が，逆に低い領域では価電子帯が寄与し，それぞれ「電子的 (n 型)」あるいは「正孔的 (p 型)」という特徴的な物性を示す．加えて現実に避けることができない格子欠陥や原子配置の乱れの影響を受けて，エネルギーバンドとバンドギャップの境界 (バンドエッジ，バンド端と呼ばれる) 近傍での電子状態密度は「裾を引

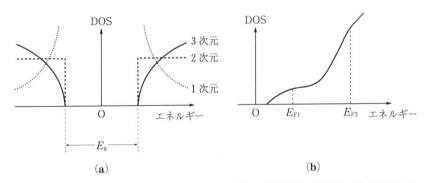

図 9.1 (a) 理想的な系におけるバンドギャップ近傍の状態密度 (DOS) の系の次元による違い．絶縁体ではフェルミエネルギー E_F がバンドギャップの中に位置する．
(b) 乱れた系での伝導帯端近傍の DOS の模式図．フェルミエネルギーの位置 (たとえば E_{F1}, E_{F2}) によって伝導性に大きな違いが生まれる

く」（図 9.1(b)）．乱れの影響はその原因（格子欠陥，不純物など）およびバンドギャップの起源（構成元素間の結合が共有結合・イオン結合あるいは金属結合的など）」（第 4 章参照）により，伝導帯と価電子帯では異なった特徴をもつ．

E_F の位置を規定する電子密度は元素置換（化学ドーピング）あるいは電界効果（field effect）によって制御される．

このような伝導性に加えて第 6 章で紹介されている電子のバンドギャップ間の遷移に伴った光学的な特性にもバンドギャップの大きさに対応して波長域には，可視光波：380 nm（3.26 eV）〜 750 nm（1.65 eV），電磁波例えば 1 THz（10^{12}/s，4.1 meV），などそれぞれに特徴がある．この場合でもバンド端の電子状態が現象に大きな影響を与える．

このように半導体物理学には学理探求の面白さと同時に物質ごとに異なる電子状態の制御による新機能性材料の創出という材料科学としての挑戦がある．半導体がもつ「新学理」と「新材料・新技術」の両面性は，ノーベル物理学賞・化学賞の受賞対象の中で本書のテーマ「半導体」およびその関連物質を舞台にした現象が表 9.1 のように数多く見られることからも理解できる［4］．

ここで「銅酸化物高温超伝導」という従来，半導体とは「別」として扱われてきたテーマの位置づけについて補足しよう．超伝導は長らく金属固有の特徴と見なされていたが，セラミックである銅酸化物において 1987 年に発見された「銅酸化物高温超伝導」は臨界温度がはじめて液体窒素温度を超えたという画期的な事実のみならず，超伝導出現の舞台がモット（Mott）絶縁体（より正確には 4.1.4 項で紹介されている電荷移動型モット絶縁体）La_2CuO_4 に正孔がドープされた状況であることを反映して従来の超伝導体とは質的に異なる様々な特徴をもつことが明らかになっている［5,6］．この「ドーピング」は半導体において発展してきたキャリヤ導入の手法であるが Doped Mott という固体電子のもつ新しい可能性が認識されたことに伴いその後数多くの興味ある物質系が開拓された［7］．

「半導体」は前章までに紹介されているように 1 〜 2 eV 程度のバンドギャ

表 9.1 ノーベル賞と半導体

半導体トランジスタ効果の発見（William Bradford Shockley, John Bardeen and Walter Houser Brattain; 1956）
半導体トンネル効果の発見（Leo Esaki and Ivar Giaever; 1973）
乱れた系の電子状態理論（Philip Warren Anderson, Sir Nevill Francis Mott and John Hasbrouck van Vleck; 1977）
化学反応過程に関する理論（Kenichi Fukui and Roald Hoffmann; 1981）
量子ホール効果の発見（Klaus von Klitzing; 1985）
銅酸化物高温超伝導の発見（J. Georg Bednorz and K. Alexander Müller; 1987）
フラーレンの発見（Robert F. Curl Jr., Sir Harold W. Kroto and Richard E. Smalley: 1996）
分数量子ホール効果の発見（Robert B. Laughlin, Horst L. Störmer and Daniel C. Tsui; 1998）
DFT および量子化学における計算手法の発展（Walter Kohn and John A. Pople; 1998）
導電性高分子の実現（Alan J. Heeger, Alan G. MacDiarmid and Hideki Shirakawa; 2000）
超伝導および超流動に対する先駆的貢献（Alexei A. Abrikosov, Vitaly L. Ginzburg and Anthony J. Leggett; 2003）
巨大磁気抵抗の発見（Albert Fert and Peter Grünberg; 2007）
2次元物質グラフェンに関する画期的な実験（Andre Geim and Konstantin Novoselov; 2010）
準結晶の発見（Dan Shechtman; 2011）
明るくエネルギー効率の良い白色光利用を可能とした青色発光ダイオードの発明（Isamu Akasaki, Hiroshi Amano and Shuji Nakamura; 2014）
トポロジカル相転移とトポロジカル物質相の理論的発見（David J. Thouless, F. Duncan M. Haldane and J. Michael Kosterlitz; 2016）
リチウムイオン電池の開発（John B. Goodenough, M. Stanley Whittingham and Akira Yoshino; 2019）

ップをもつ絶縁体に少数のキャリヤが導入されて出現する．乱れのない理想的な半導体である「真性半導体」におけるキャリヤは温度によるバンドギャップを超えた励起が起源であるが，「半導体トランジスタ」誕生の際にはこの「少数キャリヤ」が不純物のドーピングで実現された．その後外部電場（電界）によるキャリヤ注入の例も多い（電界効果型）．いずれの場合もキャリヤの数が「少数」であるがゆえにわずかな状況変化によって電子系は敏感に変化し，このことが「制御」可能性の基となっている．

本書はこの状況を量子力学に基づいて理解することを目指しており，その基本は上記から明らかなようにバンド構造とフェルミエネルギーの位置で規定される移動可能な電子密度とその性質である．

半導体の土台となる「絶縁体」は通常，バンド構造に現れるバンドギャップに由来する「バンド絶縁体」であった．しかし，固体で出現する「絶縁体」は「バンド絶縁体」に限られるわけではない．将来の「新半導体」の可能性を探るために，まず現時点での「絶縁体の分類」を試みる．

9.2 絶縁体の種類

絶縁体の起源として量子力学的原理，電子間相互作用（強相関効果），乱れ，があり，それぞれ「バンド絶縁体」，「モット絶縁体・電荷秩序系」，「アンダーソン局在」と分類される [8]．

9.2.1 バンド絶縁体：様々なバンドギャップ
(1) 基本的原理

バンド絶縁体は原理に基づく絶縁体であり，したがって「強固」である．そのため現代技術の根幹を担う電子デバイスの多くはバンド絶縁体由来の半導体である．バンド絶縁体は物質 $1\,\mathrm{cm^3}$ 中にアボガドロ数 10^{23} 程度という超膨大な数の原子・分子が存在する空間での電子の状態を量子力学に基づいて記述するバンド理論によって記述される．バンド理論は「1 を知って 10^{23} を知る」ことを可能とする驚くべき威力をもつ．

量子力学的粒子である電子には固有の角運動量であるスピンが付随しそれには 2 種（↑スピン，↓スピン）あり，フェルミ統計に従う．フェルミ統計に従う粒子は同じ状態に同種の粒子の共存が禁止される（パウリ (Pauli) の原理）．したがって，図 9.2 のように○で描いた 1 つの状態（例えば 1 つの格子点上の

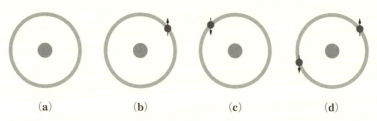

図 9.2　バンド絶縁体の起源．中心の黒丸は原子核で大きな円弧の軌道上の丸は電子，矢印はスピンの向きを示す．(a), (d) の場合が絶縁体

1つの軌道）に電子が存在する可能性は4種に限られる．2.3節で見たように，固体中でとなり合う格子点上にある電子は波動関数の重なり（この強さを「重なり積分」あるいは「跳び移り積分」と呼ぶ．またホッピング積分やトランスファー積分ということも多い）により格子間の移動が可能となる．これは電子の量子トンネル現象であり，バンド構造の起源となる．図9.2(a)のように電子が存在しなければもちろん電流は生まれないので絶縁体であるが，結晶中の全格子点が図9.2(d)の状態にあると，格子間の電子の移動はパウリの原理のために不可能となり，電気が流れない．図9.2(d)の状況を波数空間でのバンド構造で表現すると「1つのバンドに格子点当り電子2個存在（$n=2$）」と同じである．これが「バンド絶縁体」である．このように「バンド絶縁体」は「量子力学的原理に基づく絶縁体」であり，例外はない．第4章で見たように結晶中でのバンド構造には様々な分散関係（バンドエネルギーの波数依存性）をもったエネルギーバンドが多数存在するが，バンド絶縁体ではフェルミエネルギーがバンドギャップ中に位置する．そのバンドギャップの様相は構成原子の種類とそれらの空間配置に依存する．それはバンドギャップが共有結合・イオン結合・金属結合などの構成原子間の結合形態と結晶構造を反映しているからである．たとえば炭素Cのみでできた結晶という点で共通であっても2次元的平面構造をもつグラファイト・グラフェンと立方的なダイヤモンドの違いは大きい．層状グラファイトの構成要素である1層グラフェンではワイル（Weyl）型というゼロギャップが実現，一方，立方晶ダイヤモンドはバンドギャップ5.5 eVをもつ絶縁体である．イオン結合の代表NaClではNa原子からCl原子に電子が移動してそれぞれが正イオンNa^+および負イオンCl^-となりイオン結晶を構成する．このときバンドギャップはNa，Cl原子のポテンシャルの差を反映する（立方晶では9 eVに近い）．

このようなバンドギャップの大きさばかりでなくバンドギャップを規定するエネルギーバンドが存在する波数空間の相対的な位置も様々である．

（2）間接ギャップ：ダイヤモンド構造

波数空間の同じ点の電子状態でバンドギャップが決まる場合を「直接ギャップ」，そうでない場合を「間接ギャップ」という（この状況を図9.3(a), (b)に

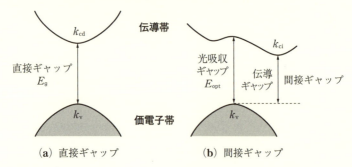

図 9.3 多様なバンドギャップ. (a) 直接ギャップと (b) 間接ギャップ模式的に示した).

半導体の典型であるシリコン (Si) 結晶はダイヤモンド構造をとるが,そのエネルギーバンドは図 9.4(a) である.価電子帯の頂上は Γ 点に,一方,伝導帯の底は図 9.4(b) に示されたブリュアン (Brillouin) 域の Γ-X を結ぶ線上の X 点からずれた波数にあり,間接ギャップ構造をもっている.ダイヤモンド構造は 2 つの面心立方格子構造 (fcc) で構成され,そのエネルギーバンド構造はブリュアン域境界にある X 点で特異な対称性をもち,2 つのバンド分散が有限の傾きをもって交差する.そのことを反映して,エネルギーの低いバンド分散の極小は必然的に X 点からずれた波数 (X 点の周囲 6 個所) に出現し,それぞれが谷と呼ばれる.

第 4 章に紹介されているように IV 族元素である炭素 (C),シリコン (Si),ゲルマニウム (Ge) および III-V 族立方晶 BN はいずれも元素が正四面体頂点に配位するダイヤモンド構造をとるが,そのバンド構造には共通性と違いがある.C, Si のように共有結合のみが fcc 構造を構成する場合には上に述べた特別な対称性に起因する谷構造が出現する.一方,BN のように電荷が異なるイオン結合性をもつ場合には谷構造が存在しない場合もある.

間接ギャップ半導体では大きな導電性をもちながら光を透過する「透明金属」の可能性がある(バンドギャップ $E_g = 1\,\mathrm{eV}$ に対応する光の周波数 ω および波長 λ はそれぞれ $\omega = E_g/\hbar = 2.4 \times 10^{14}\,\mathrm{Hz} = 2.4 \times 10^2\,\mathrm{THz}$, $\lambda = c/\omega = 1.24 \times 10^{-4}\,\mathrm{cm} = 1.24\,\mathrm{\mu m}$ (c は光速)である).

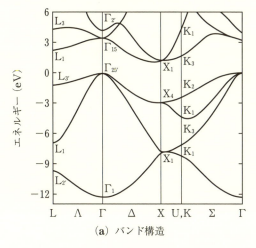

(a) バンド構造

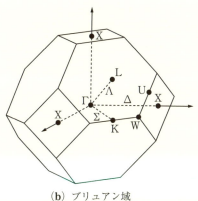

(b) ブリュアン域

図 9.4 シリコン (Si) の (a) バンド構造と (b) ブリュアン域

例えば，図 9.3(b) の間接ギャップ系では，伝導帯のエネルギーの低い k_{ci} 近傍に存在する伝導電子は，価電子帯からの光吸収端を決める k_c 近傍の価電子の光励起には影響を与えず E_{opt} が可視光のエネルギーより大きければ透明となる．

（3）酸化物半導体

間接バンドギャップの観点から金属酸化物をはじめとする「酸化物半導体」は興味深い．ほとんどの金属が酸素と結合することから大きな可能性が期待さ

れる金属酸化物は純良な試料作製の難しさから従来は敬遠されてきた．しかし最近大きな展開がある［9］．

　金属酸化物のバンドギャップは酸素 p 軌道起源のバンド幅の狭い価電子帯と金属 s 軌道由来のバンド幅の広い伝導帯からなり，n 型の伝導度はきわめて高い．また多くの場合「間接ギャップ」であり「透明金属」となり得る．実際，InGaZnO（IGZO）は透明アモルファス酸化物半導体（TAOS, Transparent Amorphous Oxide Semiconductor）という特徴をもとに薄膜トランジスタ（TFT, Thin Film Transistor）として実用化されている．アモルファス IGZO（a-IGZO）では酸素欠陥に伴う強い乱れがあり p 型の伝導性は出現しない．一方，酸化物半導体の中には単結晶の作製が可能であり，正孔も移動可能な両極性（バイポーラ，bipolar）の例として SnO がある．

　さらに「酸化物」という観点でありふれた絶縁体である石灰（CaO）とアルミナ（Al_2O_3）で構成された化合物 $12CaO/7Al_2O_3$（C12A7）において O_2^- を電子で置換したエレクトライド C12A7：e^- が実現した．ここでは結晶を形成する原子の隙間を跳び移る電子バンドが安定に存在すると考えられている．この状況が図 9.5 に紹介されている．

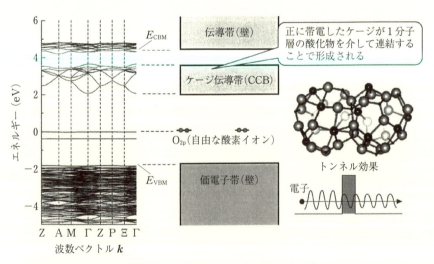

図 9.5 C12A7 の電子状態模式図（細野秀雄：電子情報通信学会誌，Vol. 97, No. 3, pp. 178-196 による）

> **参考** エレクトライド [*1]

酸素欠陥（F-センター）が周期的に配置した物質．欠陥は「無の空間」ではなく，エレクトライド（electride）ではそこに電子が存在する．最初，有機物中で合成されたが耐熱性が低く，また酸化されやすく物性研究の対象とはならなかった．しかし2003年安定な金属酸化物 $12CaO/7Al_2O_3$（C12A7）の出現で状況が一変した．C12A7 は Ca, Al で構成されたプラスに荷電した籠（cage）とその中に存在する負イオン O^{2-} の合成系，$[Ca_{24}Al_{28}O_{64}]^{4+} + 2O^{2-}$ と見なすことができる絶縁体である．C12A7 を TiO_2 と表面接触させることにより $2O^{2-} \longrightarrow 4e^-$ の置換が実現した．e^- 置換量が少ない状況では乱れた半導体同様，バリアブルレンジホッピング的な伝導（詳細は9.2.3項（4））が見られるが，置換量の増加とともに金属的さらに超伝導出現も確認された．C12A7：e^- は3次元的であるが，その後，電子が層間に存在する2次元的エレクトライド Ca_2N，Y_2C なども発見されて広がりが見られる．同時に従来，謎と思われていた Mg_2Si におけるキャリヤの起源などについて「void」が関与する可能性がエレクトライドの観点から指摘されている．

（4）ワイドギャップ半導体

強い共有結合あるいはイオン結合に起因する相対的に大きなバンドギャップをもつ「ワイドギャップ系」，たとえば SiC（3.3 eV），AlN（6.0 eV），GaN（3.4 eV），BN（六方晶（5.2 eV）立方晶（6.4 eV）），ダイヤモンド（5.5 eV）などは大きなバンドギャップに伴う高強度（硬さ）という力学特性をもつ．加えて導電性付加による機能開発により「パワーエレクトロニクス」としての用途が期待されている（第7章参照）．

（5）トポロジカル絶縁体

固体中のエネルギーバンド構造におけるバンドの上下関係は通常は孤立原子におけるエネルギー準位に対応しているが，バンドギャップが小さい場合にはスピン軌道相互作用などわずかな摂動で上下関係が逆転することがある．このような絶縁体はトポロジカル絶縁体（topological insulator）と呼ばれ，特徴的な「表面状態」が出現する（表面状態の詳細については4.3節を参照）．さらにバンドギャップの起源によっては「量子化されたバルク伝導と特有な表面

[*1] H. Hosono and M. Kitano : Chem. Rev. 121 (2021) 3121.

流」を伴う絶縁体，すなわちチャーン絶縁体（CI, Chern Insulator）が出現する．その代表例が「量子ホール（Hall）効果」である（詳細については 9.5.4 項を参照）．

9.2.2 電子間強相関効果に起因する絶縁体
（1）モット絶縁体

伝導に寄与するフェルミエネルギー近傍のエネルギーバンドに格子点当り電子が 1 個存在する場合を考える．各格子点での電子が図 9.2(b) あるいは (c) の状態にあるとき，格子点当りの平均電子数は $n=1$ であり絶縁体での $n=2$ との対比で half-filled バンドと呼ばれる．このとき，パウリの原理による制限はなく電子の格子点間の移動は可能であり通常は金属となる．しかし，同一格子点に↑スピン，↓スピン 2 個の電子が存在するときの電子間クーロン（Coulomb）相互作用 U（図 9.6(a)）が強く電子の格子間の跳び移り力（跳び移り積分，すなわちホッピング積分．t で表現される）を凌駕する状況では電子の格子間跳び移りはエネルギー的に不利となり実現しない．したがって図 9.6(b) のような絶縁体状態が実現する．これが「モット絶縁体」(Mott insulator) である．この際スピンの向きが格子点間でどのような相関をもつか，たとえば一様（強磁性：図 9.6(c)）あるいは交互（反強磁性：図 9.6(d)）など，

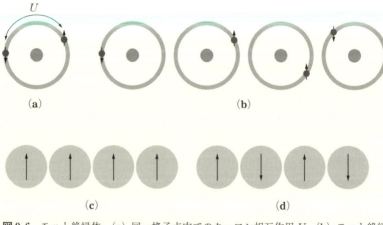

図 9.6　モット絶縁体．(a) 同一格子点内でのクーロン相互作用 U，(b) モット絶縁体，(c) 強磁性状態，(d) 反強磁性状態

は状況によって様々である.「モット絶縁体」は half-filled バンドでかつ電子間クーロン相互作用が強い状況でのみ出現し,このとき電子密度は各格子点で一様であり,空間変化はない.

(2) 電荷秩序

$n = 1/2$ (1/4-filled) の場合にも特徴ある絶縁体状態が出現する可能性がある. 上記 U に加えて図 9.7(a) のように格子間でのクーロン相互作用 V が強いと $n = 1/2$ の場合には,電子の運動エネルギーが十分小さければ図 9.7(b) のように電子が交互の格子点に配列する.このとき電子密度の空間的変化は $(\cdots, 1, 0, 1, 0, 1, 0, \cdots)$ となる(実際は電子の運動のために $(\cdots, 1 + \delta, 1 - \delta, 1 + \delta, 1 - \delta, \cdots)$ となる).これが「電荷秩序」(charge order)状態であり,分子性結晶 [10]・金属酸化物 [11] などで広く見られる.

電子密度の平均値 $n = 1/2$ を基準に考えると図 9.7(b) の電荷秩序状態は電荷 $(\cdots, +\delta, -\delta, +\delta, -\delta, \cdots)$ の配列と考えることもできる.この電荷分布の偏りは $-\delta$,$+\delta$ をそれぞれ電子,正孔と考えれば,電子正孔束縛相と考えることが可能であり「励起子相」[12] と同じである.電荷秩序状態は電子密度および結晶構造によって $n = 1/3, 1/4$ などでも可能である.

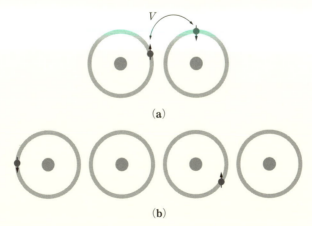

図 9.7 $n = 1/2$ 系での電荷秩序.(a) 格子間クーロン相互作用 V,(b) 運動エネルギーを無視した場合の電荷秩序状態

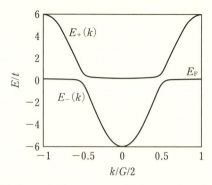

図9.8 近藤絶縁体のエネルギーバンドの模式図. 局在スピン由来の分散の弱いバンドと伝導バンドとの混成によってバンドギャップが形成される

なお単位胞中に複数の格子点が存在する場合には異なる格子点間で, そうではなく同一原子上の複数の軌道が関与する場合には軌道間でこのような非一様な電荷分布状態の出現が可能である. 後者は「軌道秩序」と呼ばれる現象となる.

(3) 近藤絶縁体

近藤絶縁体は, 局在スピンと伝導電子との相互作用に伴う近藤効果に起因する絶縁体であり, SmB_6, $FeSb$ などが代表例で図9.8に示したように, 局在スピン由来の分散の弱いバンドと広い分散をもった伝導電子バンドとの混成 (hybridization) が起源と考えられている [13].

> **参考　近藤効果, 重い電子系**
>
> 「近藤効果」は金属中で磁気モーメントをもつ原子（磁性原子）と相互作用する電子系で温度降下に伴い磁気モーメントが消失する現象. 磁性不純物をもつ金属の電気抵抗が温度降下に伴い極小をもつという古くから知られていた普遍的な謎について近藤が1964年[*2]に磁性不純物と伝導電子間の相互作用Jに関する摂動論的な計算で電気抵抗に$J^3 \ln T$に比例する寄与を発見したことが発端. $T \to 0$に伴う$\ln T$の発散の位置づけをめぐり世界中の理論家が「火花」を散らし, その結果基底状態では磁性不純物と伝導電子がスピン1重項を構成しその結果「磁気モーメン

[*2] J. Kondo : Prog. Theor. Phys. 32 (1964) 37 ; 近藤淳著:「金属電子論」(裳華房, 1983).

9.2 絶縁体の種類

トが消滅」するために，伝導電子系の電気抵抗が $T \to 0$ において一定の値に漸近することが明らかとなった[*3]．

上記「スピン1重項状態」を2個のスピン S_1, S_2（大きさ $S=1/2$ とする）間に反強磁性相互作用 $J>0$ が働く場合を考える．$S_1 \cdot S_1 = S_2 \cdot S_2 = (1/2)(3/2) = 3/4$ に注意し合成スピン $S = S_1 + S_2$ を定義すると

$$J S_1 \cdot S_2 = J \frac{S^2 - S_1 \cdot S_1 - S_2 \cdot S_2}{2} = J \left\{ S(S+1) - 2 \cdot \frac{1}{2} \cdot \frac{3}{2} \right\}$$

により，3重項（トリプレット）$S=1$，1重項（シングレット）$S=0$，のエネルギーはそれぞれ $J/2$, $-3J/2$ となる．$J>0$（反強磁性的）の場合，図1のように1重項と3重項にエネルギー準位が分裂し，スピン1重項が基底状態となる．

この基底状態は図1(c)の2つの波動関数の重ね合わせによって表現される．元来存在していた2個のスピンが，J による重ね合わせ量子干渉効果のために図1(b)のようにあたかも消滅したように見える．温度上昇とともに $T \sim J$ では干渉効果が弱められ，個々のスピンが姿を現す．

図2に模式的に描いたように近藤効果ではこの2個のスピンのうちの1つは局在スピンもう1つのスピンの役割を伝導電子系全体が担う．孤立スピンではなく巨視的な（したがって無限の自由度をもつ）伝導電子系に関してこのことを正しく取り

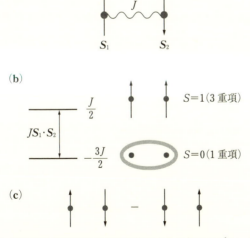

図1 (a) 反強磁性相互作用 J で相互作用する2個のスピン，(b) エネルギー準位，(c) 1重項状態 $S=0$ のスピン波動関数

[*3] 芳田奎著:「磁性」(岩波書店, 1991).

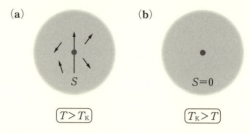

図2 局在スピンと伝導電子系による1重項状態の出現の模式図

扱うことは理論的に容易ではなかったが，いまでは解決済みである[*3]．
　近藤効果の起源となる磁性原子が不純物としてではなく格子上に周期的に存在する金属では比熱から推測される有効質量が自由電子の1000倍程度となる場合があり「重い電子」と呼ばれる．この重い電子系において超伝導転移が発見され[*4]，それまでの「電子格子相互作用」とは異なる起源をもつ超伝導の可能性が検討されるきっかけとなった[*5]．

9.2.3　乱れに起因する絶縁体：アンダーソン局在
(1) スケーリング理論

　金属と異なり半導体においてはフェルミエネルギーがバンド端近傍にあり，結晶欠陥や不純物などの結晶中の乱れにより物性が大きな影響を受ける．この乱れの影響は通常ボルツマン輸送方程式において電子寿命の大小として定量的に表現される．しかし乱れが強くなると電子波の散乱の干渉効果による「局在」という定性的に異なった現象が出現し，ボルツマン輸送理論が破綻する．ボルツマン輸送理論では電子の状態は常に波数 k によって特徴づけられる進行波として記述されているが，乱れによって波数が変化しその影響が大きくなると，$\exp(i\bm{k}\cdot\bm{r}) + \exp(-i\bm{k}\cdot\bm{r}) = 2\cos\bm{k}\cdot\bm{r}$ から想像されるように進行波と散乱波の干渉効果によって電子波の空間的局在化が起こるからである．この事実は半導体中でのスピン拡散についての解析過程でアンダーソンが発見した現象でありアンダーソン（Anderson）局在と呼ばれる［14］．アンダーソンは図 9.9(c) のように固体中電子のエネルギースペクトルが乱れの存在下で離散

[*4]　F. Steglich et al.: Phys. Rev. Lett. 43 (1979) 1892.
[*5]　三宅和正著：「重い電子とは何か ― 電子相関の物理 ―」（岩波書店，2002）.

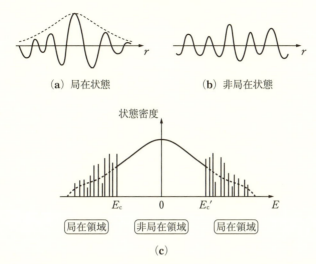

図 9.9 アンダーソン局在．(a) 局在状態と (b) 非局在状態における波動関数の空間変化，(c) それに対応する状態密度 (E_c, E_c' は移動端) の概念図

的かどうかを局在・非局在判断の基準とし，局在・非局在を区分する境界エネルギー値である移動端 mobility edge (図中の E_c, E_c') の存在を示唆した．この論文は大変数学的でありアンダーソン局在効果と実験結果との比較は長い間定性的な段階に留まり，明確ではなかった．

その状況が一変したのが 1979 年の「アンダーソン局在に対するスケーリング理論」[15] の出現とそれに対する多体論的手法 [16] の成功である．「スケーリング理論」の本質は以下の通りである [17, 18, 19]．

伝導に関与するフェルミエネルギー近傍での電子状態を考える際にその電子状態が空間的に局在しているかあるいは局在せずに広がった状態かを識別する目安は，境界条件の変化に伴うエネルギー固有値の変化量 ΔE と準位間のエネルギー間隔 δE との比，$g = \Delta E/\delta E$ で決まると考える．$g(L)$ が系の 1 辺の大きさ L とともにどのように変化するかに注目すると $g(L) \sim \sigma(L)L^{d-2}$ となる．ここで d は系の次元，$\sigma(L)$ は電気伝導度である．スケーリング理論では系のサイズを $L \to bL$ ($b > 1$) と変化した際に，この $g(L)$ がスケーリング則に従う，すなわち適当な関数 f を用いて $g(bL) = f(b, g(L))$ と書ける，

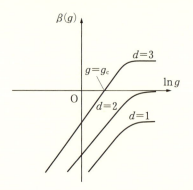

図9.10 アンダーソン局在のスケーリング理論

と仮定する．$b = 1 + \varepsilon$ として $\varepsilon \to 0$ の極限をとると g のみに依存する関数 $\beta(g)$ を用いて $d\ln g/d\ln L = \beta(g)$ となる．こうして局在するかしないか，すなわち $L \to \infty$ で $\sigma \to 0$ となるかあるいは有限になるかは，$\beta(g)$ の関数形で決定される．$g \to \infty$ は局在していない場合に相当ししたがって σ は有限であり，$\beta(g) \to d - 2 - O(1/g)$ となる．一方 $g \to 0$ では局在していることから $g \sim \exp(-L/\xi)$（ξ は局在長），したがって $\beta(g) \to \ln g$ となる．この両極限がスムーズにつながると仮定すると $\beta(g)$ と $\ln g$ の関係は図9.10のようになる．

図9.10によれば，$d = 1, 2$ では必ず $\beta(g) < 0$ となる．したがって1次元，2次元系においては $L \to \infty$ で $\ln g \to -\infty$，すなわち必ず局在する．一方3次元系では局在・非局在を分ける臨界値 $g = g_c$ が存在する．しかもこの臨界値近傍での電気伝導度がエネルギーの関数として $\sigma(E) \sim (E - E_0)^s$（$E > E_0$, $s > 0$）と臨界的に変化することがわかる．

参考 移動端における電気伝導度の臨界的な振舞い

スケーリング理論を3次元 $d = 3$ の場合に適用する．移動端 g_c は $\beta(g_c) = 0$ を満たす．g の初期値 g_0 が $g_0 > g_c$ かつ $g_0 \sim g_c$ の場合のスケーリング方程式の解を考えるために $\beta(g)$ の g_c 近傍の振舞い（傾き）が重要となることに注意し定数 s を用いて下記の近似を採用する．

$$\beta(g) = s\ln\frac{g}{g_0} \qquad g < g_A$$

$$= 1 \qquad g_A < g$$

ただし g_A は $s\ln(g_A/g_0) = 1$ を満たす．スケーリング方程式を区間 $[g_0, g_A]$ で積分すると $g(L_0) = g_0$, $g(L_A) = g_A$ を満たす L_0, L_A を用いて

$$\frac{\ln(g_A/g_c)}{\ln(g_0/g_c)} = \left(\frac{L_A}{L_0}\right)^s$$

となる（これは $g_0 \to g_c$ での $L_A/L_0 \to (g_0 - g_c)^{-1/s}$ を意味する）．$g_A < g$ での積分から $g = (g_A/L_A)L$ となり $\sigma = g_A/L_A \sim (g_0 - g_c)^{1/s} \sim (E_0 - E_c)^{1/s}$ となる．

$\beta(g)$ についてのより詳細な考察により $\beta(g) = 1 - 1/g$, したがって $g_c = 1$, $s = 1$ が予言されている[*6]．この s の値は実験値のほぼ 2 倍であり，この違いの原因として電子間相互作用の可能性があるとされている．

スケーリング理論の結論
① 3 次元系の移動端近傍での電気伝導度がエネルギーの関数として連続的（臨界的）に変化
② 1 次元系はもとより 2 次元系も必ず局在
はそれまで信じられていたこととは本質的に異なり大きな驚きをもって迎えられた．① はモット（Mott）によって提唱されていた「最小金属伝導（minimum metallic conductivity）」を明確に否定し，② に関して「1 次元系は必ず局在」は周知であったが 2 次元系については微妙でありそれまで明確な結論はなかった．

直ちに実験的検証がなされ，①，② いずれも確認された．その経緯で「弱局在領域（WLR, Weakly Localized Regime）」の存在が明らかになった．弱局在領域は金属状態でありながらフェルミエネルギー近傍の電子の乱れによる散乱の影響増大に伴い量子力学的干渉効果が強まり，温度の低下とともにその影響がマクロ物性に現れる状況である．3 次元系では移動端近傍で電気伝導度の減少が顕著になるエネルギー領域，2 次元では無限系 $1/L = 0$ において $1/L \to 0$ に対応して温度低下に伴い $T \to 0$ で「局在」の前兆 $\ln T$ が出現する領域に対応する．弱局在領域を模式的に図 9.11 に示した．

この理論予測に対応する実験結果が図 9.12 である．

移動端を境界として金属的領域での電気伝導度の臨界的な変化 $\sigma(E) \sim$

[*6] A. Kawabata : Prog. Theor. Phys. Supplement 84 (1985) 16.

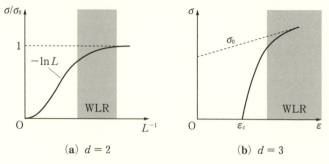

図 9.11 弱局在領域（WLR）での電気伝導度の概念図．(a) 2 次元系では長さあるいは温度，(b) 3 次元系ではエネルギーが変数

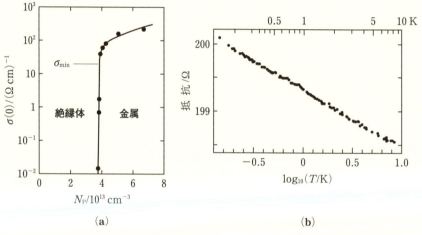

図 9.12 (a) P をドープした Si での低温電気伝導度の P 濃度依存性 [20]．(b) Cu 微粒子薄膜での弱局在領域での抵抗の $\log_{10} T$ 温度依存性（Reproduced with permission from Ref. [21]．©1980 The Physical Society of Japan.）

$(E - E_0)^{1/s}$ $(E > E_0)$ に対応してその反対の局在領域では局在長 ξ の臨界性を反映して誘電率 $\varepsilon \sim \xi^2$ は $\varepsilon \sim (E_0 - E)^{-s'}$, $s' \sim 2s$ という双対関係が理論的に予言され図 9.13(a) のように実験的にも確認された．移動端における電気伝導度・誘電率の臨界的な振舞いを状態密度 $D(E)$ のエネルギー依存性とともに模式的に図 9.13(b) に示した．

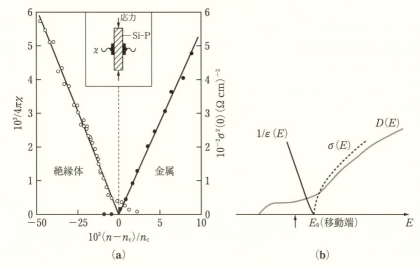

図 9.13 移動端近傍での金属領域の電気伝導度 σ と絶縁体領域での誘電率の逆数 $1/\varepsilon$ の電子濃度依存性．(a) Si-P において応力によってフェルミエネルギーを変化させたときの低温での実験結果 [22]，(b) 絶対零度でのバンド端の状態密度 $D(E)$ との関係の模式図（矢印についての説明は 9.2.3 項 (4) を参照）

（2）弱局在領域

スケーリング理論によって存在が明らかになった「弱局在現象」については，ファインマン（Feynman）ダイアグラムによる徹底したミクロな計算が可能であることから，数多くの新事実が明らかになった．とりわけ外部磁場が電子波の干渉効果を弱めることから長年の謎「負の磁気抵抗」が解かれた [23, 24]．このようなマクロ平均値のみならず，乱れの空間分布に対応して試料ごとに異なる「コンダクタンスのゆらぎ」(conductance fluctuations) [25] および量子干渉に起因する「アハラーノフ（Aharonov）-ボーム（Bohm）効果」[26, 27] との相互関係についての理解も可能となった．

（3）電子間クーロン相互作用に対する局在効果：超伝導臨界温度に対するアンダーソン定理の破綻

「乱れ」による電子状態の局在化は電子間クーロン相互作用を実効的に強め

る[28]．その結果，超伝導転移温度 T_c の低下が予言された[29]．その理由は超伝導の起源である電子間の実効的引力 λ_{eff} が電子格子相互作用に伴う引力 λ とクーロン相互作用 μ^* を用いて実質的に $\lambda_{\text{eff}} = \lambda - \mu^*$ で与えられるが，乱れによって μ^* が増加するからである．理論的予言後ほどなく図 9.14(a) のように超伝導金属薄膜で実験的に確認された[30]．ここで横軸は膜厚の変化に伴うシート抵抗（sheet resistance）である．こうして「乱れは超伝導臨界温度に影響を与えない」という（俗にいう）「アンダーソンの定理」が局在効果によって破綻することが明らかとなった．

さらにシート抵抗が増大すると（ほぼ）量子抵抗値 $R_Q = R_K/2\pi = 4.1\,\text{k}\Omega$（$R_K = h/e^2$ はフォン・クリッツィング（von Klitzing）定数）を境として低温極限で超伝導・絶縁体転移が見られた[31]．

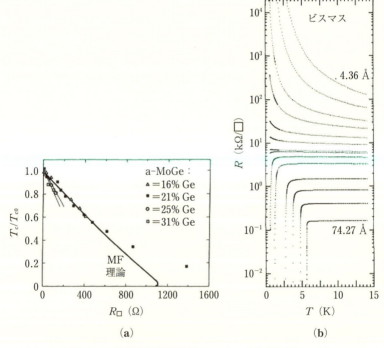

図 9.14 金属薄膜における超伝導臨界温度 T_c のシート抵抗依存性．(a) Mo-Ge における臨界温度（T_c）の膜厚変化に伴うシート抵抗依存性[30]，(b) Bi 薄膜での超伝導・絶縁体転移[31]

（4）バリアブルレンジホッピング

フェルミエネルギーが金属・絶縁体の境界である移動端から少し離れた絶縁体領域においては基底状態が絶縁体であっても有限温度では電子の熱励起に伴う伝導が顕著となる．明確なバンドギャップ E_g を超えての励起はアレニウス（Arrhenius）の式 $\exp(-E_g/k_BT)$ に従うが図 9.13(b) のようなバンド端近傍でのアンダーソン局在状態の場合（図中の矢印）にはフェルミエネルギーでの有限な状態密度に伴う別のタイプの電気伝導であるバリアブルレンジホッピング（VRH, Variable Range Hopping）が重要となる [32]．このときの電気伝導度の温度依存性は以下のように理解されている．

図 9.15 のように空間 $\boldsymbol{R}_1, \boldsymbol{R}_2$ に中心をもち局在長 ξ の局在状態 $\psi_1(\boldsymbol{r})$, $\psi_2(\boldsymbol{r})$ を考える．ホッピング積分 t の大きさは比例係数を除いて

$$t \sim \langle \psi_1(\boldsymbol{r})\psi_2(\boldsymbol{r}) \rangle \sim \langle \exp(-R/\xi) \rangle, \quad R = |\boldsymbol{R}_1 - \boldsymbol{R}_2| \quad (9.1)$$

$\langle \ \rangle$ は R 離れた場所に存在する状態についての統計平均を意味する．この状態間をフォノンの助けによって電子が移動する際に必要なエネルギーを ΔE とすると

$$t \sim \int R^{d-1} dR \exp\left(-\frac{R}{\xi} - \frac{\Delta E}{k_B T}\right) \quad (9.2)$$

ここで ΔE を R 離れた場所に中心をもつ色々な局在状態の間の特徴的なエネルギー間隔と考えると，d 次元系の単位体積当りの状態密度 D_d を用いて $\Delta E \sim 1/(D_d R^d)$ となる．R についての積分に際して最も重要な寄与を鞍点法で評価すると

$$t \sim \exp\left\{-\left(\frac{T_d}{T}\right)^{1/(d+1)}\right\}, \quad T_d = \frac{d}{D_d \xi^d} \quad (9.3)$$

となる．局在状態間のクーロン相互作用 $e^2/\varepsilon R$ が重要となる場合には

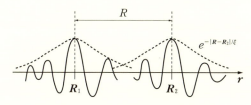

図 9.15 VRH. 伝導過程の模式図

$1/D_d R^d \to e^2/\varepsilon R$ として $t \sim \exp\{-(T_c/T)^{1/2}\}$ ($T_c = e^2/\varepsilon\xi$) となる. 以上は大変定性的であるが複雑な現象の本質を捉えておりしばしば有用である [33].

VRH が出現する状況では乱れの強弱を反映し電子密度の空間分布が非一様な「電荷ガラス」とも呼ぶべき状態が出現している.

9.2.4 導電性を備えたエネルギーギャップ

電子系のフェルミエネルギーがエネルギーギャップ中にある場合でも導電性が存在する状況がある. 代表的な例が超伝導状態 [5] と（非整合）パイエルス (Peierls) 状態 [34] である. このときのエネルギーギャップの原因は, 前者では電子間引力によるクーパー (Cooper) 対形成, 後者では電子格子相互作用による電子と格子のひずみの結合である. いずれの場合もエネルギーギャップは顕著な温度依存性をもち, それぞれ「超流動」および「sliding mode (phason)」出現の舞台となる. なお 9.5.4 項で紹介する「チャーン絶縁体」は有限なホール伝導度をもつ絶縁体である.

9.3 微量キャリヤの電子状態の微視的理解

9.3.1 ラッティンジャー–コーン表示と $k \cdot p$ 摂動理論

前節までに「金属」「絶縁体」を基盤とした「半導体」についてバンド構造の大局的特徴に基づいて整理した. 一方で半導体においては電流を運ぶキャリヤ密度は基本的に微小であり, そのような「微量キャリヤ」は通常はブリュアン域の特定の波数領域にのみ存在する. したがって波数空間での局所電子状態の正確な記述方法が望まれる. その目的に沿って展開されたのがラッティンジャー (Luttinger) –コーン (Kohn) 表示 (LK 表示) [35] による $k \cdot p$ 摂動理論である. 固体中の電子状態研究においてきわめて重要な役割を果たしてきている LK 表示について反転対称性をもつ系について以下で考える.

周期ポテンシャル $V(r)$ 中を運動する電子のハミルトニアン H は

$$H = \frac{p^2}{2m} + V(r) \tag{9.4}$$

9.3 微量キャリヤの電子状態の微視的理解

で与えられる．このハミルトニアンの固有状態はよく知られたブロッホ (Bloch) 関数であり固有値はバンドエネルギー $E_n(k)$ である．

$$H\Psi_{nk}(r) = E_n(k)\Psi_{nk}(r), \quad \Psi_{nk}(r) = e^{ik\cdot r}u_{nk}(r) \quad (9.5)$$

ここで n はバンドの指標で $u_{nk}(r)$ は r について結晶周期をもち，波数 k についてはブリュアン域どこの状態でも表現できるが，電子波の結晶ポテンシャルによる散乱・干渉効果を反映する複雑な関数である．したがって，理論的取扱いが容易ではない．一方，物性を支配する電子がブリュアン域の特定の波数（これを k_0 とする）近傍に限られている場合（例えば，伝導帯の底，あるいは価電子帯の頂上など対称性の良い点）には LK 表示が適している．LK 表示の基底は以下で定義される．

$$\psi(r) = \sum_{k,n}\chi_{nk}(r)c_{nk}, \quad \chi_{nk}(r) = e^{ik\cdot r}u_{n0}(r) \quad (9.6)$$

ここで $u_{n0}(r)$ はバンド n，波数 k_0 に対応する周期関数であるが，k 依存性をもたない．この $\chi_{nk}(r)$ を基底にとるとハミルトニアン H は

$$h_0(k;n,n') = \left(\varepsilon_n + \frac{\hbar^2 k^2}{2m}\right)\delta_{nn'} + \sum_\alpha \frac{\hbar k_\alpha}{m}p_{nn'}{}^\alpha \quad (9.7)$$

となり，バンド指標について対角的ではなくバンド間要素をもつ．このバンド間要素を表現する $p_{nn'}$ は下記で与えられる（r についての積分は単位胞についておこなう．Ω は単位胞の体積）．

$$p_{nn'}{}^\alpha = \frac{(2\pi)^2}{\Omega}\int u_{n0}{}^*\left(\frac{1}{i}\nabla_\alpha\right)u_{n'0}\,dr \quad (9.8)$$

(9.7) 式で ε_n と $p_{nn'}$ はそれぞれ着目している波数 k_0 でのバンドのエネルギーと運動量 p の行列要素であり，波数に依存しない定数である（反転対称性のため $p_{nn} = 0$ である）．k_0 近傍の波数領域に注目する限り (9.7) 式の第 2 項について摂動展開することによりバンド n のエネルギー分散はテンソル $\Lambda_{\alpha\beta}$ を用いて

$$E_n(k) = \sum_{\alpha,\beta}\frac{k_\alpha \Lambda_{\alpha\beta} k_\beta}{2}$$

$$\Lambda_{\alpha\beta} = \left(\frac{1}{m}\right)\delta_{\alpha\beta} + \frac{2}{m^2}\sum_{n'\neq n}\frac{\langle u_{n0}|p_\alpha|u_{n'0}\rangle\langle u_{n0}|p_\beta|u_{n'0}\rangle}{E_n(0) - E_{n'}(0)} \quad (9.9)$$

となる．したがって注目する波数近傍の電子は $\Lambda_{\alpha\beta}$ で規定される有効質量

（一般に異方的）をもつ真空中とは違う物質固有の「素粒子」と見なすことができる．このことは，固体中を運動する電子にとって結晶格子を形成する原子の種類とその空間配置が固有の空間と見なせることを意味する．そのため，理論的取扱いが簡潔となり，明確な理解が可能となる．現在の科学技術を支える半導体の物性制御は驚くほど高度であるが，これは電子の振舞いの理解が完璧であることを意味する．この基盤構築に対して1960年前後に $\boldsymbol{k}\cdot\boldsymbol{p}$ 摂動理論が果たした役割は大きい（現在ではブリュアン域全域での詳細なバンド計算が普通におこなわれている）．

LK 表示はブロッホ表示と同様に完全系であり相互にユニタリー変換で関係づけられる．ハミルトニアンはブロッホ表示ではバンド指標について対角的であり波数 $\boldsymbol{k}$ に依存する固有値はエネルギーバンドを与えるが，LK 表示ではハミルトニアンはバンド指標について非対角成分をもち，一見複雑に見える．しかし，LK 表示では波数依存性がすべて波動関数の位相 $e^{i\boldsymbol{k}\cdot\boldsymbol{r}}$ に集約され明確である．とりわけ外部磁場（ベクトルポテンシャル $\boldsymbol{A}$）の効果は自由空間同様 LK 表示の波動関数 $\chi_{n0}(\boldsymbol{r})$ の位相 $e^{i\boldsymbol{k}\cdot\boldsymbol{r}}$ における変換 $\boldsymbol{k}\to\boldsymbol{k}+e\boldsymbol{A}$ によって厳密に表現され，ゲージ不変性など物理学の基本原理に矛盾しない明確な理論展開が可能となる．半導体物性の正確かつ詳細な理解の基礎はこの事実が築いたのである．

9.3.2 スピン軌道相互作用

以上の議論ではスピンの自由度を無視したが次にスピン軌道相互作用効果を考える．スピン軌道相互作用は一般に必ずしも強くなく摂動的な取扱いが正当化される場合もあるが，以下ではまずビスマスを意識しスピン軌道相互作用が強い状況を想定する（弱い場合についてはこの項の最後で触れる）．ハミルトニアン $\mathcal{H}$ は以下で与えられる．

$$\mathcal{H} = \frac{\boldsymbol{p}^2}{2m} + V(\boldsymbol{r}) + \frac{\hbar}{4m^2c^2}\boldsymbol{\sigma}\cdot\nabla V(\boldsymbol{r})\times\boldsymbol{p} \qquad (9.10)$$

ここで第2項の $V(\boldsymbol{r})$ は周期ポテンシャルで第3項はそれに伴うスピン軌道相互作用である．LK 表示では，このハミルトニアンのエネルギー E を決め

9.3 微量キャリヤの電子状態の微視的理解

る方程式がスピンの向き σ, σ' によって異なることを反映して

$$\sum_{n'}\left\{\left(E_n + \frac{\hbar^2 k^2}{2m}\right)\delta_{nn'}\delta_{\sigma\sigma'} + \hbar \boldsymbol{k} \cdot \boldsymbol{v}_{nn'}{}^{\sigma\sigma'}\right\} c_{n'\sigma'}(\boldsymbol{k}) = E c_{n\sigma}(\boldsymbol{k}) \tag{9.11}$$

となる。ここで $\boldsymbol{v}_{nn'}{}^{\sigma\sigma'}$ は速度演算子

$$\boldsymbol{v} = \frac{\boldsymbol{p}}{m} + \frac{\hbar}{4m^2c^2}\boldsymbol{\sigma}\cdot\nabla V(\boldsymbol{r})$$

のバンド間成分である。これを n バンド系について $n=0$ バンドを中心に表現すると

$$\mathcal{H} = \frac{\hbar^2 k^2}{2m}$$

$$+ \begin{pmatrix} E_0 & 0 & \hbar\boldsymbol{k}\cdot\boldsymbol{t}_1 & \hbar\boldsymbol{k}\cdot\boldsymbol{u}_1 & \hbar\boldsymbol{k}\cdot\boldsymbol{t}_2 & \hbar\boldsymbol{k}\cdot\boldsymbol{u}_2 & \cdots \\ 0 & E_0 & -\hbar\boldsymbol{k}\cdot\boldsymbol{u}_1{}^* & \hbar\boldsymbol{k}\cdot\boldsymbol{t}_1{}^* & -\hbar\boldsymbol{k}\cdot\boldsymbol{u}_2{}^* & \hbar\boldsymbol{k}\cdot\boldsymbol{t}_2{}^* & \cdots \\ \hbar\boldsymbol{k}\cdot\boldsymbol{t}_1{}^* & -\hbar\boldsymbol{k}\cdot\boldsymbol{u}_1 & E_1 & 0 & \hbar\boldsymbol{k}\cdot\boldsymbol{s}_1 & \hbar\boldsymbol{k}\cdot\boldsymbol{w}_1 & \cdots \\ \hbar\boldsymbol{k}\cdot\boldsymbol{u}_1{}^* & \hbar\boldsymbol{k}\cdot\boldsymbol{t}_1 & 0 & E_1 & -\hbar\boldsymbol{k}\cdot\boldsymbol{w}_1{}^* & \hbar\boldsymbol{k}\cdot\boldsymbol{s}_1 & \cdots \\ \hbar\boldsymbol{k}\cdot\boldsymbol{t}_2{}^* & -\hbar\boldsymbol{k}\cdot\boldsymbol{u}_2 & \hbar\boldsymbol{k}\cdot\boldsymbol{s}_1{}^* & -\hbar\boldsymbol{k}\cdot\boldsymbol{w}_1{}^* & E_2 & 0 & \cdots \\ \hbar\boldsymbol{k}\cdot\boldsymbol{u}_2{}^* & \hbar\boldsymbol{k}\cdot\boldsymbol{t}_2 & \hbar\boldsymbol{k}\cdot\boldsymbol{w}_1{}^* & \hbar\boldsymbol{k}\cdot\boldsymbol{s}_1 & 0 & E_2 & \cdots \\ \vdots & \vdots & \vdots & \vdots & \vdots & \vdots & \ddots \end{pmatrix} \tag{9.12}$$

となる。ここで

$$\boldsymbol{t}_n = \boldsymbol{v}_{0n}{}^{\uparrow\uparrow}, \quad \boldsymbol{u}_n = \boldsymbol{v}_{0n}{}^{\uparrow\downarrow}$$
$$\boldsymbol{s}_n = \boldsymbol{v}_{1,n+1}{}^{\uparrow\uparrow}, \quad \boldsymbol{w}_n = \boldsymbol{v}_{1,n+1}{}^{\uparrow\downarrow}$$

などである。$n=0$ バンドについて他のバンドからの寄与を摂動としたときの有効電子質量は (9.9) 式同様にテンソル Λ を用いて

$$E_0(\boldsymbol{k}) = \sum_{i,j}\frac{k_i \Lambda_{i,j} k_j}{2}$$

$$\Lambda_{ij} = \frac{\delta_{ij}}{m} + \sum_{n\neq 0}\frac{t_{ni}t_{nj}{}^* + t_{nj}t_{ni}{}^* + u_{ni}u_{nj}{}^* + u_{nj}u_{ni}{}^*}{E_0 - E_n} \tag{9.13}$$

となる。以上はスピン軌道相互作用が強くバンド構造に本質的な影響を与える状況について考えた。

一方，スピン軌道相互作用が弱く，摂動として考慮すれば十分な状況では(9.10) 式第 3 項の $V(\boldsymbol{r})$ の起源によって様々な効果が知られている。空間反

転対称性が破れた状況下で特徴ある効果として，第8章で紹介されている半導体 MOS 構造のような界面2次元系においては界面に垂直な方向（z 方向）の束縛ポテンシャルに伴い発生する

$$H_\mathrm{R} \sim (\sigma p)_z = \sigma_x p_y - \sigma_y p_x \tag{9.14}$$

に比例する寄与があり，ラシュバ（Rashba）効果 [36] と呼ばれる．この H_R はアンダーソン局在弱局在領域での磁気抵抗に対して通常のポテンシャル乱れに伴う「局在」とは対照的に，「反局在」効果を示す [23]．また，バルク結晶では単位胞中での反転対称性の破れに伴う内部電場に起因するドレッセルハウス（Dresselhaus）効果 [37] もあり，その具体例として III-V 族 GaAs の価電子帯頂点付近の電子状態について 5.3.3 項および第5章の補遺1で紹介されている．最近ではラシュバ効果とドレッセルハウス効果両者の拮抗を利用したスピン流制御がさまざま提案されている．

9.4 ナローギャップ半導体・半金属

9.4.1 バンド間結合効果

9.3節ではバンド間効果が摂動として取り扱える状況における有効質量近似について考えた．しかし，バンドギャップが小さいと「摂動」としての取扱いが正当化されない．このことを具体的に見てみよう．状況の本質を見るためにスピンの自由度を無視した2つのバンド (1,2) だけに注目し，(9.7) 式に対応して以下のハミルトニアンを考える．

$$\mathcal{H} = \begin{pmatrix} \dfrac{E_\mathrm{g}}{2} + \dfrac{k^2}{2m} & \dfrac{kp}{m} \\ \dfrac{kp}{m} & -\dfrac{E_\mathrm{g}}{2} + \dfrac{k^2}{2m} \end{pmatrix} \tag{9.15}$$

この 2×2 行列を対角化すると2つの固有値 E_+, E_- が得られる．

$$E_\pm = \frac{k^2}{2m} \pm \sqrt{\left(\frac{E_\mathrm{g}}{2}\right)^2 + (kp)^2} \tag{9.16}$$

ここで $(E_\mathrm{g}/2)^2 \gg (kp)^2$ として展開すると，それぞれ

$$E_\pm \sim \pm \frac{E_\mathrm{g}}{2} + \frac{k^2}{2m_\pm^*}, \quad \frac{1}{2m_\pm^*} = \frac{1}{2m} \pm \frac{2p^2}{E_\mathrm{g}} \tag{9.17}$$

9.4 ナローギャップ半導体・半金属

となる.これはバンドエネルギーに対する有効質量近似に対応する.一方,$(E_g/2)^2 \ll (kp)^2$ の場合には $E_\pm \sim \pm|kp|$ となり,波数依存性は線形となる.この様子を図 9.16 に示した.ギャップが小さい場合,広い波数領域でバンドエネルギーが波数 k に比例する.このため次節で見るように k^2 に比例する自由電子とは異なる特徴をもつ物性が出現する.

上記の微小ギャップの状況を 2 次元空間で考えよう.$p_{12x} = p$,$p_{12y} = ip$ の場合,ハミルトニアンはパウリ行列を用いて

$$\mathcal{H} = \Delta \sigma_z + v(k_x \sigma_x + k_y \sigma_y) \tag{9.18}$$

と表現される.ここで $v = p/m$ である.このときのエネルギー固有値は

$$E_\pm = \pm\sqrt{\Delta^2 + v^2(k_x^2 + k_y^2)} = \pm\sqrt{\Delta^2 + v^2 k^2} \tag{9.19}$$

となり,2Δ($\Delta > 0$ とする)がバンドギャップである.特に $\Delta = 0$ でのバン

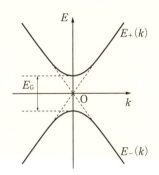

図 9.16 ナローギャップでのエネルギーバンドに対する 2 バンド近似

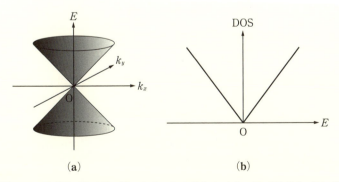

図 9.17 $E_\pm(k)$((9.19) 式)で $\Delta = 0$ の場合の (a) バンド分散と (b) 状態密度(DOS)のエネルギー依存性

ド構造は図9.17(a)のように2次元空間での円錐形となり，状態密度（DOS）のエネルギー依存性は(b)のように線形となる．

9.4.2 半金属

(1) グラファイト

古くからバンド間結合効果が認識されていたのはグラファイトとビスマスで

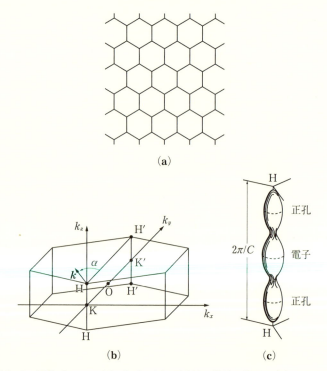

図9.18 層状グラファイト [39]．(a) 面内蜂の巣格子構造，(b) 3次元グラファイトのブリュアン域，(c) フェルミ面．当初の文献 [39] の提案では，この図と異なり電子（正孔）のフェルミ面が正孔（電子）のフェルミ面として考えられていた．しかしその後，高分解レーザー磁気反射の実験（P. R. Schroeder, M. S. Dresselhaus, and A. Javan : Phys. Rev. Lett. 20 (1968) 1292）により電子と正孔のフェルミ面の位置の逆転が明らかになった．図は現在確立されているこのことを反映している．この経緯の詳細については塚田捷，宇田毅：固体物理 7 (1972) 601 に詳しい．

あり,いずれも同数の電子および正孔をもつ半金属である.

第8章で紹介されているように,グラファイト(黒鉛)は炭素のみからなる層状元素鉱物で図9.18(a)の面内蜂の巣格子構造が面に垂直方向に積層した構造をもつ.面内は強い sp^2 共有結合,面間は弱いファン・デル・ワールス (van der Waals) 力で結合しており劈開が容易である.グラファイトのフェルミエネルギー近傍の電子状態について,孤立した1層についてウォレス (Wallace) [38] は p_z 軌道に着目したタイトバインディング近似で調べることにより状態密度が図9.17(b)のようにバンドギャップがない (gapless) ことを指摘した.その結果に基づいて1954年マクルーア (McClure) [39] が $\boldsymbol{k}\cdot\boldsymbol{p}$ 近似でのハミルトニアンとして $\varDelta = 0$ の場合の式 (9.18) を導き,それを基に炭素面が z 方向に積層した半金属グラファイトの電子状態を明らかにした.1層ではフェルミエネルギーはちょうど円錐の交差点 (crossing point) に位置するが3次元グラファイトではこの交差点が k_z とともにエネルギー的に上下し,結果として伝導帯と価電子帯の重なりが生まれ図9.18(c)のようなフェルミ面が生まれ系全体では半金属となる.

図9.17(a)のバンド分散は(スピンの自由度の有無の違いはあるが)ワイル (Weyl) によって提唱されたニュートリノと同様でありワイル電子とも呼ばれる.孤立した1層系は半世紀後2004年にガイム (Geim) らによってグラフェンとして実現され [40],第8章で紹介されている.

参考 蜂の巣格子のバンド構造

8.9.2項で紹介されているようにグラフェン蜂の巣格子は図1のように2つの副格子点 A, B で構成される[*7].副格子点上の p_z 軌道について最近接 A, B 間のホッピング積分 t のみを考えたタイトバインディングハミルトニアンは以下である.

$$H = -t\sum_{\langle i,j\rangle,\sigma}(a_{\sigma,i}^{\dagger}b_{\sigma,j} + \text{h.c.}) \tag{1}$$

蜂の巣格子基本格子ベクトル

$$\boldsymbol{a}_1 = \left(\frac{\sqrt{3}}{2}a, \frac{a}{2}\right), \quad \boldsymbol{a}_2 = \left(\frac{\sqrt{3}}{2}a, -\frac{a}{2}\right)$$

を用いて A, B 副格子点がそれぞれ $\boldsymbol{R}_A = n_1\boldsymbol{a}_1 + n_2\boldsymbol{a}_2$, $\boldsymbol{R}_B = \boldsymbol{R}_A + \boldsymbol{\tau}$ ($\boldsymbol{\tau}$ は最近接間を結ぶベクトル:$\boldsymbol{\tau}_1, \boldsymbol{\tau}_2, \boldsymbol{\tau}_3$)と表現され,対応する逆格子ブリュアン域は図1

[*7] 齋藤理一郎著:「量子物理学」(培風館,1995).

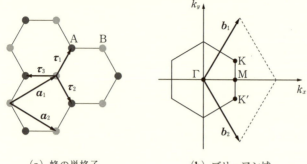

(a) 蜂の巣格子　　　　　　(b) ブリュアン域

図1 (a) 蜂の巣格子, (b) ブリュアン域

である. バンド構造に特徴が現れる K, K′ 点はそれぞれ

$$\mathrm{K} = \left(\frac{\sqrt{3}}{3}, \frac{1}{3}\right)\frac{2\pi}{a} \quad \text{および} \quad \mathrm{K}' = \left(\frac{\sqrt{3}}{3}, -\frac{1}{3}\right)\frac{2\pi}{a}$$

である.

ハミルトニアン (1) 式は A, B 副格子上で定義された状態 $|k, \mathrm{A}\rangle$, $|k, \mathrm{B}\rangle$

$$|k, \mathrm{A}\rangle = \frac{1}{\sqrt{N}} \sum_R e^{ikR} |R\rangle \tag{2}$$

$$|k, \mathrm{B}\rangle = \frac{1}{\sqrt{N}} \sum_R e^{ik(R+\tau)} |R+\tau\rangle \tag{3}$$

により下記のように表現される.

$$H(k) = \begin{pmatrix} \langle k\mathrm{A}|\mathcal{H}|k\mathrm{A}\rangle & \langle k\mathrm{A}|\mathcal{H}|k\mathrm{B}\rangle \\ \langle k\mathrm{B}|\mathcal{H}|k\mathrm{A}\rangle & \langle k\mathrm{B}|\mathcal{H}|k\mathrm{B}\rangle \end{pmatrix} \tag{4}$$

電子跳び移りは A–B 格子間のみという仮定のもとでは $\langle k\mathrm{A}|\mathcal{H}|k\mathrm{A}\rangle = \langle k\mathrm{B}|\mathcal{H}|k\mathrm{B}\rangle = 0$ でありエネルギー固有値 $\varepsilon(k)$ は $\langle k\mathrm{A}|\mathcal{H}|k\mathrm{B}\rangle$ によって決まる.

$$\langle k\mathrm{A}|\mathcal{H}|k\mathrm{B}\rangle = \frac{1}{N} \sum_{R,R'} e^{ik\cdot(R'+\tau-R)} \langle R|H|R'+\tau\rangle$$

$$= -t \sum_\tau e^{ik\cdot\tau} = -t(e^{ik\tau_1} + e^{ik\tau_2} + e^{ik\tau_3}) \equiv e(k)$$

からエネルギー固有値は $\varepsilon(k) = \pm|e(k)|$ であり

$$\frac{|e(k)|}{t} = \left\{1 + 4\cos\left(\frac{\sqrt{3}}{2}k_x a\right)\cos\left(\frac{k_y a}{2}\right) + 4\cos^2\left(\frac{k_y a}{2}\right)\right\}^{1/2} \tag{5}$$

となり, (5) 式から K 点 K′ 点で $e(k) = 0$, およびその近傍でのエネルギー固有値はこれらの点からのずれの波数をあらためて k と書くと

$$\varepsilon(k) = \pm vk, \quad v = \frac{\sqrt{3}}{2}ta \tag{6}$$

となり，K点およびK′点近傍にワイル電子が存在することになる．通常フェルミエネルギーは $\varepsilon(k) = 0$ に位置するので，グラフェンの低温物性は波数空間K，K′ 近傍（谷：valley）における電子状態で決定されることになり上記 $H(k)$ をK点およびK′点近傍で表現した $H(k,K)$ および $H(k,K')$ を用いて下記 4×4 行列で低温物性の記述が可能となる．

$$H(k) = \begin{pmatrix} H(k,K) & 0 \\ 0 & H(k,K') \end{pmatrix} \tag{7}$$

ここまでは最近接格子間の電子の跳び移り効果のみを考えたが，加えて第2近接格子間の電子の跳び移りやスピン軌道相互作用効果について考えるためには，A, B自由度を基にしたK, K′自由度をそれぞれ 2×2 のパウリ行列 τ を用いて

$$H(k) = \sum_{\alpha,\beta} h_{\alpha\beta} \sigma_\alpha \tau_\beta \tag{8}$$

と拡張する（スピン軌道相互作用効果に着目したチャーン絶縁体の場合については9.5.4項参照）．

上記のようにグラフェンではバンドギャップが存在しないため半導体状態は実現せず，当初に期待された通常の形態による「高移動度デバイス」実現は難しい．一方，2層構造において垂直方向の電場を印加することに伴うギャップ導入[*8]が工夫されている．

（2）ビスマス

ナローギャップ半金属の典型例としてビスマスがある [41]．ビスマスは古くから表9.2のように多くの新現象発見の舞台となっている．

これらの特異な現象の謎を解くことを目指して量子力学誕生後数多くの研究が展開された．その結果，最外殻電子として $(6s^2 6p^3)$ をもつ5価金属において立方晶構造は不安定であり，(111) 方向への交互のひずみ（パイエルス (Peierls) による「パイエルス転移」提案のきっかけ）を自発的に発生し安定化すること，およびこのひずみの結果，単位胞偶数電子系となりほぼ絶縁体，しかし電子・正孔バンドをもつ半金属となり，3か所のL点を中心に電子，また1つのT点を中心に正孔が存在する．有効質量の小さい少数キャリヤに起因する量子効果がマクロ物性に大きな影響を与えていること，さらに原子番号83を反映した強いスピン軌道相互作用が重要な役割を果たしていることな

[*8] Y. Zhang et al.: Nature 459 (2009) 820.

第9章 半導体研究の新展開「広がる半導体の世界」

表9.2 ビスマスで発見された諸現象

1778	反磁性	(Brugmans)
1821	ゼーベック効果	(Seebeck)
1886	ネルンスト効果	(Etiinghausen-Nernst)
1928	磁気抵抗	(Kapitza)
1930	シュブニコフ・ドハース効果	(Shubnikov-de Haas)
1955	サイクロトロン共鳴	(Galt)
1963	振動磁歪	(Green-Chandrasekar)

どが明らかになっている.ビスマスの結晶形・ブリュアン域とバンド構造は図9.19である [41].

L点を中心とした電子系は2つのバンドを基にした $\boldsymbol{k}\cdot\boldsymbol{p}$ ハミルトニアンであるウォルフ (Wolff) モデルによって適切・簡明に記述できる [42].

$$\mathcal{H} = \begin{pmatrix} \varDelta & 0 & \hbar\boldsymbol{k}\cdot\boldsymbol{t} & \hbar\boldsymbol{k}\cdot\boldsymbol{u} \\ 0 & \varDelta & -\hbar\boldsymbol{k}\cdot\boldsymbol{u}^* & \hbar\boldsymbol{k}\cdot\boldsymbol{t}^* \\ \hbar\boldsymbol{k}\cdot\boldsymbol{t}^* & -\hbar\boldsymbol{k}\cdot\boldsymbol{u} & -\varDelta & 0 \\ \hbar\boldsymbol{k}\cdot\boldsymbol{u}^* & \hbar\boldsymbol{k}\cdot\boldsymbol{t} & 0 & -\varDelta \end{pmatrix} \qquad (9.20)$$

このハミルトニアンはディラック (Dirac) の $\beta,\ \alpha_\mu$ 行列を用いて以下のように表現される.

$$\mathcal{H} = \varDelta\beta + i\hbar\boldsymbol{k}\cdot\left[\sum_{\mu=1}^{3} \boldsymbol{W}(\mu)\beta\alpha_\mu\right] \qquad (9.21)$$

ここで

$$\boldsymbol{W}(1) = \mathrm{Im}(\boldsymbol{u}), \quad \boldsymbol{W}(2) = \mathrm{Re}(\boldsymbol{u}), \quad \boldsymbol{W}(3) = \mathrm{Im}(\boldsymbol{t})$$

であり,$\alpha_\mu,\ \beta$ は

$$\alpha_\mu = \begin{pmatrix} 0 & \sigma_\mu \\ \sigma_\mu & 0 \end{pmatrix}, \quad \beta = \begin{pmatrix} I & 0 \\ 0 & -I \end{pmatrix} \qquad (9.22)$$

である (σ_μ, I はパウリ行列および2行2列の単位行列).これは真空中の電子の運動を相対論的に記述するディラック方程式を固体という様々な原子とそれらの空間配置に対応した異方的空間へ拡張した方程式と考えることができる.こうして1964年,ウォルフモデルによって,妥当な波数領域が限定されるが固体中でも実効的にディラック電子が出現することが認識された.この「ディラック性」がマクロ物性に顕著な特徴ある効果をもたらした結果として冒頭に

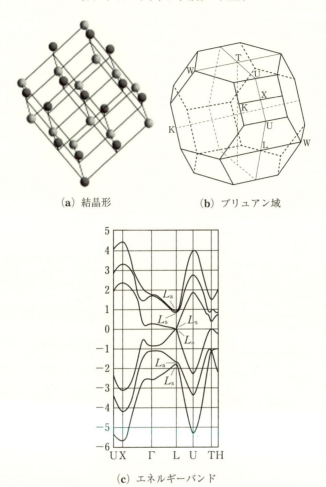

(a) 結晶形　　(b) ブリュアン域

(c) エネルギーバンド

図 9.19 ビスマス．(a) 結晶形，(b) ブリュアン域，(c) エネルギーバンド [41]

紹介した様々な現象を位置づけることができる．一方，T 点を中心とする正孔については 2 バンド近似が十分ではなく近傍に位置する他のバンドの影響が無視できない．そのような状況については (9.13) 式を基にした研究がなされている．

参考 ビスマスの巨大反磁性

反磁性は外部磁場とは逆方向に磁化が発生する現象であり，磁化と外部磁場の比，磁化率 χ が負である．反磁性の最も顕著な例が超伝導マイスナー効果であり磁束密度 $B = H + 4\pi M = 0$ であるので $\chi = M/H = -1/4$ である．一方，通常の金属，たとえば銅では $\chi \sim -1 \times 10^{-5}$ 程度と小さいがビスマスでは下図[*9]に見るようにその数十〜100 倍程度と大きくかつ強い磁場方向依存性をもつ．この事実が長年研究者の関心の的であった．その理由は「古典論では反磁性＝0」というボーア（Bohr）-ファン・リューエン（van Leeuwen）の定理[*10] により有限の反磁性の起源について量子力学誕生後ランダウ（Landau），パイエルス（Peierls），ヴァン・ヴレック（van Vleck），コーン（Kohn），久保らが関心をもった．この謎は 1969 年に解かれた[*11,*12]．その際の計算は複雑をきわめたが，現在では図 9.22 のように乱れの効果を含めた「軌道磁性」の簡明な計算が可能となっている．

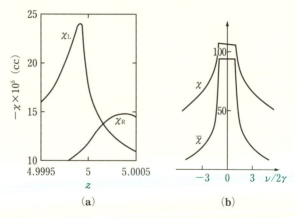

図1 ビスマスの反磁性．(a) 量子力学誕生直後の頃の Bi 磁化率の実験値[*9]，(b) ウィグナー（Wigner）表示による理論計算結果（χ は $k^2/2m$ を含めた $\boldsymbol{k}\cdot\boldsymbol{p}$ ハミルトニアン，$\bar{\chi}$ は $k^2/2m$ を無視したウォルフモデルによる結果[*12]

[*9] D. Shoenberg and M. Zakki Uddin: Proc. Cambridge Phil. Soc. 32 (1936) 499.
[*10] N. Bohr (Dissertion, Copenhagen 1911), H. J. van Leeuwen (Dissertion, Leiden 1919) — Summary in J. Phys. Paris 2 (1921) 261.
[*11] 福山秀敏：日本物理学会誌 24 (1969) 382.
[*12] H. Fukuyama and R. Kubo: J. Phys. Soc. Jpn. 23 (1969) 570.

9.5 固体中のディラック電子の物性

9.5.1 磁場下のブロッホ電子：磁場のバンド間効果
(1) 磁化率

磁場下を運動する電子の振舞いは古典的にはローレンツ (Lorentz) 力で支配される．一方，量子力学的には磁束密度 B と $B = \mathrm{rot}\, A$ の関係にあるベクトルポテンシャル A により運動量 p が $p \to p + eA/c$ ($e > 0$：電子の電荷 $-e$) と変更されることで表現される．したがって磁場中を運動する電子のハミルトニアンは

$$\begin{aligned}
\mathcal{H} &= \frac{1}{2m}\Bigl(p + \frac{e}{c}A\Bigr)^2 + V(r) \\
&= \frac{p^2}{2m} + V(r) + \frac{e}{2mc}(pA + Ap) + \frac{e^2}{2mc^2}A^2 \\
&= \mathcal{H}_0 + \mathcal{H}_A'
\end{aligned} \tag{9.23}$$

となる．ここで m は真空中の電子の質量，$V(r)$ は周期ポテンシャルである．磁場の効果はすべて $\mathcal{H}_A'$ によって表現され，一見変哲のない効果のように見える．例えば弱磁場極限の磁化率 χ については熱力学ポテンシャル Ω を用いて

$$\begin{aligned}
\chi &= -\Bigl[\frac{1}{H}\frac{\partial \Omega}{\partial H}\Bigr]_{H=0} \\
-\Omega &= kT \ln \mathrm{Tr}\exp\{-\beta(\mathcal{H} - \mu N)\}
\end{aligned} \tag{9.24}$$

によって与えられる．ここで μ, N はそれぞれ化学ポテンシャル，電子の総数，である．$B = \mathrm{rot}\, A$ であることから χ の導出には Ω を $\mathcal{H}_A'$ についての2次摂動すればよいだけであり原理的にはきわめて簡単である．しかし，物理量 B を表現する理論的道具であるベクトルポテンシャル A には任意性がある．

$$A \to A + a = A'$$

と変化させても $\mathrm{rot}\, a = 0$ である限り同じ物理量 B を表現できるからである（この事実をゲージ不変性という）．しばしば用いられるランダウ (Landau) ゲージ $A = (0, Hx, 0)$ ($B /\!/ z$) において自由電子のように波動関数に対する境界条件が明確に考慮される場合を除き，(9.23) 式中の $\mathcal{H}_A'$ を摂動として取

り扱う際には，座標 x が $|x| \to \infty$ で一様な磁場に対する A が非有界となることに注意が必要となる．実際ブロッホ表示を基にした注意深い χ の正しい計算の結果は長大・複雑である．一方，LK 表示を基に χ がゲージ不変性を保つ物理量であることからベクトルポテンシャル A のフーリエ（Fourier）変換 $A(r) = A(q)\exp(iq\cdot r)$ に関して Ω が $\{iq \times A(q)\}^2$ に比例すべきであることに注意すると，磁化率について以下の厳密な公式に容易に到達する [43]．

$$\chi = 4\frac{\mu_B^2}{m^2} T \sum_n \sum_k \mathrm{Tr}\, G\gamma_x G\gamma_y G\gamma_x G\gamma_y \qquad (9.25)$$

ここで Tr はバンドについての trace，$\gamma_\alpha = p_\alpha/m$ であり G は電子の温度グリーン（Green）関数である [44]．(9.25) 式の導出には LK 表示が用いられたが結果は trace 不変により表示と無関係である．実際 (9.25) 式はブロッホ表示での結果と一致する．しかし，厳密な公式の物理的内容の完全な理解が可能となったのは公式の発表からほぼ半世紀後のことであり [45]，それまでに (9.25) 式に加えて「補正項」を主張する報告も複数あったが厳密な公式に補正項が存在することは元来あり得ない．こうして，古くから [46] 指摘されてきたベクトルポテンシャル A による「バンド間遷移効果」（interband 効果）の具体的な意義が明らかになった．

(9.25) 式ではスピン軌道相互作用の効果は考慮されているが，反転対称性が破れた状況下でのスピン軌道相互作用の効果については最近になって究明され，軌道運動とゼーマン（Zeeman）効果の関わったオービタル・ゼーマン（OZ, Orbital Zeeman）効果の存在とそれに伴うトポロジカル相転移におけるマクロ磁化率の顕著な異常の検出可能性が指摘されている [47,48]．

上記からブロッホ電子に対する磁場効果の理解における LK 表示の優位さが際立つ．

(a) ワイル電子：グラファイト・グラフェン

マクルーアはグラファイト（黒鉛）の研究に際して，まず孤立した 1 層の電子系について対称性の良い K ないし K' 近傍での LK 表示ハミルトニアンが

$$H_G = v[k_x\sigma_x + k_y\sigma_y] \qquad (9.26)$$

と表現されることを示した．磁場下では $k \to k + eA = \pi$ とし，さらに考慮すべき波数 k が逆格子ベクトル比べて十分小さいことから $\pi = -\nabla + eA$ と

し，エネルギー固有値方程式

$$H_G\psi = v[\pi_x\sigma_x + \pi_y\sigma_y]\psi = E\psi \tag{9.27}$$

を考えた．エネルギー固有値 E と固有関数 ψ の特徴は $H_G{}^2\psi = E^2\psi$ により，$H_G{}^2$ が

$$\begin{aligned}H_G{}^2 &= v^2[\pi_x{}^2 + \pi_y{}^2 + \pi_x\pi_y\sigma_x\sigma_y + \pi_y\pi_x\sigma_y\sigma_x]\\ &= v^2[\pi_x{}^2 + \pi_y{}^2 + (\pi_x\pi_y - \pi_y\pi_x)i\sigma_z]\end{aligned} \tag{9.28}$$

となることにより理解できる．ここで $[\pi_x{}^2 + \pi_y{}^2]$ は磁場下の自由電子の運動エネルギーと同型であり，また

$$(\pi_x\pi_y - \pi_y\pi_x) = -i[\mathrm{rot}\,A]_z = -iB_z$$

により（磁場 $\boldsymbol{B}/\!/z$ と仮定）ラーモア（Larmor）半径 $= \sqrt{c/eB} = l$ を用いて $\sigma_z = +, -$ に対応してエネルギー固有値は

$$E^2 = v^2/l^2[n + 1/2 \pm 1/2] = v^2N/l^2 \quad (N = 0, 1, 2, \cdots) \tag{9.29}$$

したがって

$$E = \pm\frac{v\sqrt{N}}{l} \tag{9.30}$$

となる．ここで $N = 0$ には縮退がないが $N = 1, 2, 3, \cdots$ については $N = n + 1/2 - 1/2$ あるいは $N = n - 1/2 + 1/2$ に対応して二重縮退がある（グラフェンではさらに谷縮退に伴う二重縮退が加わる）．$N = 0$ に対応して磁場の強さにかかわらず $E = 0$ の状態（ZES, Zero Energy State）が存在する．(9.30) 式を基にマクルーア [49] は半金属グラファイトの弱磁場での大きな反磁性磁化率 [50] の理解を可能とした（図 9.20）．

より一般的な観点から（たとえば電界効果により）関心がもたれる，弱磁場磁化率 χ の化学ポテンシャル μ 依存性は図 9.21 となる [51]．横軸は $\mu/\varGamma$（$\varGamma$：乱れによるエネルギー幅）であり，乱れのない系 $\varGamma = 0$ では $\mu = 0$ に δ 関数的極大があるが，これは ZES に起因する．この特異な磁化率の実験的検証は計測精度の観点でグラフェンでは難しいが，層状バルク分子性結晶 α-ET$_2$I$_3$ 系 [52] で興味がもたれている．

(b) ディラック電子：ビスマス

(a) で紹介された炭素系とは異なりビスマス結晶では大きな元素質量に伴

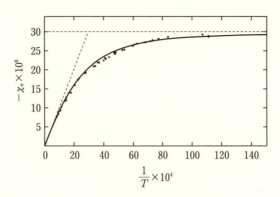

図 9.20 グラファイトの磁化率の温度依存性（[50] より改変）

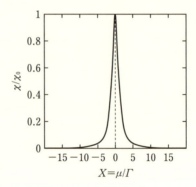

図 9.21 ワイル電子系の弱磁場磁化率の化学ポテンシャル μ 依存性（Γ は乱れによるエネルギー幅）[51]

う強いスピン軌道相互作用が重要な役割を果たす．ビスマスの有効モデルであるウォルフモデル [42]（9.21）式で $k \to k + eA = \pi$ として磁場の影響を考える．

$$\mathcal{H}\psi = \begin{pmatrix} \Delta & i\pi\cdot\Lambda \\ -i\pi\cdot\Lambda & -\Delta \end{pmatrix}\psi = E\psi, \quad \Lambda = \sum_{\mu=1}^{3} W(\mu)\sigma_\mu \quad (9.31)$$

このハミルトニアン $\mathcal{H}$ についてもグラファイト 1 層の場合と同様に $\mathcal{H}^2$ を考えると，固有エネルギー決定が解析的に可能である．

$$\mathcal{H}^2\psi = \begin{pmatrix} \Delta^2 + (\pi\cdot\Lambda)^2 & 0 \\ 0 & \Delta^2 + (\pi\cdot\Lambda)^2 \end{pmatrix}\psi$$

9.5 固体中のディラック電子の物性

$$= \begin{pmatrix} \Delta^2 + 2\Delta\mathcal{H}^* & 0 \\ 0 & \Delta^2 + 2\Delta\mathcal{H}^* \end{pmatrix} = E^2\psi \quad (9.32)$$

$$\mathcal{H}^* = \frac{\boldsymbol{\pi}\cdot\hat{\boldsymbol{\alpha}}\cdot\boldsymbol{\pi}}{2} + \boldsymbol{\mu}_{\mathrm{s}}^*\cdot\boldsymbol{H} \quad (9.33)$$

ここで $\mathcal{H}^*$ 中の $\boldsymbol{\alpha}$ および $\boldsymbol{\mu}_{\mathrm{s}}^*$ は以下の式で定義される.

$$\alpha_{ij} = \frac{1}{\Delta}\sum_{\mu} W_i(\mu) W_j(\mu) \quad (9.34)$$

$$\boldsymbol{\mu}_{\mathrm{s}}^* = \frac{\hbar e\Omega}{2c\Delta}\sum_{\mu} \boldsymbol{Q}(\mu)\sigma_{\mu} \quad (9.35)$$

ここで $\boldsymbol{Q}(\lambda), \Omega$ はそれぞれ以下で定義される.

$$\begin{aligned} \boldsymbol{Q}(\lambda) &= \frac{\boldsymbol{W}(\mu)\times\boldsymbol{W}(\nu)}{\Omega} \quad (\lambda,\mu,\nu:\mathrm{cyclic}) \\ \Omega &= \boldsymbol{W}(1)\times\boldsymbol{W}(2)\cdot\boldsymbol{W}(3) \end{aligned} \quad (9.36)$$

$\mathcal{H}^*$ は自由電子の場合と同型であり,磁場 $\boldsymbol{B}$ が z 方向に向いているとすると,固有エネルギー E は以下のようになる.

$$E = \pm\sqrt{\Delta^2 + 2\Delta\left\{\hbar\omega_{\mathrm{c}}^*\left(n + \frac{1}{2} \pm \frac{1}{2}\right) + \frac{\hbar^2 k_z^2}{2m_{\mathrm{h}}}\right\}} \quad (9.37)$$

$$\begin{aligned} \omega_{\mathrm{c}}^* &= \frac{eH}{m_{\mathrm{c}}^* c} \\ m_{\mathrm{c}}^* &= \sqrt{\frac{\det\hat{m}}{m_{\mathrm{h}}}} \end{aligned} \quad (9.38)$$

ここで m_{h} は $\hat{m} = \hat{\alpha}^{-1}$ で定義される有効質量テンソルの磁場方向の成分である.

エネルギー固有値が全角運動量

$$j = n + \frac{1}{2} \pm \frac{1}{2} = 0,1,2,\cdots$$

で規定されるのは強いスピン軌道相互作用による軌道角運動量とスピン角運動量結合の反映である. $\Delta = 0$ では (9.26) 式 H_{G} の場合同様にゼロ準位が存在する.したがってグラファイトの場合同様に大きな反磁性が想像できる.

このようにグラファイトとビスマスの大きな反磁性の形式的起源は同様であるが,歴史的にはスピン軌道相互作用がきわめて強いビスマスと,その相互作用が無視できると考えられるグラファイトとはまったく別個に追求されてきた.

実際，ビスマスについては最初それを忠実に表現する（ディラック電子モデルでは無視された $k^2/2m$ を含めた）$\boldsymbol{k}\cdot\boldsymbol{p}$ モデルを基に巨大磁化率の存在が「大変面倒な計算」の結果として示された（ただしこの論文では上記に紹介したランダウ準位の特徴を基にした解釈が紹介されている）．厳密かつ簡明な軌道磁化率の公式に基づく弱磁場磁化率の化学ポテンシャル依存性（図 9.22(a) [53]．Γ はエネルギー準位のボケの幅である）がウェールリ（Wehrli）による綿密な実験結果 [54] と比較されており，良い対応が見られる．

なおビスマス L 点での電子についてウォルフモデルは有効であるが T 点での正孔に対しては他のバンドの寄与も無視できない．このような場合の有効質量テンソルは一般式 (9.13) で与えられる．この式を基にサイクロトロンエネルギー，およびゼーマンエネルギー $E_\mathrm{Z} = \pm(\tilde{g}/2)\mu_\mathrm{B} B_i$ について以下のように解答が与えられている [55]．

$$\hbar\omega_\mathrm{c} = \frac{e\hbar B}{c}\sqrt{\det\alpha(\alpha^{-1})_{ii}} \quad (9.39)$$

$$E_\mathrm{Z} = \pm\frac{\tilde{g}}{2}\mu_\mathrm{B} B_i \quad (9.40)$$

ここで

$$\tilde{g} = 2m\sqrt{G_{ii}}$$

であり，G_{ii} は下式で定義される．

$$G_{ii} = 4\left|\left(\sum_{n\neq 0}\frac{\boldsymbol{t}_n\times\boldsymbol{u}_n}{E_0 - E_n}\right)_i\right|^2 - \left\{\left(\sum_{n\neq 0}\frac{\boldsymbol{t}_n\times\boldsymbol{t}_n^* + \boldsymbol{u}_n\times\boldsymbol{u}_n^*}{E_0 - E_n}\right)_i\right\}^2 \quad (9.41)$$

この結果により，ゼーマン分裂とサイクロトロンエネルギーの比に関する長年の問題についての解答が与えられている．

(2) ホール係数

(1) では磁化率という熱力学的物理量についての磁場のバンド間効果に起因する顕著な現象について紹介した．ここでは磁場下の輸送現象の典型であるホール係数について考えよう．

古典論の範囲で電場 $\boldsymbol{E}$，磁場 $\boldsymbol{H}$ のもとで運動する質量 $m > 0$，電荷 q の粒

9.5 固体中のディラック電子の物性

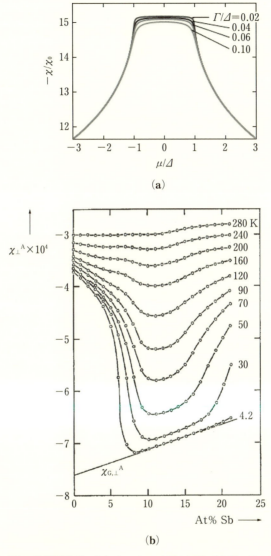

図 9.22 Bi の軌道磁化率．(a) ウォルフモデルに基づくディラック電子の軌道磁化率のフェルミエネルギー依存性と乱れの効果 [53]，(b) $Bi_{1-x}Sb_x$ 系における反磁性の x および温度依存性に関する実験結果 [54]

子の運動は

$$F = m\dot{v} = q\left(E + \frac{v \times H}{c}\right) - \frac{mv}{\tau} \qquad (9.42)$$

で記述される．左辺は粒子に働く力であり，(9.42) 式右辺最後の項は散乱によって電子が受ける摩擦力である．電場，磁場はそれぞれ x, z 方向にあるとする．定常状態 $dv/dt = 0$ では (9.42) 式は

$$\begin{aligned} q\left(E_x + \frac{v_y H}{c}\right) - \frac{m v_x}{\tau} &= 0 \\ q\left(E_y - \frac{v_x H}{c}\right) - \frac{m v_y}{\tau} &= 0 \end{aligned} \qquad (9.43)$$

となる．単位面積を単位時間に流れる電流密度 j は粒子密度を n とすると $j = nqv$ となりこれは

$$j = \sigma_0 \frac{1}{1+(\omega_c \tau)^2}\begin{pmatrix} 1 & \omega_c \tau \\ -\omega_c \tau & 1 \end{pmatrix} E \equiv \sigma E \qquad (9.44)$$

で与えられる．ここで $\sigma_0 = ne^2\tau/m$ は磁場 $= 0$ での電気伝導度であり $\omega_c = qH/mc$ はサイクロトロン振動数である．磁場下ではローレンツ力により電子の運動方向は曲げられその結果として電場 E_y が発生する．$j_y = 0$ の条件下での誘起された電場 E_y と $j_x H$ の比がホール係数 R_H であり，それは弱磁場 $H \to 0$ では以下のようになる．

$$R_H = \frac{E_y}{j_x H} = \frac{1}{nqc} \qquad (9.45)$$

粒子が電子の場合 $q = -e$ であり $R_H < 0$ となる．一方，正孔についてはバンド分散の向きが電子と逆 (k 空間で上に凸) であることに注意して $m \to -m$ の変換後同様の考察の結果 $R_H = 1/nec$ となり正である．電子および正孔で有効質量の符号の違いは電荷の符号が違うことと同等であることからホール係数 R_H は電荷キャリヤの符号，および電荷キャリヤ密度という物性理解に重要な情報を提供する．

このホール係数の符号変化に関連して，バンドギャップのないワイル電子の場合は興味深い．図 9.17(b) に見るように $\mu > 0$ で $\mu \to 0$ では $R_H \to -\infty$，$\mu < 0$ で $|\mu| \to 0$ では $R_H \to +\infty$ となるはずである．しかし $\mu = 0$ で不連続を意味するこの結論は物理的ではない．線形応答理論に基づく磁場のバンド間

9.5 固体中のディラック電子の物性

結合効果を考慮したゲージ不変性を保つホール係数の公式 [56] に基づく計算結果は図 9.23 に示されているように R_H は $\mu = 0$ を挟む $1/\tau$ 程度のエネルギー領域で符号を変化させ連続的である [51]．この理論的予言に対応して分子性結晶 α-ET$_2$I$_3$ において（化学ポテンシャルの温度依存性に起因する）劇的な R_H の変化が観測されている [57]（図 9.23(b)）．

ディラック電子系での同様な実験結果は現時点で存在しないが，ワイル電子およびディラック電子いずれについてもホール係数の磁場依存性についてバン

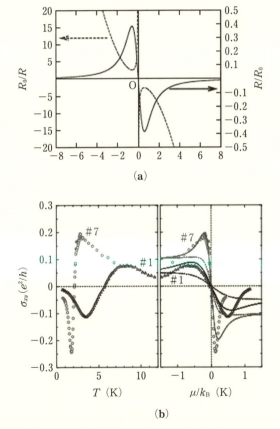

図 9.23 ワイル電子系のホール係数．(a) $T = 0$ での化学ポテンシャル (μ/Γ) 依存性の計算結果 $(R_0 = \pi^2 v^2/ec\Gamma^2)$ [51]，(b) 分子性結晶 α-ET$_2$I$_3$ における実験結果 [57]（実験では化学ポテンシャルの温度依存性が反映されている）

ド内・バンド間の寄与に関する理論的研究 [58,59] がある.

9.5.2 ローレンツ不変性と量子電磁力学

真空中のディラック電子についての電磁場の効果(量子電磁力学(Quantum Electrodynamics). QED ともいう)は朝永,シュウィンガー(Schwinger),ファインマン(Feynman)(1965年ノーベル物理学賞)による「くりこみ」によって解決された.それでは「物質中のディラック電子」,例えばビスマスにおいてこの効果はどうなるか? 真空中の QED とビスマスの比較が表 9.3 である.最大の違いは固体中では「電荷 e」は点電荷ではなく原子軌道の広がりをもつためにくりこみは存在しない,ということである.

この比較から帰結される興味ある理論的予言 [60,61] は,図 9.22(b)の大きな反磁性に対応して大きな誘電率が予測されるということであり,実験結果と比較されている(ビスマスでは L 点周囲のディラック電子のみならずディラック電子からのずれがある T 点近傍の正孔から寄与もあることに注意する必要がある).

9.5.3 ゼーベック効果

微小なバンドギャップをもつ電子系の特徴的な物性としてゼーベック(Seebeck)効果がある.

電場 E,および温度勾配 ∇T が存在するときの電流 J_e は線形近似のもとでは

$$J_e = L_{11}\bm{E} + L_{12}\left(-\frac{\nabla T}{T}\right) \tag{9.46}$$

表 9.3 ビスマスと QED の比較 [60]

	ビスマス	QED
エネルギースケール	$\sim 10^{-2}$ eV	$\sim 10^6$ eV
c^*/c	$\sim 10^{-3}$	1
m^*/m	$\sim 10^{-2}$	1
e_0/e	1	$1/\sqrt{Z_3}$
誘電率	$\varepsilon_0 \varepsilon_r(q,\omega)$	$\varepsilon_0 Z_3 \varepsilon_r(q,\omega)$
透磁率	$\mu_0 \mu_r(q,\omega)$	$\mu_0 Z_3^{-1} \mu_r(q,\omega)$

となる．ここで L_{11}, L_{12} はそれぞれ電気伝導度，熱電伝導率であり，以下の久保-ラッティンジャー（Luttinger）公式により与えられる．

$$L_{11} = \int_0^\beta d\tau \langle T_\tau J_e(\tau) J_e \rangle e^{i\omega_\lambda \tau} \tag{9.47}$$

$$L_{12} = \int_0^\beta d\tau \langle T_\tau J_e(\tau) J^Q \rangle e^{i\omega_\lambda \tau} \tag{9.48}$$

ここで J_e, J^Q はそれぞれ電流・エネルギー流である．J_e の起源は電子だけであるが J^Q には電子ばかりでなくフォノンも寄与する．ゼーベック係数 S は $J = 0$ のもとで温度勾配によって誘起される電位差により次式で定義される．

$$S \equiv -\frac{\Delta V}{\Delta T} = \frac{L_{12}}{TL_{11}} \tag{9.49}$$

L_{12} は電子と正孔で符号が異なることからゼーベック係数はホール係数と同様にキャリヤの符号に関する情報を与える．

　電気伝導度およびゼーベック係数はともに基本的な物理測定量であるが，理論的な観点では両者はまったく異なる．ゼーベック係数 S は電気伝導度とは異なり L_{11}, L_{12} という強く関連するものの明確に異なる相関関数の比で定義される．この点ホール係数と同様である．

　熱電効果の効率はゼーベック係数 S ばかりでなく，しばしば次式で定義される電力係数（power factor）PF あるいは ZT によって性能評価される．

$$PF = S^2 L_{11} = \frac{(L_{12}/T)^2}{L_{11}} \tag{9.50}$$

$$ZT = \frac{PF}{\kappa} T \quad (\kappa : 熱伝導度) \tag{9.51}$$

PF は電子状態とりわけバンド端でのエネルギー依存性を敏感に反映する．一方，ZT は電子および格子振動がともに寄与する熱伝導度によっても左右される．この事実は熱電材料開発に際して重要である．

参考 **電気伝導度 σ とゼーベック係数 S**

　模式的に図示したように電気伝導度 $\sigma = L_{11}$ は試料両端の電位差 $V = -EL$ のもとでの流れる電流 J_e，一方，S は温度差に伴って生ずる試料両端間の電位差によって特徴づけられる．現象としての重要性は同等であるが，S は単独な物理量ではなく電気伝導度 L_{11} と熱電伝導率 L_{12} の比に依存し理論的には大きな違いがあ

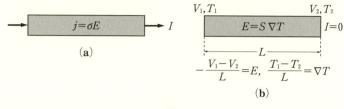

図1

る．しばしば利用される S についてのモットの式

$$S = \frac{\pi^2}{3}\frac{k_B^2 T}{e}\left(\frac{\partial \ln \sigma(\varepsilon,0)}{\partial \varepsilon}\right)_{\varepsilon=\varepsilon_F}$$

は L_{12} について電子系の寄与のみを考慮し，L_{11}, L_{12} それぞれについて低温極限の表式を基にした近似式であり，この式の妥当性には絶えず注意を払う必要がある．例えばこの式に基づいてゼーベック効果の温度依存性を議論することは不可能である[*13, *14, *15]．

L_{11}, L_{12} の関係について，しばしば下記の表式に基づいて議論される．

$$L_{11} = \int_{-\infty}^{\infty} dE \left(\frac{\partial f(E-\mu)}{\partial E}\right)\alpha(E) \qquad (9.52)$$

$$L_{12} = -\frac{1}{e}\int_{-\infty}^{\infty} dE \left(\frac{\partial f(E-\mu)}{\partial E}\right)(E-\mu)\alpha(E) \qquad (9.53)$$

ここで $\alpha(E)$ はスペクトル伝導度と呼ばれ $T=0$ で化学ポテンシャルが E の場合の電気伝導度である．この表式が最初に提案された経緯については不明であるが，ごく初期にゾンマーフェルト（Sommerfeld）とベーテ（Bethe）の論文があるので SB（Sommerfeld-Bethe）関係式と呼ばれている [62]．SB 関係式は J^Q として電子系の寄与のみを考慮した近似式であり，フォノンドラッグなど重要な寄与が考慮されていない．

SB 関係式を基にフォノンドラッグ効果が無視できると考えられるカーボンナノチューブ（CNT，Carbon Nanotube）について具体的に考えよう [63]．CNT はキラリティによって金属・絶縁体の違いが生まれるが絶縁体の場合バンドギャップ近傍の電子状態は下記のように1次元ディラック電子系として記

[*13] G. D. Mahan : Solid State Physics 51 (1997) 81.
[*14] K. Behnia : *Fundamentals of Thermoelectricity* (Oxford Univ. Press, 2015).
[*15] 山本貴博，小形正男，福山秀敏：日本物理学会誌 **76** (2021) 202.

述できる.

$$\widetilde{H}_{\mathrm{q}}(k) \approx \begin{pmatrix} \Delta_{\mathrm{q}} & \hbar v_{\mathrm{q}} k \\ \hbar v_{\mathrm{q}} k & -\Delta_{\mathrm{q}} \end{pmatrix} \tag{9.54}$$

(Δ_{q} と v_{q} はチューブの巻き方によって決まるバンドギャップおよびチューブ軸方向の速度）乱れが弱くその影響を単なる緩和時間で近似できる場合，緩和時間 τ のいくつかの値に対する電気抵抗率のエネルギー依存性およびゼーベック係数の $T = 300\,\mathrm{K}$ での化学ポテンシャル依存性を図 9.24 に示した．電子と正孔のバイポーラー的符号変化に加えてバンド端で S の絶対値が大きくなることが示唆されている.

この計算結果から明らかになった注目すべきバンド端での特徴をさらに理解するために，CNT 系において C を N で置換した「電子ドーピング」の状況をより詳しく見てみよう．バンド端での状態密度が強いエネルギー依存性をもつことを反映して L_{11}, L_{12}, S, PF の理論結果（図 9.25）の振舞いは多様性を示し，熱電効果の最適化には「バンドエッジエンジニアリング」が必要となることがわかる [63]．なおモットの式が予想する $S \sim T$ は低温領域に限られることもわかる．CNT でゲート電圧を変化させた $T = 300\,\mathrm{K}$ での実験結果は，σ と $|S|$ それぞれの大きさをスケール変換すると $|S|$ と σ に関する理論・実験の間に有意な相関が見られる．「スケール変換」の背後に実験における試料の形態（モルフォロジー）の反映が示唆されている.

一方 SB 関係式では取り扱うことができないフォノンドラッグ効果に関連して，$FeSb_2$ の巨大ゼーベック効果について CNT の場合と同様不純物帯の本質的な関与の可能性が指摘されている [64].

9.5.4 量子トポロジカル効果，チャーン絶縁体

トポロジカル絶縁体の顕著な特徴は「伝導の量子化」の可能性であり，その先駆けが量子ホール効果（QHE, Quantum Hall Effect）である．強磁場下2次元電子系で量子化されたホール伝導度を示すフォン・クリッツィング（von Klitzing）らによる量子ホール効果発見は大きな驚きであった [65]．量子ホール効果の発表以前から我が国では先端的な実験研究 [66] と，それに対応した理論研究 [67] が展開されており，「ホール伝導度」が物理定数のみで表現で

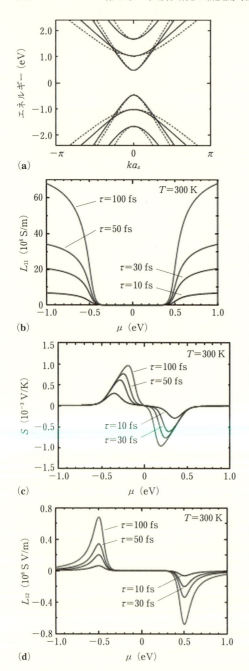

図9.24 1次元ディラック系 CNT のゼーベック係数 [63]. (a) バンド端近傍のバンド構造, (b) 電気伝導度, (c) 熱電伝導率, (d) ゼーベック係数の化学ポテンシャル依存性 (τ は電子の散乱時間)

9.5 固体中のディラック電子の物性

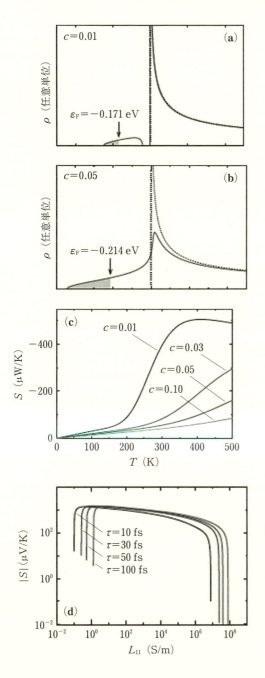

図 9.25 N をドープした CNT. (a) (b) 状態密度の不純物濃度 c によるエネルギー依存性の違いと (c) ゼーベック係数 S の温度依存性, (d) $T = 300$ K におけるゼーベック係数 S の絶対値と電気伝導度 L_{11} との相関 [63]

きる可能性が議論されていた．フォン・クリッツィングらの報告のあとすぐに，(A) ラフリン (Laughlin) [68] が円柱に磁束を断熱的に挿入した思考実験，またハルペリン (Halperin) [69] が端電流について検討した．さらに (B) 青木-安藤 [70] は乱れに伴うアンダーソン局在の効果について久保公式を基にフェルミエネルギーが局在状態に位置する状況ではホール伝導度が量子化されることを示した．サウレス (Thouless) らは [71]，(A) については境界条件の影響が不明，(B) については「量子化が不明」との主張のもと，乱れの効果を無視した周期ポテンシャル下のクリーンな系でフェルミエネルギーがバンドギャップ内に位置する状況下でのホール伝導度の計算結果から量子化を示した．この論文ではホール伝導度 σ_H が波動関数 $u_k(r)$ を用いて以下のように表現されている．

$$\begin{aligned}\sigma_H &= \frac{ie^2}{2\pi h}\sum\int d^2k\int d^2r\left(\frac{\partial u^*}{\partial k_1}\frac{\partial u}{\partial k_2}-\frac{\partial u^*}{\partial k_2}\frac{\partial u}{\partial k_1}\right)\\&= \frac{ie^2}{2\pi h}\sum\int d^2k\int d^2r\left[\frac{\partial}{\partial k_1}\left(u^*\frac{\partial u}{\partial k_2}\right)-\frac{\partial}{\partial k_2}\left(u^*\frac{\partial u}{\partial k_1}\right)\right]\\&= \frac{ie^2}{2\pi h}\sum\int d^2k\int d^2r\left[\text{rot}_k\boldsymbol{A}(k)\right]_3\end{aligned} \quad (9.55)$$

$$\boldsymbol{A}(k) = \int d^2r\, u_k^* \nabla_k u_k \quad (9.56)$$

ここで $\boldsymbol{A}(k)$ および $\left[\text{rot}_k\boldsymbol{A}(k)\right]_3$ はそれぞれベリー (Berry) 位相，ベリー曲率と呼ばれている [72]．k についての積分はストークス (Stokes) の定理によって単位胞の周辺積分で表現され，もしエネルギーバンドの重なりがなければ被積分関数は 1 価解析関数であり積分は $2\pi i$ の整数倍，すなわち $\sigma_H = -(e^2/h)N$ (N：整数) となりホール伝導度は量子化されることを明らかにした．この時点では N の数値およびその意義は明らかにされていない．σ_H がベリー位相 $\boldsymbol{A}(k)$ を用いて表現できることから 1985 年甲元は微分幾何学 (トポロジー) における第一種チャーン数 C_1 を用いて $\sigma_H = -(e^2/h)C_1$ となることを示した [73]．

量子ホール効果は時間反転対称性が破れた一様磁場によるランダウ準位存在下のバンドギャップ中にフェルミエネルギーが位置する状況 (したがって「絶

縁体」) におけるホール伝導度にかかわる現象である．1988 年ホールデン (Haldane) [74] は量子ホール効果出現の状況とは異なり一様な外部磁場が存在しない 2 次元系絶縁体において量子化されたホール伝導度出現の可能性を提示した．ホールデンはグラファイトを構成する炭素蜂の巣格子 1 層のモデルを考え，それを "2d graphite" "2d semimetal" と呼び，結晶格子内に磁束が存在する状況を想定し第 2 近接格子間のホッピング積分に位相の自由度をもたせた以下のモデルを考えた (蜂の巣格子のバンド構造については 491 ページの参考を参照).

$$H = \sum_{\langle i,j \rangle} c_i^\dagger c_j + t \sum_{\langle\langle i,j \rangle\rangle} e^{\pm i\varphi} c_i^\dagger c_j + m \sum_i \varepsilon_i c_i^\dagger c_i \qquad (9.57)$$

ここで，A-B 副格子間のホッピング積分を単位とし，第 2 近接格子間のホッピング積分を t とした．このハミルトニアンは K, K′ 近傍ではそれぞれ以下のように表現できる．

$$H_{\text{K}} = \frac{3}{2}(k_y \sigma_x - k_x \sigma_y) + \{m - 3\sqrt{3}\, t \sin(\varphi)\}\sigma_z \qquad (9.58)$$

$$H_{\text{K}'} = -\frac{3}{2}(k_y \sigma_x + k_x \sigma_y) + \{m + 3\sqrt{3}\, t \sin(\varphi)\}\sigma_z \qquad (9.59)$$

$H_{\text{K}}, H_{\text{K}'}$ は (波動関数決定には無関係な係数を除き) $H(k) = (k_y \sigma_x + k_x \sigma_y) + d\sigma_z$ (d は k に依存しない定数) と表現される．この $H(k)$ 式に対するエネルギー固有値は $\varepsilon(k) = \pm\sqrt{k^2 + d^2} = \pm \varepsilon_0(k)$ となり，$d = 0$ でない限りエネルギーギャップがありそこにフェルミエネルギーが存在すれば絶縁体となる．このときのホール伝導度 σ_{xy} を (9.55) を基に考えると $\sigma_{xy} = (e^2/h)\text{sign}(d)/2$ となる．この結果を基に $H_{\text{K}}, H_{\text{K}'}$ あわせて図 9.26 のように量子化されたホール伝導度 ν が出現する ϕ の領域が存在することが示された．一様な磁場が存在しない状況での「量子ホール効果」の出現である．

さらに 2005 年ケーン (Kane)-メレ (Mele) [75] はホールデン同様グラフェンにおいてスピン軌道相互作用効果に起因するバンドギャップ内にフェルミエネルギーが存在する絶縁体では Z_2 対称性を反映した量子スピンホール (QSH, Quantum Spin Hall) 効果をもつ新しい物質相の存在を下式 (9.60), (9.61) を基に明らかにした．

$$\mathcal{H}_{\text{so}} = \Delta_{\text{so}} \psi^\dagger \sigma_z \tau_z s_z \psi \qquad (9.60)$$

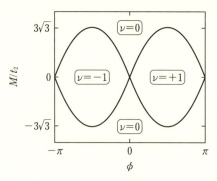

図 9.26 ホールデン・モデル（(9.57) 式）での量子化ホール伝導度出現の相図 [74]

$$\mathcal{H}_R = \lambda_R \psi^\dagger (\sigma_x \tau_z s_y - \sigma_y s_x) \psi \qquad (9.61)$$

ここで 493 ページの (8) 式に加えてスピンの自由度 s_α が考慮されている．

以上のようにワイル型特異バンド構造をもつ電子状態には新しい電子物性が潜んでいることが認識され，その後 Weyl semimetal，Dirac semimetal などの呼称のもとに特異なバンド構造の可能性に関するおびただしい数の研究論文が発表されている（ここでの "semimetal" という呼称は必ずしも「半金属」を意識しているわけではなく，graphite が周知の半金属であることからホールデンが最初の論文で「1 層グラファイト」（今ではグラフェン）を "graphite semimetal" と呼んだためと想像される）．

参考 Dirac semimetal, Weyl semimetal

バンド反転に伴い表面状態が出現する「トポロジカル絶縁体」という概念の誕生をきっかけにディラック（Dirac）型ないしワイル（Weyl）型（massless Dirac 型）のバンド分散をもつ電子系が関心を集め，Dirac semimetal (DSM)，Weyl semimetal (WSM) と呼ばれている．空間次元および空間反転ないしは時間反転の対称性の有無により様々な可能性があり，3 次元系についてそれらは分類されている[*16]．このような分散をもつバンド（ディラック型バンドギャップ，ワイル型バンド交差）がフェルミエネルギー近傍に存在すれば 9.5 節で見たように特徴ある物性の出現が期待される．図 1 にディラック型バンド (a) で価電子帯と伝導帯の edge のエネルギーが逆転し (b)，対称性によってバンド間の mixing が存在しない場合

[*16] N. P. Armitage, E. J. Mele, and A. Vishwanath : Rev. Mod. Phys. 90 (2018) 015001.

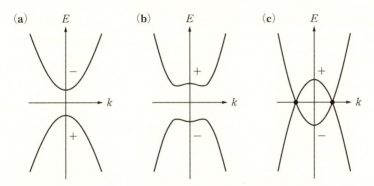

図1 ナローバンドギャップ系から交差バンド系への連続的移り変わり[*16]

にはワイル交差が2つ対になって出現する様子(c)を模式的に示した.この交差が3次元波数空間で線状に分布する状況,nodal line,も可能である.

この観点から2次元的分子性結晶 α-ET$_2$I$_3$ [52] は興味深い.この系では常圧・常温で存在する2つのワイル電子(図1(c)に対応,バンド交差点が特別な対称点にないために主軸が傾いているので tilted Weyl と呼ばれる)は温度の低下に伴い出現する電荷秩序により(b)ないし(a)へと移ること,また高圧下では低温でもワイル電子が安定化する可能性が知られており,この変化を統一的に記述するモデルが提唱されている[*17].

9.6 分子性半導体

これまでは無機物を基盤とする半導体について紹介してきた.この節では分子を構成要素とする分子性半導体について簡単に見てみよう [76].無機物では金属が普通に存在するが分子性物質は元来絶縁体であり,それに「導電性」をもたせることが大きな挑戦であった.したがって分子性半導体は当初のバンド絶縁体と並んで分子性金属において出現する絶縁体状態(パイエルス転移,モット絶縁体,電荷秩序など)へのキャリヤ導入という観点から関心をもたれている(分子性金属については 520 ページの参考を参照).

[*17] A. Kobayashi et al. : Phys. Rev. B 84 (2011) 075450.

9.6.1 分子系での導電性の発見からポリアセチレン $-(CH)_{\overline{x}}$ まで

　分子で構成された物質系における半導体物性の発見は無機物でのそれと並行している．ゲルマニウムにおける半導体トランジスタ実現のあと間もなくフタロシアニンなど縮合多環芳香族分子結晶（エリー（Eley）（1948），ヴァルタニャン（Vartanyan）（1948））続いてビオランスロンなど（赤松-井口（1950））

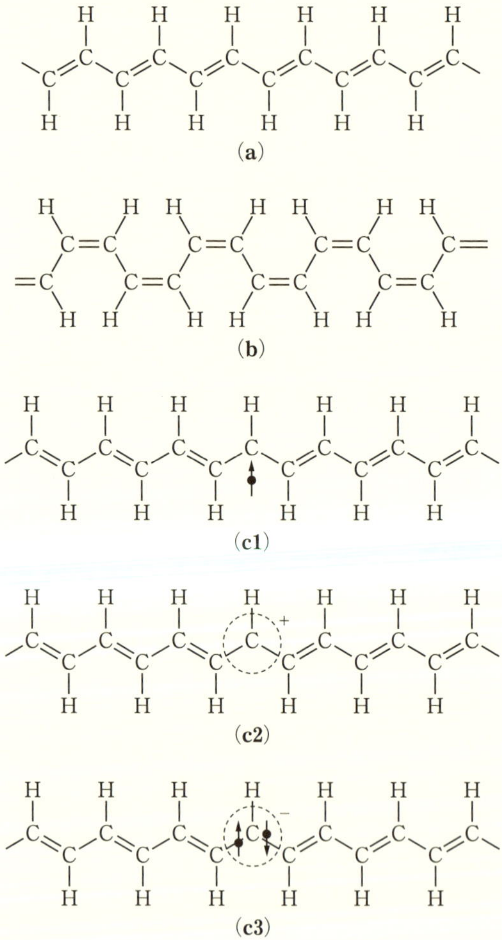

図 9.27 ポリアセチレン $-(CH)_{\overline{x}}$ の鎖状構造．(a) トランス型，(b) シス型，(c1)(c2)(c3) トランス型における結合交替のドメイン境界 [79]

での伝導性の発見［77］（ここでの伝導性の起源は欠陥などの乱れ）に続いて意図的に Br ドープしたペリレン（縮合多環芳香族分子性結晶）である［78］．そしてついに 1977 年白川らによって「導電性ポリアセチレン」が実現された［79］．

炭素鎖ポリアセチレン $-\!(\mathrm{CH})_{\overline{x}}$ については図 9.27(a), (b)のトランス，シス，2 種の構造が知られておりいずれも二重結合一重結合が交互にくり返し（これを結合交替という）単位胞は $(\mathrm{CH})_2$ である．したがって最外殻の電子数は（炭素 4 水素 1）×2 = 10 となり素朴にはバンド絶縁体である（しかし，強い電子間相互作用効果に注目すると各格子点に存在するスピンの対状態という見方も可能である）．トランス型にヨウ素，アルカリ金属などをドープすることにより図 9.27 (c1, c2, c3) に模式的に描いた結合交替のドメイン境界（ソリトンとして表現される）が伝導を担うと考えられている［80, 81］．

参考　秩序と位相，フェーゾン，ソリトン

図1のような1次元電子系は電子格子相互作用を通して格子と強く結合しパイエルス転移が出現する[*18]．パイエルス相は波数 $2k_\mathrm{F}$ をもった電荷密度波と格子歪が結合した状態であり，その系の励起についての理論的記述はリー（Lee）-ライス（Rice）-アンダーソン（Anderson）[*19] によって1次元電子格子相互作用系 H_0 で周期 $2k_\mathrm{F} = Q$ の格子歪をオーダーパラメータ Δ とした分子場近似ハミルトニアンを基に展開された．

$$H_0 = \sum_{p,\sigma} \varepsilon_p c_{p,\sigma}^\dagger c_{p,\sigma} + \sum_q \hbar\omega_q b_q^\dagger b_q + \frac{1}{\sqrt{L}} \sum_{p,q,\sigma} g_q c_{p+q,\sigma}^\dagger c_{p,\sigma}(b_q + b_{-q}^\dagger) \quad (1)$$

$$\Delta = \frac{1}{\sqrt{L}} g_Q(\langle b_Q \rangle + \langle b_{-Q}^\dagger \rangle) \equiv e^{i\phi} \Delta_0 \quad (2)$$

Q が incommensurate（IC：不整合，$Q/G = $ 無理数，ただし $G = $ 逆格子ベクトル）の場合 Δ は複素数 $\Delta = \exp[i\phi]\Delta_0$ となり，電荷密度 $\rho(x)$ の空間変化は

$$\rho(x,t) = n_\mathrm{e} + \rho_0 \cos\{Qx + \phi(x,t)\}$$

と表現される（n_e は平均値）．ここで ρ_0 は Δ に比例する．

$$\rho_0 = \frac{\hbar\omega_Q |\Delta|}{2g_Q^2}$$

[*18] 鹿児島誠一著：「大学院　物性物理1 — 量子物性 —」（伊達宗行監修，福山秀敏，山田耕作，安藤恒也編）第3章（講談社サイエンティフィク，1996）．
[*19] P. A. Lee, T. M. Rice, and P. W. Anderson : Solid State Commun. 14 (1974) 703.

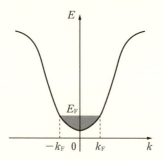

図1 1次元バンド構造. k_F はフェルミ波数, E_F はフェルミエネルギー

位相変数 $\phi(x,t)$ は「秩序」に伴って発生する. この状態での集団励起は振幅 Δ_0 と位相 ϕ のゆらぎであり,その励起エネルギーはフェルミ速度 v_F, $X = \omega_Q g_Q{}^2/2\pi|v_F|\Delta_0{}^2$, $v = \{X/(1+X)\}^{1/2}|v_F|$ を用いてそれぞれ

$$\omega_{am}(q) = \sqrt{\frac{4X}{1+(X/3)}\Delta_0{}^2 + \frac{X}{3+X}(\hbar v_F q)^2} \qquad (3)$$

$$\omega_{ph} = vq \qquad (4)$$

となることが示された(原著では記述が大変省略されている.導出の詳細については文献[20]を参照).位相のゆらぎに伴う集団励起はフェーゾンと呼ばれる.低エネルギー物性を支配するフェーゾンの自由度の動的性質は「位相ハミルトニアン」によって記述される.「位相表示」では不純物との相互作用過程に伴う「ピン止め」効果の取扱いが下記のハミルトニアンに基づいて見通し良く展開できる[21].

$$H_0 = \pi\hbar v' \int dx \left\{ p^2 + \frac{1}{4\pi^2}\left(\frac{v}{v'}\right)^2 (\nabla\phi)^2 \right\} \qquad (5)$$

$$H' = V_0' \rho_0 \sum_i \cos\{QR_i + \phi(R_i)\} \qquad (6)$$

H_0, H' はそれぞれ乱れのないクリーンな系,乱れ効果,を表す.ここで $v' = v^2/v_F$ である.

一方,ポリアセチレンでのパイエルス相は $Q/G = 1/2$ commensurate(C:整合)であり,ウムクラップ散乱に伴うエネルギーが H_0 に加わり下記のような一般形をもつ($C > 0$, $A > 0$, $B > 0$ と仮定)[22].

$$H_{0c} = \int dx [Cp^2(x) + A(\nabla\phi)^2 - B\cos 2\phi] \qquad (7)$$

---

[20] H. Fukuyama and M. Ogata : Phys. Rev. B **102** (2020) 205136.
[21] H. Fukuyama : J. Phys. Soc. Jpn. **41** (1976) 513 ; H. Fukuyama and P. A. Lee : Phys. Rev. B **17** (1978) 535.
[22] 福山秀敏:固体物理 **14** (1979) 194.

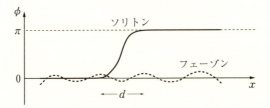

図2 ソリトンとフェーゾン

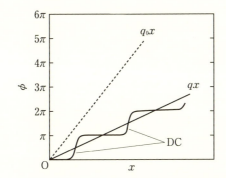

図3 ディスコメンスレーション（DC）の空間変化の模式図

この系の励起には B の寄与を最小とする $\phi = 0$ 近傍での微小振動に加えて，π を周期とする局所的に大きな変化も可能である．後者は

$$\int dx \{A(\nabla\phi)^2 - B\cos 2\phi\}$$

の ϕ に関する変分

$$A\nabla^2\phi - B\sin 2\phi = 0$$

の解として

$$\cos\phi = \pm\tanh[(x-x_0)/d] \quad \left(d = \left(\frac{A}{2B}\right)^{1/2},\ x_0 \text{ は任意}\right)$$

と与えられる．＋の場合を図2に模式的に描いた．この解に対して H_0 の $p^2(x)$ による運動を表現したのがソリトンである．

さらにドーピングの効果はドーピングの割合を q_0 として $A(\nabla\phi)^2 \to A(\nabla\phi - q_0)^2$ によって表現され，q_0 の増加とともに ϕ が階段状に単調に増加する解（ディスコメンスレーション）が可能となる．この移り変わりが C-IC 転移であり，この様子が図3に描かれている．

以上はパイエルス相での電荷ソリトンについてであるがスピンパイエルス相での

スピンソリトンについても同様である[*23]．さらに1次元電子間相互作用効果全般についても「位相」による俯瞰的な記述が可能である[*24]．

参考　分子性金属研究の発展：電荷移動錯体から単一分子種金属まで

　分子性金属実現後50年の間の物性研究の成果はめざましい．その大きなきっかけは1964年リトル（Little）[*25]によって「側鎖をもった分子鎖による高温超伝導の可能性」の提案である．現在この提案をそのまま受け入れることはできないが，導電性分子性結晶開拓の大きな推進力になった．元来それぞれ中性である異種分子の間に電荷移動（charge transfer）を可能とするためには分子の組合せとその空間配置に工夫が必要である．

　この際ドナー分子とアクセプター分子の空間配置は大別して積層型・分離型，さらにはその分子配列が1次元的鎖状あるいは2次元的層状が存在する．伝導性向上には分離型が適しておりその中から1980年分子性結晶ではじめての超伝導が鎖状構造をもつ系の高圧下で臨界温度 $T_c = 0.9$ K（12 kbar）[*26]，また1988年層状構造系では常圧下において10 Kを超える T_c が実現した[*27]．さらにこの方向での到達点ともいうべき1種類の分子だけで構成された金属，単一分子種金属（SCMM，Single Component Molecular Metal）が2001年実現した[*28]．この系の電気抵抗・磁化率の温度依存性はいずれも電子密度の高い金属と同様である．加えて磁気抵抗効果の磁場による振動の様子はバンド計算の結果と一致した．SCMMではさらに超伝導が実現している．

　上記のように一見大変複雑である分子性結晶を舞台とした研究展開には分子系の電子状態の理解が不可欠であり，その進展には3つのステップがあった．

(1) 福井のフロンティア分子軌道理論

　導電性分子性結晶は数多くの原子で構成された分子が周期的に空間配置した構造

[*23]　T. Nakano and H. Fukuyama : J. Phys. Soc. Jpn. 49 (1980) 1679；稲垣睿，福山秀敏：固体物理 20 (1985) 369.
[*24]　H. Fukuyama and H. Takayama : in *Electronic Properties of Inorganic Quasi-One-Dimensional Compounds* (P. Monceau ed.) p. 41 (D. Reidel, 1985).
[*25]　W. A. Little : Phys. Rev. 134 (1964) A1416.
[*26]　D. Jerome, A. Mazaud, M. Ribault, and K Bechgaard : J. Phys. Lett. (Paris) 41 (1980) L95.
[*27]　H. Urayama et al. : Chem. Lett. 17 (1988) 55 ; H. Mori : J. Phys. Soc. Jpn. 75 (2006) 051003.
[*28]　H. Tanaka et al. : Science 291 (2001) 285 ; A. Kobayashi et al. : J. Mater. Chem. 11 (2001) 2078 ; A. Kobayashi et al. : Chem. Rev. 194 (2004) 5243 ; A. Kobayashi, Y. Okano, and H. Kobayashi : J. Phys. Soc. Jpn. 75 (2006) 051002.

9.6 分子性半導体

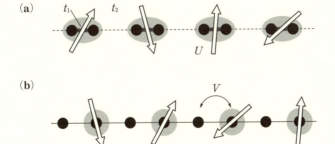

図1 1/4-filled 系における結合交替の大小による (a) モット絶縁体と (b) 電荷秩序の可能性

をもっている.このような複雑な結晶がもつ物性の理解は当然簡単なことではなく研究の初期には混乱があった.この状況を克服することができたのは福井謙一の「フロンティア軌道 (FO, Frontier Orbital)」理論の存在である.FO とは孤立分子において電子が占有する状態の中で最もエネルギーの高い状態 (HOMO, Highest Occupied Molecular Orbital) および電子が存在しない状態のうちで最もエネルギーの低い状態 (LUMO, Lowest Unoccupied Molecular Orbital) であり,福井理論はこれらの軌道状態が分子の機能を規定するという考えである.これは固体物性が占有・非占有の境であるフェルミエネルギー近傍の状態で規定されるという事実の孤立分子版であり,きわめて自然である.この考え方が化学反応の理解に見事な成功を収めた[*29].

(2) タイトバインディング近似

最初の分子性超伝導体[*26]に対するバンド計算では原子を基盤とした当初の第一原理計算は混迷した.そのような状況下1984年森,小林ら[*30]によって FO を基盤としたタイトバインディング近似バンド構造によって実験の詳細の理解が可能であることが示された.

(3) モデル化と多体効果

タイトバインディング近似による電子状態と実験の明確な対応を基盤としてバンド理論で無視された多体効果を考慮するために拡張されたハバードモデル (extended Hubbard model) が提案された[*31].

[*29] K. Fukui et al.: J. Chem. Phys. **20** (1952) 722. また日本化学会編:「福井謙一とフロンティア軌道理論」(学会出版センター,1983) には化学反応経路などの主題に加えて超伝導 BCS 理論やアンダーソン局在についての言及・考察もある.

[*30] T. Mori et al.: Bull. Chem. Soc. Jpn. **57** (1984) 627.

このモデルの導入により，ET$_2$X 系 3/4-filled 系（正孔に着目すると 1/4-filled 系）において，多様さゆえ当初対象ごとの個別的であった研究に対して構造と物性の相関，とりわけ結合交替（ダイマー）の強弱とモット絶縁体と電荷秩序の拮抗，が明らかとなり物性の俯瞰的な理解が可能となった[*32]．この結果，スピン液体やワイル電子など様々な物性研究が展開されている[*33]．

9.6.2 多彩な分子性半導体

バンド絶縁体を基盤とする分子性半導体としての特性を利用する材料は一般に「有機半導体 organic semiconductor」と呼ばれ，Si MOS 同様の構造において伝導層に有機物を利用する有機電界効果トランジスタ（OFET, Organic Field-Effect Transistors），電子と正孔の再結合による発光を利用する有機エレクトロルミネッセンス（有機 EL，世界的には OLED (Organic Light-Emitting Diode）と呼ばれている），高分子（有機薄膜）や色素を用いた（色素増感）太陽電池（organic photo solar cell）などが知られている．実用上のニーズから関心の的となる「効率」向上の実現に向けた工学的な努力はもちろん，その方向性を明確にするための「学理探求」が推進されている．また，伝導性ばかりでなく，有機物特有の構造的柔軟性（ソフト）という力学的特徴と導電性の相乗効果を生かしたフレキシブルデバイスなども注目されている[82]．導電性と力学的特性の相関は材料界面での「疲労」「破壊」などの観点から未開拓の興味深い課題である．

最近の OFET の例としては大面積高品質結晶薄膜の製膜技術によって作製された Cn-DNBDT-NW では 10 cm^2/V/s という高移動度に伴う FET 動作が実現し今までの粒界などの乱れの影響を受けたホッピング伝導とは異なり「バンド伝導」の様相が明らかになりつつある．そこでは有機物の特徴である弱いスピン軌道相互作用に起因する長いスピン拡散長の確認，マクロひずみに起因した抵抗変化を利用するセンサーなどと多様な可能性が検討されている．その結果，有機分子の柔らかさを反映する分子振動による電子の散乱過程の重

[*31] H. Kino and H. Fukuyama : J. Phys. Soc. Jpn. 64 (1995) 1877.
[*32] H. Seo, C. Hotta, and H. Fukuyama : Chem. Rev. 104 (2004) 5005.
[*33] 鹿野田一司，宇治進也編著：「分子性物質の物理 — 物性物理の新潮流 —」（朝倉書店，2015）．

要性が浮び上がってきている [83]．このような金属中とは異なる電子格子相互作用の新しい側面は電子と格子振動が連動する熱電効果にも大きな影響を与える可能性がある [84]．

また太陽電池や光センサーの基礎となる「光起電力」現象においては，空間反転対称性が破れた状況下，例えば強誘電体，で空間一様性が高い試料で大きな起電力の存在が実験的に見出され，その起源として「シフト電流」の役割が提案されている [85]．「シフト電流」は電子のバンド間遷移に伴う2次光学過程であり，ベリー位相を用いて記述される．この「シフト電流」の観点から高効率色素増感有機無機ハイブリッドペロブスカイト太陽電池 $CH_3NH_3PbI_3$ [86] への関心は高い．

9.6.3 モット絶縁体：モット FET

試料作製が容易でないことからモット絶縁体固有の現象抽出が進まなかったが，典型的な分子性結晶モット絶縁体 κ-$(BEDT\text{-}TTF)_2Cu[N(CN)_2]Br$（$\kappa$-Br と略称される）の良質薄膜作製が可能となり，両極性の実現やMOSFET とは異なり移動度の大きなキャリヤ数依存性や，さらには有機超伝導 FET の観測など興味ある事実が観測されてきている [87]．キャリヤ注入されたモット絶縁体の伝導において，乱れに伴うアンダーソン局在と電子強相関効果の拮抗過程，およびホール係数やゼーベック係数の符号に見られる通常のバンド構造を基にした n 型，p 型の様相など，興味ある多くの課題が数多く提起されている．

9.7 まとめと展望

「半導体」は元来導電性の観点での物質の分類である．固体の典型的な特徴である「金属」と「絶縁体」は平板であるが，その境目に位置する「半導体」がもつ機能性材料としての可能性の大きさにあらためて驚く．その半導体の材料としての社会的なニーズを反映して絶えず微小化が追求された結果「ナノ化」が進みさらに多様性が拡がってきている．微小サイズ系は孤立して存在することはまれであり周囲との相互関係，例えば微粒子（グレイン）・粒界・界

面など,物質がもつ構造の「非一様性」が「伝導性」に重要な役割をもつように なる.この物質構造の「非一様性」は実際の材料の機能の創成・制御で致命的な意義をもつ.「半導体物理学」の基盤である無限に大きな周期系である理想的完全結晶をもとに構築されたバンド理論は確固たる基盤を提供するが,「材料」に対してはそれだけでは不十分であり,「非一様性の学理」構築が必要となる.具体的には「導電性」のみならずデバイス機能に対する材料界面での疲労・破壊などの力学的特性の影響,「力学特性」と電流,熱流いずれもがかかわる「伝導特性」,の総合理解が目標となる.したがって,「基礎物質科学」と「応用材料科学」という分類は意味をもたなくなる.半導体はこのような新しいタイプの物質材料科学研究が具体的に展開される大きな舞台である.

謝　辞

　本章執筆のきっかけは文部科学省「元素戦略プロジェクト〈研究拠点形成型〉」電子材料研究拠点（TIES）細野秀雄拠点長との刺激的な意見交換でした,謝意を表します.取り上げた事項は大学院以来取り組んだ研究課題と深く関連したテーマを強調しており多少偏りがあることご容赦ください.なおこれまで大変多くの共同研究者のみなさまにご援助頂きました,深く感謝致します.とりわけ21世紀になってから小形正男,伏屋雄紀,妹尾仁嗣,小林晃人,山本貴博各氏およびそのグループの方がたとの多くの意見交換はきわめて刺激的かつ有益でした.格別の謝意を表します.

参考文献

[1]　P. W. Anderson : Science 177 (1972) 393.
[2]　金森順次郎,米沢富美子,川村清,寺倉清之著：「固体 ― 構造と物性 ―」(岩波書店,1994) の「まえがき」に,この言葉が明快に位置づけられている.
[3]　第9章で取り上げたテーマの骨格は,日本物理学会誌 63 (2008) 936,に基づく.
[4]　https://www.nobelprize.org
[5]　福山秀敏,秋光純編：「超伝導ハンドブック」(朝倉書店,2009).

参考文献

[6] 銅酸化物高温超伝導の特徴ある現象については,「大学院　物性物理 2 — 強相関電子系 —」(伊達宗行監修, 福山秀敏, 山田耕作, 安藤恒也編) 2.10 節 (講談社サイエンティフィク, 1997) を参照. 当初あった実験的混乱はレーザー光電子分光実験 (S. Kunisada et al.: Science 369 (2020) 833) によって克服され, 実験事実についての俯瞰像を見ることができる. その理論的理解については t-J モデル (M. Ogata and H. Fukuyama: Rep. Prog. Phys. 71 (2008) 036501) が基本的描像を与えている.

[7] 例えば S. Maekawa, T. Tohyama, S. E. Barnes, S. Ishihara, W. Koshibae, and G. Khaliullin: *Physics of Transition Metal Oxides* (Springer, 2004).

[8] 福山秀敏著:「物質科学入門 1　物質科学への招待」(岩波書店, 2003).

[9] 細野秀雄:電子情報通信学会誌 97 (2014) 178.

[10] 妹尾仁嗣, 鹿野田一司, 福山秀敏:日本物理学会誌 58 (2003) 80.

[11] J. P. Attfield: Solid State Sciences 8 (2006) 861.

[12] 太田幸則, 金子竜也, 杉本高大:固体物理 52 (2017) 119.

[13] P. S. Riseborough: Adv. in Phys. 49 (2000) 257.

[14] P. W. Anderson: Phys. Rev. 102 (1958) 1008.

[15] E. Abrahams, P. W. Anderson, D. C. Licciardello, and T. V. Ramakrishnan: Phys. Rev. Lett. 42 (1979) 673.

[16] L. P. Gorkov, A. I. Larkin, and D. E. Khmelnitzkii: JETP Lett. 30 (1979) 228.

[17] 福山秀敏著:「物理学最前線 2」(大槻義彦編) p. 59 (共立出版, 1982).

[18] *Anderson Localization* (Y. Nagaoka and H. Fukuyama eds.) (Springer-Verlag, 1982). アンダーソン局在に関する最初の国際会議の記録であり, 様々なテーマについての熱気ある議論が収録されている (直前の手術のために参加不能となったアンダーソンに代わりサウレスが基調講演).

[19] Prog. Theor. Phys. Supplement 84 (Y. Nagaoka ed.) (1985).

[20] T. F. Rosenbaum et al.: Phys. Rev. Lett. 45 (1980) 1723.

[21] S. Kobayashi et al.: J. Phys. Soc. Jpn. 49 (1980) 1635.

[22] M. A. Paalanen et al.: Phys. Rev. Lett. 51 (1983) 1896.

[23] S. Hikami, A. I. Larkin, and Y. Nagaoka: Prog. Theor. Phys. 63 (1980) 707.

[24] A. Kawabata: J. Phys. Soc. Jpn. 53 (1984) 3540.

[25] 福山秀敏編:「メゾスコピック系の物理」(丸善, 1996).

[26] 外村彰著:「ゲージ場を見る — 電子波が拓くミクロの世界 —」(講談社, 1997);外村彰著:「目で見る美しい量子力学」(サイエンス社, 2010);A. Tonomura: *The Quantum World Unveiled by Electron Wave* (World Scientific, 1998).

[27] Y. Imry : *Introduction to Mesoscopic Physics* (Oxford Univ. Press, 1997).
[28] H. Fukuyama : "Interaction Effects in Weakly Localized Regime of Two- and Three-Dimensional Systems" in *Electron-Electron Interactions in Disordered Systems* (A. L. Efros and M. Pollak eds.) p. 155 (North Holland, 1985).
[29] S. Maekawa and H. Fukuyama : J. Phys. Soc. Jpn. 51 (1981) 1380 ; S. Maekawa, H. Ebisawa, and H. Fukuyama : Prog. Theor. Phys. Supplement 84 (1985) 154.
[30] J. M. Graybeal and M. R. Beasley : Phys. Rev. B 29 (1984) 4167.
[31] D. B. Haviland, Y. Liu, and A. M. Goldman : Phys. Rev. Lett. 62 (1989) 2180.
[32] N. F. Mott and E. A. Davis : *Electron Processes in Non-crystalline Materials, 2nd ed.* (Clarendon, 1979).
[33] T. Mori : in *Handbook on the Physics and Chemistry of Rare Earths* (J.-C. Bunzli and V. Pecharsky eds.) Vol. 58, p. 39 (Elsevier, 2020).
[34] 鹿児島誠一編著:「一次元電気伝導体」(裳華房, 1982);鹿児島誠一著:「大学院　物性物理1 ― 量子物性 ―」(伊達宗行監修, 福山秀敏, 山田耕作, 安藤恒也編) 第3章 (講談社サイエンティフィク, 1996).
[35] J. M. Luttinger and W. Kohn : Phys. Rev. 97 (1955) 869.
[36] E. I. Rashba : Fiz. Tverd. Tela 2 (1960) 2693 [E. I. Rashba : Sov. Phys. Solid State 2 (1960) 1109] ; Y. A. Bychkov and E. I. Rashba : Pis'ma Zh. Eksp. Teor. Fiz. 39 (1984) 66 [Y. A. Bychkov and E. I. Rashba : JETP Lett. 39 (1984) 78].
[37] G. Dresselhaus : Phys. Rev. 100 (1955) 580.
[38] P. R. Wallace : Phys. Rev. 71 (1947) 622.
[39] J. W. McClure : Phys. Rev. 104 (1956) 666.
[40] K. S. Novoselov, A. K. Geim, S. V. Morozov, D. Jiang, Y. Zhang, S. V. Dubonos, I. V. Grigorieva, and A. A. Firsov : Science 306 (2004) 666.
[41] 伏屋雄紀, 小形正男, 福山秀敏:固体物理 47 (2012) 193 ; Y. Fuseya, M. Ogata, and H. Fukuyama : J. Phys. Soc. Jpn. 84 (2015) 012001.
[42] P. A. Wolff : J. Phys. Chem. Solids 25 (1964) 1057.
[43] H. Fukuyama : Prog. Theor. Phys. 45 (1971) 704.
[44] 温度グリーン関数の多面的活用については, 伏屋雄紀, 福山秀敏:固体物理 51 (2016) 371 ; 52 (2017) 1 ; 52 (2017) 413 ; 53 (2018) 113 ; 54 (2019) 1 ; 54 (2019) 731.
[45] M. Ogata and H. Fukuyama : J. Phys. Soc. Jpn. 84 (2015) 124708 ; 小形正男, 松浦弘泰:固体物理 52 (2017) 521.
[46] E. N. Adams, II : Phys. Rev. 89 (1953) 633.

[47] M. Ogata : J. Phys. Soc. Jpn. **86**（2017）044713.
[48] S. Ozaki and M. Ogata : Phys. Rev. Research **3**（2021）013058.
[49] J. W. McClure : Phys. Rev. **119**（1966）606.
[50] N. Ganguli and K. S. Krishnan : Proc. R. Soc. Lond. A **177**,（1941）168.
[51] H. Fukuyama : J. Phys. Soc. Jpn. **76**（2007）043711.
[52] 田嶋尚也，小林晃人著：「分子性物質の物理 ― 物性物理の新潮流 ―」（鹿野田一司，宇治進也編著）第 6 章（朝倉書店，2015）．
[53] Y. Fuseya, M. Ogata, and H. Fukuyama : J. Phys. Soc. Jpn. **81**（2012）093704.
[54] L. Wehrli : Phys. Kondens. Materie **8**（1968）87.
[55] Y. Fuseya et al. : Phys. Rev. Lett. **115**（2015）216401.
[56] H. Fukuyama, H. Ebisawa, and Y. Wada : Prog. Theor. Phys. **42**（1969）494.
[57] H. Tajima et al. : Phys. Rev. B **85**（2012）033401.
[58] A. Kobayashi, Y. Suzumura, and H. Fukuyama : J. Phys. Soc. Jpn. **77**（2008）064718.
[59] Y. Fuseya, M. Ogata, and H. Fukuyama : Phys. Rev. Lett. **102**（2009）066601.
[60] H. Maebashi, M. Ogata, and H Fukuyama : J. Phys. Soc. Jpn. **86**（2017）083702.
[61] H. Maebashi, T. Hirosawa, M. Ogata, and H. Fukuyama : J. Phys. Chem. of Solids, **128**（2019）138.
[62] M. Ogata and H. Fukuyama : J. Phys. Soc. Jpn. **88**（2019）074703.
[63] T. Yamamoto and H. Fukuyama : J. Phys. Soc. Jpn. **87**（2018）024707 & 114710.
[64] H Matsuura et al. : J. Phys. Soc. Jpn. **48**（2019）074601；松浦弘泰，前橋英明，小形正男，福山秀敏：固体物理 **55**（2020）41．
[65] K. von Klitzing, G. Dorad, and M. Pepper : Phys. Rev. Lett. **45**（1980）494.
[66] S. Kawaji : Prog. Theor. Phys. Supplement **84**（1985）178.
[67] T. Ando, Y. Matsumoto, and Y. Uemura : J. Phys. Soc. Jpn. **39**（1975）279.
[68] R. Laughlin : Phys. Rev. B **23**（1981）5632.
[69] B. I. Halperin : Phys. Rev. B **25**（1982）5849.
[70] H. Aoki and T. Ando : Solid State Commun. **38**（1981）1079；安藤恒也著：「大学院 物性物理 1 ― 量子物性 ―」（伊達宗行監修，福山秀敏，山田耕作，安藤恒也編）第 1 章（講談社サイエンティフィク，1996）．
[71] D. J. Thouless et al. : Phys. Rev. Lett. **49**（1982）405.
[72] E. N. Adams, II : Phys. Rev. **89**（1953）633；E. I. Blount : Phys. Rev. **126**（1962）1636；E. I. Blount : in *Solid State Physics*（F. Seitz and D. Turnbull eds.）vol. 13, p. 305（Academic Press, 1962）；M. V. Berry : Proc. R. Soc. Lond. A **392**（1984）45.

[73] M. Kohmoto : Ann. Phys. (Berlin) **160** (1985) 343 ; 甲元眞人：物性研だより **58** (2018) 26.
[74] F. D. M. Haldane : Phys. Rev. Lett. **61** (1998) 2015.
[75] C. L. Kane and E. J. Mele : Phys. Rev. Lett. **95** (2005) 146802, *ibid.* **98** (2005) 226801.
[76] 福山秀敏：固体物理 **50** (2010) 767.
[77] John D. Wright : *Molecular Crystal* (Cambridge Univ. Press, 1987). 日本語版としては，江口太郎訳：「分子結晶」（化学同人，1991）.
[78] H. Akamatsu and H. Inokuchi : J. Chem. Phys. **18** (1950) 810.
[79] C. K. Chiang et al. : Phys. Rev. Lett. **39** (1977) 1098 ; 白川英樹著：「化学に魅せられて」（岩波新書，2001）.
[80] W. P. Su, J. R. Schrieffer, and A. J. Heeger : Phys. Rev. Lett. **42** (1979) 1698.
[81] H. Takayama, Y. R. Lin-Liu, and K. Maki : Phys. Rev. B **21** (1980) 2388.
[82] H. Matsui, Y. Takeda, and S. Tokito : Organic Electronics **75** (2019) 105432.
[83] 渡邉峻一郎，竹谷純一：固体物理 **53** (2018) 341.
[84] H. Kojima et al. : Appl. Phys. Express **8** (2015) 121301 ; 中村雅一：応用物理 **82** (2013) 954.
[85] R. von Baltz and W. Kraut : Phys. Rev. B **23** (1981) 5590 ; M. Young and A. M. Rappe : Phys. Rev. Lett. **109** (2012) 2012.
[86] A. K. Jena, A. Kulkarni, and T. Miyasaka : Chem. Rev. **119** (2019) 3036.
[87] H. M. Yamamoto et al. : Jpn. J. Appl. Phys. **57** (2018) 03EA02.

エピローグ

中山正敏・塚田　捷・名取研二
名取晃子・齋藤理一郎・福山秀敏

　急速に進展する情報化社会を支えるために，半導体の果たす役割はますます重要性を増している．また，二酸化炭素削減技術の創出，再生可能エネルギー技術の開発など，今世紀人類の抱える諸課題を解決するためにも，半導体を利用した技術革新の展開に期待が高まっている．本書の各章では多彩な半導体技術の基礎である基本的な学理を中心に解説してきたのであるが，最後に今後の応用展開の上から注目される半導体のトピックスをいくつか選び，本書の各章や各節の内容がそれらの問題といかに関係するかについて触れておきたい．

素子の高集積化

　膨大な情報処理を高速で実行するために，半導体の論理回路をできる限り小さくすることが求められる．現在，集積回路によってトランジスタは小型化し金属配線部の大きさは数 nm になっている．これに伴い，基盤面の素子密度，メモリー密度は桁違いに大きくなり，またそれらの間隔はきわめて短くなり，動作時間幅は短縮される．また，回路設計の進歩により，携帯電話機も数個の LSI で構成されるようになった．しかし最近，ムーア (Moore) の法則に表されるような微細化の進歩に陰りが見えてきた．その1つの原因は，発熱密度の増加という問題である．この問題を回避するために検討されているのが，LSI 構造を重ねる素子の多層構造である．

　本書では第7章で，様々な集積回路とその特徴について包括的に概説してい

るが，高移動度を実現するためのHEMTやデルタドーピングについては，第8章でも紹介している．さらにFinFETなど超微細化のために考案され，実用化されているデバイス構造についても，第8章に述べられている．

界　面

2つの異なる物質の接する境界を界面と呼ぶ．表面も物質と空気との界面である．界面にはエネルギー障壁や固有な電子状態が存在し，半導体素子の特性の本質を決めるといってもよい．しかし，界面の性質を制御することは，物質をかたまり（バルク）として扱うときに比べて容易ではない．

その理由は，バルクの物質の性質を記述するときには，結晶内の原子が無限にきれいに並んでいる性質（並進対称性）を使うことで計算を簡単にできるが，界面の垂直方向には並進対称性がないため計算量が多くなるからである．この事情は4.3節に述べた表面（真空と接する界面）の構造や電子状態の解説からも，理解いただけるであろう．

もう1つ容易でない点は，モデル計算などでは界面を理想的な平面と見なすことが多いが，原子レベルで平面となる界面は実在しないことである．典型的な例がSi/SiO_2界面である．半導体素子の絶縁層としてSiO_2層が使われるが，Siを酸化して作るために界面はでこぼこである．素子の大きさがミクロンであれば，このでこぼこの大きさは無視しても説明ができたが，素子がナノメートルであれば，でこぼこの大きさが素子の大きさより大きくなる．界面というマクロな言葉がもつ意味が，ナノの世界では使えない．車にとって平坦な舗装道路も，アリにとってはでこぼこした歩きにくい道であるのと同じである．

CVD法などによる結晶成長，エッチングによる表面処理の素過程などについて，4.2節に述べた第一原理密度汎関数法や，その他の量子化学的な計算法によって理論的に研究することは可能である．これにより界面の原子尺度での構造や，電子現象への効果を解明する道が開ける．一方，理論的な方法とともに微視的表面構造を探る実験法も大きく発展していて，デバイスの微視的現実界面における電子現象への影響を解析することは表面・界面物理学の興味ある問題になりつつある．

パワー半導体

　高入出力で整流作用，スイッチング，電力変換などをおこなう半導体をパワー半導体と呼ぶ．パワー半導体には，高速に大量の情報処理をおこなう論理素子とは異なる特性が要求される．コンピュータや AI 機器で使われる半導体の IC を「知能」にたとえると，パワー半導体は「筋肉」ともいえる．例えば，電気自動車では，電池の直流電源を使って交流モーターを回し回転数を変化させるために用いられる．パワー半導体には直流と交流を相互に変換するインバータやコンバータ，周波数変換をおこなう AC コンバータ，整流をおこなうパワーダイオード，スイッチングをおこなうパワートランジスタなどがある．素子としては，パワー MOSFET，サイリスターなどが使われる．

　パワー半導体で要求される機能を果たすためには，① 発熱量の抑制，② 熱抵抗の低下，③ 高い耐熱性，④ 高電圧への耐性，などが必要であるが，そのいずれにおいても以下のような物性特性をもつワイドギャップ半導体はメリットがある．バンドギャップが大きいと半導体の熱暴走の原因となるバンド間熱励起と，なだれ降伏やバンド間トンネル効果（Zener breakdown）による絶縁破壊が抑制されるために，耐高電圧性が実現できる．このような耐高電圧性により pn 接合の空乏層を薄くすることが可能となり，デバイスのオン抵抗を低くできる．さらにワイドギャップ半導体では Si などと比べて格子定数が小さく，格子間の化学結合力が強いため熱伝導度が高い．したがって熱抵抗は小さくなり，デバイス制御域の温度上昇が抑制されるのである．これらの観点からワイドギャップ半導体の材料として SiC，GaN，Ga_2O_3 などが注目されている．また，Si より熱伝導度の高い人工ダイヤモンドを下地にすることも考えられている．パワー半導体についての解説は本書の 7.8 節と 8.6 節でなされている．またパワー半導体の構成要素として重要なダイヤモンドの基本的なバンド構造については，4.1 節において説明している．

　パワー半導体においては，計算機の IC におけるような高移動度や超微細化は必須条件ではなく，オン状態での小さい抵抗，短いスイッチング時間，広い動作温度域など，使用状況に適合した性質を示す半導体物質の探索が重要となる．この意味では「大きなバンドギャップ」をもつ半導体物質ばかりではなく，本書第 9 章で解説したようなギャップ内，あるいはバンド端付近に電子状態が

あり多様な伝導性を示す物質も，その候補として広く探索すべき研究対象になる．

酸化物半導体

半導体がもつ機能は実に多様である．それは金属と絶縁体の間に位置する半導体の電子状態の多様性に起源をもち，機能発揮の場それぞれに即した物性開拓が追求されてきた．広く使われる液晶ディスプレイや有機ディスプレイ駆動においては可視光を透過しつつ，かつ伝導性の制御が可能な「透明電極」が必要とされたが，1990年代の半ばまではITO（Indium-Tin Oxide）など，ごく少数の例に限られていた．しかし近年，IGZOと呼ばれるアモルファス酸化物半導体 a-IGZO（$InGaZnO_4$）が登場し状況が大きく変化した．a-IGZO は複数の金属元素を含むアモルファス酸化物で低温作製が容易でありながら，n 型使用時の伝導電子の移動度は液晶ディスプレイの薄膜トランジスタとして広く使用されてきたアモルファス水素化シリコン（a-Si:H）より 10 倍高く，一方でオフ時に問題となる価電子帯端 p 型のリーク電流はきわめて少ない．このような顕著な電子物性の実現は伝導帯を担う金属元素による拡がった s 軌道と価電子帯端を特徴づける酸素原子 p 軌道由来の多数の局在状態の相対エネルギー関係に関する深い洞察の結果であり，材料として要求されるニーズへの対応を学理で解決したきわめてインパクトの大きい発明である．

a-IGZO の基本的な性質については，本書 9.2 節に解説がある．また典型的な酸化物結晶の構造および電子状態については，4.1 節で紹介されている．

トンネル FET

半導体素子が 1 nm の大きさになると，電子は薄い絶縁層のポテンシャル障壁を量子力学における波動関数のしみ出しに伴うトンネル効果によってすり抜けることができる（2.1 節）．このトンネル効果を FET の電子注入に用いたのがトンネル FET（TFET）である．トンネル効果では，波動関数は障壁中を指数関数的に減衰し，そのしみ出しは障壁の高さに敏感に変化するので電流増幅値は大きくなる．ゲート電圧を加え反転層を作り電子を注入する従来のMOSFET に比べて，室温での SS（サブスレッショルド・スウィング）の低

下とそれに伴う消費電力の格段の低減が期待されている．ここで SS とは，FET 電流値を 10 倍増やすのに必要なゲート電圧の増分（mV/decade）のことで，この値が小さいほど FET の制御性が向上する（第 8 章）．

　TFET の動作原理には革新性がある一方で，TFET の障壁部分に構造の欠陥が一定の確率であると，動作が大きく変化し，素子の寿命も著しく短くなる．したがって，多数の素子を使う集積回路で，TFET の安定した動作を長寿命で実現することは困難である．近年，2 次元物質を用いた TFET 素子では，大きな進展が報告されている．なお，本書第 1 章（1.4.6 項）で述べたトンネル効果を用いた半導体素子では非常に不純物量が多い pn 接合を使っている点で動作原理がトンネル FET とは異なる点に注意したい．

　トンネル効果とその物理については，2.1 節に詳しく解説した．また，フラッシュメモリーでは，内部電場によりトンネルポテンシャルが変化する FN（Fowler–Nordheim）トンネリングを利用しているが，そのメカニズムは本書 7.4 節に説明されている．

層 状 物 質

　層状物質は原子間の相互作用が，面内は共有結合やイオン結合で強く，また面間はファン・デル・ワールス（van der Waals）力のような弱い分散力によってできた物質である．層状物質には，化学結合の異方性に由来して物質が薄くはがれる劈開（へきかい）という性質がある．層状物質は自然界に多く存在し，いままで潤滑剤，絶縁材，耐熱材などの限定された用途のみで使われてきたが，近年では，半導体の層状物質が注目を集めている．層状物質から 1 原子層を取り出してきた物質を 2 次元物質と呼ぶ（第 8 章）．2 次元物質の半導体は，すべての原子が界面にあり，周りの物質から大きく影響を受けるため実用には適さないと考えられていたが，絶縁体の層状物質を劈開して原子的に平らな面を作り，そこに 2 次元半導体物質を積層することで，界面のでこぼこに起因する影響をなくすことができる．この結果，ナノメートル以下の大きさの素子で電子移動度が低くなるという問題を回避できた．劈開性の利用により，ナノメートルの大きさでも高速道路を作ることができるわけである．さらに高速道路を二重，三重にすれば電流の量も増やすことができる．

しかし，ここで新たな問題が発生した．それは，原子的に平らな2つの層状物質を積層して平らな界面を作ったとしても，2つの物質で原子間距離が異なるために，面内方向で均once一な界面（エピ界面）ができないことである．原子はエネルギーが小さくなるように少しずれ（構造再構成），その結果，長周期ポテンシャルが発生し，それが電気伝導に影響を与える．この問題を回避する積層の方法が検討されている．

様々な層状物質の詳しい解説は本書の8.9節でなされている．またそこでは，層状物質と関連の深いグラフェン，カーボンナノチューブ（CNT）などの2次元系についても詳細に議論されている．

マテリアルズ・インフォマティクス

半導体デバイスの性能を向上させ，さらなる可能性を開拓するためには，望みの機能を実現する半導体物質の幅広い探索が基本的に重要である．機械学習や深層学習などを駆使するデータ科学によって目標とする半導体物質を探索する手法は，近年，マテリアルズ・インフォマティクス（MI）と呼ばれ注目されている．特に，コンビナトリアル法による高速材料合成とその評価実験で得られるデータ群と，第一原理局所密度汎関数法（LDA法）計算による演繹的な理論データとを包括的に組み合わせてインフォマティクス理論によって帰納的に材料探索をおこなう方法が有効である．LDA法の数値計算においては，複数の計算機によって大量の計算データを取得するハイスループット法を用い，仮想的な半導体材料の物性を効率良く予測することができる．

MIは手間と費用をかけた大量の実験をおこなわずに的確な材料を見出す可能性のある方法であり，開発プロジェクトが推進されている．演繹的計算によって物質材料の性質を効率良く理論予測するLDA法は，MIの重要な一環であるが，その詳細は本書4.2節で詳しく解説されている．

まとめ

日本の半導体産業は1980年代においては興隆期にあり，世界のトップレベルにあった．しかし，近年ではスマートフォン用ICチップの販売シェアなどで，当時の面影はない．要因は色々考えられるが，日本的な垂直統合型の生産

方式に対して，水平分業方式（多くのファブレス企業などに設計分野を分離する方式）の利点が顕著となったことは大きい．しかし，生産方式の違いを超え，革新的な原理による半導体素子の発明や画期的デバイス加工法の開発によって，我が国の半導体分野の再興隆を図ることはできないだろうか？　半導体の基礎科学に長年携わってきた著者達にとって，このような思いを禁じ得ない．

現在のシリコンを主体とする半導体素子の生産方法は，リソグラフィ用のEUV（極端紫外光）露光装置を使用するが，光源の波長により微細加工の限界が数ナノメートルに制約され，さらなる微小化への道はこの方式では限界に近いと思われる．しかし，半導体物理学の学理探究の中から現在の EUV 露光方式の制約を超える革新的なリソグラフィ法の開発，あるいはシリコンに代わる優れた機能の素子材料の発明・開発が，生み出されるのではなかろうか？

シリコンは半導体材料の基本中の基本であるが，半導体材料は必ずしもシリコンだけに限定されない．そして微細回路の作製法としては，マクロな結晶材料をリソグラフィによりトップダウン的に切り刻んでいく方法ではなく，（要素としてはできあがっている）分子ユニットや層状物質のナノチューブ，表面原子によるナノ配線などから回路要素を生成する方法も提案されてきた．これらについては，すでに種々の基礎研究が積み上げられている．このようなボトムアップ型のデバイス原理について学理研究の分野では，現在のトップダウン法を超える種々の革新的な半導体デバイスが提案されており，これらのアイデアが産学連携により実用レベルまで高まることを期待したい．

物性物理学の基礎を踏まえた半導体物質とその新機能の提案は，この他にも多くのものがある．実用化に近い例としては，本書の第7章，第9章でも解説されている有機–無機ペロブスカイト半導体があり，印刷技術によって製造できる汎用性が期待されている．また有機半導体，磁性半導体，分子デバイスなどでは，興味深い物性に根ざす機能発現の可能性が報告されている．これらの多彩な半導体物質の基礎研究の成果が，やがては半導体材料としてプロセスの最適化を経て（そこでは機械学習などの情報処理が威力を発揮する）実生活への応用に花開くことであろう．本多光太郎の名言にならえば，まさに半導体産業は「学問の道場」である．

あとがき

　本書を読まれた皆さん，皆さんのご期待はどの程度かなえられたでしょうか？　皆さんは半導体についてどういうイメージをもたれたでしょうか？
　「半導体とは何か？」という問いに対し，中山のたどり着いた答えは，「半導体は金属とイオン結晶との中間物質群」という平凡なものです．しかし，この本をまとめたいまでは，その意味は第1章執筆開始当時よりも深められました．金属は閉殻イオンが電子の海に浸っているもの，イオン結晶は正負のイオンが電気力で結合したものです．しかし，第1章で述べたように負イオンが大きくなるとイオン結晶は不安定です．一方，第3章で述べたようにダイヤモンド型格子は自由電子の海では不安定です．そうして，擬ポテンシャルの$\langle 111 \rangle$成分によって共有結合が支配的になるIV, III-V, II-VI族の物質群が作られます．一方，ウィルソン模型では，イオン結晶も半導体も絶対零度の完全結晶では絶縁体です．しかし，完全な結晶はありません．そして第6章で述べたように，バンドギャップが小さい半導体では，不純物準位の束縛エネルギーが大きな誘電率の遮蔽効果で小さくなります．こうして，第7章にあるようにデバイスが活躍する室温域では，適当な密度のキャリヤがあり，しかも制御可能です．新しい2次元系や新物質群でも，このような特徴は保持されます．
　植村先生が東芝研究所在職中に書かれた「不完全結晶の電子現象」の「不完全性」の筆頭は，伝導電子と正孔でした．その頃の先生のお考えは，講座の「月報」の中の小文「半導体雑談」によく表れています．これは，大学の理論家，工学畑の学者，企業の研究者，化学畑の学者の一夕の雑談という形式です．中身は実体験を踏まえたものでしょうが，最終的には先生ご自身のお考えだと思います．
　「雑談」の中で先生が提起されたいくつかの問題点には，答えられたと思います．無機化学の物質群の通観は，格子間力のABCMモデルで果たされまし

た．バンド理論の精密化には，第8章と第9章で量子ホール効果をはじめ多彩な物理の展開で応えました．イオン結晶も半導体と並べて考えるべきだということは，第9章の新しい半導体群に展開されています．私たちは理論研究者ですが，本書には多彩な実験が紹介され，絵解きされています．これは，「雑談」の最後に先生が期待された実験的研究が，日本でも大いに進み，私たちは実験家との共同研究を進めるという伝統をもってきたからです．

時代は大量エネルギー消費・大量輸送から，エネルギー・食糧・ケアの地産地消へと移りつつあります．その中で，半導体の役割も新しいものが求められるでしょう．極寒，砂漠などの過酷な環境の中でも適切に機能する技術が求められています．それに柔軟に対応するのに本書の学理が役に立つことを願っています．

2024年8月

中山正敏

索 引

【欧文】

α 線　15
ABCM（断熱結合電荷モデル）　104, 105
Al のバンド構造　137
ARUPS（角度分解光電子分光法）　255
β 線　15
CMOS　404
CMOS 回路　350
CPU（中央演算装置）　385
DAS 構造　165
DMOS　391
DRAM（ダイナミック RAM）　353, 354
ENDOR（核電子二重共鳴）　302
ESCA　249
ESR（電子スピン共鳴）　247, 299
FET（電界効果トランジスタ）　31, 395
FinFET　443
FN トンネリング　357
FT-IR（フーリエ変換赤外分光法）　288
HEMT（高電子移動度トランジスタ）　363, 426
high-k 物質　444
HOMO　521
HOPG　251
IC（集積回路）　354, 384, 387
$k \cdot p$ 摂動理論　185, 256, 484
LDA 法（第一原理局所密度汎関数法）　139, 158, 534
LDF（局所密度汎関数）　117
LED（発光ダイオード）　310, 366
LK 表示（ラッティンジャー-コーン表示）　484
LSI（大規模集積回路）　386
LUMO　521
MBE（分子線エピタキシー）　368, 424
MESFET（金属半導体接合電界効果トランジスタ）　428
MgO　150
MOCVD（有機金属化学気相成長法）　368, 424
MoS_2　451
MOSFET（MOS 電界効果トランジスタ）　349, 396
MOS 構造　396
MOS 接合　31, 342
MOS 電界効果トランジスタ → MOSFET
MRI（磁気共鳴画像法）　299
Nearly free electron モデル　130
nMOSFET　350
nMOS 回路　350
NMR（核磁気共鳴）　247, 297
npn 型素子　336
n 型チャネル　398
n 型半導体　24, 317, 463
n チャネル素子　350
OLED　370
pMOSFET　350
pMOS 回路　350
pnp 型素子　336
pn 接合　326, 375
PN ダイオード　30
p 型半導体　25, 318, 463
p チャネル素子　350
RAM（ランダム・アクセス・メモリー）　352
ROM（読み出し専用メモリー）　353
r_s パラメータ　436
RWH メカニズム　360
SB 関係式　508
Si(100)c(4×2) 表面　163
Si(111) 表面　164
SOI　444
sp^3 混成軌道　138

SRAM（スタティックRAM） 353
SS（サブスレッショルド・スウィング） 401
STM（走査トンネル顕微鏡） 59,166
$SrTiO_3$ 151
TED 359
UPS（紫外光電子分光） 256
VRH（バリアブルレンジホッピング） 483
WLR（弱局在領域） 479,481
Ω/□ 411
XPS（X線電子分光） 249,251
X線回折 19,94
X線電子分光 → XPS

【あ】

アインシュタインの関係式 39,319,331
青色LED 368
アクセプター 25,277
浅い不純物準位 32
アズベル-カーナー共鳴 47
圧電効果 122
アーバック則 310
アハラノフ-ボーム効果 481
アボガドロ数 3
アモルファス 126
アルカリ金属 135
アルカリ原子 73
アンダーソン局在 466,476
アンダーソン則 364

【い】

イオン結合 73
イオン結晶 20,114
位相因子 50
位相の遅れ 233,236
1次元格子 85
移動端 477
移動度 33,37,202,319,400
井戸型ポテンシャル 56
色中心 247,283
陰極線 2
インパクトイオン化 359

【う】

ウイグナー結晶状態 436
ウィーデマン-フランツの法則 3,223
ウェハー 396
ウォルフモデル 494
ウムクラップ過程 215
ウルツ鉱型格子 21,96
運動方程式
　キャリヤの—— 33,201

【え】

エアリー関数 407
永年方程式 83
エッジ電流 422
エネルギー緩和 373
エネルギーギャップ 132,462
エネルギーサブバンド 406
エネルギーバンド 24,79,129
　——の分散 79
エピタキシャル結晶成長法 369
エピタキシャル成長 425
エミッター 336
エミッター接地電流増幅率 336
エミッター注入効率 341
エルミート演算子 50
エルミート多項式 66
エレクトライド 471
エレクトロルミネッセンス 308
エレクトロン 3

【お】

黄金則 63
応力テンソル 119
オージェ過程 250
オフ状態 397
オフ性能 401
オームの法則 7
重い正孔バンド 144,186
重い電子系 474
音響モード 92,207
オン状態 398
オン抵抗 398
温度勾配 219

【か】

外部光電効果 12
開放電圧 375,377
界面 393,530
界面散乱 363
界面準位 325,364
化学ポテンシャル 178,194
化学量論的組成のずれ 9
殻構造 17,72
拡散距離 320,322
拡散係数 39,319
拡散電位 329

索引

拡散電流 319,329
核磁気共鳴 → NMR
核電子二重共鳴 →
 　ENDOR
角度分解光電子分光法 →
 　ARUPS
過剰少数キャリヤ 320
活性化型 10
カットオフ周波数 402
価電子 18
価電子帯 23
価電子励起分光 253
カーボンナノチューブ
 　454
軽い正孔バンド 144,186
間接ギャップ 467
間接ギャップ半導体 367
間接再結合 320,368
間接遷移 256
完全イオン化条件 317,
 　347
ガンダイオード 359
緩和時間 198,419

【き】

希ガス原子 19
基準モード 100
期待値 50
基底状態 17
キーティング模型 104
軌道磁化率 498
軌道秩序 474
揮発性メモリ 352,353
擬フェルミ準位 330,350
擬ポテンシャル 117,160
基本逆格子ベクトル 78
基本格子ベクトル 76
逆質量テンソル 180
逆バイアス電圧 331
逆バイアス電流密度 335

キャッシュ・メモリー
 　352
キャリヤ 23
 　──の運動方程式 33,
 　201
キャリヤガスモデル 31
キャリヤ生成電流密度
 　335
キャリヤ濃度 316
キャリヤプラズマ振動
 　269
キャリヤ密度 32
究極効率
 　太陽電池の── 372
90°パルス 299
球面調和関数 69
強結合モデル 130
凝集エネルギー 114
強束縛モデル 130
共鳴トンネル効果 59,459
共有結合 73
局在中心による発光 308
局所密度汎関数 → LDF
金属結合 73
金属酸化物 150
金属半導体接合電界効果ト
 　ランジスタ → MESFET

【く】

空格子点 8,124
空格子モデル 135
空乏層 327,365,394
屈折率 234
久保公式 423
久保-富田理論 298
グラファイト 21,448,490
グラフェン 446,448
クラマース-クローニヒの
 　関係 244
グリーン関数法 282

クーロンゲージ 208
クーロンブロッケード
 　459

【け】

蛍光 371
ゲージ不変性 486,498
結合軌道 74
ゲート電圧 396
 　実効的な── 398
ゲート電極 349
ケミカルルミネッセンス
 　308
ケルビンの関係式 224,
 　381
限界効率
 　太陽電池の── 374
原子間力 19
検波 28

【こ】

光学モード 92,208
交換エネルギー 296
交換相互作用 156
高輝度 LED 368
光子 13
格子間原子 8,124
格子欠陥 123
格子整合 368
格子定数 85
格子不整合 368
格子ベクトル 76
高集積化 386,529
鉱石ラジオ 28,338
構造因子 94
光電効果 3,12
高電子移動度トランジスタ
 　→ HEMT
光電子回折法 250,252
高電場ドメイン 359,361

光電流　376
降伏電圧　391
光量子　13
高レベル注入　327
黒鉛　21, 448
コヒーレントフォノン　293
固有状態　51
ゴールデンルール　63
コレクター　336
コーン-シャム方程式　118
混晶　367
コンダクタンスのゆらぎ　481
近藤効果　474
近藤絶縁体　474

【さ】

サイクロトロン運動　46, 258
　──での有効質量　45
サイクロトロン共鳴　42, 259
サイクロトロン振動数　199, 415
再結合　320, 322
再結合中心　320
再結合電流　333
再結合率　324
再構成構造　161
最密構造　97
サブスレッショルド・スウィング → SS
サブスレッショルド領域　401
サーミスター　11
サーモルミネッセンス　308
酸化物半導体　469, 532
III-V族半導体　146, 367

散乱　211
　フォノンによる──　214
散乱時間　198
散乱状態　60
散乱振幅　94, 212
散乱全断面積　213
散乱断面積　323
散乱波の振幅　62
散乱微分断面積　213

【し】

紫外光電子分光 → UPS
時間依存シュレディンガー方程式　52
閾値電圧　348, 398
閾値電場　359
閾値バイアス　364
磁気感受率　297
磁気共鳴画像法 → MRI
磁気双極子　295, 296
磁気長　416
磁気抵抗　488
磁気抵抗効果　39, 176
磁気分極　297
磁気量子数　72
自己組織化法　458
仕事関数　13, 342
自己無撞着　407
システム　313
自然放出　242, 366
磁束量子　416
実効的なゲート電圧　398
質量作用の法則　330
シート抵抗率　411
シフト電流　266, 380
弱局在領域 → WLR
遮断領域　397
遮蔽されたクーロンポテンシャル　213

遮蔽長　393
周期律　18
集積回路 → IC
集積回路技術　385
自由電子近似　435
縮退　89
シュタルク効果　264
出力インピーダンス　403
寿命　320, 321
　正孔の──　324
　電子の──　324
主量子数　71
シュレディンガー表示　52
シュレディンガー方程式　52
　時間依存──　52
順バイアス電圧　331
仕様　315
詳細平衡　374
少数キャリヤ　317, 320
状態密度　200, 463
衝突　39
情報革命　387
ショックレー状態　168
ショットキー型欠陥　124
ショットキー障壁　27, 364
ショットキー接合　427
シリアル・アクセス・メモリー　352
シリコン太陽電池　372, 375
シリセン　452
シングルゲート電極　443
シングルヘテロ構造　425
刃状転位　124
真性キャリヤ濃度　317
真性伝導領域　37
真性半導体　189, 195, 317
真性フェルミ準位　317
真性領域　197, 318

索 引

振動子強度　245
振動量子　67

【す】

水素結合　73
水素原子　68
水素分子　73
スイッチング素子　337, 349
スケーリング理論　476
スタティック RAM → SRAM
ストークスシフト　291
スピン　18
スピンエコー　299
スピン軌道相互作用　144, 486
スプリットオフバンド　186
スレーター行列式　154

【せ】

制御ゲート　356
正孔　24, 190
——の寿命　324
正孔濃度　316
正孔輸送層　371, 378
性能指数　384
整流作用　26
整流特性　336
赤外吸収　289
赤外分光　288
積層欠陥　125
絶縁破壊　391
接触型トランジスタ作用　28
絶対起電能　221
ゼーベック係数　222, 380
ゼーベック効果　222, 380, 506

ゼーマン効果　14
ゼーマン分裂　417
閃亜鉛鉱型格子　21, 93, 95
遷移確率　62
遷移金属ダイカルコゲナイド　445, 451
線形領域　398
線スペクトル　13

【そ】

双極子層　361
走査トンネル顕微鏡 → STM
走査トンネル分光　167
層状結晶　21
層状物質　445, 533
双対関係　480
増幅作用　337
総和則　245
素子　314
ソース　349
ソリトン　517

【た】

帯域溶融法　9
第一原理局所密度汎関数法 → LDA 法
第一原理計算プログラム　160
大規模集積回路 → LSI
ダイソン方程式　283
タイトバインディング近似　521
タイトバインディングモデル　130
ダイナミカル行列　204
ダイナミック RAM → DRAM
ダイヤモンド型格子　21, 93, 95, 103

ダイヤモンド構造　467
太陽電池　372
——の究極効率　372
——の限界効率　374
——の変換効率　377
多形　125
多結晶　126
多数キャリア　316, 317
多接合構造　378
多体効果　254
多体の波動関数　438
縦緩和　298
縦抵抗　410
縦抵抗率　409
縦伝導度　409
縦波　88, 101
谷間電子遷移　359
ダブルヘテロ接合　426
ダブルヘテロ接合構造　368
タム状態　168
単一分子種金属　520
単位胞　90
段丘構造　125
ダングリングボンド　126, 161
ダングリングボンド準位　162
単結晶　126
単純金属　131
弾性散乱　211
弾性定数　88
弾性率テンソル　119
短チャネル効果　390, 442
タンデム構造　378
断熱結合電荷モデル → ABCM
短絡電流　375, 377

索引

【ち】

力関数　86
力行列　91
置換型不純物　124
蓄積層　346, 393
チャネル　349
チャネル長　350
チャネル長変調　401
チャネル幅　350
チャーン数　169
チャーン絶縁体　509
中央演算装置 → CPU
中間準位　322
中性子非弾性散乱　103
中性条件
　電荷の──　317
超交換相互作用　157
超微細相互作用　300
超微細相互作用エネルギー　297
調和振動子　64
直接ギャップ　467
直接ギャップ半導体　367
直接再結合　320, 366
直接遷移　254
直交効果　134

【て】

抵抗率　7, 411
抵抗率テンソル　409
定常状態　16
ディラックコーン　174, 450
ディラック電子　494, 499
低レベル注入　324, 327
デバイ温度　218
デバイ振動数　218
デバイス　313
出払い領域　36, 196, 197
デルタドーピング　426
電圧損失　379
転位　124
電界効果トランジスタ → FET
電荷移動型絶縁体　155
電荷移動錯体　520
電荷秩序　473
電荷秩序系　466
電荷の中性条件　317, 347
電気感受率　232
　2次元キャリヤガスの
　　──　274
電気素量　3
電気伝導度　3, 33, 411
電気分極　232
典型金属　137
電子
　──の寿命　324
電子ガスモデル　201
電子親和力　343, 364
電子スピン共鳴 → ESR
電子正孔プラズマ　270
電子相関効果　441
電子濃度　316
電子輸送層　370, 378
電子冷凍　381
伝導帯　24
伝導帯の谷　141
伝導チャネル　363
伝導電子　24
伝導度テンソル　409
電場電子放射現象　59
電流振動　361
電流の飽和　351
電力因子　383

【と】

凍結領域　318
動作信頼性　314

銅酸化物高温超伝導体　156
導体　6
等電子中心　287
等電子トラップ　367
透明アモルファス酸化物半導体　470
透明金属　470
透明電極　371, 470
特性 X 線　14
ドナー　276
ドーピング　195, 464
ド・ブロイ波　58
トポロジカル絶縁体　169, 471
トポロジカル表面状態　169
トポロジカル不変量　424
トムソン係数　225
トムソン効果　225
トライゲート電極　443
トランスコンダクタンス　402
トランスファー積分　74, 131
ドリフト電流　319, 329
ドルーデの金属電子論　3
ドレイン　349
ドレッセルハウス効果　488
トンネル FET　532
トンネル効果　58, 166, 357
トンネルコンダクタンス　166
トンネルダイオード　30
トンネル電流　166

【な】

内部光電効果　12
内部ひずみ　120

索引

【な】

なだれ降伏　359, 391
ナノリボン　457

【に】

2原子格子　89
2次元サブバンド　348
2次元電子　395
2次元電子ガス　364
2次元物質　445, 533
二重障壁モデル　59
入力インピーダンス　403

【ね】

熱運動　39
熱起電力　22, 380
熱酸化　343
熱電気現象　22
熱電効果　219, 380
熱電材料　383
熱伝導度　3
熱発電　381
　——の変換効率　382
熱流　219
　——の保存則　381

【の】

伸び応力　88
伸びひずみ　88

【は】

配位数　150
パイエルス転移　517
ハイゼンベルク表示　52
バイポーラ　470
バイポーラ・トランジスタ　336
パウリの原理　18
波束　53
蜂の巣格子　491
バックボンド　162

発光層　368, 371
発光ダイオード → LED
発振振動数　361
波動関数　50
　多体の ——　438
　ラフリンの ——　439
ばねモデル　87
バリアブルレンジホッピング → VRH
バリスティック伝導　422
バルク光起電力　266
バルマー系列　14
ハロゲン原子　73
パワーエレクトロニクス　391
パワー半導体　531
半金属　135, 450, 490
反結合軌道　75
反射率　234
反ストークスシフト　291
パンチスルー状態　402
反転　345
反転層　345, 348, 349, 394
反転層電荷　347
反転対称性　99
反電場シフト　109
半導体　7
半導体検波器　28
半導体素子　315
半導体デバイス　316
半導体プロセス　396
半導体量子ドット　458
半導体レーザー　310
バンドオフセット　364, 369
バンド間結合効果　488
バンド間磁気光吸収　259
バンド間励起発光　305
バンドギャップ　462
バンド構造

Alの ——　137
バンド絶縁体　466
バンドの曲がり　328, 350

【ひ】

ピエゾ抵抗効果　11, 176
ピエゾ電気効果　11
光起電力　266
光吸収スペクトル　13
光伝導　11
ビスマス　493
　—— の巨大反磁性　496
ひずみテンソル　119
非対称ダイマー構造　163
非弾性散乱　211
比電荷　3
非発光中心　368
微分移動度　360
表面　530
表面キャリヤプラズモン　273
表面再結合速度　325
表面準位　364
表面状態　161, 364
表面プラズモン　272
ビルトイン・ポテンシャル　329
ピンチオフ　351, 398
ピンチオフ電圧　398

【ふ】

ファラデー定数　3
ファン・デル・ワールス力　19, 73
ファン・ホーベ特異性　254
フェーゾン　517
フェルミオン　177
フェルミ準位　24, 178, 194, 318

索引

フェルミ統計 72
フェルミ分布関数 198
フェルミ面 137
フォトリソグラフィ 385, 388
フォトルミネッセンス 308
フォトン 13, 208
フォトン数 209
フォノニクス 294
フォノン 207
　――による散乱 214
フォノン数 207
フォノン励起分光 288
フォン・クリッツィング定数 412
深い準位 282, 286
不確定性関係 53
不揮発性メモリー 352, 356
復元力 89
複合フェルミオン 434
複合ボソン 434
複合粒子 430
輻射再結合 320, 366
複素屈折率 234
不純物準位 276
　浅い―― 32
不純物中心 276
不純物伝導 41
不整合格子 125
負性微分抵抗 359
不導体 7
浮遊ゲート 356
浮遊帯域法 10
浮遊容量 444
プラズマ角振動数 237
プラズマ振動 238
プラズモン 238
ブラッグ反射 132

フラッシュ・メモリー 356
フラット・バンド電圧 343
プラーナ技術 385, 388
フランク-コンドンの原理 284
プランク定数 51
プランクの放射法則 210, 373
フーリエ変換赤外分光法 → FT-IR
フーリエ変換分光法 240
ブリュアン域 81, 86
ブリュアン散乱 288, 292
プレーナ型構造 336
フレンケル型欠陥 124
フレンケル励起子 263
ブロック消去 358
ブロッホ条件 78
ブロッホ状態 129
ブロッホ波 78
ブロッホ方程式 298
ブロッホ和 130
フロンティア分子軌道理論 520
分光物性 231
分散関係 86
分子間ホッピング 371
分子軌道 74
分子性半導体 515, 522
分子線エピタキシー → MBE
分数量子ホール効果 429

【ヘ】

閉殻 18, 19, 73
平均自由行程 39, 214
ベース 336
ベース接地電流増幅率

336
ベース輸送効率 341
ヘテロ界面 363
ヘテロ構造 424
ヘテロ積層 445
ヘテロ接合 363, 368
ヘテロ接合層構造 363
ベリー曲率 169
ベリー接続 268, 424
ペルティエ係数 224, 381
　接合の―― 381
ペルティエ効果 22, 224, 381
ペロブスカイト型酸化物 153
ペロブスカイト構造 152
ペロブスカイト太陽電池 372, 378
変換効率
　太陽電池の―― 377
　熱発電の―― 382
変調ドープ 363, 425
変分法 74

【ホ】

ポアソン方程式 328, 394
ボーアの量子論 15
ボーア半径 16
ボーア-ファン・リューエンの定理 496
方位量子数 71
包摂構造 125
放電 2
飽和領域 318, 399
ボース統計 209
ボソン 177
ホットエレクトロン効果 176
ホッピング積分 74, 131
ほとんど自由な電子モデル

索引

130
ポラリトン 239, 262
ポリアセチレン 516
ホール 190
ホール係数 5, 35, 202, 410, 502
ホール効果 5, 23, 35, 202, 408
ボルツマン方程式 198
ホール抵抗 410
ホール抵抗率 409
ホール伝導度 409
ホール電場 409
ホールバー 408
ボルン第1近似 61
ボンド軌道 139

【ま】

マイクロ波発信 359
マクスウェルの緩和時間 8
マクスウェル方程式 208
マテリアルズインフォマティクス 379, 534
マーデルンク定数 114
マルチゲート素子 444

【み】

ミスフィット転位 368
密度汎関数理論 117

【む】

ムーアの法則 386

【め】

メモリー 352
メモリー・セル 352
メモリー装置 385
面心立方格子 93

【も】

モーズリーの法則 248
モット絶縁体 466, 472
モット–ハバード絶縁体 155
モビリティ 202
漏れ電流 355

【や】

ヤーン–テラー効果 283

【ゆ】

有機 EL 370
有機エレクトロルミネッセンス 370
有機金属化学気相成長法 → MOCVD
有機超薄膜積層構造 370
有機無機ハイブリッドペロブスカイト結晶 378
有効 g 因子 188, 189, 300
有効質量 33, 179
サイクロトロン運動での —— 45
有効質量テンソル 180
有効質量方程式 181, 184
誘電関数 241, 243
誘電率 234
誘導吸収 242
誘導放出 242
輸送現象 179
ユニタリー変換 78

【よ】

揺動散逸定理 319
横緩和 298
横波 88, 101
読み出し専用メモリー → ROM

【ら】

ラシュバ効果 488
らせん型転位 125
ラッティンジャー–コーンの有効質量理論 277
ラッティンジャー–コーン・ハミルトニアン 227
ラッティンジャー–コーン表示 → LK 表示
ラフリンの波動関数 439
ラマン散乱 247, 288, 291
ランダウ準位 46, 259, 415
ランダウ量子化 414
ランダム・アクセス・メモリー → RAM
ランデの g 因子 188

【り】

リーク電流 355
リフレッシュ動作 355
リュードベルク系列 71
リュービルの定理 197, 228
両極性 470
量子井戸 369
量子液体状態 436
量子化条件 16
量子固体状態 436
量子静電容量 454
量子ドット 285
量子トポロジカル効果 509
量子ホール効果 509
量子もつれ 262
りん光 2, 371

【れ】

励起子 261, 371

―― の重心運動　262
―― の電気分極　262
―― のボース凝縮　272
励起子相　473
励起子発光　307
励起子分子　263
零点エネルギー　67
レナード-ジョーンズポテンシャル　19

連続正準変換　228

【ろ】

六方最密格子　96
ローレンツ数　223
ローレンツモデル　236

【わ】

ワイドギャップ半導体　391
ワイル電子　491, 498
ワーニエ関数　181
ワーニエ基底　183
ワーニエ表示　182
ワーニエ励起子　263

著者略歴

中山正敏（なかやままさとし） 1963年東京大学大学院数物系研究科博士課程修了．現在，九州大学名誉教授．理学博士．

塚田 捷（つかだまさる） 1970年東京大学大学院理学系研究科博士課程修了．現在，東京大学名誉教授．理学博士．

名取研二（なとりけんじ） 1974年東京大学大学院理学系研究科博士課程修了．現在，筑波大学名誉教授．理学博士．

名取晃子（なとりあきこ） 1972年東京大学大学院理学系研究科博士課程修了．現在，電気通信大学名誉教授．理学博士．

齋藤理一郎（さいとうりいちろう） 1985年東京大学大学院理学系研究科博士課程修了．現在，国立台湾師範大学教授，東北大学名誉教授．理学博士．

福山秀敏（ふくやまひでとし） 1970年東京大学大学院理学系研究科博士課程修了．現在，東京理科大学総合研究院客員教授，東京大学名誉教授．理学博士．

半導体物理学

2024年11月25日　第1版1刷発行

著作者	中山正敏　塚田　捷	
	名取研二　名取晃子	
	齋藤理一郎　福山秀敏	
発行者	吉野和浩	
	東京都千代田区四番町 8-1	
	電話 03-3262-9166（代）	
発行所	郵便番号 102-0081	
	株式会社　裳　華　房	
印刷所	創栄図書印刷株式会社	
製本所	株式会社　松岳社	

検印省略

定価はカバーに表示してあります．

一般社団法人
自然科学書協会会員

JCOPY 〈出版者著作権管理機構 委託出版物〉

本書の無断複製は著作権法上での例外を除き禁じられています．複製される場合は，そのつど事前に，出版者著作権管理機構（電話03-5244-5088, FAX 03-5244-5089, e-mail: info@jcopy.or.jp）の許諾を得てください．

ISBN 978-4-7853-2927-3

© 中山正敏, 塚田捷, 名取研二, 名取晃子, 齋藤理一郎, 福山秀敏, 2024
Printed in Japan

物理学レクチャーコース

編集委員：永江知文，小形正男，山本貴博
編集サポーター：須貝駿貴，ヨビノリたくみ

◆ 特 徴 ◆

- 企画・編集にあたって，編集委員と編集サポーターという2つの目線を取り入れた．
  編集委員：講義する先生の目線で編集に務めた．
  編集サポーター：学習する読者の目線で編集に務めた．
- 教室で学生に語りかけるような雰囲気（口語調）で，本質を噛み砕いて丁寧に解説．
- 手を動かして理解を深める"Exercise""Training""Practice"といった問題を用意．
- "Coffee Break"として興味深いエピソードを挿入．
- 各章の終わりに，その章の重要事項を振り返る"本章のPoint"を用意．

力 学　　山本貴博 著　　298頁／定価 2970円（税込）

取り扱った内容は，ところどころ発展的な内容も含んではいるが，大学で学ぶ力学の標準的な内容となっている．本書で力学を学び終えれば，「大学レベルの力学は身に付けた」と自信をもてる内容となっている．

物理数学　　橋爪洋一郎 著　　354頁／定価 3630円（税込）

数学に振り回されずに物理学の学習を進められるようになることを目指し，学んでいく中で読者が疑問に思うこと，躓きやすいポイントを懇切丁寧に解説している．また，物理学科の学生にも人工知能についての関心が高まってきていることから，最後に「確率の基本」の章を設けた．

電磁気学入門　　加藤岳生 著　　2色刷／240頁／定価 2640円（税込）

わかりやすさとユーモアを交えた解説で定評のある著者によるテキスト．著者の長年の講義経験に基づき，本書の最初の2つの章で「電磁気学に必要な数学」を解説した．これにより，必要に応じて数学を学べる（講義できる）構成になっている．

熱 力 学　　岸根順一郎 著　　338頁／定価 3740円（税込）

熱力学がマクロな力学を土台とする点を強調し，最大の難所であるエントロピーも丁寧に解説した．緻密な論理展開の雰囲気は極力避け，熱力学の本質をわかりやすく"料理し直し"，曖昧になりがちな理解が明瞭になるようにした．

相対性理論　　河辺哲次 著　　280頁／定価 3300円（税込）

特殊相対性理論の「基礎と応用」を正しく理解することを目指し，様々な視点と豊富な例を用いて懇切丁寧に解説した．また，相対論的に拡張された電磁気学と力学の基礎方程式を，関連した諸問題に適用して解く方法や，ベクトル・テンソルなどの数学の考え方も丁寧に解説した．

◆ コース一覧（全17巻を予定）◆

- 半期やクォーターの講義向け（15回相当の講義に対応）
  力学入門，電磁気学入門，熱力学入門，振動・波動，解析力学，量子力学入門，相対性理論，素粒子物理学，原子核物理学，宇宙物理学
- 通年（I・II）の講義向け（30回相当の講義に対応）
  力学，電磁気学，熱力学，物理数学，統計力学，量子力学，物性物理学

裳華房ホームページ　https://www.shokabo.co.jp/

基礎物理定数の値

物理量	数値[a]	単位
真空の透磁率	$1.25663706212(19) \times 10^{-6}$	$N\,A^{-2}$
真空中の光速度 [b]	$299\,792\,458$	$m\,s^{-1}$
真空の誘電率	$8.8541878128(13) \times 10^{-12}$	$F\,m^{-1}$
電気素量 [b]	$1.602176634 \times 10^{-19}$	C
プランク定数 [b]	$6.62607015 \times 10^{-34}$	$J\,s$
アボガドロ定数 [b]	$6.02214076 \times 10^{23}$	mol^{-1}
電子の質量	$9.1093837015(28) \times 10^{-31}$	kg
統一原子質量単位	$1.66053906660(50) \times 10^{-27}$	kg
ボーア半径	$5.29177210903(80) \times 10^{-11}$	m
ボーア磁子	$9.2740100783(28) \times 10^{-24}$	$J\,T^{-1}$
リュードベリ定数	$10\,973\,731.568160(21)$	m^{-1}
気体定数 [c]	$8.314462618\cdots$	$J\,K^{-1}\,mol^{-1}$
ボルツマン定数 [b]	1.380649×10^{-23}	$J\,K^{-1}$
陽子の磁気モーメント	$1.41060679736(60) \times 10^{-26}$	$J\,T^{-1}$

a) カッコの中の数値は最後の桁につく標準不確かさを示す.
b) 定義された量である.
c) 定義された量の積・商として計算される.